完美互动手册

陈志民　编著

清華大學出版社
北　京

内 容 简 介

本书是一本专门讲解中文版CorelDRAW X6基础知识与综合案例的专业图书。全书通过12个章节，深入讲解CorelDRAW X6各种工具的操作方法和使用技巧，以及平面类综合商业案例，使没有绘图和美术基础的读者，也能够快速步入CorelDRAWX6制作高手之列。

本书共12章，第1章为CorelDRAW X6基础入门，讲解软件的操作界面和软件的基本操作以及视图调整；第2章为图形的绘制，讲解在CorelDRAW X6中绘制几何图形和直曲线以及基本形状工具，以帮助没有基础的读者轻松入门；第3～5章，分别讲解图形的高级编辑、对象的操作和管理、图层和样式以及模板，以全面掌握CorelDRAW X6各类工具的绘制方法和技术；第6章为CorelDRAW X6颜色填充，全面讲解不同的填充类型所产生的不同效果；第7章为CorelDRAW X6文本处理，通过实例的形式讲解美术字与段落文本的区别；第8章为应用特效，讲解在CorelDRAW X6中使用交互式工具更能使图形产生锦上添花的效果；第9～10章分别讲解自由处理位图图像和应用滤镜；第11章为管理和打印文件；最后一章通过26个商业案例，综合地运用前面所学的知识，在巩固前面所学知识的同时，使读者在知识与技能方面得到全面的提升，以帮助读者实践、检验所学的内容，积累实战经验。

本书讲解深入、细致，具有很强的针对性和实用性，可作为各大、专科院校和培训学校相关专业的CorelDRAW X6绘画教材，也可作为CorelDRAW X6广大爱好者、各专业设计人员的自学教程和参考书。

图书在版编目(CIP)数据

中文版CorelDRAW X6完美互动手册/陈志民编著.--北京：清华大学出版社，2014
(完美互动手册)
ISBN 978-7-302-35079-8

Ⅰ.①中… Ⅱ.①陈… Ⅲ.①图形软件—技术手册 Ⅳ.①TP391.41-62

中国版本图书馆CIP数据核字(2014)第009216号

责任编辑：汤涌涛
封面设计：李东旭
责任校对：李玉萍
责任印制：刘海龙

出版发行：清华大学出版社
网　　址：http://www.tup.com.cn, http://www.wqbook.com
地　　址：北京清华大学学研大厦A座　　邮　　编：100084
社 总 机：010-62770175　　邮　　购：010-62786544
投稿与读者服务：010-62776969, c-service@tup.tsinghua.edu.cn
质量反馈：010-62772015, zhiliang@tup.tsinghua.edu.cn
课件下载：http://www.tup.com.cn, 010-62791865
印 装 者：北京嘉实印刷有限公司
经　　销：全国新华书店
开　　本：185mm×260mm　　**印　　张**：26.25　　**字　　数**：635千字
版　　次：2014年3月第1版　　**印　　次**：2014年3月第1次印刷
印　　数：1～3000
定　　价：79.00元

产品编号：043413-01

前　言

软件是设计师完成视觉传达的另一只手，平面类设计软件中深入人心的软件有很多，CorelDRAW是目前使用最为普遍的矢量图形绘制及图像处理软件之一，该软件集图形绘制、平面设计、网页制作、图像处理功能于一体，深受平面设计人员和数字图形爱好者的青睐。同时，它还是一款专业的编排软件，其出众的文字处理、写作工具和创新的编排方法，解决了一般编排软件中存在的一些难题。

本书特点

本书具有以下写作特点。

- 实例理论，技巧原理：本书所有的理论知识都融入案例中，以案例的形式进行讲解，案例精彩，个个经典，每个实例都包含相应知识和功能的使用方法以及技巧。在一些重点和要点处，还添加了大量的知识补充和技巧讲解，帮助读者理解和加深认识，从而真正掌握，以达到举一反三、灵活运用的目的。
- 章节小结，互动练习：本书的每个章节后面都有一个学习小结，对本章的知识重点作一个总结和重温，互动练习是对本章的知识点进行练习操作，以达到巩固的效果。
- 应用实例，技能提升：本书的每个章节后面都配有一个经典的案例，章节所学知识的综合，具有典型性和实用性，具有重要的参考价值，读者可以边做边学，从新手快速成长为平面设计高手。
- 商业案例，全面接触：本书最后章节涉及的平面商业案例类型包括标志设计、实物设计、卡片设计、文字设计、UI设计、DM单设计、POP广告、杂志广告、报纸广告、海报设计、插画设计、包装设计和书籍装帧设计类型，读者可以从中积累相关经验，以快速适应行业制作要求。

本书内容

本书共12章，主要内容如下。

本书章节	主要内容
第1章 CorelDRAW X6基础入门	介绍CorelDRAW X6的安装和启动，以及其他一些基础入门的操作

续表

本书章节	主要内容
第2章 图形的绘制	介绍CorelDRAW X6常用绘图工具的使用方法和技巧
第3章 图形的高级编辑	介绍形状工具、编辑轮廓线、重新修整图形、图框精确裁剪对象的功能及图形编辑的工具
第4章 对象的操作和管理	介绍对象的选择、对象的复制、变换对象、控制对象以及对齐和分布对象等知识点
第5章 图层、样式和模板	介绍图层、样式和模板的基本知识以及在绘图中的具体应用
第6章 颜色填充	介绍CorelDRAW X6各种填充方式和工具的用法
第7章 文本处理	介绍在CorelDRAW X6中添加美术字和段落文字的方法
第8章 应用特效	介绍使用交互式工具为对象添加调和效果、轮廓图效果、变形效果、阴影效果、封套效果、立体化效果和透明度效果的方法
第9章 自由处理位图图像	介绍CorelDRAW X6处理位图图像的方法和技巧
第10章 应用滤镜	介绍使用CorelDRAW X6滤镜的使用方法，灵活使用位图滤镜，可以为设计作品增色不少
第11章 管理和打印文件	介绍CorelDRAW X6中打印输出的方法
第12章 综合实例	通过大量商业案例的制作，帮助读者积累实战经验，提高应用软件的能力和水平

联系我们

本书由陈志民编著，参加编写和资料整理的还有李红萍、陈运炳、申玉秀、李红艺、李红术、陈云香、陈文香、陈军云、彭斌全、林小群、刘清平、钟睦、刘里锋、朱海涛、廖博、喻文明、易盛、陈晶、张绍华、黄柯、何凯、黄华、陈文轶、杨少波、杨芳、刘有良、刘珊、赵祖欣、齐慧明、胡莹君等。

由于作者水平有限，书中错误、疏漏之处在所难免。在感谢您选择本书的同时，也希望您能够把对本书的意见和建议告诉我们。

售后服务邮箱：lushanbook@gmail.com

第1章 CorelDRAW X6基础入门 … 1

第2章 图形的绘制 ……45

第3章 图形的高级编辑 …………71

第4章 对象的操作和管理 …… 103

第10章 应用滤镜 ……………… 249

第1章 CorelDRAW X6基础入门

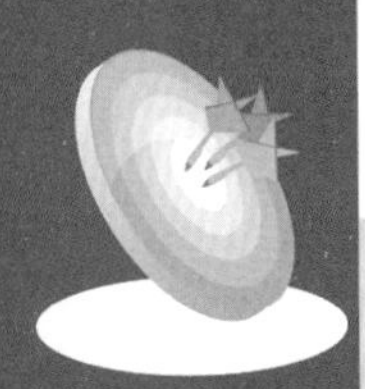

本章导读

CorelDRAW是一款创意非凡的矢量绘图软件，它能够将人们脑海中的想法转换为可视觉的具有专业效果的作品，因而深受众多设计师们的推崇和青睐。

本章作为此书的开篇，首先对CorelDRAW X6的基本概况、工作环境和基本操作做一个简单的介绍，使读者对CorelDRAW X6有一个全面性的了解和认识，为后面的深入学习打下坚实的基础。

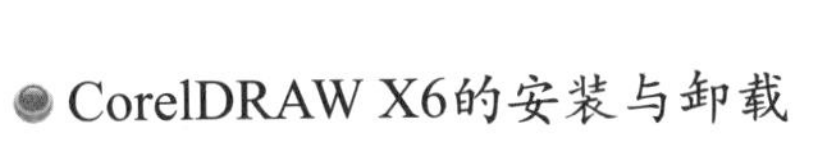

精彩看点

- CorelDRAW X6的安装与卸载
- CorelDRAW X6的基本操作界面
- 设置页面辅助功能
- 打开和隐藏泊坞窗
- 启动和退出CorelDRAW X6
- CorelDRAW X6文档的基本操作
- 视图调整
- CorelDRAW X6的系统要求

1.1 CorelDRAW X6的安装与卸载

在使用CorelDRAW X6软件前，需要在电脑上安装软件。安装和卸载CorelDRAW X6的方法很简单，下面将详细地讲解具体操作。

书盘互动指导

示例	在光盘中的位置	书盘互动情况
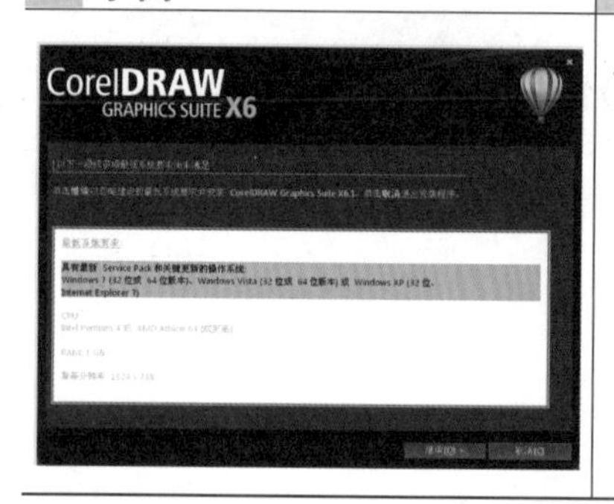	1.1 CorelDRAW X6的安装与卸载 1.1.2 卸载CorelDRAW X6	本节主要学习CorelDRAW X6的安装与卸载，在光盘1.1节中有相关内容的操作视频，还特别针对本节内容设置了具体的实例分析。 大家可以在阅读本节内容后再学习光盘，以达到巩固和提升的效果。

1.1.1 安装CorelDRAW X6

下面为安装CorelDRAW X6的具体操作步骤。

1. 下载CorelDRAW X6后，同意软件协议并开始安装CorelDRAW X6，在弹出的“系统要求”页面中，单击“继续”按钮，如图1-1所示。
2. 运行CorelDRAW X6，弹出安装程序许可协议页面，单击左下角“我接受”按钮，如图1-2所示，将会提示软件激活。

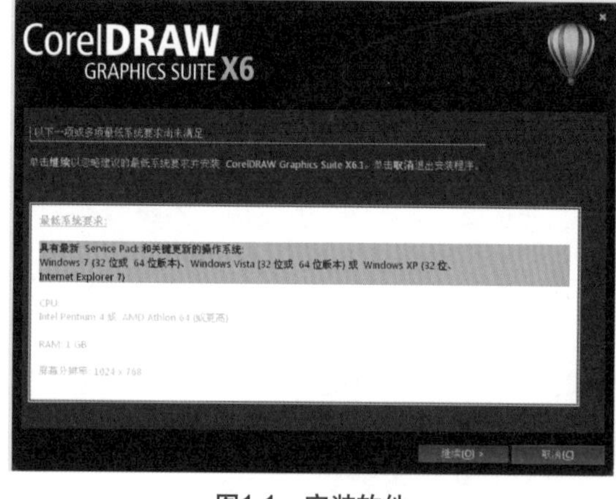

图1-1 安装软件

图1-2 同意软件协议

3. 弹出新页面，输入用户名，选中“我有序列号或订阅代码”单选按钮，输入序列号。单击“下一步”按钮，如图1-3所示。

电脑小百科

CorelDRAW是目前最流行的矢量图形设计软件之一，它是由全球知名的专业化图形设计与桌面出版软件开发商——加拿大的Corel公司于1989年推出的。目前，软件版本已经升级到X6。

图1-3　输入序列号

4 弹出安装选项对话框，选择安装类型，如图1-4所示。

5 选择安装类型后，单击“安装”按钮，进入安装状态，如图1-5所示。

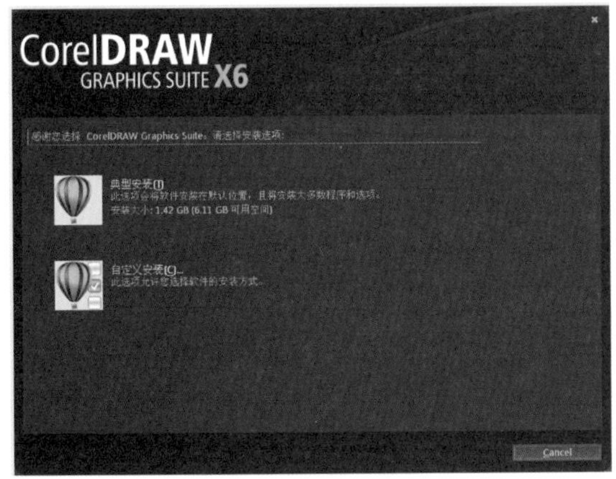

图1-4　安装类型

图1-5　安装进行中

1.1.2　卸载CorelDRAW X6

如果在使用电脑的过程中CorelDRAW X6软件被损坏或发生异常情况，需要重新安装软件。首先要将软件卸载成功才能重新安装，卸载CorelDRAW X6的具体操作步骤如下。

1 启动电脑后，单击电脑桌面左下角的“开始”按钮，弹出快捷菜单，选择“控制面板”选项，如图1-6所示。

2 弹出“控制面板”窗口，双击“添加或删除程序”选项，如图1-7所示。

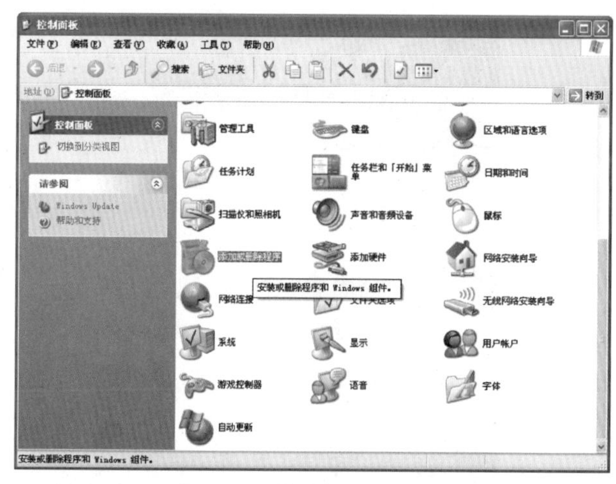

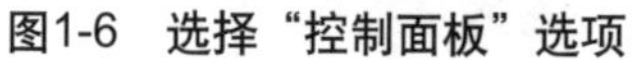

图1-6 选择“控制面板”选项

图1-7 “控制面板”窗口

❸ 弹出“添加或删除程序”对话框，如图1-8所示，在对话框中找到CorelDRAW X6软件。

❹ 单击右边的“更改/删除”按钮，按照系统提示即可顺利完成软件的卸载，如图1-9所示。

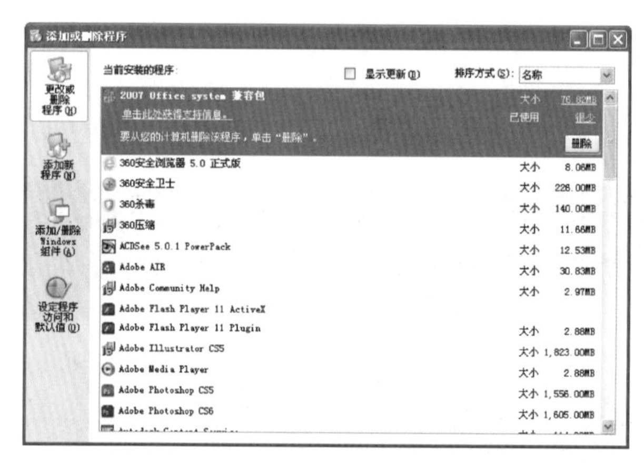

图1-8 “添加或删除程序”对话框

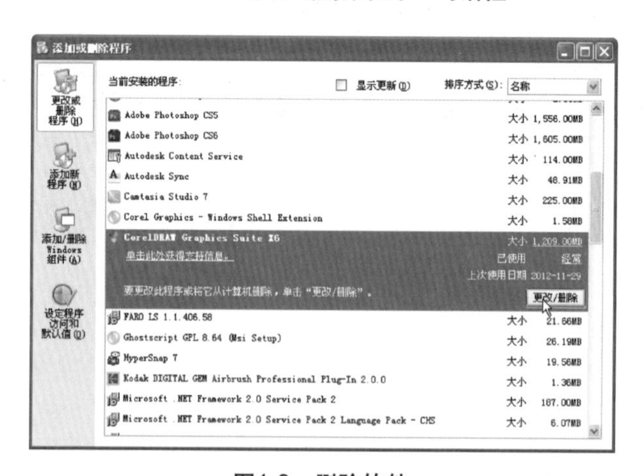

图1-9 删除软件

电脑小百科

广告通过对产品的优点进行宣传，在某种程度上吸引消费者，引导消费者认识并购买产品，从而提高产品的销售量，使广告者从中获得利益，最终达到产品消费的目的。

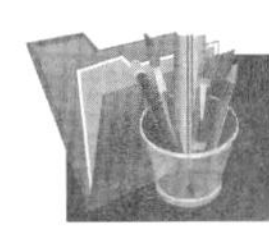

1.2　启动和退出CorelDRAW X6

在使用CorelDRAW X6制作设计作品时，第一步就是启动软件。本节将通过具体的实例来讲解如何启动和退出软件。

= = 书盘互动指导 = =

⊙ 示例	⊙ 在光盘中的位置	⊙ 书盘互动情况
	1.2　启动和退出CorelDRAW X6 1.2.1　如何启动CorelDRAW X6 1.2.2　CorelDRAW X6的退出	本节主要学习启动和退出CorelDRAW X6，在光盘1.2节中有相关内容的操作视频，还特别针对本节内容设置了具体的实例分析。 大家可以在阅读本节内容后再学习光盘，以达到巩固和提升的效果。

1.2.1　如何启动CorelDRAW X6

启动CorelDRAW X6和启动其他软件的方法是一样的，下面为启动CorelDRAW X6的具体操作步骤。

❶ 启动电脑后，单击电脑桌面左下角的“开始”，在弹出的快捷菜单中选择“所有程序”选项，在“所有程序”菜单中找到CorelDRAW X6所处的位置，选择并单击CorelDRAW X6，如图1-10所示。

❷ 电脑桌面正在启动CorelDRAW X6，启动软件后如图1-11所示。

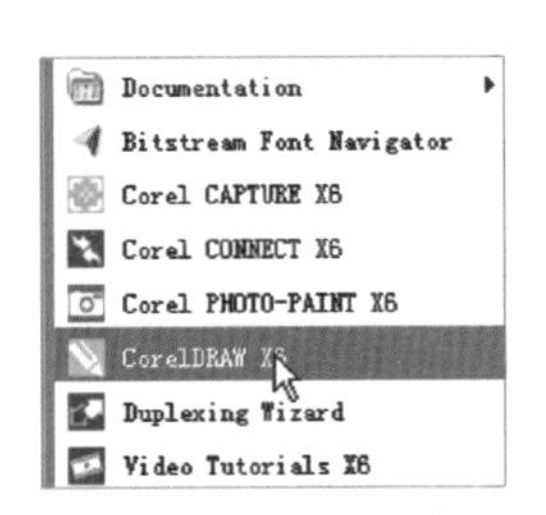

图1-10　选择软件

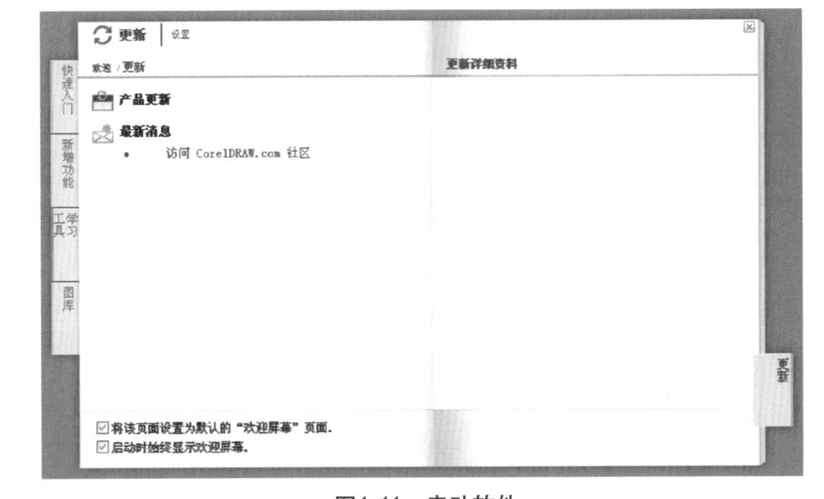

图1-11　启动软件

1.2.2 CorelDRAW X6的退出

设计的任务完成并保存后，需要退出软件，以节省系统资源，退出CorelDRAW X6的具体操作步骤如下。

1. 在CorelDRAW X6中完成设计任务后，如图1-12所示。
2. 单击软件右上角的“关闭”按钮，如图1-13所示。当界面弹出“是否保存文件的更改”对话框时，说明在制作设计任务时未对作品进行保存，如图1-14所示，单击“是”按钮即可保存文件。

图1-12 界面

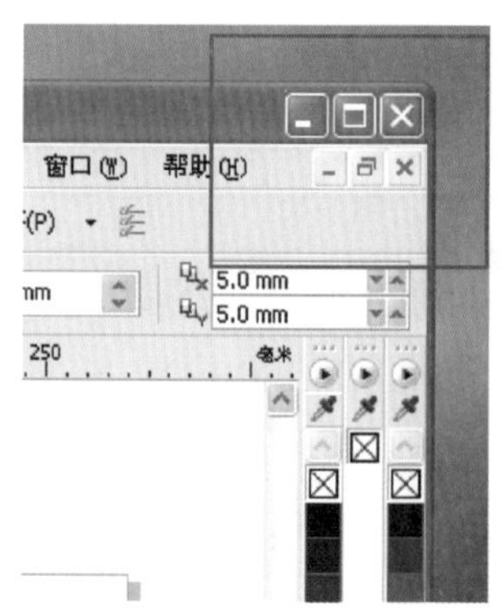

图1-13 关闭软件

3. 弹出“保存绘图”对话框，选择文件所要保存的位置，并重设文件名，如图1-15所示。单击“保存”按钮，即可关闭软件。

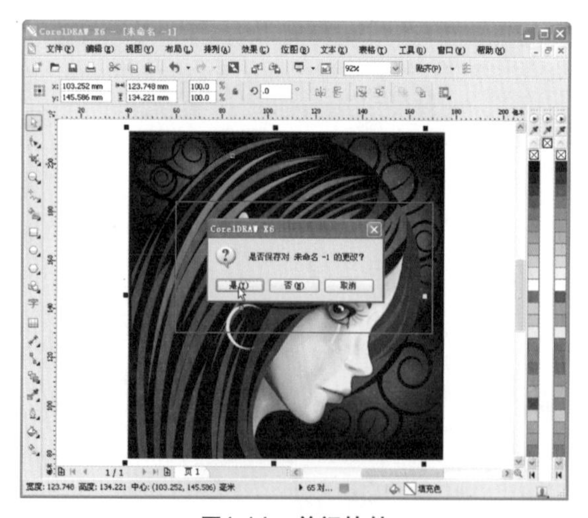

图1-14 关闭软件

图1-15 保存文件

电脑小百科

企业的整体形象和品牌价值决定了企业和产品在消费者心中的地位，通过平面广告建立企业的品牌形象也是其重要的宣传目的之一。

1.2.3 CorelDRAW X6的基本操作界面

工作界面是CorelDRAW X6为用户提供的工作环境，也是为用户提供工具、信息和命令的工作区域，熟悉工作界面有助于提高工作效率，操作界面如图1-16所示。

图1-16 操作界面

1.2.4 标题栏

在CorelDRAW X6中标题栏的作用是显示文件的名称和关闭软件，下面为标题栏的具体操作步骤。

1. 启动CorelDRAW X6后，在未新建文档之前，标题栏没有任何名称显示，如图1-17所示。
2. 按Ctrl+N组合键，新建一个文档后，标题栏会自动显示默认标题，为“未命名1”，如图1-18所示。

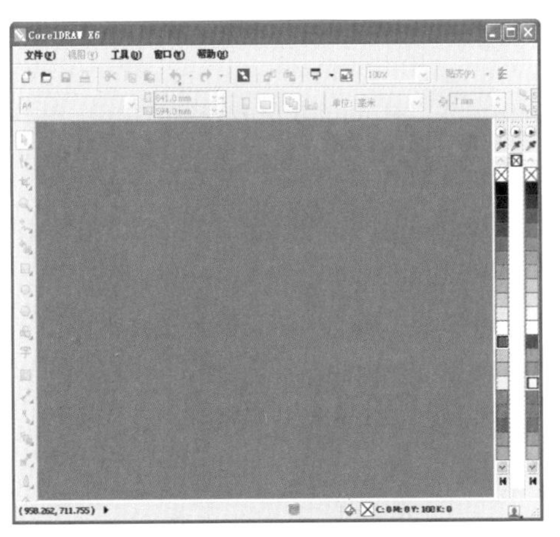

图1-17 打开软件图

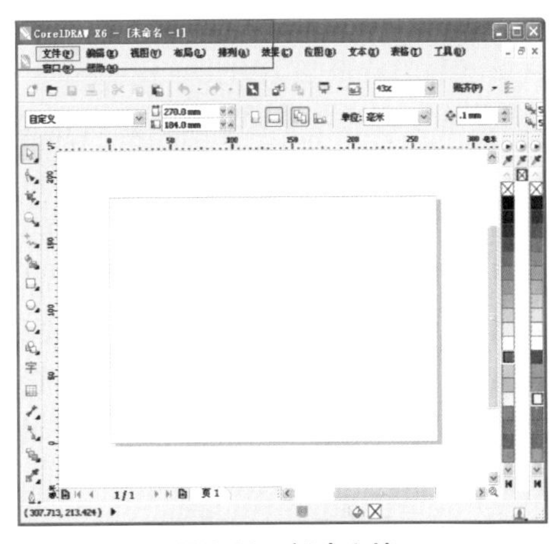

图1-18 新建文档

3. 在标题栏上单击右键，在弹出的快捷菜单中选择“关闭”选项，即可关闭软件，如图1-19

电脑小百科

在设计作品时，整个画面的构图上应该注意图形与文字的搭配。

所示。或者单击标题栏右上角的关闭按钮，也可关闭软件，如图1-20所示。

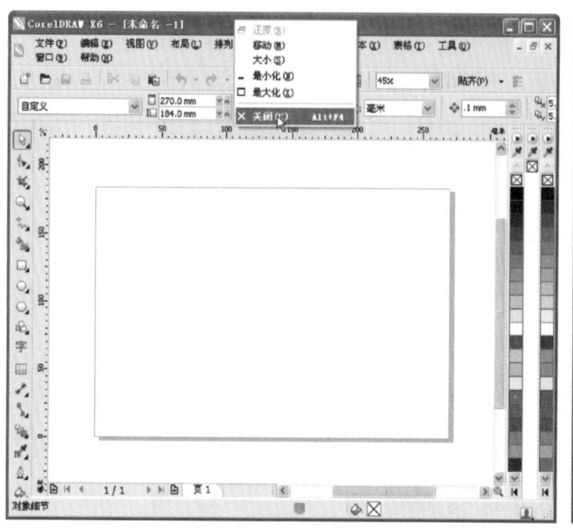

图1-19 弹出菜单

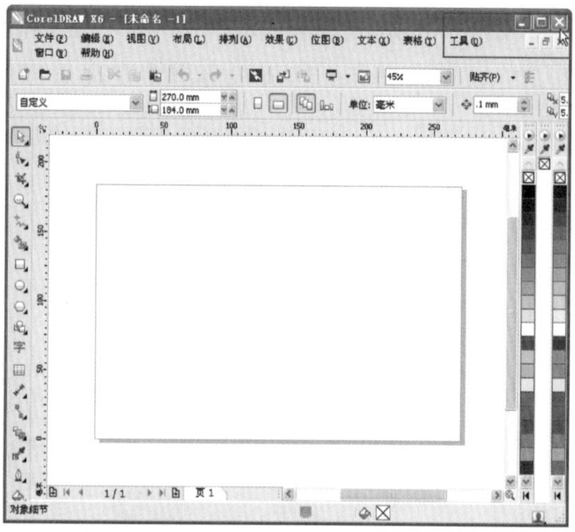

图1-20 关闭软件

1.2.5 菜单栏

CorelDRAW X6的主要功能都可以通过执行菜单栏中的命令来完成，这些命令按照类型，分布在“文件”、“编辑”、“视图”、“布局”、“排列”、“效果”、“位图”、“文本”、“表格”、“工具”、“窗口”和“帮助”共12个菜单中，下面为菜单栏的介绍。

- “文件”菜单集合了所有与文件管理有关的基本操作命令。主要包括文件的基本操作、相关信息、文件导入、导出等，如图1-21所示。
- “编辑”菜单包括复制、粘贴和一些插入对象的命令，它是对图片进行基本操作命令的集合，如图1-22所示。
- “视图”菜单包含与版面相关的辅助线、网格和标尺等视图信息命令，主要用于修改工作界面的一些属性、控制视图和显示的模式、制定个性化的工作界面和工具等，如图1-23所示。
- “布局”菜单是管理页面和组织作品命令的集合，可以用它进行添加、重命名、删除以及设置页面等操作，如图1-24所示。
- “排列”菜单是调整一个或多个对象之间的相互关系的命令的集合，它包含对象的变换、修改，对象的顺序、对齐方式和分布以及对象的群组和锁定等操作，如图1-25所示。
- “效果”菜单是为对象添加特殊效果的命令的集合。它可以对CorelDRAW文档进行调整、变换、透镜、艺术笔等特殊效果的处理，如图1-26所示。
- “位图”菜单是与位图相关的命令的集合，包含位图的编辑、剪裁，以及与位图处理相关的滤镜等，如图1-27所示。
- “文本”菜单是编辑、处理文本的命令的集合，它能最大限度地满足用户发挥自身的创造力，从而制作出图文并茂、风格新颖的文本效果，如图1-28所示。

电脑小百科

平面广告创意是指根据收集的广告资料和设计师的生活经验，在二维的空间里，运用想象、联想、夸张、比喻等手法，创造出最能体现广告主题的视觉形象。

● “表格”菜单是进行插入、编辑处理表格的命令的集合，如图1-29所示。

图1-21　“文件”菜单

图1-22　“编辑”菜单

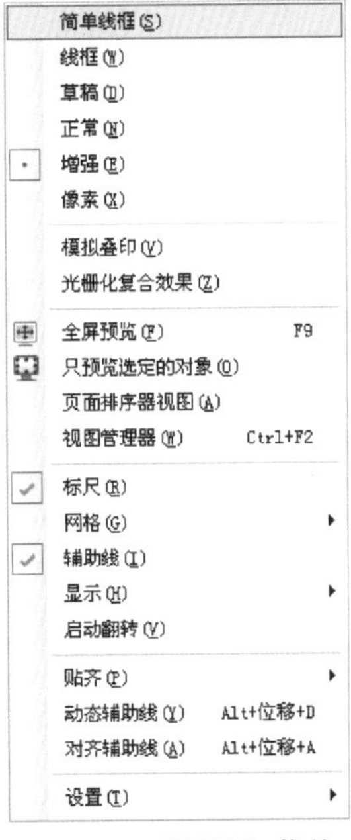

图1-23　“视图”菜单

图1-24　“布局”菜单

图1-25　“排列”菜单

图1-26　“效果”菜单

电脑小百科

在绘制需要打印的图形时，若所绘制的图形不能完全占据整个页面，可双击矩形工具，创建与页面相同大小的矩形，然后填充颜色为白色，并放置在页面中图形的最后面，这样在打印预览时，画面才会以设置的页面大小显示。

图1-27 “位图”菜单

文本属性(P) Ctrl+T
制表位(B)...
栏(O)...
项目符号(U)...
首字下沉(D)...
断行规则(K)...
编辑文本(X)... Ctrl+位移+T
插入符号字符(H) Ctrl+F11
插入格式化代码(R)
使文本适合路径(T)
对齐基线(A) Alt+F12
与基线网格对齐(G)
矫正文本(S)
段落文本框(X)
使用断字(Y)
断字设置(I)...
书写工具(W)
编码(E)...
更改大小写(G)...
生成 Web 兼容的文本(M)
转换(V) Ctrl+F8
文本统计信息(C)...
显示非打印字符(N)
WhatTheFont?!...
字体列表选项(L)...

图1-28 “文本”菜单

图1-29 “表格”菜单

- “工具”菜单包含了可以对软件进行自定义的定制选项，以及颜色与对象的管理器，如图1-30所示。
- “窗口”菜单是一些常规窗口的属性设置命令的集合，如图1-31所示。
- “帮助”菜单是帮助文件的相关命令的集合，可通过此菜单寻求网上Corel帮助，从而解决用户常遇到的难题，如图1-32所示。

图1-30 “工具”菜单

图1-31 “窗口”菜单

图1-32 “帮助”菜单

电脑小百科

计算机中的图片通常分为两种：矢量图形和位图图像，这两种图片的构成有很大的不同。

1.2.6 标准工具栏

菜单栏下方是标准工具栏，其中有各种常用的工具按钮，使用这些按钮，可以更快捷、更方便地完成处理图像的操作。工具栏中包括新建、打开、保存、打印、剪切、复制、粘贴、撤销、重做、导入、导出、应用程序启动器、欢迎屏幕、贴齐、“缩放级别”下拉列表和选项共16个快捷按钮的图标。标准工具栏的具体操作步骤如下。

1. 启动CorelDRAW X6后，单击标准工具栏的“新建”按钮，如图1-33所示。
2. 完成以上操作，即可新建一个空白文档，如图1-34所示。单击标准工具栏中的“导入”按钮，弹出“导入”对话框，选择需要导入的文件，如图1-35所示。

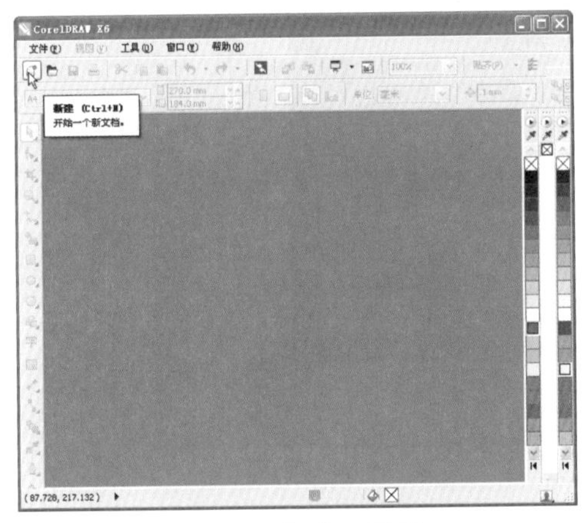

图1-33　标准工具栏

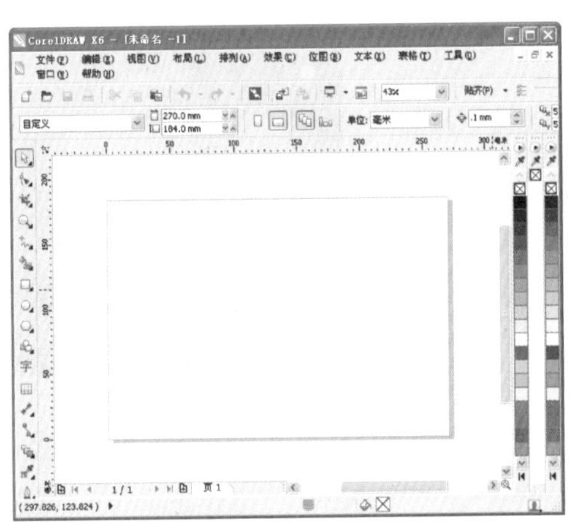

图1-34　新建文件

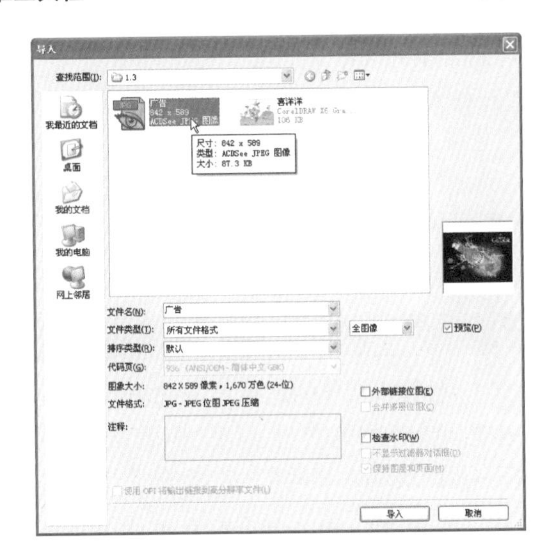

图1-35　“导入”对话栏

3. 单击“导入”按钮，文件被导入CorelDRAW X6中，如图1-36所示。
4. 在制作作品的过程中，为了预防电脑出现故障，可以不定时的单击标准工具栏中的“保存”按钮。

电脑小百科

平面广告画面的美感能够有效地增添整个广告的感染力，使消费者沉浸在商品或服务形象给予的愉悦中，在无意识中接受广告的劝说。

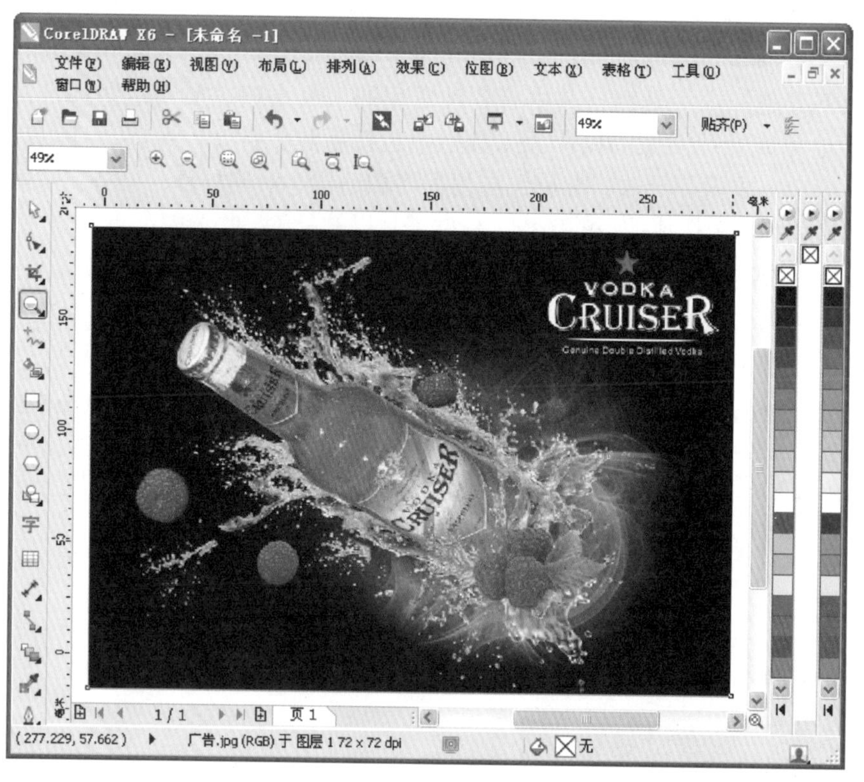

图1-36 导入文件

知识补充

除了标准工具栏外，CorelDRAW还提供了其他的工具栏，可在标准工具栏中的"选项"对话框中，设置打开或关闭。在菜单栏空白处单击鼠标右键，在弹出的快捷菜单中选择"自定义"→"菜单栏"→"属性"命令，将弹出"选项"对话框，选取需要显示的工具栏，单击"确定"按钮即可。或在菜单栏、工具栏或属性栏上直接单击右键，在弹出的快捷菜单中可以快速打开或关闭某个工具栏。

1.2.7 属性栏

CorelDRAW X6中的属性栏和其他软件的属性栏或选项栏作用一样，提供当前选中对象和当前使用工具的属性，改变属性栏中的参数，则选中的对象将产生相应的变化。没有选中对象时，属性栏为默认的一些面板和布局的信息，属性栏的具体操作步骤如下。

1. 单击标准工具栏的"新建"按钮，新建一个空白文档，如图1-37所示。单击属性栏中的纵向按钮，绘图页面以纵向显示，如图1-38所示。
2. 在属性栏中的"页面大小"下拉列表中更改页面大小为A2，如图1-39所示。
3. 在属性栏中的"绘图单位"下拉列表中更改绘图单位为厘米，效果如图1-40所示。

电脑小百科

创意是一种思想、意境、意愿的创造与创新，是一种有别于常规的想法和思路，其本质是创造、创新。

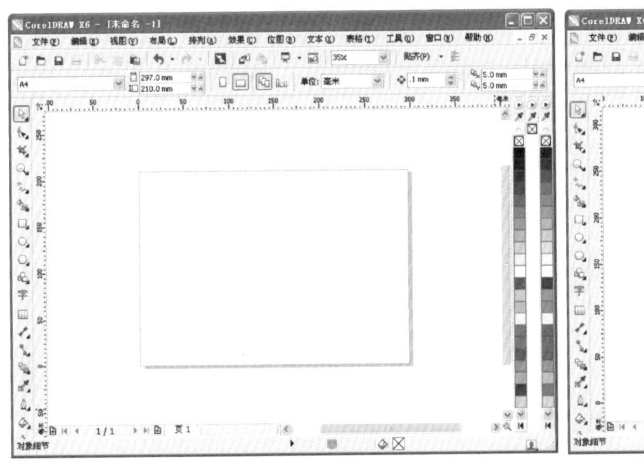

图1-37　设置属性栏

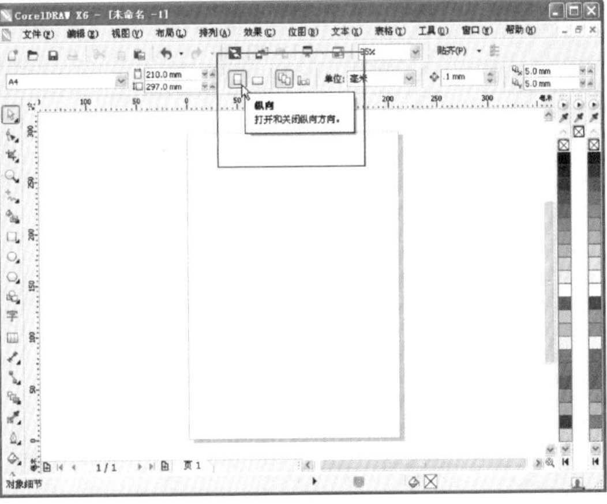

图1-38　改变页面方向

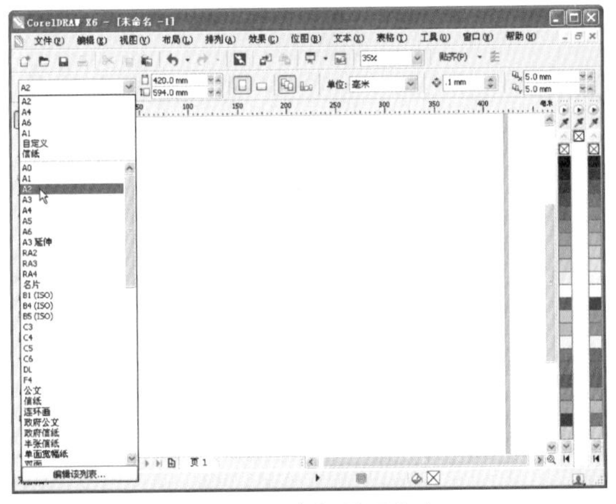

图1-39　改变页面大小

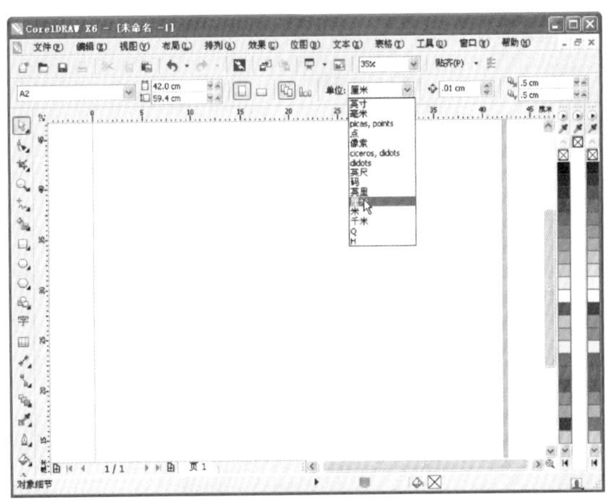

图1-40　改变页面单位

1.2.8　工具箱

CorelDRAW X6的工具箱中全是工具的集合，每一个工具都是软件使用者必须掌握的，在带有小三角形标记的工具按钮后，还隐藏着不同的工具，按住按钮不放，即可展开隐藏的工具，如图1-41所示。使用工具箱的具体操作步骤如下。

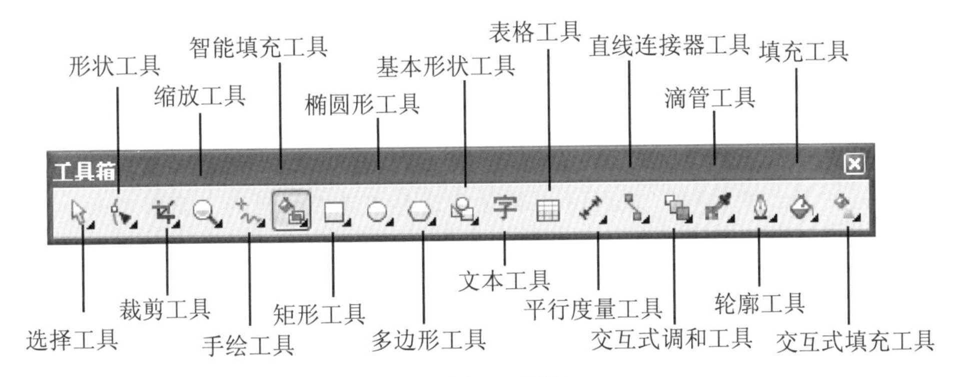

图1-41　工具箱

平面广告的创意是一个过程，是在积累基础上的超越和升华，创意其实并不神秘，它源于生活的观察和积累，在实践中产生。

① 新建一个空白文档，在菜单栏空白处单击鼠标右键，在弹出的快捷菜单中选择“自定义”→“菜单栏”→“属性”命令，将弹出“选项”对话框，选中“工具箱”复选框，并设置如图1-42所示的参数。

② 参数设置完成后，单击“确定”按钮，在绘图区的左侧显示工具箱，如图1-43所示。

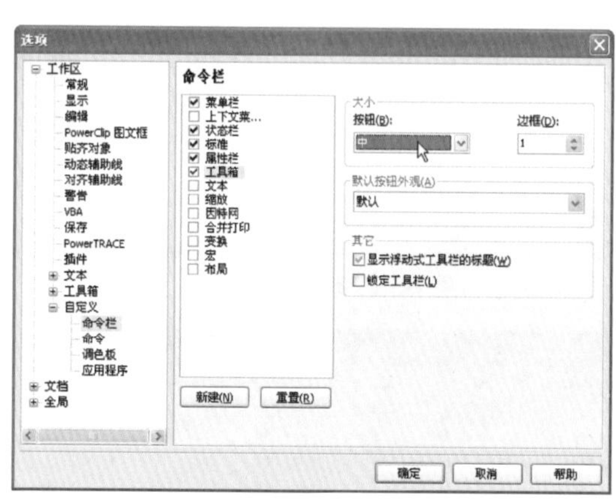

图1-42 “选项”对话框

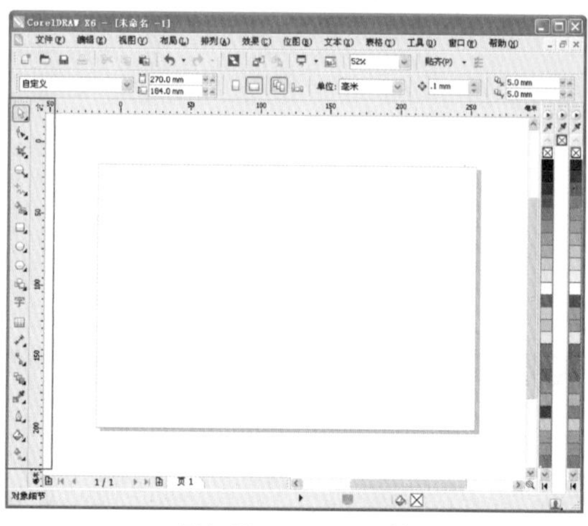

图1-43 显示工具箱

③ 当工具箱处于未锁定状态，可以调整工具箱在绘图区中的位置，将光标放置在工具箱顶端的位置，单击左键拖动工具箱至合适的位置，如图1-44所示。松开鼠标即可移动工具箱，如图1-45所示。

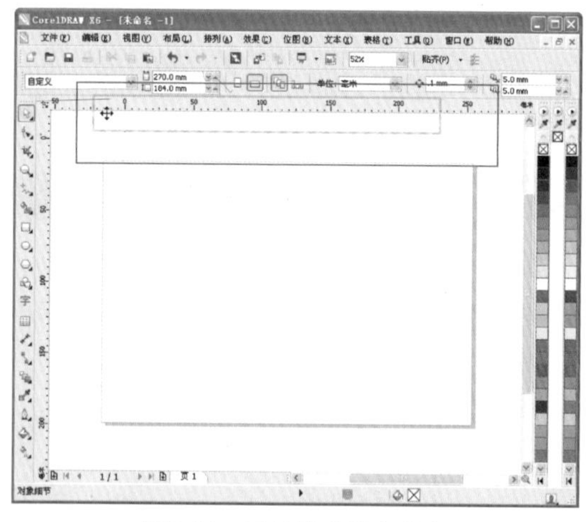

图1-44 工具箱未锁定状态

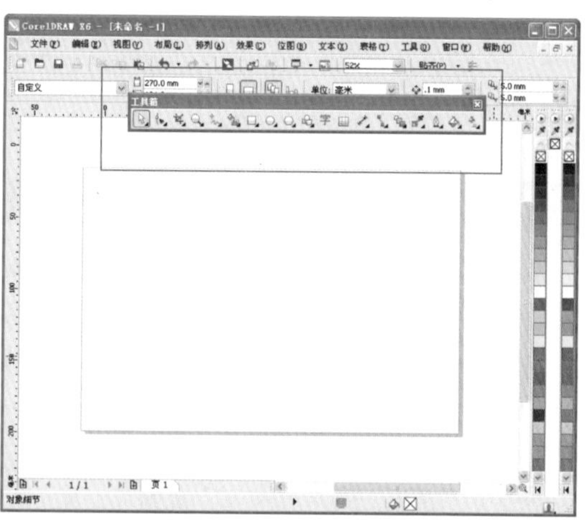

图1-45 改变工具箱位置

④ 选择工具箱中的“多边形”工具，按住多边形工具右下角的三角形不放，弹出隐藏工具组，在工具组中选择“复杂星形”工具，如图1-46所示。在绘图页面绘制一个复杂星形，如图1-47所示。

电脑小百科

直接印刷版，印纹为反像；间接印刷版，印纹为正像。

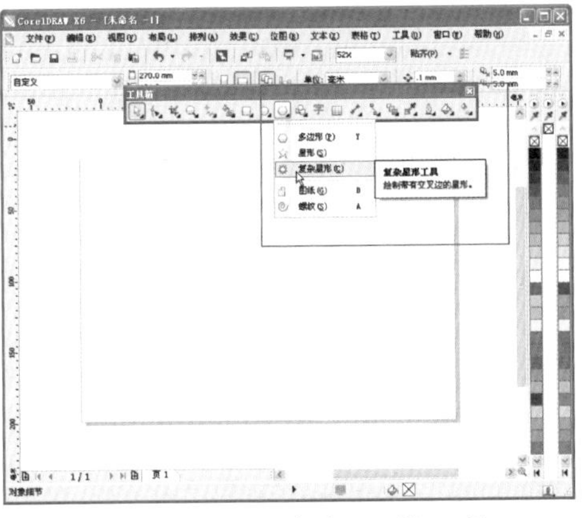

图1-46 选择“复杂星形”工具

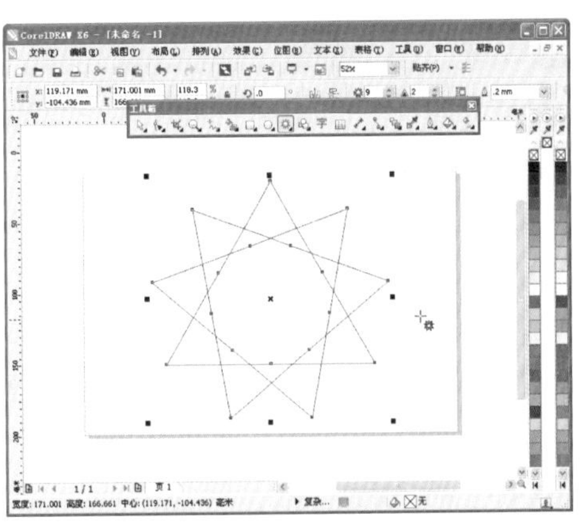

图1-47 绘制复杂星形

5 选择工具箱中的“填充”工具，按住“填充”工具右下角的三角形不放，弹出隐藏工具组，在工具组中选择“均匀填充”选项，如图1-48所示。

6 弹出“均匀填充”对话框，设置颜色值如图1-49所示。

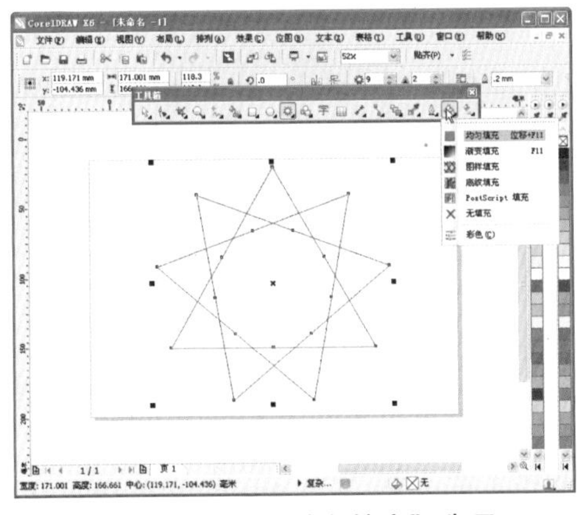

图1-48 选择“均匀填充”选项

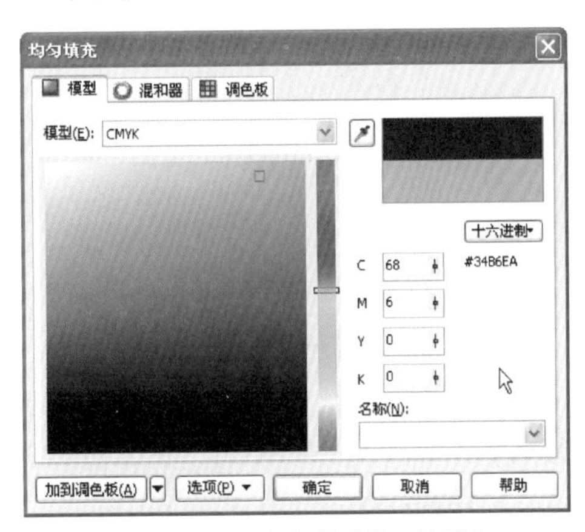

图1-49 “均匀填充”对话框

7 单击“确定”按钮，如图1-50所示。

8 选择工具箱中的“裁剪”工具，裁剪复杂星形，效果如图1-51所示。

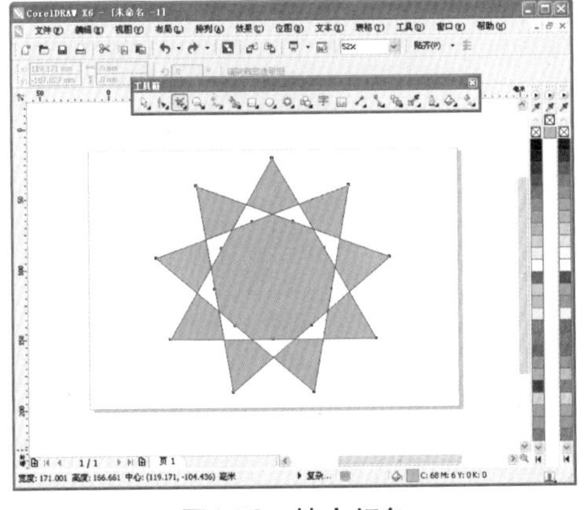

图1-50 填充颜色

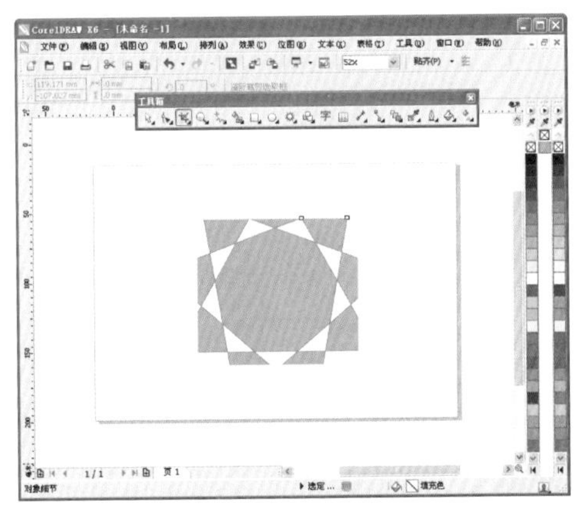

图1-51 裁剪星形

电脑小百科

使用CorelDRAW绘制的图都是矢量图。虽然矢量图也能模拟位图图像，绘制与之一样的层次和细节丰富的图像，但是绘制的时间成本非常的惊人，而使用Photoshop绘制的图片都是位图。

1.2.9 绘图页面

绘图页面是指绘制图形的区域，其范围没有绘图区大，通常显示为一个带阴影的矩形，可以在属性栏中设置绘图页面的大小。而且，对象只有全部放置到绘图页面才可以输出，否则将不能完全输出。绘图页面的具体操作步骤如下。

1. 选择“文件”→“打开”命令或按Ctrl+O组合键，弹出“打开绘图”对话框，选择本书配套光盘中的“第1章\1.3\鸟类.cdr”文件，单击“打开”按钮，如图1-52所示。
2. 选择“文件”→“打印预览”命令，弹出“打印预览”对话框，如图1-53所示。绘图页面以外的图形未被显示出来，因为打印预览只显示绘图页面的图形。

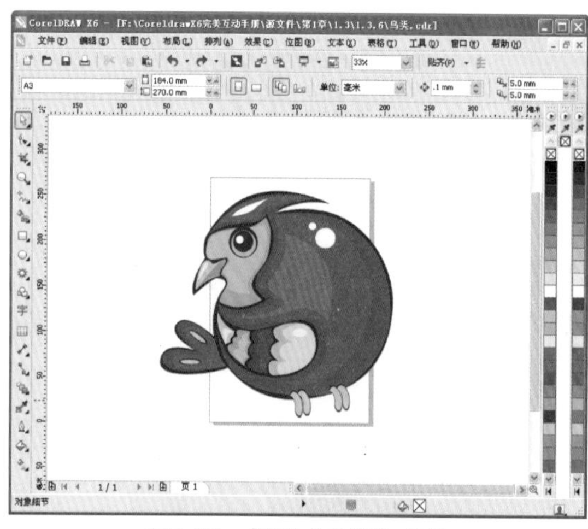

图1-52　打开“鸟类”文件

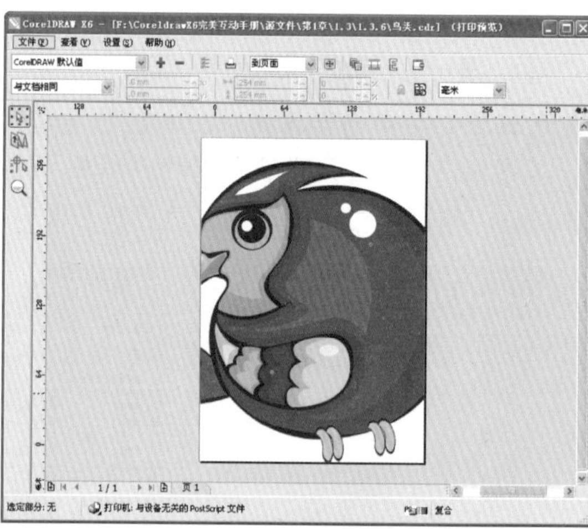

图1-53　打印预览

3. 关闭预览窗口，选择工具箱中的“选择”工具，选中对象，按Shift键的同时往里拖动控制点，缩小对象的比例，使其图形全部在绘图页面中，如图1-54所示。
4. 再次执行打印预览，效果如图1-55所示，图形都被显示出来。

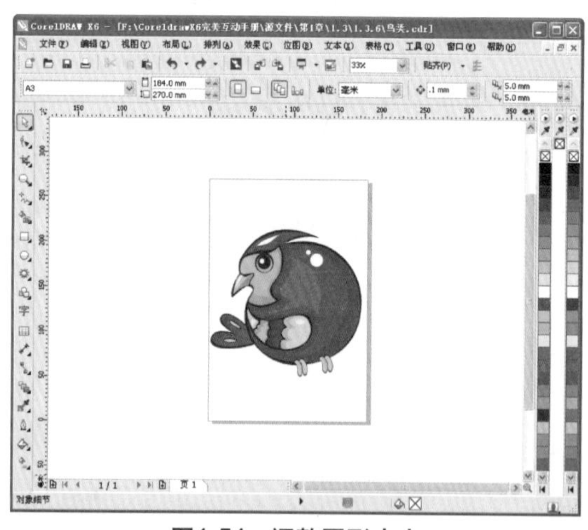

图1-54　调整图形大小

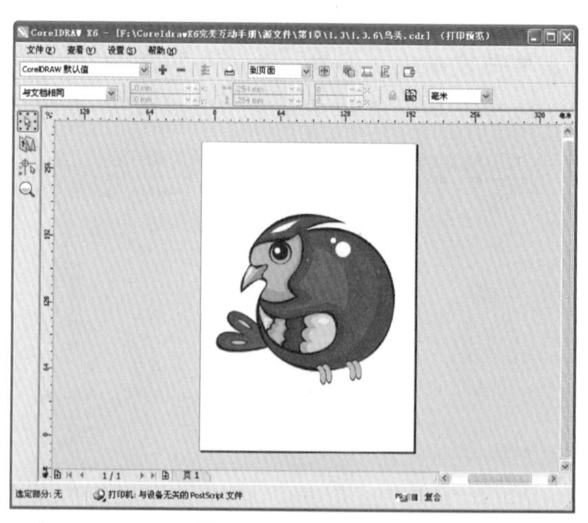

图1-55　显示内容

电脑小百科

复制后，粘贴进来的对象和源对象处在工作区中同一位置，但如果是在其他应用程序中复制对象，粘贴进来的对象将处在页面的中心。

1.2.10 泊坞窗

泊坞窗是放置在绘图区边缘的窗口，它提供了许多常用功能，选择“窗口”→“泊坞窗”命令，即可选择相应的泊坞窗。泊坞窗的好处是设计师无须重复打开或关闭对话框就可以查看所做的更改等，下面为变换泊坞窗的具体操作步骤。

1. 新建一个空白文件，选择工具箱中的“矩形”工具，在绘图页面绘制一个矩形并填充红色，如图1-56所示。
2. 选择“窗口”→“泊坞窗”→“变换”→“位置”命令，弹出“变换”泊坞窗，如图1-57所示。

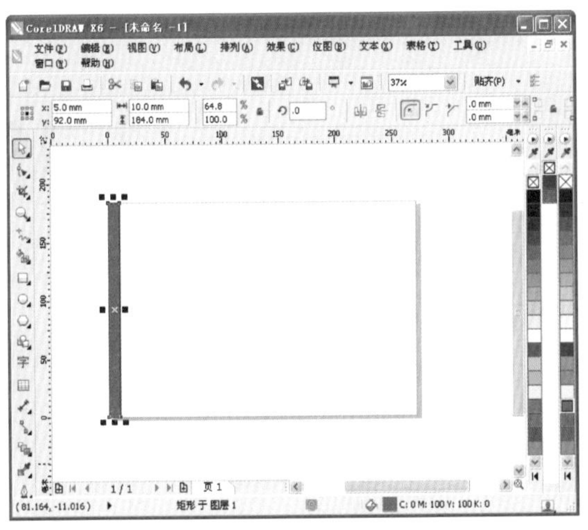

图1-56　绘制矩形

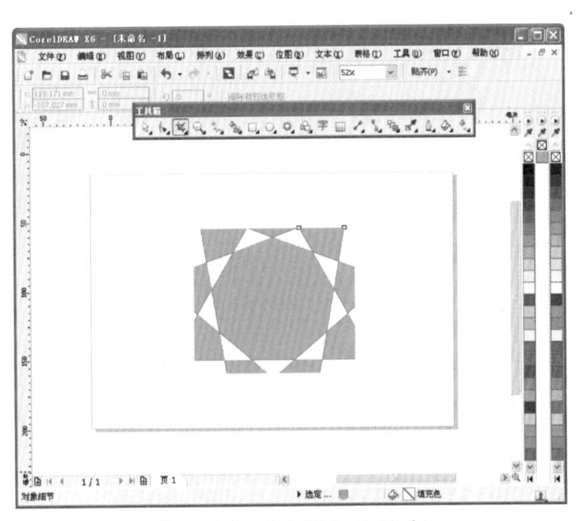

图1-57　“变换”泊坞窗

3. 在“变换”泊坞窗中设置参数值，如图1-58所示。
4. 单击“应用”按钮，效果如图1-59所示。

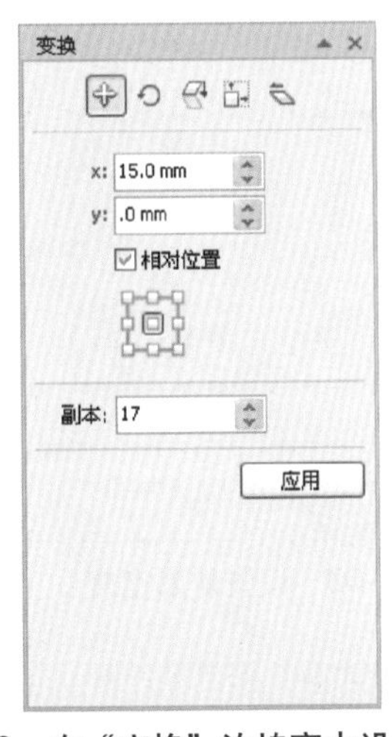

图1-58　在“变换”泊坞窗中设置参数

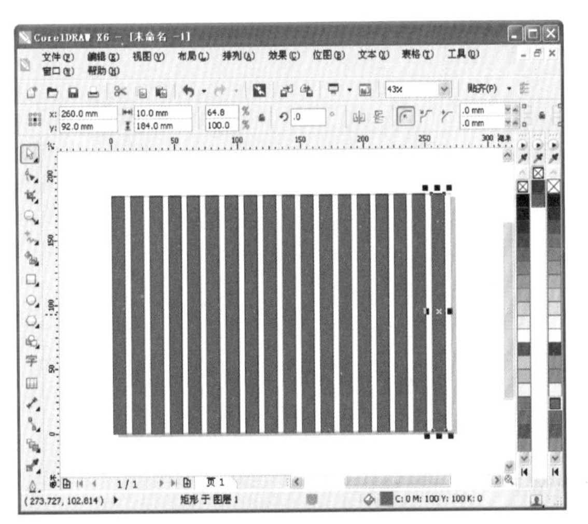

图1-59　复制对象调色板

电脑小百科

位图的优点在于表现力强，层次多，细节多，容易模拟出像照片一样的真实效果。在对位图图像进行拉伸、放大或缩小等处理时，由于是对图像中的像素进行编辑，所以图像的清晰度和光滑度会受到影响。

“调色板”是在设计过程中运用最多的界面之一，它位置处在软件的右边，选择“窗口”→“调色板”命令，可设置不同的颜色模式，软件默认的颜色模式为CMYK模式。调色板的具体操作步骤如下。

1. 新建一个空白文档，选择工具箱中的“矩形”工具，在绘图页面绘制一个矩形，如图1-60所示。
2. 保持矩形的选择状态，在绘图区右侧的调色板“黄色”色块上单击鼠标左键，为矩形填充黄色，如图1-61所示。

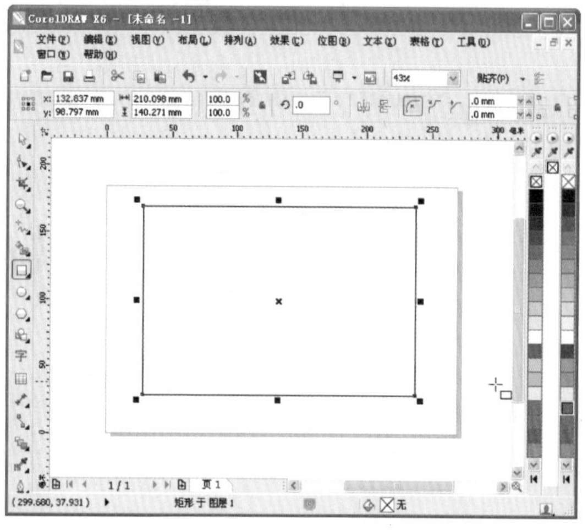

图1-60 绘制矩形

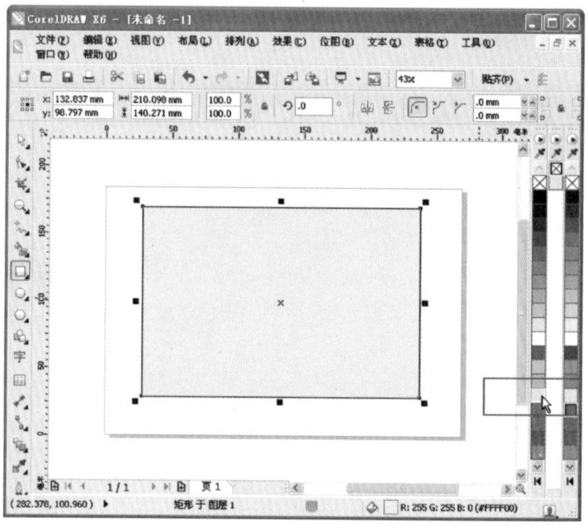

图1-61 填充颜色

3. 在绘图区右侧的调色板“红色”色块上单击鼠标左键，为矩形添加轮廓色，如图1-62所示。
4. 设置属性栏中的“轮廓宽度”为5mm，如图1-63所示。

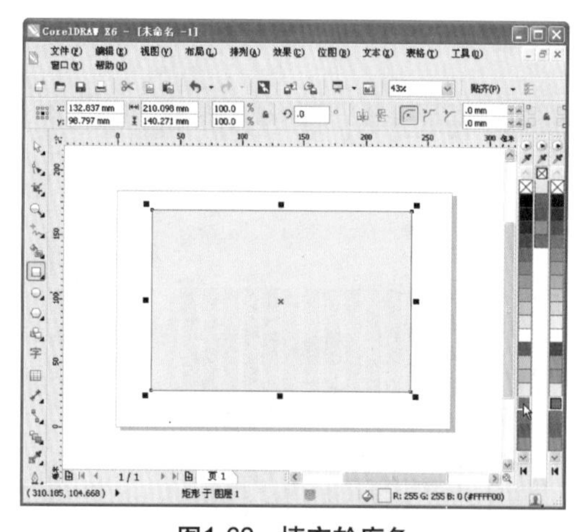

图1-62 填充轮廓色

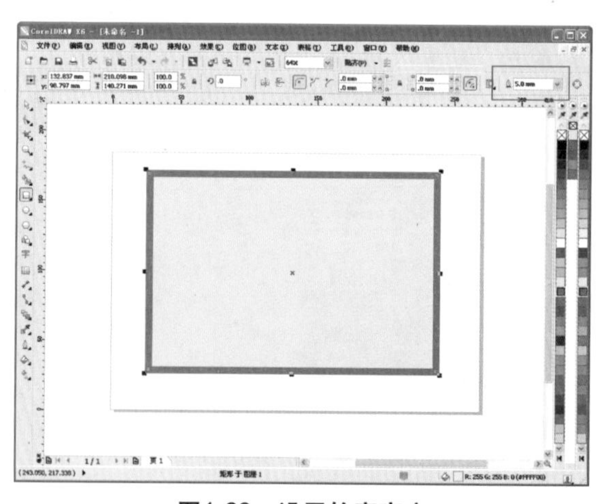

图1-63 设置轮廓宽度

1.2.11 状态栏

状态栏位于主界面的最下方，提供了一系列当前所选对象的有关信息，例如，对象的

电脑小百科

有时创意是一句经典的广告词、一幅冲击力强的画面、一个特殊的角度，有时是一种观念或一个概念，有时是文字的变化和排列的穿插。

填充颜色和轮廓线等，状态栏的具体操作步骤如下。

1. 新建一个空白文档，选择工具箱的“椭圆形”工具，在绘图页面绘制一个椭圆，如图1-64所示，此时状态栏中的填充显示为无。
2. 在调色板“绿色”色块上单击鼠标左键，为椭圆填充绿色。单击右键调色板上的无填充按钮☒，去除轮廓线，如图1-65所示，此时状态栏中的填充显示为绿色。

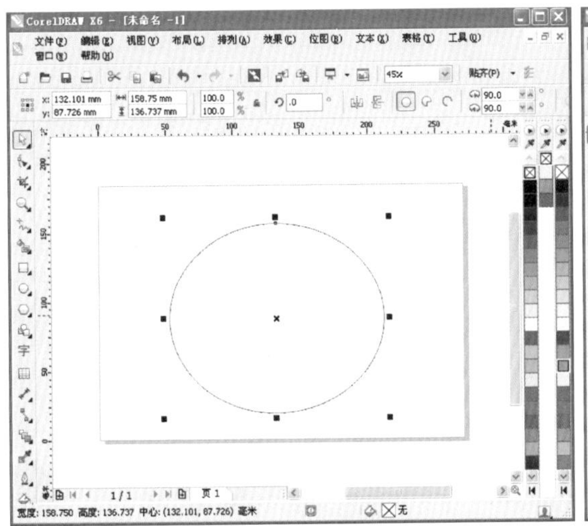

图1-64　绘制椭圆

图1-65　填充颜色

3. 将光标移至状态栏上的填充色上并单击，弹出“均匀填充”对话框，更改填充色，如图1-66所示。
4. 单击“确定”按钮，颜色更改完成，状态栏显示的为更改后的颜色值，如图1-67所示。

图1-66　均匀填充参数值

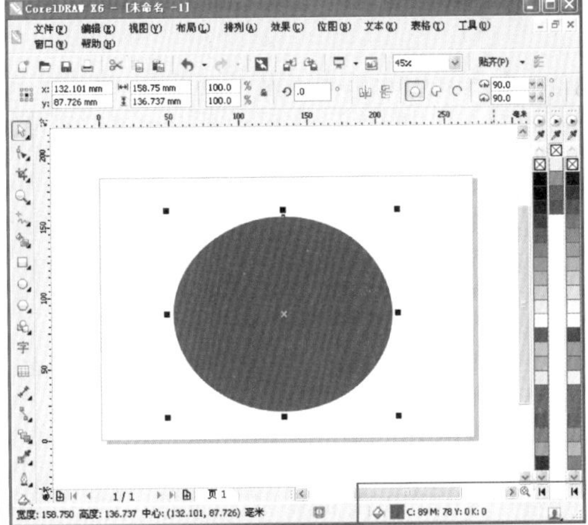

图1-67　更改填充色

1.3 CorelDRAW X6文档的基本操作

下面介绍的是CorelDRAW X6的文档基本操作，是开始设计和制作作品的第一步。

==书盘互动指导==

⊙ 示例	⊙ 在光盘中的位置	⊙ 书盘互动情况
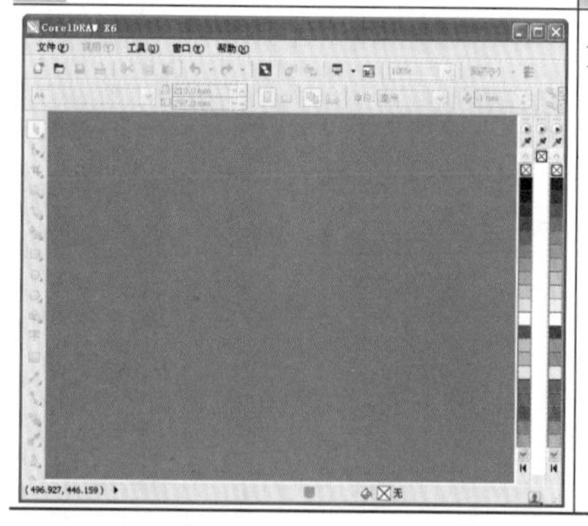	1.3 CorelDRAW X6 文档的基本操作 1.3.1 新建文件 1.3.2 打开已有文件 1.3.3 保存文件 1.3.4 关闭文件 1.3.5 导入导出文件	本节主要学习CorelDRAW X6文档，在光盘1.3节中有相关内容的操作视频，还特别针对本节内容设置了具体的实例分析。 大家可以在阅读本节内容后再学习光盘，以达到巩固和提升的效果。

1.3.1 新建文件

绘制图形之前，首先要创建新文档。在CorelDRAW X6中，其可以通过多种操作方法来完成，下面为新建文件的具体操作步骤。

1. 启动CorelDRAW X6后，在弹出的“快速启动”对话框中，单击“新建空白文档”选项，即可生成空白文档，如图1-68所示。
2. 进入CorelDRAW X6后，选择“文件”→“新建”命令，或者按下Ctrl+N组合键，或者单击标准工具栏中的“新建”按钮，在弹出的“创建新文档”对话框中设置好文档的属性，即可新建所需的空白文档，如图1-69所示。
3. 单击“确定”按钮，建立一个A4大小的文档，如图1-70所示。
4. 进入CorelDRAW X6后，选择“文件”→“从模板新建”命令，在弹出的“从模板新建”对话框中选择模板，单击“打开”按钮，即可新建一个以模板为基础的文档，也可以在模板的基础上进行新的改动，如图1-71所示。

图1-68 快速启动新建文件

设置个性化桌面，可以让电脑学习和办公更有乐趣，不会因为面对桌面而感到枯燥和乏味。

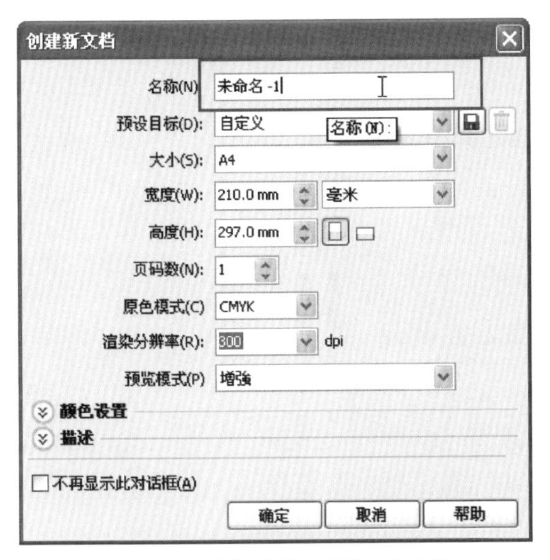

图1-69 “创建新文档”对话框

图1-70 新建文件

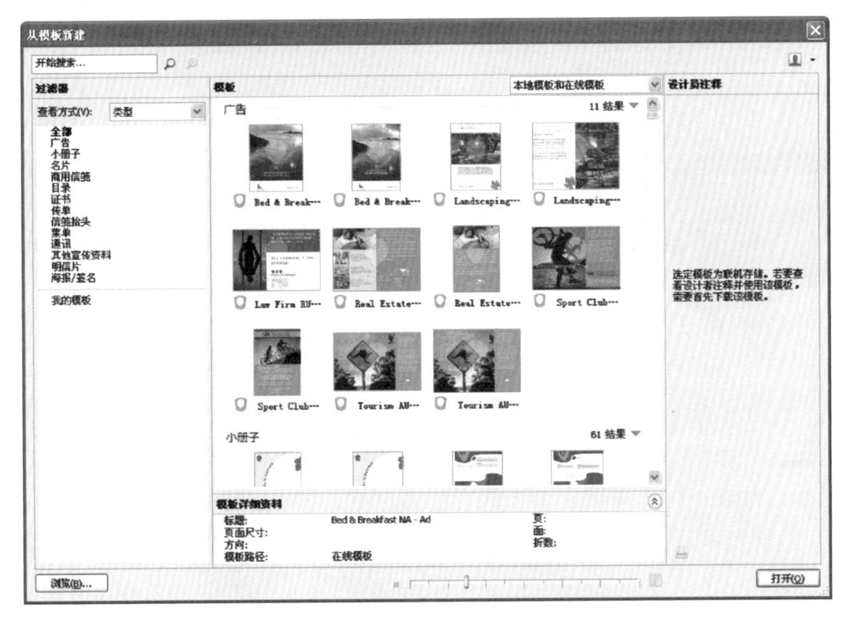

图1-71 “从模板新建”对话框选择模板

1.3.2 打开已有文件

要编辑某个图形，首先应将其打开。选择“文件”→“打开”命令，或按下Ctrl+O快捷键，或单击属性栏中的“打开”按钮，打开文件。需要注意的是，文件必须是.cdr格式。打开已有文件的具体操作步骤如下。

1. 启动CorelDRAW X6后，选择“文件”→“打开”命令，或按下Ctrl+O组合键，或单击属性栏中的“打开”按钮，如图1-72所示。

电脑小百科

图形是有别于文字语言的一种更直观、更易于记忆力的视觉传播语言，可在瞬间将广告的信息传递给人们，因此要求平面广告图形要有震撼力和说服力，突出广告对象或产品独有的特征，以激起消费者对产品的兴趣。

② 弹出“打开绘图”对话框，选择所要打开的文件，如图1-73所示，单击“打开”按钮，打开已有文件，如图1-74所示。

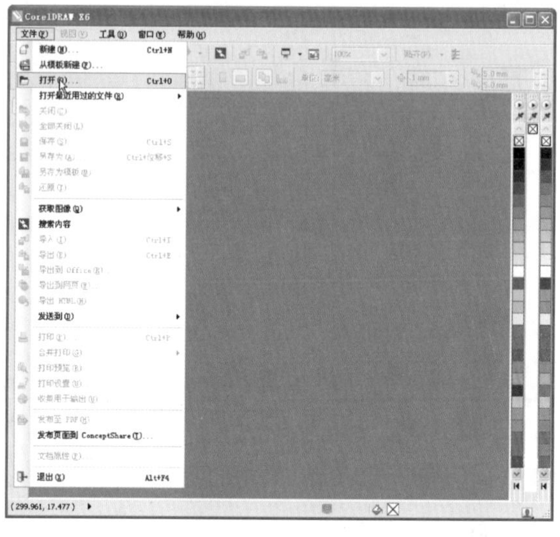

图1-72 打开文件

图1-73 “打开绘图”对话框

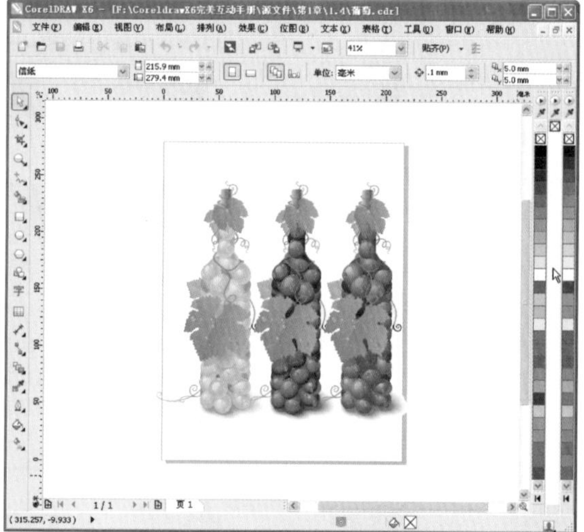

图1-74 打开已有文件

打开多个文件时，在“打开绘图”对话框的文件列表中，按住Shift键，选择需要的多个连续文件，或按住Ctrl键，选择需要的多个不连续文件，单击“打开”按钮，即可将需要的多个文件在绘图页面中打开。

电脑小百科

如果填充对象众多，需要填充的渐变色包含的色值较多且颜色值相近，可以先只对一个对象填充渐变，然后通过复制其属性，再切换到交互式填充工具，对颜色色块进行相应的调整和增减，这样可以减少烦琐的色值设置。

1.3.3 保存文件

绘图过程中，为了避免文件意外丢失，需要及时将编辑好的文件保存起来。在CorelDRAW X6中，可以通过以下几种方法来保存文件。

下面为保存文件的具体操作步骤。

1. 图形制作完毕后，打开已有文件，如图1-75所示。
2. 单击标准工具栏中的“保存”按钮，即可保存文件，如图1-76所示。也可以通过选择菜单栏中的“文件”→“保存”命令，或者按Ctrl+S组合键来保存文件，如图1-77所示。

图1-75 打开已有文件

图1-76 保存文件

3. 若要将文件以其他文件名或位置保存，可使用“另存为”命令。选择菜单栏中的“文件”→“另存为”命令，如图1-78所示，在弹出的“保存绘图”对话框中设置文件路径、文件名和保存类型，单击“保存”按钮，保存文件，如图1-79所示。

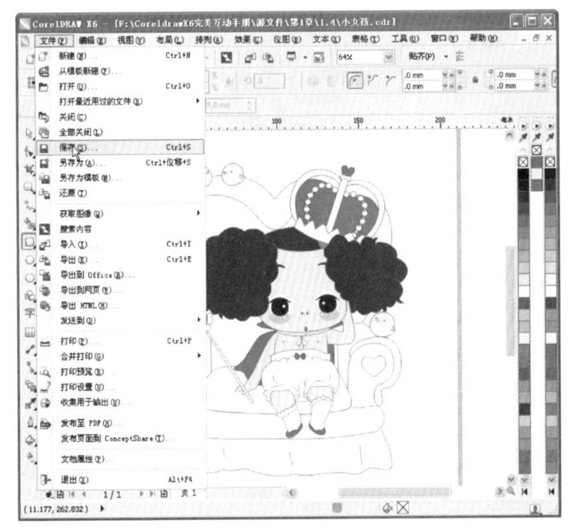

图1-77 保存文件

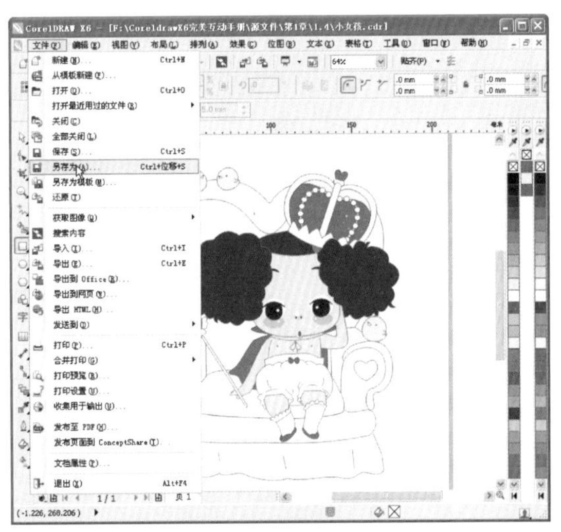

图1-78 保存文件

多个像素的色彩组合就形成了图像，这个图像称之为位图。

图1-79 “保存绘图”对话框

1.3.4 关闭文件

完成文件的编辑之后，为了节省系统资源，可以将当前的文件关闭，关闭文件的方法有以下两种，下面为关闭文件的具体操作步骤。

1 启动软件后，打开两个文件，如图1-80所示。

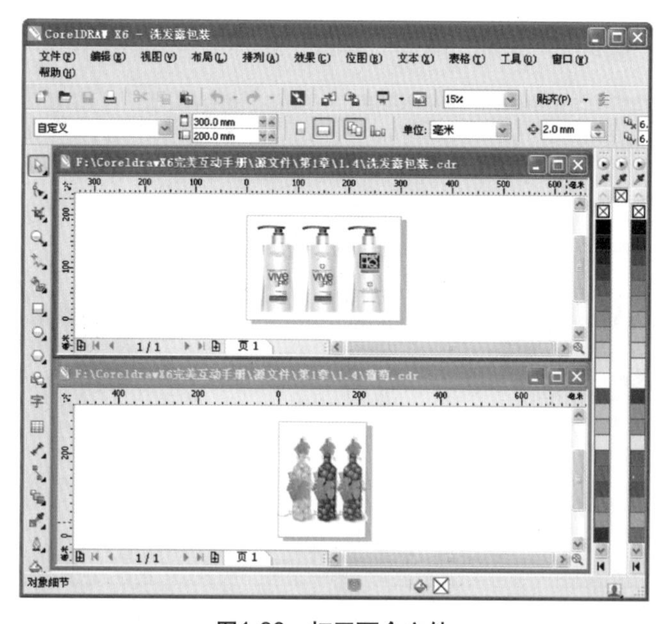

图1-80 打开两个文件

电脑小百科

位图又叫点阵图或像素图，计算机屏幕上显示的图像是由屏幕上的发光点造成的，每个点的颜色与亮度等信息由二进制数据来描述，这些点是离散的，类似于点阵。

❷ 关闭当前文件。选中当前文件，选择菜单栏中的“文件”→“关闭”命令，或者按Alt+F4组合键，或单击菜单栏最右边的关闭按钮×，即可将当前文件关闭，如图1-81所示。

❸ 若要一次关闭所有打开的文件，选择“文件”→“全部关闭”命令，即可将全部打开的文件关闭。

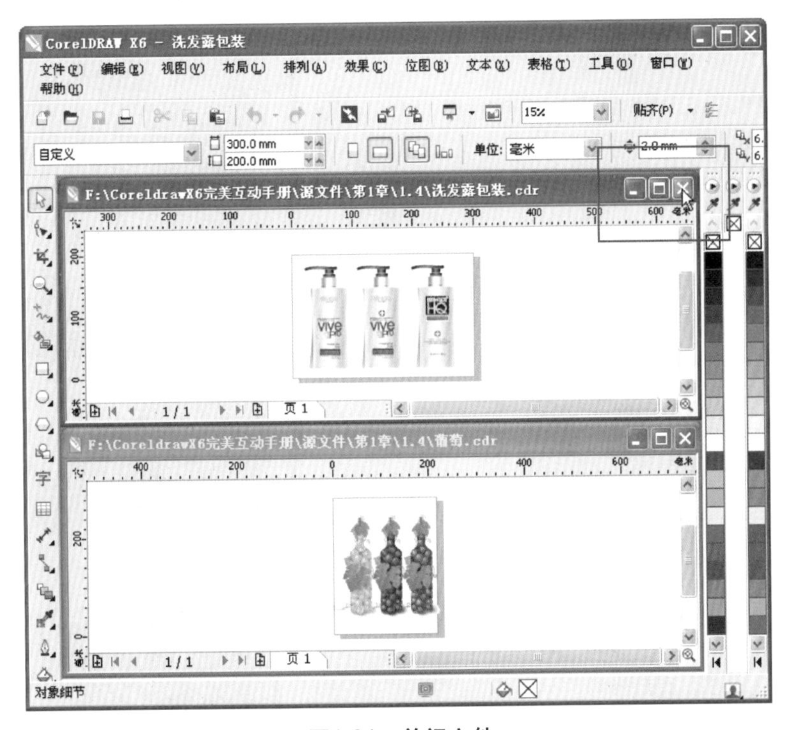

图1-81　关闭文件

1.3.5 导入导出文件

导入和导出文件不仅针对矢量图，它最大的优势是能将除.cdr格式以外的其他格式导入进来进行编辑，完成后同时也能导出为不同格式的文件，这就方便了不同软件的制作。

导入导出文件的具体操作步骤如下。

❶ 新建一个空白文档，选择“文件”→“导入”命令或按Ctrl+I组合键，弹出“导入”对话框，选择本书配套光盘中的“第1章\1.4\花纹.cdr”文件，单击“导入”按钮，在页面中单击左键即可导入文件，如图1-82所示。

❷ 单击标准工具栏中的“导入”按钮，弹出“导入”对话框，选择本书配套光盘中的“第1章\1.4\咖啡杯.PNG”文件，如图1-83所示，单击“导入”按钮，在页面中单击左键即可导入文件。

❸ 将咖啡杯放置合适的位置上，如图1-84所示。

电脑小百科

如果需要查看图形颜色的参数，一种方法上双击界面右下角的色块，弹出“渐变填充”对话框；另一种方法是直接按F11键，弹出“渐变填充”对话框，查看参数设置。

❹ 选择“文件”→“导出”命令或按Ctrl+E组合键，也可以单击标准工具栏中的“导出”按钮，弹出“导出”对话框，将文件放置合适的文件夹中，单击“导出”，弹出“导出到JPEG”对话框，设置颜色模式为RGB，单击“确定”按钮，如图1-85所示。

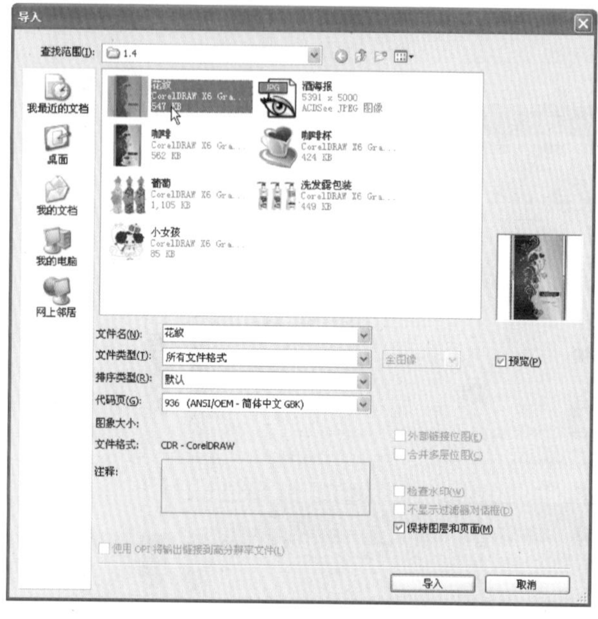

图1-82　导入“花纹”文件

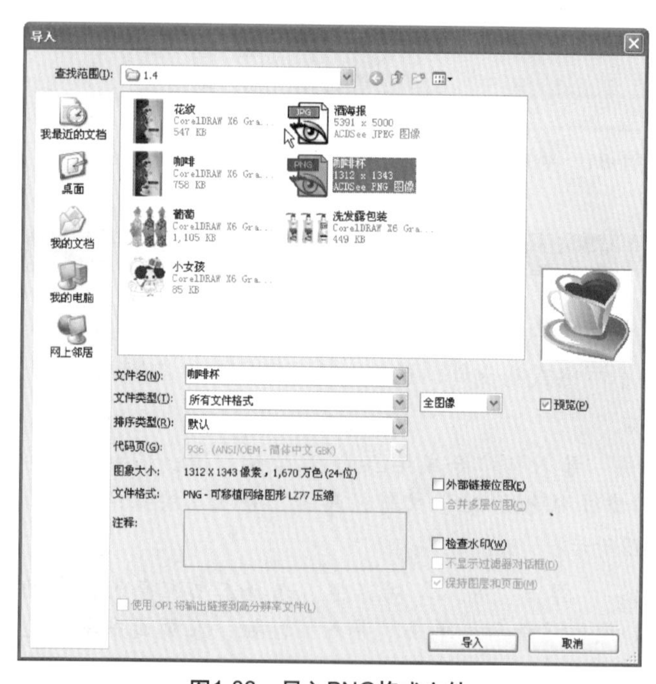

图1-83　导入PNG格式文件

图1-84　导入“咖啡杯”PNG格式文件

电脑小百科

平面设计所表现的立体空间感并非实在的三度空间，而仅仅是图形对人的视觉引导作用形成的幻觉空间。

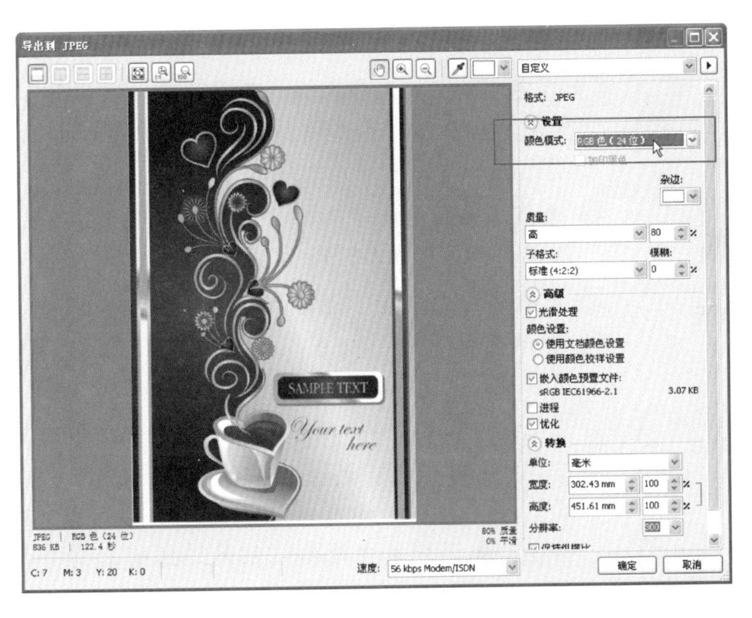

图1-85　导出文件

1.4　设置页面辅助功能

在CorelDRAW X6中，可以借助一些辅助工具精确定位图形，如标尺、网格和辅助线等。这些辅助工具均为非打印元素，在打印时不会被打印出来，为绘图带来了很大的方便。

书盘互动指导

⊙ 示例	⊙ 在光盘中的位置	⊙ 书盘互动情况
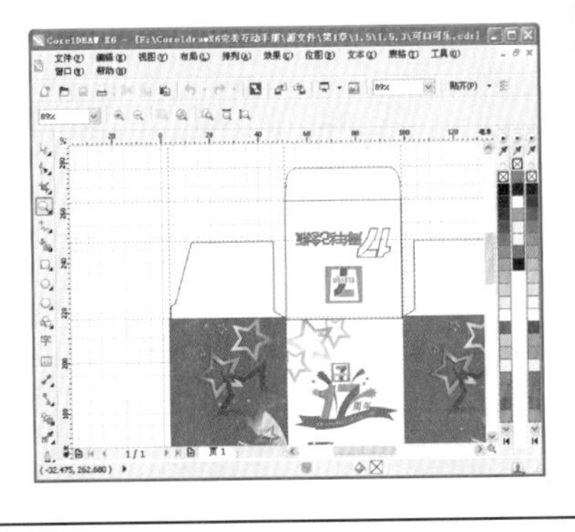	1.4　设置页面辅助功能 1.4.1　使用页面标尺 1.4.2　使用网格 1.4.3　使用辅助线 1.4.4　管理多页面	本节主要带领大家全面学习设置页面辅助功能，在光盘1.4节中有相关内容的操作视频，并还特别针对本节内容设置了具体的实例分析。 大家可以在阅读本节内容后再学习光盘，以达到巩固和提升的效果。

1.4.1　使用页面标尺

标尺可以帮助用户精确绘制图形，确定图形位置及测量大小，下面为使用页面标尺的

电脑小百科

矢量图所记录的是对象的几何形状、线条粗细和色彩等，其基本组成单元是节点和路径。

具体操作步骤。

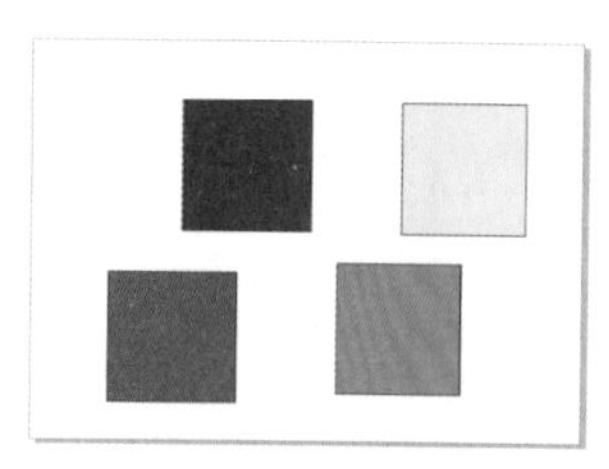
图1-86　绘制矩形

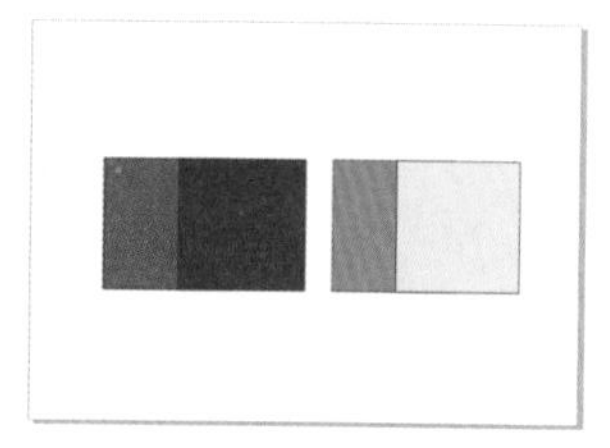
图1-87　顶端对齐

① 新建一个空白文档，选择工具箱中的“矩形”工具，按Ctrl键的同时在绘图页面绘制正方形，并复制三个至合适的位置，填充相应的颜色，如图1-86所示。

② 选择工具箱中的“选择”工具，框选四个正方形，按T键，顶端对齐，如图1-87所示。

③ 重新移动正方形，使其排列更均匀，如图1-88所示。

④ 选择菜单中的“视图”→“标尺”命令，即可将其显示出来。在标尺上拖出一条标尺放置正方形边缘，当靠拢边缘出现“边缘”文字，证明标尺已贴近，如图1-89所示。

⑤ 若要对标尺进行相关设置，可选择“视图”→“设置”→“网格和标尺”命令，打开“选项”对话框。在该对话框左侧的列表中选择“标尺”选项，则会打开“标尺”选项，如图1-90所示，此时可适当设置其相关属性。

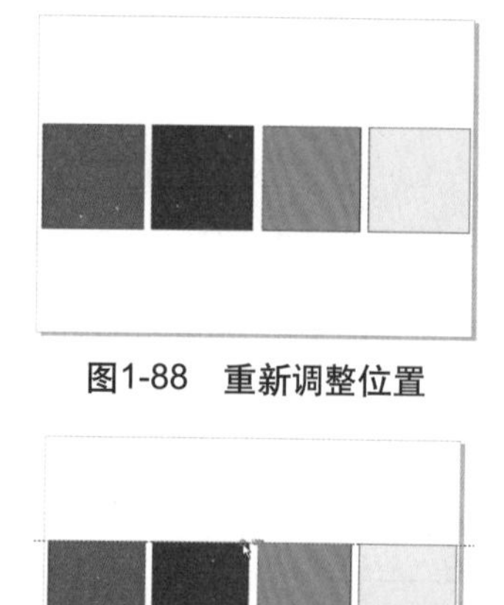
图1-88　重新调整位置

图1-89　标尺贴近

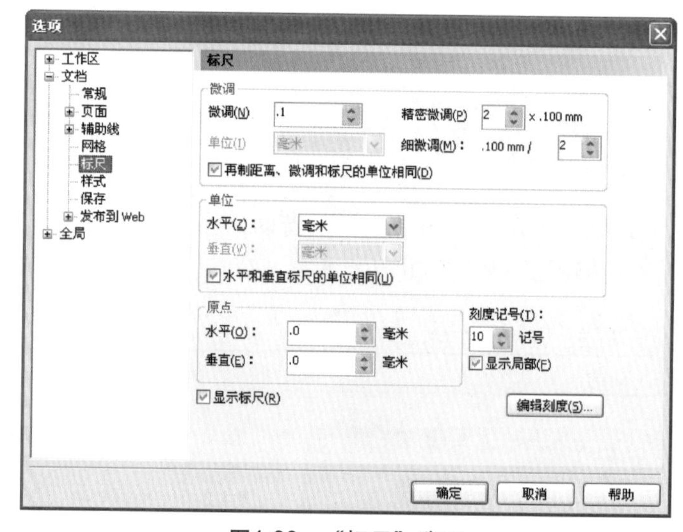

图1-90　“标尺”选项

知识补充

标尺最大的特点是可以帮助用户精确绘制图形，确定图形位置及测量大小，但是标尺不能被显示出来。

1.4.2 使用网格

网格用于协助绘制和排列对象。在系统默认的情况下，网格不会显示在窗口中，可在菜单中选择“视图”→“网格”命令将其显示出来。

电脑小百科

矢量图形在缩放时边缘都是平滑的，图形不会失真，因此，矢量图特别适用于文字设计、图案设计、版式设计、标志设计、计算机辅助设计、工艺美术设计、插图设计等，且生成的矢量图文件体积很小。

下面为使用网格的具体操作步骤。

1. 选择“文件”→“打开”命令，弹出“打开绘图”对话框，选择本书配套光盘中的“第1章\1.5\1.5.2\LOGO.cdr”文件，单击“打开”按钮，如图1-91所示。
2. 选择“视图”→“网格”→“文档网格”命令，即可将其显示出来，如图1-92所示。

图1-91 打开LOGO文件

图1-92 显示网格

3. 若要对网格进行相关设置，可选择“视图”→“设置”→“网格和标尺”命令，打开“选项”对话框，此时系统默认的即为“网格”选项，如图1-93所示，可在该选项中设置网格的相关属性。

图1-93 “网格”选项

电脑小百科

矢量图和位图是可以相互转换的，在Photoshop中打开矢量图，矢量图将被转换为位图；在矢量软件中打开或者置入位图，不能直接将位图转换成矢量图，但是有专门的命令实现转换。

1.4.3 使用辅助线

在CorelDRAW X6中，辅助线是最实用的辅助工具之一，它可以任意调节以帮助用户对齐绘制的对象。辅助线可以从标尺上直接拖曳出来，放置到页面的任意位置，并可旋转任意角度。若要设置其相关属性，可选择“视图”→“设置”→“辅助线设置”命令，打开“选项”对话框中的“辅助线”选项，如图1-94所示。

下面为使用辅助线的具体操作步骤。

1. 选择“文件”→“打开”命令或按Ctrl+O组合键，弹出“打开绘图”对话框，选择本书配套光盘中的“第1章\1.5\1.5.3\可口可乐包装.cdr”文件，单击“打开”按钮，如图1-95所示。

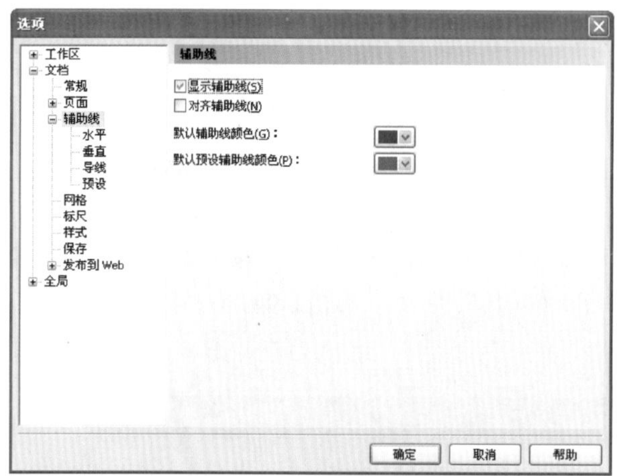

图1-94 “辅助线”选项

图1-95 打开“可口可乐”包装文件

2. 选择“视图”→“辅助线”命令，绘图区框出现辅助线，如图1-96所示。
3. 选择工具箱中的“选择”工具，在上面拖出一根辅助线至合适的位置，如图1-97所示。

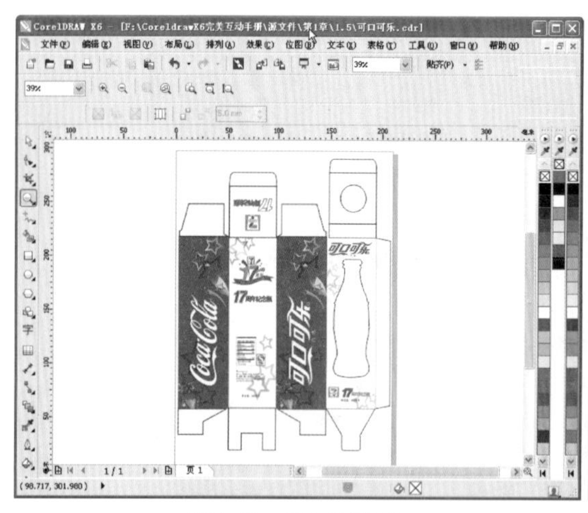

图1-96 显示辅助线

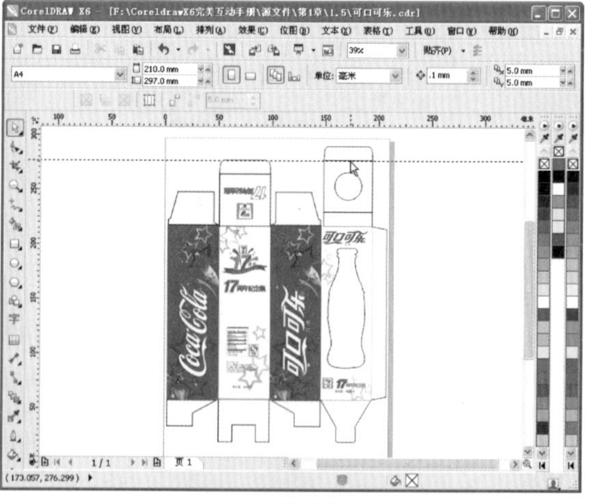

图1-97 拖出辅助线

电脑小百科

矢量图最核心的特点是可以无损地任意缩放图形，利用矢量图的这一特点来绘制的一些简单结构和色彩的图形(如企业标志，标识)，其优势是很明显的。

4 通过使用相同的方法，拖出多条辅助线，效果如图1-98所示。

5 若要移动辅助线，在要移动的辅助线上单击鼠标左键，辅助线以红色显示，拖动至合适的位置即可。若要删除辅助线，单击需要删除的辅助线对象，按Delete键即可。

6 如需要建立倾斜辅助线，在上面拖出一根辅助线，再次单击辅助线，使辅助线处旋转状态，如图1-99所示。

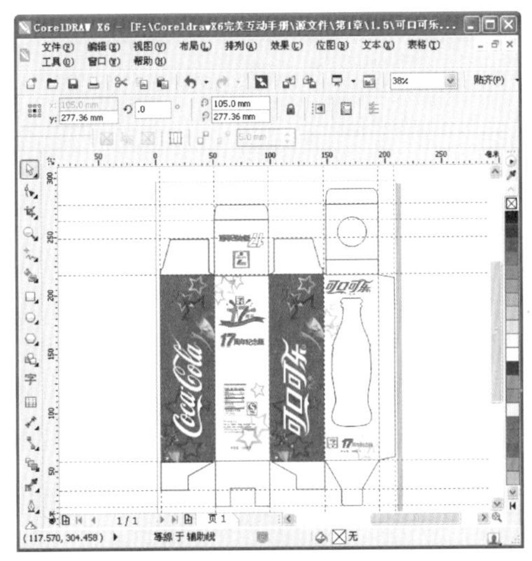

图1-98　“辅助线”页面

图1-99　辅助线处旋转状态

7 将光标放置旋转图标上，光标发生变化，如图1-100所示。拖动光标即可进行旋转，效果如图1-101所示。

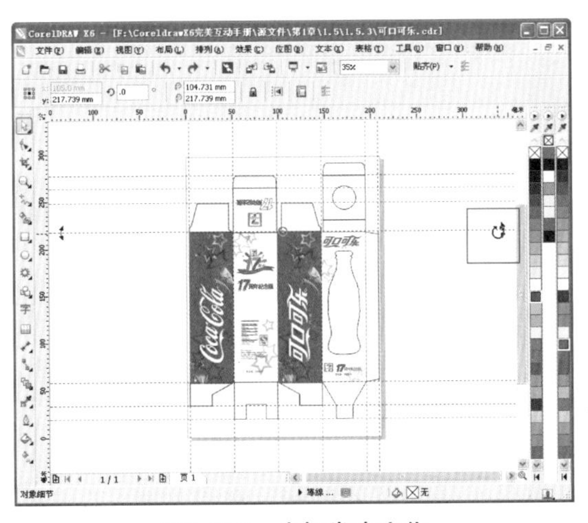

图1-100　光标发生变化

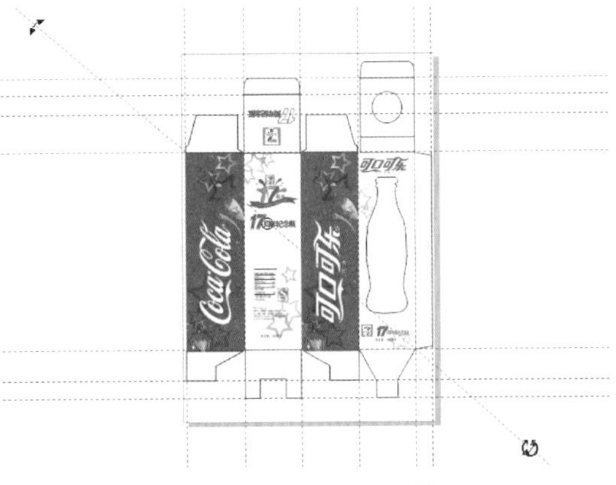

图1-101　旋转辅助线

1.4.4 管理多页面

在CorelDRAW X6中，在一个图形文件内可以设置多个页面。选择“布局”→“插入

电脑小百科

单击页面左下方的按钮，将在相同的图像文件中新建一个页面。在新建的页面中进行操作，其他的页面内容不受到影响。

页”命令，打开“插入页面”对话框，如图1-102所示。在该对话框中直接输入要插入的页数后，单击“确定”按钮即可插入页面。

下面为管理多页面的具体操作步骤。

1 选择“文件”→“打开”命令或按Ctrl+O组合键，弹出“打开绘图”对话框，选择本书配套光盘中的“第1章\1.5\1.5.4\脸谱挂历.cdr”文件，单击“打开”按钮，如图1-103所示。

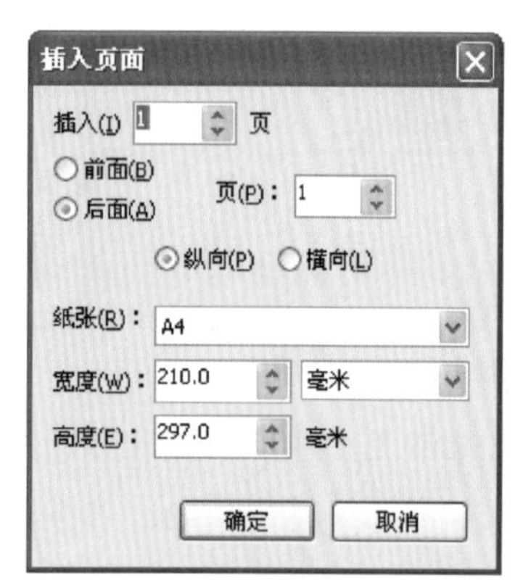

图1-102 “插入页面”对话框

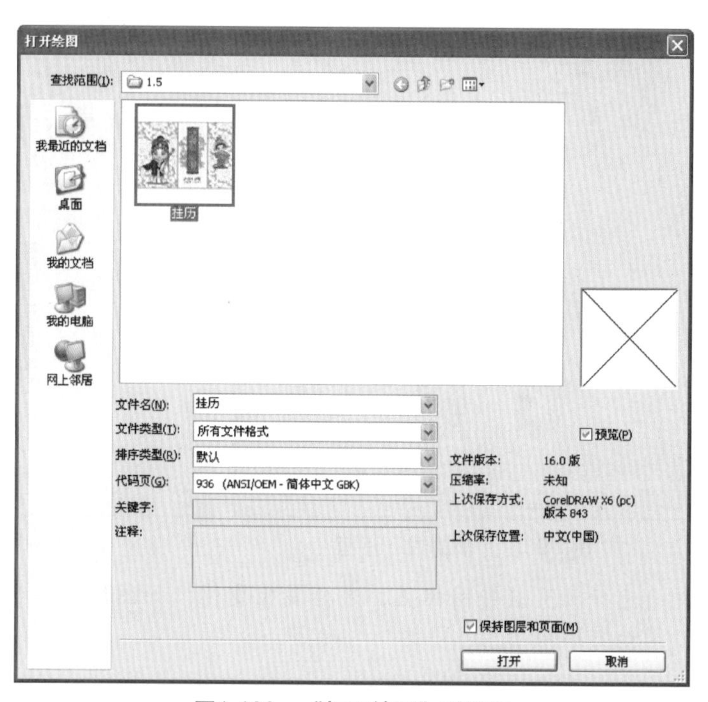

图1-103 “打开绘图”对话框

2 页面重命名。选择“布局”→“重命名页面”命令，弹出“重命名页面”对话框，设置页名为“封面”，单击“确定”按钮，如图1-104所示。

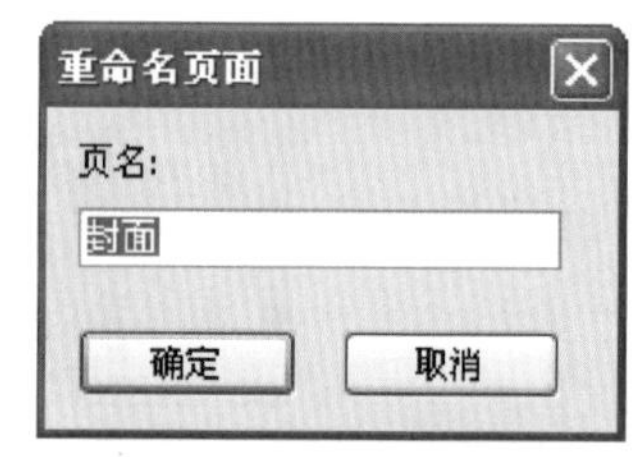

图1-104 重命名页面

3 单击鼠标右键状态栏中的页2，弹出快捷菜单，选择重命名页面，弹出“重命名页面”对话框，设置页名为“1月”，单击“确定”按钮，如图1-105所示。

4 通过相同的方法给其他的页面更改名字。

5 通过菜单命令插入页面的方法过于烦琐，在希望增加默认页面的时候，更快捷的方法是通过直接单击页面控制栏上的按钮，在当前页之前或之后添加页面。

6 此外，在页面控制栏上的页面标签上单击鼠标右键，在打开的快捷菜单中选择“在后面插入页”命令或“在前面插入页”命令，也可以插入页面，如图1-106所示。

7 删除页面。选择“布局”→“删除页面”命令，打开“删除页面”对话框，如图1-107所示。在该对话框中输入需要删除的页面的页码，单击“确定”按钮即可。

电脑小百科

位图图像可以通过数码相机、扫描仪或PhotoCD软件获得，也可以通过其他设计软件绘制生成。

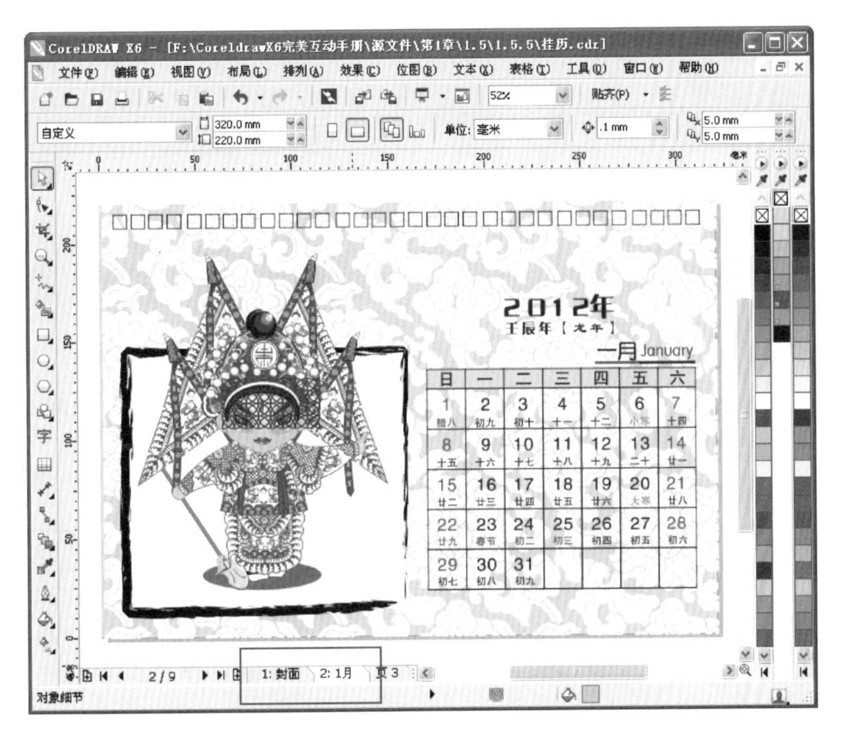

图1-105　重命名页面

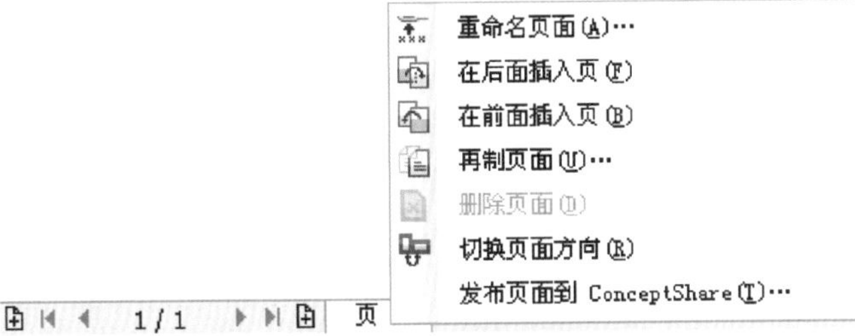

图1-106　页面标签上的快捷菜单

删除页面
删除页面(D) 2
通到页面(T)：2 包含的
确定 取消

图1-107　“删除页面”对话框

8. 也可以将鼠标放置在页面控制栏上的一个页面标签上，单击鼠标右键，在弹出的快捷菜单中选择“删除页面”命令，即可直接删除掉所选择的页面。

9. 定位页面。通过单击页面控制栏中的◀按钮或▶按钮，可以按顺序翻动页面。如果单击页面控制栏上的⏮按钮或⏭按钮，则可以直接将页面翻动到首页或结束页。

10. 如果用户的文件中的页数太多，可以选择“布局”→“转到某页”命令，在打开的“定位页面”对话框中输入需要翻转的页码数，如图1-108所示，单击“确定”按钮即可直接翻转页面。

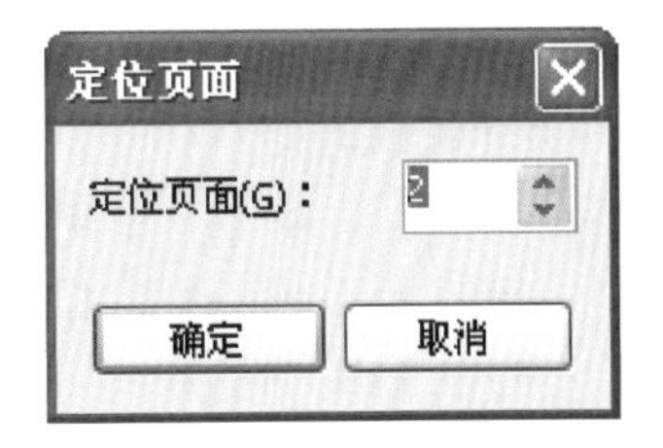

图1-108　“定位页面”对话框

2/3 页1 页2 页3

图1-109　单击按钮翻转页

11. 此外，还可以通过直接单击页面控制栏上的数字按钮，打开“定位页面”对话框进行选择定位，如图1-109所示。

电脑小百科

矢量图又叫向量图，它是用一系列计算机指令来描述和记录一幅图。一幅图可以分解为一系列由点、线、面等组成的子图。

知识补充

按键盘上的PageUp键和PageDown键，可以快速预览上一页或下一页。

1.5 视图调整

在CorelDRAW X6中，为了取得更好的图像效果，在编辑过程中，应定时查看目前的图形图像。用户可根据需要设置文件的显示模式、预览文件、缩放和平移画面，还可以在同时打开多个文件时，调整各个文件窗口的排列方式等。

书盘互动指导

示例	在光盘中的位置	书盘互动情况
简单线框(S) 线框(W) 草稿(D) 正常(N) 增强(E) 像素(X) 模拟叠印(V) 光栅化复合效果(Z) 全屏预览(F) F9 只预览选定的对象(O) 页面排序器视图(A) 视图管理器(W) Ctrl+F2 标尺(R) 网格(G) 辅助线(I) 显示(H) 启动翻转(V) 贴齐(P) 动态辅助线(Y) Alt+位移+D 对齐辅助线(A) Alt+位移+A 设置(T)	1.5 视图调整 1.5.1 选择显示模式 1.5.2 窗口的排列 1.5.3 缩放 1.5.4 平移	本节主要带领大家全面学习视图调整，在光盘1.5节中有相关内容的操作视频，并还特别针对本节内容设置了具体的实例分析。 大家可以在阅读本节内容后再学习光盘，以达到巩固和提升的效果。

1.5.1 选择显示模式

在不同的视图模式下，显示图形图像的画面内容、质量会有所不同。用户可以选择“视图”菜单中的相应选项，调整文件的显示模式。CorelDRAW X6充分考虑用户的需求，提供了简单线框模式、线框模式、草稿模式、正常模式、增强模式以及叠印增强模式，共6种显示模式。

1. 简单线框模式。首先选择“文件”→“打开”命令或按Ctrl+O组合键，弹出“打开绘图”对话框，选择本书配套光盘中的“第1章\1.6\时尚购物.cdr”文件，单击“打开”按钮。选择“视图”→“简单线框”命令，可将图形文件以简单线框模式显示。在该模式下，所有矢量图形只显示其外框，位图则全部显示为灰度图，如图1-110所示。
2. 选择“视图”→“线框”命令，可将图形文件以线框模式显示。在该模式下，显示效果与简单线框模式类似，只是所有的变形对象(渐变、立体化、轮廓效果)将显示中间生成图像的轮廓，不显示填充效果，如图1-111所示。

电脑小百科

矢量图的缺点是不易制作出色彩丰富的图像，想要像位图那样精确地绘制丰富、真实的图像，效果难度很大。

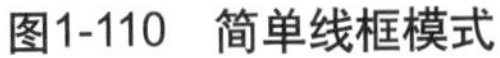

图1-110　简单线框模式

图1-111　线框模式

3 选择“视图”→“草稿”命令，可将图形文件以草稿模式显示。在该模式下，页面中的所有图形均以低分辨率显示，其中花纹填色、材质填色等均显示为一种基本的图案，如图1-112所示。

4 选择“视图”→“正常”命令，打开一幅矢量图形，默认的显示模式即为正常模式。它既能保证图形的显示质量，又不影响计算机显示和刷新图形的速度。在该模式下，页面中除了PostScript填充外的所有图形均能正常显示，但位图将以高分辨率显示，如图1-113所示。

图1-112　草稿模式

图1-113　正常模式

电脑小百科

按Tab键，可以从上往下逐一选中对象，按Shift+Tab组合键，可以从下往上逐一选中对象。

5 选择“视图”→“增强”命令，可将图形文件以增强模式显示。增强模式为视图模式的最佳显示效果，在该模式下，系统会以高分辨率优化图形的方式显示所有图形对象，并使轮廓变得更自然，从而得到高质量的显示效果，如图1-114所示。

6 选择“视图”→“像素”命令，可以将图以像素模式显示。像素模式以位图格式(如JPEG、GIF或PNG)保存图稿时，CorelDRAW会以每英寸72像素来栅格化该图稿。如果要在栅格化图形中控制对象的精确位置、大小和对象的消除锯齿效果时，这个功能尤其有用，如图1-115所示。

图1-114 增强模式

图1-115 像素模式

1.5.2 窗口的排列

视图的比例调整，可以通过选择“窗口”菜单下的相关命令，可进行新建窗口或调整当前显示窗口的相关操作。

下面为调整视图显示比例的具体操作步骤。

1 打开文件，选择“窗口”→“新建窗口”命令，将会弹出一个与原窗口相同的新窗口，从而达到在新窗口中修改原窗口中的对象，而不改变该对象在原窗口中的属性的目的，如图1-116所示。

2 打开其他两个文件，选择“窗口”→“层叠”命令，即可将两个或多个窗口以一定顺序层叠在一起，这样用户就可以任意选择绘制窗口。单击任意窗口的标题栏，即可将它设置为当前窗口，如图1-117所示。

3 选择“窗口”→“水平平铺”命令，可将两个或多个窗口以同等大小水平平铺显示出来，如图1-118所示。

4 关闭新建的窗口文件，选择“窗口”→“垂直平铺”命令，可将两个或多个窗口以同等大小垂直平铺显示出来，如图1-119所示。

电脑小百科

给文字加底纹可以起到突显文字的效果，使文字在整体上看上去更加明显。

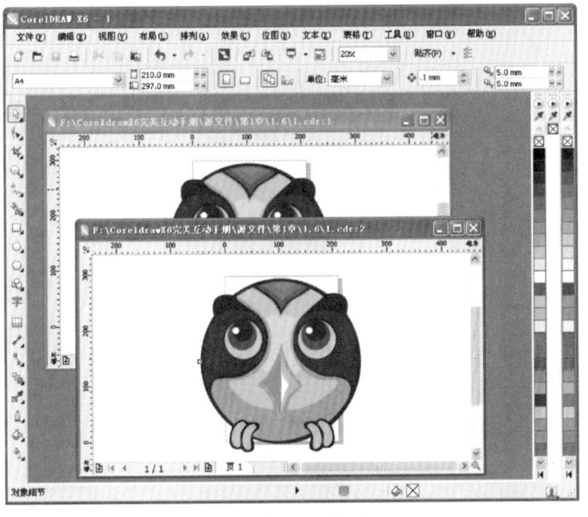

图1-116　新建窗口

图1-117　层叠

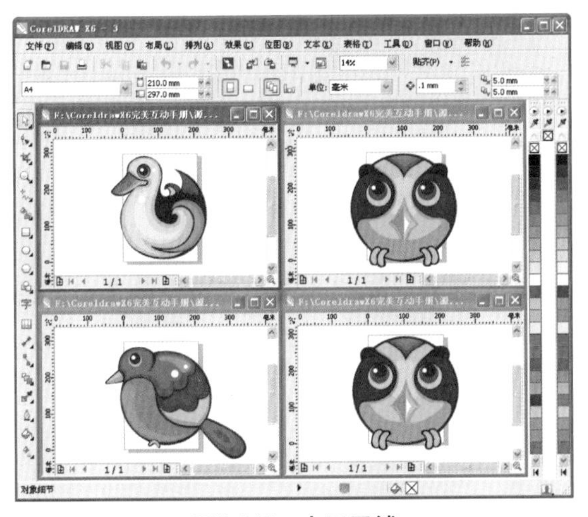

图1-118　水平平铺

图1-119　垂直平铺

1.5.3 缩放

在绘制图形的过程中，可以利用缩放工具及其属性栏来控制图形的显示大小，下面为缩放工具的具体操作步骤。

1. 选择“文件”→“打开”命令或按Ctrl+O组合键，弹出“打开绘图”对话框，选择本书配套光盘中的“第1章\1.6\卡通雪花.cdr”文件，单击“打开”按钮，如图1-120所示。
2. 选择工具箱中的“缩放”工具，单击属性栏中的“显示页面”按钮或按Shift+F4组合键，可以将绘图窗口中的图形以绘图窗口中的页面打印区域的100%大小进行显示，如图1-121所示。
3. 单击属性栏中的“缩放全部对象”按钮或按F4快捷键，可将绘图窗口中所有的图形以最大化形式显示，如图1-122所示。
4. 在属性栏的“缩放级别”下拉列表中，选择400%，如图1-123所示。

电脑小百科

屏幕保护程序是一个可以使屏幕暂停显示或以动画方式显示画面的应用程序。当用户在一定时间内不使用电脑时，其会自动启动，起到保护屏幕的作用。

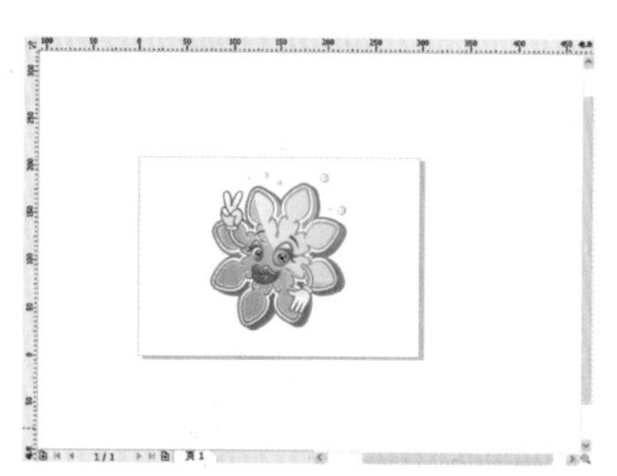

图1-120 打开“卡通雪花”文件

图1-121 显示页面

图1-122 缩放全部对象

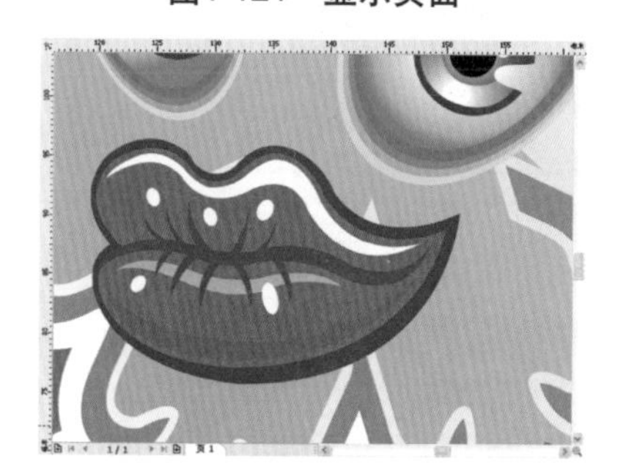

图1-123 缩放级别

5 单击属性栏中的“按页宽显示”按钮，可将绘图窗口中的图形以绘图窗口中页面打印区域的宽度进行显示，如图1-124所示。

6 想要放大指定的区域，选择缩放工具后，在指定的区域，拖动鼠标绘制一个蓝色的虚线框，即可放大虚线框内的内容，如图1-125所示。

图1-124 按页宽显示

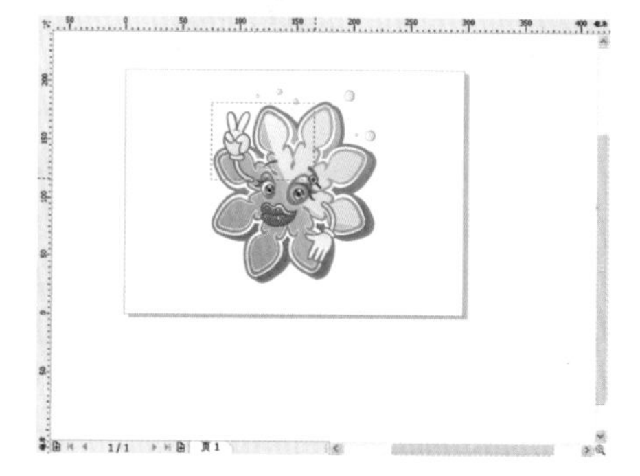

图1-125 缩放局部

知识补充

切换到缩放工具的快捷键是Z键，如果按住Shift键，则鼠标指针将显示为形状，此时单击鼠标左键将缩小视图，单击鼠标右键将放大视图。

知识补充

缩小的快捷键为F3。

电脑小百科

通常情况下，“回收站”的容量是占每个磁盘容量的10%，但如果用户需要，也可以进行自定义调整。

1.5.4 平移

使用平移工具可在不改变视图显示比例大小的情况下改变视点的位置，也可以放大或缩小绘图窗口中的图形。

下面为使用平移工具的具体操作步骤。

1. 选择“文件”→“打开”命令或按Ctrl+O组合键，弹出“打开绘图”对话框，选择本书配套光盘中的“第1章\1.6\卡通雪花.cdr”文件，单击“打开”按钮，如图1-126所示。
2. 选择工具箱中的“平移”工具 或按H键，将鼠标移动到绘图窗口中，此时鼠标显示为 形状，按下鼠标左键并拖动鼠标，如图1-127所示。

图1-126 打开文件

图1-127 平移对象

知识补充

在绘图窗口中双击鼠标左键，可以放大显示图形；单击鼠标右键，可以缩小显示图形。

1.6 应用实例——汽车宣传单

本实例设计，以浅蓝色为背景，素材都是以汽车元素来完成，文字整体颜色的设计与背景完善映衬，更使得整个画面和谐统一。主要运用了矩形工具、椭圆形工具、文本工具、钢笔工具、裁剪工具、辅助线等。

书盘互动指导

示例	在光盘中的位置	书盘互动情况
	1.6 汽车宣传单	本节主要介绍了以上述内容为基础的综合实例操作方法，在光盘1.6节中有相关操作步骤的视频文件，以及原始素材文件和处理后的效果文件。 大家可以选择在阅读本节内容后再学习光盘，以达到巩固和提升的效果，也可以对照光盘视频操作来学习图书内容，以便更直观地学习和理解本节内容。

电脑小百科

组装好电脑硬件后，还需要进行测试，看硬件是否工作正常，如果一切正常，则可以将机箱的侧面板安装上，完成安装工作。

下面为应用实例的具体操作步骤。

1. 启动软件，选择“文件”→“新建”命令，弹出“创建新文档”对话框，设置宽度为540mm，高度为410mm，单击“确定”按钮，新建一个空白的文档。

2. 双击工具箱中的“矩形”工具，自动生成一个与页面大小一样的矩形，按Shift+F11组合键，弹出“均匀填充”对话框，设颜色值为(C18，M1，Y2，K0)，单击“确定”按钮，单击鼠标右键调色板上的无填充按钮☒，去除轮廓线，如图1-128所示。

图1-128　新建文件

3. 选择工具箱中的“钢笔”工具，在矩形上绘制图形，如图1-129所示。

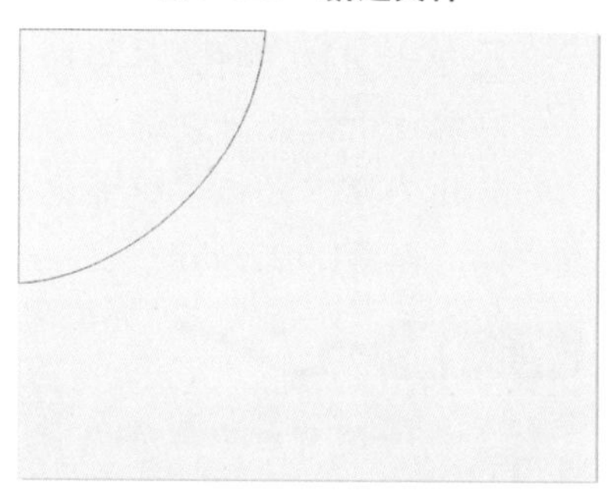
图1-129　绘制图形

4. 选择“文件”→“导入”命令或按Ctrl+I组合键，选择本书配套光盘中的“第1章\1.7\汽车素材.cdr”文件，单击“导入”按钮，按Ctrl+U组合键，取消群组，选择工具箱中的“选择”工具，调整图形的大小。

5. 选择“效果”→“图框精确裁剪”→“置于图文框内部”命令，当光标变为➡时，在图形上单击左键，裁剪至图形中，选择图形底部的“编辑”按钮进入编辑状态。调整完图形的位置后，单击图形底部的“停止编辑内容”按钮，如图1-130所示。

图1-130　图框精确裁剪

6. 右键单击调色板上的无填充色按钮☒，去除轮廓线，选择工具箱中的“椭圆形”工具，按Ctrl键绘制正圆，按F12键，弹出“轮廓笔”对话框，设轮廓“宽度”为0.75mm，设颜色为(C100，M100，Y0，K0)，单击“确定”按钮，使用上述相同的方法，裁剪图形，如图1-131所示。

图1-131　裁剪图形

7. 通过使用相同的方法，裁剪多个图形，放置合适的位置，如图1-132所示。

8. 选择工具箱中的“矩形”工具，绘制矩形，选择工具箱中的“形状”工具，调整矩形的控制点，将矩形调整为圆角矩形，按F12键，弹出“轮廓笔”对话框，设轮廓宽度为0.75mm，颜色为(C100，M100，Y0，K0)，单击“确定”按钮，如图1-133所示。

9. 选择工具箱中的“选择”工具，选中汽车素材，使用相同的方法裁剪素材至圆角矩形内，如图1-134所示。

电脑小百科

通过更改计算机的主题、颜色、声音、桌面背景、屏幕保护程序、字体大小和用户图片，可以为计算机添加个性化设置。

⑩ 使用相同的方法，绘制其他的矩形和裁剪素材，如图1-135所示。

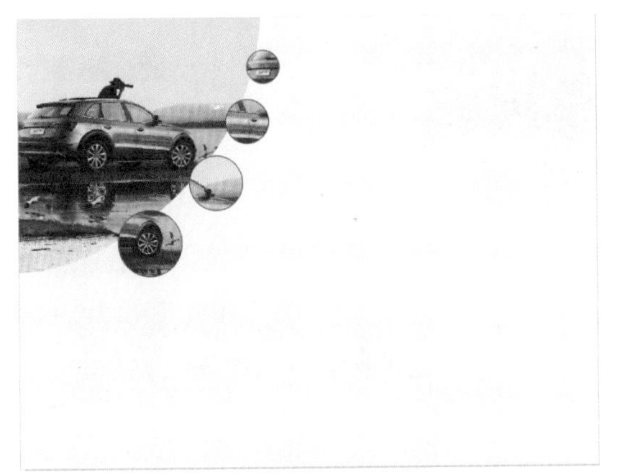

图1-132　裁剪多个图形

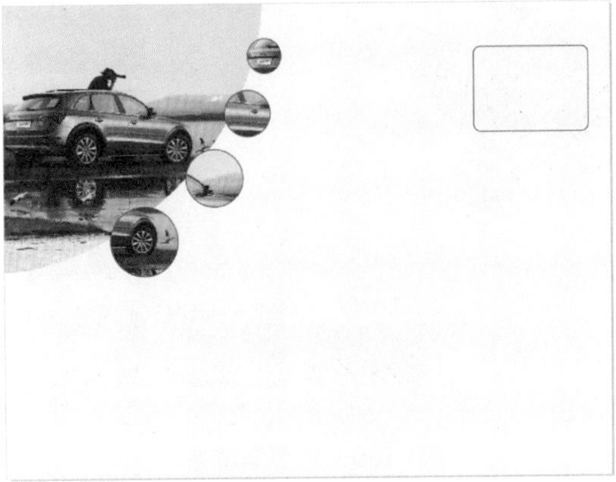

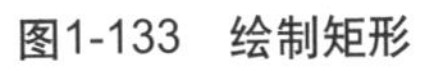

图1-133　绘制矩形

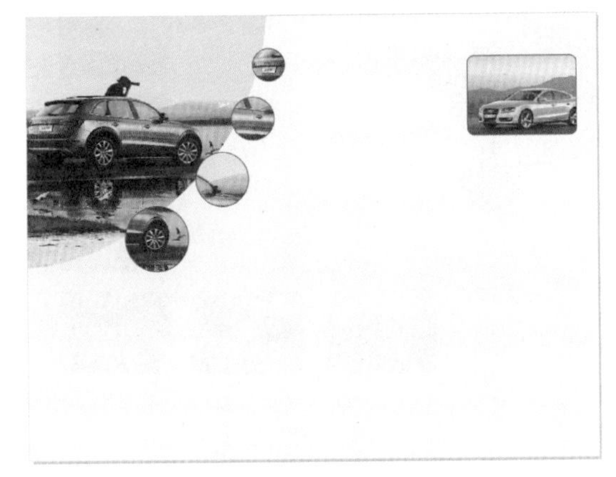

图1-134　裁剪图形

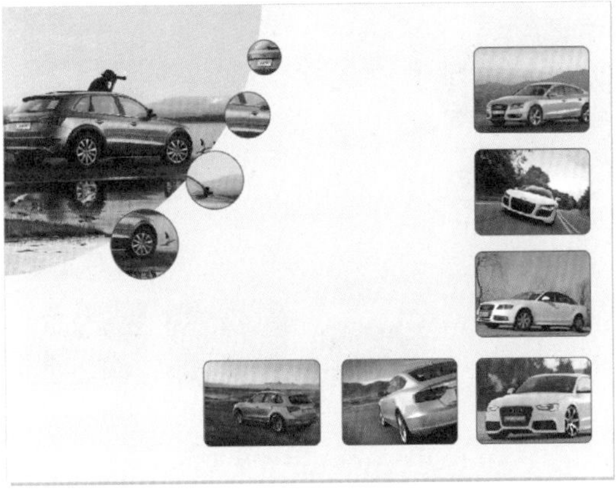

图1-135　绘制其他矩形和裁剪素材

⑪ 选择工具箱中的“矩形”工具□或按F6快捷键，绘制矩形，按F12键弹出“轮廓笔”对话框，设轮廓宽度为1.0mm，设颜色值为(C100，M100，Y0，K0)，样式为虚线，单击“确定”按钮，如图1-136所示。

⑫ 选择工具箱中的“2点线”工具，绘制一条直线，按F12键弹出“轮廓笔”对话框，设轮廓宽度为2.0mm，设颜色值为(C100，M100，Y0，K0)，样式为虚线，单击“确定”按钮，如图1-137所示。

⑬ 选择工具箱中的“矩形”工具□或按F6快捷键，绘制矩形，选择工具箱中的“形状”工具，调整控制点，往内拖动，调整为圆角矩形，按Shift+F11组合键，弹出“均匀填充”对话框，设颜色值为(C0，M60，Y100，K0)，单击“确定”按钮，如图1-138所示。

⑭ 保持图形的选中状态，按小键盘上的+键，原位复制图形，调整图形的大小，在调色板“红色”色块上单击鼠标左键，为图形填充红色，如图1-139所示。

电脑小百科

电脑在上网浏览网页、安装软件及删除软件时，系统都会自动将一些记录信息放置到临时文件夹中。

图1-136　轮廓笔填充

图1-137　绘制直线

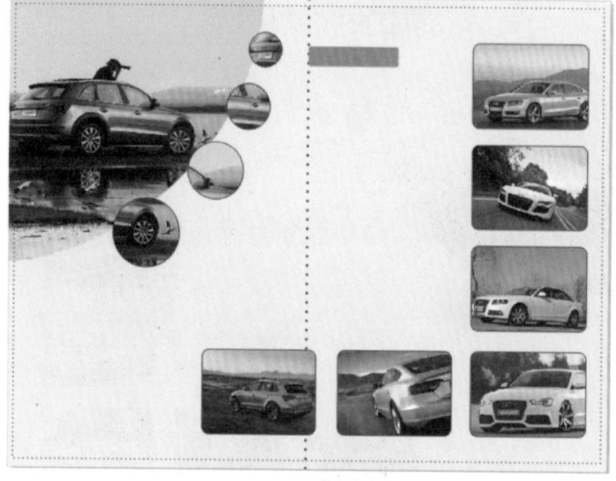
图1-138　绘制矩形

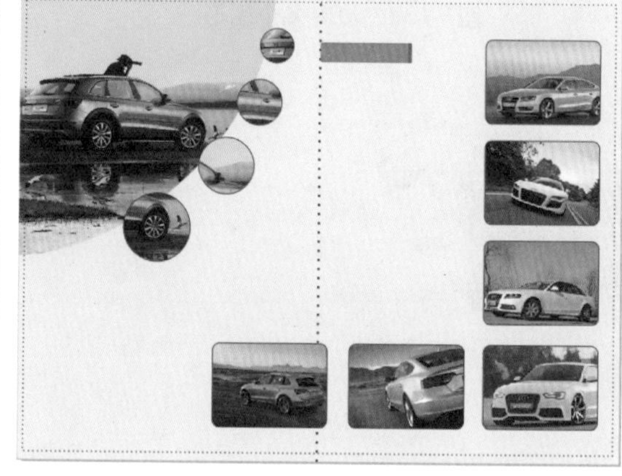
图1-139　复制矩形

15 使用相同的方法，绘制其他的矩形，放置合适的位置并填充相应的颜色，如图1-140所示。

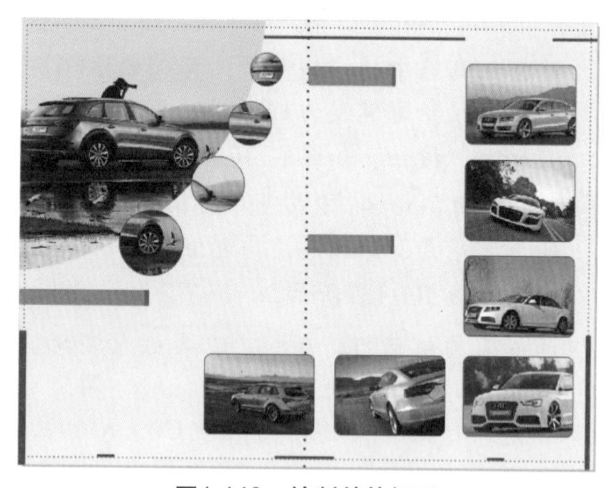
图1-140　绘制其他矩形

16 选择“文件”→“导入”命令或按Ctrl+I组合键，选择本书配套光盘中的“第1章\1.7\轮胎素材.cdr”文件，单击“导入”按钮，放置合适的位置，按Ctrl键向右拖动至合适的位置单击右键复制素材，单击属性栏中的“水平镜像”按钮，如图1-141所示。

17 选择工具箱中的“文本”工具，在页面中输入文字，设置属性栏中的字体为“楷体”，字体大小为45pt，单独选中“风”再次设置字体为“迷你繁赵楷”，大小为65pt，设颜色为(C0，M60，Y100，K0)，如图1-142所示。

电脑小百科

每个设备都有其属性，并且不尽相同。通过设备的属性可以调整设备的一些参数，让设备的工作状态更加符合需求。

18 使用相同的方法，编辑其他的文字，如图1-143所示。

19 选择“视图”→“辅助线”命令，在绘图区边缘显示辅助线，拖出几条辅助线放置右边图形边缘，使其图形之间水平并垂直对齐，如图1-144所示。

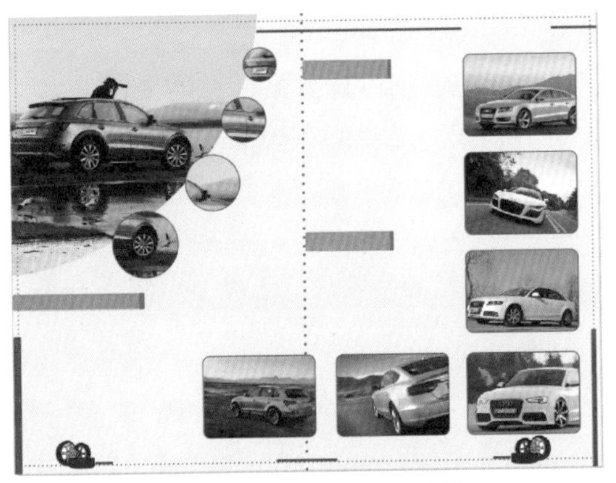

图1-141　导入轮胎素材

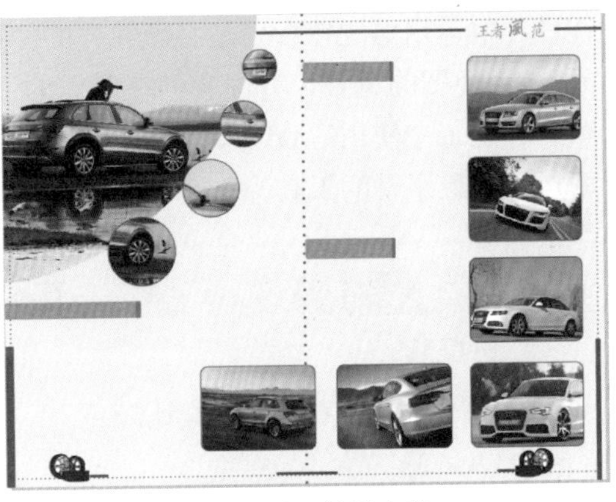

图1-142　编辑文字

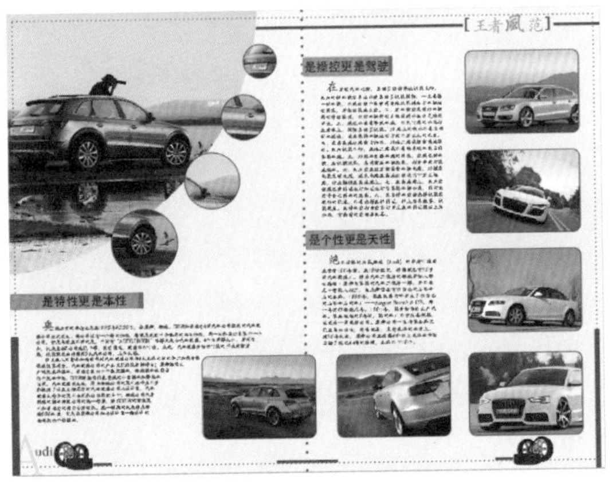

图1-143　最终效果

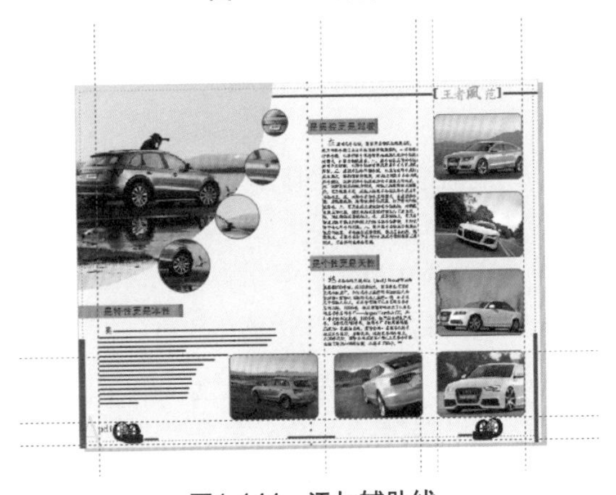

图1-144　添加辅助线

知识补充

在文字量较大的页面中，应掌握段落文本的排列方式。可通过建立文本框的方式排列文本，做到既不影响主题，又保持画面的美观。

学习小结

本章主要介绍了CorelDRAW X6基础部分。通过对本章的学习，读者能够了解CorelDRAW X6的基本知识点，以及工作界面。

下面对本章内容进行总结，具体内容如下。

(1) CorelDRAW X6在安装的过程中序列号很重要，切勿丢失。

(2) 熟悉CorelDRAW X6工作界面，是每个使用软件的人员所要掌握的。

电脑小百科

将打印预览的按钮添加到快速工具栏中，以后只要单击该按钮即可预览文档的打印效果。

(3) CorelDRAW X6最基本的操作就是如何新建、打开、保存、关闭、导入文件等，这些都是设计的第一步。

(4) 辅助功能的用意是能够帮助我们更精确地完成一些包装展开图、画册等设计，在设计中运用得比较多，是必须掌握的知识点。

(5) 视图的调整，方便我们在制作的过程，清楚地观看到设计效果。总的来说，本章内容是每个使用CorelDRAW X6的学员所要了解的知识，是我们在接下来的设计过程中运用的最平常的工具。

互动练习

1. 选择题

(1) 调色板中有(　　)种默认颜色。

A．3　　B．4

C．5　　D．6

(2) “新建文件”可以通过(　　)种方法来完成。

A．3　　B．4

C．5　　D．6

(3) 导出文件的快捷键是(　　)。

A．Ctrl+E　　B．Ctrl+B

C．Ctrl+F　　D．Ctrl+G

2. 思考与上机题

(1) 说说打开文件、导入文件的不同点。

(2) 按以下要求制作“包装结构图”，效果如下图所示。

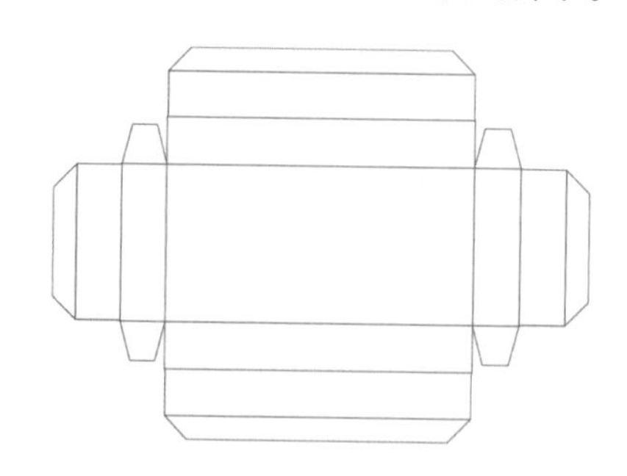

制作要求：

a．在CorelDRAW X6中选择“矩形”工具并结合“折线”工具，绘制多个矩形和不规则图形，在属性栏中设置标准的大小。

b．运用“标尺”、“辅助线”、“动态辅助线”、“对齐辅助线”协助设计任务。

电脑小百科

任务管理器是一个功能非常强大的工具，它可以对电脑系统的进程、性能和用户进行管理，同时可以监视目前正在运行程序的情况。

第2章

图形的绘制

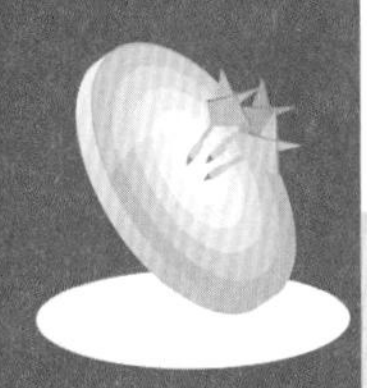

本章导读

CorelDRAW X6绘制和编辑图形的功能非常强大。本章将详细介绍绘制图形的方法和技巧。通过对本章的学习，读者可以熟练掌握绘制图形的方法和技巧，为进一步的学习打下坚实基础。

精彩看点

- 绘制直、曲线
- 绘制几何图形
- 绘制基本形状
- 智能绘图工具

2.1 绘制直线、曲线

线条的绘制是所有造型设计的基础操作，使用CorelDRAW绘制出的作品都是由几何对象构成的，而几何对象的构成要素都是直线和曲线。在CorelDRAW X6中，提供了多种绘制和编辑线条的方法，本节将详细介绍绘制线条的线形工具与调整线条节点的形状工具的操作方法。

书盘互动指导

示例	在光盘中的位置	书盘互动情况
手绘(F) F5 2 点线 贝塞尔(B) 艺术笔 I 钢笔(P) B 样条 折线(P) 3 点曲线(3)	2.1 绘制直线、曲线 2.1.1 手绘工具 2.1.2 贝塞尔工具 2.1.3 艺术笔工具 2.1.4 钢笔工具 2.1.5 折线工具 2.1.6 3点曲线工具 2.1.7 2点线工具 2.1.8 B样条工具	本节主要学习直曲线的绘制，在光盘2.1节中有相关内容的操作视频，还特别针对本节内容设置了具体的实例分析。 大家可以在阅读本节内容后再学习光盘，以达到巩固和提升的效果。

2.1.1 手绘工具

“手绘”工具就是使用鼠标在绘图页面上直接绘制直线或曲线的一种工具，其使用方法非常简单，下面为手绘工具的具体操作步骤。

1. 打开CorelDRAW X6，选择“文件”→“打开”命令，弹出“打开绘图”对话框，选择本书配套光盘中的“第2章\2.1\2.1.1\波纹.cdr”文件，单击“打开”按钮，如图2-1所示。
2. 选择工具箱中的“手绘”工具，在图形上随意地绘制波浪花，在调色板“白色”色块上单击鼠标左键，为波浪花填充白色，右键“深蓝”色块，为波浪花填充轮廓色，如图2-2所示。
3. 通过使用相同的制作方法，在多处位置上绘制波浪花，如图2-3所示。
4. 选择工具箱中的“手绘”工具，在绘图区合适的位置上单击鼠标左键绘制起点。将光标移动到合适的折点位置时，双击鼠标，移动鼠标绘制折线，完成折线的绘制后，在终点单击鼠标左键即可，如图2-4所示。

图2-1 打开“波纹”文件

图2-2 绘制波浪花

图2-3 绘制多处波浪花

图2-4 绘制折线

电脑小百科

色彩是设计师必须掌握的一项重要知识，合理、正确使用设置颜色，才能设计出优秀作品。

5 选中折线，在“属性栏”中设置“轮廓宽度”为1mm，如图2-5所示。

6 选择工具箱中的“手绘”工具，在绘图区合适的位置上单击鼠标左键绘制起点，将光标移动到合适的位置时，单击鼠标左键，绘制直线，在“属性栏”中设置轮廓宽度为0.5mm，如图2-6所示。

7 选择工具箱中的“手绘”工具，绘制直线，在“属性栏”中设置“起始箭头”为，选择线条样式为“虚线样式”，设“轮廓宽度”为0.5mm，效果如图2-7所示。

8 按照上述操作绘制多条直线和箭头，效果如图2-8所示。

图2-5　设置轮廓宽度

图2-6　绘制直线

图2-7　绘制箭头效果

图2-8　最终效果

知识补充

使用“手绘”工具绘制曲线时，按住鼠标左键不放，同时按住Shift键，沿着前面绘制图形所经过的路径并返回，即可擦除所绘制的曲线。

2.1.2　贝塞尔工具

使用“贝塞尔”工具可以绘制平滑、精美的曲线图形，也可以绘制出直线，以及通过调整控制点，绘制出不规则的图形。通过改变节点和控制点的位置，可控制曲线的弯度。绘制完成之后通过调整控制点，可调节直线或曲线的形状。

下面为贝塞尔工具的具体操作步骤。

1 打开CorelDRAW X6，选择“文件”→“打开”命令，弹出“打开绘图”对话框，选择本书配套光盘中的“第2章\2.1\2.1.2\鸡蛋杯.cdr”文件，单击“打开”按钮，效果如图2-9所示。

2 选择工具箱中的“贝塞尔”工具，单击鼠标左键确定起点，移至合适位置上单击鼠标左键并拖动，绘制弧线，如图2-10所示。

3 在弧线末端双击鼠标左键，收缩控制手柄，再依次绘制，如图2-11所示。

4 选中所绘制好的图形，按F11键，弹出“渐变填充”对话框，设置类型为“辐射”，设置颜色值为(R195，G107，B65)0%到(R217，G143，B89)26%到(R239，G179，B114)52%到(R255，G233，B186)100%，设置水平值为32，垂直值为52，参数设置完成后单击“确定”按钮。

5 将鼠标移至调色板顶端无填充按钮☒上，单击鼠标右键，去除图形的轮廓填充，如

电脑小百科

原稿是设计师用来设计的原材料，判断原稿的质量好坏和正确处理原稿是创造合格设计品的良好开端，正确设置页面尺寸则是最重要的操作。

图2-12所示。

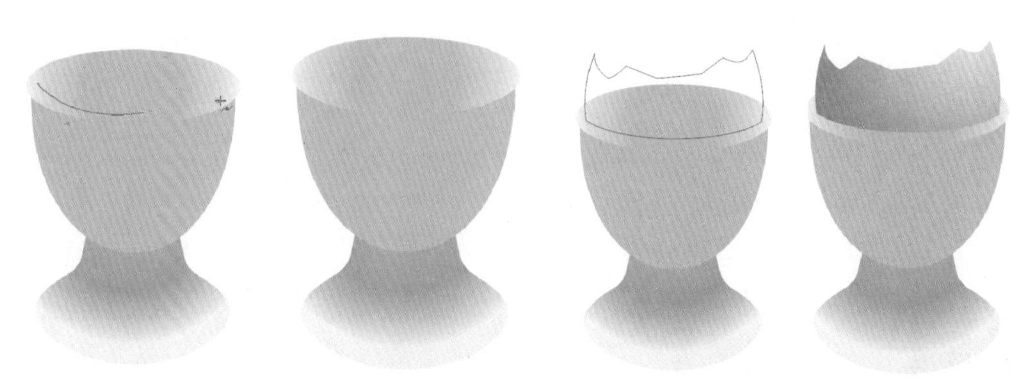

图2-9 打开鸡蛋杯文件 图2-10 贝塞尔工具绘图 图2-11 绘制图形 图2-12 填充渐变色图

6 按照上述操作，绘制多个不规则图形并填充相应的颜色，如图2-13所示。

7 选择工具箱中的“贝塞尔”工具，单击鼠标左键确定起点，将光标放置到合适的位置时，单击鼠标左键并拖动，调节曲线弯曲度，在合适的位置单击鼠标左键确定终点，完成曲线的绘制，在“属性栏”中设置“轮廓宽度”为1mm，轮廓颜色填充为白色，如图2-14所示。

8 选择工具箱中的“贝塞尔”工具，单击鼠标左键确定起点，将光标放置到合适的位置时，再单击鼠标左键确定终点，绘制出一条直线，并复制两条移至相应的位置上，选中所有直线，在“属性栏”中设置“轮廓宽度”为0.5mm，颜色填充为白色，如图2-15所示。

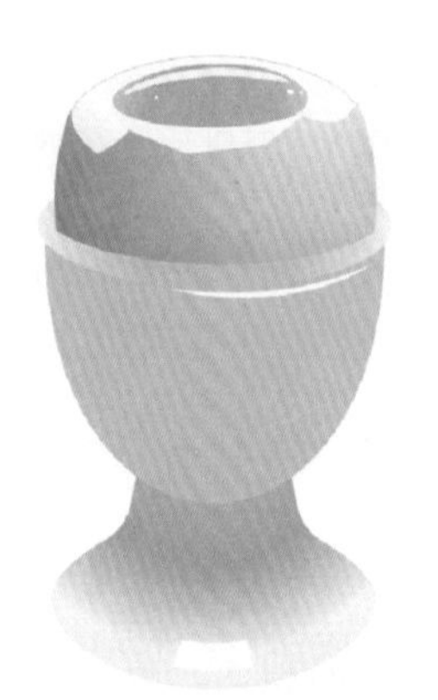

图2-13 绘制多处不规则图形

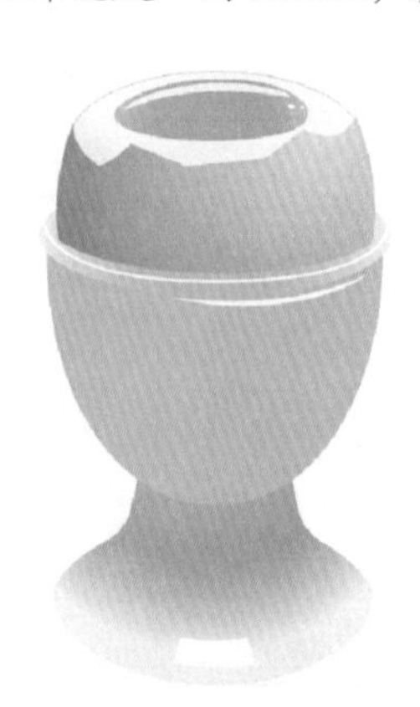

图2-14 绘制曲线

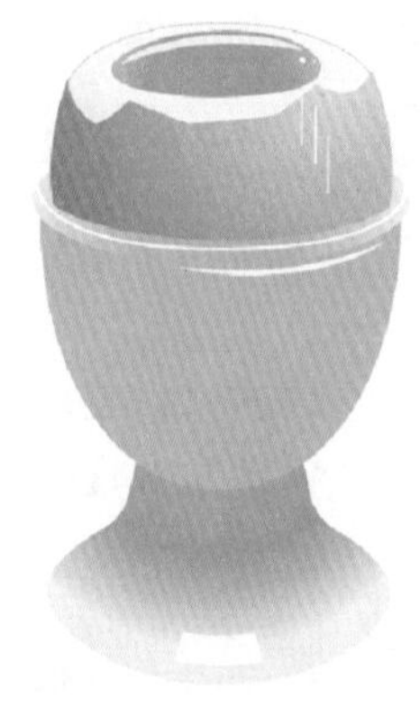

图2-15 绘制直线

2.1.3 艺术笔工具

使用“艺术笔”工具可以绘制出各种图案、笔触的线条和图形。选择“艺术笔”工具之后，在属性栏中提供了5种模式，分别为预设模式、笔刷模式、喷涂模式、书法模式和压力模式。

下面为艺术笔工具的具体操作步骤。

1 打开CorelDRAW X6，选择“文件”→“打开”命令，弹出“打开绘图”对话框，选择

电脑小百科

使用贝塞尔工具时，按住Ctrl键进行拖动，可以绘制直线段。

本书配套光盘中的“第2章\2.1\2.1.3\书.cdr”文件，单击“打开”按钮，如图2-16所示。

2. 选择工具箱中的“艺术笔”工具，设置“属性栏”中的“模式”为预设模式，“预设笔触”为，在图形上随意拖动鼠标，绘制图形，在调色板“桃红”色块上，单击鼠标左键，为图形填充桃红色，如图2-17所示。
3. 继续绘制多条曲线，填充桃红色，放置于书下方，如图2-18所示。

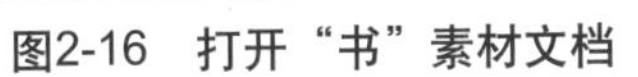

图2-16　打开“书”素材文档

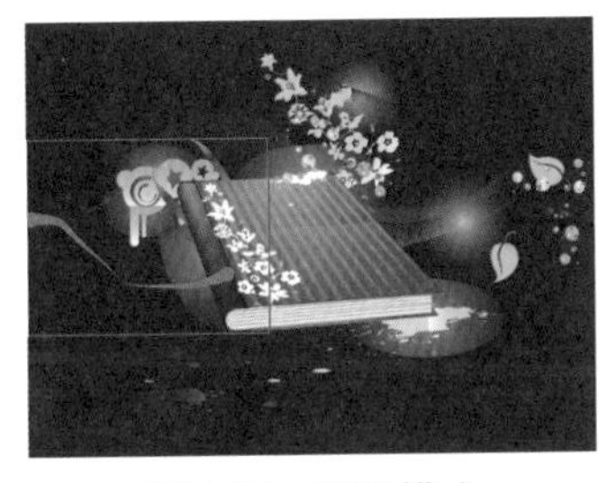

图2-17　预设模式

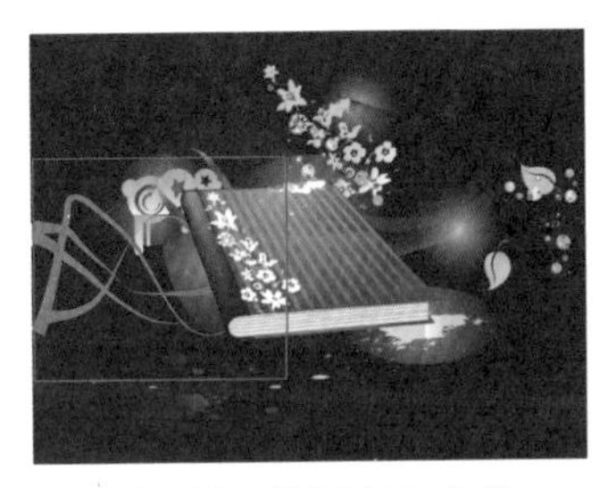

图2-18　绘制多条曲线

4. 选择工具箱中的“艺术笔”工具，设置“属性栏”中的“模式”为笔刷模式，笔刷笔触为，在图形上随意拖动鼠标，绘制图形，在调色板“桃红”色块上，单击鼠标左键，为图形填充桃红色，如图2-19所示。
5. 选择工具箱中的“艺术笔”工具，设置“属性栏”中的“模式”为喷涂模式，喷射图样为，在图形上随意拖动鼠标，绘制图形，如图2-20所示。
6. 选择工具箱中的“艺术笔”工具，设置“属性栏”中的“模式”为书法模式，设置“手绘平滑值”为100，“笔触宽度”为15，在图形上随意拖动鼠标，绘制图形，填充绿色，如图2-21所示。

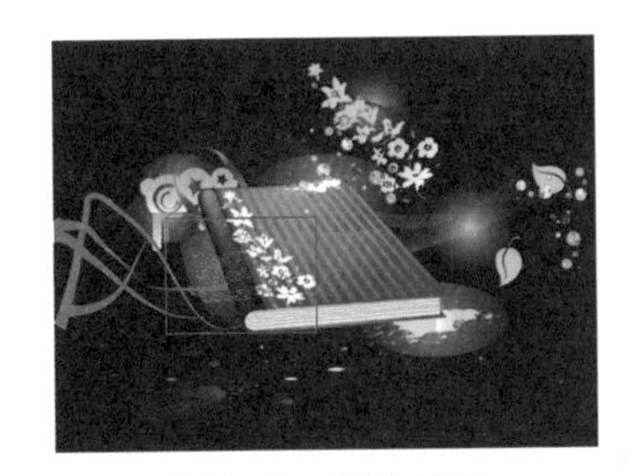

图2-19　笔刷模式

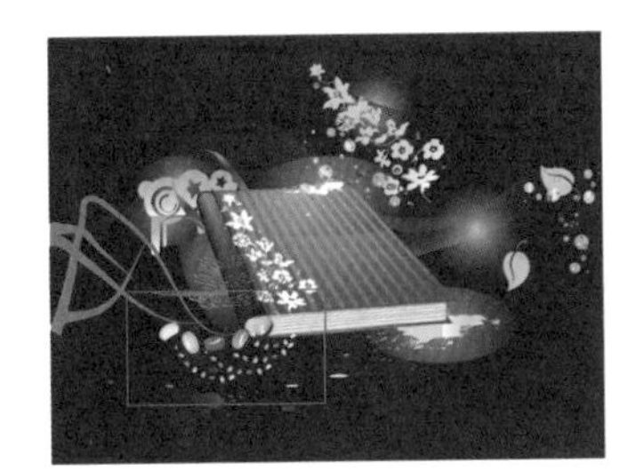

图2-20　喷涂模式

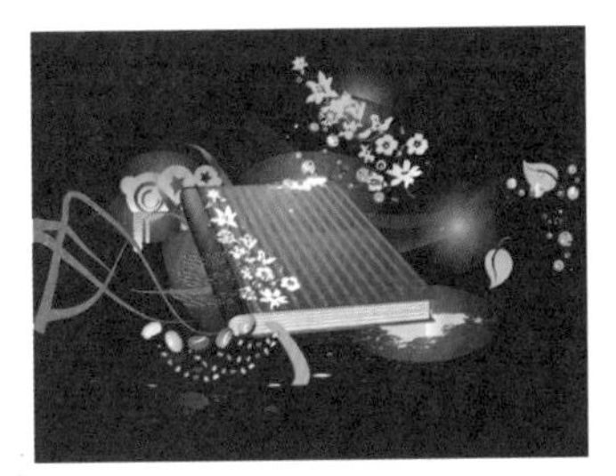

图2-21　书法模式

7. 按照上述适用书法模式的操作方法，继续绘制图形，填充相应的颜色，如图2-22所示。
8. 选择工具箱中的“艺术笔”工具，设置“属性栏”中的“模式”为喷涂模式，设“喷射图样”为，在图形上随意拖动鼠标，绘制图形，分别填充绿色、桃红色、黄色、蓝色，效果如图2-23所示。

图2-22　书法模式

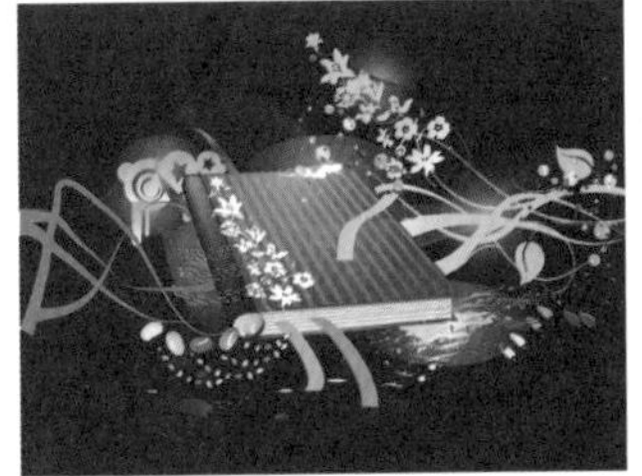

图2-23　最终效果

电脑小百科

运用贝塞尔工具绘制图形的过程中，绘制曲线后接着绘制拐角直线，可以双击节点收缩方向线，在另一处单击，得到的则为拐角直线。

知识补充

通过压力模式可以改变线条的粗细，在压力笔上的压力越大，绘制的线条越粗，反之，则线条越细。施加压力时，配合键盘上的向上方向键而绘制的线条会逐渐变粗，配合向下方向键则会逐渐变细。

2.1.4 钢笔工具

“钢笔”工具的使用方法和“贝塞尔”工具相似，都是通过调整节点来调整曲线形状。“钢笔”工具可以修改所绘曲线图形形状。

下面为钢笔工具的具体操作步骤。

1. 打开CorelDRAW X6，选择“文件”→“打开”命令，弹出“打开绘图”对话框，选择本书配套光盘中的“第2章\2.1\2.1.4\狗.cdr”文件，单击“打开”按钮，如图2-24所示。
2. 选择工具箱中的“钢笔”工具，在打开的图形上单击鼠标左键确定直线的起点，拖动鼠标到合适的位置，双击鼠标左键即可确定终点。
3. 继续绘制一条直线，选中两条直线，按F12键，弹出“轮廓笔”对话框，设置“轮廓宽度”为1mm，填充颜色为红色，单击“确定”按钮，如图2-25所示。

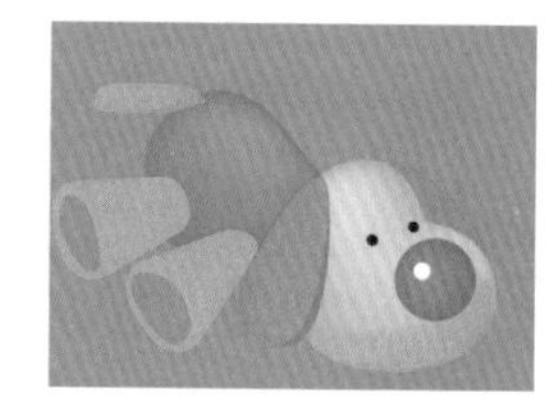
图2-24 打开“狗”素材文件

4. 选择工具箱中的“钢笔”工具，在图形上单击鼠标左键确定起点，将光标放置到合适的位置时，单击鼠标左键并拖动鼠标调节曲线弯曲度，松开鼠标，继续拖动鼠标绘制曲线，在起点的位置上单击鼠标左键确定终点，绘制一条闭合路径，按Shift+F11组合键，弹出“均匀填充”对话框，设颜色为(R107，G182，B212)，单击“确定”按钮，如图2-26所示。
5. 选择工具箱中的“钢笔”工具，在图形上单击鼠标左键确定起点。拖动鼠标到合适的位置并单击鼠标左键，绘制直线，将光标放置到合适的位置时，单击鼠标左键并拖动鼠标调节曲线弯曲度，松开鼠标，继续拖动鼠标绘制直曲线，在起点的位置上单击鼠标左键确定终点。绘制出一条闭合路径，按住Alt键，在节点的地方单击鼠标左键，可以调整节点的形状，如图2-27所示。
6. 按照上述方法，继续绘制曲线和直曲线的转换，效果如图2-28所示。

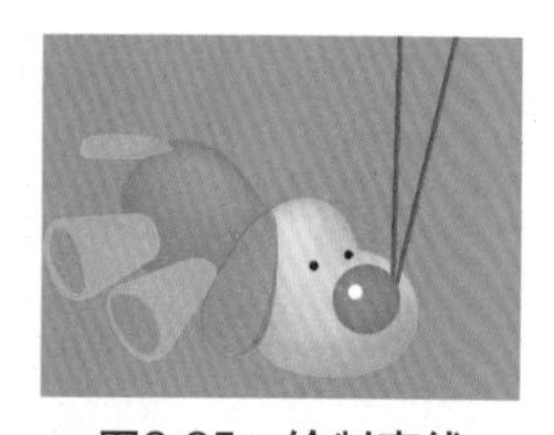
图2-25 绘制直线

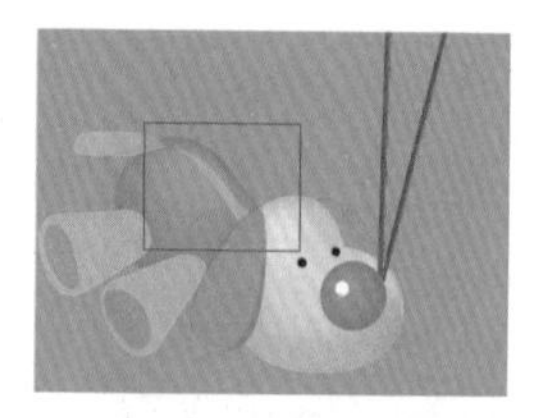
图2-26 绘制曲线

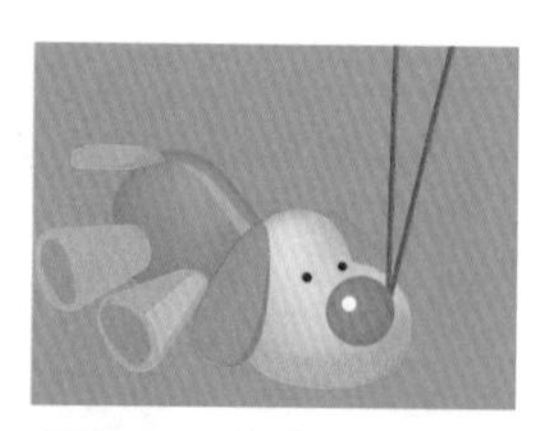
图2-27 直曲线的转换

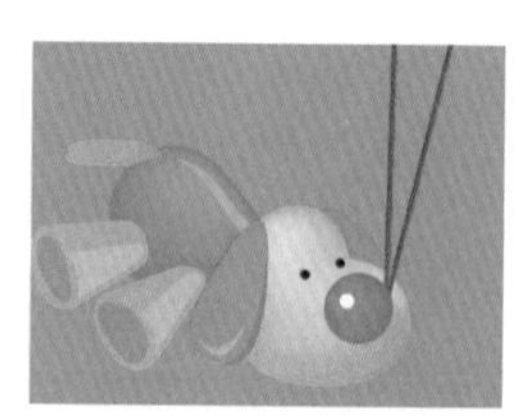
图2-28 最终效果

电脑小百科

在彩色印刷之前，设计师设计好的文件需要交给专业的输出公司做分色处理(即输出菲林片)，得到4张分色的菲林片。如果文件中的图片没有设置叠印填充，则表示上层对象将对下层对象颜色进行镂空，这样的图片会增大印刷套准的难度。

知识补充

使用“钢笔”工具绘图的自由度很高，可以自如地更换直曲线。

2.1.5 折线工具

使用“折线”工具可以快捷地绘制折线，下面讲解其操作方法。

下面为折线工具的具体操作步骤。

1. 打开CorelDRAW X6，选择“文件”→“打开”命令，弹出“打开绘图”对话框，选择本书配套光盘中的“第2章\2.1\2.1.5\LG.cdr”文件，单击“打开”按钮，如图2-29所示。
2. 选择工具箱中的“折线”工具，在图形上单击鼠标左键，拖动鼠标绘制闭合路径，在终点处双击鼠标左键结束绘制。
3. 绘制完毕后，在调色板“白”色块上，单击鼠标左键，为闭合路径填充白色，单击鼠标右键无填充按钮☒，去除闭合路径的轮廓线，如图2-30所示。
4. 选择工具箱中的“透明度”工具，在白色的图形上拉出直线，为图形调出渐变透明效果，如图2-31所示。
5. 按照上述方法，绘制另一个，效果如图2-32所示。

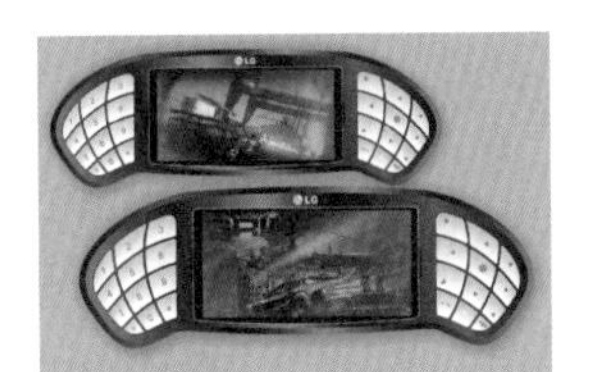

图2-29 打开文件

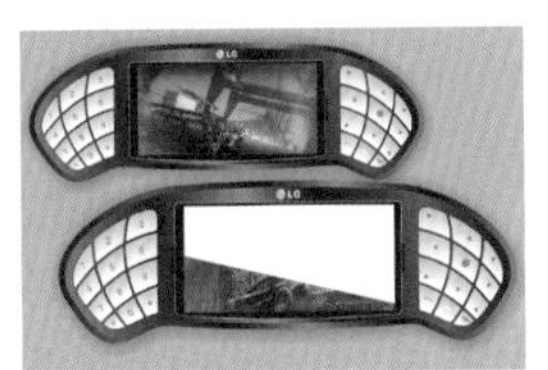

图2-30 绘制不规则图形

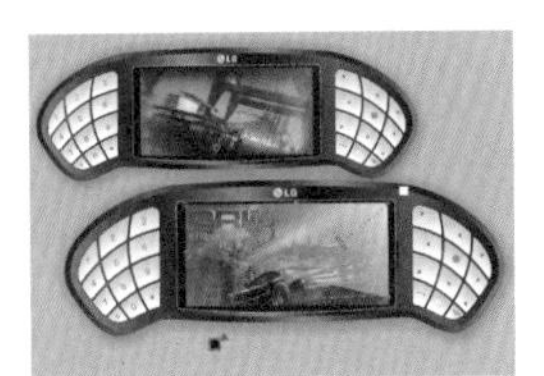

图2-31 渐变透明

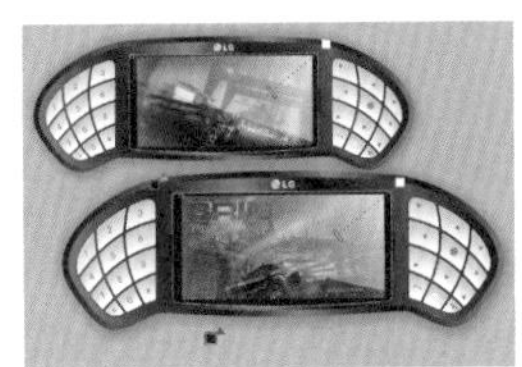

图2-32 最终效果

2.1.6 3点曲线工具

使用3点曲线工具绘制曲线，可以绘制出不同样式形状的弧线或近似圆弧的曲线，用途比较广。

下面为3点曲线工具的具体操作步骤。

1. 打开CorelDRAW X6，选择“文件”→“打开”命令，弹出“打开绘图”对话框，选择本书配套光盘中的“第2章\2.2\2.1.6\小女孩.cdr”文件，单击“打开”按钮，如图2-33所示。
2. 选择工具箱中的“3点曲线”工具，在人物上按住鼠标左键不放并拖动，到合适的位置时释放鼠标左键。拖动鼠标到合适的位置，可以调整曲线的弯曲。单击鼠标左键，完成绘制，如图2-34所示。

图2-33 打开“小女孩”文件

图2-34 3点曲线工具绘图

电脑小百科

K100的黑色是一种很特殊的颜色，将它印在其他颜色上都显示为黑，因此设置叠印填充对颜色没有太大的影响。

③ 在曲线的端点单击一下，可继续绘制曲线，绘制一个如图2-35所示的图形。

④ 选中曲线，设置“属性栏”中的“轮廓宽度”为0.7mm，在调色板“红”色块，单击鼠标左键，为图形填充红色，如图2-36所示。

⑤ 参照上述方法，继续绘制曲线，并更改曲线的轮廓宽度，如图2-37所示。

⑥ 继续使用3点曲线工具，绘制一个不规则的圆，在调色板“白色”色块上单击鼠标左键，为不规则圆填充白色，在无填充按钮☒单击鼠标右键，去除轮廓线，复制多个，放置不同的位置上，得到最终的效果如图2-38所示。

图2-35 绘制图形

图2-36 填充颜色

图2-37 绘制图形

图2-38 最终效果

2.1.7 2点线工具

使用2点线工具，可以绘制出不同的连接线的形状，组成需要的图形，2点线工具的具体操作步骤如下。

① 打开CorelDRAW X6，选择“文件”→“打开”命令，弹出“打开绘图”对话框，选择本书配套光盘中的“第2章\2.1\2.1.7\比赛海报.cdr”文件，单击“打开”按钮，如图2-39所示。

② 选择工具箱中的“2点线”工具，在图形上按住并拖动鼠标，到合适的位置时释放，绘制直线，如图2-40所示。

③ 选中直线，设置属性栏中的“轮廓宽度”为1.5mm，在调色板“白”色块上单击鼠标右键，直线的轮廓色填充为白色，效果如图2-41所示。

④ 按照相同的方法，绘制多条直线，并设置相同的轮廓属性，如图2-42所示。

图2-39 打开“比赛海报”文件

图2-40 绘制直线

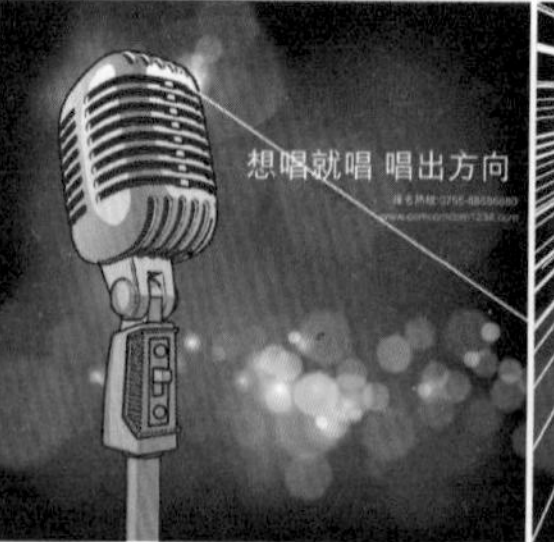

图2-41 设置轮廓属性

图2-42 绘制多条直线

⑤ 选中所有的直线，单击属性栏中的“合并”按钮，选择工具箱中的“交互式透明

电脑小百科

用折线工具绘制图形时，可借助辅助线，这样绘制出的图形更标准统一。

度”工具，设置属性栏中的类型为“辐射”，为合并图形添加辐射透明效果，如图2-43所示。

6 选中合并图形，单击右键，弹出快捷菜单，选择“顺序”中的“置于此对象后”选项，当光标变为➡后，在麦克风图形上单击鼠标左键，调整至麦克风图形后，得到最终的效果如图2-44所示。

图2-43　辐射透明

图2-44　调整顺序

2.1.8　B样条工具

绘制的曲线是未转曲的路径，是印象节点和路径，和图形、矩形、多边形等一样，具有几何特性，可以做无损修改。

下面为B样条工具的具体操作步骤。

1 打开CorelDRAW X6，选择“文件”→“打开”命令，弹出“打开绘图”对话框，选择本书配套光盘中的“第2章\2.1\2.1.8\卡通云.cdr”文件，单击“打开”按钮，如图2-45所示。

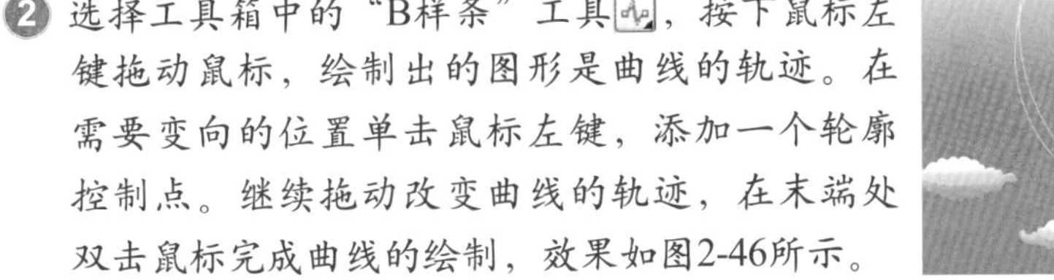

图2-45　打开“卡通云”文件

2 选择工具箱中的“B样条”工具，按下鼠标左键拖动鼠标，绘制出的图形是曲线的轨迹。在需要变向的位置单击鼠标左键，添加一个轮廓控制点。继续拖动改变曲线的轨迹，在末端处双击鼠标完成曲线的绘制，效果如图2-46所示。

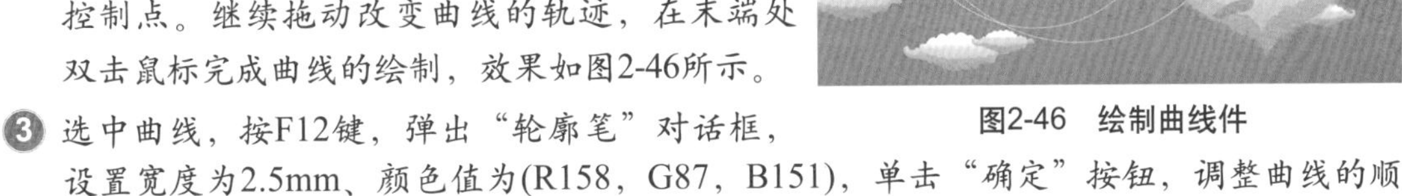

图2-46　绘制曲线件

3 选中曲线，按F12键，弹出“轮廓笔”对话框，设置宽度为2.5mm、颜色值为(R158，G87，B151)，单击“确定”按钮，调整曲线的顺序位置，如图2-47所示。

4 按照上述方法，绘制多条曲线，完成彩虹的制作，效果如图2-48所示。

图2-47　设置轮廓属性

图2-48　最终效果

知识补充

需要调整其形状时，可以使用“形状”工具来调整外围的控制轮廓。

2点线工具绘制图形时，按住Shift键，可以绘制呈一定角度的直线。

2.2 绘制几何图形

CorelDRAW X6是一款功能强大的绘图软件，提供了多种绘图工具，可以方便快捷地绘制出各种图形。本节将介绍工具箱中的基本绘图工具，包括矩形工具、椭圆形工具、多边形工具和基本形状工具等。基本绘图工具主要用来绘制规则的图形，如矩形、圆、星形等。

书盘互动指导

⊙ 示例	⊙ 在光盘中的位置	⊙ 书盘互动情况
	2.2 绘制几何图形 2.2.1 绘制矩形 2.2.2 绘制圆形 2.2.3 绘制多边形 2.2.4 绘制星形 2.2.5 绘制复杂星形 2.2.6 绘制图纸 2.2.7 绘制螺纹 2.2.8 绘制表格	本节主要学习几何图形的绘制，在光盘2.2节中有相关内容的操作视频，还特别针对本节内容设置了具体的实例分析。 大家可以在阅读本节内容后再学习光盘，以达到巩固和提升的效果。

2.2.1 绘制矩形

"矩形"工具和"3点矩形"工具都能绘制出矩形，但是，"矩形"工具绘制的矩形是与视平线平行的矩形，而"3点矩形"工具绘制的则是任意角度的矩形，在实际工作中可按需要选择合适的绘制工具。

下面为绘制矩形的具体操作步骤。

1. 打开CorelDRAW X6，单击标准工具栏的"新建"按钮，新建一个A4大小的文档。
2. 选择工具箱中的"矩形"工具，在绘图页面绘制一个矩形，按Shift+F11组合键，弹出"均匀填充"对话框，设颜色值为(R138，G33，B131)，单击"确定"按钮，如图2-49所示。
3. 继续绘制一个矩形，设置矩形颜色为(R248，G208，B225)，设置属性栏中的"圆角半径"值为11mm，如图2-50所示。
4. 选择"文件"→"导入"命令，弹出"导入"对话框，选择本书配套光盘中的"第2章\2.2\2.2.1\花纹.cdr"文件，单击"导入"按钮，如图2-51所示。
5. 选中花纹，放置合适的位置，效果如图2-52所示。
6. 选择工具箱中的"矩形"工具，按Ctrl键的同时拖动

图2-49 绘制矩形

图2-50 绘制圆角矩形

图2-51 打开花纹素材

电脑小百科

需要注意，在导入.psd文件后，尽量不要再做任何"破坏性操作"，如旋转、镜像、倾斜等由于其透明蒙版的关系，输出后会产生破碎图。

鼠标，绘制正圆，设置颜色为(R138，G33，B131)，如图2-53所示。

7 选择工具箱中的“3点矩形”工具，在正方形上45°拖动鼠标绘制一条直线，释放鼠标左键，往下移动鼠标绘制矩形，在合适位置处单击鼠标左键完成矩形的绘制，并填充桃红色，效果如图2-54所示。

8 按照上述方法，绘制多个矩形和正方形，效果如图2-55所示。

图2-52　调整好位置

图2-53　绘制正圆

图 2-54　“3 点矩形”工具绘制矩形

图2-55　最终效果

知识补充

在绘制矩形时，如果按下Shift键的同时拖动鼠标，则可绘制出以鼠标单击点为中心的矩形；按下Ctrl＋Shift组合键后拖动鼠标，则可绘制出以鼠标单击点为中心的正方形。直接双击工具箱中的“矩形”工具，可以绘制出一个与页面大小一致的矩形。

2.2.2 绘制圆形

绘制圆形有两种工具可供选择：“椭圆形”工具和“3点椭圆形”工具，绘制圆形的具体操作步骤如下。

1 打开CorelDRAW X6，选择“文件”→“打开”命令，弹出“打开绘图”对话框，选择本书配套光盘中“第2章\2.2\2.2.2\卡通寿司.cdr”文件，单击“打开”按钮，如图2-56所示。

2 选择工具箱中的“椭圆形”工具，在图形上拖动鼠标，绘制椭圆形，在调色板“白色”色块上单击鼠标左键，为椭圆填充白色，选择工具箱中的“透明度”工具，设置“属性栏”中的“类型”为标准，开始透明度为76，如图2-57所示。

3 调整椭圆位置，选择工具箱中的“椭圆形”工具，按Ctrl键绘制正圆，填充白色并调整正圆的透明度，如图2-58所示。

4 选择工具箱中的“椭圆形”工具，按Ctrl键绘制正圆，填充白色并制作透明效果，选中正圆，单击“属性栏”中的“饼形”按钮，将正圆转换为饼形，效果如图2-59所示。

图2-56　打开“卡通寿司”文件

图2-57　绘制椭圆

图2-58　绘制正圆

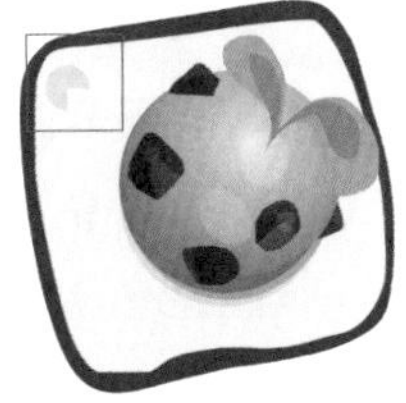

图2-59　绘制饼形

电脑小百科

使用B-Spline工具绘制的图形，可以运用形状工具调整边框控制点来调整形状。

5 选择工具箱中的“椭圆形”工具，绘制椭圆，选中椭圆，单击“属性栏”中的“弧”按钮，将椭圆转换为弧，如图2-60所示。

6 选择工具箱中的“3点椭圆形”工具，在图形上成45°拖动鼠标绘制椭圆，填充白色并制作透明效果。

7 通过使用“3点椭圆形”工具绘制多个不同角度的椭圆，效果如图2-61所示。

图2-60 绘制弧

图2-61 绘制多个椭圆

知识补充

在绘制椭圆时，如果按住Shift键的同时拖动鼠标，则可绘制出以鼠标单击点为中心的椭圆图形；按下Ctrl+Shift组合键后拖动鼠标，则可绘制出以鼠标单击点为中心的正圆图形。

2.2.3 绘制多边形

“多边形”工具的使用方法与“矩形”工具和“椭圆形”工具类似，使用鼠标拖动即可产生多边形，而多边形的边数可以通过属性栏来设定，绘制多边形的具体操作步骤如下。

1 打开CorelDRAW X6，选择“文件”→“打开”命令，弹出“打开绘图”对话框，选择本书配套光盘中的“第2章\2.2\2.2.3\蜜蜂.cdr”文件，单击“打开”按钮，如图2-62所示。

2 选择工具箱中的“多边形”工具，在绘图页面绘制一个多边形，设置属性栏中的“边数”为6，旋转角度为90°，调整好六边形的形状。

3 按F11键，弹出“渐变填充”对话框，设置类型为“辐射”，设颜色值从(R238，G154，B53)到(R245，G175，B50)58%到(R254，G198，B45)86%到(R254，G198，B45)的渐变，设置“边界”值为14，单击“确定”按钮，如图2-63所示。

4 选中六边形，单击鼠标右键，在弹出的快捷菜单中选择“顺序”中的“置于此对象前”选项，当光标变为➡时，在图形上单击鼠标左键，放置图形前，如图2-64所示。

5 按照上述方法，绘制多个六边形至不同位置上，效果如图2-65所示。

6 选择工具箱中的“多边形”工具，在绘图页面绘制一个多边形，设置属性栏中的“边数”为20，并将多边形调整至文字下，如图2-66所示。

7 选择工具箱中的“形状”工具，往里拖动随意一控制点至合适的位置，多边形的形状发生变化，效果如图2-67所示。

图2-62 打开“蜜蜂”文件

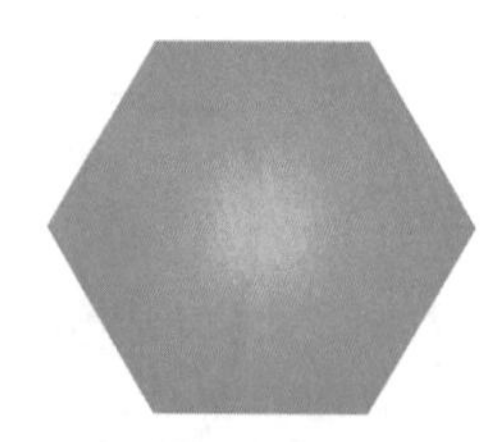
图2-63 绘制六边形

图2-64 调整顺序形

在CorelDRAW X6中进行“转换为位图”很方便，但色彩还原较差，因此最好在Photoshop中做好转换后再导入。

图2-65　绘制多个多边形

图2-66　绘制多边形

图2-67　多边形变形

2.2.4 绘制星形

“星形”工具与“多边形”工具类似，都是由多边形衍生出来的。当多边形产生锐利的尖角时，就变成了多边星形。星形则是连接多边形的各个角而形成的图形，绘制星形的具体操作步骤如下。

1. 打开CorelDRAW X6，新建一个空白文档，选择工具箱中的“星形”工具☆，在绘图页面中绘制一个星形，在“属性栏”中设置“点数或边数”为5，锐度数值为40，颜色为(R255，G215，B169)，如图2-68所示。
2. 复制一个星形，按Ctrl+PageDown组合键调整，向后一层，星形颜色为(R182，G59，B77)，按方向键，微调星形的位置，如图2-69所示。
3. 选择工具箱中的“调和”工具，在前面的星形上单击鼠标左键并拖至后面的星形上，为两个星形添加调和效果，如图2-70所示。
4. 选择工具箱中的“椭圆形”工具并结合“钢笔”工具，绘制其他的图形，填充相应的渐变色，得到最终效果如图2-71所示。

图2-68　绘制星形

图2-69　复制星形

图2-70　调和对象

图2-71　最终效果

2.2.5 绘制复杂星形

使用“复杂星形”工具可以绘制更为复杂的星形，绘制出的星形，中心区域为空心。下面介绍绘制复杂星形的具体操作步骤。

1. 打开CorelDRAW X6，新建一个空白文档，选择工具箱中的“复制星形”工具，在绘图页面绘制一个复杂星形，在属性栏中设置“边数”为15，锐度为6，复制星形颜色为(R85，G160，B255)，如图2-72所示。
2. 按小键盘上的+键，原位复制复杂星形，颜色改为(R85，G160，B255)，在属性栏中设置“旋转角度”值为345，效果如图2-73所示。

电脑小百科

在进行设计创作的时候，比如在进行某些标志设计、商品设计时，为了使图案造型更紧密地结合到一起，经常会用到文本沿路径排列的设计方法。

③ 选择“文件”→“导入”命令，弹出“导入”对话框，选择本书配套光盘中的“第2章\2.2\2.2.5\椅子.cdr”文件，单击“导入”按钮，放置合适的位置，效果如图2-74所示。

图2-72 绘制复杂星形

图2-73 复制复杂星形

图2-74 最终效果

2.2.6 绘制图纸

“图纸”工具，即“网格纸”工具，它是由一系列以行和列排列组成的图形。将图纸取消群组后，就是一个个单独的矩形。

下面介绍绘制图纸的具体操作步骤。

① 打开CorelDRAW X6，新建一个空白文档，选择工具箱中的“图纸”工具，设置属性栏中的行数和列数均为7，在绘图页面内拖动鼠标绘制网格图形，填充淡黄色，如图2-75所示。

② 选中图纸，单击属性栏中的取消群组按钮，选择工具箱中的“选择”工具，按Shift键的同时框选第1、4、7排的矩形，设置属性栏中的“轮廓宽度”为0.75mm，如图2-76所示。

图2-75 绘制表格

图2-76 更改轮廓宽度

③ 选择工具箱中的“文本”工具，在矩形内输入日期，如图2-77所示。

④ 选择“文件”→“打开”命令，弹出“打开绘图”对话框，选择本书配套光盘中的“第2章\2.2\2.2.6\蒲公英.cdr”文件，单击“打开”按钮，将素材拖至当前页面，放置于合适的位置。

⑤ 选择工具箱中的“透明度”工具，调整蒲公英的透明度，并复制一个至合适的位置上，调整好顺序，选择工具箱中的“矩形”工具，绘制一个矩形，矩形颜色为(R247，G205，B97)，按Shift+PageDown组合键到图层后面，如图2-78所示。

⑥ 选择工具箱中的“选择”工具，选中1下面的矩形，在调色板“红色”色块上单击鼠标左键，矩形颜色更改为红色，如图2-79所示。

⑦ 选择工具箱中的“选择”工具，框选图纸部分，按Ctrl+G组合键，群组图纸图形，选择工具箱中的“阴影”工具，在群组图纸上拖出一条直线，给图形添加阴影效果，如图2-80所示。

电脑小百科

广告设计的要点是在视觉范围内，人眼的注意力的分布是有差异的：最高的是中上部和左上部。上部是视觉的中心位置，这是人们在长期生活中形成的视觉习惯。所以，重要的信息、标题、图形应编排在左上部或中上部，以便于一开始就抓住读者的视线。

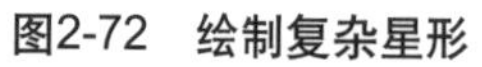

图2-77　编辑文字 　　图2-78　添加效果 　　图2-79　改变颜色 　　图2-80　最终效果

2.2.7 绘制螺纹

螺纹类型包括对称式螺纹和对数式螺纹两类。选择对称式螺纹，绘制的每个回圈之间间距相等。选择对数式螺纹，绘制的每个回圈之间的距离渐渐增大。

下面为绘制螺纹的具体操作步骤。

1. 打开CorelDRAW X6，选择“文件”→“打开”命令，弹出“打开绘图”对话框，选择本书配套光盘中的“第2章\2.2\2.2.7\棒棒糖.cdr”文件，单击“打开”按钮，如图2-81所示。

图2-81　打开“棒棒糖”文件

2. 选择工具箱中的“螺纹”工具，设置属性栏中的“螺纹回圈”为3，单击“对数螺纹”按钮，在棒棒糖上按住鼠标左键并拖动，释放鼠标即可完成螺纹的绘制，如图2-82所示。
3. 选中螺纹，设置“属性栏”中的“轮廓宽度”为1.5mm，在调色板“白色”色块上单击鼠标右键，螺纹轮廓颜色填充为白色，将螺纹精确裁剪至棒棒糖内，如图2-83所示。
4. 按照上述方法，给其他两个棒棒糖添加螺纹效果，最终效果如图2-84所示。

图2-82　绘制螺纹

图2-83　设置轮廓属性

图2-84　最终效果

2.2.8 绘制表格

“表格”工具可以绘制出不同行数或列数的表格，也可以将表格拆分为多个独立的线条，删除或是移动到合适的位置，方便改变表格的形状。此外，也可以在表格中添加文字和图形。

电脑小百科

本世纪以来涌现出不少杰出的插画家，如美国的罗克威尔•史密斯，英国的杜克拉，日本的龟仓雄策、永井一正，台湾的几米等，读者可以通过多观察或临摹优秀的作品，提高自身的水平。

下面为绘制表格的具体操作步骤。

1. 打开CorelDRAW X6，选择“文件”→“打开”命令，弹出“打开绘图”对话框，选择本书配套光盘中的“第2章\2.2\2.2.8\海底世界.cdr”文件，单击“打开”按钮，如图2-85所示。
2. 选择工具箱中的“表格”工具，设置属性栏中的行列数为15，宽度为0.4mm，在绘图页面拖动鼠标绘制表格，表格的轮廓颜色为(R0，G143，B215)，如图2-86所示。
3. 选择表格，设置属性栏中的“边框”为“内部”，选择工具箱中的“轮廓笔”工具，弹出“轮廓笔“对话框，设置样式为，单击“确定”按钮，如图2-87所示。

图2-85　打开“海底世界”文件

图2-86　绘制表格

图2-87　改变轮廓样式

4. 选中表格，按Ctrl+K组合键，打散表格，选择工具箱中的“椭圆形”工具，按Ctrl键的同时在绘图区拖动鼠标绘制一个正圆，并复制表格的轮廓属性，选择工具箱中的“选择”工具，依次选择椭圆与表格，单击属性栏中的“修剪”按钮，裁剪掉椭圆，如图2-88所示。
5. 保持表格的选择状态，按Ctrl+U组合键又或者单击属性栏上的“取消群组”按钮，移动表格线条的位置，如图2-89所示。
6. 选中中间的直线，将其压短，效果如图2-90所示。

图2-88　修剪图形

图2-89　调整位置

图2-90　最终效果

绘制表格时，按下Ctrl+K组合键，再选择“排列”→“取消群组”命令，即可将表格分解为单独的直线，可以调整直线的大小和位置。

电脑小百科

分辨率决定了图像的细节质量。分辨率越高，图像的质量越高，图像的数据越大。这反过来也意味着需要更大的内存来记录图像，这种图像是用dpi来表示的。

2.3　绘制基本形状

基本形状工具组为用户提供了基本形状、箭头形状、流程图形状、标题形状和标注形状几组外形选项。了解这些工具的功能与操作方法，能更快捷地完成绘图工作。打开“基本形状”工具隐藏的工具组，其中包含了多个基本形状的扩展图形的工具。

书盘互动指导

示例	在光盘中的位置	书盘互动情况
基本形状(B) 箭头形状(A) 流程图形状(F) 标题形状(N) 标注形状(C)	2.3　绘制基本形状 2.3.1　基本形状 2.3.2　箭头形状 2.3.3　流程图形状 2.3.4　标题形状 2.3.5　标注形状	本节主要学习基本形状的绘制，在光盘2.3节中有相关内容的操作视频，还特别针对本节内容设置了具体的实例分析。 大家可以在阅读本节内容后再学习光盘，以达到巩固和提升的效果。

2.3.1　基本形状

基本形状工具，在属性栏中提供了各种常用形状较为规则的图形样式，在绘制时，选择相应形状绘制即可完成。

下面为基本形状工具的具体操作步骤。

1. 打开CorelDRAW X6，新建一个空白文档，选择工具箱中的“基本形状”工具，在属性栏的“完美形状”下拉列表中选择“心形”，在绘图页面拖动鼠标，绘制心形，心形颜色为(R137，G28，B31)，单击右键调色板上的无填充按钮☒，去除轮廓线，效果如图2-91所示。

2. 选中心形，按小键盘+键，原位复制，选择工具箱中的“选择”工具，按Shift+Ctrl组合键同比例缩小心形，按F11键，弹出“渐变填充”对话框，设置颜色为(R190，G145，B60)、(R251，G248，B203)、(R220，G195，B123)的线性渐变，设置其他参数如图2-92所示。参数设置完成后，单击“确定”按钮，效果如图2-93所示。

3. 按小键盘+键，原位复制，选择工具

图2-91　绘制心形

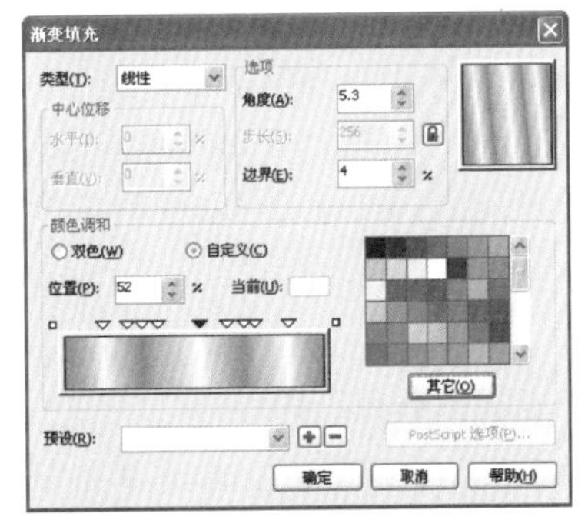

图2-92　“渐变填充”对话框

图2-93　渐变填充效果

电脑小百科

关于CMYK颜色模式：CMYK是Cyan青，Mageata品红，Yellow黄，Black黑，这是印刷上使用比较普遍的色彩模式。

箱中的“透明度”工具，设置属性栏中的类型为“标准”，操作为“叠加”，开始透明度为0，如图2-94所示。

4 按照上述方法，复制并同比例缩小心形，颜色分别填充为白色、渐变色并透明度叠加，深红、渐变红色和复制并透明度叠加，如图2-95所示。

5 选择工具箱中的“钢笔”工具，在心形上绘制一个不规则图形，并填充白色，复制一个放至左下角的位置，如图2-96所示。

6 选择工具箱中的“选择”工具，框选除不规则图形外的所有心形，按小键盘+键，复制两次，适当地调整大小和角度，选择工具箱中的“选择”工具，框选所有的图形，按Ctrl+G组合键，群组图形，如图2-97所示。

图2-94 调整透明度

图2-95 复制心形

图2-96 绘制不规则图形

图2-97 复制心形

7 选择“文件”→“导入”命令，弹出“导入”对话框，选择本书配套光盘中的“第2章\2.3\2.3.1\花纹.cdr”文件，单击“导入”按钮，放置合适的位置，选中“心形”图形，设置属性栏中的“旋转角度”为16，如图2-98所示。

8 选中心形图形，复制两个至不同的位置上，调整复制好心形的角度以及顺序，如图2-99所示。

图2-98 打开花纹素材

图2-99 最终效果

2.3.2 箭头形状

使用“箭头形状”工具可以绘制出许多种样式迥异的箭头形状，经常被用于绘制需要标注出过程的图表或标志中的箭头部分。

下面为箭头形状的具体操作步骤。

1 打开CorelDRAW X6，选择“文件”→“打开”命令，弹出“打开绘图”对话框，选择本书配套光盘中的“第2章\2.3\2.3.2\百货促销单.cdr”文件，单击“打开”按钮，如图2-100所示。

2 选择工具箱中的“箭头形状”工具，在属性栏中的“完美形状”按钮下拉列表中找到需要的箭头形状，如图2-101所示。

3 在数字1上拖动鼠标，绘制箭头，再次单击箭头，使箭头处于旋转状态，将光标移至上方中心控制点，向右拖动鼠标使其向右倾斜，如图2-102所示。

电脑小百科

关于RGB颜色模式就是Red、Green、Blue(红，绿，蓝)三种颜色，RGB模式就是由这三种颜色为基色进行叠加为模拟出大自然色彩的色彩组合模式。我们日常用的彩色电脑显示器、彩色电视机等的色彩都使用这种模式。

❹ 选择工具箱中的"选择"工具，选中2013，右键拖动至箭头上，松开鼠标，弹出快捷菜单，选择"复制所有属性"选项，效果如图2-103所示。

图2-100　打开"百货促销单"文件

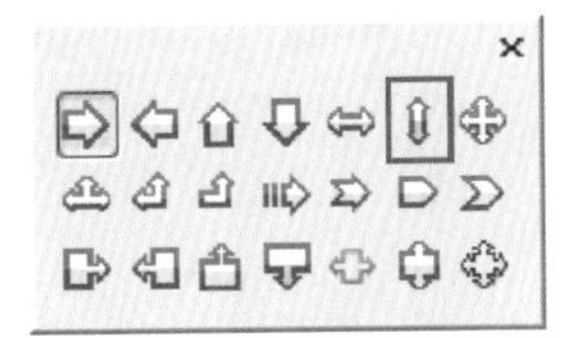

图2-101　箭头形状

图2-102　倾斜形状

图2-103　最终效果

2.3.3 流程图形状

"流程图形状"工具可以绘制出多种形状不一的流程图形，其可在属性栏中自由选择。

下面为流程图形状工具的具体操作步骤。

❶ 打开CorelDRAW X6，选择"文件"→"打开"命令，弹出"打开绘图"对话框，选择本书配套光盘中的"第2章\2.3\2.3.3\流程图.cdr"文件，单击"打开"按钮，效果如图2-104所示。

❷ 选择工具箱中的"流程图形状"工具，单击属性栏中的"完美形状"按钮，在下拉列表中选择需要的图形，如图2-105所示。

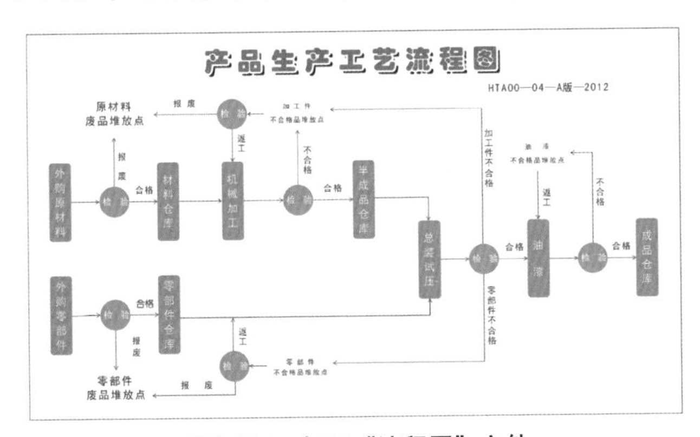

图2-104　打开"流程图"文件

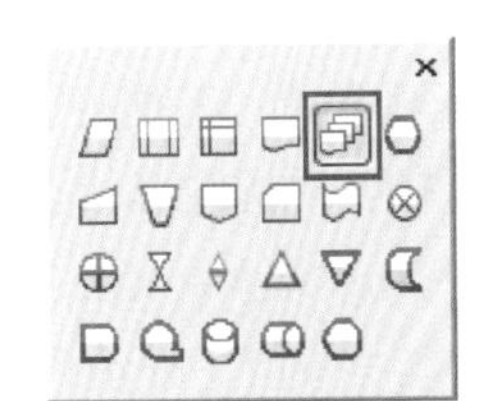

图2-105　选择流程图形状

❸ 在合适的位置上拖动鼠标绘制图形，填充红色并去除轮廓线，单击属性栏中的"水平镜像"按钮，并将图形放置文字下面，效果如图2-106所示。

❹ 复制一个至左下角的位置，并填充灰色，去除轮廓线。

❺ 选择工具箱中的"流程图形状"工具，单击属性栏中的"完美形状"按钮，在下拉列表中选择形状，在合适的位置上拖动鼠标绘制图形，填充橘色并去除轮廓线，调整图形的顺序，如图2-107所示。

❻ 复制一个至右上角的位置，再次在属性栏中的"完美形状"下拉列表中选择形状，在合适的位置上拖动鼠标绘制图形，填充蓝色，并去除轮廓线，效果如图2-108所示。

电脑小百科

每个设备都有其属性，并且不尽相同。通过设备的属性可以调整设备的一些参数，让设备的工作状态更加符合需求。

7 在“完美形状”中选择形状▽，在合适的位置上拖动鼠标绘制图形，填充淡黄色，并去除轮廓线，复制一个至左下角，设置属性栏中的“旋转角度”为90°，效果如图2-109所示。

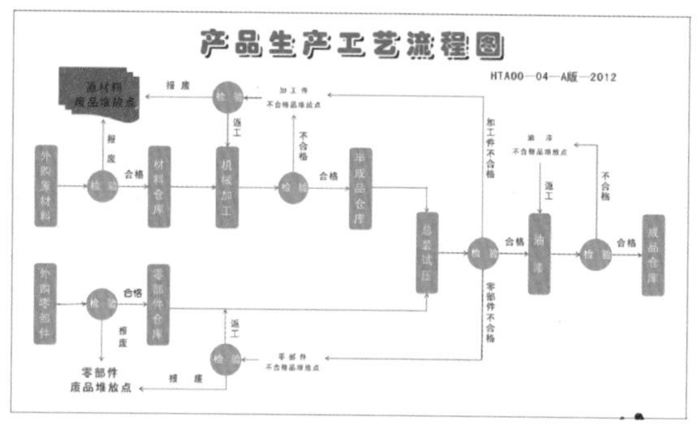

图2-106 绘制图形

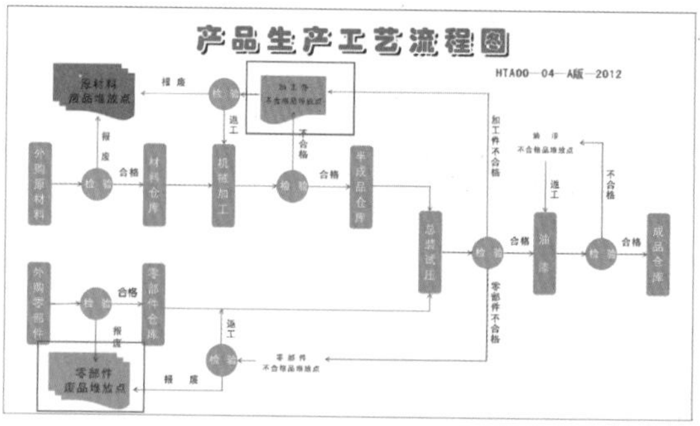

图2-107 绘制图形

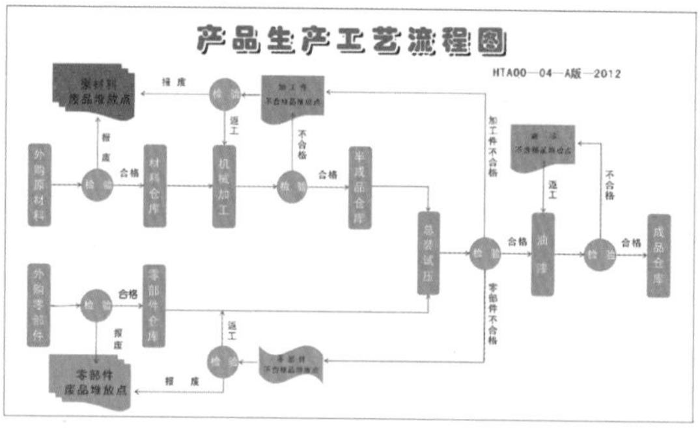

图2-108 波纹形状

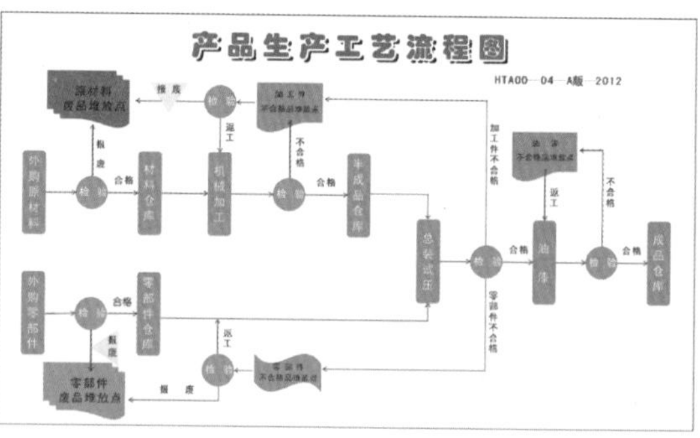

图2-109 最终效果

2.3.4 标题形状

“标题形状”工具可以绘制类似于标题的图形。在属性栏中可以选择各种标题形状，下面为标题形状的具体操作步骤。

1 打开CorelDRAW X6，选择“文件”→“打开”命令，弹出“打开绘图”对话框，选择本书配套光盘中的“第2章\2.3\2.3.4\界面.cdr”文件，单击“打开”按钮，如图2-110所示。

图2-110 打开“界面”文件

2 选择工具箱中的“标题形状”工具，在属性栏中的“完美形状”下拉列表中选择形状，在绘图页面中拖动鼠标，绘制标题形状，标题形状颜色为(R139，G193，B234)，如图2-111所示。

3 选中标题图形，单击右键调色板上的无填充按钮☒，去除轮廓线，将图形顺序调整至界面下，如图2-112所示。

4 选择工具箱中的“钢笔”工具，绘制其他的图形，填充相应的颜色，效果如图2-113所示。

电脑小百科

相对于其他广告类型而言，海报具有画面大、内容广泛、艺术表现力丰富、远视效果强烈等特点，对于学设计的人来说，只要提起广告，首先想到的就是海报。

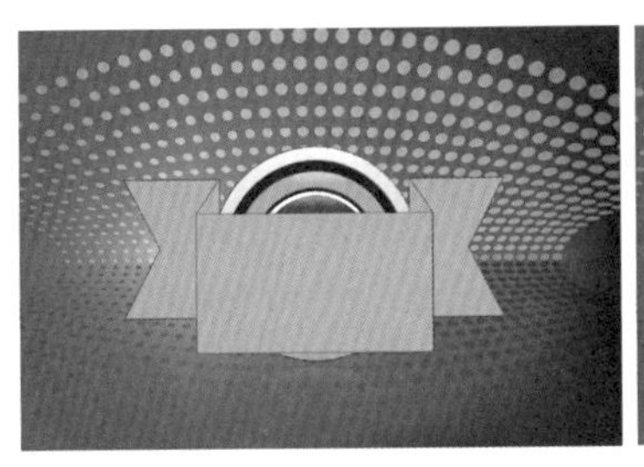
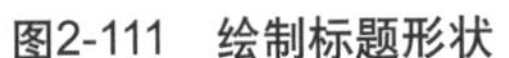

图2-111　绘制标题形状

图2-112　调整顺序

图2-113　最终效果

2.3.5 标注形状

“标注形状”工具可以绘制类似于标注的图形，可以在属性栏中选择各种标注形状，标注形状的具体操作步骤如下。

1. 打开CorelDRAW X6，选择“文件”→“打开”命令，弹出“打开绘图”对话框，选择本书配套光盘中的“第2章\2.3\2.3.5\草莓女孩.cdr”文件，单击“打开”按钮，如图2-114所示。
2. 选择工具箱中的“标注形状”工具，在属性栏的“完美形状”下拉列表中选择需要的标注图形，在绘图页面拖动鼠标，绘制标注形状图形，如图2-115所示。
3. 选择标注图形，在调色板“粉红色”色块上单击鼠标左键，为标注图形填充粉红色，按Shift+PageDown组合键，调整到图层后面，效果如图2-116所示。

图2-114　打开“草莓女孩”文件

图2-115　绘制标注形状

图2-116　最终效果

2.4 智能绘图工具

当绘制各种规划图、流程图、原理图等草图时，一般要求准确而快速。“智能绘图”工具能自动识别许多形状，包括圆、矩形、箭头、菱形、梯形等，还能自动平滑和修饰曲线，快速规整和完善图像。

使用“智能绘图”工具绘图的优点是节约时间，它能重新优化组织自由手绘的线条，使设计者更容易建立完美的形状，自由流畅地完成设计。

电脑小百科

印刷可分为凸版印刷、平版印刷、凹版印刷和孔版印刷四类。

==书盘互动指导==

⊙ 示例	⊙ 在光盘中的位置	⊙ 书盘互动情况
	2.4　智能绘图工具	本节主要学习智能绘图工具，在光盘2.4节中有相关内容的操作视频，还特别针对本节内容设置了具体的实例分析。大家可以在阅读本节内容后再学习光盘，以达到巩固和提升的效果。

下面为智能绘图的具体操作步骤。

1. 打开CorelDRAW X6，选择“文件”→“打开”命令，弹出“打开绘图”对话框，选择本书配套光盘中的“第2章\2.4\公园.cdr”文件，单击“打开”按钮，如图2-117所示。
2. 选择工具箱中的“智能绘图”工具，设置属性栏中的“形状识别等级”和“智能平滑等级”都为“最高”，在道路的位置上拖动鼠标，绘制矩形的大体轮廓，如图2-118所示。
3. 松开鼠标，图形自动转换成规则的矩形，并将矩形适当的缩小，效果如图2-119所示。
4. 继续选择工具箱中的“智能绘图”工具，在矩形上方绘制箭头的大体轮廓，如图2-120所示。
5. 松开鼠标，图形自动转换成规则的箭头图形，并缩小箭头，按小键盘+键，复制箭头，如图2-121所示。

图2-117　打开“公园素材”文件

图2-118　绘制曲线

图2-119　到图层前面

图2-120　绘制箭头的大体轮廓

6. 选择“文件”→“导入”命令，弹出“导入”对话框，选择本书配套光盘中“第2章\2.4\地板纹理.cdr”文件，单击“导入”按钮。
7. 选中纹理素材，复制一次，并将纹理素材依次裁剪至矩形和箭头内。选中复制好的箭头并填充黑色，使用文本工具编辑文字，得到最终效果如图2-122所示。

图2-121　自动转换箭头图形

图2-122　最终效果

知识补充

形状识别等级设置得越高，其自动识别能力越好；智能平滑等级设置得越高，手动绘制后自动转换的曲线越平滑。

电脑小百科

在线条上所印的油墨如果堆起来，就是凹铜版或凹铜版印刷品因为凹版的印墨大多堆存在较深的凹槽里，所以墨比较浓厚。

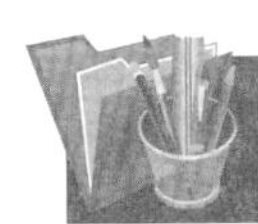

2.5　应用实例——卡通龙头

本实例绘制的是一个卡通龙头，主要以红色为主色调，视觉效果很强烈，制作龙头效果主要是熟悉绘制图形的一些工具。本实例运用了椭圆形工具、钢笔工具、贝塞尔工具、3点曲线工具、B样条工具和高斯式模糊命令等，效果如图2-123所示。

书盘互动指导

示例	在光盘中的位置	书盘互动情况
	2.5　卡通龙头	本节主要介绍了以上述内容为基础的综合实例操作方法，在光盘2.5节中有相关操作步骤的视频文件，以及原始素材文件和处理后的效果文件。 大家可以选择在阅读本节内容后再学习光盘，以达到巩固和提升的效果，也可以对照光盘视频操作来学习图书内容，以便更直观地学习和理解本节内容。

下面为应用实例的具体操作步骤。

1. 打开CorelDRAW X6，新建一个空白文档，选择工具箱中的“3点曲线”工具，在绘图页面按下鼠标左键不放并拖动，拖到合适的位置时释放鼠标左键即可。拖动鼠标到合适的位置，调整好曲线的弯曲度。单击鼠标左键，完成曲线的绘制。再次单击节点继续绘制曲线，绘制出一条闭合曲线。
2. 设置属性栏中的“轮廓宽度”为0.6mm，按F11键，弹出“渐变填充”对话框，设颜色为(R159，G159，B16)到白色的辐射渐变，设置水平值为－17，垂直为28，边界为14，单击“确定”按钮，效果如图2-124所示。
3. 继续选择“3点曲线”工具，绘制图形，按F11键，弹出“渐变填充”对话框，设置颜色为大红色到(C0，M100，Y100，K80)的辐射渐变，设置水平值为－13，垂直为－62，边界为30，单击“确定”按钮。设置属性栏中的“轮廓宽度”为0.6mm，效果如图2-125所示。
4. 按照上述方法，继续绘制图形，颜色分别填充为大红和白色，如图2-126所示。

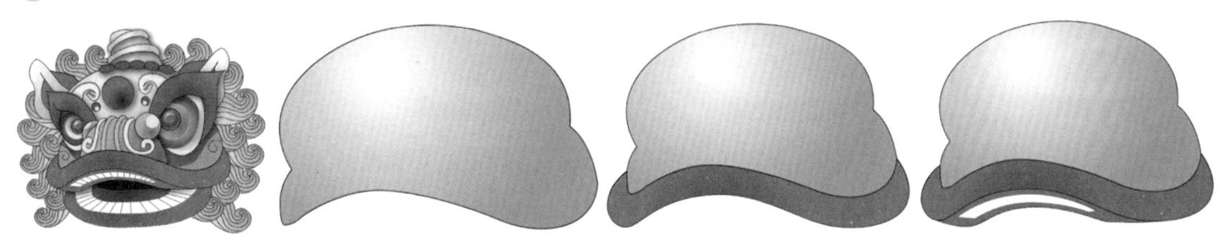

图2-123　绘制正圆　图2-124　“3点曲线”工具绘图　图2-125　渐变填充　图2-126　绘制图形

电脑小百科

画面隐约布满白线方格布纹，而暗部墨色浓厚，亮部墨色单薄，是普通照相凹版印刷品。之所以会有白线方格布纹隐约布满画面，这是因为制版时加晒网线，防止印刷时刮刀将印纹凹槽内的印墨刮去。

5 选择工具箱中的“2点线”工具，在绘图页面按住并拖动鼠标，拖到合适的位置时释放，绘制直线，设置属性栏中的“轮廓宽度”为0.6mm，颜色填充为大红色，继续绘制多条至不同的位置上，如图2-127所示。

6 选择工具箱中的“钢笔”工具，绘制图形，在调色板“黑色”色块上单击鼠标左键，为图形填充黑色，按Shift+PageDown组合键，调整到图层后面，如图2-128所示。

7 选择工具箱中的“手绘”工具，在绘图页面随意绘制一个图形，选择“位图”→“转换为位图”命令，弹出“转换为位图”对话框，保持默认值，单击“确定”按钮，再选择“位图”→“模糊”→“高斯式模糊”命令，弹出“高斯式模糊”对话框，设置“半径”为50像素，单击“确定”按钮，如图2-129所示。

8 选择工具箱中的“选择”工具，选中高斯式模糊图形至合适的位置上，按Shift+PageDown组合键，调整到图层后面，效果如图2-130所示。

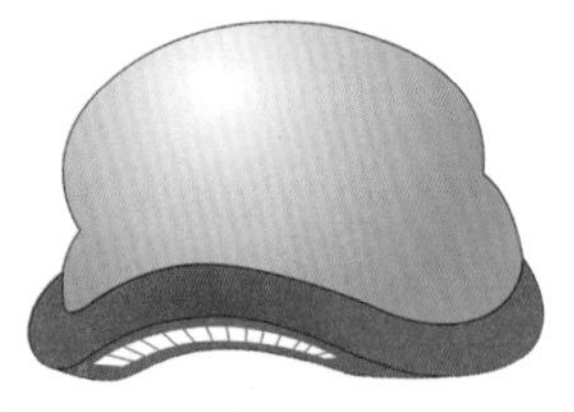

图2-127 “2点线”工具绘图

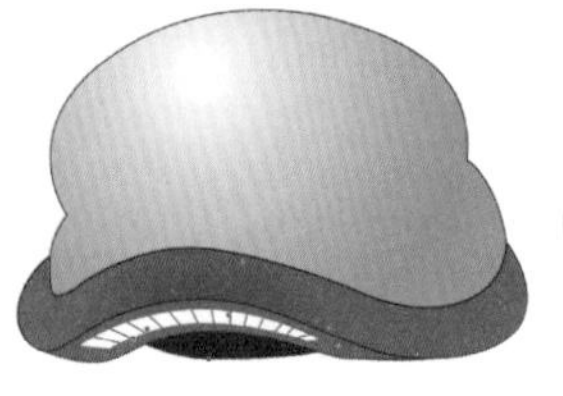

图2-128 调整图形的顺序

图2-129 高斯式模糊

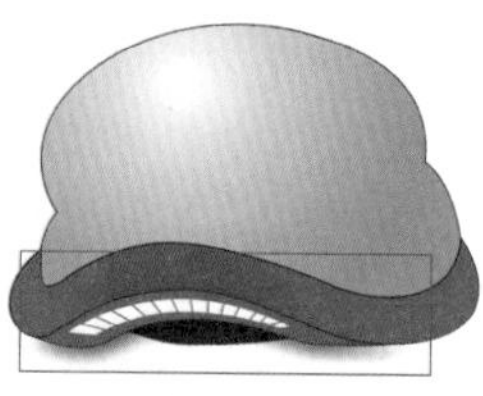

图2-130 调整图形的顺序

9 按照上述操作，完成下面图形的绘制，如图2-131所示。

10 选择工具箱中的“椭圆形”工具，按Ctrl键同时拖动鼠标绘制正圆，按Shift+F11组合键，弹出“均匀填充”对话框，设颜色值为(C25，M100，Y100，K0)，单击“确定”按钮，设置属性栏中的“轮廓宽度”为0.6mm，效果如图2-132所示。

11 选中正圆，按Shift键的同时往内拖动正圆至合适位置，单击右键，复制正圆，右键单击调色板上的无填充按钮☒，去除轮廓线，按F11键弹出“渐变填充”对话框，设颜色值为(C100，M80，Y0，K30)到白色的辐射渐变，设置水平值为－13，垂直为28，边界为19，单击“确定”按钮，如图2-133所示。

12 选中红色正圆，按Shift键的同时往内拖动正圆至合适位置，单击右键，复制正圆，右键单击调色板上的无填充按钮☒，去除轮廓线，效果如图2-134所示。

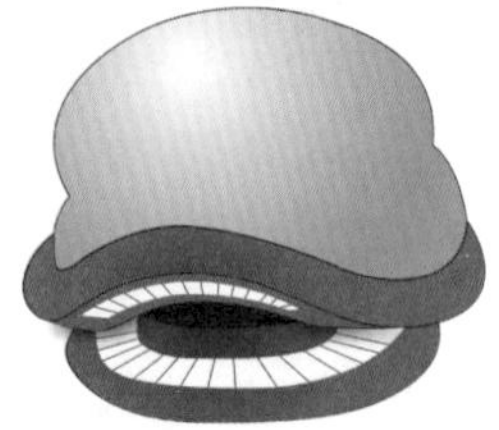

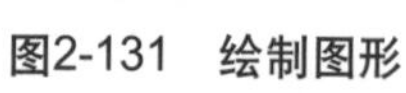

图2-131 绘制图形

图2-132 绘制正圆

图2-133 渐变填充

图2-134 复制正圆

13 结合上述所用的方法，绘制图形，并将图形调整至正圆后面，如图2-135所示。

14 选择工具箱中的“螺纹”工具，设置属性栏中的“回圈”为1，在图形上绘制螺纹，

电脑小百科

线条或网店的中心部分墨色较浓，边缘不够整齐，而且又没有堆起的现象，那就是平版印刷品。在印版上有印纹和没有印纹的部分都是平坦的，而在边缘部分因受到水的侵蚀，而显得不平坦。目前，各国彩色印刷品多是用平版印刷。

调整好位置，设置属性栏中的“轮廓宽度”为0.6mm，效果如图2-136所示。

15 选择工具箱中的“贝塞尔”工具，绘制不规则图形，颜色填充为淡黄色，设置“轮廓宽度”为0.6mm，效果如图2-137所示。

16 继续使用贝塞尔工具绘制两个图形，颜色分别填充为大红色和土黄色，并绘制两个正圆，填充相应的颜色，效果如图2-138所示。

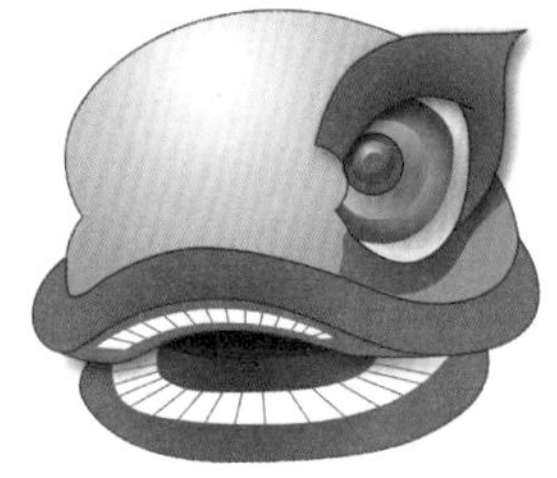

图2-135　绘制图形

图2-136　绘制螺纹

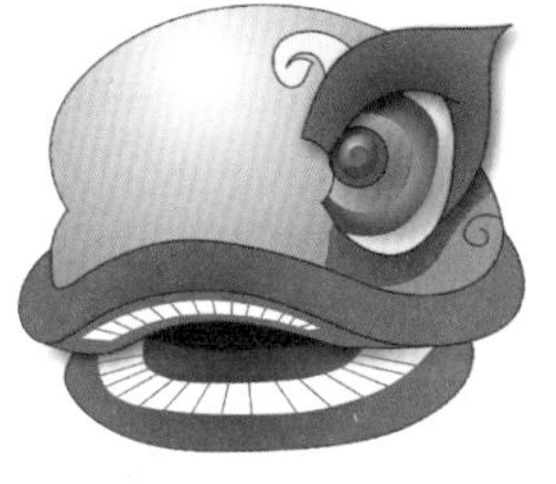

图2-137　绘制图形

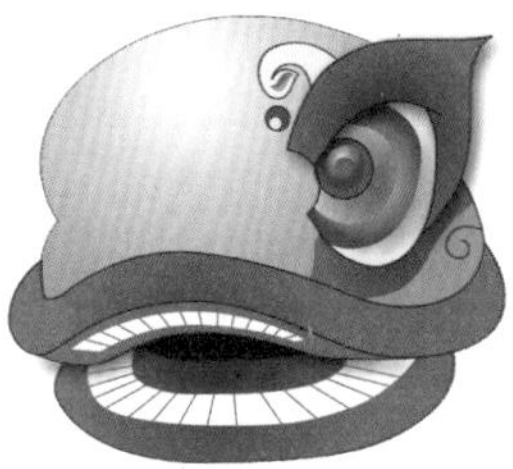

图2-138　绘制图形和正圆

17 选择工具箱中的“选择”工具，框选图形，按Ctrl+G组合键群组图形，按小键盘上的+键，原位复制，单击属性栏中的“水平镜像”按钮，移至合适的位置，按Ctrl+U组合键取消群组，选择工具箱中的“形状”工具，对图形微作形状调整，如图2-139所示。

18 结合上述的方法，完成图形的绘制，效果如图2-140所示。

19 选择工具箱中的“3点矩形”工具，在绘图区绘制矩形，填充相应的颜色，按Ctrl+Q组合键转换为曲线，选择“形状”工具，调整矩形的形状。

20 选择工具箱中的“B样条”工具，绘制多条曲线，设置矩形和曲线的“轮廓宽度”为0.6mm，群组图形，按Shift+PageDown组合键，调整到图层后面，效果如图2-141所示。

21 选中图形，复制多个并调整好位置和角度，得到最终效果如图2-142所示。

图2-139　水平镜像图形

图2-140　绘制图形

图2-141　“B样条”工具绘图

图2-142　最终效果

学习小结

本章主要介绍了CorelDRAW X6中图形的绘制。通过对本章的学习，读者能够很熟练地完成图形的绘制以及处理。

下面对本章内容进行总结，具体内容如下。

(1) CorelDRAW X6提供了强大的绘图功能，本章的知识对于学习平面的学生而言是必须要掌握的。只有熟练地利用这些工具才能更轻松地完成图形的绘制。

(2) 相对于以前的版本，CorelDRAW X6中新增的绘图工具，在绘制图形时更快捷更顺畅。

电脑小百科

印刷品的纸背有轻微印痕凸起，线条或网点边缘部分整齐，并且印墨在中心部分显得浅淡的，则是凸版印刷品。凸起的印纹边缘受压较重，因而有轻微的印痕凸起。

(3) CorelDRAW提供了多种绘制几何图形的工具，矩形、圆形、多边形、复制星形、图纸、螺纹以及表格的绘制。

(4) CorelDRAW X6中的绘制直线和绘制曲线是本章的重点。

(5) 基本形状工具在CorelDRAW中使用得比较多，所以也是设计者所要掌握的。

互动练习

1. 选择题

(1) 绘制矩形可以通过(　　)种来实现。

A．2　　B．3　　C．4　　D．5

(2) CorelDRAW X6中选择椭圆形工具的快捷键是(　　)

A．F5　　B．F6　　C．F7　　D．F8

(3) 基本形状工具组中有(　　)种工具。

A．2　　B．3　　C．4　　D．5

2. 思考与上机题

(1) 说说贝塞尔工具和钢笔工具的不同点。

(2) CorelDRAW X6中，B样条工具最大的特点是什么？

电脑小百科

给文字加底纹可以起到突显文字的效果，使文字在整体上看上去更加明显。

第3章

图形的高级编辑

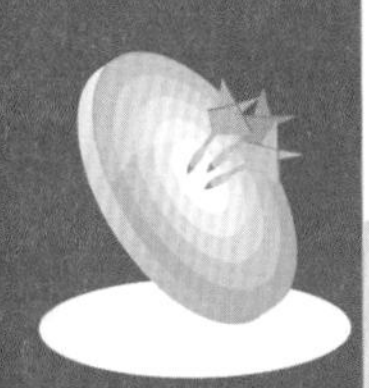

本章导读

在CorelDRAW X6中，提供了多种编辑对象的工具。本章主要介绍了形状工具、编辑轮廓线、重新修整图形、图框精确裁剪对象的功能及图形编辑工具。通过对本章的学习，使读者可以自如地编辑对象，轻松地完成设计任务。

精彩看点

- 形状工具
- 编辑轮廓线
- 重新修整图形
- 图框精确裁剪对象
- 裁剪工具
- 刻刀工具
- 橡皮擦工具
- 涂抹笔刷工具
- 粗糙笔刷工具
- 涂抹工具
- 转动工具
- 吸引工具
- 排斥工具
- 自由变换工具

3.1 形状工具

在CorelDRAW X6中，形状工具是运用最为频繁的工具之一，所有的图形编辑都离不开形状工具的处理，本节详细地介绍了形状工具的各种使用方法。

⊙ 示例	⊙ 在光盘中的位置	⊙ 书盘互动情况
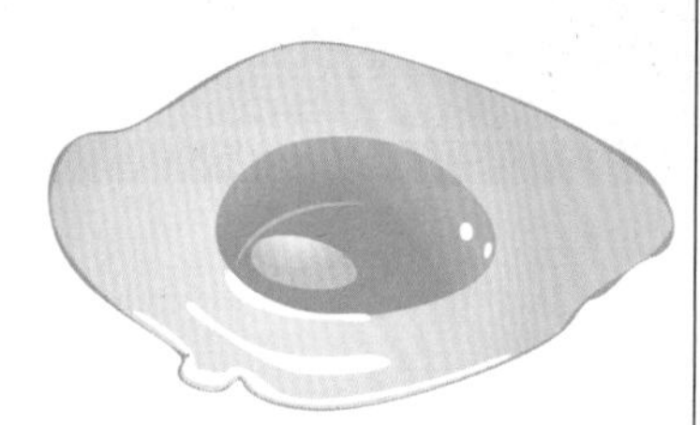	3.1 形状工具 3.1.1 将特殊图形转换成可编辑对象 3.1.2 选择节点 3.1.3 转换节点类型 3.1.4 移动与添加、删除节点 3.1.5 缩放、旋转和倾斜节点 3.1.6 对齐节点 3.1.7 连接与分割节点	本节主要学习形状工具，在光盘3.1节中有相关内容的操作视频，还特别针对本节内容设置了具体的实例分析。 大家可以在阅读本节内容后再学习光盘，以达到巩固和提升的效果。

3.1.1 将特殊图形转换成可编辑对象

在CorelDRAW X6中，使用工具绘制好的几何图形未被转曲之前不能使用形状工具进行调整形状，只有转曲后才能进行编辑形状。将特殊图形转换成可编辑对象的具体操作步骤如下。

1. 打开CorelDRAW X6，选择“文件”→“打开”命令，弹出“打开绘图”对话框，选择本书配套光盘中的“第3章\3.1\3.1.1\鸡蛋.cdr”文件，单击“打开”按钮，如图3-1所示。
2. 选择工具箱中的“选择”工具，选中椭圆，选择工具箱中的“形状”工具，此时未被转曲的椭圆呈现的状态，不能进行形状调整，如图3-2所示。
3. 选中对象，选择“排列”→“转换为曲线”命令，或在对象上单击鼠标右键，弹出快捷菜单，选择“转换为曲线”命令，又或者按Ctrl+Q组合键，将椭圆转换为曲线，单击控制点即可调整形状，如图3-3所示。

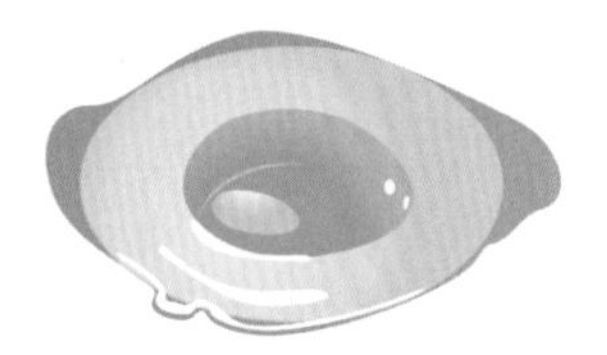

图3-1 选择“鸡蛋”文件

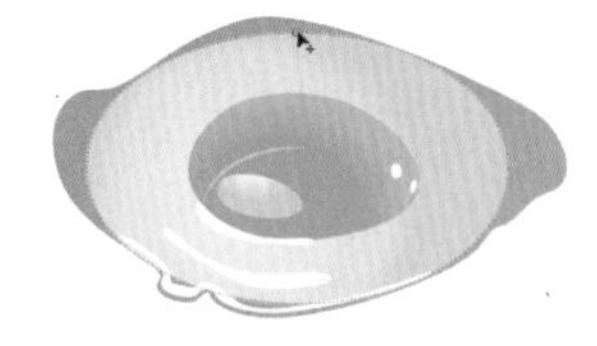

图3-2 未被转曲前

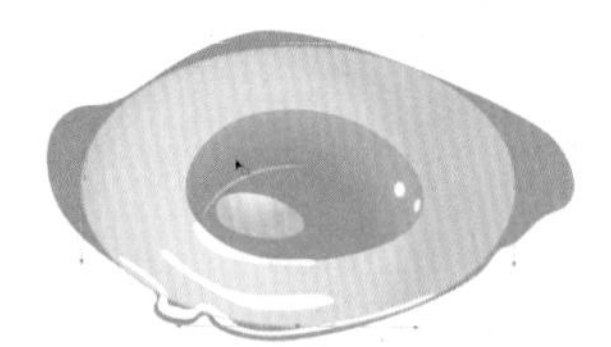

图3-3 转换为曲线后

节点和控制点都是绘制图形的辅助工具，在打印时它们不会显示出来。可以通过对节点和控制点的调整来改变图形的形状。节点处于全选状态时，要想取消某一节点的选取，按住Shift键，单击需要取消选取的节点即可。

电脑启动时间的长短与用户电脑硬件的配置有关。

3.1.2 选择节点

使用“形状”工具处理图形的形状时，选择节点为编辑的前提，选择节点的具体操作步骤如下。

1. 继续打开上节的图形，选择工具箱中的“形状”工具，将光标移至节点周围，光标如图3-4所示。
2. 将光标放置节点上，光标发生变化，而节点为蓝色空心矩形，如图3-5所示。
3. 单击鼠标左键，节点呈现蓝色实心的小矩形框，证明节点处于编辑状态，如图3-6所示，整体图如图3-7所示。

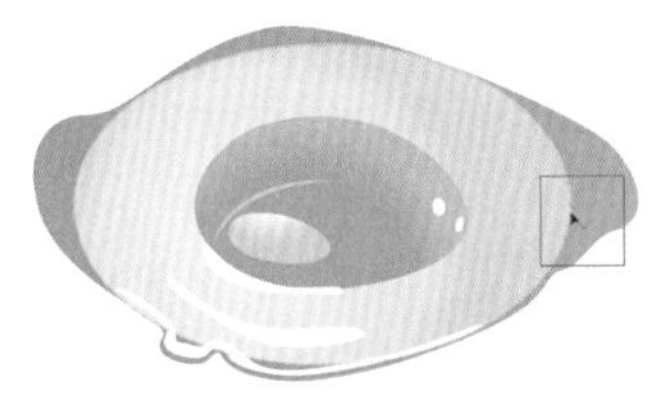

图3-4　将光标放置于节点周围

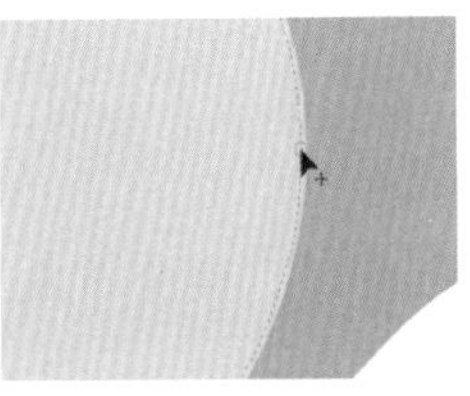

图3-5　光标放置于节点上

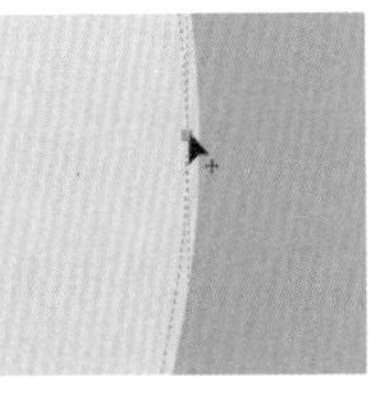

图3-6　选择节点

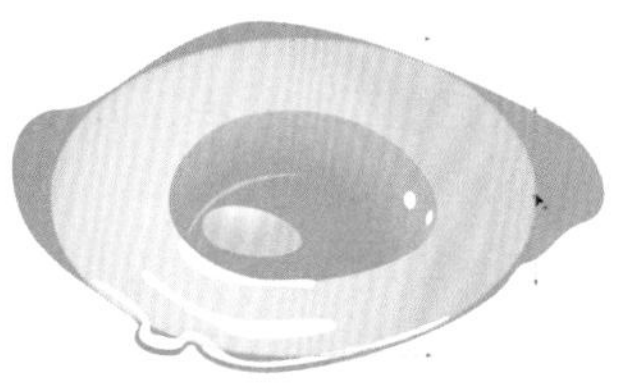

图3-7　待编辑状态

知识补充

要想选取多个节点，在选取的时候按住Shift键，依次单击要选取的节点即可。

知识补充

按Ctrl+Shift组合键，单击对象上的任何一个节点，可以把对象上的所有节点选中。

3.1.3 转换节点类型

选择“形状”工具后，在其属性栏中呈现各种节点类型，转换节点类型的具体操作步骤如下。

1. 选择“文件”→“打开”命令，弹出“打开绘图”对话框，选择本书配套光盘中的“第3章\3.1\3.1.3\鸡蛋.cdr”文件，单击“打开”按钮，如图3-8所示。
2. 选择工具箱中的“形状”工具，选中节点，单击属性栏中的“平滑节点”按钮，拖动节点，对节点进行形状调整，如图3-9所示。
3. 选中右边的节点，单击属性栏中的“尖突节点”按钮，调整形状，如图3-10所示。
4. 通过转换节点类型，继续调整绘图的形状，如图3-11所示。

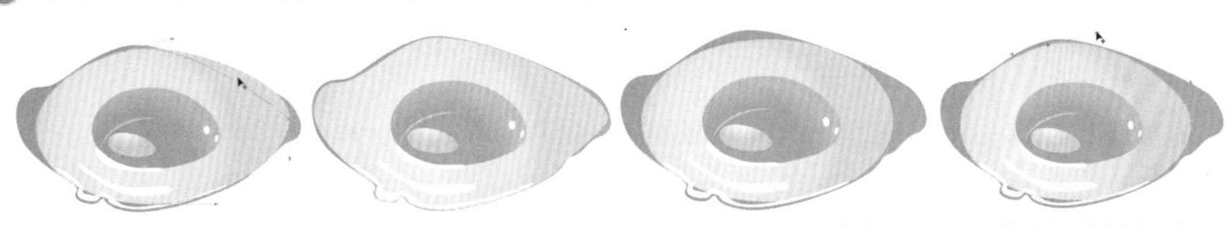

图3-8　转换节点类型　　图3-9　平滑节点　　图3-10　尖突节点　　图3-11　调整形状

按Ctrl+Shift组合键，单击对象上的任何一个节点，可以把对象上的所有节点选中。

3.1.4 移动与添加、删除节点

移动与添加、删除节点是在调整节点过程中最常使用的。移动与添加、删除节点的具体操作步骤如下。

1. 打开CorelDRAW X6，选择“文件”→“打开”命令，弹出“打开绘图”对话框，选择本书配套光盘中的“第3章\3.1\3.1.4\不规则星形.cdr”文件，单击“打开”按钮，选择工具箱中的“形状”工具，选中节点，如图3-12所示。
2. 移动节点至合适的位置，如图3-13所示。
3. 在需要添加节点的位置上，双击鼠标左键，即可添加节点，或者单击属性栏中的“添加节点”按钮，即可添加节点，如图3-14所示。
4. 按照上述方法，在多处位置上添加节点，并结合节点类型，调整出如图3-15所示的八角鱼效果。
5. 删除节点的方法，选中节点，单击属性栏中的“删除节点”按钮，或双击节点即可删除节点，或选中节点后，按Delete键进行删除。

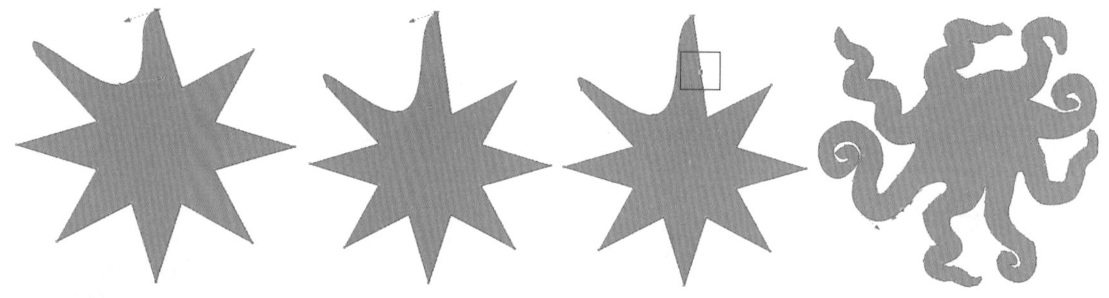

图3-12 选择“不规则星形”文件 图3-13 移动节点 图3-14 添加节点 图3-15 八角鱼形状

知识补充

选取节点时，按住Home键，可以直接选取对象的起始节点，按住End键，可以直接选取对象的最后一个节点。

3.1.5 缩放、旋转和倾斜节点

使用“形状”工具，在属性栏中提供了缩放、旋转和倾斜节点功能，缩放、旋转和倾斜节点的具体操作步骤如下。

1. 选择工具箱中的“形状”工具，选中需要缩放的节点，单击属性栏中的“延长与缩放节点”按钮，如图3-16所示。
2. 拖动随意一控制点，即可进行缩放或延长，如图3-17所示。
3. 单击属性栏中的“旋转与倾斜节点”按钮，即可完成节点的旋转与倾斜。

图3-16 缩放节点 图3-17 缩放节点效果

电脑小百科

尖突节点可以单独移动两侧的控制点，移动一侧的控制点时，另一侧不会被一起移动。

3.1.6　对齐节点

在CorelDRAW X6中，对齐功能不仅仅只限制于图形，节点也可以对齐，对齐节点的具体操作步骤如下。

① 选择工具箱中的“形状”工具，选中需要对齐的节点，如图3-18所示。

② 单击属性栏中的“对齐节点”按钮，弹出“节点对齐”对话框，选中“垂直对齐”，单击“确定”按钮，如图3-19所示。

图3-18　选择节点　　图3-19　垂直对齐

3.1.7　连接与分割节点

选择“形状”工具后，单击属性栏中的断开曲线按钮，即可分割节点，单击连接两个节点按钮，即可连接节点。

连接与分割节点的具体操作步骤如下。

① 选择工具箱中的“形状”工具，选中两个需要分割的节点，如图3-20所示。

② 单击属性栏中的“断开曲线”按钮，效果如图3-21所示。

图3-20　选择节点　　图3-21　分割曲线

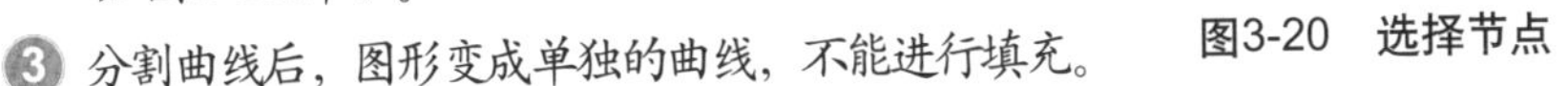

③ 分割曲线后，图形变成单独的曲线，不能进行填充。

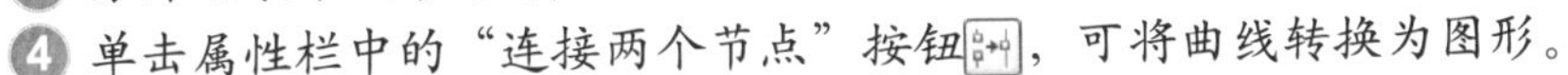

④ 单击属性栏中的“连接两个节点”按钮，可将曲线转换为图形。

3.2　编辑轮廓线

在CorelDRAW中，图形对象的轮廓是由填充属性与轮廓属性构成的。但是，开放对象只具有轮廓属性，不具有填充属性，而闭合对象则同时具有填充属性和轮廓属性。所谓对象的轮廓，就是对象的边缘线，它决定了对象的形状，并具有粗细与颜色等特征。图形对象的轮廓线可以看作是由一个可调整形状、颜色、大小及笔尖角度的轮廓笔绘制出来的。

＝＝书盘互动指导＝＝

⊙ 示例	⊙ 在光盘中的位置	⊙ 书盘互动情况
	3.2　编辑轮廓线 3.2.1　改变轮廓线颜色 3.2.2　改变轮廓线宽度 3.2.3　改变轮廓线样式 3.2.4　转换轮廓线 3.2.5　去除轮廓线	本节主要学习编辑轮廓线，在光盘3.2节中有相关内容的操作视频，还特别针对本节内容设置了具体的实例分析。 大家可以在阅读本节内容后再学习光盘，以达到巩固和提升的效果。

电脑小百科

平滑节点移动一侧的控制点，另外一侧也将一起移动，使曲线的弧度平滑。

3.2.1 改变轮廓线的颜色

在CorelDRAW X6中，设置轮廓线的方法很多，本节介绍常用的几种方法，改变轮廓线颜色的具体操作步骤如下。

1. 打开CorelDRAW X6，选择“文件”→“打开”命令，弹出“打开绘图”对话框，选择本书配套光盘中的“第3章\3.2\彩铅.cdr”文件，单击“打开”按钮，如图3-22所示。
2. 选择工具箱中的“选择”工具，选中对象。在调色板“青”色块上单击鼠标右键，为对象填充轮廓色，如图3-23所示。
3. 选择工具箱中的“选择”工具，选中对象。再选择工具箱中的工具，在隐藏的工具组中选择“轮廓笔”，弹出“轮廓笔”对话框，在“颜色”下拉列表中选择颜色为“桃红色”，单击“确定”按钮，如图3-24所示。

图3-22 选择“彩铅”文件 图3-23 改变轮廓颜色

4. 选择工具箱中的“选择”工具，选中对象。选择“窗口”→“泊坞窗”→“彩色”命令，在绘图页面的右侧弹出“颜色泊坞窗”对话框。在泊坞窗中单击“显示颜色滑块”按钮，拖动滑块，设置颜色，如图3-25所示。
5. 单击“轮廓”按钮，效果如图3-26所示。

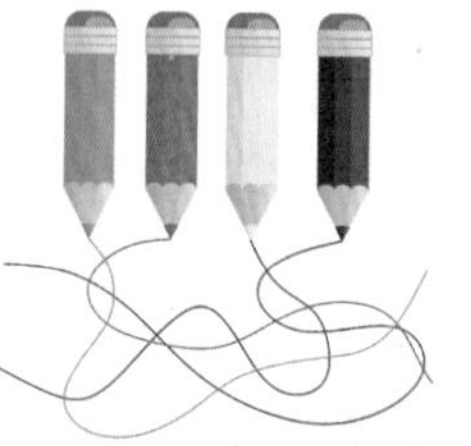

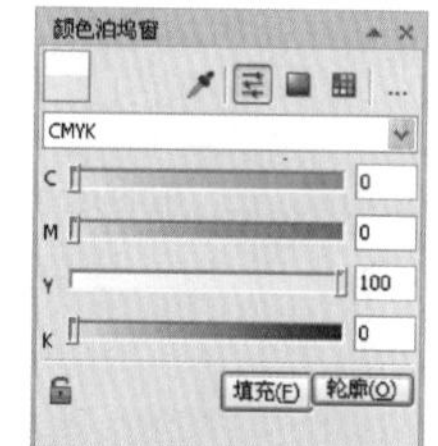

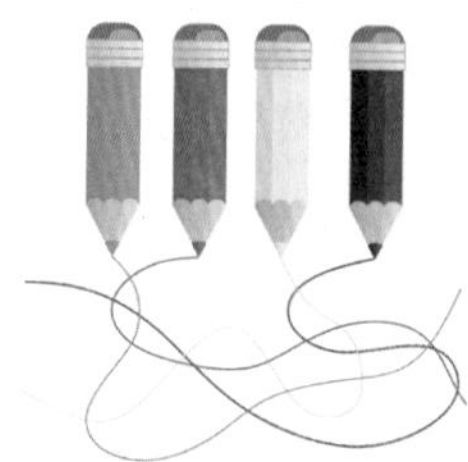

图3-24 轮廓笔颜色效果 图3-25 “颜色泊坞窗”对话框 图3-26 轮廓色效果

3.2.2 改变轮廓线的宽度

改变轮廓线宽度的操作方法有3种，具体操作步骤如下。

1. 选中对象，在属性栏中的“轮廓宽度”选项下拉列表中，选择宽度为1.5mm，也可以直接输入轮廓宽度值，如图3-27所示。
2. 选择工具箱中的“轮廓笔”工具，在隐藏的工具组中选择需要的轮廓宽度，如图3-28所示。
3. 选中对象，在状态栏中双击“轮廓笔”工具图标，弹出“轮廓笔”对话框，在“宽度”下拉列表中选择1.5mm，单击“确定”按钮。
4. 使用相同的方法，完成黑色曲线的宽度调整，效果如图3-29所示。

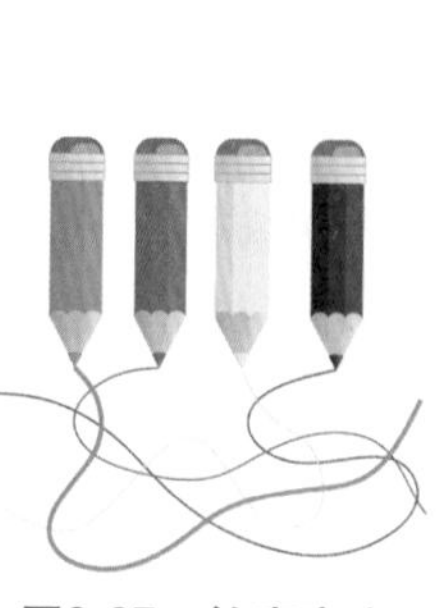

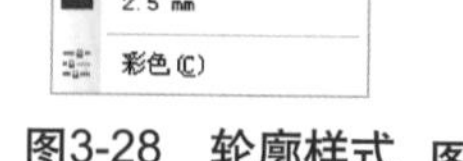

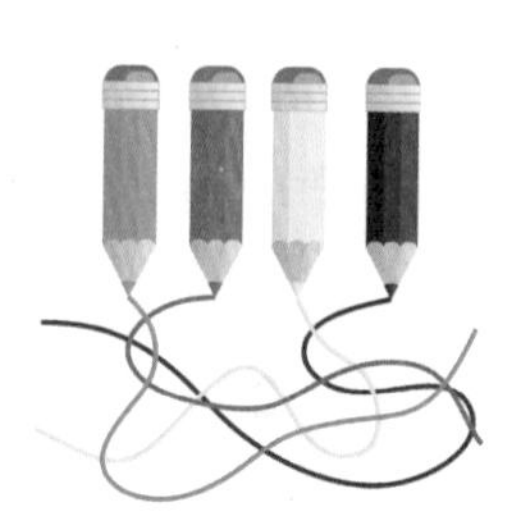

图3-27 轮廓宽度 图3-28 轮廓样式 图3-29 完成黑色曲线的宽度调整

电脑小百科

对称节点与平滑节点相似，但两侧的控制点长度相等。贝塞尔工具绘制的曲线节点控制点长度相等。

3.2.3 改变轮廓线的样式

在“轮廓笔”对话框中，可以对对象的轮廓线进行样式设置，改变轮廓线样式的具体操作步骤如下。

1. 选中对象，在属性栏中的“线条样式”下拉列表中选择“虚线”样式，效果如图3-30所示。
2. 选中曲线，选择工具箱中的“轮廓笔”工具，在隐藏的工具组中选择“轮廓笔”工具，弹出“轮廓笔”对话框，在“样式”下拉列表中选择虚线样式，如图3-31所示。
3. 单击“确定”按钮，效果如图3-32所示。
4. 选中曲线，按F12键，弹出“轮廓笔”对话框，选择“箭头”选项，在第一个下拉列表中选择起始线条的样式，在第二个下拉列表中选择终点线条的样式，设置其他参数如图3-33所示。
5. 单击“确定”按钮，效果如图3-34所示。
6. 按照上述方法，完成黑色曲线轮廓样式的调整，如图3-35所示。

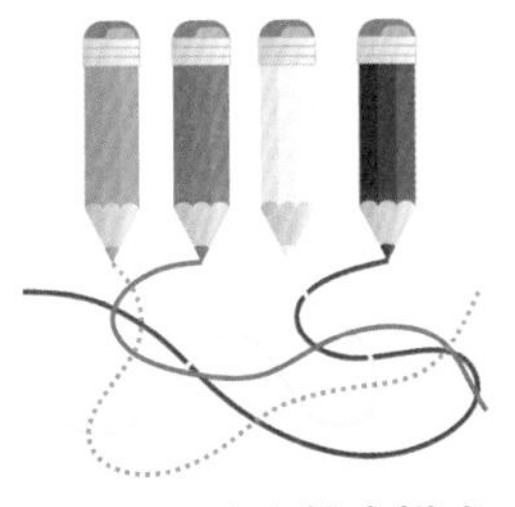

图3-30 改变轮廓样式

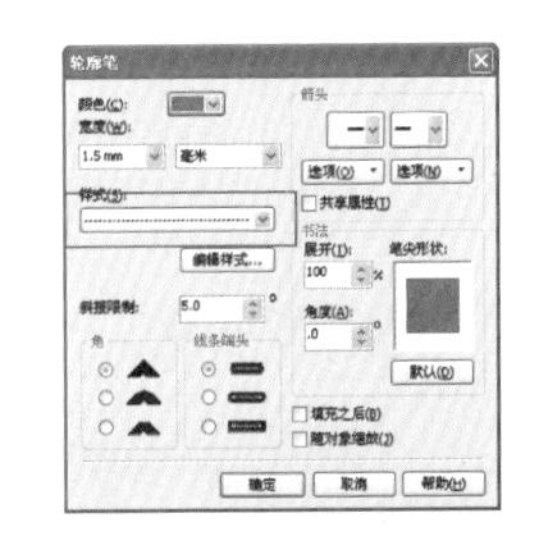

图3-31 “轮廓笔”对话框

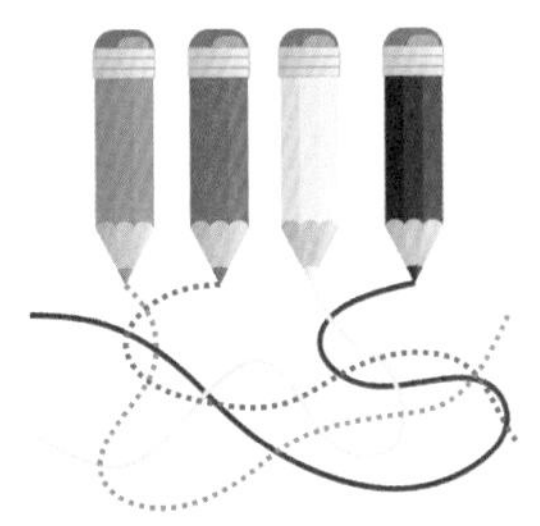

图3-32 虚线样式效果

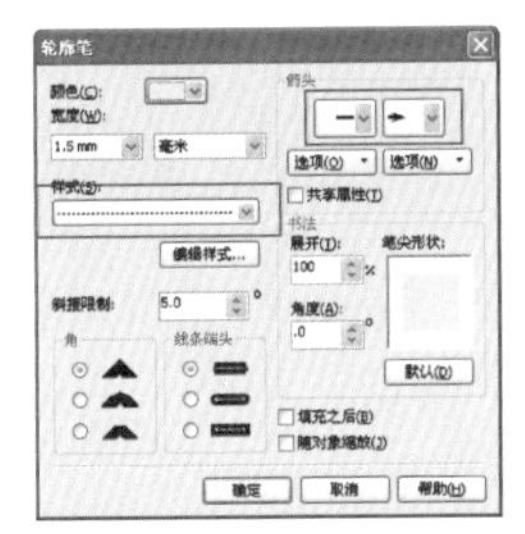

图3-33 “轮廓笔”对话框

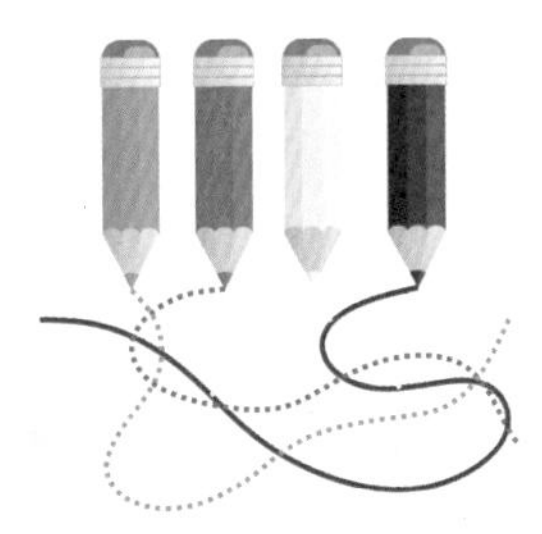

图3-34 箭头样式效果

图3-35 轮廓样式效果

3.2.4 转换轮廓线

对象轮廓线的宽度、样式和颜色，是可以改变的。若是需要为轮廓填充渐变色、图样或是纹理效果，则应首先进行相关设置。转换轮廓线的具体操作步骤如下。

1. 选中黄色箭头样式曲线，选择“排列”→“将轮廓线转换为对象”命令，此时可以将对象的轮廓线转化为对象。按F11键，弹出“渐变填充”对话框，设置参数如图3-36所示。
2. 单击“确定”按钮，效果如图3-37所示。

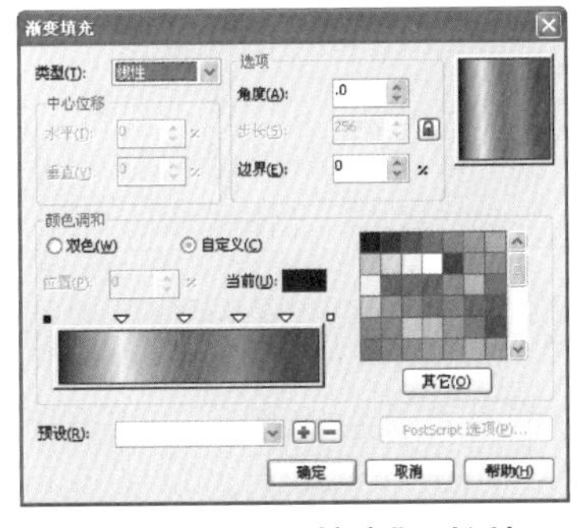

图3-36 “渐变填充”对话框

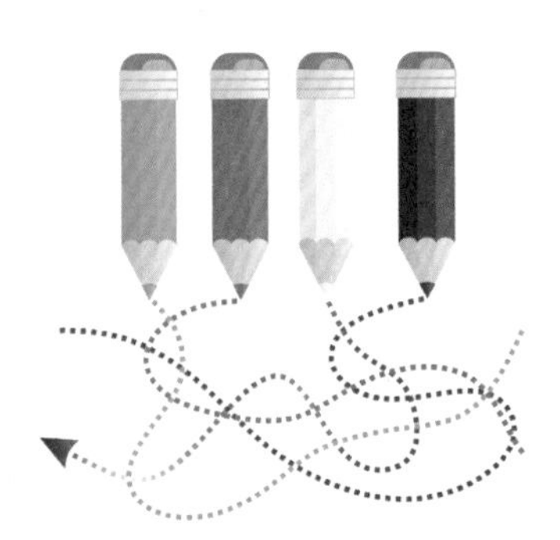

图3-37 转换轮廓线

电脑小百科

运用形状工具调整图形时，可以结合属性栏中的“转换直线为曲线”按钮、“平滑节点”按钮、“生成对称节点”按钮和“尖突节点”按钮调整图形。

3.2.5 去除轮廓线

若要去掉对象的轮廓线，直接单击鼠标右键调色板上的无填充按钮⊠，或在“轮廓笔”对话框中设置“宽度”为“无”即可。去除轮廓线的具体操作步骤如下。

1. 选中对象，单击鼠标右键调色板顶端上的无填充按钮⊠，去除蓝色轮廓线，如图3-38所示。
2. 选择工具箱中的“选择”工具，框选其他的曲线，按F12键，弹出“轮廓笔”对话框，设置宽度为无，单击“确定”按钮，效果如图3-39所示。

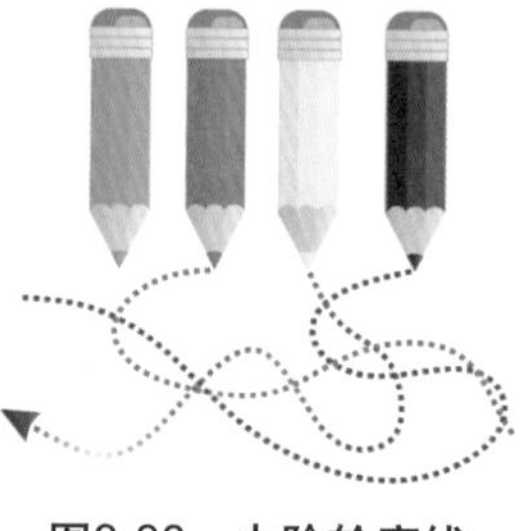
图3-38 去除轮廓线

图3-39 去除轮廓线效果

知识补充

打开“轮廓笔”对话框后，“后台填充”是将轮廓线的显示限制到对象后面，“按图像比例显示”是将设置的轮廓线在对象放大缩小时进行相应的放大缩小。

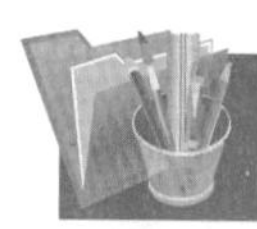

3.3 重新修整图形

在CorelDRAW X6中，为了更方便地协助设计任务，在编辑对象的过程中，常用的修整对象就显得尤为重要，本节通过对图形的合并、修剪、相交、简化、移除前面对象、移除后面对象以及创建对象边界的学习，来提升操作水平。

书盘互动指导

示例	在光盘中的位置	书盘互动情况
	3.3 重新修整图形 3.3.1 图形的合并 3.3.2 图形的修剪 3.3.3 图形的相交 3.3.4 图形的简化 3.3.5 移除前面对象 3.3.6 移除后面对象 3.3.7 创建对象边界	本节主要学习重新修整图形，在光盘3.3节中有相关内容的操作视频，还特别针对本节内容设置了具体的实例分析。 大家可以在阅读本节内容后再学习光盘，以达到巩固和提升的效果。

3.3.1 图形的合并

合并对象就是将多个图形合并为一个图形，相当于多个图形相加以得到新图形。除图形外，还能合并单独的线条，但不能合并段落文本和位图图像。新对象会沿用目标对象的属性，所有对象间的重叠线都会消失，图形合并的具体操作步骤如下。

电脑小百科

按Ctrl+Shift组合键，单击对象上的任何一个节点，可以把对象上的所有节点选中。

❶ 打开CorelDRAW X6，新建一个空白文档，选择工具箱中的“矩形”工具和“多边形”工具，绘制一个矩形和三角形，如图3-40所示。

❷ 选择工具箱中的“选择”工具，框选两个图形，单击属性栏中的“合并”按钮，合并图形，效果如图3-41所示。

❸ 选中合并后的图形，按Shift+F11组合键，弹出“均匀填充”对话框，颜色设置为(R244，G188，B67)，单击“确定”按钮，设置属性栏中的“轮廓宽度”为5mm，轮廓颜色填充为白色，如图3-42所示。

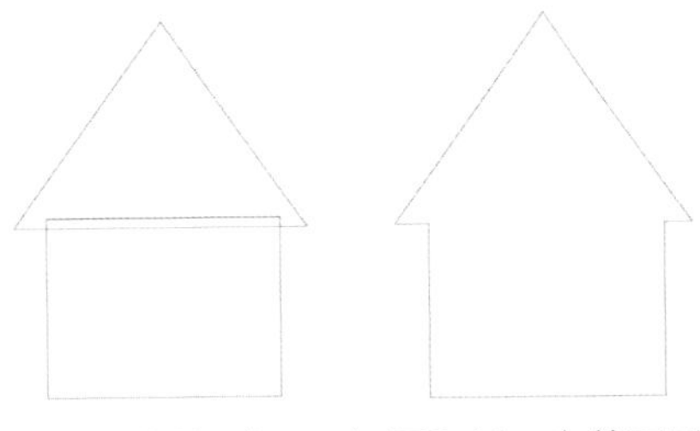

图3-40　绘制几何图形　图3-41　合并图形

❹ 选择工具箱中的“矩形”工具，在合并的图形中绘制矩形，并复制其所有属性，效果如图3-43所示。

❺ 复制图形，并调整好图形的大小以及之间的顺序，如图3-44所示。

❻ 参照上述合并图形的方法，选择工具箱中的“椭圆形”工具，绘制多个叠加椭圆，进行合并，得到云朵图形，颜色填充为(R176，G222，B245)，并复制两个至不同的位置上，如图3-45所示。

图3-42　填充颜色

图3-43　绘制矩形

图3-44　复制图形

图3-45　绘制云朵

知识补充

除此之外，还可以通过“造形”泊坞窗进行修整。选择“窗口”→“泊坞窗”→“造形”命令，在弹出的泊坞窗中选择“焊接”选项，即可对图形进行修整。

3.3.2　图形的修剪

通过修剪功能可以剪掉目标对象与其他对象重叠的部分，并且仍保留目标对象原来的填充和轮廓属性。可以将上面的图层对象剪到下面的图层对象中，也可将下面的图层对象剪到上面的图层对象中，图形修剪的具体操作步骤如下。

❶ 打开CorelDRAW X6，选择“文件”→“打开”命令，弹出“打开绘图”对话框，选择本书配套光盘中的“第3章\3.3\3.3.2\圆.cdr”文件，单击“打开”按钮，如图3-46所示。

❷ 选择工具箱中的“椭圆形”工具，绘制两个不同大小的椭圆，如图3-47所示。

❸ 选择工具箱中的“选择”工具，同时选中两个椭圆，单击属性栏中的“修剪”按钮，

电脑小百科

化学性印刷是指印版没有印纹部分(非印刷面)不沾印墨，并非由于该部分低凹凸起或被遮挡，而是由于化学作用，使其产生吸水拒墨的薄膜的原因。

选中上面的椭圆，按Delete键删去上面的部分椭圆，效果如图3-48所示。

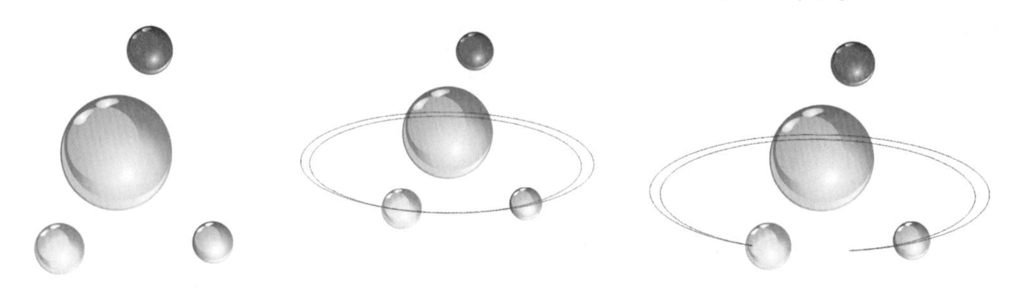

图3-46　选择“圆”文件　　图3-47　绘制两个椭圆　　图3-48　修剪椭圆

4 选中修剪后的图形，按F11键，弹出“渐变填充”对话框，设置颜色值从(C100，M100，Y0，K0)到(C100，M0，Y0，K0)25%到(C18，M0，Y0，K0)54%到(C22，M0，Y0，K0)60%到白色，设置其他参数如图3-49所示。

5 单击“确定”按钮，单击右键调色板上的无填充按钮☒，去除轮廓线，效果如图3-50所示。

6 选中图形，按Shift+PageDown组合键，拖到图层后面。

7 按照上述方法，完成多个椭圆的修剪，得到最终效果，如图3-51所示。

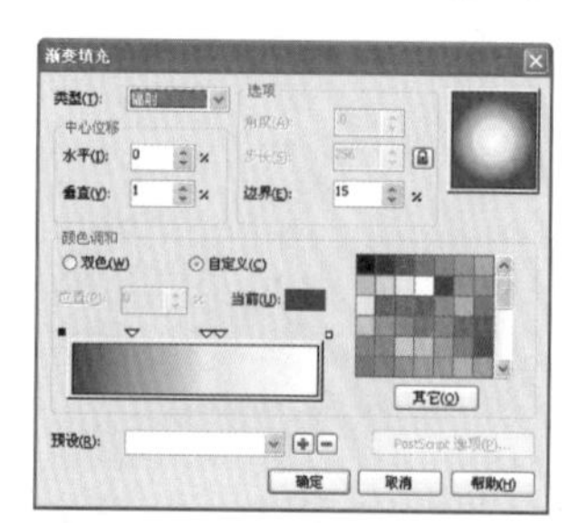

图3-49　“渐变填充”对话框

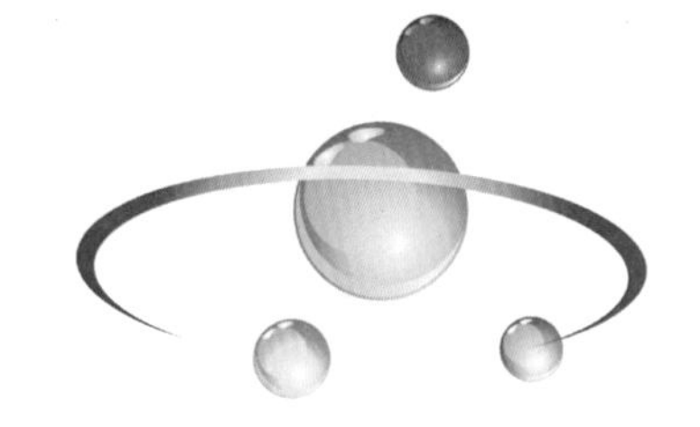

图3-50　调整顺序

图3-51　最终效果

知识补充

同时选中所要修剪的图形，选择“排列”→“造形”→“相交”命令，也可修剪图形。

3.3.3 图形的相交

相交对象就是从两个或是多个相交对象重叠的区域创建新对象，相交图形的具体操作步骤如下。

1 打开CorelDRAW X6，选择“文件”→“打开”命令，弹出“打开绘图”对话框，选择本书配套光盘中的“第3章\3.3\3.3.3\昆虫.cdr”文件，单击“打开”按钮，如图3-52所示。

2 选择工具箱中的“基本形状”工具，在属性栏的“完美形状”下拉列表中找到水滴图形，在昆虫中绘制4个不同角度的水滴图形，如图3-53所示。

电脑小百科

拍摄人物照片时，一定要注意调动被摄人物的情绪，捕捉最佳的瞬间，表现人物生动的表情与肢体语言。

③ 依次选中水滴图形，分别填充红、黄、蓝、黑4种颜色，并去除轮廓线，如图3-54所示。

图3-52　选择“昆虫”文件　　图3-53　绘制水滴　　图3-54　填充水滴颜色

④ 选择工具箱中的“选择”工具，选中红色和黄色水滴，单击属性栏中的“相交”按钮，相交图形，为相交后的图形填充绿色，效果如图3-55所示。

⑤ 依次选中图形，进行相交，分别填充紫色、橘色、白色，如图3-56所示。

⑥ 再次对相交后的图形依次进行相交，填充不同的颜色，并降低相交图形的不透明度，效果如图3-57所示。

图3-55　相交图形

图3-56　相交图形

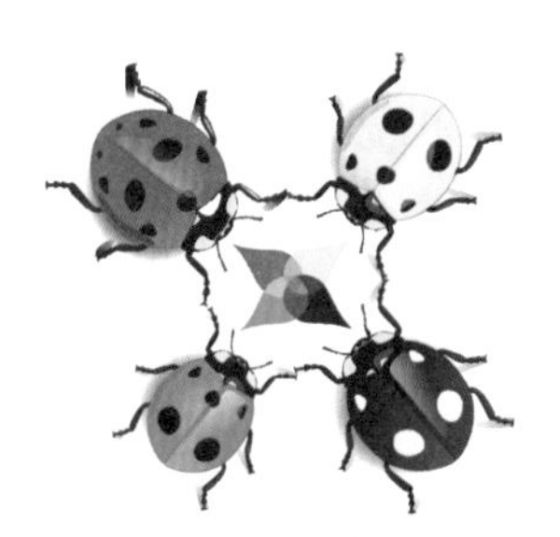

图3-57　最终效果

3.3.4　图形的简化

简化对象就是修剪对象中重叠的部分。删除交叉的部分，除去重叠部分之后的图形为新图形，图形简化的具体操作步骤如下。

① 打开CorelDRAW X6，选择“文件”→“打开”命令，弹出“打开绘图”对话框，选择本书配套光盘中的“第3章\3.3\3.3.4\房屋.cdr”文件，单击“打开”按钮，如图3-58所示。

② 选择工具箱中的“星形”工具，设置属性栏中的星形“边数”为15，“锐度”为35，在绘图页面绘制星形，效果如图3-59所示。

③ 选择工具箱中的“椭圆形”工具和“矩形”工具，绘制一个正圆与多个矩形，并进行合并，如图3-60所示。

④ 选择工具箱中的“选择”工具，框选两个图形，单击属性栏中的“简化”按钮，得到一个新的图形，删除不需要的部分，颜色填充为橘色(R243，G151，B28)并去除轮廓线，调整好位置，效果如图3-61所示。

图3-58　打开“房屋”文件

电脑小百科

按印刷品的色彩显示，可分为单色印刷与多色印刷两类。单色印刷，并不限于黑色一种，凡以一色显示印纹的都属于此类。

图3-59 缩放对象

图3-60 合并后的正圆矩形

图3-61 简化图形

3.3.5 移除前面对象

“移除前面对象”可以删除目标图形前面的对象，具体操作步骤如下。

1. 打开CorelDRAW X6，选择“文件”→“打开”命令，弹出“打开绘图”对话框，选择本书配套光盘中的“第3章\3.3\3.3.5\手榴弹.cdr”文件，单击“打开”按钮，如图3-62所示。
2. 选择工具箱中的“手绘”工具，在手榴弹的左下角绘制一个不规则图形，如图3-63所示。
3. 选择工具箱中的“选择”工具，同时选择不规则图形和手榴弹，单击属性栏中的“移除前面对象”按钮，效果如图3-64所示。

图3-62 选择“手榴弹”文件

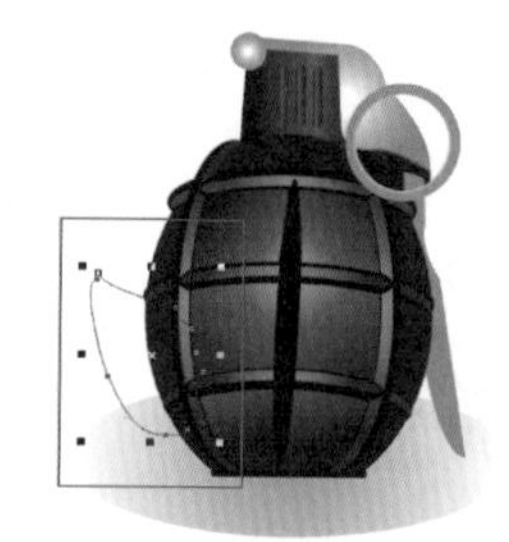
图3-63 绘制不规则图形

图3-64 移除前面对象

3.3.6 移除后面对象

“移除后面对象”可以删除目标图形后面的对象，具体操作步骤如下。

1. 打开CorelDRAW X6，选择“文件”→“打开”命令，弹出“打开绘图”对话框，选择本书配套光盘中的“第3章\3.3\3.3.6\夜景.cdr”文件，单击“打开”按钮，如图3-65所示。
2. 选择工具箱中的“选择”工具，选中圆，按小键盘+键，原位复制圆，移至合适的位置，如图3-66所示。
3. 选择工具箱中的“选择”工具，同时选择两个圆，单击属性栏中的“移除后面对象”按钮，如图3-67所示。
4. 选中移除后的图形，单击右键，在弹出的快捷菜单中选择“顺序”下拉列表中的“置于此对象前”选项，当光标变为➡时，在背景上单击左键，最终效果如图3-68所示。

图3-65 选择“夜景”文件

电脑小百科

多色印刷分增色法、套色法及复色法三类。

图3-66　复制图形

图3-67　移除后面对象

图3-68　最终效果

3.3.7　创建对象边界

通过创建边界功能，可以绘制一个与所选对象的边界一样的图形，具体操作步骤如下。

1. 打开CorelDRAW X6，选择“文件”→“打开”命令，弹出“打开绘图”对话框，选择本书配套光盘中的“第3章\3.3\3.3.7\海豚.cdr”文件，单击“打开”按钮，如图3-69所示。
2. 选择工具箱中的“选择”工具，框选海豚，如图3-70所示。
3. 单击属性栏中的“创建边界”按钮，将创建的边界对象移至合适的位置，如图3-71所示。

图3-69　选择“海豚”文件

图3-70　框选海豚

图3-71　创建边界

知识补充

除此之外，还可以通过“创建边界”命令来创建边界。选择“效果”→“创建边界”命令，可以快速创建一个所选图形的共同边界。

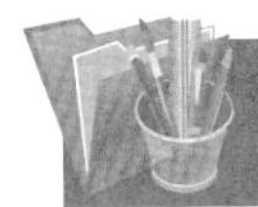

3.4　图框精确裁剪对象

选择“图框精确裁剪”命令，可以将一个对象放置到另一个对象内部来显示。在CorelDRAW中进行图像编辑、版式编排等实际操作时，常常用到该命令。

书盘互动指导

示例	在光盘中的位置	书盘互动情况
	3.4 图框精确裁剪对象 3.4.1 放置在容器中 3.4.2 提取内容 3.4.3 锁定图框精确裁剪的内容 3.4.4 编辑内容 3.4.5 结束编辑	本节主要学习图框精确裁剪对象，在光盘3.4节中有相关内容的操作视频，还特别针对本节内容设置了具体的实例分析。 大家可以在阅读本节内容后再学习光盘，以达到巩固和提升的效果。

3.4.1 放置在容器中

将一个对象放置到另一个对象中的方法有两种。放置在容器中的具体操作步骤如下。

1. 打开CorelDRAW X6，选择“文件”→“打开”命令，弹出“打开绘图”对话框，选择本书配套光盘中的“第3章\3.4\3.4.1\相册背景.cdr”文件，单击“打开”按钮，如图3-72所示。
2. 打开三张艺术照，如图3-73所示。
3. 使用矩形工具，绘制三个不同形状的矩形，并进行修剪，如图3-74所示。

图3-72 选择“相册背景”文件

图3-73 打开艺术照素材

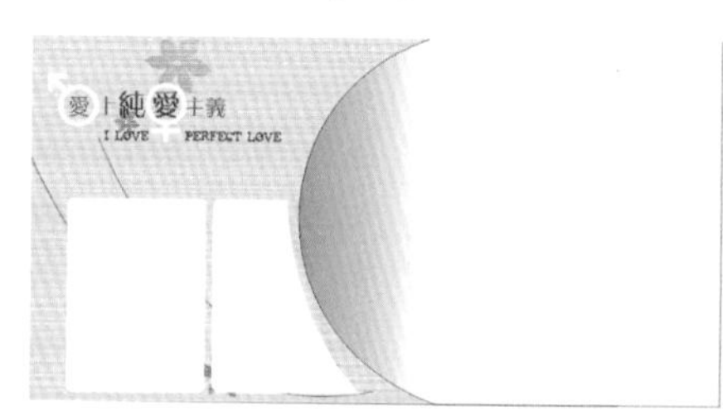

图3-74 绘制图形

4. 选择工具箱中的“选择”工具，选中其中的一张艺术照，选择“效果”→“图框精确剪裁”→“放置在容器中”命令。当光标变为➡时，在右边的图形上单击左键，将照片裁剪至图形内，并去除轮廓线，如图3-75所示。
5. 选中其中的另一张艺术照，用鼠标右键拖动照片到左边的图形上，至合适的位置时释放鼠标右键，在弹出的快捷菜单中选择“图框精确剪裁内部”选项，如图3-76所示。
6. 按照上述两种方法中的其中一种方法，将另一张照片裁剪至图形内，效果如图3-77所示。

图3-75 裁剪对象

图3-76 裁剪对象

图3-77 最终效果

电脑小百科

给文字加底纹可以起到突显文字的效果，使文字在整体上看上去更加明显。

3.4.2 提取内容

选择“提取内容”命令，可将放置到容器中的素材提取出来，提取内容的具体操作步骤如下。

1. 打开CorelDRAW X6，选择“文件”→“打开”命令，弹出“打开绘图”对话框，选择本书配套光盘中的“第3章\3.4\3.4.2\花海.cdr”文件，单击“打开”按钮，如图3-78所示。
2. 选中对象，选择“效果”→“图框精确剪裁”→“提取内容”命令，或直接在对象上单击鼠标右键，在弹出的快捷菜单中选择“提取内容”命令或者单击图形下面的“提取内容”按钮，即可提取内容，如图3-79所示。
3. 选择“排列”→“群组”命令或按Ctrl+G组合键，群组花纹图形。按Delete键，删除人物轮廓图形，效果如图3-80所示。

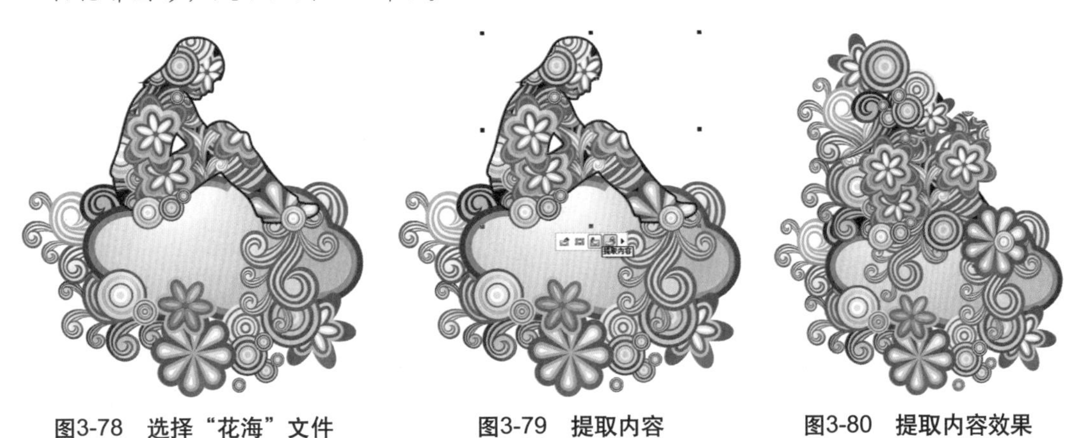

图3-78 选择“花海”文件　　图3-79 提取内容　　图3-80 提取内容效果

3.4.3 锁定图框精确裁剪的内容

锁定图框精确剪裁内容，即锁定放置到容器中的素材。执行此命令后，图框内的素材不可移动，而图框可以移动。锁定图框精确裁剪内容的具体操作步骤如下。

1. 选中对象，单击对象底部的锁定内容按钮，如图3-81所示。
2. 锁定图框精确剪裁内容后，在移动容器时，容器内的对象不发生变化。若想解除锁定对象，可再选择“锁定图框精确剪裁内容”命令，效果如图3-82所示。

图3-81 单击锁定内容按钮

图3-82 锁定图框精确裁剪的内容

电脑小百科

在制作彩色名片过程中，版面上的文字距离裁切边缘必须大于3厘米，以免裁切时被切到。

3.4.4 编辑内容

将对象精确剪裁放到容器中之后，一般素材的位置若不是想要的最佳位置，这时需要调整它的位置大小，编辑内容的具体操作步骤如下。

1. 打开CorelDRAW X6，选择“文件”→“打开”命令，弹出“打开绘图”对话框，选择本书配套光盘中的“第3章\3.4\3.4.4\卡通画.cdr”文件，单击“打开”按钮，如图3-83所示。

图3-83　选择“卡通画”文件

2. 选择工具箱中的“椭圆形”工具，绘制一个椭圆。选择工具箱中的“选择”工具，选中卡通画，选择“效果”→“图框精确剪裁”→“放置在容器中”命令，当光标变为➡时，单击椭圆，将卡通画裁剪至椭圆内，如图3-84所示。
3. 选中椭圆，单击椭圆下面的“编辑内容”按钮，效果如图3-85所示。
4. 进入编辑状态，选中卡通画，调整卡通画的位置和大小，效果如图3-86所示。

图3-84　图框精确裁剪图形

图3-85　单击“编辑内容”按钮

图3-86　最终效果

3.4.5 结束编辑

“结束编辑”是针对图框内的对象而言，此命令只有在出现对象处于图框正在编辑状态时才可以使用，结束编辑的具体操作步骤如下。

完成编辑对象之后，选择“效果”→“图框精确剪裁”→“结束编辑”命令，或是右键单击编辑对象，在弹出的快捷菜单栏中选择“结束编辑”选项(或单击椭圆下面的“停止编辑”按钮，结束编辑)，如图3-87所示，效果如图3-88所示。

图3-87　停止编辑内容

图3-88　结束编辑

电脑小百科

制作完名片后文字必须转换为曲线或描外框。

3.5　裁剪工具

使用“裁剪”工具，可以移除选定内容外的区域。

书盘互动指导

⊙ 示例	⊙ 在光盘中的位置	⊙ 书盘互动情况
	3.5　裁剪工具	本节主要学习裁剪工具，在光盘3.5节中有相关内容的操作视频，还特别针对本节内容设置了具体的实例分析。 大家可以在阅读本节内容后再学习光盘，以达到巩固和提升的效果。

下面为裁剪工具的具体操作步骤。

1. 打开CorelDRAW X6，选择“文件”→“打开”命令，弹出“打开绘图”对话框，选择本书配套光盘中的“第3章\3.5\动物园.cdr”文件，单击“打开”按钮，如图3-89所示。
2. 选择工具箱中的“裁剪”工具，在立体字中间的部分，单击鼠标左键不放，并拖动至合适的位置，如图3-90所示。
3. 拖动鼠标到合适位置后释放左键，双击图形，完成裁剪，效果如图3-91所示。

图3-89　选择“动物园”文件

图3-90　裁剪选定框

图3-91　裁剪效果

3.6　刻刀工具

“刻刀”工具用于切割对象，将其分成两个独立的部分，下面为刻刀工具的具体操作步骤。

不能以屏幕或打印机打印的颜色来要求印刷色，客户制作时必须参照CMYK色谱的百分数来决定制作填色。同时注意：不同厂家生产的CMYK色谱受采用的纸张、油墨种类、印刷压力等因素的影响，同一色块会存在差异。

书盘互动指导

示例	在光盘中的位置	书盘互动情况
抹出彩色人生	3.6 刻刀工具	本节主要学习刻刀工具，在光盘3.6节中有相关内容的操作视频，还特别针对本节内容设置了具体的实例分析。大家可以在阅读本节内容后再学习光盘，以达到巩固和提升的效果。

1. 打开CorelDRAW X6，选择“文件”→“打开”命令，弹出“打开绘图”对话框，选择本书配套光盘中的“第3章\3.6\笔.cdr”文件，单击“打开”按钮，如图3-92所示。
2. 选择工具箱中的“3点曲线”工具，绘制图形，颜色填充为紫色(139，G79，B156)，并去除轮廓线，如图3-93所示。

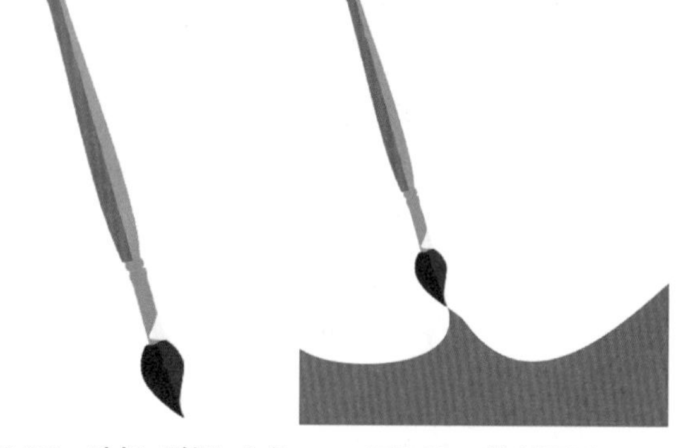

图3-92 选择“笔”文件　　图3-93 绘制图形

3. 选择工具箱中的“刻刀”工具，单击属性栏中的“剪切时自动闭合”按钮，在图形边缘切割起点处单击一次，拖动鼠标在切割末端单击一次，如图3-94所示。
4. 选择工具箱中的“选择”工具，选中另一半图形，在调色板“红”色块上单击鼠标左键，为图形填充红色，如图3-95所示。
5. 选择工具箱中的“刻刀”工具，继续切割图形，并填充相应的颜色，效果如图3-96所示。
6. 选择工具箱中的“文本”工具，输入文字并进行渐变填充，效果如图3-97所示。

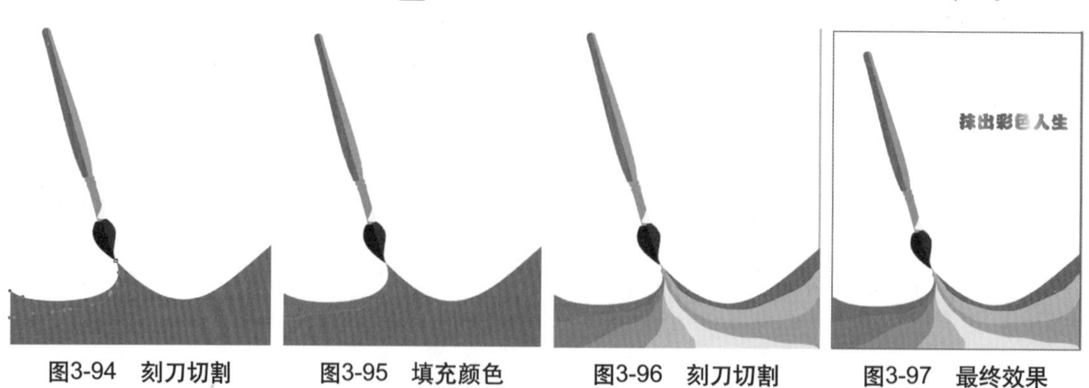

图3-94 刻刀切割　　图3-95 填充颜色　　图3-96 刻刀切割　　图3-97 最终效果

电脑小百科

为了确保计算机中数据的安全，要经常对其进行备份操作。

3.7　橡皮擦工具

“橡皮擦”工具可以移除绘图中不需要的区域。

书盘互动指导

示例	在光盘中的位置	书盘互动情况
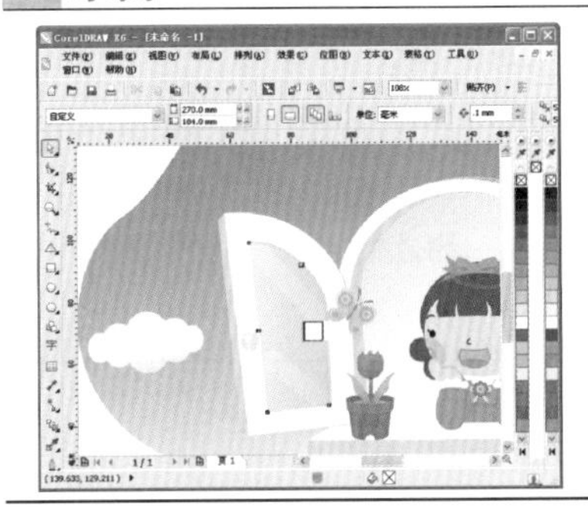	3.7 橡皮擦工具	本节主要学习橡皮擦工具，在光盘3.7节中有相关内容的操作视频，还特别针对本节内容设置了具体的实例分析。 大家可以在阅读本节内容后再学习光盘，以达到巩固和提升的效果。

下面为橡皮擦工具的具体操作步骤。

1. 打开CorelDRAW X6，选择“文件”→“打开”命令，弹出“打开绘图”对话框，选择本书配套光盘中“第3章\3.7\儿时梦.cdr”文件，单击“打开”按钮，效果如图3-98所示。

图3-98　打开“儿时梦”文件

2. 选中蓝色窗户对象，选择工具箱中的“橡皮擦”工具，单击属性栏中的“橡皮擦形状”按钮，此时笔触形状切换为方形，设置橡皮擦“厚度”为3mm，在窗户上拖出一条直线，如图3-99所示。
3. 擦除到一定的位置，释放鼠标，如图3-100所示。
4. 按照上述方法，完成右边窗户的擦除，效果如图3-101所示。

图3-99　方形笔触擦除

图3-100　橡皮擦擦除效果

图3-101　最终效果

3.8　涂抹笔刷工具

“涂抹笔刷”工具可以创建更为复杂的曲线图形。它可以在矢量图形边缘或内部任意

电脑小百科

所有输入或自绘的图形，其线框粗细不可小于0.1mm，否则印刷品会造成断线或无法呈现的状况。

涂抹，达到对象变形的目的。

= = 书盘互动指导 = =

⊙ 示例	⊙ 在光盘中的位置	⊙ 书盘互动情况
	3.8　涂抹笔刷工具	本节主要学习涂抹笔刷工具，在光盘3.8节中有相关内容的操作视频，还特别针对本节内容设置了具体的实例分析。 大家可以在阅读本节内容后再学习光盘，以达到巩固和提升的效果。

下面为涂抹笔刷工具的具体操作步骤。

1. 打开CorelDRAW X6，选择“文件”→“打开”命令，弹出“打开绘图”对话框，选择本书配套光盘中的“第3章\3.8\油漆刷.cdr”文件，单击“打开”按钮，如图3-102所示。
2. 选择工具箱中的“涂抹笔刷”工具，按住鼠标左键在图形上由外向内拖动鼠标，即可涂抹掉图形区域，如图3-103所示。
3. 按住鼠标左键，在图形上由内向外拖动鼠标，即可将图形的颜色延伸到外部，如图3-104所示。
4. 按照相同的方法，完成其他地方的涂抹，并添加椭圆至不同位置上，效果如图3-105所示。

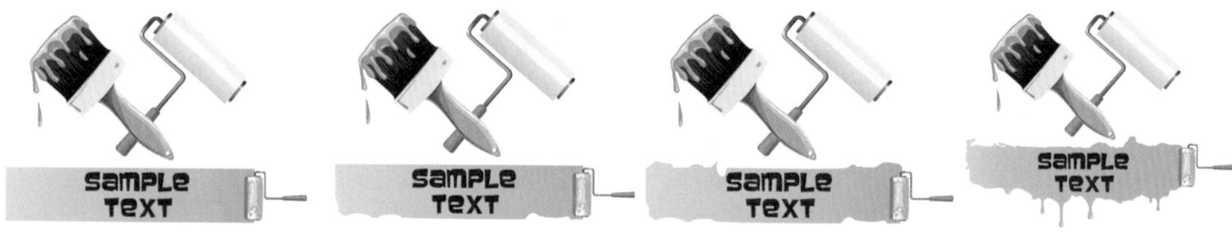

图3-102　打开“油漆刷”文件　图3-103　涂抹擦去图形　图3-104　涂抹延伸图形　图3-105　最终效果

3.9　粗糙笔刷工具

“粗糙笔刷”工具是一种多变的扭曲变形工具，它可以改变矢量图形对象中曲线的平滑度，从而产生粗糙的边缘变形效果。

电脑小百科

菲林，就是胶片，是印刷中不可缺少的一环，制作胶片是把电脑的数字信息转化成物理信息的关键步骤。

书盘互动指导

示例	在光盘中的位置	书盘互动情况
	3.9　粗糙笔刷工具	本节主要学习粗糙笔刷工具，在光盘3.9节中有相关内容的操作视频，还特别针对本节内容设置了具体的实例分析。 大家可以在阅读本节内容后再学习光盘，以达到巩固和提升的效果。

下面为粗糙笔刷工具的具体操作步骤。

1. 打开CorelDRAW X6，选择“文件”→“打开”命令，弹出“打开绘图”对话框，选择本书配套光盘中的“第3章\3.9\西瓜.cdr”文件，单击“打开”按钮，如图3-106所示。
2. 选择工具箱中的“粗糙笔刷”工具，设置属性栏中的“笔尖大小”为20mm，按住鼠标左键不放，沿对象边缘拖动鼠标，即可使对象产生粗糙的边缘，效果如图3-107所示。
3. 得到想要的效果后，即可释放鼠标，效果如图3-108所示。

图3-106　打开“西瓜”文件

图3-107　笔刷对象

图3-108　粗糙笔刷效果

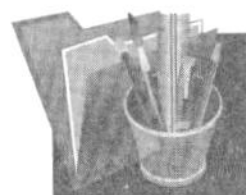

3.10　涂抹工具

使用涂抹工具，可以改变对象的形状。

电脑小百科

凸版纸具有质地均匀、不起毛、略有弹性、不透明、稍有抗水性能，有一定的机械强度等特性。

书盘互动指导

示例	在光盘中的位置	书盘互动情况
	3.10　涂抹工具	本节主要带领大家全面学习涂抹工具，在光盘3.10节中有相关内容的操作视频，并还特别针对本节内容设置了具体的实例分析。 大家可以在阅读本节内容后再学习光盘，以达到巩固和提升的效果。

下面为涂抹工具的具体操作步骤。

1. 打开CorelDRAW X6，选择“文件”→“打开”命令，弹出“打开绘图”对话框，选择本书配套光盘中的“第3章\3.10\辣椒.cdr”文件，单击“打开”按钮，如图3-109所示。
2. 选中火苗对象，选择工具箱中的“涂抹”工具，设置属性栏中笔触大小为30，单击“平滑涂抹”按钮，涂抹火焰，如图3-110所示。
3. 平滑涂抹完毕后，设置属性栏中的笔触大小为10，单击“尖状涂抹”按钮，继续涂抹火焰，如图3-111所示。

图3-109　打开文件

图3-110　平滑涂抹火焰

图3-111　尖状涂抹

3.11　转动工具

使用“转动”工具，可以沿对象轮廓拖动工具，使对象产生转动的效果。

书盘互动指导

示例	在光盘中的位置	书盘互动情况
	3.11　转动工具	本节主要学习转动工具，在光盘3.11节中有相关内容的操作视频，还特别针对本节内容设置了具体的实例分析。 大家可以在阅读本节内容后再学习光盘，以达到巩固和提升的效果。

电脑小百科

新闻纸也叫白报纸，是报刊及书籍的主要用纸；适用于报纸、期刊、课本、连环画等正文用纸。

下面为转动工具的具体操作步骤。

1. 打开CorelDRAW X6，选择“文件”→“打开”命令，弹出“打开绘图”对话框，选择本书配套光盘中的“第3章\3.11\猫头鹰.cdr”文件，单击“打开”按钮，如图3-112所示。
2. 选中树枝图形，选择工具箱中的“转动”工具，在属性栏中设置“笔触大小”为10，单击“左旋转”按钮，在树枝上按住鼠标左键不放，即可产生转动效果，如图3-113所示。
3. 按照上述方法，完成其他树枝的转动效果，如图3-114所示。

图3-112　打开“猫头鹰”文件

图3-113　向左转动对象

图3-114　最终效果

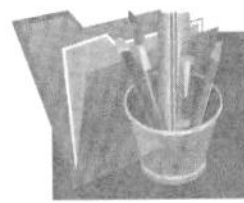

3.12　吸引工具

使用吸引工具，可以通过将对象的节点吸引到光标处，从而调整对象的形状。

书盘互动指导

示例	在光盘中的位置	书盘互动情况
	3.12　吸引工具	本节主要学习吸引工具，在光盘3.12节中有相关内容的操作视频，还特别针对本节内容设置了具体的实例分析。大家可以在阅读本节内容后再学习光盘，以达到巩固和提升的效果。

下面为吸引工具的具体操作步骤。

1. 打开CorelDRAW X6，选择“文件”→“打开”命令，弹出“打开绘图”对话框，选择本书配套光盘中的“第3章\3.12\乌鸦.cdr”文件，单击“打开”按钮，效果如图3-115所示。
2. 选中要收缩的对象，选择工具箱中的“吸引”工具，设置属性栏中“笔触半径”为20，在对象上按住鼠标左键不放，即可产生变化，如图3-116所示。
3. 当收缩到合适程度，释放鼠标左键，如图3-117所示。

电脑小百科

新闻纸的特点有：纸质松轻、有较好的弹性；吸墨性能好，这就保证了油墨固着在纸面上；纸张经过压光后两面平滑，不起毛，从而使两面印迹比较清晰而饱满；有一定的机械强度；不透明性能好；适合于高速轮转机印刷。

图3-115 打开“乌鸦”文件

图3-116 收缩对象

图3-117 吸引后效果

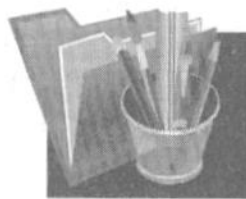

3.13 排斥工具

使用“排斥”工具，通过将对象的节点排离光标处，从而调整对象的形状。

书盘互动指导

示例	在光盘中的位置	书盘互动情况
	3.13 排斥工具	本节主要学习排斥工具，在光盘3.13节中有相关内容的操作视频，还特别针对本节内容设置了具体的实例分析。大家可以在阅读本节内容后再学习光盘，以达到巩固和提升的效果。

下面为排斥工具的具体操作步骤。

1. 打开CorelDRAW X6，选择“文件”→“打开”命令，弹出“打开绘图”对话框，选择本书配套光盘中的“第3章\3.13\卡通动物.cdr”文件，单击“打开”按钮，如图3-118所示。
2. 选中要膨胀的对象，选择工具箱中的“排斥”工具，设置属性栏中“笔触半径”为15，在对象上按住鼠标左键不放，即可产生变化，如图3-119所示。当膨胀到合适程度，释放左键，效果如图3-120所示。

图3-118 打开“卡通动物”文件

图3-119 选择排斥对象　图3-120 排斥对象效果

电脑小百科

胶版纸主要供平版(胶印)印刷机或其他印刷机印制较高级彩色印刷品时使用，如彩色画报、画册、宣传画、彩印商标及一些高级书籍封面、插图等。

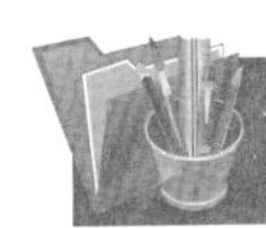

3.14　自由变换工具

“自由变换”工具是将对象自由旋转、自由角度镜像和自由调节的一种变换工具。变换对象可以是简单或是复杂的图形，也可以是文本对象。

书盘互动指导

示例	在光盘中的位置	书盘互动情况
	3.14　自由变换工具	本节主要学习自由变换工具，在光盘3.14节中有相关内容的操作视频，还特别针对本节内容设置了具体的实例分析。 大家可以在阅读本节内容后再学习光盘，以达到巩固和提升的效果。

下面为自由变换的具体操作步骤。

1. 打开CorelDRAW X6，选择“文件”→“打开”命令，弹出“打开绘图”对话框，选择本书配套光盘中的“第3章\3.14\立体字.cdr”文件，单击“打开”按钮，效果如图3-121所示。
2. 选择工具箱中的“选择”工具，选中A字母，选择工具箱中的“自由变换”工具，单击属性栏中的“自由旋转”按钮，在选中的A字母上按住鼠标左键并拖动，如图3-122所示。
3. 调整到合适的位置时，释放鼠标左键，对象将会被旋转，效果如图3-123所示。

图3-121　打开“立体字”文件

图3-122　拖动A字母

4. 选择工具箱中的“选择”工具，单击B字母对象。选择工具箱中的“自由变换”工具，单击属性栏中的“自由角度反射”按钮，移动光标到绘图页面的任意位置，按下鼠标左键并拖动，如图3-124所示。

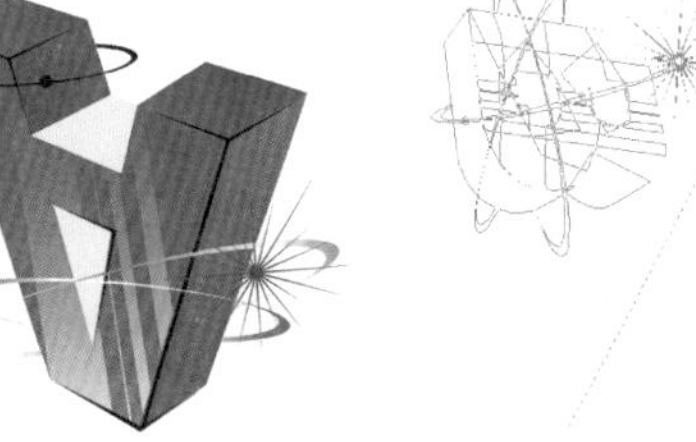

图3-123　自由旋转效果　　图3-124　拖动B字母

5. 选择的对象以拖曳鼠标的方向线为镜像

电脑小百科

铜版纸又称涂料纸，这种纸是在原纸上涂布一层白色浆料，经过压光而制成的。

轴，镜像图形，效果如图3-125所示。

6. 选择工具箱中的“选择”工具，单击C字母对象。选择工具箱中的“自由变换”工具，单击属性栏中的“自由缩放”按钮，在对象上按住鼠标左键，拖动鼠标，并调整对象到合适的大小，如图3-126所示。
7. 释放鼠标左键，即可完成对象的缩放。
8. 此功能不仅可以缩放对象还可以将对象进行再制。单击属性栏中的“自由缩放”按钮，再单击“应用到再制”按钮，在对象上单击鼠标左键并拖动，调整对象到合适的大小时，释放鼠标左键，如图3-127所示。
9. 选择工具箱中的“选择”工具，单击D字母对象。选择工具箱中的“自由变换”工具，单击属性栏中的“自由倾斜”按钮，再单击“应用到再制”按钮，效果如图3-128所示。

图3-125　自由角度反射效果

图3-126　拖动C字母

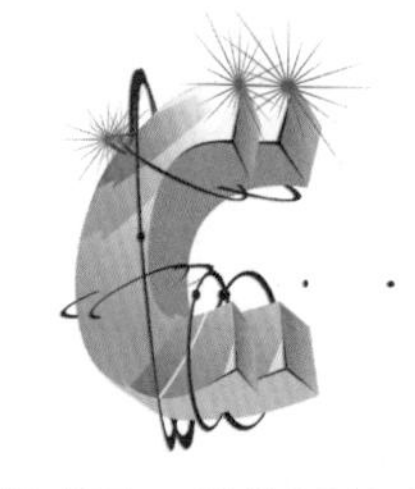

图3-127　缩放再制对象

图3-128　自由倾斜再制对象

3.15　应用实例——果蔬食品包装

本实例设计的是一款果蔬食品包装，色彩符合消费者的需求，以绿色为主色调，传达着环保的信息，图形的动感给商品使用者带来一定的趣味性，使用颜色饱满、鲜艳、主体突出。

书盘互动指导

示例	在光盘中的位置	书盘互动情况
	3.15　果蔬食品包装	本节主要介绍了以上述内容为基础的综合实例操作方法，在光盘3.15节中有相关操作步骤的视频文件，以及原始素材文件和处理后的效果文件。 大家可以选择在阅读本节内容后再学习光盘，以达到巩固和提升的效果，也可以对照光盘视频操作来学习图书内容，以便更直观地学习和理解本节内容。

电脑小百科

铜版纸主要用于印刷画册、封面、明信片、精美的产品样本以及彩色商标等。

下面为应用实例的具体操作步骤。

① 打开CorelDRAW X6，新建一个A4大小的文档，选择工具箱中的“矩形”工具，绘制一个矩形，单击状态栏中的填充按钮，弹出“均匀填充”对话框，设置颜色值为(R68，G146，B40)，单击“确定”按钮，如图3-129所示。

② 选择工具箱中的“钢笔”工具，在矩形左上角的位置绘制一个不规则图形，颜色填充为黄色(R238，G218，B42)，如图3-130所示。

③ 选中不规则图形，按小键盘上的+键，原位复制图形，选择工具箱中的“形状”工具，调整节点的位置，颜色填充为绿色(R47，G114，B22)，如图3-131所示。

图3-129　绘制矩形

图3-130　绘制图形

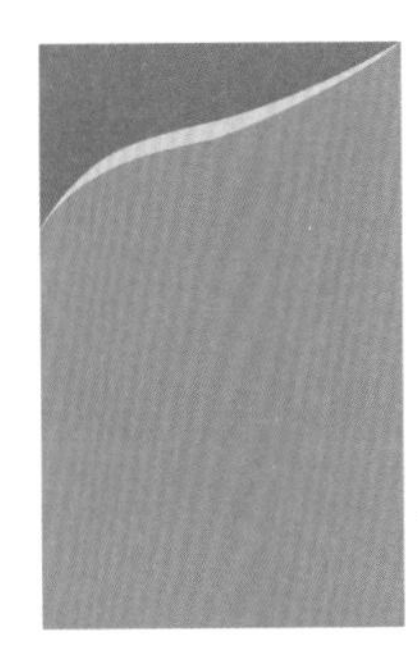

图3-131　调整形状

④ 选择“文件”→“导入”命令，弹出“导入”对话框，选择本书配套光盘中的“第3章\3.15\果蔬.cdr”文件，单击“导入”按钮，将素材拖至当前页面并放置相应的位置上，如图3-132所示。

⑤ 选择工具箱中的“选择”工具，框选果蔬素材，选择“效果”→“图框精确裁剪”→“置于图文框内部”命令，当光标变为➡时，在背景矩形上单击鼠标左键，裁剪至矩形内，如图3-133所示。

⑥ 若裁剪的位置并不是理想的位置，单击图形底部的“编辑”按钮，如图3-134所示。进入编辑状态，可以调整素材的位置，调整完毕后，单击图形底部的“结束编辑”按钮。

⑦ 选择工具箱的“手绘”工具，结合“折线”工具，绘制多个不同形状的图形，分别填充黄色、橘色、红色和绿色，如图3-135所示。

图3-132　打开“果蔬”素材文件

图3-133　置于图文框内部

图3-134　编辑裁剪内容

图3-135　绘制多个小图形

⑧ 选择工具箱中的“贝塞尔”工具，在甜品上绘制不规则图形，如图3-136所示。

⑨ 保持图形的选择状态，单击调色板上的黄色块，为图形填充黄色，用右键单击调色板上的无填充按钮☒，去除轮廓线，如图3-137所示。

电脑小百科

铜版纸印刷时压力不宜过大，要选用胶印树脂型油墨以及亮光油墨。

⑩ 选中图形，选择“位图”→“转换为位图”命令，弹出“转换为位图”对话框，保持默认值，单击“确定”按钮。

⑪ 选择“位图”→“模糊”→“高斯式模糊”命令，弹出“高斯式模糊”对话框，设置半径值为50像素(可以单击“预览”按钮，查看模糊的效果是不是最理想，如不是，可继续设置半径值)，单击“确定”按钮，如图3-138所示。

⑫ 按照相同的方法，绘制多个图形，并进行高斯式模糊，效果如图3-139所示。

图3-136 贝塞尔工具绘图

图3-137 填充颜色

图3-138 高斯式模糊

图3-139 高斯式模糊效果

⑬ 选择工具箱中的“钢笔”工具，绘制图形，按F11键弹出“渐变填充”对话框，设置颜色值为(R114, G179, B42)到(R150, G198, B47)11%到(R92, G147, B46)29%到(R51, G111, B45)47%到(R56, G115, B45)61%到(R121, G169, B50)87%到(R88, G185, B69)的线性渐变，单击“确定”按钮，如图3-140所示。

⑭ 继续使用钢笔工具，在不同的位置上绘制多个不同形状的图形，填充相应的颜色，如图3-141所示。

⑮ 选择工具箱中的“椭圆形”工具，绘制3个大小不一的椭圆，颜色分别填充为蓝色和黄色的辐射渐变，如图3-142所示。

⑯ 选择工具箱中的“文本”工具，输入文字，填充蓝色，如图3-143所示。

图3-140 渐变填充颜色

图3-141 绘制多个图形

图3-142 绘制椭圆

图3-143 输入文字

⑰ 继续使用文本工具，在不同位置上，输入文字并填充相应的颜色，如图3-144所示。

⑱ 选择工具箱中的“选择”工具，选中黄色的辐射渐变椭圆，按小键盘上的+键，原位复制图形，再按Shift+PageUp组合键到图层前面，单击调色板上的无填充按钮，无颜色填充。

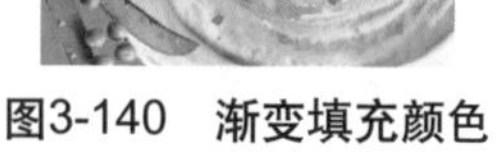
电脑小百科

画报纸的质地细白、平滑，用于印刷画报、图册和宣传画等。

19 保持椭圆的选择状态，选择“效果”→“透镜”命令，在绘图区的右侧弹出“透镜”泊坞窗，在类型下拉列表中选择“鱼眼”选项，如图3-145所示，效果如图3-146所示。

20 包装的平面图制作完毕，接下来制作包装的立体效果。

21 选择工具箱中的“3点曲线”工具，绘制图形，如图3-147所示。

图3-144　输入文字

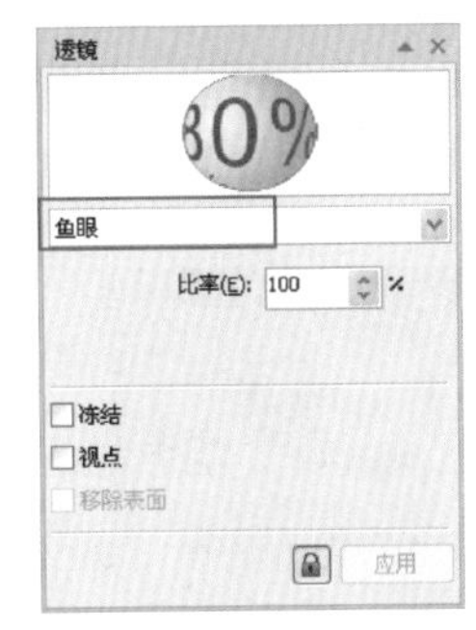

图3-145　“透镜”泊坞窗

图3-146　鱼眼效果

图3-147　3点曲线工具绘图

22 图形绘制完毕后，单击调色板上的白色块，给图形填充白色，用右键单击调色板的无填充按钮☒，去除轮廓线。

23 选中图形，选择“位图”→“转换为位图”命令，弹出“转换为位图”对话框，保持默认值，单击“确定”按钮。选择“位图”→“模糊”→“高斯式模糊”命令，弹出“高斯式模糊”对话框，设置半径值为25像素，单击“确定”按钮。

24 按Ctrl键的同时往右水平拖动图形，至合适的位置单击右键，复制图形，单击属性栏中的“水平镜像”按钮，效果如图3-148所示。

25 选择工具箱中的“选择”工具，框选绘制好的图形，单击属性栏中的“群组”按钮，群组图形。选择工具箱中的“钢笔”工具，绘制不规则图形，如图3-149所示。

26 选中群组的包装图，右键拖动群组图形至不规则图形上，松开鼠标，弹出快捷菜单，选择“图框精确裁剪内部”选项，如图3-150所示，将群组图形裁剪至不规则图形中。

27 选择工具箱中的“矩形”工具，在包装底部的位置绘制矩形，填充黑色并去除轮廓线，选择工具箱中的“透明度”工具，设置属性栏中的类型为标准，开始透明度为70，如图3-151所示。

图3-148　水平镜像

图3-149　绘制图形

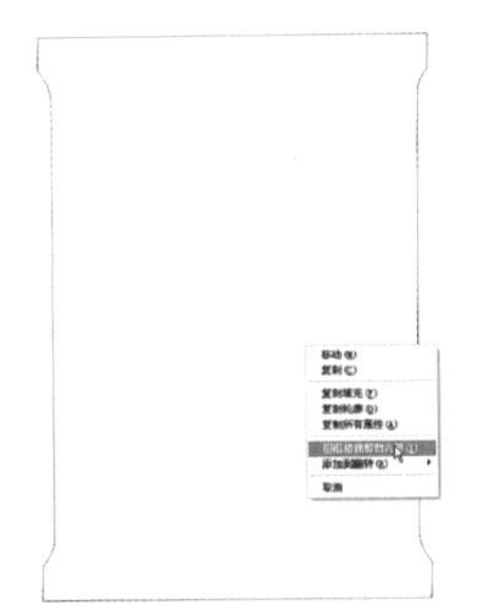

图3-150　图框精确裁剪内部

图3-151　绘制矩形

28 选择工具箱中的“2点线”工具，在透明矩形上绘制一条直线，按F12键弹出“轮廓

电脑小百科

书面纸也叫书皮纸，是印刷书籍封面用的纸张。书面纸造纸时加了颜料，有灰、蓝、米黄等颜色。

笔”对话框，设置轮廓宽度为1mm，颜色填充为墨绿色(R34，G56，B42)，单击“确定”按钮，如图3-152所示。

29 保持直线的选择状态，按Ctrl键垂直向下拖动，至合适位置时单击右键，复制直线，继续进行4次垂直复制直线，如图3-153所示。

30 选中所有直线，复制一个放置上面的位置，如图3-154所示。选择工具箱中的“选择”工具，框选所有的图形，按Ctrl+G组合键群组图形。

31 选中包装，将光标放置上面中心控制点，光标发生变化时，如图3-155所示。

图3-152 绘制直线

图3-153 垂直复制直线

图3-154 复制直线

图3-155 光标变化

32 垂直向下拖动包装，至合适位置时单击鼠标右键，垂直镜像复制包装图形，如图3-156所示。

33 选择工具箱中的“交互式透明度”工具，在复制的包装上拉出一条直线，绘制出透明效果，如图3-157所示。

34 双击工具箱中的“矩形”工具，自动生成一个与页面同等大小的矩形，单击调色板上的黑色块，为矩形填充黑色，如图3-158所示。

35 选中包装再次复制一次，设置属性栏中的旋转角度为280°，按Ctrl+PageDown组合键向后一层，并制作出倒影效果，果蔬食品包装效果图制作完毕，最终的效果如图3-159所示。

图3-156 垂直镜像 图3-157 制作透明效果

图3-158 绘制矩形

图3-159 最终效果

电脑小百科

压纸是专门生产的一种封面装饰用纸，纸的表面有一种不十分明显的花纹。

学习小结

本章主要介绍了CorelDRAW X6中的形状工具、编辑轮廓线、重新修整图形、图框精确裁剪对象的功能及图形编辑工具。

通过对本章的学习，读者能够熟练地运用CorelDRAW X6自如地编辑对象，轻松地完成设计任务。

下面对本章内容进行总结，具体内容如下。

(1) CorelDRAW X6提供的形状工具，是所有的图形编辑处理都离不开的，第一节详细地介绍了形状工具的各种使用方法。

(2) CorelDRAW X6中，轮廓线的编辑包括颜色、宽度及样式。

(3) CorelDRAW提供的重新修整图形包括图形的合并、修剪、相交、简化、移除前面对象、移除后面对象以及创建对象边界。

(4) CorelDRAW X6中除了提供绘制几何图形和直曲线图形的工具外，还提供了一系列调整图形状态的绘图工具。

(5) 在CorelDRAW中图框精确裁剪对象这一操作使用的比较多，所以在学会使用的前提下，还需要掌握相应的便捷操作，才能真正更轻松地帮助读者完成设计任务。

互动练习

1. 选择题

(1) 切换到形状工具的快捷键是(　　)。

A．F10　　B．F11　　C．F12　　D．F8

(2) 轮廓笔的快捷键是(　　)。

A．Shift+F11　　B．Shift+F12　　C．F11　　D．F12

(3) 图框精确裁剪对象可以通过(　　)种方法来实现。

A．1　　B．2　　C．3　　D．4

2. 思考与上机题

(1) 说说吸引工具和排斥工具的不同点。

(2) CorelDRAW X6中，图框精确裁剪对象的原理是什么？

电脑小百科

在关闭计算机的时候，不要直接使用机箱上的电源按钮，因为直接使用电源按钮会引起文件的丢失，可能使下次开机不能正常启动，从而造成系统死机。

第4章

对象的操作和管理

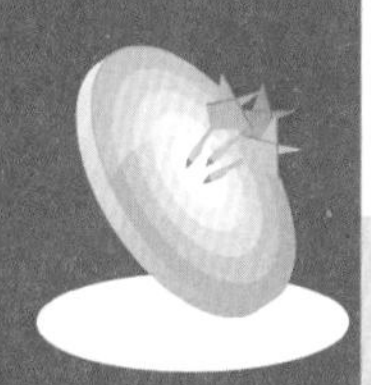

本章导读

在CorelDRAW X6中，提供了多种编辑对象的工具和相关的技巧。本章主要介绍了对象的选择、对象的复制、变换对象、控制对象以及对齐和分布对象等知识点，通过学习本章的内容，可以自如地应用对象，轻松地完成设计任务。

精彩看点

- 选择对象
- 复制对象
- 变换对象
- 控制对象
- 对齐和分布对象

4.1 选择对象

在CorelDRAW X6中，所有的编辑处理都需要在选择对象的基础上进行，所以准确地选择对象，是进行图形操作和管理的第一步。对象的选择可以分为选择某一个对象和选择多个对象。

书盘互动指导

⊙ 示例	⊙ 在光盘中的位置	⊙ 书盘互动情况
	4.1 选择对象 4.1.1 选择单一对象 4.1.2 选择多个对象 4.1.3 按一定顺序选择对象 4.1.4 选择重叠对象 4.1.5 全选对象	本节主要学习对象的选择，在光盘4.1节中有相关内容的操作视频，还特别针对本节内容设置了具体的实例分析。 大家可以在阅读本节内容后再学习光盘，以达到巩固和提升的效果。

4.1.1 选择单一对象

选择某一对象时，首先选择工具箱中的“选择”工具，然后可以通过用鼠标直接单击目标对象的方法来实现。

选择单一对象的具体操作步骤如下。

1. 打开CorelDRAW X6，选择“文件”→“打开”命令，弹出“打开绘图”对话框，选择本书配套光盘中的“第4章\4.1\4.1.1\棒棒糖.cdr”文件，单击“打开”按钮，如图4-1所示。
2. 选择工具箱中的“选择”工具，将鼠标放至背景上单击左键，选中背景图形，如图4-2所示。
3. 单击鼠标右键，在弹出的快捷菜单中选择“删除”选项，或按Delete键来完成这一操作，如图4-3所示。

图4-1 打开“棒棒糖”文件

图4-2 选中背景

图4-3 删除背景

电脑小百科

按BackSpace(空格)键可以切换到选择工具。

4.1.2 选择多个对象

选择多个对象的方法有多种，可以通过拖动鼠标进行框选，也可以结合Shift键，进行逐一选择以及使用工具箱中的“手绘工具”选择对象的手法。

选择多个对象的具体操作步骤如下。

1. 打开CorelDRAW X6，选择“文件”→“打开”命令，弹出“打开绘图”对话框，选择本书配套光盘中的“第4章\4.1\4.1.2\水果.cdr”文件，单击“打开”按钮，如图4-4所示。
2. 选择工具箱的“选择”工具，框选左边的4个水果，如图4-5所示。
3. 按Delete键删除水果，如图4-6所示。
4. 继续使用“选择”工具，框选水果，进行删除，形成H字母图案，效果如图4-7所示。

图4-4　打开“水果”文件　　图4-5　框选对象　　图4-6　删除水果　　图4-7　H字母效果

5. 按Ctrl+Z键，撤销删除，选择工具箱中的“选择”工具，选择水果，如图4-8所示。
6. 按Shift键的同时，依次单击其他的4个水果，如图4-9所示。
7. 按Delete键，删除水果。继续使用相同的方法选中水果，进行删除，形成Z字母图案，效果如图4-10所示。
8. 按Ctrl+Z键，撤销删除，选择工具箱中的“手绘选择”工具，在图形上圈选4个水果的范围，如图4-11所示。
9. 按Delete键，删除水果，如图4-12所示。
10. 按照上述操作，圈选其他的水果并删除，得到L字母图案，如图4-13所示。

图4-8　单选对象　　图4-9　逐一的选择对象

图4-10　Z字母效果　　图4-11　手绘工具选择水果　　图4-12　删除水果　　图4-13　L字母效果

电脑小百科

调整透视控制点时，按住Ctrl键拖动，节点会保持在边框方向或其延长线上移动。

4.1.3 按一定顺序选择对象

在页面中的同一区域，先绘制的图形对象位于后绘制的图形对象的下层，也就是说，后绘制的图形对象会覆盖住先绘制的图形。

按一定顺序选择对象的具体操作步骤如下。

1. 打开CorelDRAW X6，选择“文件”→“打开”命令，弹出“打开绘图”对话框，选择本书配套光盘中的“第4章\4.1\4.1.3\花海.cdr”文件，单击“打开”按钮，如图4-14所示。
2. 选择工具箱中的“缩放”工具，框选书本范围，放大内容，如图4-15所示。
3. 选择工具箱中的“选择”工具，在“虫”图形上单击左键使其选中，并按Shift键依次选择花朵和书本图形，如图4-16所示。

图4-14 打开“花海”文件

图4-15 缩放内容

4. 按Delete键，删除图形，如图4-17所示。
5. 按Ctrl+Z键，撤销删除，如图4-18所示。

图4-16 按顺序选择对象

图4-17 删除图形

图4-18 最终效果

操作分析

步骤进行到第2步放大内容后，可以清楚地观看图形的顺序关系。进行到第4步时，可以清楚地观看画面由几个图形叠加在一起，那么图形之间的顺序一目了然。

4.1.4 选择重叠对象

所谓“重叠”对象，就是两个图形之间已经重叠在一块，本案例讲解如何快速地选择重叠对象并进行编辑处理。

选择重叠对象的具体操作步骤如下。

1. 打开CorelDRAW X6，选择“文件”→“打开”命令，弹出“打开绘图”对话框，选择本书配套光盘中的“第4章\4.1\4.1.4\酒.cdr”文件，单击“打开”按钮，如图4-19所示。
2. 选择工具箱中的“选择”工具，选中重叠对象，如图4-20所示。

电脑小百科

图像对印刷质量影响最大,采用一些扫描的图像时,电脑显示时对比度不是很明显,但印刷出来的颜色会相当的灰。

❸ 按Shift+F11组合键，弹出“均匀填充”对话框，设置颜色值为(R254，G196，B0)，单击“确定”按钮，如图4-21所示。

❹ 选择“位图”→“转换为位图”命令，弹出“转换为位图”对话框，保持默认值不变，单击“确定”按钮，如图4-22所示。

❺ 选择工具箱中的“透明度”工具，设置属性栏中的透明度类型为“辐射”，调整位图的透明效果，如图4-23所示。

❻ 调整完毕后，按Backspace键，完成本案例如图4-24所示。

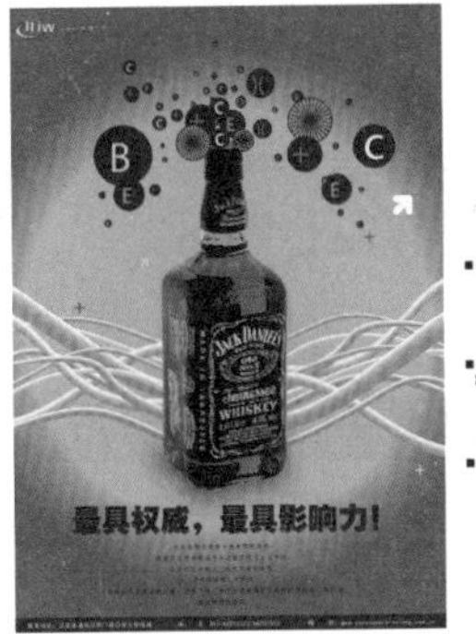

图4-19　打开“酒”文件

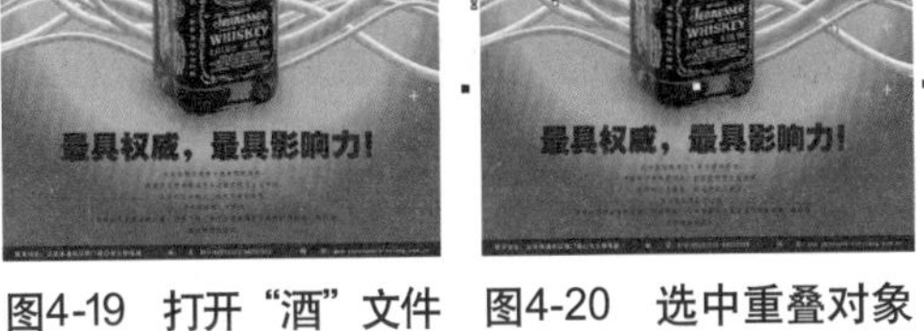

图4-20　选中重叠对象

图4-21　均匀填充颜色

图4-22　转换为位图

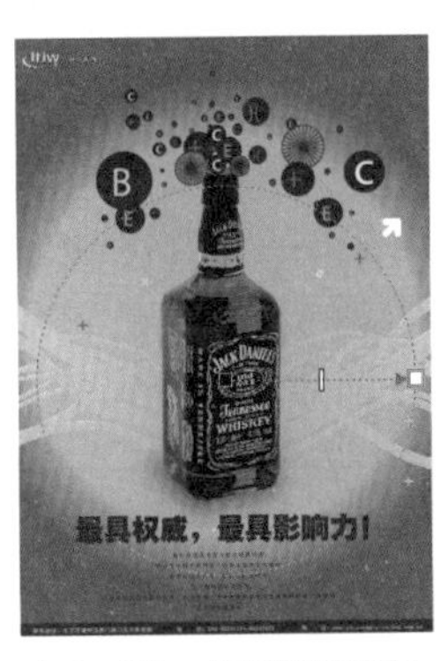

图4-23　调整透明度

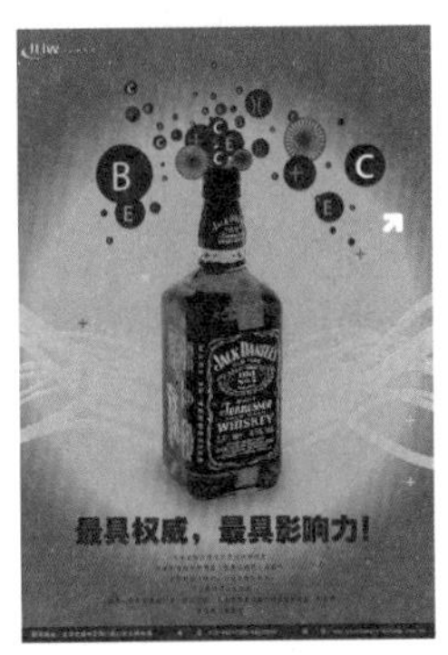

图4-24　最终效果

4.1.5　全选对象

“全选对象”在设计的过程中用得比较多，“全选对象”最快捷的方法就是按Ctrl+A组合键来完成，提高工作效率。

全选对象的具体操作步骤如下。

❶ 打开CorelDRAW X6，选择“文件”→“打开”命令，弹出“打开绘图”对话框，选择本书配套光盘中的“第4章\4.1\4.1.5\音响.cdr”文件，单击“打开”按钮，如图4-25所示。

❷ 选择“编辑”→“全选”→“对象”命令或按Ctrl+A组合键，全选对象，如图4-26所示。

图4-25　打开“音响”文件

图4-26　全选对象

❸ 选择“文件”→“打开”命令，弹出“打开绘图”对话框，选择本书配套光盘中的“第4章\4.1\4.1.5\背景.cdr”文件，单击“打开”按钮，如图4-27所示。

❹ 切回到音响页面，拖动音响至背景页面，放置合适的位置上，效果如图4-28所示。

电脑小百科

出片之前一定要小心检查各个图像对比度，在Photoshop中按Ctrl+L调出“色阶”面板看中间分布图，如集中在中间说明对比度差，如集中在左边说明太亮，如集中在右边说明太暗。以分布均匀为最佳，按具体需要来调整。

图4-27 打开“背景”文件

图4-28 最终效果

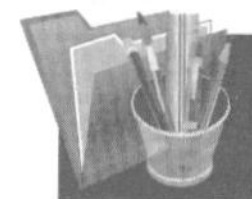

4.2 复制对象

在CorelDRAW X6中，在编辑对象的过程中，为了方便快速地生成副本，选择“编辑”→“复制”命令，对象的副本将被放置在剪贴板中，选择“编辑”→“粘贴”命令，对象的副本被粘贴到源对象的下面，位置和原对象是相同的。

==书盘互动指导==

⊙ 示例	⊙ 在光盘中的位置	⊙ 书盘互动情况
	4.2 复制对象 4.2.1 对象的基本复制 4.2.2 对象的水平再制 4.2.3 对象的旋转再制 4.2.4 复制对象属性	本节主要学习对象的复制，在光盘4.2节中有相关内容的操作视频，还特别针对本节内容设置了具体的实例分析。 大家可以在阅读本节内容后再学习光盘，以达到巩固和提升的效果。

4.2.1 对象的基本复制

复制对象的最常用方法：按下Ctrl+C快捷键，复制对象，再按下Ctrl+V快捷键，粘贴对象，完成复制操作。

基本复制对象的具体操作步骤如下。

1. 打开CorelDRAW X6，选择“文件”→“打开”命令，弹出“打开绘图”对话框，选择本书配套光盘中的“第4章\4.2\4.2.1\海滩.cdr”文件，单击“打开”按钮，如图4-29所示。
2. 选择工具箱中的“选择”工具，框选“树”图形，如图4-30所示。

图4-29 打开“海滩”文件

电脑小百科

版式设计是平面设计创造过程中所选择的一种版面组织、构成形式，是一种重要的视觉传达表现语言。

❸ 选择“编辑”→“复制”命令或按Ctrl+C组合键，复制图形，选择“编辑”→“粘贴”命令或按Ctrl+V组合键，粘贴图形。

❹ 选择工具箱中的“选择”工具，拖至左边的位置，如图4-31所示。

❺ 按照相同的方法，再次复制一次并调整好位置，如图4-32所示。

图4-30　框选“树”图形

图4-31　移动复制图形的位置

图4-32　再次复制

知识补充

除了上述讲解的复制方法外，还有两种不同复制图形的方法，首先复制的对象必须处于选择状态，单击右键拖至合适的位置上，松开鼠标，弹出快捷菜单，选择“复制”命令即可。另一种方法是按小键盘上的+键进行复制，拖至合适的位置即可。

知识补充

复制后，粘贴进来的对象和源对象处在工作区中的同一位置。但如果是在其他应用程序中复制对象，则粘贴进来的对象将处在页面的中心。

4.2.2　对象的水平再制

“再制对象”就是将复制的对象按一定的方式复制出多个对象。那么“水平再制对象”主要是再制的对象都是处于同一水平线上。

对象的水平再制具体操作步骤如下。

❶ 打开CorelDRAW X6，选择“文件”→“打开”命令，弹出“打开绘图”对话框，选择本书配套光盘中的“第4章\4.2\4.2.2\圣诞节.cdr”文件，单击“打开”按钮，如图4-33所示。

❷ 选择工具箱中的“矩形”工具，绘制矩形，设置属性栏中“宽”为18mm，“高”为110mm，如图4-34所示。

❸ 保持矩形的选择状态，选择“排练”→“顺序”→“置于此对象前”命令，当光标变为➡时，在绿色的背景图形上单击鼠标左键，效果如图4-35所示。

图4-33　打开“圣诞节”文件

电脑小百科

版式设计是一种关于编排的学问，即根据特定主题需要将有限的文字、照片、示意图、绘画图形、线条、色块等有机地排列与组合，将理性思维表现在一个特定的版面空间内。

4. 保持矩形的选择状态，选择“窗口”→“泊坞窗”→“变换”→“位置”命令或按Alt+F7组合键，在绘图区的右边弹出“变换”对话框，设置参数如图4-36所示。
5. 单击“应用”按钮，效果如图4-37所示。
6. 选择“文件”→“保存”命令或按Ctrl+S组合键，弹出“保存绘图”，文件名改为“水平再制对象”，单击“保存”按钮，完成水平再制。

图4-34 绘制矩形

图4-35 调整矩形的顺序

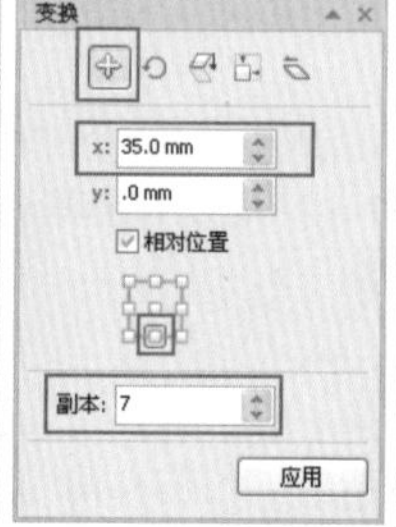

图4-36 “变换”泊坞窗

图4-37 水平再制图形

4.2.3 对象的旋转再制

“再制对象”就是将复制的对象按一定的方式复制出多个对象。那么“旋转再制对象”主要是再制的对象不是处于同一水平线上。

对象的旋转再制具体操作步骤如下。

1. 打开CorelDRAW X6，选择“文件”→“打开”命令，弹出“打开绘图”对话框，选择本书配套光盘中的“第4章\4.2\4.2.3\卡通人物.cdr”文件，单击“打开”按钮，如图4-38所示。
2. 选择工具箱中的“选择”工具，选中对象并再次单击一下，使图形处于旋转的状态，将中心点移至下方，效果如图4-39所示。
3. 将光标移至右上角，并发生变化后，旋转图形至合适的位置并单击右键，复制一个图形，设置属性栏中“旋转角度”为318.8°，如图4-40所示。
4. 连续按7次Ctrl+D组合键，再制对象，效果如图4-41所示。

图4-38 打开“卡通人物”文件

图4-39 改变中心点的位置

图4-40 旋转图形

图4-41 再制图形

电脑小百科

版式设计是一种具有个人风格和艺术特色的视觉传达方式，是制造和建立有序版面的理想方式，是世界性的视觉传达的公共语言。

4.2.4 复制对象属性

选择“编辑”菜单中的“复制属性自”命令，将弹出“复制属性”对话框，通过设置该对话框中的相关参数，可以复制对象的轮廓笔、轮廓色、填充以及文本属性。

复制对象属性的具体操作步骤如下。

1. 打开CorelDRAW X6，选择“文件”→“打开”命令，弹出“打开绘图”对话框，选择本书配套光盘中的“第4章\4.2\4.2.4\对戒.cdr”文件，单击“打开”按钮，如图4-42所示。
2. 选择工具箱中的“选择”工具，选中桃红色图形，如图4-43所示。
3. 选择“编辑”→“复制属性自”命令，弹出“复制属性”对话框，选中“填充”，单击“确定”按钮，如图4-44所示。
4. 在右边的图形上单击一下，即可复制它的填充属性，效果如图4-45所示。

图4-42　打开“对戒”文件

图4-43　选择对象

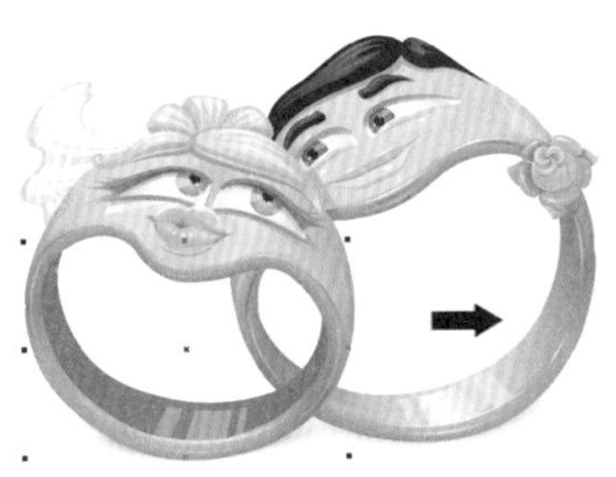

图4-44　光标变化

图4-45　复制属性

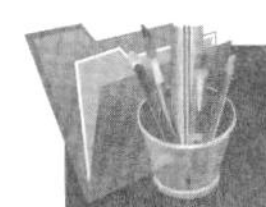

知识补充

除上述讲解的方法外，还有一种复制属性的方法：右键拖动被复制的图形至要复制的图形上，松开鼠标，在弹出的快捷菜单中选择复制填充。

复制属性不仅仅只限制复制填充，还可以复制轮廓以及复制所有的属性。

4.3 变换对象

在CorelDRAW X6中，为了更方便地协助设计任务，在编辑对象的过程中，常用的变换对象就显得尤为重要，本节通过对移动对象、旋转对象、镜像对象、缩放对象以及倾斜对象的学习，来提升操作水平，本节是基础也是重点，同时也是不可缺少的知识点。

电脑小百科

任何一个平面空间的设计，都涉及将各种视觉元素有序地加以组合，以便最大限度地发挥这些要素的表现力。

书盘互动指导

⊙ 示例	⊙ 在光盘中的位置	⊙ 书盘互动情况
	4.3 变换对象 4.3.1 移动对象 4.3.2 旋转对象 4.3.3 镜像对象 4.3.4 缩放对象 4.3.5 倾斜对象	本节主要学习对象的变换，在光盘4.3节中有相关内容的操作视频，还特别针对本节内容设置了具体的实例分析。 大家可以在阅读本节内容后再学习光盘，以达到巩固和提升的效果。

4.3.1 移动对象

在CorelDRAW X6中移动对象时，必须使被移动的对象处于选取状态，移动对象的具体操作步骤如下。

1. 打开CorelDRAW X6，选择“文件”→“打开”命令，弹出“打开绘图”对话框，选择本书配套光盘中的“第4章\4.3\4.3.1\字母.cdr”文件，单击“打开”按钮，如图4-46所示。
2. 选择工具箱中的“选择”工具，选中g字母，拖至a字母旁，效果如图4-47所示。
3. 继续移动h字母至m字母旁，如图4-48所示。
4. 通过上述的方法，移动其他的字母至合适的位置上，得到“王”字图形，效果如图4-49所示。

图4-46 打开“字母”文件

图4-47 移动g字母

图4-48 移动h字母

图4-49 “王”字效果

4.3.2 旋转对象

对对象进行旋转操作时，必须使被旋转的对象处于选取状态。旋转对象的方法有多种，具体操作步骤如下。

1. 打开CorelDRAW X6，选择“文件”→“打开”命令，弹出“打开绘图”对话框，选择本书配套光盘中的“第4章\4.3\4.3.2\酸酸乳.cdr”文件，单击“打开”按钮，如图4-50所示。

电脑小百科

版式设计的目标就是为了方便人们的阅读，体现为视觉传达的迅速、准确和最优化的视觉享受。

2 选择工具箱中的“选择”工具，选中红色包装，如图4-51所示。

3 设置属性栏中的“旋转角度”为20°，效果如图4-52所示。

4 选择工具箱中的“选择”工具，选中黄色包装，再次单击一下，使图形处于旋转状态，如图4-53所示。

5 将光标放置右上角的位置上，待光标发生变化后，往右旋转图形至合适的位置，效果如图4-54所示。

图4-50　打开“酸酸乳”文件

图4-51　选中包装

图4-52　绘制正圆

图4-53　旋转图形

图4-54　旋转效果

4.3.3 镜像对象

镜像效果经常被应用到设计作品中。在CorelDRAW X6中，可以使用多种方法使对象沿水平、垂直或对角线的方向翻转镜像，镜像对象的具体操作步骤如下。

1 打开CorelDRAW X6，选择“文件”→“打开”命令，弹出“打开绘图”对话框，选择本书配套光盘中的“第4章\4.3\4.3.3\西瓜人物.cdr”文件，单击“打开”按钮，如图4-55所示。

2 选择工具箱中的“选择”工具，选中西瓜人物，如图4-56所示。

3 按小键盘上的+键，原位复制图形，单击属性栏中的“水平镜像”按钮，如图4-57所示。

4 选择工具箱中的“选择”工具，往左拖动至合适的位置，效果如图4-58所示。

图4-55　打开“西瓜人物”文件

图4-56　选中图形

图4-57　水平镜像

图4-58　移动位置

4.3.4 缩放对象

在设计工作中经常需要缩放图形对象，在CorelDRAW X6中，可使用“选择”工具直接拖动对象周围的控制点来实现缩放图形对象的目的。

电脑小百科

人们对版式设计作品的心理要求表现为：美观、大方、典雅、合乎不同人的品位。因此，设计中必须重视协调有效传达与审美的关系。

缩放对象的具体操作步骤如下。

1. 打开CorelDRAW X6，选择“文件”→“打开”命令，弹出“打开绘图”对话框，选择本书配套光盘中的“第4章\4.3\4.3.4\孔雀.cdr”文件，单击“打开”按钮，如图4-59所示。
2. 选择工具箱中的“选择”工具，选中蓝色的部分，将光标移至四角中的随意一角，待光标发生变化，按Shift键往外拖动至合适的位置，效果如图4-60所示。

图4-59 打开“孔雀”文件

图4-60 缩放对象

4.3.5 倾斜对象

在设计工作中经常需要倾斜图形对象，在CorelDRAW X6中，可使用“选择”工具选取对象，待对象处于旋转状态时，拖动周围出现的控制手柄即可完成图形对象的倾斜变形。

倾斜对象的具体操作步骤如下。

1. 打开CorelDRAW X6，选择“文件”→“打开”命令，弹出“打开绘图”对话框，选择本书配套光盘中的“第4章\4.3\4.3.5\测量计.cdr”文件，单击“打开”按钮，如图4-61所示。
2. 选择工具箱中的“选择”工具，选中左边的图形，再次单击图形，使图形处于旋转状态，如图4-62所示。
3. 将光标移至上面的中心位置，待光标发生变化后，往右拖动光标，如图4-63所示。
4. 使图形倾斜变形，如图4-64所示。
5. 通过上述方法，对另一边的图形进行倾斜变形，效果如图4-65所示。

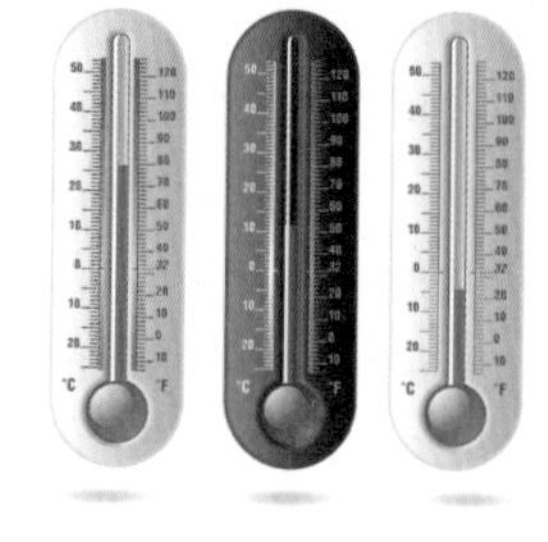
图4-61 打开“测量计”文件

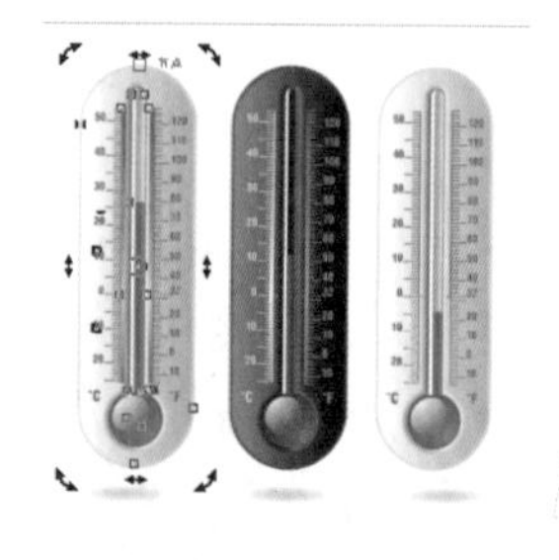
图4-62 旋转状态

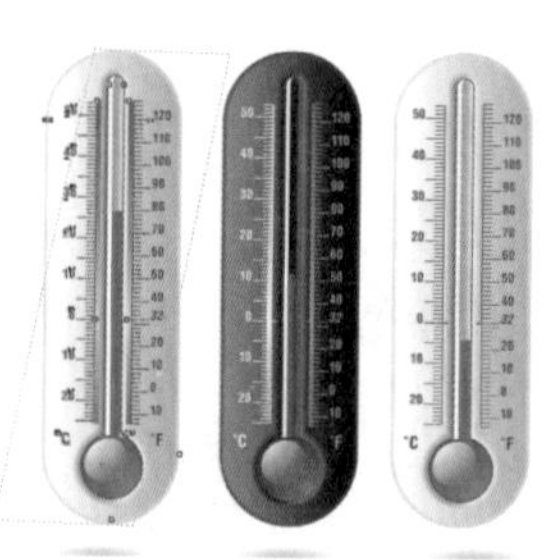
图4-63 拖动光标

图4-64 倾斜变形

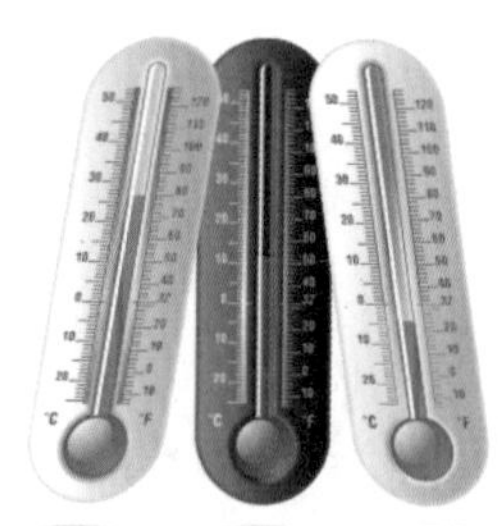
图4-65 最终效果

4.4 控制对象

在CorelDRAW X6中，提供了多个命令和工具来组合图形对象。本章将主要介绍锁定和

电脑小百科

一个成功的商业版式设计作品可以提高人们的阅读欲望与购买欲望，它要满足信息传递和美感传递的需要。

组合对象的功能以及相关的技巧，同时也介绍了对象顺序的调整。通过学习本章的内容，读者可以自如地控制和组合绘图中的图形对象，帮助完成制作任务。

〓〓书盘互动指导〓〓

⊙ 示例	⊙ 在光盘中的位置	⊙ 书盘互动情况
	4.4 控制对象 4.4.1 锁定和解除锁定对象 4.4.2 群组对象和取消群组 4.4.3 结合和打散对象 4.4.4 安排对象的顺序	本节主要学习控制对象，在光盘4.4节中有相关内容的操作视频，还特别针对本节内容设置了具体的实例分析。 大家可以在阅读本节内容后再学习光盘，以达到巩固和提升的效果。

4.4.1 锁定和解除锁定对象

在CorelDRAW X6中，为了防止在操作中不小心移动对象，可以锁定对象。

锁定和解除锁定对象的具体操作步骤如下。

❶ 打开CorelDRAW X6，选择“文件”→“打开”命令，弹出“打开绘图”对话框，选择本书配套光盘中的“第4章\4.4\4.4.1\巧克力美人.cdr”文件，单击“打开”按钮，如图4-66所示。

❷ 选择工具箱中的“选择”工具，选中图形，如图4-67所示。

❸ 选择“排列”→“锁定对象”命令，或单击鼠标右键，在弹出的快捷菜单中选择“锁定对象”命令即可，如图4-68所示。

图4-66 打开“巧克力美人”文件

图4-67 选择对象

图4-68 锁定对象

❹ 选择工具箱中的“选择”工具，框选所有的图形，按Delete键删除对象，如图4-6□所示。

❺ 保存图形的选择状态，单击鼠标右键，在弹出的快捷菜单中选择“解锁对象”命令，如图4-7□所示。

❻ 此时图形周围的控制点发现变化，如图4-71所示。

图4-69 删除对象

图4-70 解锁对象

图4-71 最终效果

电脑小百科

版式设计的表现手法多种多样，总结起来，常用的表现手法有：律动、对称、对比、平衡、比例、调和、统一。

知识补充

锁定的对象不能进行任何的编辑，包括移动、删除。

4.4.2 群组对象和取消群组

在CorelDRAW X6中，提供了群组对象功能，可以将多个不同的图形对象组合在一起，方便整体操作。

群组对象和取消群组的具体操作步骤如下。

1. 打开CorelDRAW X6，选择“文件”→“打开”命令，弹出“打开绘图”对话框，选择本书配套光盘中的“第4章\4.4\4.4.2\绿化地球.cdr”文件，单击“打开”按钮，如图4-72所示。

2. 选择工具箱中的“选择”工具，框选图形，如图4-73所示。

图4-72 打开“绿化地球”文件

图4-73 框选图形

3. 选择“排列”→“群组”命令或按Ctrl+G组合键，群组图形。按Delete键，删除群组的图形，如图4-74所示。

4. 选择工具箱中的“选择”工具，在树叶图形上单击一下，使其选中，选择“排列”→“取消群组”命令或按Ctrl+U组合键又或者单击属性栏上的“取消群组”按钮。

5. 选择工具箱中的“选择”工具，拖动树叶至合适的位置，如图4-75所示。

6. 多次按Ctrl+Z组合键，撤销编辑，还原图形，完成群组和取消群组图形的制作，如图4-76所示。

图4-74 群组并删除图形

图4-75 取消并移动图形

图4-76 还原编辑

知识补充

群组对象最便捷的方法是单击属性栏中的群组按钮。

版式设计的运用极其广泛，包括书籍、报纸、杂志等版式设计。

4.4.3 结合和打散对象

结合对象可以将多个图形对象合并在一起，创建出一个新的对象。

结合和打散对象的具体操作步骤如下。

1. 打开CorelDRAW X6，选择“文件”→“打开”命令，弹出“打开绘图”对话框，选择本书配套光盘中的“第4章\4.4\4.4.3\闹钟.cdr”文件，单击“打开”按钮，如图4-77所示。
2. 选择工具箱中的“选择”工具，框选图形，单击属性栏中的“取消全部群组”按钮，如图4-78所示。
3. 选择“排列”→“合并”命令或按Ctrl+L组合键，合并图形，如图4-79所示。
4. 选择工具箱中的“形状”工具，选中合并后的图形对象，可以对图形对象的节点进行调整，如图4-80所示。
5. 按Ctrl+K组合键，取消图形对象的合并状态，如图4-81所示，原来结合的图形对象将变为多个单独的图形对象。

图4-77　打开“闹钟”文件

图4-78　取消全部群组

图4-79　合并图形

图4-80　调整形状

图4-81　取消结合对象状态

知识补充

按Ctrl+L键，或单击属性栏中的“合并”按钮，也可以将多个对象结合。如果对象结合前有颜色填充，那么结合后的对象将显示最后选取对象的颜色。如果使用圈选的方法选取对象，将显示圈选框最下方对象的颜色。背景图形一般放置好以后，都可以不再对其进行编辑，为以后绘制其他图形过程中出现误将背景图形操作，可以选择“排列”→“锁定对象”命令，锁定背景图形。

4.4.4 安排对象的顺序

在CorelDRAW X6中，绘制的图形对象都存在着重叠的关系，如果在绘图页面中的同一位置先后绘制两个不同背景的图形对象，后绘制的图形对象将位于先绘制图形对象的上方。使用CorelDRAW X6的顺序功能可以安排多个图形对象的前后顺序。

电脑小百科

宣传册是视觉形象化广告设计之一。是当代经济领域里市场营销活动，以及社会集团公关交往中的广告媒体。

安排对象顺序的具体操作步骤如下。

1. 打开CorelDRAW X6，选择“文件”→“打开”命令，弹出“打开绘图”对话框，选择本书配套光盘中的“第4章\4.4\4.4.4\巧克力.cdr”文件，单击“打开”按钮，如图4-82所示。
2. 选择工具箱中的“选择”工具，选择樱桃图形，如图4-83所示。
3. 选择“排列”→“顺序”→“到图层前面”命令或按Shift+PageUp组合键，到图层的前面并调整好位置，如图4-84所示。

图4-82 打开“巧克力”文件

图4-83 选择对象

图4-84 到图层前面

4. 选择工具箱中的“选择”工具，选择中间心形巧克力图形，选择“排列”→“顺序”→“到图层后面”命令或按Shift+PageDown组合键，到图层的后面，如图4-85所示。
5. 选择工具箱中的“选择”工具，选择叶子图形，选择“排列”→“顺序”→“向前一层”命令或按Ctrl+PageUp组合键，图形向前一层，如图4-86所示。
6. 选择工具箱中的“选择”工具，选中左下边的心形巧克力图形，单击鼠标右键，在弹出的快捷菜单中选择“置于此对象后”命令，当光标变为➡时，将光标移至上面的心形巧克力上并单击一下，放置对象后，如图4-87所示。

图4-85 到图层后面

图4-86 向前一层

图4-87 置于此对象后

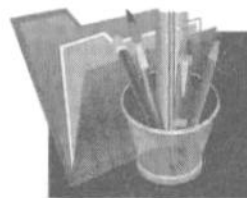

4.5 对齐和分布对象

在绘图过程中，很多时候需要对齐对象，除了利用相关辅助工具来进行对齐的操作外，CorelDRAW还提供了“对齐和分布”功能，将对象按照一定的方式准确地对齐和分布。

电脑小百科

宣传册可以帮助公司、企业对商品销售，提供顾客服务项目介绍。

书盘互动指导

⊙ 示例	⊙ 在光盘中的位置	⊙ 书盘互动情况
	4.5　对齐和分布对象 4.5.1　对齐对象 4.5.2　分布对象	本节主要学习对象的对齐和分布，在光盘4.5节中有相关内容的操作视频，还特别针对本节内容设置了具体的实例分析。 大家可以在阅读本节内容后再学习光盘，以达到巩固和提升的效果。

4.5.1　对齐对象

对象的对齐方式可设置成多种，左对齐、右对齐、顶对齐、底对齐、水平居中对齐、垂直居中对齐。

对齐对象的具体操作步骤如下。

❶ 打开CorelDRAW X6，选择“文件”→“打开”命令，弹出“打开绘图”对话框，选择本书配套光盘中的“第4章\4.5\挂面.cdr”文件，单击“打开”按钮，如图4-88所示。

❷ 选择工具箱中的“选择”工具，选中除背景外的挂面图形。

❸ 选择“排列”→“对齐和分布”命令或按Shift+Ctrl+A组合键，在绘图区的右边弹出“对齐与分布”对话框，依次单击左对齐、水平居中对齐按钮，如图4-89所示，效果如图4-90所示。

❹ 按Ctrl+Z组合键，撤销对齐，再次单击“底对齐”按钮，效果如图4-91所示。单击“垂直居中对齐”按钮，效果如图4-92所示。

图4-88　打开“挂面”文件

图4-89　“对齐与分布”对话框

图4-90　左对齐和水平居中对齐

图4-91　底对齐

图4-92　垂直居中对齐

4.5.2　分布对象

该对齐方式，是将多个对象以散开分布的形式展现，分布对象的具体操作步骤如下。

宣传册是视觉形象化广告设计之一。是当代经济领域里市场营销活动，以及公关交往中的广告媒体。

图4-93　打开“挂面2”文件

1. 打开CorelDRAW X6，选择“文件”→“打开”命令，弹出“打开绘图”对话框，选择本书配套光盘中的“第4章\4.5\挂面2.cdr”文件，单击“打开”按钮，效果如图4-93所示。
2. 选择“排列”→“对齐和分布”命令或按Shift+Ctrl+A组合键，在绘图区的右边弹出“对齐与分布”对话框，依次单击后分散排列，水平分散排列间距，如图4-94所示，效果如图4-95所示。
3. 按Ctrl+Z组合键，撤销分布，再次单击“底部分散排列”按钮和“垂直分散排列间距”按钮，效果如图4-96所示。

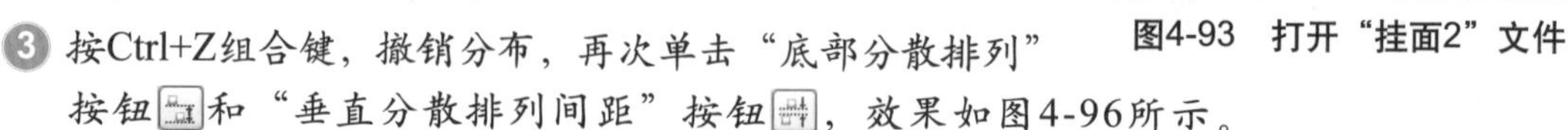

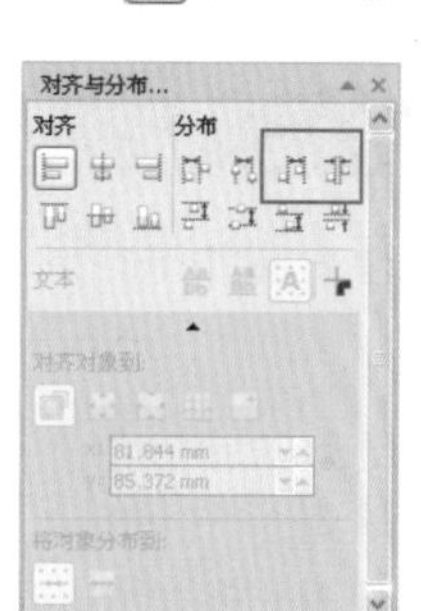

图4-94　“对齐与分布”对话框

图4-95　分布效果

图4-96　底部分散排列和垂直分散排列间距

4.6　应用实例——MP4广告

本实例设计，整体画面感强，颜色绚丽多彩，活力因子与MP4的完美结合，使主体更为鲜明，整个画面给人以跳跃活力之感。主要运用了矩形工具、立体化工具、椭圆形工具、渐变工具、透明度工具等工具，并使用了“转换为位图”和“高斯式模糊”命令。

＝＝书盘互动指导＝＝

⊙ 示例	⊙ 在光盘中的位置	⊙ 书盘互动情况
	4.6 MP4广告	本节主要介绍了以上述内容为基础的综合实例操作方法，在光盘4.6节中有相关操作步骤的视频文件，以及原始素材文件和处理后的效果文件。 大家可以选择在阅读本节内容后再学习光盘，以达到巩固和提升的效果，也可以对照光盘视频操作来学习图书内容，以便更直观地学习和理解本节内容。

电脑小百科

从宣传册传递信息的作用来说，宣传册应该真实地反映商品、宣传商品和形象信息等内容，清楚明了地介绍企业集团公司的风貌。

应用实例的具体操作步骤如下。

1. 打开CorelDRAW X6，选择“文件”→“新建”命令，弹出“创建新文档”对话框，设置“宽度”为184mm，“高度”为120mm，单击“确定”按钮，新建一个空白文档，双击工具箱中的“矩形”工具，自动生成一个与页面等同大小的矩形，按F11键，弹出“渐变填充”对话框，设置颜色从灰色(R60,G56,B55)到淡灰色(R73，G67，B69)的辐射渐变，其他参数设置如图4-97所示。

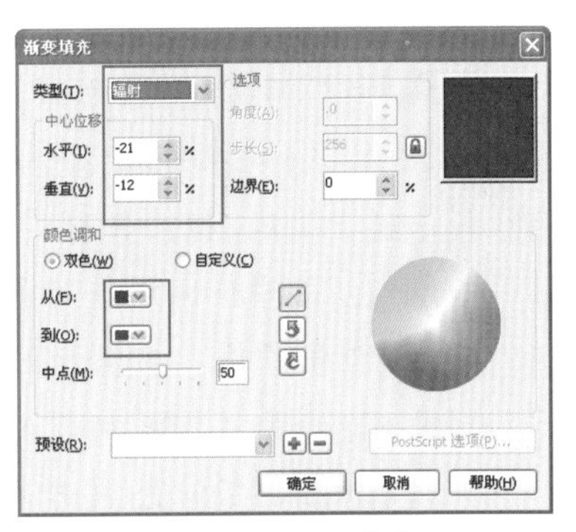

图4-97　渐变参数

2. 单击“确定”按钮，图形效果如图4-98所示。
3. 选择工具箱中的“矩形”工具，绘制一个184×4.5mm的矩形，填充颜色从橙色(R240，G133，B25)到洋红色的线性渐变色，效果如图4-99所示。
4. 选择“文件”→“导入”命令，导入MP4素材，拖放到合适位置，如图4-100所示。

图4-98　矩形渐变填充

图4-99　绘制矩形

图4-100　导入素材

5. 选择工具箱中的“贝塞尔”工具，在MP4屏幕上，绘制一个四边形，按Shift+F11组合键，弹出“均匀填充”对话框，设置颜色为橙色(R240，G133，B25)，单击“确定”按钮，效果如图4-101所示。
6. 选择工具箱中的“椭圆形”工具，按住Ctrl键，绘制一个正圆，填充黄色到白色的线性渐变色，右键单击调色板上的无填充按钮，去除轮廓线，如图4-102所示。
7. 选中正圆，按小键盘上的+键，复制一个圆，填充颜色从洋红色到白色的线性渐变色，效果如图4-103所示。
8. 选中洋红色正圆，选择工具箱中的“透明度”工具，在属性栏中设置透明类型为“标准”，透明度操作为“常规”，开始透明度为50%，效果如图4-104所示。

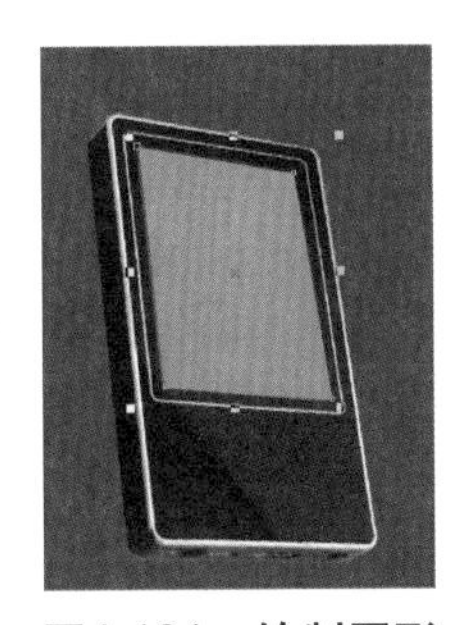

图4-101　绘制图形

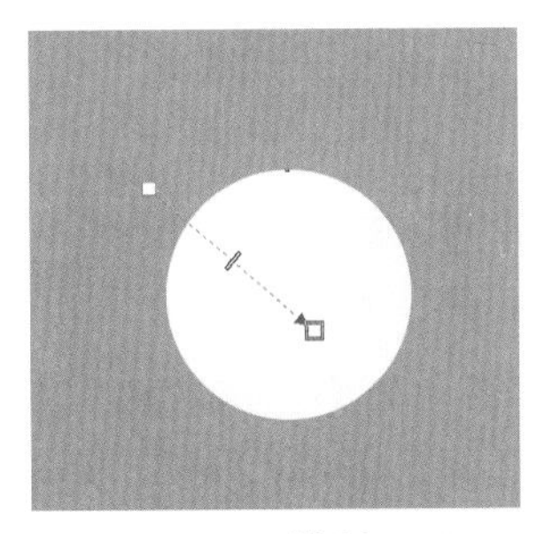

图4-102　绘制正圆

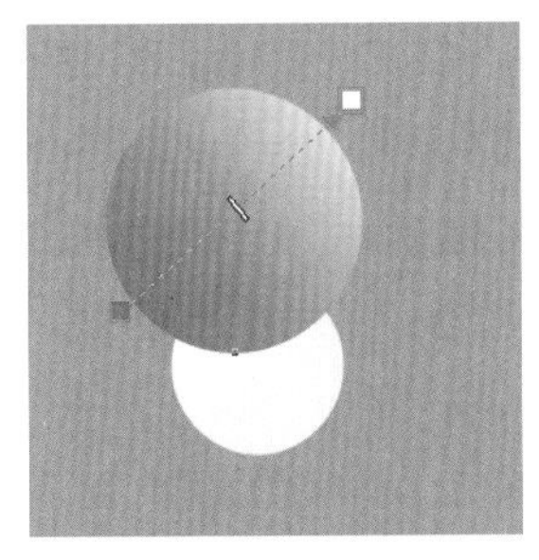

图4-103　复制图形

图4-104　透明度效果

⑨ 按照上述操作，复制更多的线性渐变圆和透明圆，调整颜色和大小，效果如图4-105所示。

⑩ 再次绘制正圆，填充从黑紫色(R14，G0，B0)到暗紫色(R30，G10，B22)18%到紫色(R89，G26,B69)56%到洋红色(R198，G17，B114)的辐射渐变，设边界值为7，效果如图4-106所示。

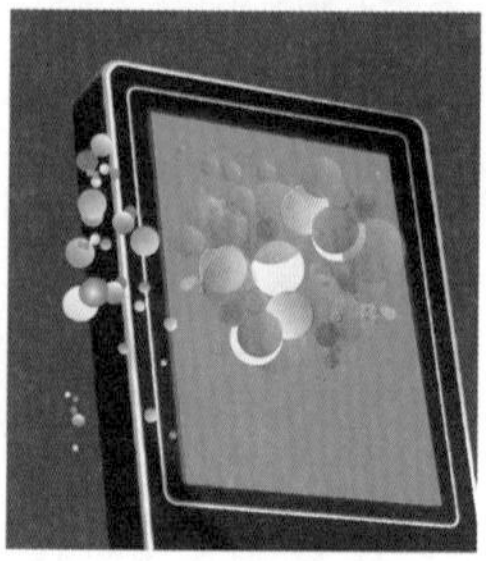

⑪ 按小键盘上的+键，复制一个圆，按G键，切换到“交互式填充”工具，选中中间的“紫色”色块，单击调色板上的“青色”色块，并变形正圆，效果如图4-107所示。

图4-105 复制圆

⑫ 运用上述绘制正圆和椭圆形的方法，结合前面的操作，复制更多圆，并相应调整位置(部分圆相应添加适当透明度)，效果如图4-108所示。

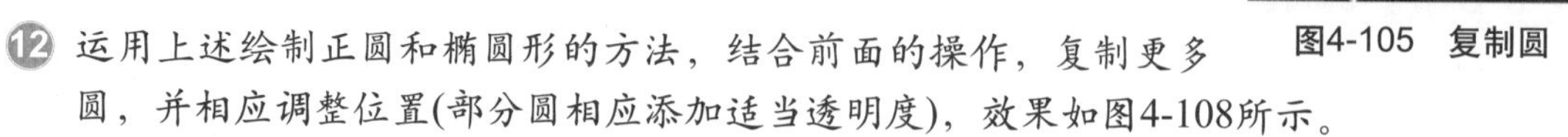

⑬ 选择工具箱中的“手绘”工具，绘制污点形状图形，填充相应的线性渐变色，如图4-109所示。

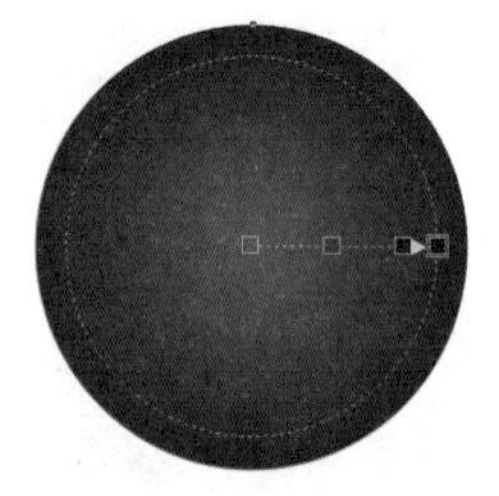

图4-106 绘制正圆

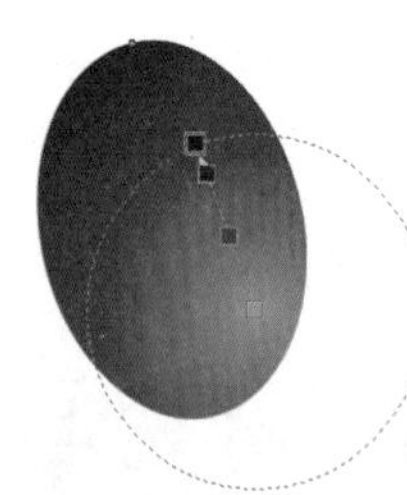

图4-107 复制圆并更改颜色

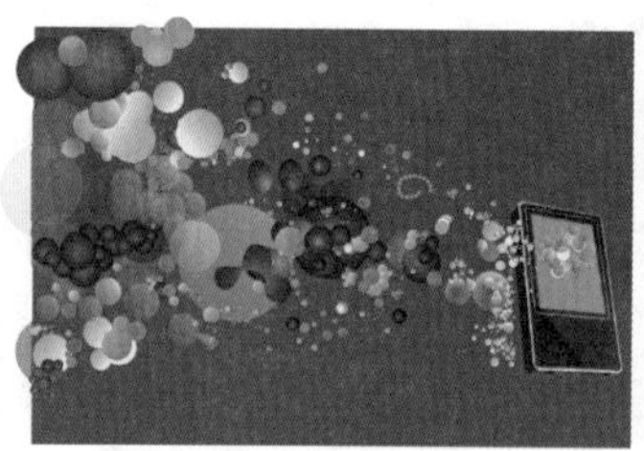

图4-108 复制图形

图4-109 绘制污点图形

⑭ 选择“文本”→“插入符号字符”命令，打开“插入字符”泊坞窗，在字体下拉框中选择fts1，如图4-110所示。

⑮ 单击“应用”按钮，将相应的字符拖入编辑窗口，分别填充相应的颜色，散地放置在图片各处，如图4-111所示。

⑯ 选择工具箱中的“文本”工具，输入文字，设置属性栏中的字体为 Clarendon Blk BT，上面的文字颜色填充为大红色到淡青色(R163，G218，B246)49%到洋红色(R208，G33，B130)的线性渐变色，设置角度值为270，边界值为5。

⑰ 下面文字，颜色填充为红色(R229，G25，B94)到(R234，G106，B163)49%到(R208，G33，B130)的线性渐变，设置角度值为261.3，边界值为34，如图4-112所示。

图4-110 插入字符泊坞窗

⑱ 选中文字，按Ctrl+K组合键，打散文字，选中W，选择工具箱中的“立体化”工具，在文字上拖出立体效果，在属性栏中设置灭点坐标X为－13，Y为－14，单击“立体化颜色”按钮，在弹出的下拉面板中选择“使用递减的颜色”，设置从大红色到黑红色(R62，G40，B58)，按Enter键，确认设置，效果如图4-113所示。

电脑小百科

背景图形一般放置好以后，可以不用再对其进行编辑了，为以后绘制其他图形过程中出现误将背景图形操作，可以选择“排列”→“锁定对象”命令，锁定背景图形。

图4-111　插入字符

图4-112　输入文字

图4-113　立体化效果

19 参照制作W的立体效果，制作其他立体文字，并相应地改变文字表面的渐变颜色，如图4-114所示。

20 选择工具箱中的“钢笔”工具，在MP4后面，绘制一个图形，填充白色，去除轮廓线，如图4-115所示。

21 选择工具箱中的“椭圆形”工具，绘制一个椭圆并填充白色，去除轮廓线，选择“位图”→“转换为位图”命令，在弹出的“转换为位图”对话框中保持默认值，单击“确定”按钮。

22 再选择“位图”→“模糊”→“高斯式模糊”命令，设置模糊“半径”为40像素，按Ctrl+PageDown组合键，往下调整图层顺序，放置到MP4图层下面，如图4-116所示。

图4-114　立体化效果

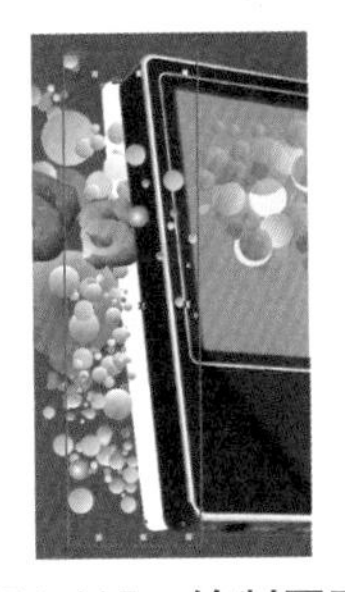

图4-115　绘制图形

图4-116　高斯式模糊效果

23 再次绘制一个椭圆，颜色填充为青色(R20，G134，B184)，同样转换为位图以后，并进行高斯式模糊，“半径”值为40像素，模糊后将其放置到背景矩形图层上面，如图4-117所示。

24 导入“热气球”素材，放置到左边位置，按小键盘上的+键，复制一层，选择工具箱中的“透明度”工具，在属性栏中设置透明类型为“标准”，开始透明度为15%，如图4-118所示。

25 选择工具箱中的“文本”工具，输入文字，框选所有图形，按Ctrl+G键，群组图形，双击工具箱中的“矩形”工具，自动生成一个矩形，按Shift+PageUp组合键，到图层前面，选中群组图形，选择“效果”→“图框精确裁剪”→“置于图文框内部”命令，出现粗黑箭头时，单击矩形，最终效果如图4-119所示。

电脑小百科

宣传卡包括传单、明信片、贺年片、企业介绍卡、请柬、贺卡、入场券、节目单、菜单等，一般只在正面介绍主要内容，正反面均有相关的说明文字和图形设计，用于介绍商品和企业宣传品的形象表现。

图4-117　高斯式模糊效果

图4-118　导入素材

图4-119　最终效果

知识补充

选中“文本”工具，在画面中单击，输入的是美工文字；如果在画面中绘制一个文本框，输入的文字则为段落文字。美工文字与段落文本可以通过按Ctrl+F8组合键，进行相互转换。

知识补充

添加同样的立体效果，可以通过复制的方法，具体操作为：选中要添加立体化的对象，单击立体化工具，然后单击属性栏中的“复制立体化属性”按钮，单击目标对象即可。

学习小结

本章主要介绍了CorelDRAW X6中对象的基本操作以及制作过程中对象的管理。

通过对本章的学习，读者能够熟练地运用CorelDRAW X6中的选择工具、旋转工具等工具。

下面对本章内容进行总结，具体内容如下。

(1) CorelDRAW X6提供了强大并且组织有序的管理功能，本章的知识是基础也是重点，只有熟练地使用这些工具才能更轻松地帮助读者完成设计任务。

(2) CorelDRAW X6中新增的手绘工具，相对于以前的版本，选择的工作可以进行得更加顺畅。

(3) CorelDRAW提供了多种复制对象的方法：图形的基本复制、水平再制、旋转再制以及复制属性。

(4) CorelDRAW X6中的变换对象和控制对象是本章的重点。

(5) 对齐和分布对象这一操作在CorelDRAW中使用得比较多，所以我们在学会使用的前提下，需要掌握相应的快捷键，才能真正更轻松地帮助读者完成设计任务。

电脑小百科

如果群组对象后不能添加透视效果框的话，一定是其中存在不能添加透视框的对象，如位图、段落文本、符号、链接群组等，此时可以通过位图命令中的透视功能来完成。

互动练习

1. 选择题

(1) 选择多个对象可以通过(　　)种方法来实现。

A．2　　B．3　　C．4　　D．5

(2) CorelDRAW X6中调整图形的顺序向后一层的快捷键是(　　)

A．Ctrl+PageDown　　B．Shift+PageDown

C．Ctrl+PageUp　　D．Shift+PageUp

(3) 群组图形的快捷键是(　　)

A．Ctrl+E　　B．Ctrl+B　　C．Ctrl+F　　D．Ctrl+G

2. 思考与上机题

(1) 说说水平再制对象和旋转再制对象的不同点。

(2) CorelDRAW X6中锁定对象的原理是什么？

(3) 按以下要求制作“卡通画”，效果如下图所示。

制作要求：

a．在CorelDRAW X6中选择“选择”工具，移动对象并复制对象。

b．按一定的顺序排列好卡通人物的位置。

c．制作放射式背景。

第5章

图层、样式和模板

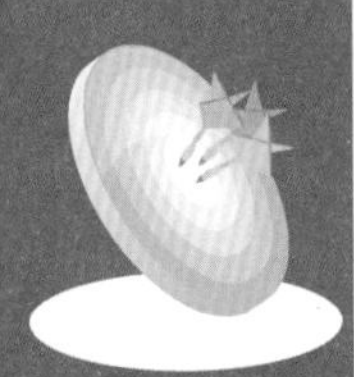

本章导读

在CorelDRAW中可以使用图层在复杂的图解中组织和排列对象。同时CorelDRAW具有先进的样式功能，利用这些功能能够快速、轻松地用一致的样式设置文档格式。颜色样式是指保存并应用于文档中对象的颜色。通过对本章的学习，用户可以更全面地了解和运用图层、样式和模板。

点

- 使用图层控制对象
- 样式与样式集
- 颜色样式

5.1 使用图层控制对象

所有CorelDRAW 绘图都由堆栈的对象组成，这些对象的垂直顺序决定了绘图的外观。组织这些对象一个有效方式便是使用不可见的图层。通过将对象放置到不同的级别或图层上可以组合绘图。图层组织为编辑复杂绘图中的对象提供了更大的灵活性，可以将一个绘图划分成多个图层，每个图层分别包含一部分绘图内容。

书盘互动指导

⊙ 示例	⊙ 在光盘中的位置	⊙ 书盘互动情况
	5.1 使用图层控制对象 5.1.1 新建和删除图层 5.1.2 在图层中添加对象 5.1.3 为新建的主图层添加对象 5.1.4 在图层中移动和复制对象	本节主要学习使用图层控制对象，在光盘5.1节中有相关内容的操作视频，还特别针对本节内容设置了具体的实例分析。大家可以在阅读本节内容后再学习光盘，以达到巩固和提升的效果。

5.1.1 新建和删除图层

通过单击对象管理器泊坞窗中的新建图层按钮，可以添加图层。删除图层时，将同时删除该图层上的所有对象。要保留对象，请先将其移动到另一个图层上，然后再删除当前图层。

新建和删除图层的具体操作步骤如下。

1. 选择“文件”→“打开”命令，弹出“打开绘图”对话框，选择本书配套光盘中的“第5章\5.1\5.1.1\花.cdr”文件，单击“打开”按钮，效果如图5-1所示。
2. 选择“窗口”→“泊坞窗”→“对象管理器”命令，在绘图区的右边弹出“对象管理器”泊坞窗(如果对象管理器泊坞窗未打开，可以选择“工具”→“对象管理器命令)，如图5-2所示。
3. 在对象管理器泊坞窗的右上角，单击展开工具栏按钮，可以新建图层、新建主图层(所有页)、奇数页命令仅在活动的页面为奇数页时才可用，偶数页命令仅在活动的页面为偶数页时才可用。
4. 第2种新建图层的方法：通过

图5-1 打开“花”文件

图5-2 “对象管理器”对话框

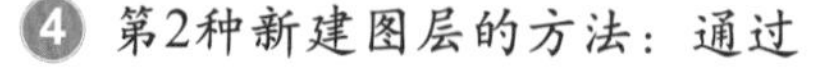

电脑小百科

立体构成是以一定的方法、法则，将形态要素构成各种立体形象。

单击对象管理器泊坞窗中的新建图层按钮，也可以添加图层。还可以通过单击对象管理器泊坞窗中的各个按钮创建新主图层:新主图层(所有页面)、奇数页或偶数页。

5 第3种新建图层的方法：在页面上通过右击图层名称，再单击主(所有页面)、奇数页或偶数页使任意图层变成主图层。

6 删除图层：选中图层名，单击展开工具栏按钮，选择删除图层或单击右下角的删除按钮，又或者在选中的图层名上单击鼠标右键，在弹出的快捷菜单中选择“删除”命令。

5.1.2 在图层中添加对象

在图层上可以自如地添加对象，使设计作品更丰富，在图层中添加对象的具体操作步骤如下。

1 选择“文件”→“打开”命令，弹出“打开绘图”对话框，选择本书配套光盘中的“第5章\5.1\5.1.2\拖鞋.cdr”文件，单击“打开”按钮，如图5-3所示。

2 选择“窗口”→“泊坞窗”→“对象管理器”命令，在绘图区的右边弹出“对象管理器”泊坞窗，单击图层1前面的显示全部按钮，如图5-4所示。

3 选中一层，选择工具箱中的“矩形”工具，在绘图区合适的位置上，绘制一个矩形，图层自动新建一个矩形图层，如图5-5所示，效果如图5-6所示。

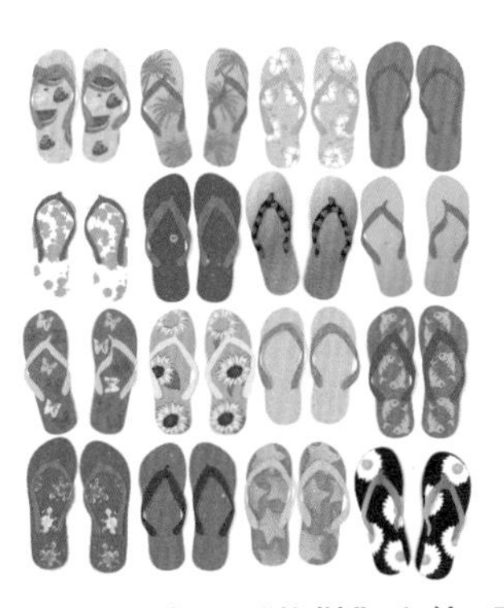

图5-3　打开“拖鞋”文件

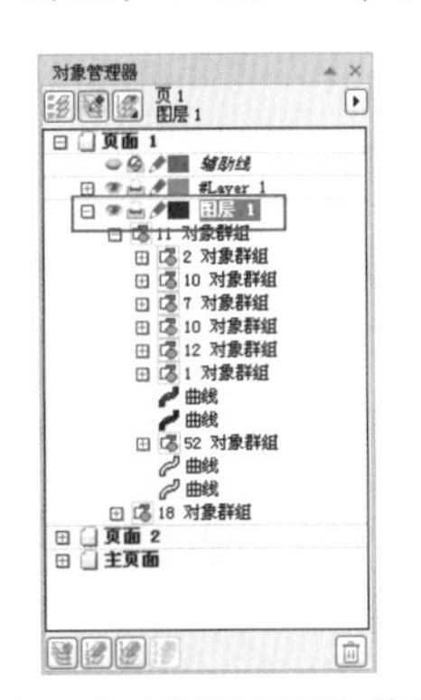

图5-4　“对象管理器”泊坞窗

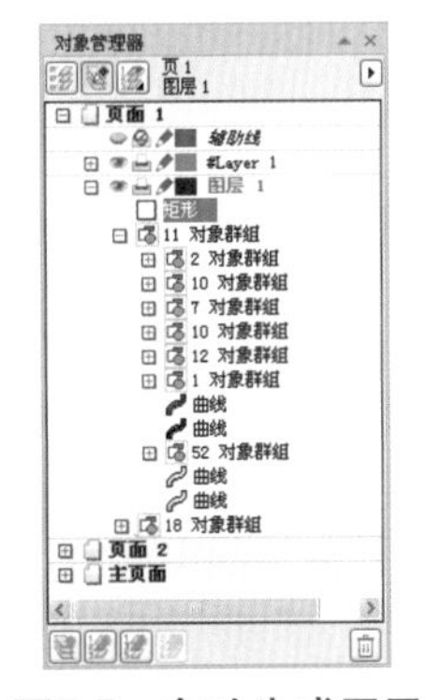

图5-5　自动生成图层

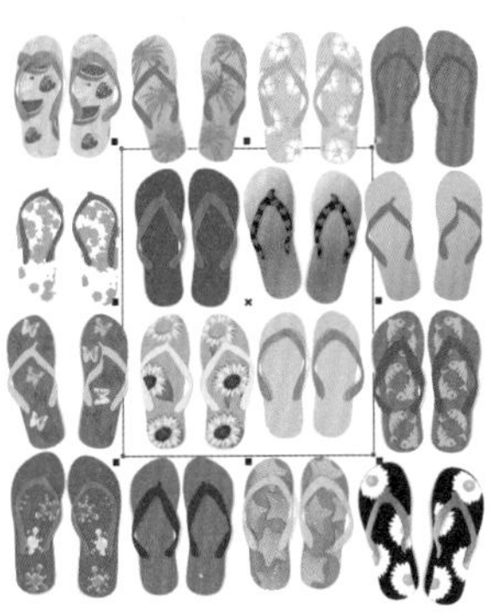

图5-6　绘制矩形

5.1.3 为新建的主图层添加对象

在主图层上添加对象和在图层上添加对象的方法是一致的，为新建的主图层添加对象的具体操作步骤如下。

1 打开“拖鞋”文件，选择“窗口”→“泊坞窗”→“对象管理器”命令，在绘图区的右边弹出“对象管理器”泊坞窗，单击#Layer 1主图层，如图5-7所示。

2 选择工具箱中的“艺术笔”工具，在绘图区上拖动鼠标绘制图形，主图层自动生成图层对象，填充黄色，如图5-8所示，效果如图5-9所示。

电脑小百科

按印版上有印纹部分与无印纹部分在印刷过程中，产生印刷品的原理，可分为物理性印刷(Physical Printing)及化学性印刷(Chmiacal Printing)两类。

③ 继续使用艺术笔绘制多个图形，填充不同的颜色，如图5-10所示。

图5-7 单击#Layer 1主图层

图5-8 “对象管理器”对话框

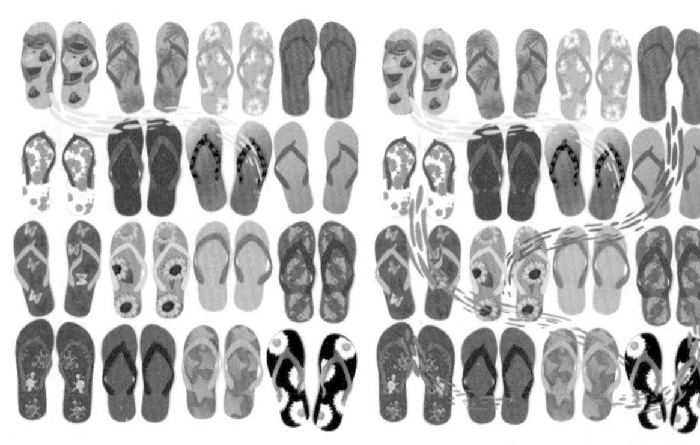

图5-9 艺术笔效果　　图5-10 添加艺术笔效果

5.1.4 在图层中移动和复制对象

可以在一个页面上或者在多个页面之间移动或复制图层。也可以将选定的对象移动或复制到新图层上，包括主页面中的图层。移动和复制图层会影响堆栈顺序。如果将对象移动或复制到位于其当前图层下面的某个图层上，该对象将成为新图层上的顶层对象。同样，如果把一个对象移动或复制到位于其当前层上面的图层上，该对象就将成为新图层上的底层对象。

在图层中移动和复制对象的具体操作步骤如下。

① 选择“文件”→“打开”命令，弹出“打开绘图”对话框，选择本书配套光盘中的“第5章\5.1\5.1.4\海滩.cdr”文件，单击“打开”按钮，如图5-11所示。

② 选择“窗口”→“泊坞窗”→“对象管理器”命令，在绘图区的右边弹出“对象管理器”泊坞窗，单击主图层，将#Layer 1主图层拖至#Layer 3主图层下，如图5-12所示。

③ 效果如图5-13所示，#Layer 3主图层的图形遮盖了#Layer 1主图层的图形。

图5-11 打开“海滩”文件

④ 按Ctrl+Z键，撤销移动图层，选中“鞋子”图层，如图5-14所示。

⑤ 在图层列表中，右击“鞋子”图层，并单击复制。右击需要放置复制图层位置下方的图层，并单击粘贴，效果如图5-15所示。

⑥ 选中鞋子图形，调整位置并单击属性栏中的水平镜像按钮，效果如图5-16所示。

电脑小百科

物理印刷的印墨在印纹部分完全是一种堆积承载，没有印纹部分则凹或凸起，与印纹部分高度不同而不能沾着印墨，任其空白。所以印纹部分印墨转移到被印物质上，属于物理机械作用。

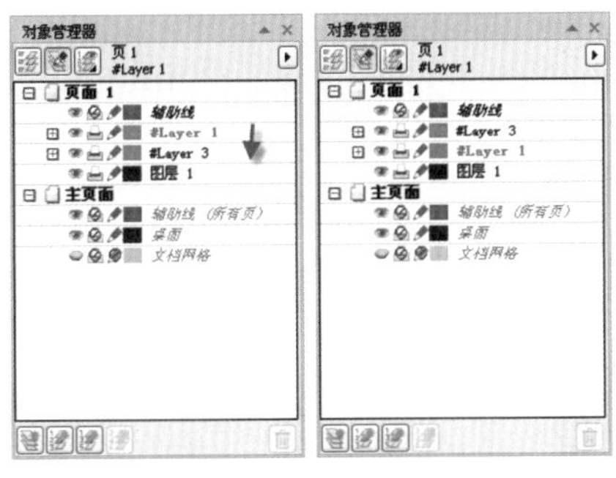

图5-12　移动图层

图5-13　移动图层效果

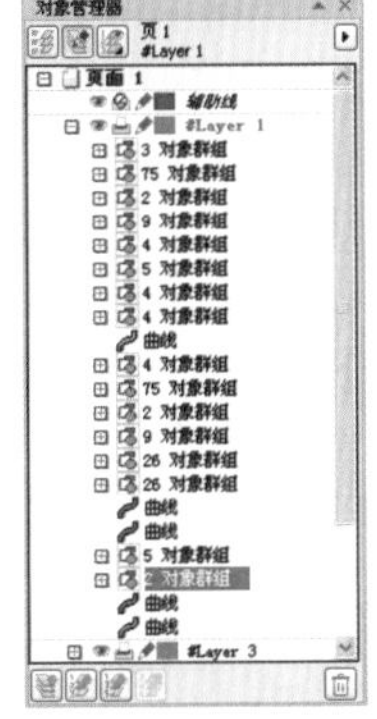

图5-14　选中对象图层

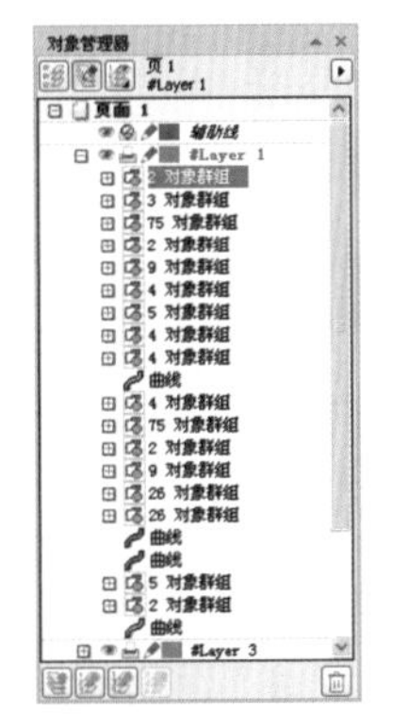

图5-15　复制图层

图5-16　最终效果

5.2　样式与样式集

CorelDRAW具有先进的样式功能，利用这些功能能够快速、轻松地用一致的样式设置文档格式。创建样式和样式集可将应用于不同类型的对象，图形对象、美术字和段落文本、标注和度量对象以及通过艺术笔工具创建的任何对象。

＝＝书盘互动指导＝＝

⊙ 示例	⊙ 在光盘中的位置	⊙ 书盘互动情况
	5.2　样式与样式集 5.2.1　创建样式与样式集 5.2.2　应用样式和样式集	本节主要学习样式与样式集，在光盘5.2节中有相关内容的操作视频，还特别针对本节内容设置了具体的实例分析。 大家可以在阅读本节内容后再学习光盘，以达到巩固和提升的效果。

要达到好的广告效果，报纸广告设计必须重视广告设计表现的两方面——形式和内容。

5.2.1 创建样式与样式集

样式是一组定义对象属性的格式化属性，样式集是定义对象外观的样式集合，创建样式与样式集的具体操作步骤如下。

1 选择“文件”→“打开”命令，弹出“打开绘图”对话框，选择本书配套光盘中的“第5章\5.2\5.2.1\游泳圈.cdr”文件，单击“打开”按钮，如图5-17所示。

2 选中对象，右键单击对象，弹出快捷菜单，选择对象样式中的从以下项新建样式，然后选择样式类型为填充，弹出“从以下项新建样式”对话框，在新样式名称中输入名称，如图5-18所示。

图5-17 打开“游泳圈”文件

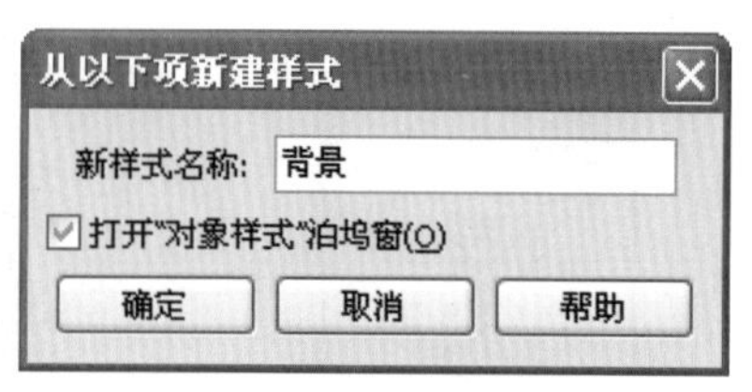

图5-18 “从以下项新建样式”对话框

3 单击“确定”按钮，在绘图区的右边弹出“对象样式”泊坞窗，如图5-19所示，在泊坞窗中可以重设参数。

4 选择工具箱中的“选择”工具，选中对象，右键单击对象，选择对象样式中的“从以下项新建样式集”，弹出“从以下项新建样式集”对话框，在新样式名称中输入名称，如图5-20所示。

5 单击“确定”按钮，在绘图区的右边弹出“对象样式”泊坞窗，如图5-21所示。

图5-19 “对象样式”泊坞窗

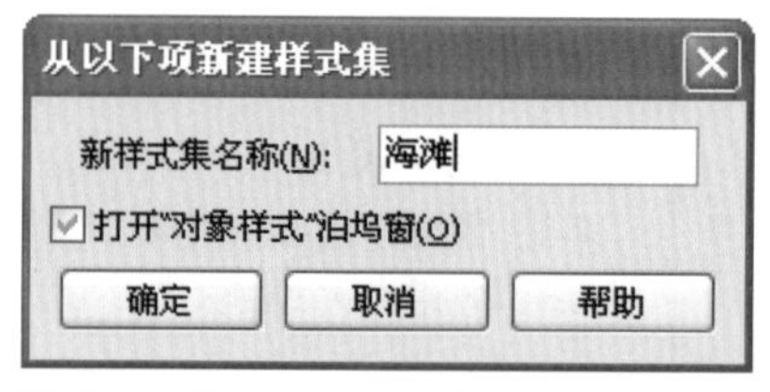

图5-20 “从以下项新建样式集”对话框

图5-21 “对象样式”泊坞窗

5.2.2 应用样式和样式集

将某样式或样式集应用于某对象时，该对象将仅采用该样式或样式集所定义的属性。

电脑小百科

随着社会的发展，印刷、摄影、设计和图像传送的作用越来越重要，这种非语言传送的发展具有了和语言传送相抗衡的竞争力量。

应用样式和样式集的具体操作步骤如下。

1. 选择“文件”→“打开”命令，弹出“打开绘图”对话框，选择本书配套光盘中的“第5章\5.2\5.2.2\比萨.cdr”文件，单击“打开”按钮，如图5-22所示。
2. 选择工具箱中的“选择”工具，选中对象，如图5-23所示。
3. 选择“工具”→“对象样式”命令，在绘图区的右边弹出“对象样式”泊坞窗，在对象样式泊坞窗中，选择填充100样式，单击“应用于选定对象”按钮，效果如图5-24所示。

图5-22　打开“比萨”文件

图5-23　选中对象

图5-24　应用样式

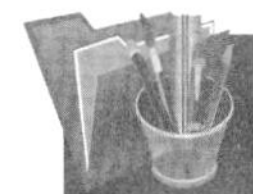

5.3　颜色样式

颜色样式是指保存并应用于文档中对象的颜色。只要更新颜色样式，也会更新使用该颜色样式的所有对象。可以通过使用颜色样式轻松地应用一致地自定义颜色。

〓〓书盘互动指导〓〓

⊙ 示例	⊙ 在光盘中的位置	⊙ 书盘互动情况
颜色样式(O) 拖动至此处以添加颜色样式 拖动至此处以添加颜色样式及生成和谐 新建颜色样式(N) 从选定项新建(N)... 从文档新建(D)...	5.3　颜色样式 创建颜色样式	本节主要学习颜色样式，在光盘5.3节中有相关内容的操作视频，还特别针对本节内容设置了具体的实例分析。 大家可以在阅读本节内容后再学习光盘，以达到巩固和提升的效果。

创建颜色样式可以从现有对象的颜色创建颜色样式，或者从头开始创建。创建颜色样

电脑小百科

色彩的心理反应：色彩与情感——红、黄、橙的纯色给人以兴奋，故称为兴奋色；蓝、绿使人沉静产生寒冷的感觉，故称为沉静色。色彩的情感因素是以明度的变化为主，伴随纯度的高低、色相的冷暖而产生的。

式后，新颜色样式将保存到活动文档和颜色样式调色板中。

1. 选择“文件”→“打开”命令，弹出“打开绘图”对话框，选择本书配套光盘中的“第5章\5.3\5.3.1\红毯.cdr”文件，单击“打开”按钮，如图5-25所示。
2. 选择工具箱中的“选择”工具，选中对象，选择“工具”→“颜色样式”命令。
3. 弹出“颜色样式”泊坞窗，在颜色样式泊坞窗中，单击新建颜色样式按钮，然后选择“从选定项新建”选项，如图5-26所示。
4. 弹出“创建颜色样式”对话框，在“创建颜色样式”对话框中，启用从以下项创建颜色样式区域中的“填充和轮廓”选项(“对象填充”：利用对象填充颜色创建颜色样式。“对象轮廓”：利用对象轮廓的颜色创建颜色样式。“填充和轮廓”：利用对象填充和轮廓的颜色创建颜色样式)，如图5-27所示。

图5-25 打开“红毯”文件

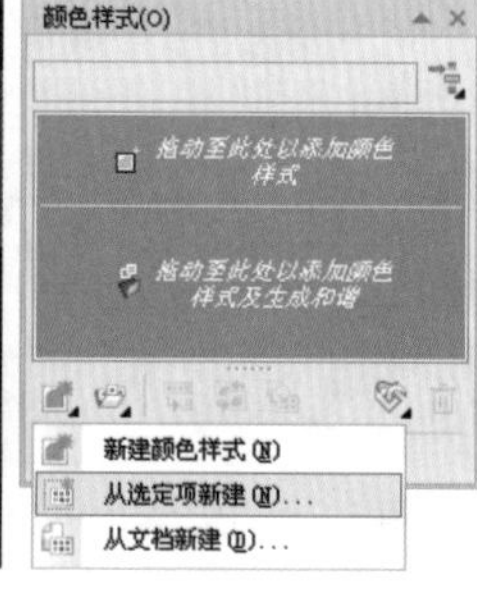

图5-26 “颜色样式”泊坞窗

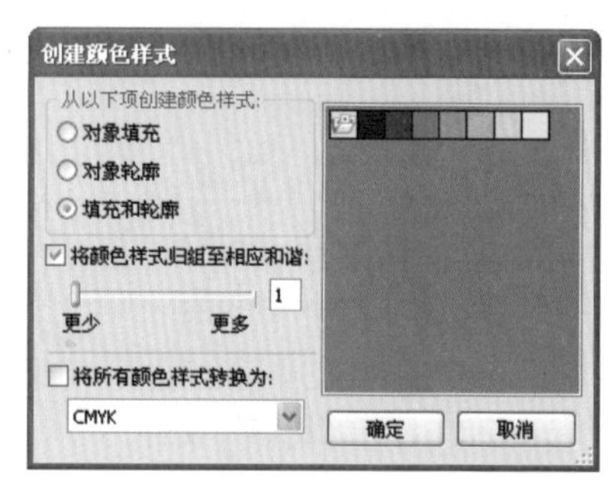

图5-27 “创建颜色样式”对话框

5. 单击“确定”按钮，创建颜色样式已完成。
6. 若要按照具有相似饱和度和颜色值的色度对新颜色样式进行分组，请选中“将颜色样式归组至相应和谐”复选框，然后在框中指定和谐的数量。

5.4 创建模板

模板是一组控制绘图的布局与外观的样式和页面布局设置。

== 书盘互动指导 ==

⊙ 示例	⊙ 在光盘中的位置	⊙ 书盘互动情况
	5.4 创建模板	本节主要带领大家全面学习创建模板，在光盘5.4节中有相关内容的操作视频，并还特别针对本节内容设置了具体的实例分析。 大家可以在阅读本节内容后再学习光盘，以达到巩固和提升的效果。

电脑小百科

CDR可以记录文件的属性、位置和分页等。

创建模板的具体操作步骤如下。

1. 选择“文件”→“打开”命令，弹出“打开绘图”对话框，选择本书配套光盘中的“第5章\5.4\喜鹊.cdr”文件，单击“打开”按钮，效果如图5-28所示。
2. 选择“文件”→“另存为模板”命令，弹出“保存绘图”对话框，在文件名列表框中输入名称，放置到要保存模板的文件夹中，如图5-29所示。
3. 设置完毕后，单击“保存”按钮，弹出“模板属性”对话框，设置参数如图5-30所示。

图5-28　打开“喜鹊”文件

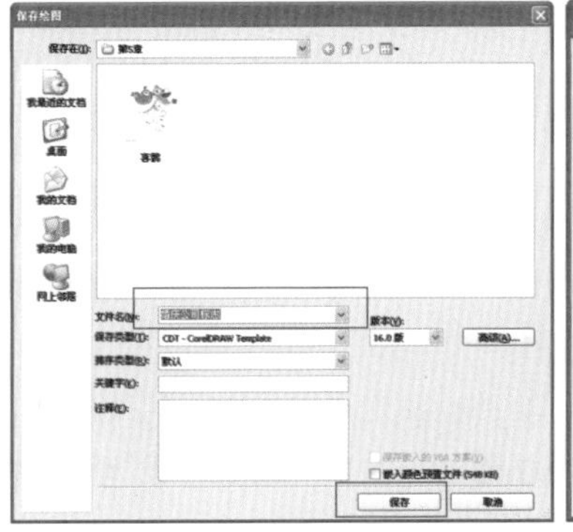

图5-29　“保存绘图”对话框

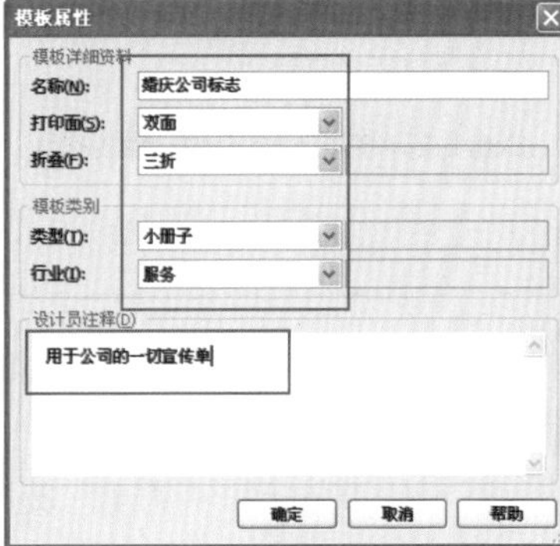

图5-30　“模板属性”对话框

- 名称：为模板指定一个名称。该名称将在模板窗格中随缩略图显示。
- 打印面：选择页码选项。
- 折叠：从列表中选择折叠，或选择其他并在折叠列表框旁边的文本框中输入折叠类型。
- 类型：从列表中选择选项，或选择其他并在类型列表框旁边的文本框中输入模板类型。
- 行业：从列表中选择选项，或选择其他并输入模板专用的行业。
- 设计员注释：输入有关模板设计用途的重要信息。

4. 设置完毕后，单击“确定”按钮，完成模板的制作。

5.5　应用实例——饮料广告

本实例设计，独特而富有创意，充满童真趣味，颜色清晰和谐，画面实质感强。橙汁与树上的橙子排放在一起形成鲜明的对比，能够使读者一眼就能理解其真正原生态、纯天然的特性。整个画面以大自然为背景，给人以清新舒爽之感。主要运用了贝塞尔工具、矩形工具、2点线工具、椭圆形工具、钢笔工具等，并使用了“对象管理器”泊坞窗和“图框精确裁剪内部”命令。

书盘互动指导

⊙ 示例	⊙ 在光盘中的位置	⊙ 书盘互动情况
	5.5 饮料广告	本节主要介绍了以上述内容为基础的综合实例操作方法，在光盘5.5节中有相关操作步骤的视频文件，以及原始素材文件和处理后的效果文件。 大家可以选择在阅读本节内容后再学习光盘，以达到巩固和提升的效果，也可以对照光盘视频操作来学习图书内容，以便更直观地学习和理解本节内容。

应用实例的具体操作步骤如下。

1. 启动软件后，选择“文件”→“新建”命令，弹出“创建新文档”对话框，设置“高度”为210mm，“宽度”为297mm，单击“确定”按钮，新建一个空白文档，如图5-31所示。
2. 选择工具箱中的“矩形”工具，绘制一个“高”为204mm，“宽”为290mm矩形，颜色填充为青色(C53，M0，Y26，K0)，效果如图5-32所示。
3. 选择工具箱中的“钢笔”工具，绘制山的图形，颜色分别填充为(C36，M0，Y96，K0)、(C62，M5，Y100，K0)、(C55，M0，Y100，K0)、(C69，M7，Y100，K0)、(C76，M25，Y100，K0)，效果如图5-33所示。

图5-31　新建文档

图5-32　均匀填充矩形

图5-33　绘制山体

4. 选择工具箱中的“椭圆形”工具，绘制多个椭圆，选中所有椭圆，单击属性栏中的“合并”按钮，图形填充为白色，右键单击调色板上的无填充按钮☒，去除轮廓线，绘制白云。选中白云，按Ctrl+PageDown组合键，向后一层，置于背景矩形的上一层，复制图形，按Shift键等比例缩放图形，效果如图5-34所示。
5. 按照上述操作，选择工具箱中的“椭圆形”工具，绘制两个云团，填充淡蓝色，效果如图5-35所示。
6. 选择工具箱中的“椭圆形”工具，按照前面方法绘制树叶，分别填充绿色(R63，

电脑小百科

AI格式的兼容度比较高，可以在CorelDRAW中打开，也可以将CDR格式的文件导出为AI格式。

G134，B9)和深绿色(R53，G116，B6)，并放到页面的合适位置，效果如图5-36所示。

图5-34 绘制白云

图5-35 绘制蓝色白云

图5-36 绘制树叶

7 选择工具箱中的“贝塞尔”工具，绘制橙汁瓶子，颜色分别填充为黄色(R255，G219，B17)、暗黄色(R235，G194，B12)、橙色(R255，G164，B19)和深黄色(R243，G151，B15)，框选图形，按Ctrl+G组合键，群组图形，如图5-37所示。

8 选中瓶子，按Ctrl+PageDown组合键，将图形调整至山的后面。选择工具箱中的“椭圆形”工具，绘制多个大小不一的椭圆，填充橙色(R255，G166，B21)，按住Shift键，选中所有椭圆，按Ctrl+G组合键，群组图形，将图形放到树叶的上面，效果如图5-38所示。

9 选择工具箱中的“折线”工具，绘制房屋和烟囱，分别填充相应的颜色，选中房屋和烟囱，按Ctrl+G组合键，群组图形，将图形放至页面的相应的位置，按Ctrl+PageDown组合键，将图形向下置于合适的位置，效果如图5-39所示。

10 选择工具箱中的“椭圆形”工具，按照绘制云团的方法绘制小羊的身子，填充白色，选择工具箱中的“矩形”工具，绘制4个矩形，选中这4个矩形，按F10键，切换到形状工具，调整矩形为圆角矩形，填充白色并去除轮廓线。调整至合适的位置，作为小羊的4只脚。

11 选择工具箱中的“贝塞尔”工具，绘制小羊的头部，填充深灰色(R69，G72，B71)，选择工具箱中的“椭圆形”工具，绘制两个同样大小的椭圆，填充白色，放置合适的位置上，选中图形，按Ctrl+G组合键，群组图形，右键单击调色板上的无填充按钮，去除轮廓线，作为小洋的眼睛，效果如图5-40所示。

图5-37 绘制瓶子

图5-38 绘制椭圆

图5-39 绘制房子

图5-40 绘制羊

TIF格式是标签图像格式。

图5-41　复制羊

⑫ 框选羊图形，按Ctrl+G组合键，群组图形，按小键盘上的+键，复制多个小羊，分别放至页面的合适位置上，效果如图5-41所示。

⑬ 选择工具箱中的“钢笔”工具，绘制图形，填充深灰色(R46，G45，B45)，按F12键，弹出“轮廓笔”对话框，设置“轮廓宽度”为1.0mm，轮廓颜色为黑色，效果如图5-42所示。

⑭ 选择工具箱中的“贝塞尔”工具，绘制绿草，分别填充“深绿”、“中绿”和“淡绿”，将图形放到页面的相应位置，效果如图5-43所示。

⑮ 选择工具箱中的“文本”工具字，输入文字，填充白色，并放至相应的位置，效果如图5-44所示。

图5-42　绘制图形

图5-43　绘制绿草

图5-44　最终效果

学习小结

本章介绍了CorelDRAW X6中图层、样式和模板这三大块。

通过对本章的学习，用户可以快速、轻松地管理图层，设置文档格式，应用于文档中对象的颜色以及如何创建模板。

下面对本章内容进行总结，具体内容如下。

(1) 在使用CorelDRAW设计作品时，如何更好地管理图层，这是每个学习设计的成员不可缺少的知识点，本章的第一节详细地讲解了图层的相关知识。

(2) CorelDRAW 具有先进的样式功能，利用这些功能能够快速、轻松地用一致的样式设置文档格式。

(3) 颜色样式是保存并应用于文档中对象的颜色。只要更新颜色样式，也会更新使用该颜色样式的所有对象，可以通过利用颜色样式轻松地应用一致地自定义颜色。

(4) CorelDRAW 将根据模板中的页面布局对页面进行格式化，然后将所有对象和模板样式加载到新文档中。

电脑小百科

TIF格式对于色彩通道图像来说是最有用的格式，具有很强的可移植性，它可以用于PC机。

互 动 练 习

1. 选择题

(1) 颜色样式的快捷键是(　　)。

A．Ctrl+F5　　B．Ctrl+F6

C．Shift+F5　　D．Shift+F6

(2) 对象样式的快捷键是(　　)。

A．Ctrl+F5　　B．Ctrl+F6

C．Shift+F5　　D．Shift+F6

(3) 新建图层可以通过(　　)种方法来实现。

A．2　　B．3　　C．4　　D．5

2. 思考与上机题

(1) 说说样式和样式集的区别是什么？

(2) 简单地介绍模板的用途。

在应用软件未正常结束时，不要关闭电源，否则会造成系统文件损坏或丢失，引起自动启动或者运行中死机。

第6章

颜色的填充

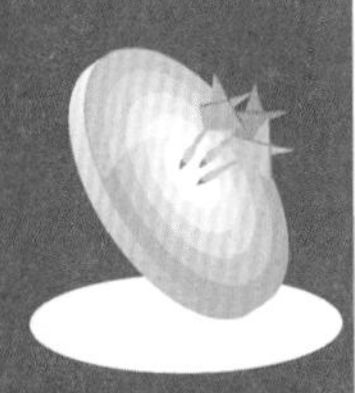

本章导读

颜色的选择对图形设计的成败有很大的影响。为了在设计图形时能灵活巧妙地运用色彩，就必须对色彩有一定的研究。在CorelDRAW X6中有均匀填充、渐变填充、图像填充和纹理填充等多种颜色填充方式，用户可根据自身需要从中自由选择。

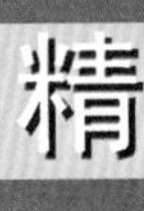

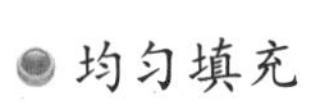

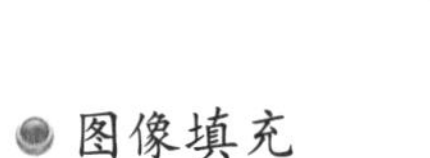

精彩看点

- 均匀填充
- 渐变填充
- 图像填充
- 底纹填充
- PostScript底纹
- 交互式填充工具
- 交互式网状填充
- 滴管工具

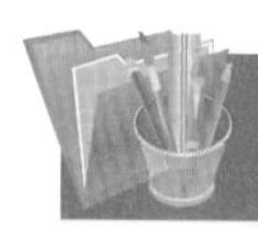

6.1 均匀填充

均匀填充就是为对象填充的一种颜色，可以在调色板中，也可以在标准填充中完成填充。

在CorelDRAW X6中提供了十多个调色板，系统默认的是CMYK调色板位于工作界面的右侧。

== 书盘互动指导 ==

⊙ 示例	⊙ 在光盘中的位置	⊙ 书盘互动情况
	6.1 均匀填充	本节主要学习均匀填充，在光盘6.1节中有相关内容的操作视频，还特别针对本节内容设置了具体的实例分析。 大家可以在阅读本节内容后再学习光盘，以达到巩固和提升的效果。

均匀填充的具体操作步骤如下。

1. 打开CorelDRAW X6，选择“文件”→“打开”命令，弹出“打开绘图”对话框，选择本书配套光盘中的“第6章\6.1\卡通人物.cdr”文件，单击“打开”按钮，如图6-1所示。
2. 选中对象，在调色板“白色”色块上单击鼠标左键，即可为图形填充该颜色，如图6-2所示。
3. 选中对象，选择工具箱中的“填充”工具，在隐藏的工具组中选择“均匀填充”选项，在弹出的“均匀填充”对话框中，设置颜色值(按Shift+F11组合键，可以快速打开“均匀填充”对话框)，如图6-3所示。

图6-1 选择“卡通人物”文件

图6-2 调色板填充

图6-3 “均匀填充”对话框

4. 设置完成后，单击“确定”按钮，为图形填充颜色，如图6-4所示。
5. 通过上述方法，继续为图形填充颜色，效果如图6-5所示。

电脑小百科

海报设计的要点：海报设计讲究创意和冲击力，并配以精彩的文字，力求使设计作品有力地展现企业的产品，文化与理念，有非常实效的营销力，与多数图片加文字组合的普通设计相比，具有更强的视觉力量。

6 选择工具箱中的“选择”工具，框选除背景外的所有图形，右键单击调色板上的无填充按钮，则图形对象的外轮廓会变为透明的无填充效果，效果如图6-6所示。

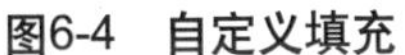

图6-4　自定义填充

图6-5　继续填充颜色

图6-6　去除轮廓线

6.2　渐变填充

渐变填充在CorelDRAW中占有举足轻重的地位。它可以在多种颜色之间产生柔和的颜色过渡，避免因颜色急剧变化而造成生硬的感觉。特别是在一些写实性绘图和工业产品造型上，可用渐变来表现物体表面的光度、质感以及高光和阴暗区域，从而表现物体的立体效果。渐变色提供了4种渐变色的渐变形式：线性、辐射、圆锥形和正方形。

= = 书盘互动指导 = =

示例	在光盘中的位置	书盘互动情况
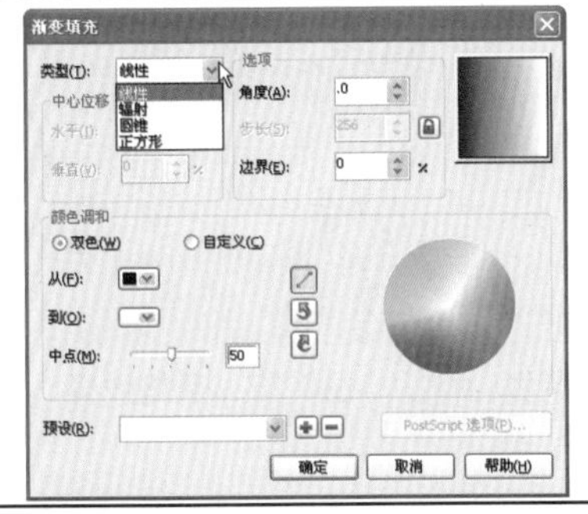	6.2　渐变填充 6.2.1　线性渐变 6.2.2　辐射渐变 6.2.3　圆锥形渐变 6.2.4　正方形渐变	本节主要学习渐变填充，在光盘6.2节中有相关内容的操作视频，还特别针对本节内容设置了具体的实例分析。 大家可以在阅读本节内容后再学习光盘，以达到巩固和提升的效果。

6.2.1　线性渐变

线性渐变填充的颜色饱和度，在一定方向上按数学上的线性递增或递减来进行填充，线性渐变的具体操作步骤如下。

1 打开CorelDRAW X6，选择“文件”→“打开”命令，弹出“打开绘图”对话框，选择本书配套光盘中的“第6章\6.2\6.2.1\爱心.cdr”文件，单击“打开”按钮，效果如图6-7所示。

2 选中矩形。选择工具箱中的“填充”工具，在隐藏的工具组中选择“渐变填充”，弹出“渐变填充”对话框，设置参数值如图6-8所示。

3 在“渐变填充”对话框中有四大块菜单供选择，分别为：类型、选项、颜色调和预设。在“类型”选项中选择“线性”，“颜色调和”选项中选中“双色”单选按钮，在“从”颜色下拉列表中选择黑色，在“到”颜色下拉列表中选择桃红色，参数值如图6-9所示。

图6-7 选择“爱心”素材文件

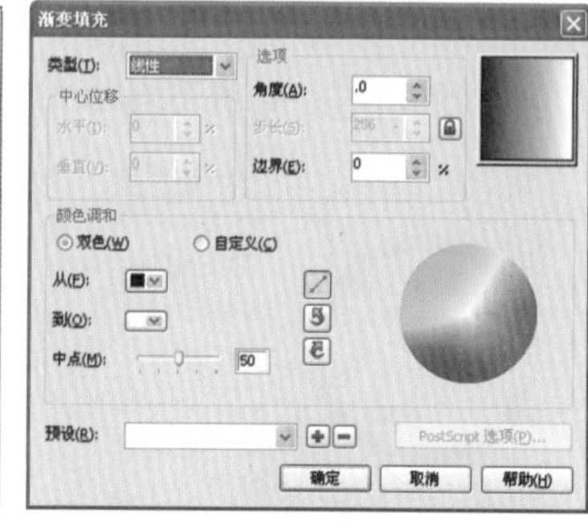

图6-8 “渐变填充”对话框

4 设置完毕后，单击“确定”按钮，右键单击调色板上的无填充按钮☒，则图形对象的外轮廓会变为透明的无填充效果，如图6-10所示。

5 选中白色LOVE字，按快捷键F11，弹出“渐变填充”对话框，在“颜色调和”选项组中选中“自定义”单选按钮，设置颜色为(C0，M40，Y0，K0)到(C0，M40，Y0，K0)26%到(C0，M100，Y0，K0)79%到(C0，M100，Y0，K0)100%的颜色渐变，其他参数值如图6-11所示。

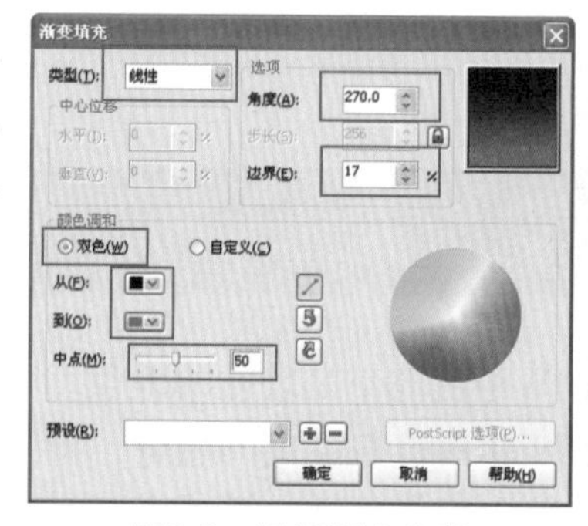

图6-9 设置渐变参数

图6-10 渐变填充效果

6 设置完毕后，单击“确定”按钮，效果如图6-12所示。

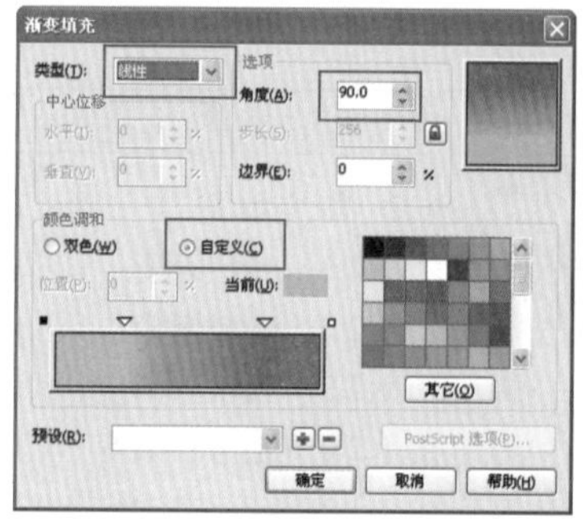

图6-11 “渐变填充”对话框

图6-12 最终效果

6.2.2 辐射渐变

辐射渐变是以一点为中心，从一种颜色向另一种颜色呈放射状的渐变方式，辐射渐变的具体操作步骤如下。

1 打开CorelDRAW X6，选择“文件”→“打开”命令，弹出“打开绘图”对话框，选择本书配套光盘中的“第6章\6.2\6.2.2\咖啡.cdr”文件，单击“打开”按钮，如图6-13所示。

2 选中背景矩形对象，按F11键，弹出“渐变填充”对话框，在“渐变填充”对话框中设置类型为“辐射”，在“颜色调和”选项组中选中“自定义”单选按钮，设置颜色为(C0，M86，Y100，K60)到(C0，M86，Y100，K60)32%到100%的白色，如图6-14所示。

电脑小百科

卡片视觉元素中属于造型要素的有：插图、标志、商品名、饰框、底纹、线条。

3 设置完毕后，单击“确定”按钮，右键单击调色板上的无填充按钮☒，则图形对象的外轮廓会变为透明的无填充效果，效果如图6-15所示。

图6-13　选择“咖啡”素材文件

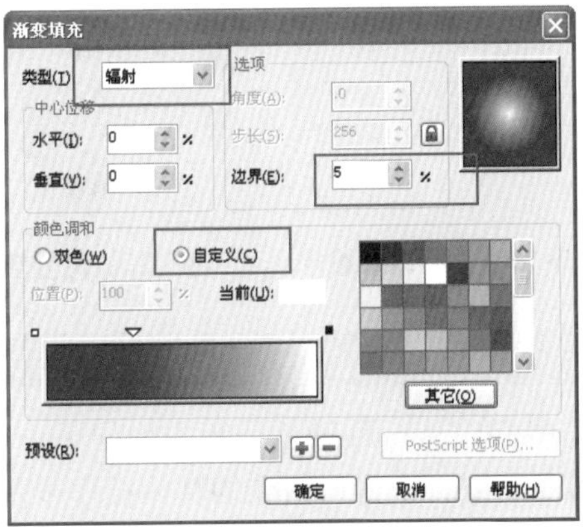

图6-14　“渐变填充”对话框

图6-15　辐射渐变效果

6.2.3 圆锥形渐变

圆锥形渐变是以一点为中心，从一种颜色向另一种颜色旋转渐变。调节圆锥形渐变的参数除了可增加渐变中心控制外，还可调节渐变角度，圆锥形渐变的具体操作步骤如下。

1 打开CorelDRAW X6，选择“文件”→“打开”命令，弹出“打开绘图”对话框，选择本书配套光盘中的“第6章\6.2\6.2.3\钻石心.cdr”文件，单击“打开”按钮，如图6-16所示。

2 选中中间的心形对象，按F11键，弹出“渐变填充”对话框，在“渐变填充”对话框中设置“类型”为“圆锥”，在“颜色调和”中选中“自定义”单选按钮，设置颜色为大红、20%的红色、60%的红色、100%的红色和白色之间的循环渐变，如图6-17所示。

3 单击“确定”按钮，为图形填充渐变色，如图6-18所示。

4 选中对象，右键单击调色板上的无填充按钮☒，则图形对象的外轮廓会变为透明的无填充效果，如图6-19所示。

5 复制圆锥形渐变填充至另外两个图形上，重新设置渐变“角度”值为0和“垂直”值为10，“角度”值为17.9和“垂直”值为6，效果如图6-20所示。

6 选中对象，去除轮廓线，得到最终的效果，如图6-21所示。

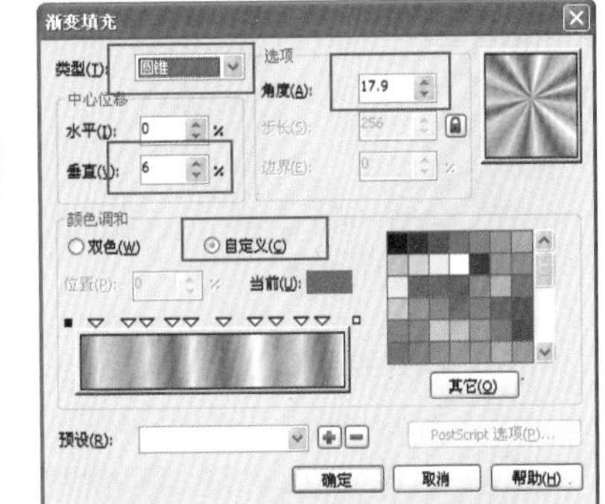

图6-16　选择“钻石心”素材文件

图6-17　“渐变填充”对话框

电脑小百科

卡片视觉元素中属于文字的构成要素有：公司名、标名、人名、联络方式。其他相关要素：色彩、构成等。

图6-18 圆锥形填充效果图

6-19 去除轮廓线

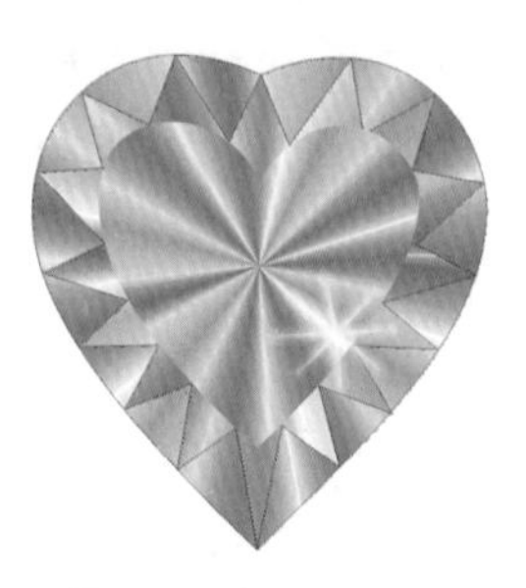
图6-20 渐变填充

图6-21 最终效果

6.2.4 正方形渐变

正方形渐变是以一点为中心，从一种颜色呈正方形向另一种颜色渐变。调节正方形渐变的参数的作用和圆锥形渐变类似，正方形渐变的具体操作步骤如下。

1. 打开CorelDRAW X6，选择“文件”→“打开”命令，弹出“打开绘图”对话框，选择本书配套光盘中的“第6章\6.2\6.2.4\卡通人物.cdr”文件，单击“打开”按钮，如图6-22所示。
2. 选择工具箱中的“椭圆形”工具，按Ctrl键的同时在绘图页面绘制一个正圆，如图6-23所示。
3. 按F11键，弹出“渐变填充”对话框，设置类型为“正方形”，在颜色调和中选中“双色”单选按钮，设置颜色从绿色到白色的渐变，如图6-24所示。
4. 设置完成后，单击“确定”按钮，右键单击调色板上的无填充按钮☒，则图形对象的外轮廓会变为透明的无填充效果，按Shift+PageDown组合键到图层后面，效果如图6-25所示。

图6-22 选择“卡通人物”素材文件

图6-23 绘制正圆

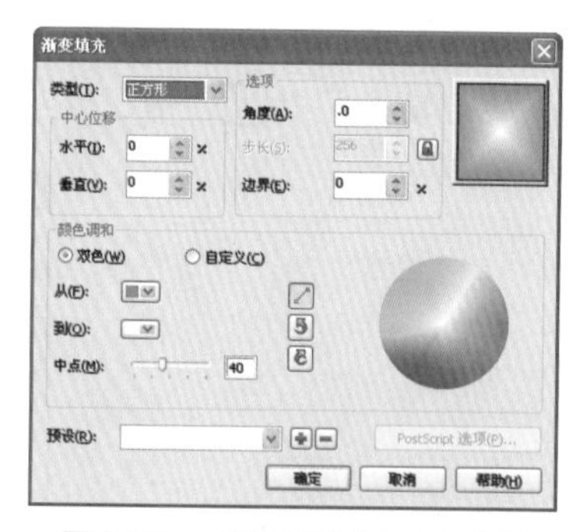

图6-24 “渐变填充”对话框

图6-25 最终效果

6.3 图样填充

图样填充可以为对象填充不同图样，产生不同的图案效果。图样填充包含了双色填

卡片的版式主要有：水平形、垂直形、斜形、十字形和交叉形。

充、全色填充和位图填充3种类型的填充。

书盘互动指导

⊙ 示例	⊙ 在光盘中的位置	⊙ 书盘互动情况
	6.3　图样填充 6.3.1　双色填充 6.3.2　全色填充 6.3.3　位图填充	本节主要学习图样填充，在光盘6.3节中有相关内容的操作视频，还特别针对本节内容设置了具体的实例分析。 大家可以在阅读本节内容后再学习光盘，以达到巩固和提升的效果。

6.3.1　双色填充

双色填充实际上就是为简单的图案设置不同的前景色和背景色来进行的填充模式，双色填充的具体操作步骤如下。

1. 打开CorelDRAW X6，选择“文件”→“打开”命令，弹出“打开绘图”对话框，选择本书配套光盘中的“第6章\6.3\6.3.1\香蕉老人.cdr”文件，单击“打开”按钮，如图6-26所示。
2. 选中背景矩形，选择工具箱中的“填充”工具，在隐藏的工具组中选择“图样填充”选项，在弹出的“图样填充”对话框中选中“双色”单选按钮，如图6-27所示。
3. 在该对话框中选择“前部”和“后部”颜色选项，可以对换选择的图样颜色。在图样框的下拉列表中选择图样，如图6-28所示。
4. 设置好之后，单击“确定”按钮，为对象填充图样，如图6-29所示。

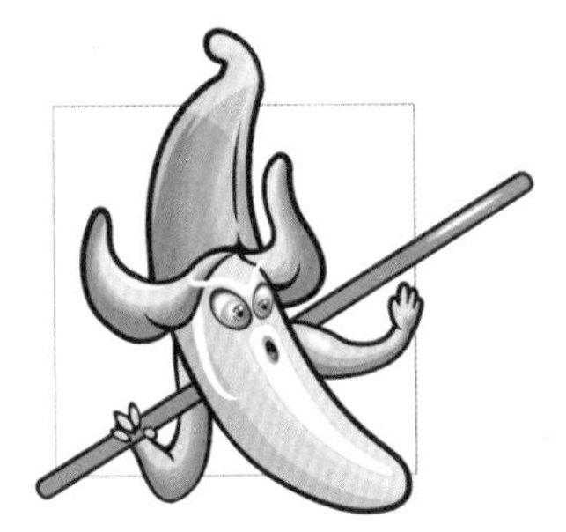

图6-26　选择“香蕉老人”文件

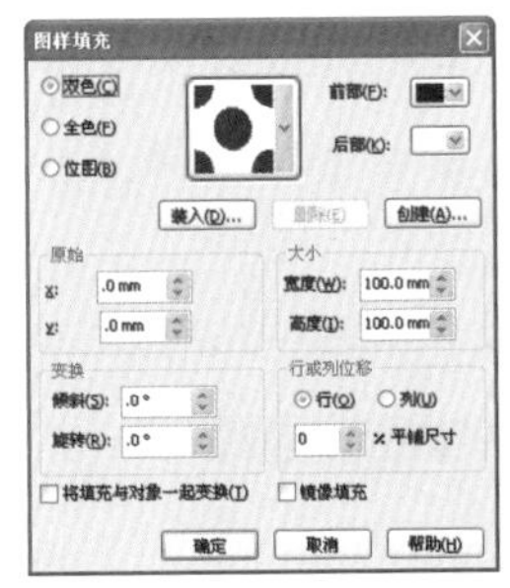

图6-27　3点曲线工具绘图

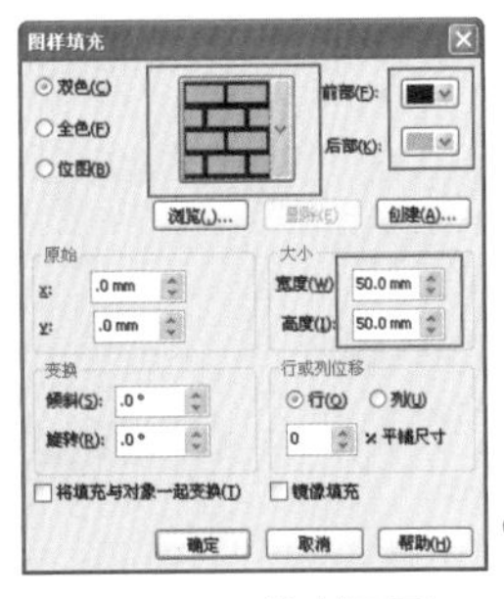

图6-28　绘制图形

图6-29　最终效果

6.3.2　全色填充

全色填充实际上就是以较复制的图案作为填充模式。全色填充的具体操作步骤如下。

1. 打开CorelDRAW X6，选择“文件”→“打开”命令，弹出“打开绘图”对话框，选择本书配套光盘中的“第6章\6.3\6.3.2\美女.cdr”文件，单击“打开”按钮，如图6-30所示。

现代插画的设计准则：主题明确，创意独特，真实可信，感染共鸣，图文一致。

2 选中人物衣服，选择工具箱中的“填充”工具，在隐藏的工具组中选择“图样填充”选项，在弹出的“图样填充”对话框中选中“全色”单选按钮；在“图样”下拉列表中选择图样，如图6-31所示。

3 单击“确定”按钮，为对象填充图样，效果如图6-32所示。

图6-30 选择“美女”素材文件

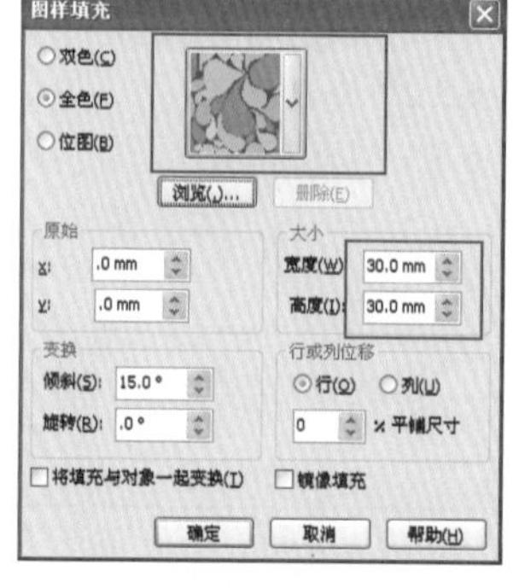

图6-31 “图样填充”对话框

图6-32 图样填充效果

6.3.3 位图填充

位图填充可为对象填充位图图像。单击图案预览下的“三角”按钮，打开其下拉列表，可从中选择填充图案，位图填充的具体操作步骤如下。

1 打开CorelDRAW X6，选择“文件”→“打开”命令，弹出“打开绘图”对话框，选择本书配套光盘中“第6章\6.3\6.3.3\微分子.cdr”文件，单击“打开”按钮，如图6-33所示。

2 选择工具箱中的“矩形”工具，绘制一个矩形并将矩形调至图层后面，效果如图6-34所示。

3 选择工具箱中的“填充”工具，在隐藏的工具组中选择“图样填充”选项；在弹出的“图样填充”对话框中选择“位图”填充类型；在“图样”下拉列表中选择图样，如图6-35所示。

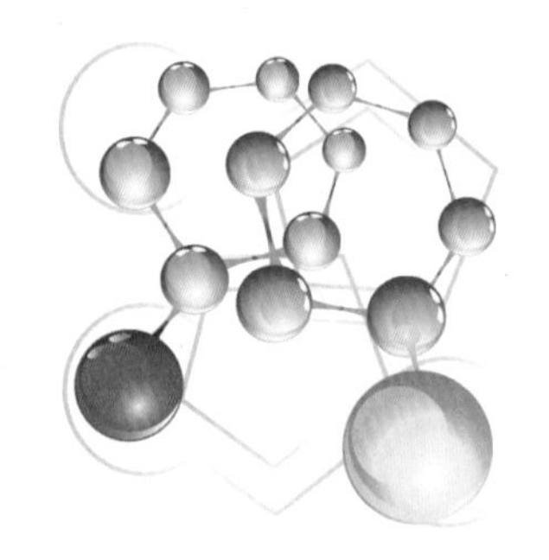
图6-33 选择“微分子”文件

4 单击“确定”按钮，为对象填充图样，效果如图6-36所示。

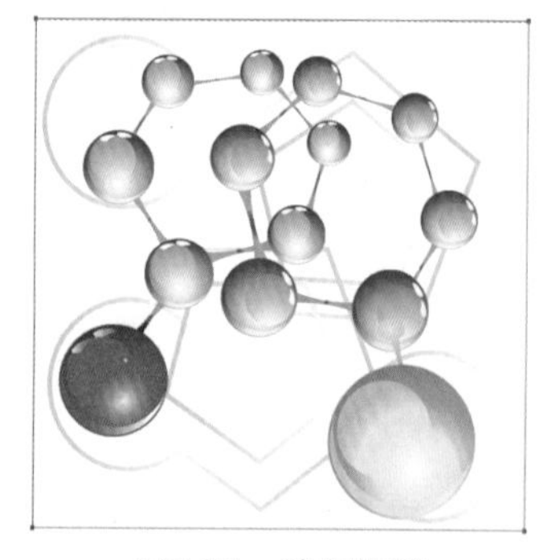
图6-34 绘制矩形

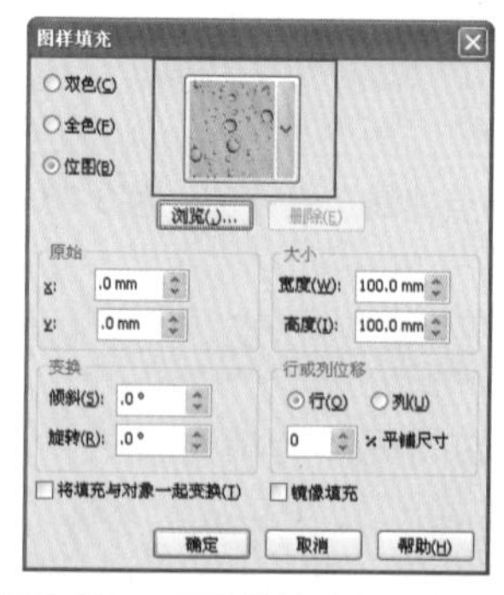

图6-35 “图样填充”对话框

图6-36 最终效果

电脑小百科

在插画设计中，卓越的创意是现代插画的生命力，创意在现代插画中起着灵魂作用。广告大师洛泼·吕费司说：“创意就是独一无二的销售主张。”李奥·贝纳说：“寻找创意就是寻找产品本身的戏剧性。”

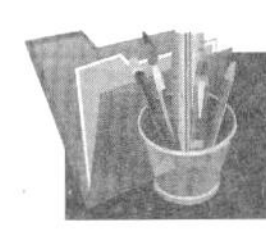

6.4　底纹填充

底纹填充是随机生成的填充。底纹填充只能运用RGB颜色，但可以用其他的颜色模式来作参考。

书盘互动指导

示例	在光盘中的位置	书盘互动情况
	6.4　底纹填充	本节主要学习底纹填充，在光盘6.4节中有相关内容的操作视频，还特别针对本节内容设置了具体的实例分析。 大家可以在阅读本节内容后再学习光盘，以达到巩固和提升的效果。

底纹填充的具体操作步骤如下。

1. 打开CorelDRAW X6，选择“文件”→“打开”命令，弹出“打开绘图”对话框，选择本书配套光盘中的“第6章\6.4\心形钻石.cdr”文件，单击“打开”按钮，如图6-37所示。

2. 选择工具箱中的“矩形”工具，绘制一个矩形，保持矩形的选择状态，选择工具箱中的“填充”工具，在隐藏的工具组中选择“底纹填充”选项，弹出“底纹填充”对话框，如图6-38所示。

图6-37　选择“心形钻石”文件

图6-38　“底纹填充”对话框

3. 在“底纹”列表中选择底纹图案，并设置相关的参数，如图6-39所示。

4. 单击“确定”按钮，即可为对象填充底纹效果，单击右键拖至心形上松开鼠标，弹出快捷菜单，选择“图框精确裁剪内部”选项，将矩形裁剪至心形中，效果如图6-40所示。

图6-39　设置参数

图6-40　图框精确裁剪内部

6.5 PostScript填充

PostScript填充是用PostScript语言设计的一种特殊的纹理填充效果，其填充的纹理更加复杂。

==书盘互动指导==

⊙ 示例	⊙ 在光盘中的位置	⊙ 书盘互动情况
	6.5　PostScript填充	本节主要学习PostScript填充，在光盘6.5节中有相关内容的操作视频，还特别针对本节内容设置了具体的实例分析。 大家可以在阅读本节内容后再学习光盘，以达到巩固和提升的效果。

PostScript填充的具体操作步骤如下。

1. 打开CorelDRAW X6，选择“文件”→“打开”命令，弹出“打开绘图”对话框，选择本书配套光盘中的“第6章\6.5\花仙子.cdr”文件，单击“打开”按钮，如图6-41所示。

图6-41　选择“花仙子”文件

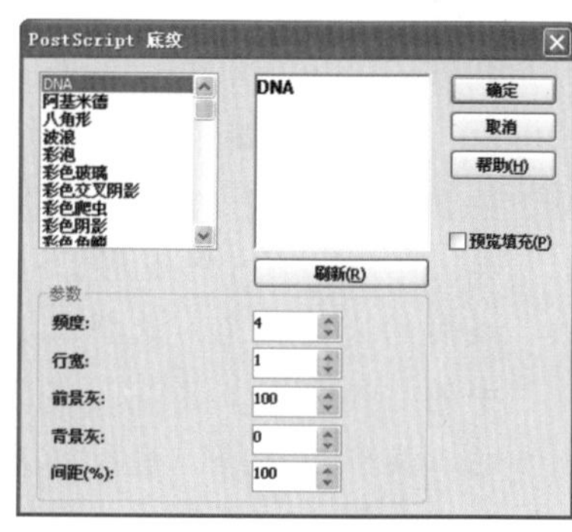

图6-42　“PostScript底纹”对话框

2. 选择工具箱中的“矩形”工具，绘制一个矩形，按Shift+PageDown组合键到图层后面，保持矩形的选择状态，选择工具箱中的“填充”工具，在隐藏的工具组中选择“PostScript填充”选项，弹出“PostScript底纹”对话框，如图6-42所示。

3. 在“PostScript底纹”对话框中选中“预览填充”复选框，显示底纹图案，选择纹理，如图6-43所示。

4. 单击“确定”按钮，为对象填充纹理效果，如图6-44所示。

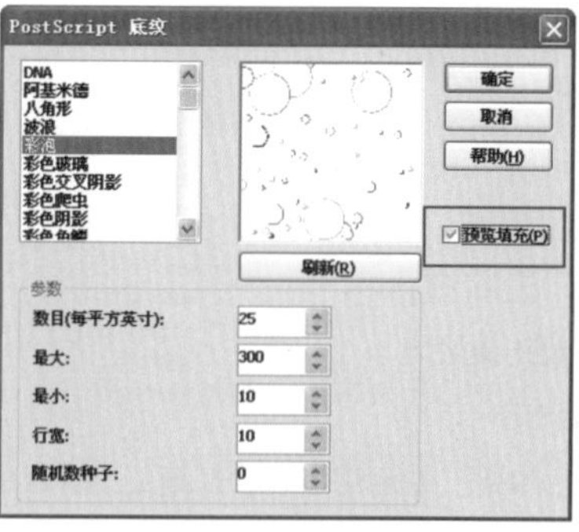

图6-43　绘制饼形

图6-44　纹理效果

电脑小百科

物体表面色彩的形成取决于3个方面：光源的照射、物体本身反射一定的色光、环境与空间对物体色彩的影响。

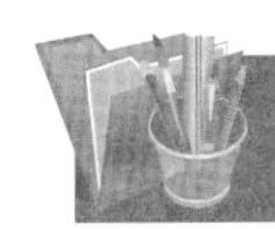

6.6　交互式填充工具

“交互式填充工具”可以直接在对象上方便灵活地进行填充。在属性栏中可以选择填充类型，包括均匀填充、线性、辐射、圆锥形、正方形、双色图样、全色图样、位图图样、底纹填充和PostScript填充。

书盘互动指导

示例	在光盘中的位置	书盘互动情况
HAPPY NEW YEAR 2011	6.6　交互式填充工具	本节主要学习交互式填充工具，在光盘6.6节中有相关内容的操作视频，还特别针对本节内容设置了具体的实例分析。 大家可以在阅读本节内容后再学习光盘，以达到巩固和提升的效果。

交互式填充工具的具体操作步骤如下。

1. 打开CorelDRAW X6，选择“文件”→“打开”命令，弹出“打开绘图”对话框，选择本书配套光盘中的“第6章\6.6\2011.cdr”文件，单击“打开”按钮，如图6-45所示。
2. 选择工具箱中的“选择”工具，选中背景矩形，选择工具箱中的“交互式填充”工具，设置属性栏中的“填充类型”为“辐射”，选中节点并在需要添加节点的位置上双击鼠标，分别填充颜色为(C51，M100，Y100，K38)、(C42，M100，Y100，K16)、(C20，M100，Y100，K0)、(C0，M84，Y78，K0)和(C0，M84，Y78，K0)，如图6-46所示。
3. 选中竖条矩形，选择工具箱中的“交互式填充”工具，在属性栏“填充类型”中选择“正方形”，选中节点，分别填充颜色为(C46，M99，Y100，K21)和(C0，M59，Y44，K0)，如图6-47所示。
4. 选中圆点图形，选择工具箱中的“交互式填充”工具，在属性栏中选择“线性”，选中节点，分别填充颜色为橘色和白色，如图6-48所示。

图6-45　选择2011素材文件

图6-46　交互式辐射填充

图6-47　交互式正方形填充

图6-48　交互式线性填充

电脑小百科

报纸是平面广告中数量最大、传播范围最广的媒体，报纸的信息量庞大、内容繁多，报纸广告应简洁明了，突出广告实效性。

6.7 交互式网状填充

“交互式网状填充”工具可用来表现各种复杂形状的立体感，是自由度很高的一种填充方式。它可将对象划分为许多网格，在网格线的交点和网格内都可填充颜色，并可通过调整网线来控制填充区域的形状。除了用交互式网状填充来局部处理对象外，它还有一个重要的应用，就是用来处理虚化背景。

==书盘互动指导==

⊙ 示例	⊙ 在光盘中的位置	⊙ 书盘互动情况
	6.7 交互式网状填充	本节主要学习交互式网状填充，在光盘6.7节中有相关内容的操作视频，还特别针对本节内容设置了具体的实例分析。大家可以在阅读本节内容后再学习光盘，以达到巩固和提升的效果。

交互式网状填充的具体操作步骤如下。

1. 打开CorelDRAW X6，选择“文件”→“打开”命令，弹出“打开绘图”对话框，选择本书配套光盘中的“第6章\6.7\饮料.cdr”文件，单击“打开”按钮，如图6-49所示。
2. 选择工具箱中“选择”工具，选中背景矩形，选择工具箱中的“交互式填充”工具，在隐藏的工具组中选择“网状填充”工具，在属性栏中设置“行数”为9和“列数”为8，如图6-50所示。
3. 在调色板中选择颜色，直接拖至网点上，即可填充颜色，如图6-51所示。
4. 选中网点并调整网格形状以改变渐变色的形状，如图6-52所示。
5. 在不同的网点上填充不同的颜色，得到最终效果如图6-53所示。

图6-49 选择“饮料”文件

图6-50 设置网点

图6-51 在网点填充颜色

图6-52 调整网点形状

图6-53 填充颜色

电脑小百科

报纸广告对文字的要求较高，字体要易于辨认，整个版式的编排要有明确的方向性和顺序性，能够引导读者的视线。

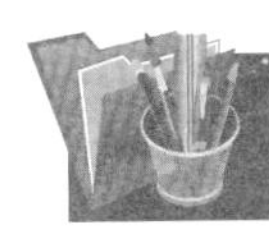

6.8　滴管工具

“滴管”工具包括“颜色滴管”工具和“属性滴管”工具，在属性栏中可以更改其属性。

〓〓书盘互动指导〓〓

⊙ 示例	⊙ 在光盘中的位置	⊙ 书盘互动情况
	6.8　滴管工具 6.8.1　颜色滴管工具 6.8.2　属性滴管工具	本节主要学习滴管工具，在光盘6.8节中有相关内容的操作视频，还特别针对本节内容设置了具体的实例分析。 大家可以在阅读本节内容后再学习光盘，以达到巩固和提升的效果。

6.8.1　颜色滴管工具

使用该工具，可以进行单色的拾取采样，颜色滴管工具的具体操作步骤如下。

1. 打开CorelDRAW X6，选择“文件”→“打开”命令，弹出“打开绘图”对话框，选择本书配套光盘中的“第6章\6.8\6.8.1\啄木鸟.cdr”文件，单击“打开”按钮，如图6-54所示。

图6-54　选择“啄木鸟”文件

2. 选择工具箱中的“颜色滴管”工具，在绘图页面吸取尾巴的深红色，如图6-55所示。之后自动切换到“颜料桶”工具，为对象填充颜色，填充的颜色只是单色，如图6-56所示。
3. 选择工具箱中的“颜色滴管”工具，吸取尾巴上的颜色，之后自动切换到“颜料桶”工具，为对象填充颜色，如图6-57所示。
4. 继续吸取尾巴上的淡红色，之后自动切换到“颜料桶”工具，为对象填充颜色，如图6-58所示。

图6-55　吸取深红色

图6-56　填充单色

图6-57　填充颜色

图6-58　最终效果

电脑小百科

报纸广告主要体现在房地产类、国际/国内品牌上，对于告知性广告、新品上市广告报纸也有其独到的优势。

6.8.2 属性滴管工具

使用该工具，可以对目标对象的各种属性进行取样，属性滴管工具的具体操作步骤如下。

1. 打开CorelDRAW X6，选择“文件”→“打开”命令，弹出“打开绘图”对话框，选择本书配套光盘中的“第6章\6.8\6.8.2\LOVE.cdr”文件，单击“打开”按钮，效果如图6-59所示。
2. 选择工具箱中的“属性滴管”工具，在绘图页面吸取L右下角的属性，之后自动切换到“颜料桶”工具，在O侧面单击鼠标左键，为对象填充与吸取对象相同的属性，填充的颜色为渐变色，如图6-60所示。
3. 选择工具箱中的“属性滴管”工具，在绘图页面吸取L右上侧面的属性，之后自动切换到“颜料桶”工具，在O侧面单击鼠标左键，如图6-61所示。
4. 按照上述方法，给另一个O填充属性，效果如图6-62所示。

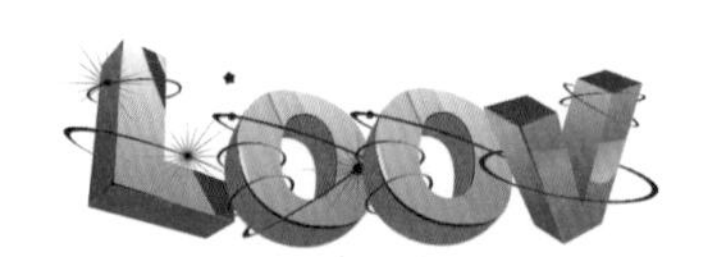

图6-59 选择LOVE素材文件

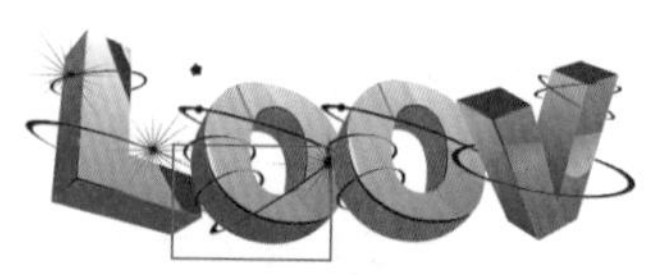

图6-60 属性滴管填充效果

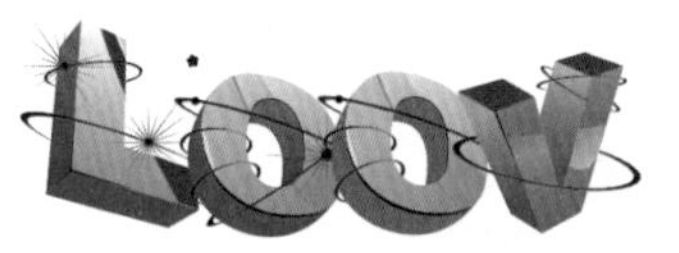

图6-61 属性滴管填充效果

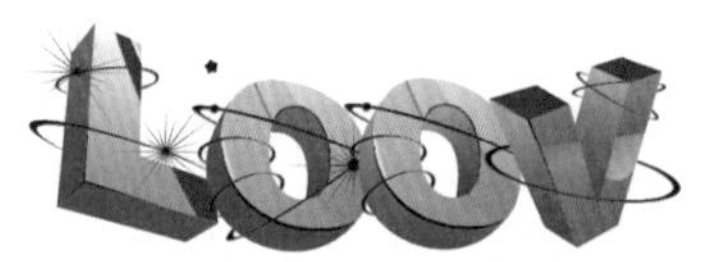

图6-62 最终效果

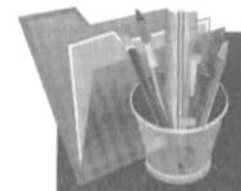

6.9 应用实例——游乐海报

本实例的设计，将活动空间设计为封闭圆形，富有趣味性，颜色以大地绿为主，给人清新自然之感，白云、蓝天、绿地是人们向往的自然美景，此设计不仅将其趣味化的囊括在画面，并通过艺术处理，制作出一幅充满奇特与趣味的作品。本实例主要运用了填充工具、椭圆形工具、钢笔工具、透明度工具、阴影工具等，并使用了“旋转”泊坞窗。

== 书盘互动指导 ==

示例	在光盘中的位置	书盘互动情况
	6.9 游乐海报	本节主要介绍了以上述内容为基础的综合实例操作方法，在光盘6.9节中有相关操作步骤的视频文件，以及原始素材文件和处理后的效果文件。 大家可以选择在阅读本节内容后再学习光盘，以达到巩固和提升的效果，也可以对照光盘视频操作来学习图书内容，以便更直观地学习和理解本节内容。

电脑小百科

在报纸上刊登广告有着自身的特点，有其广泛性、快速性、及时性、连续性、经济性等优点。

应用实例的具体操作步骤如下。

1. 打开CorelDRAW X6，选择“文件”→“新建”命令，弹出“创建新文档”对话框，设置“宽度”为250mm，“高度”为250mm，单击“确定”按钮，新建一个空白文档。
2. 双击工具箱中的“矩形”工具，建立一个文档大小的矩形，按Shift+F11组合键，弹出“均匀填充”对话框，设置颜色值为(C18，M0，Y18，K0)，单击“确定”按钮，去除轮廓线，如图6-63所示。
3. 选择工具箱中的“椭圆形”工具，按住Ctrl键的同时在绘图页面绘制一个直径为196mm的正圆，按F11键，弹出“渐变填充”对话框，设置颜色从(R210，G164，B9)到(C0，M40，Y60，K20)42%到(C0，M60，Y100，K0)71%到(C55，M74，Y100，K26)的圆锥形渐变，单击“确定”按钮，并去除轮廓线，效果如图6-64所示。
4. 选中正圆，按小键盘上的+键，复制一层，在属性栏中设置“宽度”和“高度”都为194mm，往上移动稍许，选择工具箱中的“填充”工具，在隐藏的工具组中选择“底纹填充”工具，弹出“底纹填充”对话框，设置参数如图6-65所示。

图6-63　均匀填充

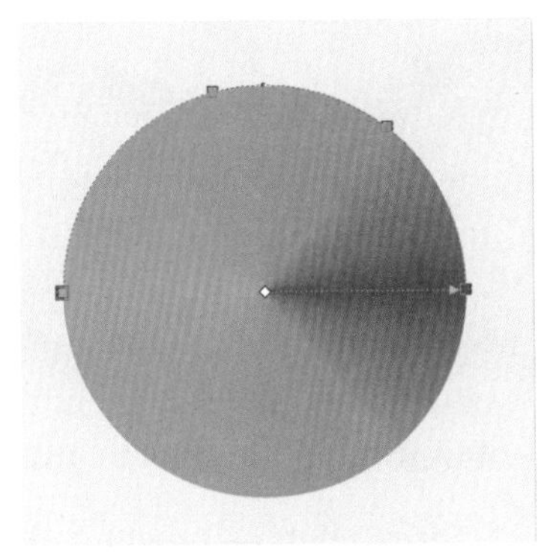

图6-64　圆锥形填充

图6-65　“底纹填充”对话框

5. 参数设置完成后，单击“确定”按钮，如图6-66所示。
6. 选择工具箱中的“贝塞尔”工具，绘制图形，并填充绿色(C57，M0，Y100，K0)，去除轮廓线，再次单击图形，使其处于旋转状态，将旋转中心点移至正圆中心位置，如图6-67所示。
7. 按Alt+F8组合键，弹出“变换”泊坞窗，设置参数如图6-68所示。
8. 参数设置完成后，单击“应用”按钮，选中所有绿色图形，按Ctrl+G组合键，群组图形，选择工具箱中的“交互式透明度”工具，设置属性栏中“透明类型”为“标准”，“透明度操作”为“如果更亮”，“开始透明度”为60。

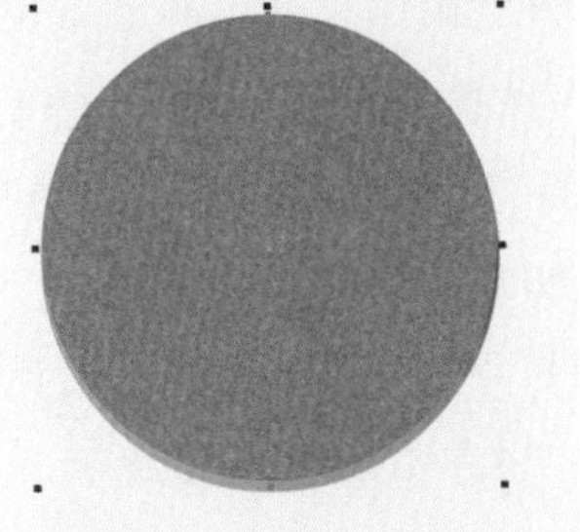

图6-66　底纹填充效果

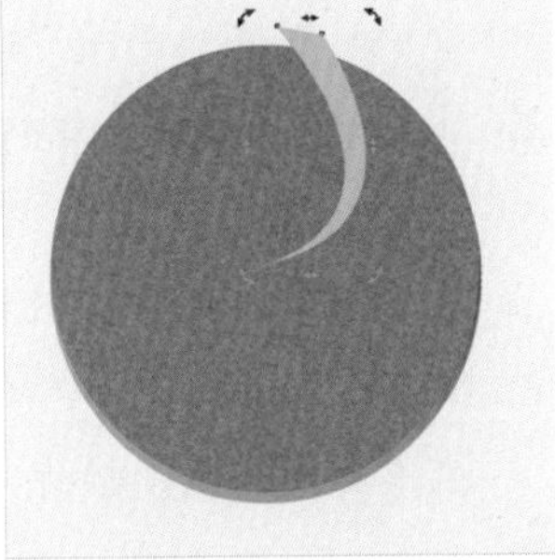

图6-67　绘制图形

9. 选择“效果”→“图框精确裁剪”→“置于图文框内部”命令，出现粗黑箭头时，单击

报纸广告的形式是属于广告的篇幅、字体、文案、图文排版、刊载位置等形态上能够处理的问题。

绿色正圆，将其裁剪至正圆中，效果如图6-69所示。

⑩ 选中绿色圆，按小键盘上的+键，复制一层，在属性栏中更改“直径”为142mm，按Shift+F11组合键，弹出“均匀填充”对话框，设置颜色为绿色(R172，G224，B0)，单击“确定”按钮，单击属性栏中的“水平镜像”按钮，如图6-70所示。

⑪ 选中最上层圆，按小键盘上的+键，复制一层，在属性栏中更改“直径”为102mm，单击图形下面的“提取内容”按钮，按Delete键，填充嫩绿色(R190，G255，B5)，单击属性栏中的“无框”按钮，如图6-71所示。

⑫ 再次复制正圆，更改“直径”为72mm，填充从青色(R50，G218，B255)到白色的辐射渐变，如图6-72所示。

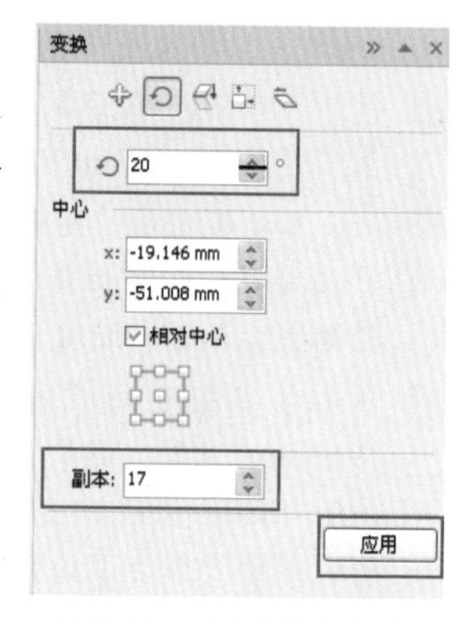

图6-68 “变换”泊坞窗

图6-69 绘制图形

图6-70 导入素材

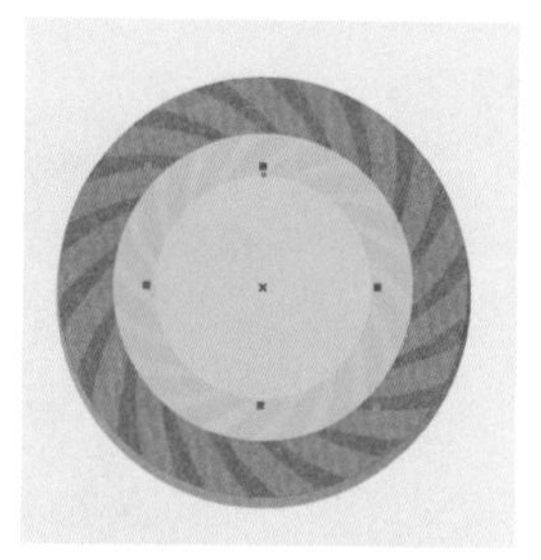
图6-71 复制正圆

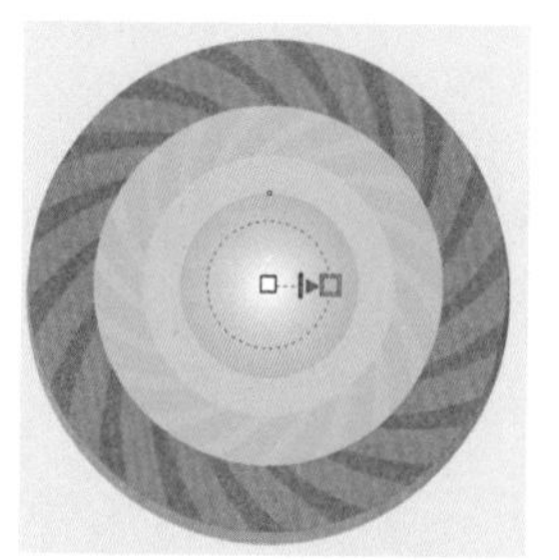
图6-72 复制正圆

⑬ 选择工具箱中的“椭圆形”工具，绘制一个椭圆，填充黄色，选择工具箱中的“透明度”工具，在黄色椭圆上拖出线性透明度，如图6-73所示。

⑭ 复制三个黄色椭圆，分别调整大小和位置，选中上边最大的椭圆，按F11键，弹出“渐变填充”对话框，颜色填充为黄色到红色的线性渐变色，选择工具箱中的“透明度”工具，在属性栏中更改“透明度类型”为“标准”，“透明度操作”为“兰”。选中中间椭圆，更改“透明度操作”为“颜色减淡”，如图6-74所示。

⑮ 再次选择工具箱中的“椭圆形”工具，绘制两个椭圆，选中上边椭圆，填充绿色(C53，M0，Y100，K0)，选择工具箱中的“透明度”工具，在椭圆上拖出线性透明度，在属性栏中更改透明度操作为Add，选中下边椭圆，颜色填充为绿色(C73，M0，Y100，K0)到黄绿色(C21，M0，Y100，K0)的线性渐变色，并添加线性透明度，在属性栏中更改透明度操作为“乘”，如图6-75所示。

⑯ 选择工具箱中的“多边形”工具，在属性栏中设置“边数”为6，按住Ctrl键，绘制一个正六边形，选择工具箱中的“变形”工具，在属性栏中的预设下拉框中选择“拉角”，设置“推拉振幅”为－10，按Enter键，如图6-76所示。

电脑小百科

报纸广告的内容是广告的情感表现——气氛、印象程度、插图的视觉语义、文字内涵等。

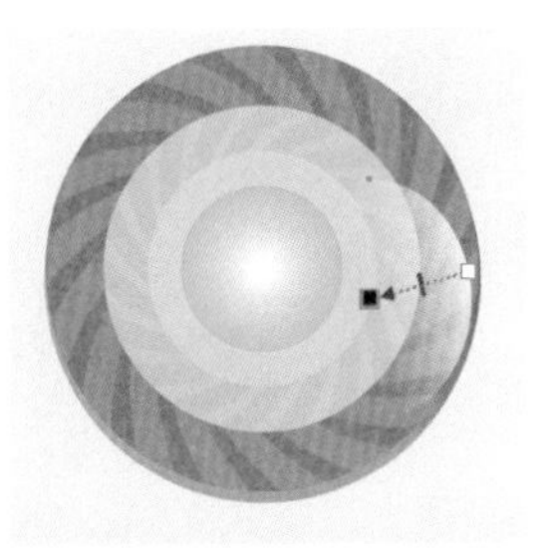

图6-73　绘制椭圆并进行透明

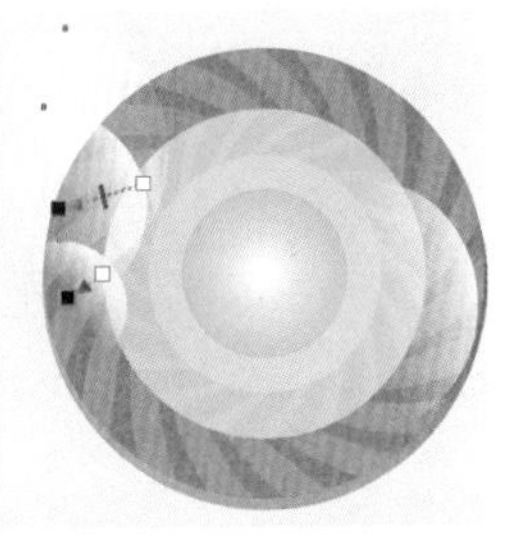

图6-74　绘制图形

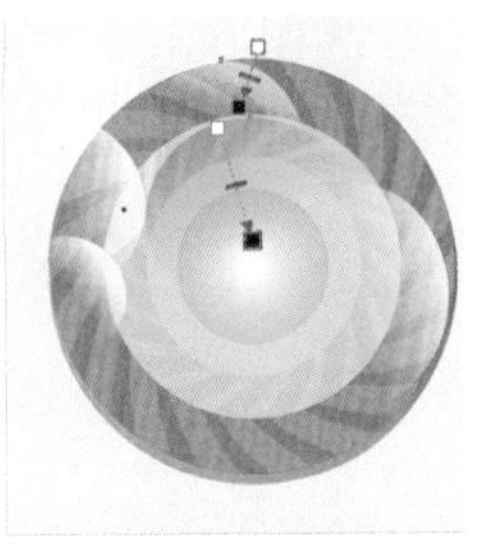

图6-75　绘制图形

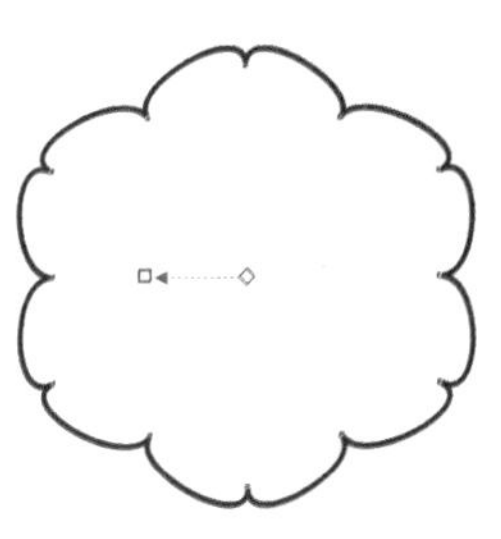

图6-76　绘制图形

17 按F11键，弹出“渐变填充”对话框，设置颜色从橙色到黄色相间的圆锥形渐变，如图6-77所示。

18 参数设置完成后，单击“确定”按钮，复制多个，并相应更改颜色，调整好大小和位置，如图6-78所示。

19 选择工具箱中的“椭圆形”工具，绘制多个椭圆，使其组成白云形状，框选椭圆，单击属性栏中的“合并”按钮，填充白色到淡蓝色的线性渐变，复制多个云朵，调整位置和大小，效果如图6-79所示。

20 选择工具箱中的“钢笔”工具，绘制山峰，分别填充相应的颜色，如图6-80所示。

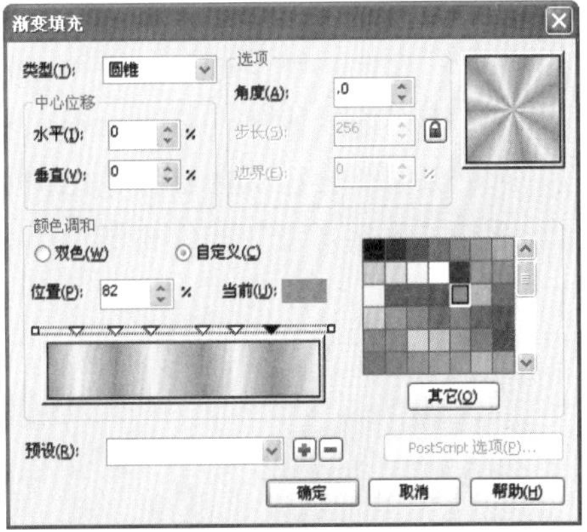

图6-77　绘制图形

图6-78　调整图形

图6-79　绘制白云

图6-80　绘制山峰

21 选中底层的两个底纹填充图案，按小键盘上的+键，复制一层，单击属性栏中的“修剪”按钮，删去中间正圆，如图6-81所示。

22 选择工具箱中的“贝塞尔”工具，绘制一个不规则图形，填充任意色，选择工具箱中的“阴影”工具，在图形上拖出一条阴影，在属性栏中设置“羽化”为40，透明度操作为“常规”，阴影颜色为“白色”，如图6-82所示。

23 按照上述操作，添加其他黑色和白色阴影，使其产生高光效果，如图6-83所示。

24 选择工具箱中的“钢笔”工具，绘制黑色图形，选中黑色和所有高光图形，精确裁剪到圆环内，效果如图6-84所示。

电脑小百科

刊登在杂志上的广告称为杂志广告，杂志是视觉媒体中比较重要的一种媒介，它在印刷装帧和版式设计上比报纸精美得多，属于印刷媒体中的“贵族”。

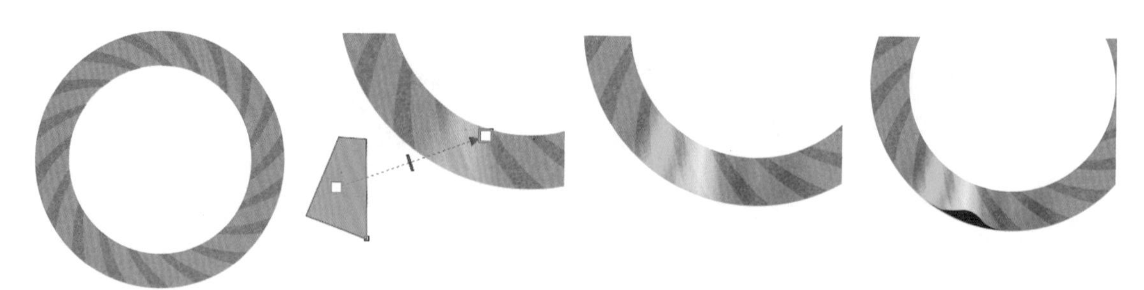

图6-81 修剪效果　图6-82 阴影效果　图6-83 绘制高光　图6-84 绘制图形

25 选择工具箱中的“选择”工具，将圆环放置到合适位置，并调整好图层顺序，效果如图6-85所示。

26 选择“文件”→“导入”命令，导入“热气球”素材，放置到合适位置，如图6-86所示。

27 按照上述导入方法，导入树和人物剪影素材，如图6-87所示。

28 选中圆环，按住Shift键，等比例缩小，选择工具箱中的“透明度”工具，在属性栏中选择“透明类型”为“圆锥”，在调色板上拖动黑色色块到透明虚线上，效果如图6-88所示。

图6-85 绘制高光

图6-86 导入“热气球”素材

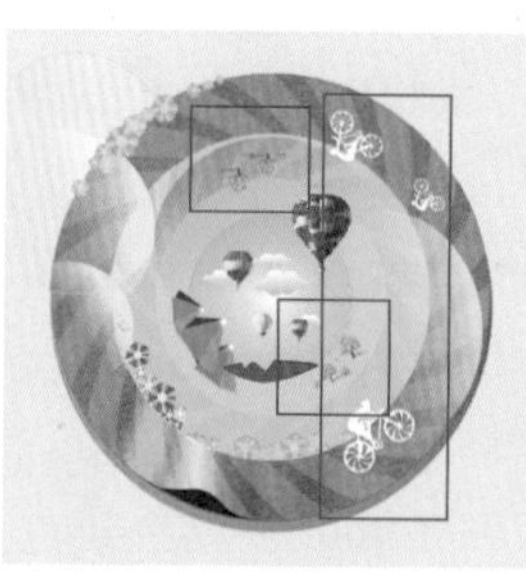

图6-87 导入其他素材

图6-88 透明度效果

29 选择工具箱中的“钢笔”工具，在人物剪影下面绘制一条曲线，在属性栏中设置“轮廓宽度”为1.0mm，按Shift+Ctrl+Q组合键，将轮廓转换为对象，选择工具箱中的“形状”工具，调整曲线两端节点，制作阴影效果，按小键盘上的+键，复制两条，分别放置到相应的人物剪影下面，效果如图6-89所示。

30 选中最底层正圆，按Shift+Tab组合键，选中底纹填充正圆，选择“排列”→“锁定对象”命令，框选黄色正圆以上的所有图形，按Ctrl+G组合键，群组图形，选择“排列”→“对所有对象解锁”命令，将群组图形精确裁剪至底纹椭圆内，效果如图6-90所示。

31 选中黄色正圆，选择工具箱中的“阴影”工具，在椭圆上拖出阴影效果，在属性栏中设置“阴影的不透明度”为90，“羽化”为2，透明度操作为“常规”，阴影颜色为“黑色”，如图6-91所示。

32 再次在画面右上角绘制波浪线，选择工具箱中的“文本”工具字，输入文字，设置字体为“汉仪雪峰体简”，大小为30pt，填充绿色，右键拖动文字至波浪线上，出现十字

电脑小百科

杂志广告受到杂志风格、专业性和印刷质量的限制。在不同类型的杂志上做广告，要充分考虑杂志的自身特点和设计风格，广告设计要与杂志风格相吻合。

圆环时，松开鼠标，在弹出的快捷菜单中选择“使文字适合路径”，效果如图6-92所示。

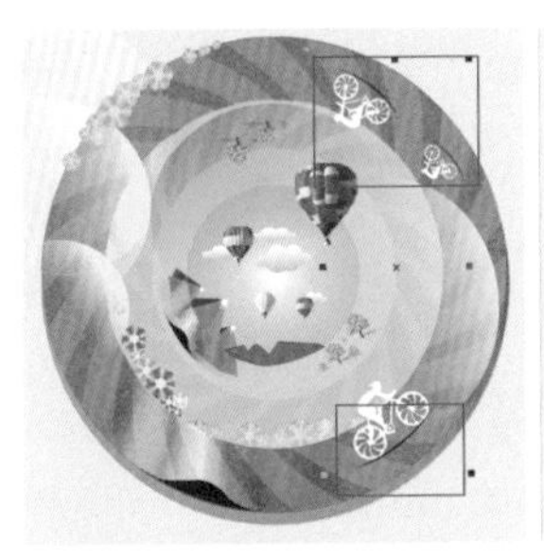

图6-89　导入其他素材

图6-90　精确裁剪效果

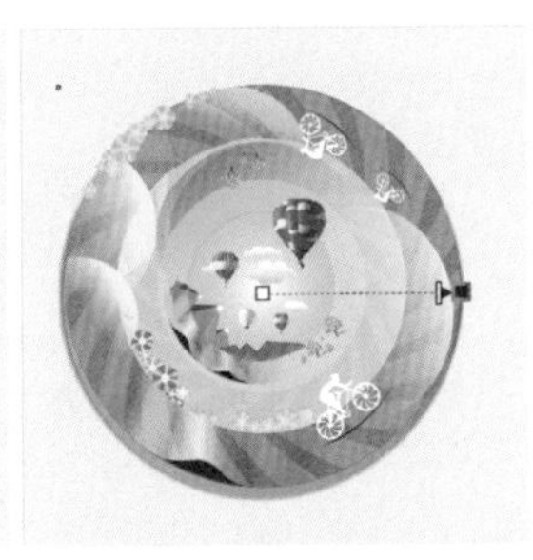

图6-91　阴影效果

图6-92　最终效果

知识补充

底纹填充图案以后，可以运用交互式填充工具，对图案进行密度、平铺等调整。若没有“无框”按钮☒，则选择“布局”→“布局工具栏”命令，打开“布局”属性栏，选中“无框”按钮☒即可。

知识补充

在添加高光的时候如果亮的地方不够亮，可以复制一层并缩小叠加在图形上，从而增亮高光。

学习小结

本章介绍了CorelDRAW X6中多种不同方式的颜色填充。

通过对本章的学习，用户可根据自身需要从中自由选择填充颜色的类型。下面对本章内容进行总结，具体内容如下。

(1) 在使用CorelDRAW设计作品时，使用的最为平凡的一种颜色填充是均匀填充。

(2) 渐变填充可以在多种颜色之间产生柔和的颜色过渡，避免因颜色急剧变化而造成生硬的感觉。图样填充可以为对象填充不同图样，产生不同的图案效果。底纹填充是随机生成的填充。PostScript填充是用PostScript语言设计的一种特殊的纹理填充效果，其填充的纹理更加复杂。

(3) 交互式填充工具可以直接在对象上方便灵活地进行填充。交互式网状填充工具可用来表现各种复杂形状的立体感，是自由度很高的一种填充方式。

(4) 滴管工具可以复制其他图形上的单一和渐变颜色，快速地提升了我们的设计过程。

总之，不同的填充方式，相应的有不同的效果。通过本章的学习，读者可以自如地填充颜色和修改颜色。

互动练习

1. 选择题

(1) 均匀填充的快捷键是(　　)。

A．Ctrl+F11　　B．Ctrl+F12

C．Shift+F11　　D．Shift+F11

(2) 交互式填充工具的快捷键是(　　)。

A．G　　B．X　　C．D　　D．Q

(3) 渐变填充的类型有(　　)种。

A．2　　B．3　　C．4　　D．5

2. 思考与上机题

(1) 颜色滴管工具和属性滴管工具最大的区别是什么？

(2) CorelDRAW X6中交互式网状填充工具的特点是什么？

电脑小百科

在卸载软件时，不要删除共享文件，因为某些共享文件可能被系统或者其他程序使用，一旦删除这些文件，会使应用软件无法启动而死机，或者出现系统运行死机。

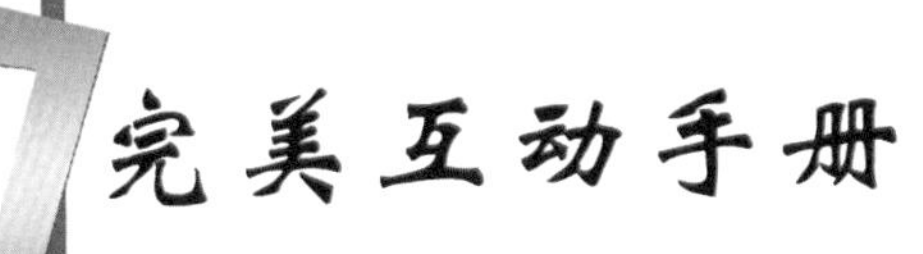

第7章

文本处理

本章导读

CorelDRAW X6中文版具有强大的输入、编辑和处理功能，文本编辑是CorelDRAW X6中重要功能之一，在进行平面设计时，图形、色彩和文本是其三大基本构成。文字有画龙点睛的作用，可使图形图像的主题一目了然，直接将信息传达给读者。在CorelDRAW中除了可以对文字进行输入和编辑，还可以对文字进行各种效果的添加。

精彩看点

- 添加文本
- 设置美术字格式
- 设置段落文本格式
- 转换文本
- 图文混排

7.1 添加文本

CorelDRAW X6中的文本具有两种类型：美术字和段落文本。它们在使用方法，应用编辑格式，应用特殊效果等方面有很大的区别，下面介绍如何在CorelDRAW X6中创建文本。

= = 书盘互动指导 = =

⊙ 示例	⊙ 在光盘中的位置	⊙ 书盘互动情况
	7.1 添加文本 7.1.1 添加美术字 7.1.2 添加段落文本 7.1.3 贴入与导入外部文本 7.1.4 内置文本	本节主要学习添加文本，在光盘7.1节中有相关内容的操作视频，还特别针对本节内容设置了具体的实例分析。大家可以在阅读本节内容后再学习光盘，以达到巩固和提升的效果。

7.1.1 添加美术字

选择“文本”工具，在绘图区中单击，出现插入文本光标“I”时，输入的便是美术字，“美术字”多半用于添加标题或是有代表性文字。添加美术字的具体操作步骤如下。

1. 打开CorelDRAW X6，选择“文件”→“打开”命令，弹出“打开绘图”对话框，选择本书配套光盘中的“第7章\7.1\7.1.1\美女.cdr”文件，单击“打开”按钮，如图7-1所示。
2. 选择工具箱中的“文本”工具，在绘图页面中需要输入文字的位置单击，出现光标后，此时即可输入文字，如图7-2所示。
3. 输入文字，如图7-3所示。
4. 选中文字，设置属性栏中的字体为“方正胖头鱼简体”，大小为60pt，单击调色板上的桃红色块，将其填充为桃红色，效果如图7-4所示。

图7-1 选择“美女”文件

图7-2 光标变化

图7-3 输入文字

图7-4 设置文本的属性

知识补充

按下F8键，切换到文本工具，在页面中单击鼠标，待出现插入点时输入文字。

电脑小百科

文字的创意主要是利用文字的造型、表音、表意的功能，采用变形、装饰、添加、寓意等表现形式，充分发挥想象力。

7.1.2 添加段落文本

选择“文本”工具后，在绘图区中按住鼠标左键不放，拖出一个虚线矩形框，即可在虚线框内输入段落文本，“段落文本”广泛应用于为成段文本或有格式的大篇幅文本添加特殊效果。

下面为添加段落文本的具体操作步骤。

1. 打开CorelDRAW X6，选择“文件”→“打开”命令，弹出“打开绘图”对话框，选择本书配套光盘中的“第7章\7.1\7.1.2\花纹.cdr”文件，单击“打开”按钮，如图7-5所示。
2. 选择工具箱中的“文本”工具字，在绘图页面中需要输入段落文本的位置按住鼠标左键不放，拖动鼠标，在绘图页面拖曳出一个段落文本框。释放鼠标之后，在文本框中出现一个闪动的光标，如图7-6所示。
3. 在段落文本框内输入段落文字，如图7-7所示。
4. 输入的文字过多而超出文本框时，超出范围的文字自动被隐藏。此时文本框下方中间的控制点变为▼时，将鼠标放置其上，光标变为↕，按住鼠标左键向下拖动，文字即会出现，效果如图7-8所示。

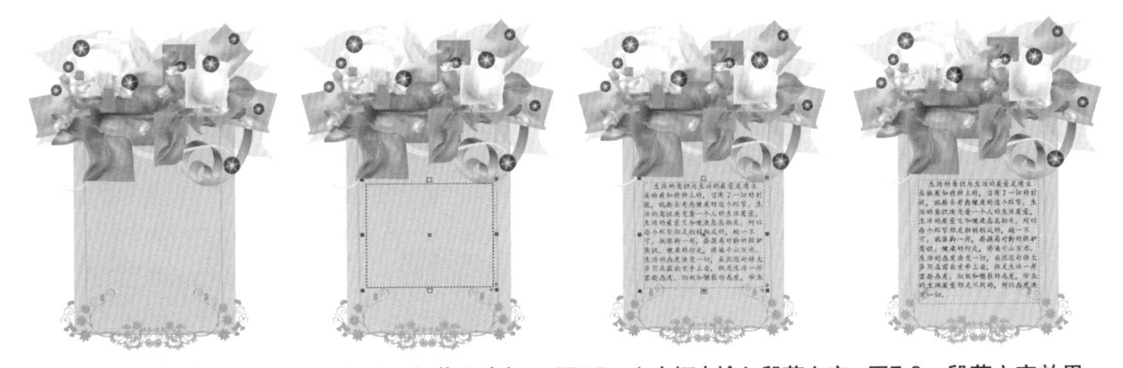

图7-5　选择“花纹”文件　　图7-6　段落文本框　　图7-7　文本框内输入段落文字　　图7-8　段落文字效果

7.1.3 贴入与导入外部文本

所谓“贴入”文本，就是在Word文档中选中需要的文本，按下Ctrl+C组合键，复制文本。在CorelDRAW X6的工具箱中选择“文本”工具字，在绘图区需要插入文字的位置单击鼠标左键。待光标变为闪动光标“I”时，按下Ctrl+V组合键，将文本粘贴到光标位置，完成美术文本的贴入。而贴入段落文本，方法一样，只需在绘图区拖曳鼠标绘制一个文本框，然后按下Ctrl+V组合键即可贴入段落文本。

下面为导入外部文本的具体操作步骤。

1. 打开CorelDRAW X6，选择“文件”→“打开”命令，弹出“打开绘图”对话框，选择本书配套光盘中的“第7章\7.1\7.1.3\菠萝.cdr”文件，单击“打开”按钮，如图7-9所示。
2. 选择“文件”→“导入”命令，或按下Ctrl+I组合键，弹出“导入”对话框，选择需要的Word文本文件，如图7-10所示。

电脑小百科

什么是复合字体？在字体设置栏中可以看到两种字体：中文字体和英文字体，以中文显示的是中文字体，如“黑体”等，以英文显示的是英文字体，如Arial等。

③ 单击“导入”按钮，弹出“导入/粘贴文本”对话框，在其中选择需要的导入方式，如图7-11所示。

图7-9 打开“菠萝”文件

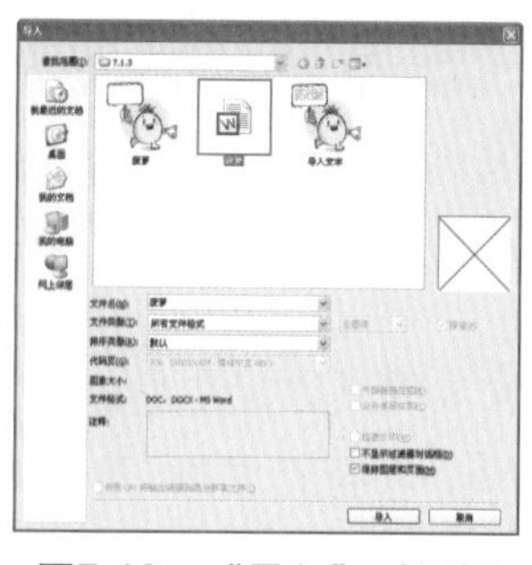
图7-10 “导入”对话框

图7-11 “导入/粘贴文本”对话框

④ 单击“确定”按钮，在绘图区出现标题光标时，拖动鼠标绘制文本框，如图7-12所示。

⑤ 调整文本大小和角度，如图7-13所示。

图7-12 导入文本　　图7-13 调整文本

7.1.4 内置文本

文本可以内置到绘制的图形对象中，并且可以随绘制对象的放大缩小而放大缩小，内置文本的具体操作步骤如下。

① 打开CorelDRAW X6，选择“文件”→“打开”命令，弹出“打开绘图”对话框，选择本书配套光盘中的“第7章\7.1\7.1.4\情人节贺卡.cdr”文件，单击“打开”按钮，如图7-14所示。

② 选择工具箱中的“文本”工具字，在绘图页面输入段落文本，如图7-15所示。

③ 选择工具箱中的“选择”工具，选中段落文本，单击鼠标右键并拖动文本，将段落文本拖动到心形上。此时，光标变为十字圆环形状，释放鼠标右键，弹出快捷菜单，选择“内置文本”选项，如图7-16所示。

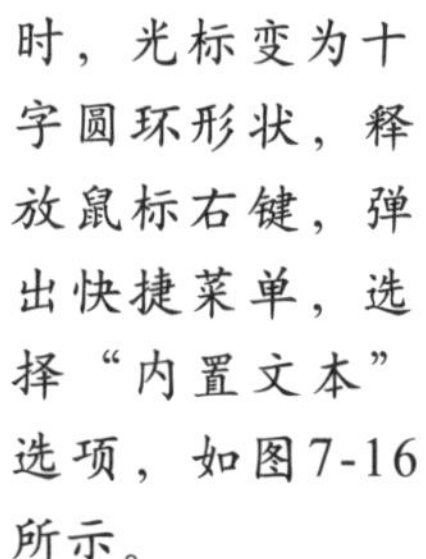

④ 此时段落文本被放置到心形内，效果如图7-17所示。

图7-14 打开“情人节贺卡”文件

图7-15 输入段落文本

图7-16 打开“背景”素材

图7-17 最终效果

在系统中，安装正确的设备驱动程序才能正确地反映出设备型号。

7.2　设置美术字格式

在CorelDRAW X6中，输入美术字后，可以通过一系列的选项来编辑美术字，从而美化美术字，得到想要的效果，下面将通过不同的实例来讲解美术字的格式是如何设置的。

书盘互动指导

示例	在光盘中的位置	书盘互动情况
	7.2　设置美术字格式 7.2.1　设置字体、字号和颜色 7.2.2　文字位移 7.2.3　使用“形状”工具移动文字 7.2.4　复制文本属性 7.2.5　字符效果 7.2.6　文字位置	本节主要学习设置美术字格式，在光盘7.2节中有相关内容的操作视频，还特别针对本节内容设置了具体的实例分析。大家可以在阅读本节内容后再学习光盘，以达到巩固和提升的效果。

7.2.1　设置字体、字号和颜色

在进行文字处理时，可以直接使用“文本”工具输入文字、选中文字，对文字进行各种颜色填充，并在属性栏中更改文字的字体和字号。

填充美术文本的具体操作步骤如下。

1. 打开CorelDRAW X6，选择“文件”→“打开”命令，弹出“打开绘图”对话框，选择本书配套光盘中的“第7章\7.2\7.2.1\西瓜地.cdr”文件，单击“打开”按钮，如图7-18所示。
2. 选择工具箱中的“文本”工具字，在绘图页面单击鼠标左键分别输入文字，如图7-19所示。
3. 选择工具箱中的“选择”工具，选中“香”字，在属性栏字体列表中选择字体为“方正粗圆简体”，设置“字体大小”为65，“旋转角度”为18，如图7-20所示。

图7-18　选择“西瓜地”文件

图7-19　输入文字

4. 选择工具箱中的“填充”工具，在隐藏的工具组中选择“渐变填充”选项，在弹出的“渐变填充”对话框中，设置颜色值从绿色(C100，M20，Y100，K20)到黄色(C30，M0，Y100，K0)的线性渐变，单击“确定”按钮，如图7-21所示。

电脑小百科

创意使插画表现出设计师独特的主张、独特的视角、独特的阐释，这种艺术手法使插画产生吸引力，使观众产生兴趣，从而达到传达信息的最终目的。

5 按照上述方法，分别设置美术字的属性，如图7-22所示。

6 选择工具箱中的“文本”工具字，在下面位置输入一排英文字母，填充绿色，效果如图7-23所示。

图7-20 改变美术字的属性

图7-21 填充颜色

图7-22 编辑其他的美术字

图7-23 最终效果

7.2.2 文字位移

文字位移的设置方法是打开文字属性进行设置，文字位移的具体操作步骤如下。

1 打开CorelDRAW X6，选择“文件”→“打开”命令，弹出“打开绘图”对话框，选择本书配套光盘中的“第7章\7.2\7.2.2\蒲公英.cdr”文件，单击“打开”按钮，如图7-24所示。

图7-24 打开“蒲公英”文件

2 选择工具箱中的“文本”工具字，在绘图区单击鼠标左键，输入文字。按Ctrl+A组合键，选中文字，如图7-25所示。

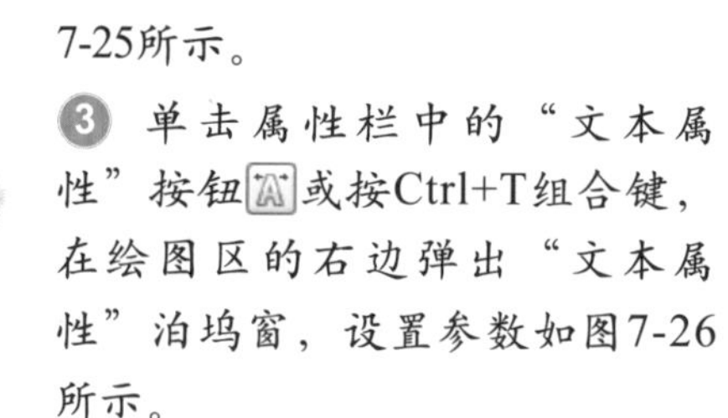

图7-25 全选文字

3 单击属性栏中的“文本属性”按钮或按Ctrl+T组合键，在绘图区的右边弹出“文本属性”泊坞窗，设置参数如图7-26所示。

图7-26 “文本属性”泊坞窗

4 按下Enter键，调整好位置和角度，效果如图7-27所示。

图7-27 最终效果

7.2.3 使用“形状”工具移动文字

移动文字可以使用“形状”工具来完成，文字仍然是一个整体，“形状”工具移动文字的具体操作步骤如下。

1 打开CorelDRAW X6，选择“文件”→“打开”命令，弹出“打开绘图”对话框，选择本书配套光盘中的“第7章\7.2\7.2.3\城市风景.cdr”文件，单击“打开”按钮，如图7-28所示。

2 选中文字，选择工具箱中的“形状”工具，文字下方会出现小矩形框。单击文字下面

电脑小百科

文字在画面中，不仅仅局限于信息传达意义上的概念，而更是一种高尚的艺术表现形式。

的矩形框，空心点变为实心点，按住鼠标左键并拖动，如图7-29所示。

3 拖动到合适的位置释放鼠标左键，即可改变文字的位置。

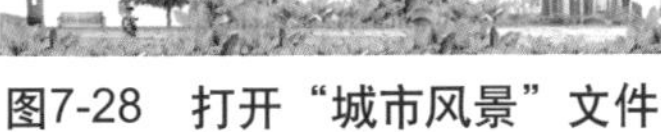

图7-28 打开“城市风景”文件

图7-29 移动文字

7.2.4 复制文本属性

文本属性有多种，复制文本属性，则会复制原文本填充色、轮廓、样式、字体等所有属性，下面为复制文本属性的具体操作步骤。

1 打开CorelDRAW X6，选择“文件”→“打开”命令，弹出“打开绘图”对话框，选择本书配套光盘中的“第7章\7.2\7.2.4\花卷.cdr”文件，单击“打开”按钮，如图7-30所示。

2 选择工具箱中的“选择”工具，选中“开启属于我们”文字，选择工具箱中的“填充”工具，在隐藏的工具组中选择“渐变填充”选项，弹出“渐变填充”对话框，设置参数值如图7-31所示。

3 参数设置完成后，单击“确定”按钮，如图7-32所示。

4 选择工具箱中的“选择”工具，选中“开启属于我们”文字，单击鼠标右键并拖动到“的不同的世界”文字上，此时，光标变为A形状，释放鼠标右键，从弹出的快捷菜单中选择“复制填充”选项，此时文字的填充已被复制，如图7-33所示。

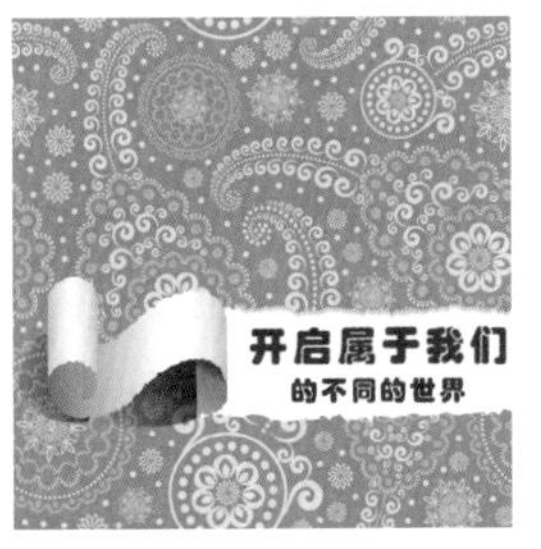

图7-30 打开“花卷”文件

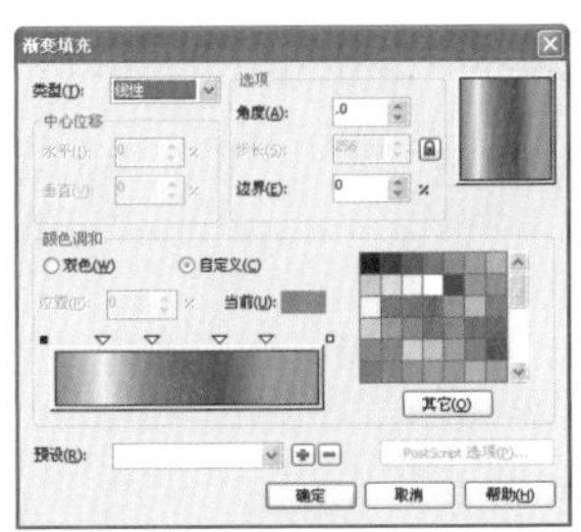

图7-31 “渐变填充”对话框

图7-32 渐变填充

图7-33 复制填充

7.2.5 字符效果

字符效果的具体形式有多种，包括各种划线效果，添加字体效果，以达到突出某一文本的目的，美术字字符效果的具体操作步骤如下。

1 打开CorelDRAW X6，选择“文件”→“打开”命令，弹出“打开绘图”对话框，选择本书配套光盘中的“第7章\7.2\7.2.5\太阳花.cdr”文件，单击“打开”按钮，如图7-34所示。

2 选择工具箱中的“文本”工具，输入文字，在属性栏中设置字体为“汉仪白棋体简”，并填充红色，如图7-35所示。

电脑小百科

楷体又称为活体，是一种模仿手写习惯的字体。楷体笔画均匀，字形端正，广泛应用于学生课本、通俗读物和批注等。

③ 选中文字，单击属性栏中的“文本属性”按钮或按Ctrl+T组合键，弹出“文本属性”泊坞窗，单击下划线按钮，弹出快捷菜单，选择“字下加单细线”选项，设置其他参数，如图7-36所示。

④ 设置完成后，效果如图7-37所示。

图7-34 打开“太阳花”文件　图7-35 输入文字　图7-36 “文本属性”泊坞窗　图7-37 字符效果

7.2.6 文字位置

文字的位置分为上标、下标和居中，下面为文字位置的具体操作步骤。

① 打开CorelDRAW X6，选择“文件”→“打开”命令，弹出“打开绘图”对话框，选择本书配套光盘中的“第7章\7.2\7.2.6\圆.cdr”文件，单击“打开”按钮，如图7-38所示。

② 选择工具箱中的“文本”工具，在绘图页面输入文字，填充红色，选择工具箱中的“形状”工具，选中“喜”字。在“字符”泊坞窗中“位置”下拉列表中选择上标(自动)选项，如图7-39所示。

图7-38 打开“圆”文件

图7-39 上标文字

7.3 设置段落文本格式

在CorelDRAW X6中，输入段落文本后，同样可以通过一系列的选项来设置段落文本，从而美化段落文本，得到想要的效果，下面将通过不同的实例来讲解段落文本的格式是如何设置的。

电脑小百科

宋体又称为明体，是为适应印刷术而出现的一种汉字字体。笔画有粗细变化，而且一般是横细竖粗，末端有装饰部分(即“自脚”或“寸线”)，点撇捺钩等笔画有尖端。

书盘互动指导

示例	在光盘中的位置	书盘互动情况
文本属性 段落 % 字符高度 100.0 % 20.0 % .0 % 100.0 %	7.3 设置段落文本格式 7.3.1 改变文本颜色 7.3.2 文本对齐 7.3.3 字符间距 7.3.4 设置缩进 7.3.5 添加制表位 7.3.6 设置项目符号 7.3.7 首字下沉 7.3.8 分栏 7.3.9 链接段落文本框	本节主要学习设置段落文本格式，在光盘7.3节有相关内容的操作视频，还特别针对本节内容设置了具体的实例分析。 大家可以在阅读本节内容后再学习光盘，以达到巩固和提升的效果。

7.3.1 改变文本颜色

在CorelDRAW X6中，除了可以改变美术字的颜色的同时，也可以改变段落文本的颜色，下面为改变文本颜色的具体操作步骤。

1. 打开CorelDRAW X6，选择“文件”→“打开”命令，弹出“打开绘图”对话框，选择本书配套光盘中的“第7章\7.3\7.3.1\提示板.cdr”文件，单击“打开”按钮，如图7-40所示。
2. 选择工具箱中的“文本”工具字，选中需要更改颜色的文字，如图7-41所示。
3. 单击左键调色板上的红色块，文字填充红色，如图7-42所示。
4. 按照上述的方法，继续更改文字的颜色，效果如图7-43所示。

图7-40 打开“提示板”文件

图7-41 选中文字

图7-42 更改颜色

图7-43 最终效果

知识补充

选择文本工具，在画面中拖出段落文本框，输入段落文字，按住Alt键拖曳文本框，段落文本的大小随着文本框大小的改变而改变。

电脑小百科

黑体又称为方体或等线体，是一种字面呈正方形的粗壮字体，字形端庄，笔画横平竖直，笔迹全部一样粗细，结构醒目严密。

7.3.2 文本对齐

文本的对齐方式分为5种，分别为左、中、右、全部调整、强制调整对齐，文本对齐的具体操作步骤如下。

1. 打开CorelDRAW X6，选择“文件”→“打开”命令，弹出“打开绘图”对话框，选择本书配套光盘中的“第7章\7.3\7.3.2\提示板.cdr”文件，单击“打开”按钮，如图7-44所示。
2. 选择工具箱中的“选择”工具，选中段落文本，单击属性栏中的文本属性按钮或按Ctrl+T组合键，弹出“文本属性”泊坞窗，展开“段落”下拉列表，选择“居中对齐”按钮，效果如图7-45所示。

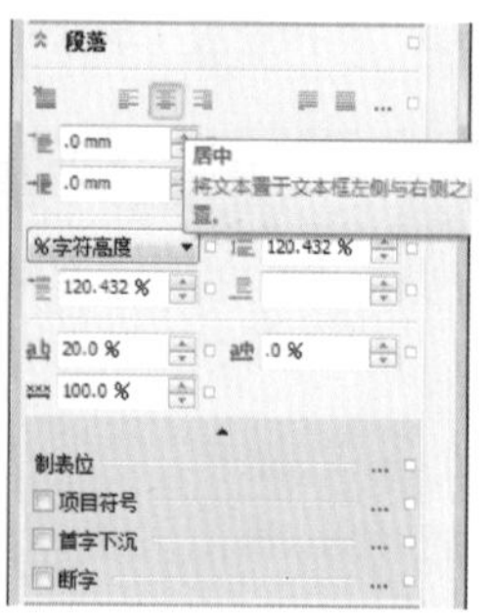

图7-44 打开“提示板”文件

图7-45 居中对齐

3. 选择“右对齐”按钮，效果如图7-46所示。
4. 选择“两端对齐”按钮，效果如图7-47所示。
5. 选择“强制两端对齐”按钮，效果如图7-48所示。

图7-46 右对齐

图7-47 两端对齐

图7-48 强制两端对齐

7.3.3 字符间距

在文字配合图形进行编辑的过程中，经常需要对文本间距进行调整，以达到构图上的平衡和视觉上的美观。调整文本间距的方法有使用“形状”工具调整和精确调整两种。下面为字符间距的具体操作步骤。

1. 打开CorelDRAW X6，选择“文件”→“打开”命令，弹出“打开绘图”对话框，选择

电脑小百科

圆体是黑体的变体，与黑体的不同之处在于笔画的末端与转角呈圆弧状，而黑体则有棱角，因此圆体不但具有黑体清晰易读的优点，而且也给人较柔和的感觉。

本书配套光盘中的“第7章\7.3\7.3.3\花框.cdr”文件，单击“打开”按钮，如图7-49所示。

2. 选中文本对象，选择“文本”→“文本属性”命令，在绘图区右边弹出“文本属性”泊坞窗，展开“段落”选项，设置参数与效果如图7-50所示。

3. 按Ctrl+Z组合键，撤销字符间距效果，选中段落文本对象，选择工具箱中的“形状”工具，文本状态如图7-51所示。

4. 将光标放置到文本框右下角的控制点上，按下鼠标左键并向下拖动鼠标，即可改变文本的行距，将光标放置到文本框右下角的控制点上，按下鼠标左键并向右拖动鼠标，即可改变文本的字间距，效果如图7-52所示。

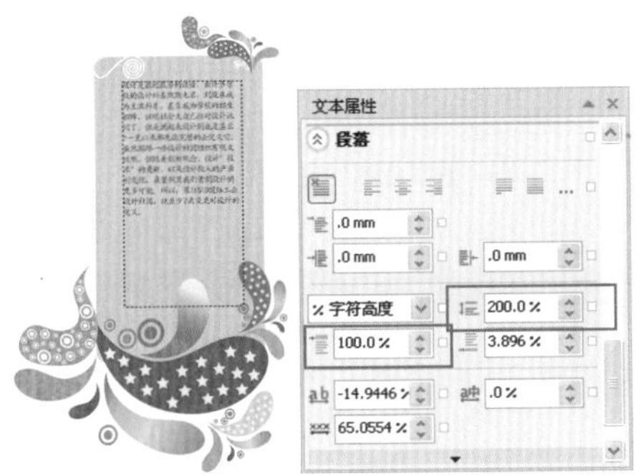

图7-49　打开“花框”文件

图7-50　字符间距　图7-51　“形状”工具状态　图7-52　最终效果

7.3.4 设置缩进

文本的段落缩进，可以改变文本框与框内文本的距离。用户可以缩进整个段落，或从文本框的右侧或左侧缩进，还可以移除缩进格式，而不会删除文本或重新输入文本。设置文本段落缩进的操作方法如下。

设置缩进的具体操作步骤如下。

1. 打开CorelDRAW X6，选择“文件”→“打开”命令，弹出“打开绘图”对话框，选择本书配套光盘中的“第7章\7.3\7.3.4\宣传册.cdr”文件，单击“打开”按钮，如图7-53所示。

2. 选择工具箱的“选择”工具，选中段落文本，选择“文本”→“文本属性”命令，在绘图区的右边弹出“段落”格式化泊坞窗，展开“缩进量”选项，在其中设置“首行”为15，按下Enter键，如图7-54所示。

图7-53　打开“宣传册”文件

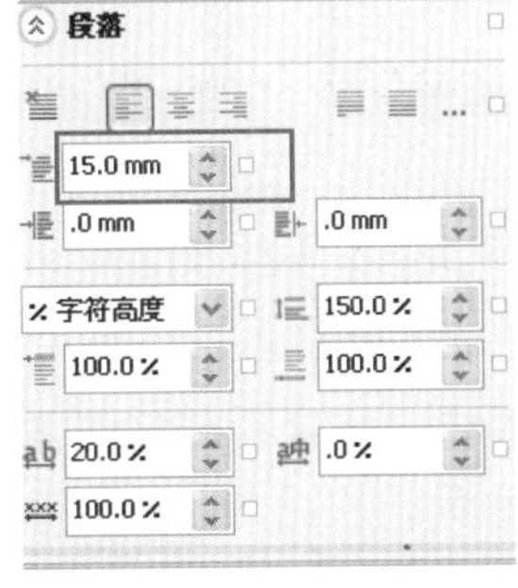

图7-54　首行缩进

溢流文本是指在排版时，文本框中容纳不下的文本。

③ 在“左行缩进”中输入数值10，效果如图7-55所示。

④ 选择工具箱的“选择”工具，选择右边的段落文本，设置“首行”为15，“右行缩进”中输入数值10，如图7-56所示。

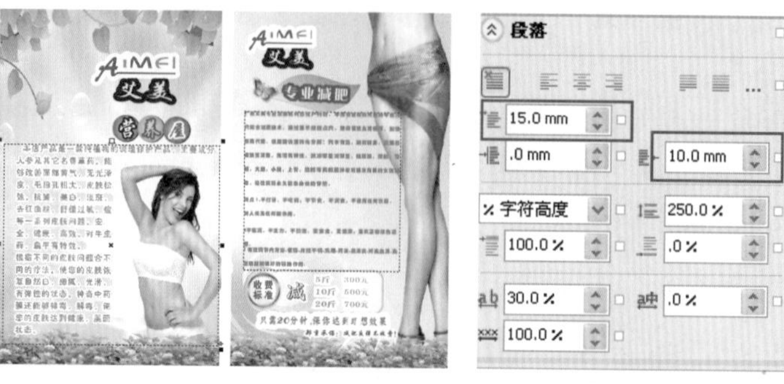
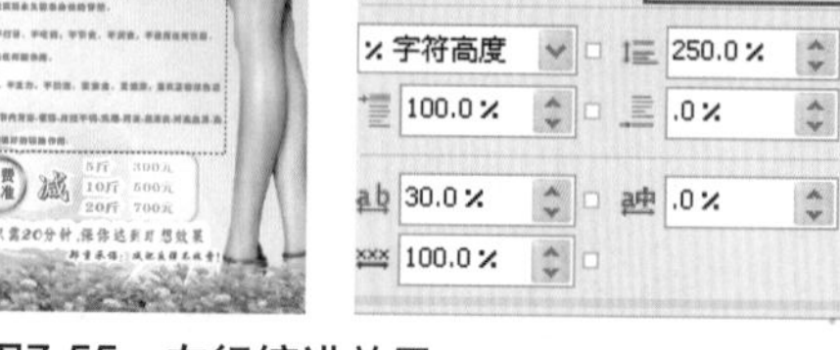

图7-55　左行缩进效果

图7-56　右行缩进效果

7.3.5 添加制表位

CorelDRAW X6中提供了制表位这一功能，能方便制作出标准的表，添加制表位的具体操作步骤如下。

① 打开CorelDRAW X6，选择“文件”→“打开”命令，弹出“打开绘图”对话框，选择本书配套光盘中的“第7章\7.3\7.3.5\册子.cdr”文件，单击“打开”按钮，如图7-57所示。

② 选择工具箱中的“文本”工具，在绘图区中适当的位置按住鼠标左键不放，拖曳出一个矩形的文本框，如图7-58所示。

图7-57　打开“册子”文件

图7-58　拖曳文本框

③ 选择“文本”→“制表位”命令，弹出“制表位”设置，如图7-59所示。单击对话框左下角的“全部移除”按钮，清空所有的制表符位置点，如图7-60所示。

④ 在对话框中的“制表位位置”选项中输入数值16，连续按7次对话框上面的“添加”按钮，添加7个位置点，如图7-61所示。

电脑小百科

杂志广告的缺点是时效性差，因为杂志的出版周期长，因此广告的时效性差。对时间要求严格的广告不宜刊载在杂志上。

图7-59 “制表位设置”对话框

图7-60 单击“全部移除”按钮

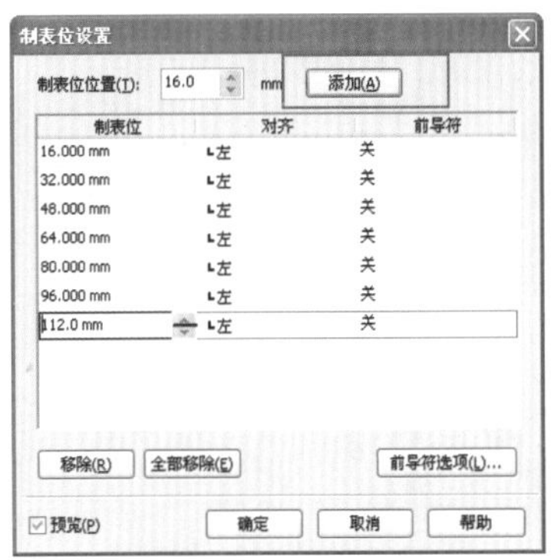
图7-61 添加制表位

5 单击“对齐”下的按钮▾，选择“中”对齐，如图7-62所示。将7个位置点全部选择“中”对齐，如图7-63所示，单击“确定”按钮。

6 将光标置于段落文本框中，按Tab键，光标跳到第一个制表位处，输入文字“日”，在属性栏中选择合适的字体并设置文字大小，如图7-64所示。

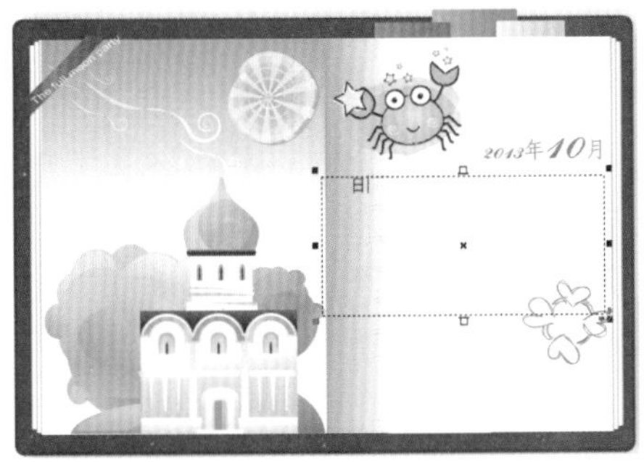
图7-62 设置“对齐”

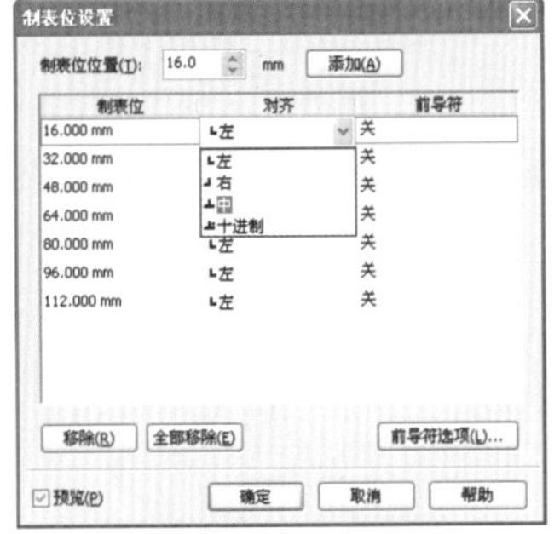
图7-63 中对齐

图7-64 输入文字

7 按一下Tab键，光标跳到下一个制表位处，输入文字“一”，如图7-65所示。依次输入其他需要的文字，如图7-66所示。

8 按Enter键，将光标换到下一行，按三下Tab键，输入需要的文字，在属性栏中选择合适的字体并设置好文字的大小，如图7-67所示。

图7-65 继续输入文字

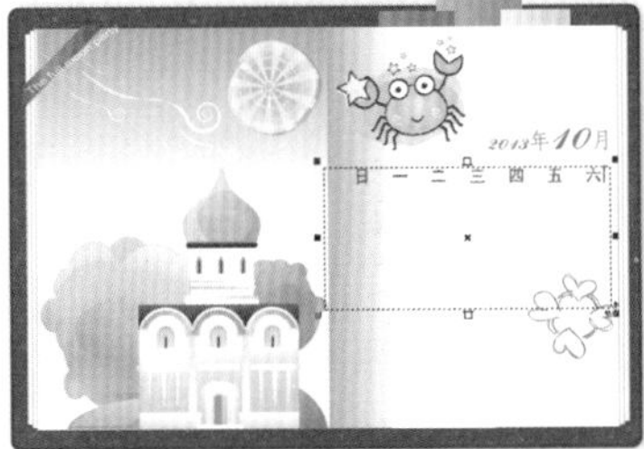
图7-66 继续输入文字

图7-67 换行输入文字

9 按照使用相同的方法依次输入其他日期，如图7-68所示。

10 选择工具箱中的“文本”工具字，分别选择需要的文字，填充红色，如图7-69所示。

电脑小百科

杂志广告的另一缺点是区域针对性差，广告影响力受限。

图7-68 输入其他日期

图7-69 更改文字的颜色

知识补充

制表位的对齐方式有4种，分布是左对齐、右对齐、居中对齐和小数点对齐。

7.3.6 设置项目符号

选择该选项，可以对对象文本进行项目符号的选择、删除以及大小等设置，设置项目符号的具体操作步骤如下。

1. 打开CorelDRAW X6，选择“文件”→“打开”命令，弹出“打开绘图”对话框，选择本书配套光盘中的“第7章\7.3\7.3.6\菜谱.cdr”文件，单击“打开”按钮，如图7-70所示。
2. 将光标放置到需要添加项目符号的位置，选择“文本”→“项目符号”命令，弹出“项目符号”对话框，如图7-71所示。
3. 选中“使用项目符号”复选框，在“字体”下拉列表中选择需要的字体，在“符号”下拉列表中选择需要的符号，并设置符号的大小，如图7-72所示。

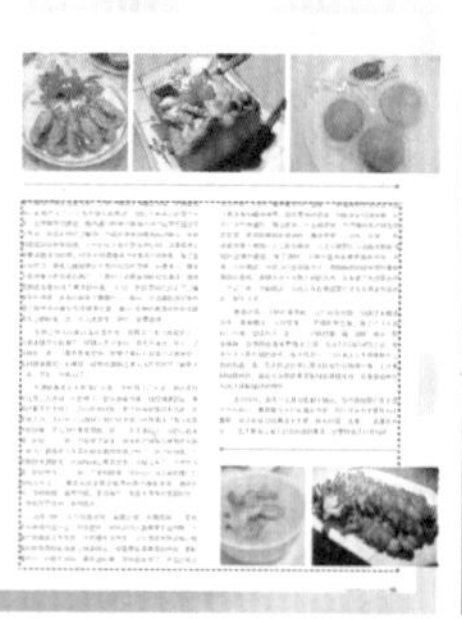

图7-70 打开“菜谱”文件

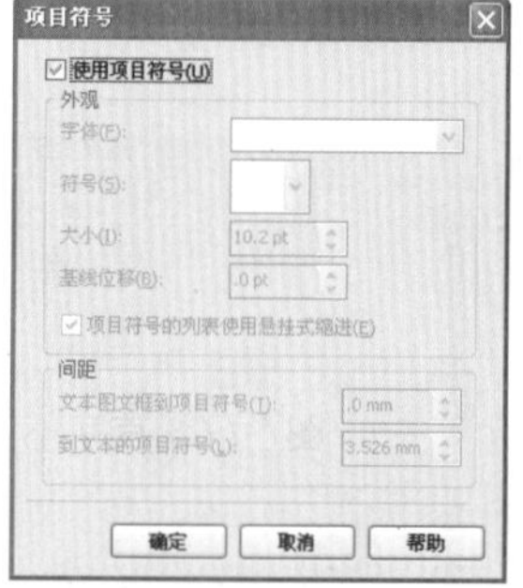

图7-71 “项目符号”对话框

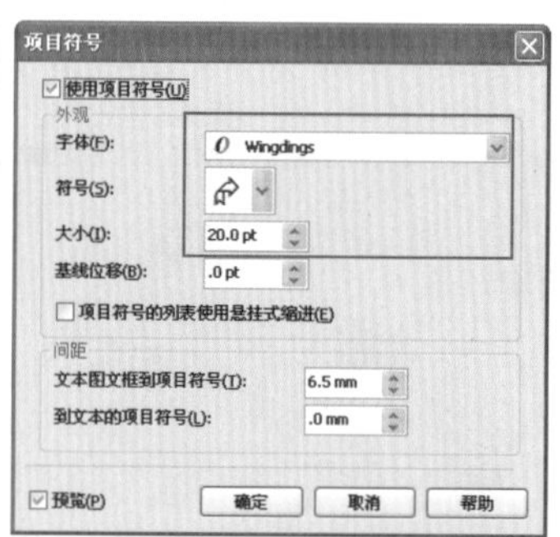

图7-72 设置参数

4. 单击“确定”按钮，效果如图7-73所示。
5. 继续在需要插入项目符号的位置上，插入字符，效果如图7-74所示。

电脑小百科

由于现代商业服务越来越区域化，产品的销售往往集中在某一地区。这样，对于一些文化相对落后的地区，杂志广告的效果会大大受到影响。

图7-73　插入项目符号

图7-74　最终效果

7.3.7 首字下沉

在段落中应用首字下沉功能可以放大句首字符，以突出段落的句首，首字下沉的具体操作步骤如下。

1. 打开CorelDRAW X6，选择“文件”→“打开”命令，弹出“打开绘图”对话框，选择本书配套光盘中的“第7章\7.3\7.3.7\汽车宣传单.cdr”文件，单击“打开”按钮，如图7-75所示。

2. 选择工具箱中的“选择”工具，选中段落文本，选择“文本”→“首字下沉”命令，弹出“首字下沉”对话框，选中“使用首字下沉”复选框，如图7-76所示。

图7-75　打开“汽车宣传单”文件

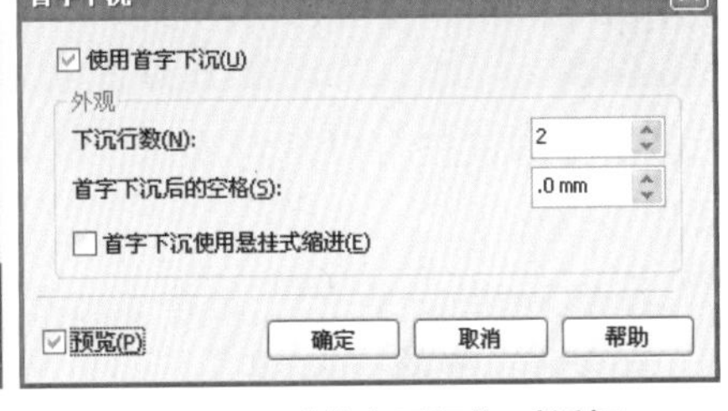

图7-76　“首字下沉”对话框

3. 单击“确定”按钮，效果如图7-77所示。

4. 按照上述方法，完成其他段落文本的首字下沉效果，如图7-78所示。

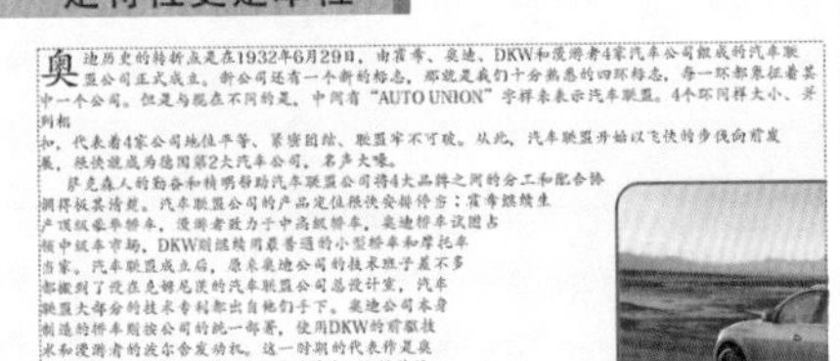

图7-77　首字下沉

图7-78　最终效果

知识补充

单击属性栏上的“显示/隐藏首字下沉”按钮，可以将段落文本中每一段的第一个字设置为下沉效果。再次单击该按钮，可以取消首字下沉。执行此命令时，段落文本的首字不能为空格。

杂志广告的其他缺点是专业针对性太强，读者单一，制作成本高。

7.3.8 分栏

使文本产生分栏现象，并可以设置栏宽、栏间距，分栏的具体操作步骤如下。

① 打开CorelDRAW X6，选择“文件”→“打开”命令，弹出“打开绘图”对话框，选择本书配套光盘中的“第7章\7.3\7.3.8\海景.cdr”文件，单击“打开”按钮，效果如图7-79所示。

② 选择工具箱中的“选择”工具，选中文本，选择“文本”→“栏”命令，弹出“栏设置”对话框，在“栏数”中输入数值为2，如图7-80所示。

③ 单击“确定”按钮，效果如图7-81所示。

图7-79 打开“海景”文件

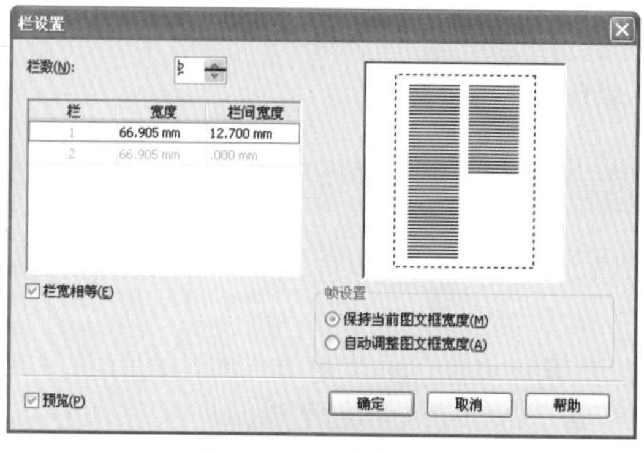

图7-80 透明度效果

图7-81 复制图形

7.3.9 链接段落文本框

文本不仅仅可以进行编辑，还可以链接到绘制的图形对象中，链接段落文本框的具体操作步骤如下。

① 打开CorelDRAW X6，选择“文件”→“打开”命令，弹出“打开绘图”对话框，选择本书配套光盘中的“第7章\7.3\7.3.9\冲浪.cdr”文件，单击“打开”按钮，如图7-82所示。

② 选择工具箱中的“文本”工具，在绘图区拖动鼠标绘制文本框，在文本框中输入文字，如图7-83所示。

③ 选择“基本形状”工具，绘制一个水滴形，颜色填充为(R250，G218，B146)。选择工具箱中的“选择”工具，选中文本对象。将光标放置到文本框下面的图标上，待光标变为↕，单击鼠标左键，变为形状，再将光标放置到水滴上，光标变为➡。单击鼠标左键，文本即会链接到图形中，如图7-84所示。

图7-82 打开“冲浪”文件

图7-83 输入文字

图7-84 添加链接

图7-85 调整轮廓

④ 选择工具箱中的“选择”工具，选中水滴对象，按Ctrl+K组合键拆分对象，选中

电脑小百科

对于一些专业性的杂志，其读者群有一定的限制，所以专业性杂志广告的影响面较小，广告效果不是很突出。

水滴，在属性栏中的设置轮廓宽度为1.0mm，选择线条样式为------------，如图7-85所示。

知识补充

创建链接时，如果背景是位图，则不能直接在位图中添加链接。这就需要在背景以外的绘图页面绘制文本框，再选择工具箱中的“选择”工具，选中绘制的文本框拖动到位图合适的位置即可。

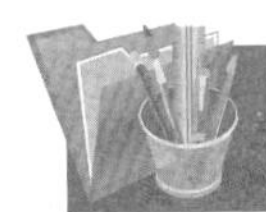

7.4　转换文本

在CorelDRAW X6中，不仅可以转换美术字与段落文本，还可以将文本转换为曲线，同时可以沿路径排列文本，这样更有利于帮助我们快速地设计任务。

书盘互动指导

示例	在光盘中的位置	书盘互动情况
	7.4　转换文本 7.4.1　美术字与段落文本的转换 7.4.2　沿路径排列文本 7.4.3　文本转换为曲线	本节主要学习转换文本，在光盘7.4节中有相关内容的操作视频，还特别针对本节内容设置了具体的实例分析。大家可以在阅读本节内容后再学习光盘，以达到巩固和提升的效果。

7.4.1　美术字与段落文本的转换

执行该命令，可以实现美术文本和段落文本之间的相互转换，文本转换的具体操作步骤如下。

1. 打开CorelDRAW X6，选择“文件”→“打开”命令，弹出“打开绘图”对话框，选择本书配套光盘中的“第7章\7.4\7.4.1\形象大赛.cdr”文件，单击“打开”按钮，如图7-86所示。

2. 选择工具箱中的“文本”工具字，在绘图区中拖动鼠标绘制文本框，单击属性栏中的将文本转换为垂直方向按钮，输入文字，在属性栏中设置字体为方正粗宋简体，大小为30，如图7-87所示。

3. 选择“文本”→“转换为美术字”命令，或按Ctrl+F8组合键，段落文本转换为美术

图7-86　打开“形象大赛”文件

图7-87　输入文本

电脑小百科

杂志的印刷和装帧较为精美，提高了广告的制作成本。

字，如图7-88所示。

4 保持美术文字的选择状态，左键单击调色板上的白色，填充白色，如图7-89所示。

5 按Ctrl+K组合键，拆分文字，选中“啦啦队形象大赛”文字，在属性栏中设置大小为70，如图7-90所示。

6 选中“2007—2008中国体育观众助威团”，在属性栏中设置大小为32，并向左移动文字，效果如图7-91所示。

图7-88 转换为美术字

图7-89 填充颜色

图7-90 设置文字大小

图7-91 最终效果

知识补充

当美术文本转换成段落文本后，它就不是图形对象了，也就不能添加特殊效果。当段落文本转换成美术文本后，它会丢失段落文本的格式。

7.4.2 沿路径排列文本

文本可以沿着某一路径进行排列，沿路径排列文本的具体操作步骤如下。

1 打开CorelDRAW X6，选择“文件”→“打开”命令，弹出“打开绘图”对话框，选择本书配套光盘中的“第7章\7.4\7.4.2\彩印机.cdr”文件，单击“打开”按钮，如图7-92所示。

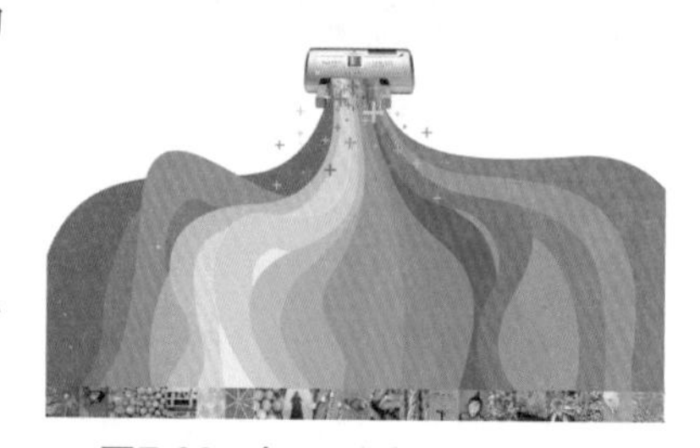
图7-92 打开“彩印机”文件

2 选择工具箱中的“贝塞尔”工具，在绘图区绘制曲线，如图7-93所示。

3 选择工具箱中的“文本”工具，将光标放置到曲线边缘，当光标变为时，单击鼠标左键，输入文字，文字将会沿曲线排列，如图7-94所示。

4 选择工具箱中的“选择”工具，选中曲线，选择“排列”→“拆分在一路径上的文本”命令或按Ctrl+K组合键，分离曲线与文字。选中曲线，按下

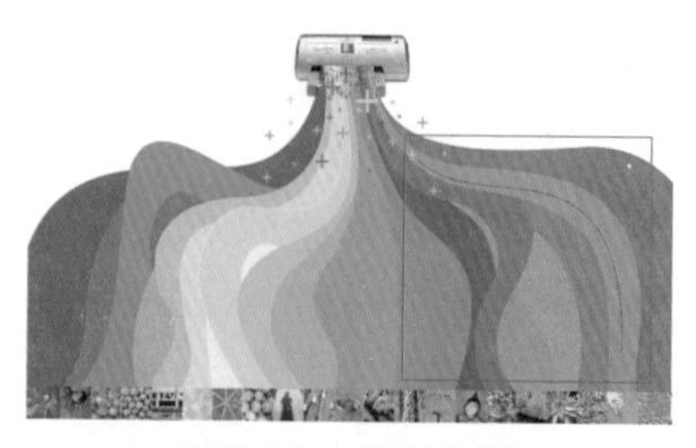
图7-93 绘制曲线

杂志广告具有很强的商业性，它是商家进行企业形象、产品、服务宣传的重要阵地。

Delete键，将其删除，文字仍保持原状态，如图7-95所示。

5 选中文字，左键单击调色板上的白色块，填充白色，如图7-96所示。

6 使用相同的方法，完成其他文字的编辑，效果如图7-97所示。

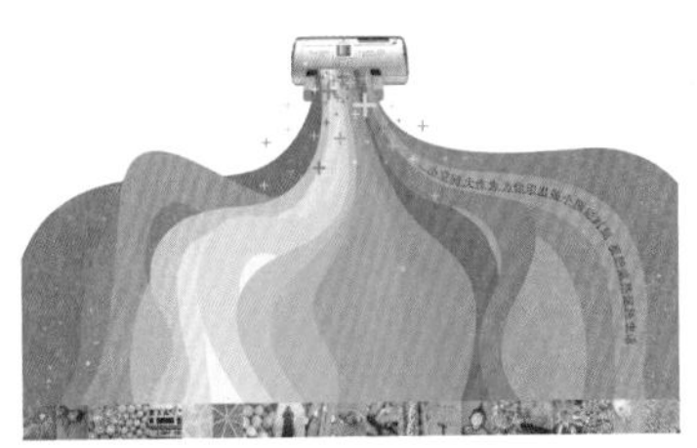

图7-94　沿曲线输入文字

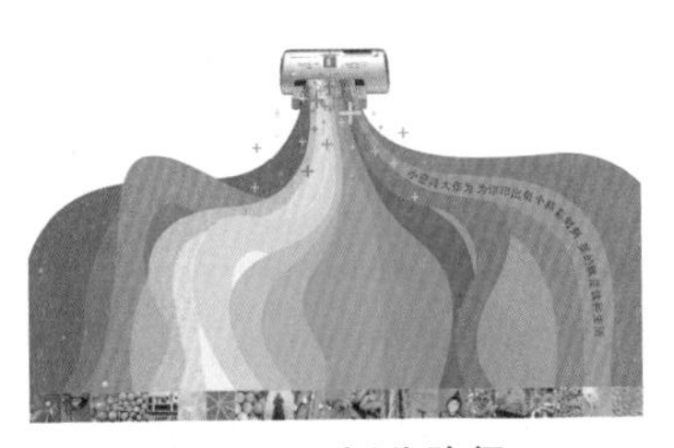

图7-95　拆分路径

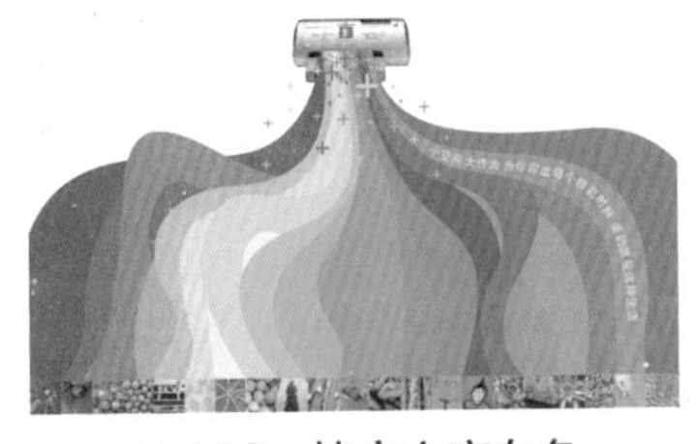

图7-96　填充文字白色

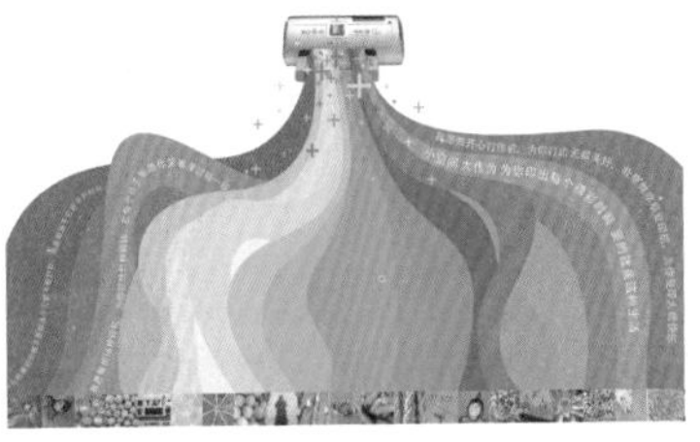

图7-97　最终效果

知识补充

将曲线和文本一起选中，选择“文本”→“使文本适合路径”命令，也可以使文字沿曲线排列。选择“文本”→“使文本适合路径”命令后，如果想取消路径文字的命令，只需要按Esc键即可。

7.4.3 文本转换为曲线

在设计作品的过程，我们需要用到一些变形文字，而软件提供的字体中没有，CorelDRAW X6提供这一功能，通过转曲来变形，制作出需要的效果。

文本转换为曲线的具体操作步骤如下。

1 打开CorelDRAW X6，选择“文件”→“打开”命令，弹出“打开绘图”对话框，选择本书配套光盘中的“第7章\7.4\7.4.3\飞利浦.cdr”文件，单击“打开”按钮，如图7-98所示。

2 选择工具箱中的“文本”工具字，在绘图区合适的位置上输入“红粉佳人”文字，在属性栏中设置字体为方正中倩简体，按F11键弹出“渐变填充”对话框，设置颜色为(C0，M56，Y0，K0)到白色到50%(C0，M58，Y0，K0)的线性渐变，设置角度值为90，单击“确定”按钮，如图7-99所示。

3 选中文字，按Ctrl+K组合键，拆分文字，分别选中文字，重

图7-98　打开“飞利浦”文件

图7-99　输入文字

杂志具有专业性和阶层性，读者对象也有一定的知识层次和欣赏习惯，因此，杂志广告应该运用更加专业化的设计，明确对象，做到有的放矢，使广告具有鲜明的针对性和非凡的吸引力。

调文字的大小和位置，如图7-100所示。

④ 选择工具箱中的“选择”工具，框选文字，按Ctrl+Q组合键，转换为曲线，选中文字“红”，选择工具箱中的“形状”工具，调整形状，如图7-101所示。

⑤ 按照相同的方法，对其他文字进行形状调整，效果如图7-102所示。

图7-100 拆分文字

图7-101 调整形状

图7-102 最终效果

7.5 图文混排

无论是平面设计还是排版设计，都会运用到图形图像与文本间的编排，在CorelDRAW中，图文编排有常用的两种方法：插入特殊字符和文本环绕图形排列。

书盘互动指导

示例	在光盘中的位置	书盘互动情况
	7.5 图文混排 7.5.1 插入特殊字符 7.5.2 段落文本环绕图形	本节主要学习图文混排，在光盘7.5节中有相关内容的操作视频，还特别针对本节内容设置了具体的实例分析。大家可以在阅读本节内容后再学习光盘，以达到巩固和提升的效果。

7.5.1 插入特殊字符

CorelDRAW X6中提供了许多的符号字符，选择“文本”→“插入符号字符”命令，便可在泊坞窗中查找需要的符号。

由于杂志的版面相对较小，因此要科学利用版面，必要时不妨制作跨页广告。

插入特殊字符的具体操作步骤如下。

1. 打开CorelDRAW X6，选择“文件”→“打开”命令，弹出“打开绘图”对话框，选择本书配套光盘中的“第7章\7.5\7.5.1\百货促销单.cdr”文件，单击“打开”按钮，如图7-103所示。
2. 选择“文本”→“插入符号字符”命令或按Ctrl+F11组合键，在绘图区的右侧弹出“插入字符”泊坞窗，设置参数如图7-104所示。单击“插入”按钮，如图7-105所示。

图7-103　打开“百货促销单”文件

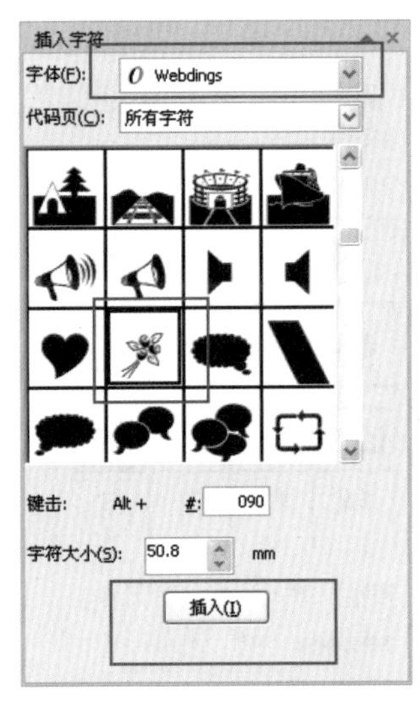

图7-104　“插入字符”泊坞窗

图7-105　插入字符

3. 选择工具箱中的“选择”工具，选中插入的字符，放置合适的位置，并按Shift+F11组合键，弹出“均匀填充”对话框，设置颜色值为(C0，M80，Y5，K0)，单击“确定”按钮，效果如图7-106所示。
4. 再次插入字符，如图7-107所示。
5. 单击“插入”按钮，效果如图7-108所示。

图7-106　填充颜色

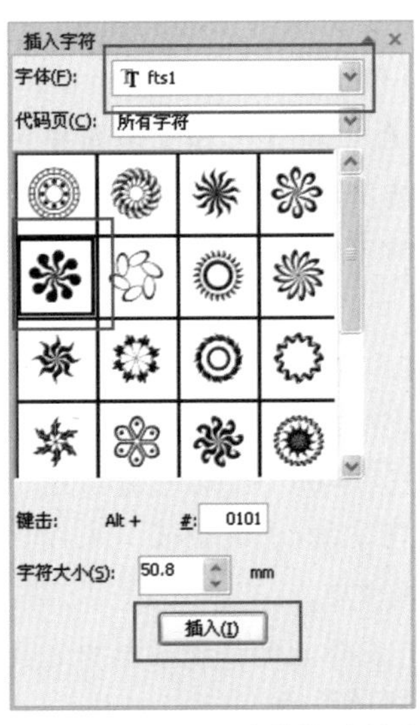

图7-107　“插入字符”泊坞窗

图7-108　插入字符

电脑小百科

在对段落文本或美术文本中的部分文字进行特殊编辑时，可按下快捷键Ctrl+K，将文字打散，使其成为一个独立的图形，之后即可对文字进行形状、大小及颜色的特殊编辑。

❻ 选择工具箱中的“选择”工具，选中插入的字符，放置合适的位置，并按F11键，弹出“渐变匀填充”对话框，设置颜色为(C7，M100，Y10，K0)到(C0，M0，Y100，K0)的辐射渐变，单击“确定”按钮，如图7-109所示。

❼ 再次插入字符，如图7-110所示，单击“插入”按钮，放置合适的位置上。

❽ 选择工具箱中的“选择”工具，选中辐射渐变的字符，单击右键拖动至新插入的字符上，在弹出的快捷菜单中选择“复制填充”选项，并再次复制一个置于下方，如图7-111所示。

华韵
HUAYUN百货
全场商品6.5折

图7-109　填充颜色

插入字符
字体(F):
Wingdings
代码页(C):
所有字符
键击:
Alt +
#:
0124
字符大小(S):
50.8
mm
插入(I)

图7-110　“插入字符”泊坞窗

华韵
HUAYUN百货
全场商品6.5折

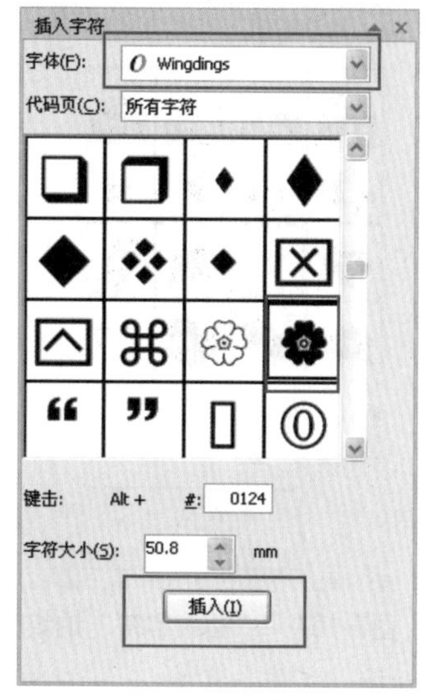

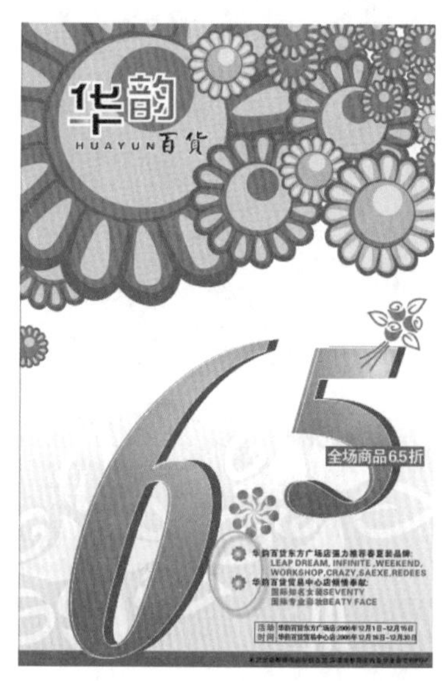

图7-111　最终效果

7.5.2 段落文本环绕图形

文本与图形之间的相互嵌合，可以起到既不遮盖文字，又节省空间，同时达到高度融合文本与图形的作用。

下面为段落文本环绕图形的具体操作步骤。

❶ 打开CorelDRAW X6，新建空白文档，选择工具箱中的“文本”工具，在绘图区拖动鼠标绘制文本框，输入文字。选中文字，在属性栏中设置字体为黑体，大小为15，效果如图7-112所示。

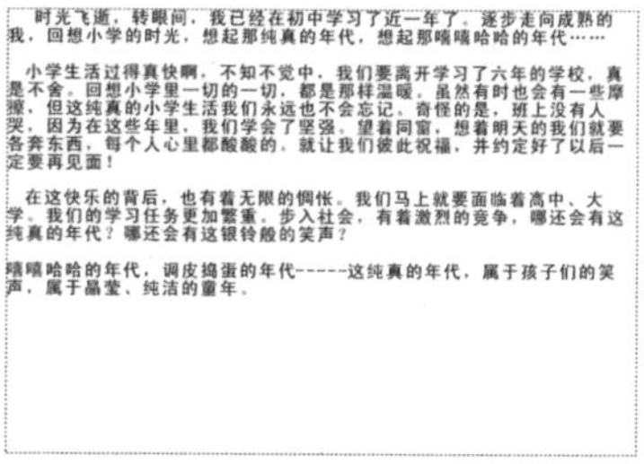

时光飞逝，转眼间，我已经在初中学习了近一年了。逐步走向成熟的我，回想小学的时光，想起那纯真的年代，想起那嘻嘻哈哈的年代……
小学生活过得真快啊，不知不觉中，我们要离开学习了六年的学校，真是不舍。回想小学里一切的一切，都是那样温暖。虽然有时也会有一些摩擦，但这纯真的小学生活我们永远也不会忘记。奇怪的是，班上没有人哭，因为在这些年里，我们学会了坚强。望着同窗，想着明天的我们就要各奔东西，每个人心里都酸酸的，就让我们彼此祝福，并约定好了以后一定要再见面！
在这快乐的背后，也有着无限的惆怅。我们马上就要面临着高中、大学。我们的学习任务更加繁重，步入社会，有着激烈的竞争，哪还会有这纯真的年代？哪还会有这银铃般的笑声？
嘻嘻哈哈的年代，调皮捣蛋的年代-----这纯真的年代，属于孩子们的笑声，属于晶莹、纯洁的童年。

图7-112　创建段落文本

❷ 选择“矩形”工具，在绘图区绘制一个矩形，填充灰色，放置文本下方，如图7-113所示。

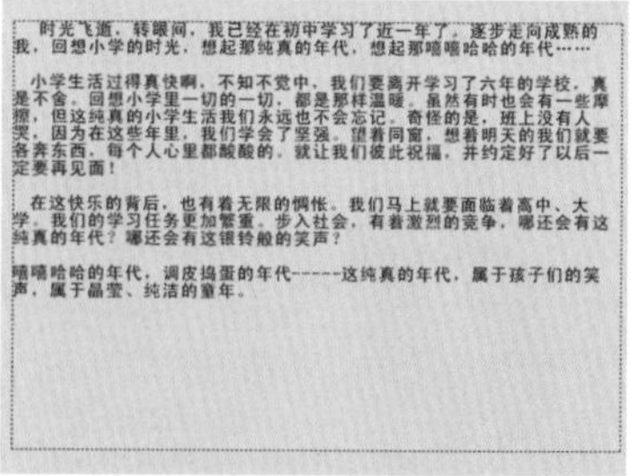

时光飞逝，转眼间，我已经在初中学习了近一年了。逐步走向成熟的我，回想小学的时光，想起那纯真的年代，想起那嘻嘻哈哈的年代……
小学生活过得真快啊，不知不觉中，我们要离开学习了六年的学校，真是不舍。回想小学里一切的一切，都是那样温暖。虽然有时也会有一些摩擦，但这纯真的小学生活我们永远也不会忘记。奇怪的是，班上没有人哭，因为在这些年里，我们学会了坚强。望着同窗，想着明天的我们就要各奔东西，每个人心里都酸酸的，就让我们彼此祝福，并约定好了以后一定要再见面！
在这快乐的背后，也有着无限的惆怅。我们马上就要面临着高中、大学。我们的学习任务更加繁重，步入社会，有着激烈的竞争，哪还会有这纯真的年代？哪还会有这银铃般的笑声？
嘻嘻哈哈的年代，调皮捣蛋的年代-----这纯真的年代，属于孩子们的笑声，属于晶莹、纯洁的童年。

图7-113　绘制矩形

❸ 选择“文件”→“导入”命令，弹出“导入”对话框，选择本书配套光盘中的“第7章\7.5\7.5.2\小孩”文件，单击“导入”按钮，如图7-114所示。

❹ 选中“小孩”图形，单击右键，在弹出的快捷菜单中选择“段落文本换行”命令，如图7-115所示。

电脑小百科

选择“文本”→“使文本适合路径”命令后，如果想取消路径文字的命令，只需要按Esc键即可。

图7-114 导入“小孩”文件

图7-115 段落文本换行

7.6 应用实例——房地产广告

本实例设计，以简洁抽象概念为主导，注重意象的传达，通过爆竹喷射出各种吉祥物和花纹，映射出新年的喜庆和吉祥，思想明确，主旨清晰易懂。主要运用了星形工具、选择工具、渐变填充工具、矩形工具、透明度工具等，并使用了“高斯式模糊”命令。

== 书盘互动指导 ==

⊙ 示例	⊙ 在光盘中的位置	⊙ 书盘互动情况
	7.6 房地产广告	本节主要介绍了以上述内容为基础的综合实例操作方法，在光盘7.6节中有相关操作步骤的视频文件，以及原始素材文件和处理后的效果文件。 大家可以选择在阅读本节内容后再学习光盘，以达到巩固和提升的效果，也可以对照光盘视频操作来学习图书内容，以便更直观地学习和理解本节内容。

1. 打开CorelDRAW X6，选择“文件”→“新建”命令，弹出“创建新文档”对话框，设置“宽度”为285mm，“高度”为385mm，单击“确定”按钮，新建一个空白文档，如图7-116所示。
2. 双击工具箱中的“矩形”工具，自动生成一个与页面大小一样的矩形，按F11键弹出“渐变填充”对话框，设置颜色从(R78，G7，B21)到(R146，G22，B24)43%到(R165，G19，B38)100%的辐射渐变，如图7-117所示。

电脑小百科

户外广告是指在户外的某个特定场所，对人的视觉产生持续刺激作用的广告，它是以户外目标群体为诉求对象，以生活形态变化的人群为目标的广告。

❸ 单击“确定”按钮，效果如图7-118所示。

❹ 单击工具箱中的“矩形”工具，绘制一个12×25mm的矩形，按F11键弹出“渐变填充”对话框，如图7-119所示，设颜色为(R146，G36，B39)到(R175，G42，B37)16%到(R207，G42，B38)24%到R225，G97，B72)66%到(R219，G69，B55)的线性渐变色。

图7-116 新建文档

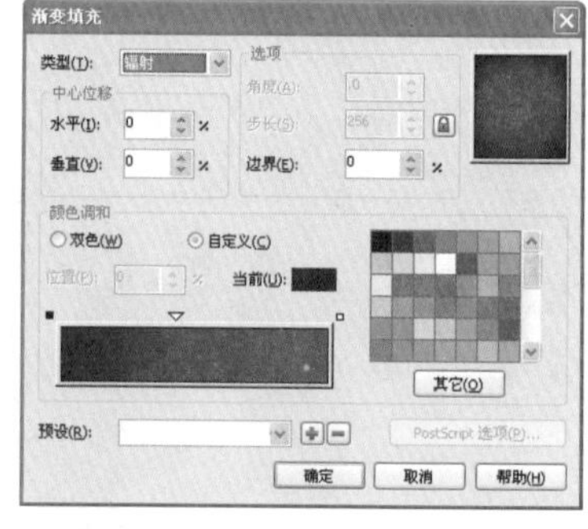

图7-117 “渐变填充”对话框

❺ 选择工具箱中的“椭圆形”工具，绘制一个12×3.8mm的椭圆，填充黄色，按小键盘上的+键复制一个，将其放置在矩形下端位置，按住Shift键，单击矩形，单击属性栏中的“合并”按钮，效果如图7-120所示。

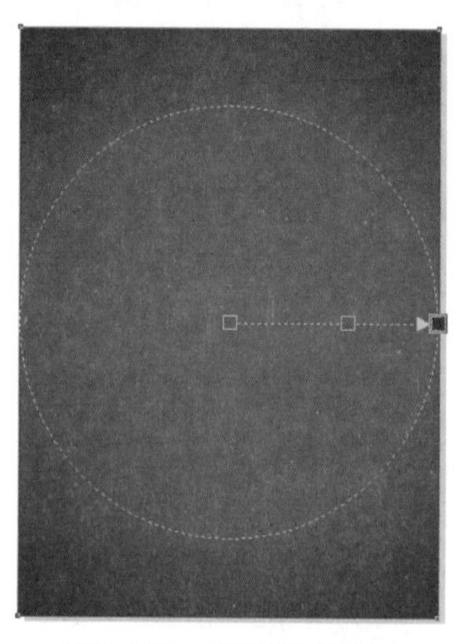

图7-118 渐变填充效果

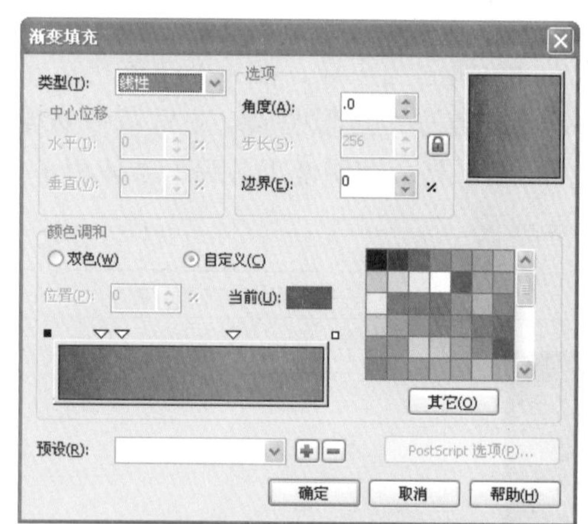

图7-119 渐变参数

图7-120 绘制椭圆

❻ 选择工具箱中的“钢笔”工具，在矩形下端绘制一条黑色曲线，选择工具箱中的“选择”工具，选中黄色椭圆，按小键盘上的+键，复制一层，填充淡绿色(C27，M0，Y73，K0)，轮廓颜色为灰色K60，效果如图7-121所示。

❼ 选中矩形，按小键盘上+键，复制一层，单击属性栏中的垂直镜像按钮，调整到矩形下边，选择工具箱中的“交互式透明度”工具，在矩形上从上往下拖出线性透明度，效果如图7-122所示。

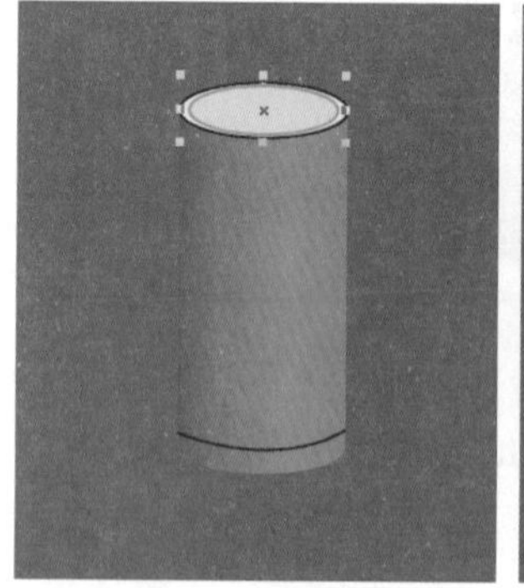

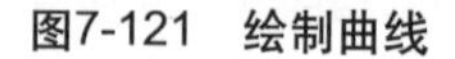

图7-121 绘制曲线

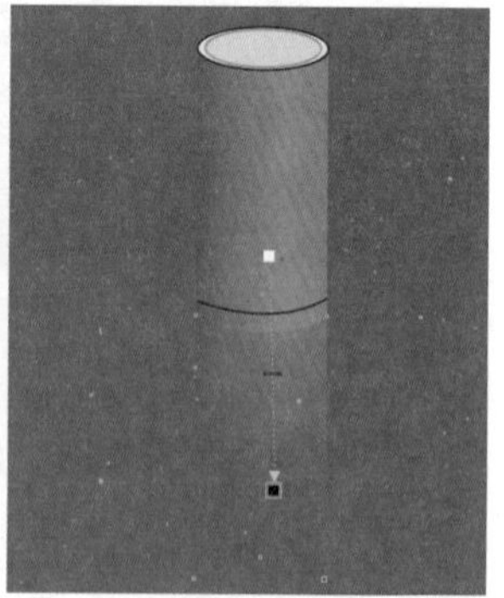

图7-122 透明度效果

电脑小百科

户外广告可以分为路牌广告和招贴广告。

8 选择工具箱中的“椭圆形”工具，绘制一个椭圆，填充黄色，去除轮廓线，选择“位图”→“转换为位图”命令，单击“确定”按钮，再执行“位图”→“模糊”→“高斯式模糊”命令，设置模糊半径为30像素，如图7-123所示。

图7-123 高斯式模糊效果

图7-124 复制图形

9 拖动光晕，释放的同时单击右键，复制光晕，参照此复制方法，复制多个，调整好大小和位置，如图7-124所示。

10 选择“文本”→“插入符号字符”命令，打开“插入字符”泊坞窗，在字体下拉框中选择fts字体，在下拉框中选择相应的图形，拖入编辑窗口，如图7-125所示。

图7-125 “插入字符”泊坞窗

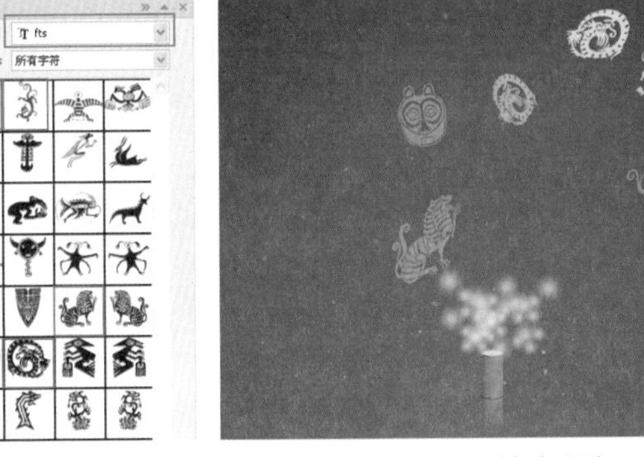

图7-126 填充颜色

11 分别填充相应的颜色，去除轮廓线，效果如图7-126所示。

12 在“插入字符”泊坞窗中选择fts1，选中相应的图形，如图7-127所示。拖入画面，无填充色，选中图形，按F12键，弹出“轮廓笔”对话框，设置颜色为橙色(C0，M60，Y100，K0)，轮廓宽度为0.5mm，如图7-128所示。

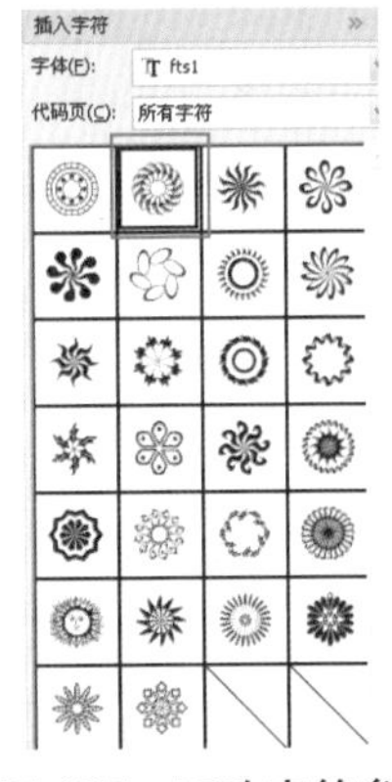

图7-127 更改字符参数

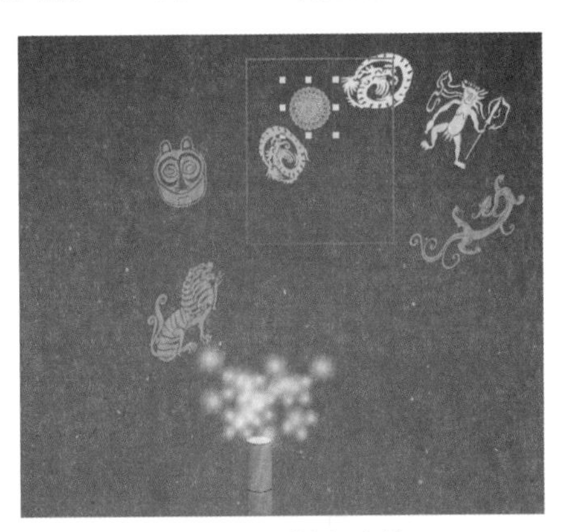

图7-128 插入字符

13 按照上述操作，分别在字体下拉框中找到fts2、fts3，将相应的图形拖入编辑窗口，分别填充相应的颜色，如图7-129所示。

14 选择“文件”→“导入”命令，打开“其他花纹”素材，分别填充相应的颜色，如图7-130所示。

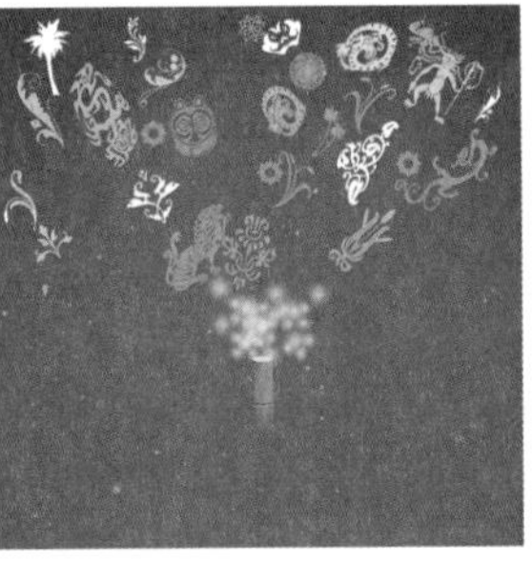

图7-129 插入字符

图7-130 导入花纹素材

电脑小百科

标志，是表明事物特征的记号。它以单纯、显著、易识别的物像、图形或文字符号为直观语言，除表示什么、代替什么之外，还具有表达意义、情感和指令行动等作用。英文俗称为：LOGO(标志)。

⑮ 选择工具箱中的“文本”工具字，输入文字，在属性栏中设置字体分别为“迷你繁赵楷”和“华文行楷”，分别填充白色和橙色，选中黄色字，在属性栏中设置“旋转角度”为253°，如图7-131所示。

⑯ 选择工具箱中的“星形”工具☆，在属性栏中设置“点数或边数”为5，“锐度”为50，按住Ctrl键，在画面中绘制多个星形，填充红色，如图7-132所示。

⑰ 选择工具箱中的“文本”工具字，输入文字，填充金色(R244，G180，B90)，得到最终效果如图7-133所示。

图7-131 输入文字

图7-132 绘制星形

图7-133 最终效果

学习小结

本章主要介绍了CorelDRAW X6中文本的编辑以及相关的处理。通过对本章的学习，读者能够熟练地运用CorelDRAW X6中的文本工具。

下面对本章内容进行总结，具体内容如下。

(1) 对于每个学习平面设计的人员来说，文字是最常使用的宣传武器，在CorelDRAW X6中提供了强大的输入和编辑功能，本章的知识是重点中的重点。

(2) CorelDRAW X6中文本只有两种类型：美术字和段落文本，在设计作品时这两种类型都经常被使用到。

(3) CorelDRAW中有些命令是全面的针对美术字和段落文本两种，而有些命令只作用于其中一种，所以在学习的过程中，我们要了解美术字和段落文本之间的不同点。

(4) 文本的转换是本章的重点。

(5) 插入特殊符号和段落文本环绕图形，这两种命令能快速地帮助我们完成需要的设计效果。

电脑小百科

标志设计中的具体表现形式：人体造型、动物造型、植物造型、器物造型、自然造型的图形。

互动练习

1. 选择题

(1) 编辑文本的快捷键是(　　)。

A．Ctrl+T　　　　B．Shift+T

C．Ctrl+Shift+T　　　　D．Shift+Alt+T

(2) CorelDRAW X6中，文字转换为曲线的快捷键是(　　)

A．Ctrl+Q　　　　B．Ctrl+Shift+Q

C．Shift+Q　　　　D．Ctrl+A

(3) 美术字转换为段落文本的快捷键是(　　)

A．Ctrl+F7　　　　B．Shift+F7

C．Ctrl+F8　　　　D．Shift+F8

2. 思考与上机题

(1) 说说文字转换为曲线的作用。

(2) CorelDRAW X6中，改变文本间的间距可以通过几种不同的方法来完成?

电脑小百科

标志设计中的抽象标志：圆形标志、四方形标志、三角形标志、多边形标志、方向形标志图形。

第8章

应用特效

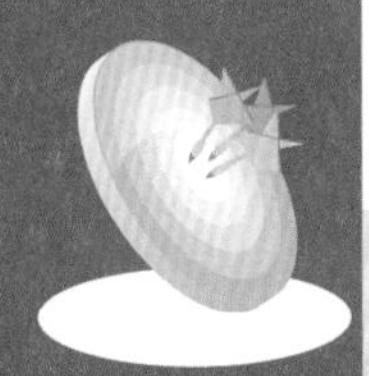

本章导读

CorelDRAW X6提供的高级编辑工具——交互式工具，这些工具的应用更能使图形产生锦上添花的效果。交互式工具可以为对象添加调和效果、轮廓图效果、变形效果、阴影效果、封套效果、立体化效果和透明效果。

精彩看点

- 调和效果
- 轮廓图效果
- 变形效果
- 阴影效果
- 立体化效果
- 封套效果
- 透明效果
- 添加透镜效果
- 添加透视点

8.1 调和效果

调和效果可以使绘图对象之间产生形状和颜色的过渡。“交互式调和”工具是CorelDRAW中应用得很广泛的工具之一，在不同对象之间应用调和效果时，其填充色、外形轮廓和排列顺序等都会对调和效果产生直接影响。

书盘互动指导

示例	在光盘中的位置	书盘互动情况
	8.1 调和效果 8.1.1 创建调和效果 8.1.2 设置调和对象 8.1.3 沿路径调和 8.1.4 复合调和 8.1.5 拆分调和对象 8.1.6 清除调和对象	本节主要学习调和效果，在光盘8.1节中有相关内容的操作视频，还特别针对本节内容设置了具体的实例分析。 大家可以在阅读本节内容后再学习光盘，以达到巩固和提升的效果。

8.1.1 创建调和效果

选择该选项，可使对象之间产生形状和颜色的过渡，创建调和效果可以通过两种不同的方法来实现。

下面为创建调和效果的具体操作步骤。

1. 打开CorelDRAW X6，新建一个空白文档，选择工具箱中的“钢笔”工具，绘制一个不规则图形，如图8-1所示。
2. 保持图形的选择状态，按Shift键向内拖动控制点至合适的位置时单击鼠标右键，缩小并复制图形，如图8-2所示。
3. 选择工具箱中的“选择”工具，同时选中两个图形。选择工具箱中的“交互式调和”工具，在属性栏的“预设”下拉列表框中选择“直接10步长”，设置“调和对象”数值为5，如图8-3所示。
4. 按Ctrl+Z组合键，撤销调和。选择工具箱中的“交互式调和”工具，选择一个对象为起始对象。按下鼠标左键并拖动到另一个对象上也可以实现对象调和。

图8-1 绘制不规则图形 图8-2 复制图形 图8-3 设置调和效果

5. 选择工具箱中的“交互式调和”工具，可在属性栏中设置预设类型和调和对象数值，设置好之后按Enter键，将产生不同效果，如图8-4所示的是“直接20步长减速”。如

电脑小百科

在任一对象中添加的调和、透明度、轮廓图、阴影、立体化等效果，都可以进行拆分，以单独进行编辑。

图8-5所示的是“旋转90°”。按Ctrl+Z组合键，撤销调和，选择工具箱中的“交互式调和”工具，在属性栏中的预设列表中选择“环绕调和”，效果如图8-6所示。

6 按Ctrl+Z组合键，撤销调和，选择工具箱中的“两点线”工具，在图形上绘制一条直线，如图8-7所示。

7 复制多条直线至合适的位置上，效果如图8-8所示。

图8-4　直接20步长减速

图8-5　旋转90°

图8-6　环绕调和

8 选择“文件”→“导入”命令，弹出“导入”对话框，选择本书配套光盘中的“第8章\8.1\8.1.1\蜘蛛侠.cdr”文件，单击“导入”按钮，导入文件，放置合适的位置上，效果如图8-9所示。

图8-7　绘制直线

图8-8　复制直线

图8-9　添加人物素材

8.1.2　设置调和对象

创建调和后，可以通过改变属性栏中的一些命令，来达到不同的调和效果，设置调和对象的具体操作步骤如下。

1 打开CorelDRAW X6，选择“文件”→“打开”命令，弹出“打开绘图”对话框，选择本书配套光盘中的“第8章\8.1\8.1.2\化学元素.cdr”文件，单击“打开”按钮，如图8-10所示。

2 选中调和对象，单击属性栏中的“起始和结束属性”按钮，在其下拉列表中选择“新终点”选项。当光标变为◀时，在渐变椭圆上单击鼠标左键，即可更换新终点对象，如图8-11所示。

3 选中调和对象，单击属性栏中的“起始和结束属性”按钮，在其下拉列表中选择“新起点”选项，当光标变为◀时，在黄色的椭圆上单击鼠标左键，即可更换新起点对象，效果如图8-12所示。

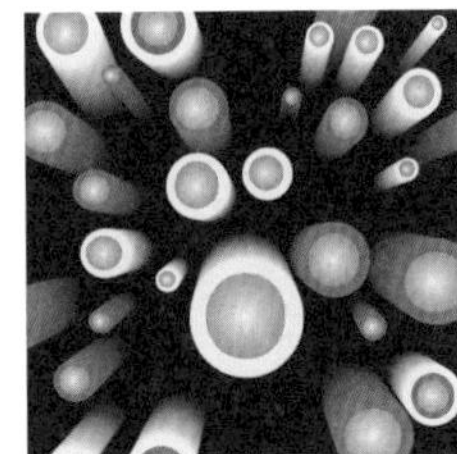
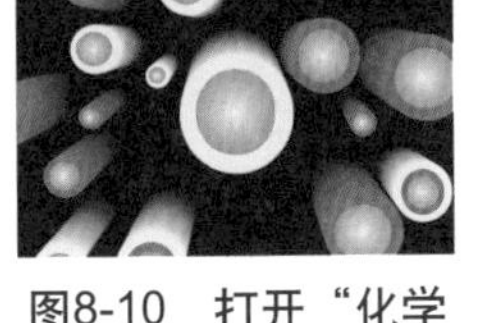
图8-10　打开“化学元素”文件

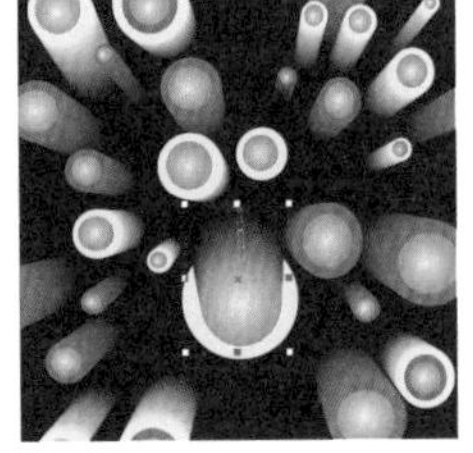
图8-11　新终点效果

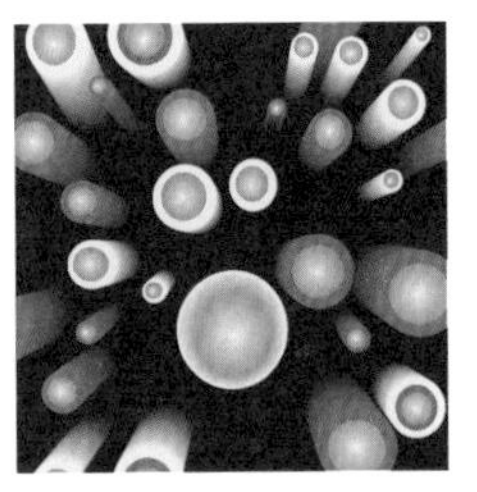
图8-12　新起点效果

8.1.3　沿路径调和

建立调和之后，通过运用路径属性功能，可使对象按照指定的路径进行调和。

电脑小百科

“交互式调和”工具是用于创建特殊效果的主要应用工具之一。该工具可应用于两个或者多个对象之间，经过中间形状和颜色的渐变，创建一种特殊的平滑过渡效果。

沿路径调和的具体操作步骤如下。

1 打开CorelDRAW X6，选择“文件”→“打开”命令，弹出“打开绘图”对话框，选择本书配套光盘中的“第8章\8.1\8.1.3\西瓜地.cdr”文件，单击“打开”按钮，如图8-13所示。

图8-13 打开“西瓜地”文件

图8-14 绘制曲线

2 选择工具箱中的“钢笔”工具，在绘图页面合适的位置上绘制一条曲线，如图8-14所示。

3 选中调和对象，单击属性栏中的“路径属性”按钮，在其下拉列表中选择“新路径”选项，当光标变为时，单击已绘制好的曲线，使调和对象沿指定的路径调和，如图8-15所示。

4 选择“效果”→“调和”命令，在绘图区右边弹出“调和”泊坞窗。在该泊坞窗中选中“沿全路径调和”复选框，单击“应用”按钮。右键单击调色板上的无填充按钮☒，隐藏曲线，微调对象的位置，效果如图8-16所示。

图8-15 沿路径调和对象

图8-16 最终效果

8.1.4 复合调和

复合调和就是将一个调和对象与另一个独立的对象建立调和，复合调和的具体操作步骤如下。

1 打开CorelDRAW X6，选择“文件”→“打开”命令，弹出“打开绘图”对话框，选择本书配套光盘中的“第8章\8.1\8.1.4\星星.cdr”文件，单击“打开”按钮，如图8-17所示。

图8-17 打开“星星”文件

2 选择工具箱中的“交互式调和”工具，设置属性栏中的“调和对象”为5，从左边的星形上单击鼠标左键并拖至右上边的星形上，为两个星形添加调和效果，如图8-18所示。

3 选择工具箱中的“选择”工具，选中调和的初始对象，如图8-19所示。

4 选择工具箱中的“调和”工具，将鼠标放置到初始

图8-18 调和对象

电脑小百科

平面构成是设计中按照形式美的法则处理形象与形象之间的关系，使它们达到和谐、完美，创造出新的形象。

对象上，此时鼠标发生变化，按住鼠标左键并拖曳到下边的星形对象上，松开鼠标，复合调和效果完成，如图8-20所示。

图8-19　选中调和初始对象

图8-20　复合调和对象效果

知识补充

除了使用上述方法建立复合调和外，还可以使用“调和”工具在单一调和中间对象上双击，将单一调和拆分为复合调和，则被双击的中间对象将变为过渡调和对象（即中间带方框控制符的对象）。如双击过渡调和对象上的小方框，可融合两侧的子调和。

8.1.5　拆分调和对象

调和后的对象成为整体不能直接进行独个编辑，可以将其拆分为单独的图形后，单个选中进行编辑。

下面为拆分调和对象的具体操作步骤。

1. 打开CorelDRAW X6，选择“文件”→“打开”命令，弹出“打开绘图”对话框，选择本书配套光盘中的“第8章\8.1\8.1.5\水晶心形.cdr”文件，单击“打开”按钮，如图8-21所示。
2. 选中调和对象，选择“排列”→“拆分调和群组”命令或按Ctrl+K组合键。选择工具箱中的“选择”工具，拖动对象到合适的位置，如图8-22所示。

图8-21　打开“水晶心形”文件

图8-22　拆分调和群组

8.1.6　清除调和对象

清除调和对象同其他交互式工具一样，可以直接去除已有调和效果的对象。

下面为清除调和对象的具体操作步骤。

1. 打开CorelDRAW X6，选择“文件”→“打开”命令，弹出“打开绘图”对话框，选择本书配套光盘中的“第8章\8.1\8.1.6\孔雀.cdr”文件，单击“打开”按钮，如图8-23所示。

图8-23　打开“孔雀”文件　图8-24　清除调和效果

电脑小百科

几何形态上的点，是无形态变化的，只有位置，没有面积。然而，在设计中，点是有位置、有不同形状、不同色彩的。

② 清除调和效果时，前提是需要选中调和对象，选择“效果”→“清除调和”命令即可或单击属性栏中的“清除调和”按钮，效果如图8-24所示。

8.2 轮廓图效果

轮廓图效果是图形向内部或者外部放射的层次效果，它由多个同心线圈组成，可以通过向中心、向内和向外3种方向创建轮廓图，方向不同效果不同。

== 书盘互动指导 ==

⊙ 示例	⊙ 在光盘中的位置	⊙ 书盘互动情况
	8.2 轮廓图效果 8.2.1 创建对象的轮廓图 8.2.2 设置轮廓图步长值和偏移量 8.2.3 设置轮廓图颜色 8.2.4 对象和颜色加速 8.2.5 复制轮廓图属性 8.2.6 清除轮廓图	本节主要学习轮廓图效果，在光盘8.2节中有相关内容的操作视频，还特别针对本节内容设置了具体的实例分析。 大家可以在阅读本节内容后再学习光盘，以达到巩固和提升的效果。

8.2.1 创建对象的轮廓图

“交互式轮廓图”工具可以制作出对象的轮廓向内或向外放射的同心效果，轮廓图效果只能在一个对象上完成，创建对象轮廓图的具体操作步骤如下。

① 打开CorelDRAW X6，新建一个空白文档，选择工具箱中的“椭圆形”工具，在绘图页面按Ctrl键的同时拖动鼠标绘制一个正圆，填充蓝色并去除轮廓线，如图8-25所示。

② 选择工具箱中的“交互式轮廓图”工具，在正圆上单击鼠标左键并向外拖动鼠标，设置属性栏中的“轮廓图步长”为7，如图8-26所示。

③ 选择“文件”→“导入”命令，弹出“导入”对话框，选择本书配套光盘中的“第8章\8.2\8.2.1\啤酒.cdr”文件，单击“导入”按钮，将素材放置合适的位置上，如图8-27所示。

图8-25 绘制正圆

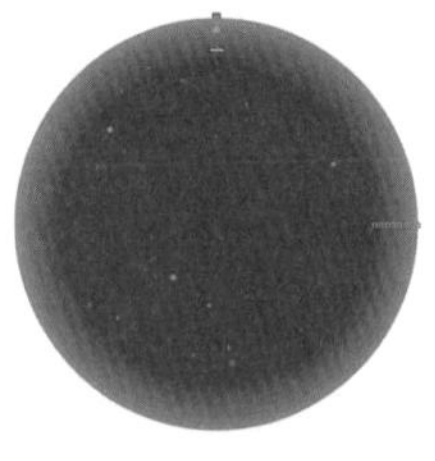

图8-26 绘制轮廓图

图8-27 打开“啤酒”文件

电脑小百科

规则点多借用仪器绘制，通过大小、疏密变化来布局。不规则点随意性较大，多由意外或手绘而成。

知识补充

使用“交互式轮廓图”工具处理的轮廓对象必须是独立的对象，不能是群组对象。

8.2.2 设置轮廓图步长值和偏移量

轮廓图步长可以通过设置数值改变轮廓图的发射数量，而轮廓图偏移可以通过设置数值来改变轮廓图效果中的步数间的距离。

设置轮廓图步长值和偏移量的具体操作步骤如下。

1. 打开CorelDRAW X6，选择“文件”→“打开”命令，弹出“打开绘图”对话框，选择本书配套光盘中的“第8章\8.2\8.2.2\轮廓图.cdr”文件，单击“打开”按钮，如图8-28所示。
2. 选择工具箱中的“选择”工具，选中轮廓图对象，设置属性栏中的“轮廓图步长”为7，“轮廓图偏移”为40，效果如图8-29所示。

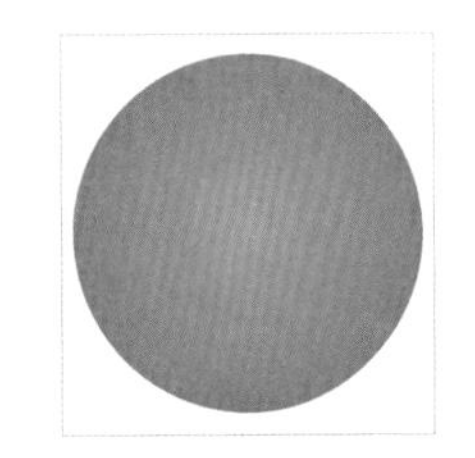

图8-28 打开“轮廓图”文件

图8-29 设置步长和偏移

8.2.3 设置轮廓图颜色

轮廓图可以设置轮廓色和填充色，它是对轮廓图终端对象进行的轮廓颜色和填充颜色的设置。下面为设置轮廓图颜色的具体操作步骤。

1. 打开CorelDRAW X6，选择“文件”→“打开”命令，弹出“打开绘图”对话框，选择本书配套光盘中的“第8章\8.2\8.2.3\轮廓图.cdr”文件，单击“打开”按钮，如图8-30所示。
2. 选择工具箱中的“选择”工具，选中轮廓图对象，设置属性栏中的“轮廓色”为绿色，“填充色”为淡黄色，效果如图8-31所示。
3. 选中轮廓图，选择“排列”→“拆分轮廓图群组”命令或按Ctrl+K组合键来完成，单击属性栏中的“取消群组”按钮，逐个选中并填充不同的颜色，效果如图8-32所示。
4. 选择工具箱中的“文本”工具，输入文字，放置合适的位置上，效果如图8-33所示。

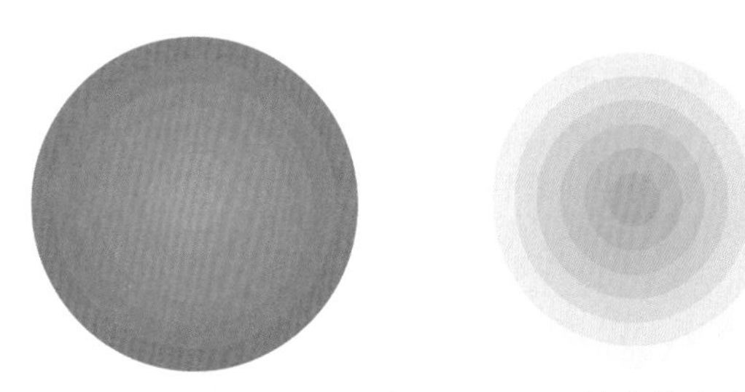

图8-30 打开“轮廓图”文件 图8-31 填充轮廓图颜色

图8-32 拆开轮廓图并填充颜色

图8-33 输入文字

电脑小百科

错觉就是感觉与客观事实不相符合，由于点的位置、色彩、明度等条件的变化，产生与其自身不等的感觉，会有远近、大小、冷暖等变化的感觉。

8.2.4 对象和颜色加速

选择对象和颜色加速可以改变轮廓图对象的均匀轮廓排列和颜色的递减度，下面为对象和颜色加速的具体操作步骤。

1. 打开CorelDRAW X6，选择“文件”→“打开”命令，弹出“打开绘图”对话框，选择本书配套光盘中的“第8章\8.2\8.2.4\轮廓图.cdr”文件，单击“打开”按钮，如图8-34所示。
2. 选择工具箱中的“选择”工具，选中轮廓图对象，单击属性栏中的“对象和颜色加速”按钮，在下拉列表中向右推动对象，如图8-35所示。对象和颜色同时进行加速，效果如图8-36所示。

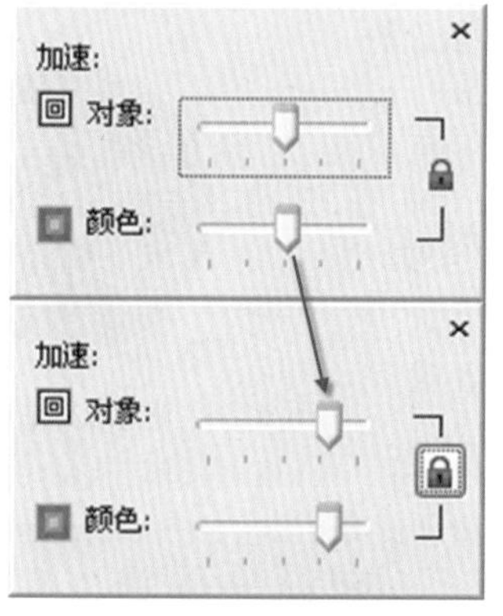

图8-34 打开“轮廓图”文件　　图8-35 设置加速值　　图8-36 对象和颜色加速

3. 按Ctrl+Z组合键，撤销加速，单击属性栏“加速”对话框中的锁定按钮，向右推动对象，如图8-37所示。
4. 此时颜色不能随对象一起加速，效果如图8-38所示。
5. 向左推动颜色，如图8-37所示，效果如图8-39所示。

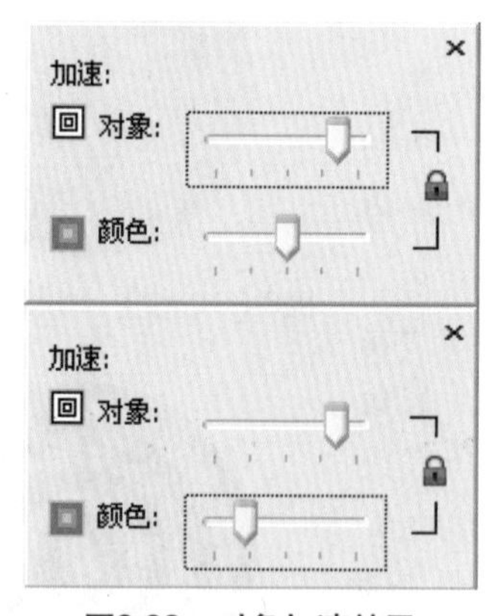

图8-37 设置加速值　　图8-38 对象加速效果　　图8-39 颜色加速效果

8.2.5 复制轮廓图属性

复制轮廓图属性是对已有轮廓图效果的对象，进行轮廓图各种属性的复制，下面为复

电脑小百科

“交互式轮廓图”工具可在被作用对象的内外边框中添加等距同心线，该工具可应用到任何使用CorelDRAW X6创建的矢量对象。

制轮廓图属性的具体操作步骤。

❶ 打开CorelDRAW X6，选择“文件”→“打开”命令，弹出“打开绘图”对话框，选择本书配套光盘中的“第8章\8.2\8.2.5\啤酒.cdr”文件，单击“打开”按钮，如图8-40所示。

❷ 选择工具箱中的“基本形状”工具，在属性栏中的“完美形状”下拉列表中选择“水滴”图形，在绘图页面中绘制水滴，填充白色并去除轮廓线，如图8-41所示。

图8-40　打开“啤酒”文件

图8-41　绘制水滴

❸ 保持水滴图形的选择状态，选择工具箱中的“交互式轮廓图”工具，单击属性栏中的“复制轮廓图属性”按钮，当光标变为➡时，在背景轮廓图上单击鼠标左键，如图8-42所示，已复制对象的轮廓图属性，效果如图8-43所示。

❹ 重设属性栏中的“偏移量”为0.5mm，效果如图8-44所示。

图8-42　重设偏移量

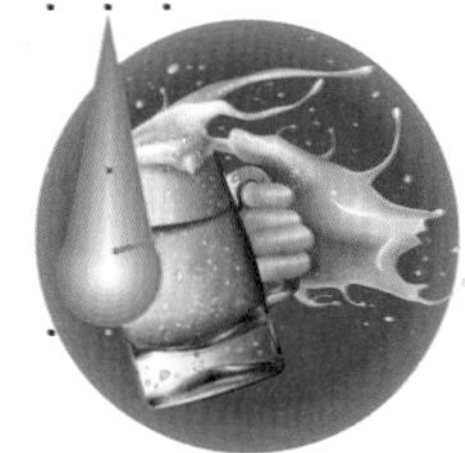

图8-43　复制轮廓图属性

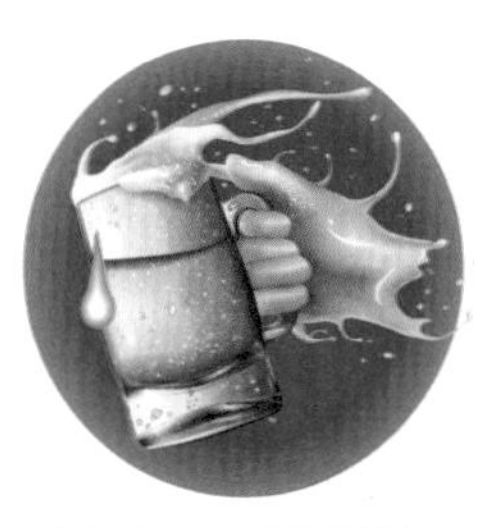

图8-44　重设偏移量

知识补充

轮廓图效果的属性被复制到图形上，复制后的效果只复制轮廓对象的步数、偏移量和轮廓色，但填充颜色不能被复制。

8.2.6　清除轮廓图

轮廓图同其他交互式工具一样，可以直接去除已有轮廓图效果的对象。下面为清除轮廓图的具体操作步骤。

❶ 打开CorelDRAW X6，选择“文件”→“打开”命令，弹出“打开绘图”对话框，选择本书配套光盘中的“第8章\8.2\8.2.6\啤酒.cdr”文件，单击“打开”按钮，选择工具箱中“选择”工具，选中水滴图形对象，如图8-45所示。

❷ 选择“效果”→“清除轮廓”命令，效果如图8-46所示。选中背景轮廓图效果，单击属性栏中的“清除轮廓”按钮，如图8-47所示。

图8-45　选择“啤酒”对象

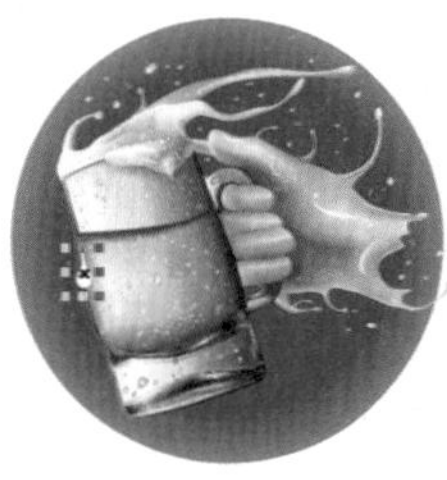

图8-46　清除轮廓

图8-47　清除轮廓

电脑小百科

粗线庄重、有质感；细线则有飘动、清秀、优雅的感觉。

8.3 变形效果

使用“交互式变形”工具可以对选中的对象进行不同效果的变形。在属性栏中提供了3种不同类型的扭曲效果：推拉变形、拉链变形和扭曲变形。

书盘互动指导

⊙ 示例	⊙ 在光盘中的位置	⊙ 书盘互动情况
	8.3 变形效果 8.3.1 推拉变形 8.3.2 拉链变形 8.3.3 扭曲变形 8.3.4 清除对象变形	本节主要学习变形效果，在光盘8.3节中有相关内容的操作视频，还特别针对本节内容设置了具体的实例分析。 大家可以在阅读本节内容后再学习光盘，以达到巩固和提升的效果。

8.3.1 推拉变形

“推拉变形”按钮：推拉对象节点以产生不同的推拉效果，下面为推拉变形的具体操作步骤。

1. 打开CorelDRAW X6，选择“文件”→“打开”命令，弹出“打开绘图”对话框，选择本书配套光盘中的“第8章\8.3\8.3.1\彩灯.cdr”文件，单击“打开”按钮，如图8-48所示。

图8-48 打开“彩灯”文件

图8-49 绘制多边形

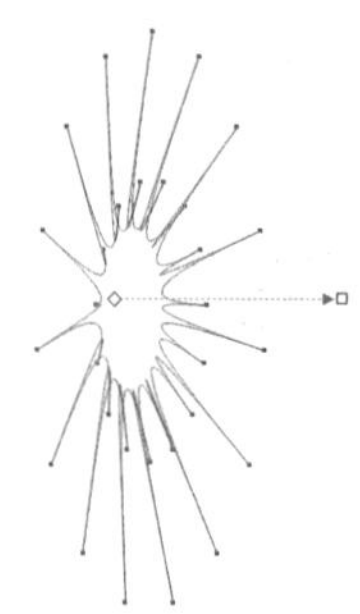

图8-50 推拉变形

2. 选择工具箱中的“星形”工具，设置属性栏中“边数”为15，填充白色并进行挤压变形，如图8-49所示。
3. 选择工具箱中的“交互式变形”工具，单击属性栏中的“推拉变形”按钮，在图形上按住鼠标左键从内往外拖动，得到理想的图形效果后，释放鼠标左键，如图8-50所示。

图8-51 推拉变形效果

图8-52 最终效果

4. 将变形后的星形放置彩灯上，设置属性栏中的“旋转角度”为40°，右键单击调色板上的无填充按钮☒，去除轮廓线，如图8-51所示。
5. 复制多个，调整好大小和位置，效果如图8-52所示。

直线表示静，是男性的象征，具有简单明了、直率的性格，表现出一种力量美。

8.3.2 拉链变形

“拉链变形”按钮：在对象的内外侧产生很多节点，使对象的轮廓变为锯齿状效果，拉链变形的具体操作步骤如下。

1. 打开CorelDRAW X6，新建一个空白文档，选择工具箱中的“复杂星形”工具，设置属性栏中的“边数”为20，“锐度”为5，在绘图页面绘制一个复杂星形，如图8-53所示。
2. 保持复杂星形的选择状态，按F11键，弹出“渐变填充”对话框，设置类型为“辐射”，水平和垂直分别为5和4，设置颜色值由(C3，M63，Y99，K1)到(C0，M0，Y100，K0)，中心为44，单击“确定”按钮，右键单击调色板上的无填充按钮，去除轮廓线，如图8-54所示。

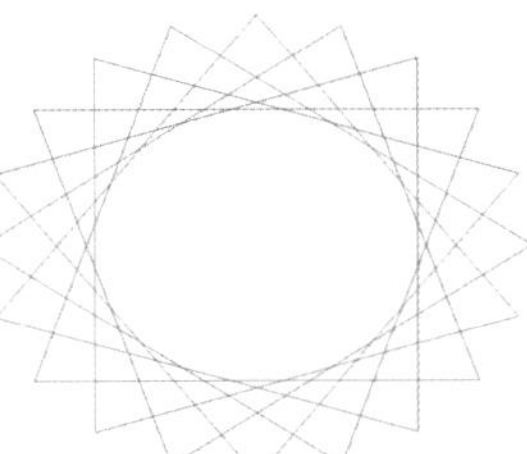

图8-53 绘制复制星形

图8-54 填充渐变色

3. 选择工具箱中的“交互式变形”工具，单击属性栏中的“拉链变形”按钮，设置属性栏中“拉链失真振幅”的数值为8，“拉链失真频率”数值为5，选中图形，拖动鼠标产生变形效果，如图8-55所示。
4. 选择“文件”→“导入”命令，弹出“导入”对话框，选择本书配套光盘中的“第8章\8.3\8.3.2\花朵.cdr”文件，单击“导入”按钮，选中变形星形对象，放置合适的位置上，效果如图8-56所示。

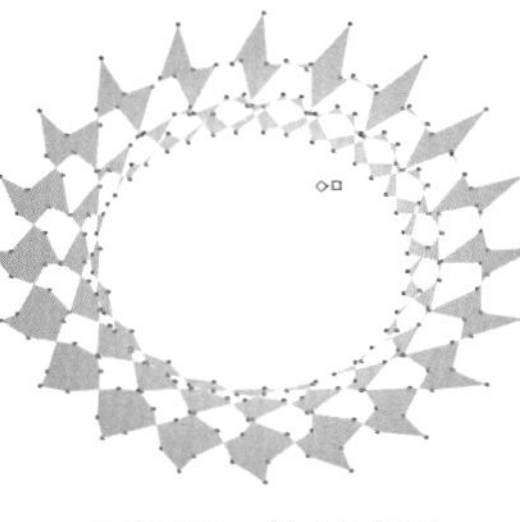

图8-55 拉链变形

图8-56 最终效果

8.3.3 扭曲变形

“扭曲变形”按钮，可以使对象产生一种旋涡效果，下面为扭曲变形的具体操作步骤。

1. 打开CorelDRAW X6，选择“文件”→“打开”命令，弹出“打开绘图”对话框，选择本书配套光盘中的“第8章\8.3\8.3.3\时尚女.cdr”文件，单击“打开”按钮，如图8-57所示。
2. 选择工具箱中的“选择”工具，选中对象，选择工具箱中的“交互式变形”工具，单击属性栏中的“扭曲变形”按钮，在图形上按住鼠标左键由内往外拖动，设置属性栏中的“附加度数”为42，单击“逆时针旋转”按钮，如图8-58所示。
3. 选择工具箱中的“选择”工具，将变形的图形放置合适的位置，按照相同的方法，为黄色的图形进行扭曲变形，效果如图8-59所示。

图8-57 打开“时尚女”文件

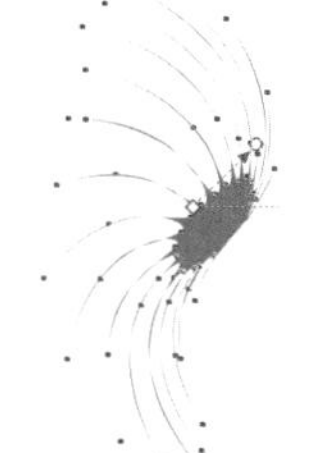

图8-58 扭曲变形

图8-59 扭曲变形效果

曲线表示动，几何曲线是女性化的象征，比直线较有温柔的感情性格，自由曲线是用圆规表现不出来的曲线，富有自由、优雅的女性感。

8.3.4 清除对象变形

单击“清除对象变形”按钮，即可去除对象的变形效果，下面为清除对象变形的具体操作步骤。

1. 打开CorelDRAW X6，选择“文件”→“打开”命令，弹出“打开绘图”对话框，选择本书配套光盘中的“第8章\8.3\8.3.4\太阳花.cdr”文件，单击“打开”按钮，如图8-60所示。
2. 选择工具箱中的“选择”工具，选中花瓣的部分，选择工具箱中的“变形”工具，单击属性栏中的“清除变形”按钮，效果如图8-61所示。

图8-60 打开“太阳花”文件

图8-61 清除变形

8.4 阴影效果

阴影效果是绘图过程中常用到的一种特效，使用“交互式阴影”工具可以快速地为绘制的图形添加阴影效果。在属性栏还可以设置阴影的偏移、角度、透明度、羽化、位置和颜色。

书盘互动指导

示例	在光盘中的位置	书盘互动情况
	8.4 阴影效果 8.4.1 创建对象阴影 8.4.2 复制对象阴影 8.4.3 拆分和清除阴影	本节主要学习阴影效果，在光盘8.4节中有相关内容的操作视频，还特别针对本节内容设置了具体的实例分析。 大家可以在阅读本节内容后再学习光盘，以达到巩固和提升的效果。

8.4.1 创建对象阴影

对象的阴影类型有多种，所投射的方向也有不同，下面为创建对象阴影的具体操作步骤。

1. 打开CorelDRAW X6，选择“文件”→“打开”命令，弹出“打开绘图”对话框，选择本书配套光盘中的“第8章\8.4\8.4.1\玫瑰花.cdr”文件，单击“打开”按钮，如图8-62所示。

电脑小百科

“交互式变形”工具可快速改变对象的外观，根据所选变形类型，使对象产生旋转扭曲、推拉倾斜、爆炸破裂的变形特效。

2 选择工具箱中的“交互式阴影”工具，通过选择属性栏中的“预设列表”中不同的阴影类型来产生不同的效果，或者在图形上单击鼠标左键拖动也可以绘制阴影，设置阴影“不透明度”值为50，“羽化”值为10，阴影颜色为(C66，M98，Y100，K64)，如图8-63所示。

图8-62 打开“玫瑰花”文件

图8-63 设置阴影参数

8.4.2 复制对象阴影

为已有对象的阴影复制各种属性的前提是，需要复制阴影的对象，必须也添加了阴影效果，复制对象阴影的具体操作步骤如下。

1 打开CorelDRAW X6，选择“文件”→“打开”命令，弹出“打开绘图”对话框，选择本书配套光盘中的“第8章\8.4\8.4.2\人字拖鞋.cdr”文件，单击“打开”按钮，如图8-64所示。

2 选择工具箱中的“选择”工具，选中下面的拖鞋图形。选择工具箱中的“交互式阴影”工具，单击属性栏中的“复制阴影效果属性”按钮。当光标变为➡时，单击上面的拖鞋图形，如图8-65所示。

3 对象的阴影已被复制，效果如图8-66所示。

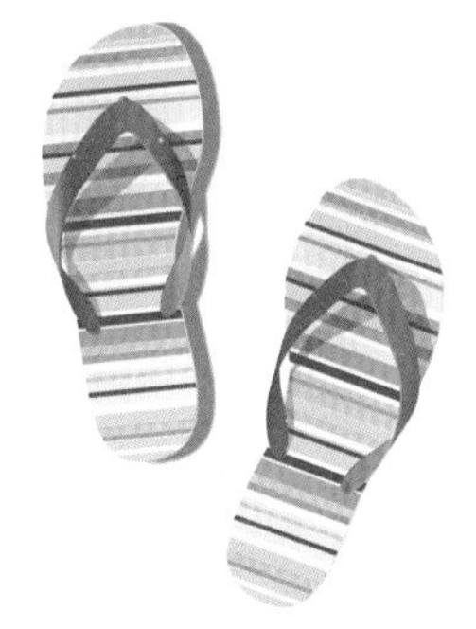

图8-64 打开“人字拖鞋”文件

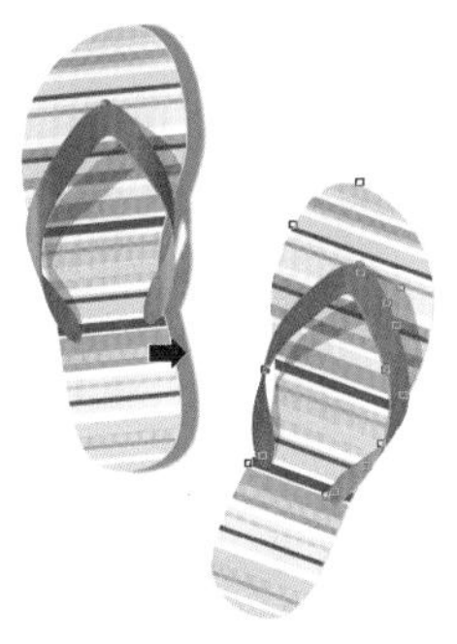

图8-65 复制对象阴影

图8-66 复制对象阴影效果

8.4.3 拆分和清除阴影

拆分阴影的作用是分离阴影与对象，进行拆分后，两者都为独立的对象。“清除阴影”按钮，可去除对象的阴影效果。

下面为拆分和清除阴影的具体操作步骤。

1 打开CorelDRAW X6，选择“文件”→“打开”命令，弹出“打开绘图”对话框，选择本书配套光盘中的“第8章\8.4\8.4.3\玫瑰花.cdr”文件，单击“打开”按钮，如图8-67所示。

2 选择工具箱中的“选择”工具，选中要拆分的阴影对象，

图8-67 打开“玫瑰花”文件

电脑小百科

色彩构成也称色彩的相互作用，将两种以上的色彩根据不同的目的性，将物理学与心理学的原理重新组合搭配，构成新的美的色彩关系。

选择“排列”→“拆分阴影群组”命令或按Ctrl+K组合键，此时阴影成为独立的可编辑对象，移动阴影，如图8-68所示。

3 按Ctrl+Z组合键，撤销拆分，选中要清除的阴影对象，选择“效果”→“清除阴影”命令或单击属性栏中的“清除阴影”按钮，清除阴影效果如图8-69所示。

图8-68 取消全部群组　　图8-69 合并图形

8.5 立体化效果

立体化效果是利用三维空间的立体旋转和光源照射的功能来完成的。CorelDRAW X6中的交互式立体化工具可以制作和编辑图形的三维效果，下面将具体来介绍如何制作图形的立体效果。

书盘互动指导

示例	在光盘中的位置	书盘互动情况
	8.5 立体化效果 8.5.1 创建立体化效果 8.5.2 编辑立体化效果 8.5.3 拆分立体化 8.5.4 清除立体化 8.5.5 复制立体化效果	本节主要学习立体化效果，在光盘8.5节中有相关内容的操作视频，还特别针对本节内容设置了具体的实例分析。 大家可以在阅读本节内容后再学习光盘，以达到巩固和提升的效果。

8.5.1 创建立体化效果

应用立体化工具，可以为对象添加三维效果，使对象具有很强的纵深感和空间感，立体化效果可以应用于图形和文本对象。

下面为创建立体化效果的具体操作步骤。

1 打开CorelDRAW X6，选择“文件”→“打开”命令，弹出“打开绘图”对话框，选择本书配套光盘中的“第8章\8.5\8.5.1\图标.cdr”文件，单击“打开”按钮，如图8-70所示。

2 选择工具箱中的“交互式立体化”工具，在红色的图形上拖动鼠标为图形添加立体化效果。在属性栏中的“立体化颜色”下拉列表中选择“使用纯色”按钮，设置颜色为(C37，M100，Y100，K5)，效果如图8-71所示。

3 按照上述方法，给其他的图形添加立体效果，如图8-72所示。

电脑小百科

使用“交互式阴影”工具可快速为对象添加阴影，创建具有深度感的立体效果。

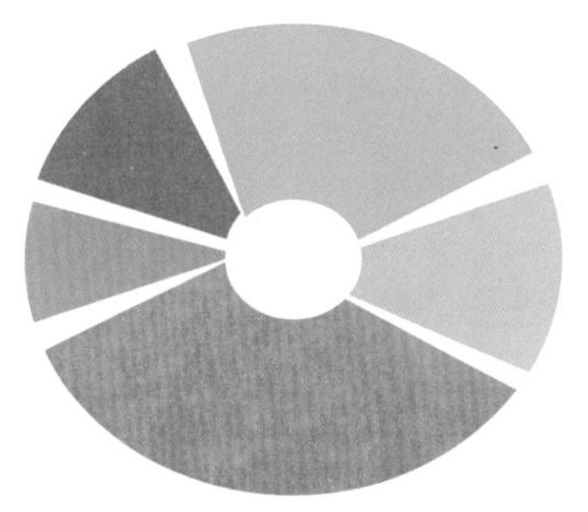

图8-70　打开“图标”文件

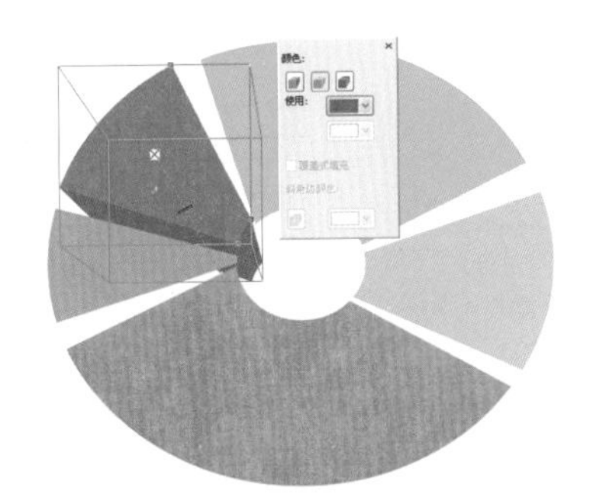

图8-71　添加立体化效果

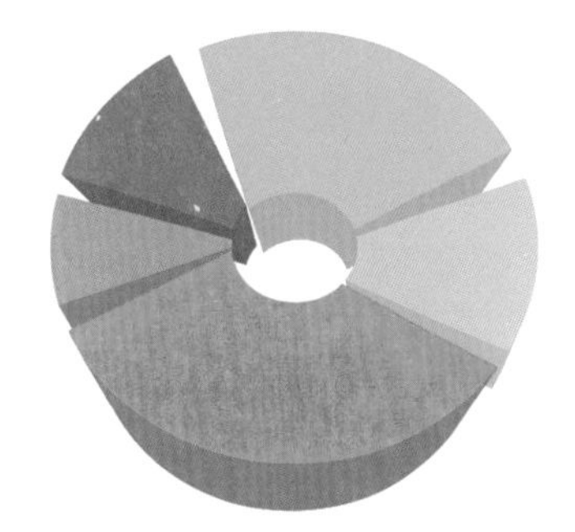

图8-72　图标效果

8.5.2　编辑立体化效果

立体化效果是比较多样的，可以对其进行颜色、深度、立体方向等设置，下面为编辑立体化效果的具体操作方法。

1. 打开CorelDRAW X6，选择“文件”→“打开”命令，弹出“打开绘图”对话框，选择本书配套光盘中的“第8章\8.5\8.5.2\天空之景.cdr”文件，单击“打开”按钮，如图8-73所示。
2. 选择工具箱中的“交互式立体化”工具，在属性栏中的“预设”下拉列表框中，提供了多种不同的立体化效果。

   “立体化类型”列表：在立体化类型下拉列表中提供了多种不同立体化效果类型，如图8-74所示。

图8-73　打开“天空之景”文件

预设...
立体左上
立体上
立体右上
立体右下
立体下
立体左下

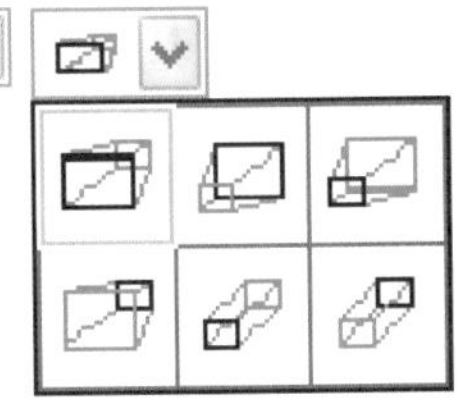

图8-74　立体化类型

3. 在B字母上单击左键，拖动鼠标绘制立体化效果，在属性栏中的“深度”数值框中输入18，在“立体化颜色”下拉列表中选择“使用递减的颜色”，设置颜色从淡黄色到大红的递减，如图8-75所示，效果如图8-76所示。
4. “灭点坐标”可以设置对象的立体化灭点坐标位置，灭点就是指对象的消失点。
5. 在“灭点属性”下拉列表中，选择不同选项，可以用来设置灭点属性。
   - “立体化方向”按钮，可以调整对象的立体化视图角度。
   - “立体化颜色”按钮，单击此按钮，会弹出“颜色”下拉列表，可以从中选择立体化对象的颜色填充类型。
   - “立体化倾斜”按钮，单击此按钮，会弹出“斜角修饰边”下拉列表，从中选中

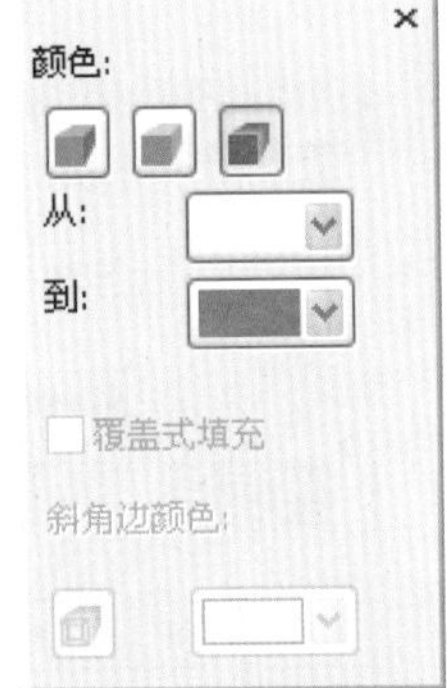

图8-75　设置颜色递减

图8-76　设置立体化颜色

电脑小百科

设计创意的原则：①创意必须切中主题，目标准确；②创意必须简洁，易于理解；③创意必须具有独创性和想象力；④创意要有愉悦性。

"使用斜角修饰边"选项，进行数值设置。

6 单击"照明"按钮，会弹出"照明"下拉列表，如图8-77所示。在对话框中为对象添加灯光效果。

7 按照上述提供的立体化的类型来完成其他的立体化效果编辑，如图8-78所示。

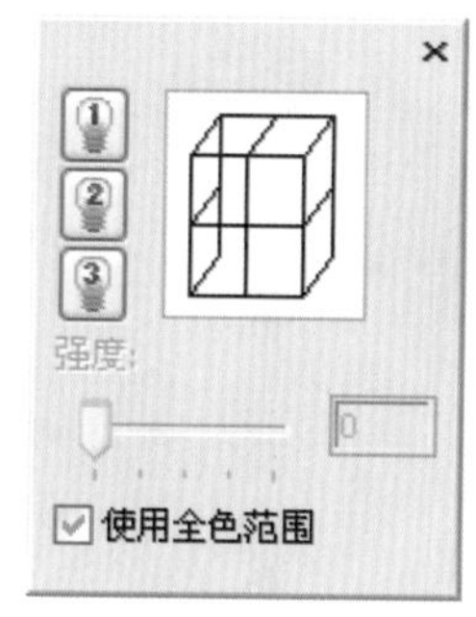

图8-77 "照明"对话框

图8-78 最终效果

知识补充

"深度"数值框中输入的数值越大，对象的立体化效果越深，数值越小，立体化效果越浅。

8.5.3 拆分立体化

拆分立体化的作用是分离立体化与对象，可以单独进行立体化处理。下面为拆分立体化效果的具体操作步骤。

1 打开CorelDRAW X6，选择"文件"→"打开"命令，弹出"打开绘图"对话框，选择本书配套光盘中的"第8章\8.5\8.5.3\NEW.cdr"文件，单击"打开"按钮，效果如图8-79所示。

2 选择工具箱中的"选择"工具，选择"排列"→"拆分立体化群组"命令或按Ctrl+K键，如图8-80所示，拆分后的立体字，已经被独立地分离出来，可以进行独立的编辑。

图8-79 打开NEW文件

图8-80 拆分立体化

3 单击属性栏中的"取消群组"按钮，选择工具箱中的"选择"工具，框选左下角的立体图，单击属性栏中的"合并"按钮，按F11键，弹出"渐变填充"对话框，设置参数如图8-81所示。

4 参数设置完毕后，单击"确定"按钮，效果如图8-82所示。

5 继续对N立体侧面图进行合并并进行渐变填充，效果如图8-83所示。

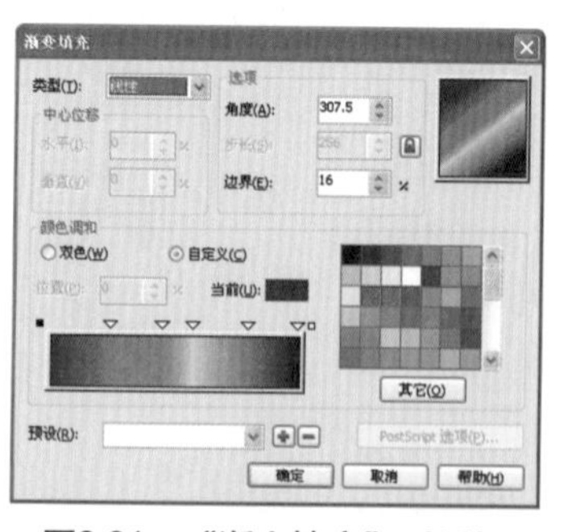

图8-81 "渐变填充"对话框

图8-82 渐变填充效果

"交互式立体化"工具可使对象具有深度感，使平面图形更具有立体效果。

6 按照上述方法，对其他的两个字母进行拆分并进行颜色编辑，效果如图8-84所示。

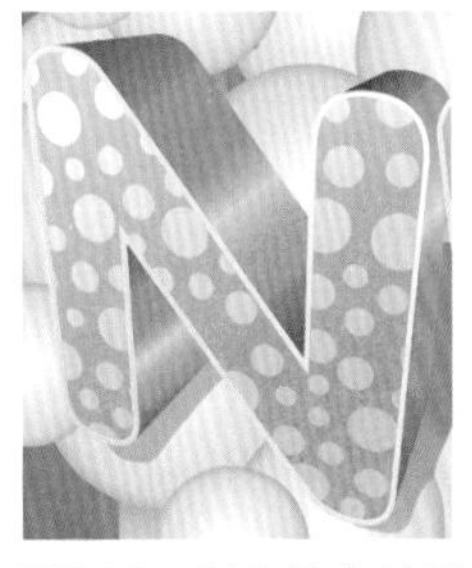

图8-83　渐变填充效果

图8-84　最终效果

8.5.4 清除立体化

立体化的清除很简单，同其他交互工具一样，在属性栏中直接单击“清除立体化”按钮即可实现。

下面为清除立体化的具体操作步骤。

1 打开CorelDRAW X6，选择“文件”→“打开”命令，弹出“打开绘图”对话框，选择本书配套光盘中的“第8章\8.5\8.5.4\春.cdr”文件，单击“打开”按钮，效果如图8-85所示。

2 选择工具箱中的“立体化”工具，选中立体化对象，选择“效果”→“清除立体化”命令或单击属性栏中的“清除立体化”按钮，清除对象立体化效果如图8-86所示。

图8-85　打开“春”文件

图8-86　清除立体化效果

8.5.5 复制立体化效果

复制立体化属性是对已有立体化效果的对象，进行立体化各种属性的复制，下面为复制立体化效果的具体操作步骤。

1 打开CorelDRAW X6，选择“文件”→“打开”命令，弹出“打开绘图”对话框，选择本书配套光盘中的“第8章\8.5\8.5.5\图标.cdr”文件，单击“打开”按钮，效果如图8-87所示。

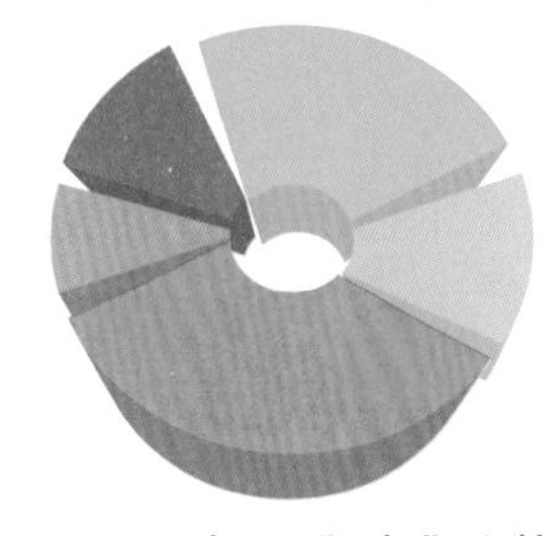

图8-87　打开“图标”文件

2 选择工具箱的“椭圆形”工具，按Ctrl键的同时在绘图区的相应位置上绘制5个正圆，如图8-88所示。

3 在红色的正圆上单击左键，使其选中，选择工具箱中的“立体化”工具，单击属性栏中的“复制立体化属性”按钮，当光标变为➡时，单击左键红色的立体化效果图形对象，复制立体化属性，如图8-89所示。

4 单击右键调色板上的无填充按钮☒，去除轮廓线，并调整好角度和位置，如图8-90所示。

5 按照相同的方法，完成其他几个圆形的立体化复制，效果如图8-91所示。

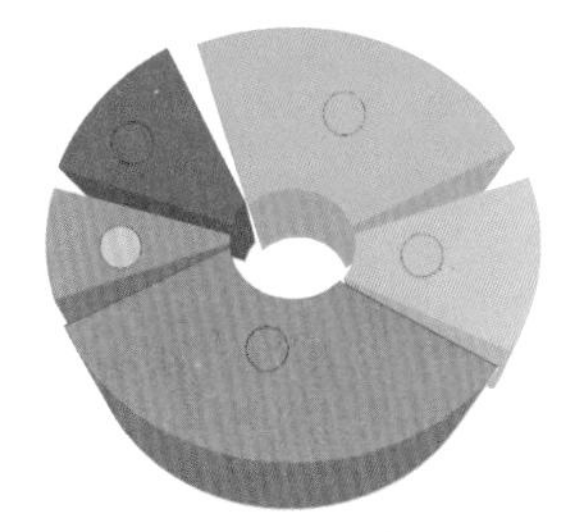

图8-88　绘制正圆

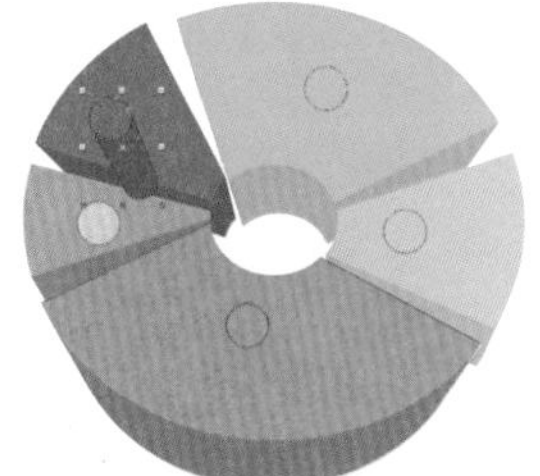

图8-89　复制立体化效果

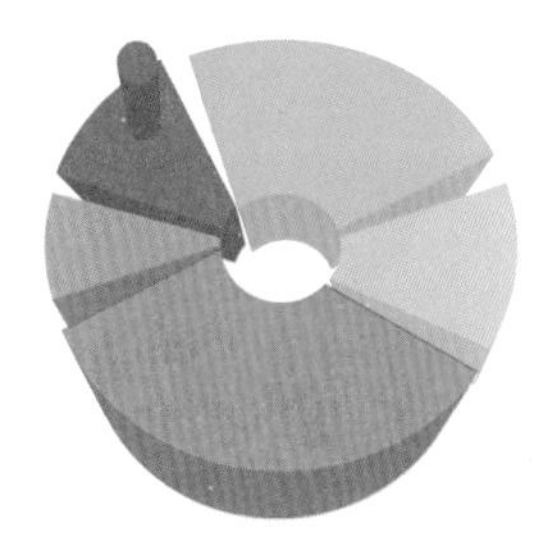

图8-90　去除轮廓线

图8-91　最终效果

电脑小百科

如果不需要打印出标记内容，可以隐藏修订和批注的内容，只要在“打印内容”对话框中选择“文档”选项即可。

8.6 封套工具

封套是指通过使用形状工具操作对象封套的控制点来改变对象的基本形状。CorelDRAW提供了功能非常强大的交互式封套工具，使用它可以很容易地对图形或文字进行变形，将对象的外形修饰得非常漂亮或满足设计要求。

== 书盘互动指导 ==

示例	在光盘中的位置	书盘互动情况
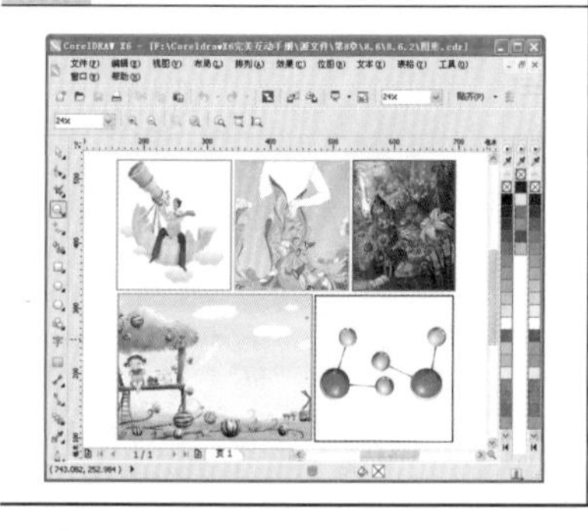	8.6 封套工具 8.6.1 创建对象的封套效果 8.6.2 封套效果的编辑	本节主要学习封套工具，在光盘8.6节中有相关内容的操作视频，还特别针对本节内容设置了具体的实例分析。 大家可以在阅读本节内容后再学习光盘，以达到巩固和提升的效果。

8.6.1 创建对象的封套效果

“封套”工具为对象提供了一系列简单的变形效果，为对象添加封套后，通过调整封套上的节点可以使对象产生各种形状的变形效果。

下面为创建对象的封套效果的具体操作步骤。

1. 打开CorelDRAW X6，选择“文件”→“打开”命令，弹出“打开绘图”对话框，选择本书配套光盘中的“第8章\8.6\8.6.1\草莓.cdr”文件，单击“打开”按钮，如图8-92所示。
2. 选中草莓，在属性栏中的旋转角度设为319°，选择工具箱中的“交互式封套”工具，此时在图片的周围会出现一个蓝色的虚线矩形框，效果如图8-93所示。
3. 用鼠标拖曳控制点，单击属性栏中的“非强制模式”按钮，选择“尖突节点”按钮，来调整形状，如图8-94所示。
4. 继续调整控制点，得到效果如图8-95所示。

图8-92 打开“草莓”文件

图8-93 虚线框

图8-94 调整控制点

图8-95 最终效果

包装的促销功能好比一个传达媒体，传达包括识别、推销广告及说明。

8.6.2　封套效果的编辑

在对象四周出现封套编辑框后，可以结合属性栏中的5种模式进行编辑，下面为封套效果编辑的具体操作步骤。

1. 打开CorelDRAW X6，选择“文件”→“打开”命令，弹出“打开绘图”对话框，选择本书配套光盘中的“第8章\8.6\8.6.2\图形.cdr”文件，单击“打开”按钮，效果如图8-96所示。
2. 选择工具箱中的“封套”工具，选中对象，单击属性栏中的“直线模式”按钮，移动封套控制点时保持封套边线为直线，如图8-97所示。
3. 选择工具箱中的“封套”工具，选中对象，单击属性栏中的“单弧模式”按钮，沿水平或是垂直方向移动封套的控制点，封套边线即会变为单弧线，如图8-98所示。

图8-96　Z字母效果

图8-97　直线模式效果

图8-98　单弧模式效果

4. 选择工具箱中的“封套”工具，选中对象，单击属性栏中的“双弧模式”按钮，可将封套调整为双弧形状，移动封套的控制点，封套边线会变为S形弧线，如图8-99所示。
5. 选择工具箱中的“封套”工具，选中对象，单击属性栏中的“非强制模式”按钮，可以不受限制地编辑封套形状，还可以增加或删除封套的控制点，如图8-100所示。
6. 选择工具箱中的“封套”工具，选中对象，单击属性栏中的“添加新封套”按钮，将对象进行变形之后，单击此按钮可以再次对对象添加封套并进行形状调整，如图8-101所示。

图8-99　双弧模式效果

图8-100　非强制模式效果

图8-101　添加新封套效果

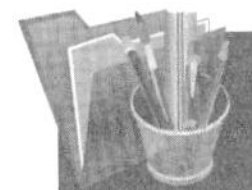

8.7　透明效果

使用交互式透明工具可以为对象制作出透明图层效果，此工具可以为对象很好地表现质感，并增强对象的真实效果。

电脑小百科

在关闭计算机的时候，不要直接使用机箱上的电源按钮，直接使用电源按钮会引起文件的丢失，使下次不能正常启动，从而造成系统死机。

书盘互动指导

示例	在光盘中的位置	书盘互动情况
	8.7 透明效果 8.7.1 创建透明效果 8.7.2 标准透明 8.7.3 线性透明 8.7.4 辐射透明 8.7.5 圆锥透明 8.7.6 正方形透明 8.7.7 双色、全色、位图和底纹透明 8.7.8 复制与清除透明	本节主要学习透明效果，在光盘8.7节中有相关内容的操作视频，还特别针对本节内容设置了具体的实例分析。 大家可以在阅读本节内容后再学习光盘，以达到巩固和提升的效果。

8.7.1 创建透明效果

使对象产生透明效果，可为对象创建透明图层的效果。在对物体的造型处理上，应用透明度效果可很好地表现出对象的光滑质感，增强对象的真实效果。交互式透明效果可以应用于矢量图形、文本和位图图像，下面创建透明效果的具体操作步骤。

1. 打开CorelDRAW X6，选择“文件”→“打开”命令，弹出“打开绘图”对话框，选择本书配套光盘中的“第8章\8.7\8.7.1\心形.cdr”文件，单击“打开”按钮，效果如图8-102所示。

图8-102 打开“心形”文件

图8-103 绘制图形

2. 选择工具箱中的“贝塞尔”工具，在绘图区拖动鼠标绘制高光图形。单击左键调色板上的白色色块，为图形填充白色。单击右键调色板上的无填充按钮，去掉轮廓线，如图8-103所示。

3. 选中绘制的白色高光，选择工具箱中的“交互式透明度”工具，在属性栏中的“透明度类型”下拉列表中，选择“线性”选项，在图形上调整线性透明的位置，如图8-104所示。在空白处单击鼠标左键，完成透明度操作，效果如图8-105所示。

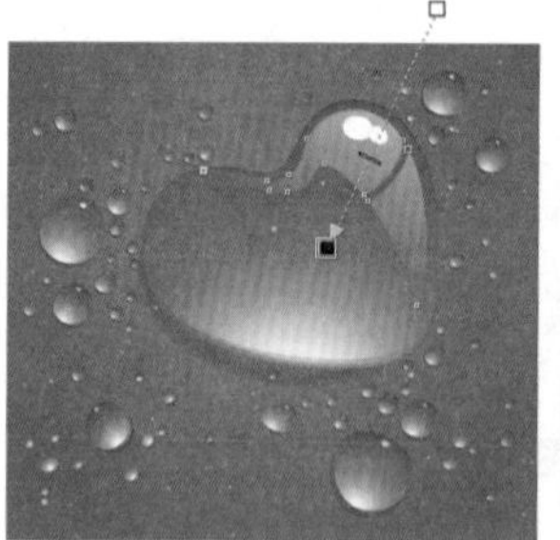

图8-104 透明度调整

图8-105 透明度效果

8.7.2 标准透明

选择此类型后，对对象所有部分添加透明效果，下面为标准透明效果的具体操作步骤。

包装是一个集合总体，它包括了种类繁多的包装产品和产品包装。

1 打开CorelDRAW X6，选择“文件”→“打开”命令，弹出“打开绘图”对话框，选择本书配套光盘中的“第8章\8.7\8.7.2\比萨.cdr”文件，单击“打开”按钮，效果如图8-106所示。

2 选择工具箱中的“选择”工具，选中需要透明的图形对象，选择工具箱中的“交互式透明度”工具，在属性栏中的“透明度类型”下拉列表中，选择“标准”选项即可，效果如图8-107所示。

图8-106　打开“比萨”文件

图8-107　标准透明效果

8.7.3　线性透明

选择此类型，则可沿直线方向为对象添加透明效果，下面为线性透明的具体操作步骤。

1 打开CorelDRAW X6，选择“文件”→“打开”命令，弹出“打开绘图”对话框，选择本书配套光盘中的“第8章\8.7\8.7.3\海底世界.cdr”文件，单击“打开”按钮，如图8-108所示。

2 选择工具箱中的“选择”工具，选中对象，选择工具箱中的“交互式透明度”工具，在属性栏中的“透明度类型”下拉列表中，选择“线性”选项，如图8-109所示。

3 调整线性透明的透明方向，如图8-110所示。

图8-108　打开“海底世界”文件

图8-109　线性透明

图8-110　透明度效果

8.7.4　辐射透明

选择此类型，则透明效果以中心向外进行渐变，下面为辐射透明的具体操作步骤。

1 打开CorelDRAW X6，选择“文件”→“打开”命令，弹出“打开绘图”对话框，选择本书配套光盘中的“第8章\8.7\8.7.4\香水广告.cdr”文件，单击“打开”按钮，如图8-111所示。

2 选择工具箱中的“选择”工具，选中花纹对象，选择工具箱中的“交互式透明度”工具，在属性栏的“透明度类型”下拉列表中，选择“辐射”选项，如图8-112所示。

3 调整辐射透明的透明方向和辐射大小，如图8-113所示。调整完毕后，在空白处单击鼠

使用“封套”工具就像将一个对象放置在另一个对象中，它能迅速改变对象的外观，使对象适配封套形状。

标左键，完成辐射透明，效果如图8-114所示。

图8-111 打开“香水广告”文件

图8-112 辐射透明

图8-113 调整辐射方向

图8-114 透明度效果

8.7.5 圆锥透明

选择此类型，则透明效果按圆锥形式进行透明，下面为圆锥透明的具体操作步骤。

1. 打开CorelDRAW X6，选择“文件”→“打开”命令，弹出“打开绘图”对话框，选择本书配套光盘中的“第8章\8.7\8.7.5\花.cdr”文件，单击“打开”按钮，如图8-115所示。
2. 选择工具箱中的“选择”工具，选中花对象，选择工具箱中的“交互式透明度”工具，在属性栏的“透明度类型”下拉列表中，选择“圆锥”选项，如图8-116所示。
3. 在空白处单击鼠标左键，完成圆锥透明，效果如图8-117所示。

图8-115 打开“花”文件

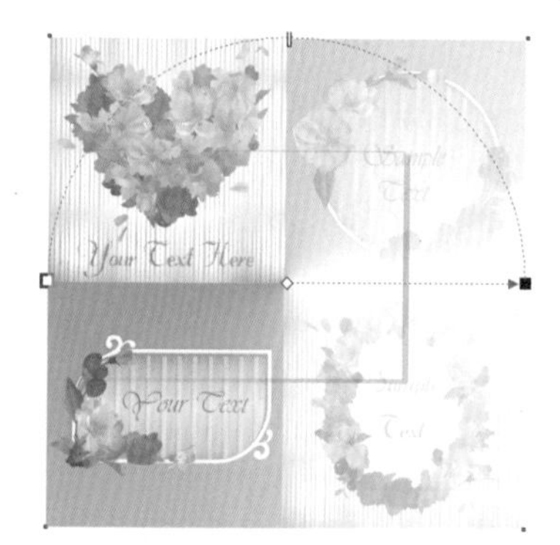
图8-116 圆锥透明

图8-117 透明度效果

8.7.6 正方形透明

选择此类型，则透明效果按正方形形式进行渐变，下面为正方形透明的具体操作步骤。

1. 打开CorelDRAW X6，选择“文件”→“打开”命令，弹出“打开绘图”对话框，选择本书配套光盘中的“第8章\8.7\8.7.6\留声机.cdr”文件，单击“打开”按钮，如图8-118所示。
2. 选择工具箱中的“选择”工具，选中对象，选择工具箱中的“交互式透明度”工具，在属性栏的“透明度类型”下拉列表中，选择“正方形”选项，调整正方形透明的透明方向和正方形大小，如图8-119所示。

以商品不同价值进行的包装分类，可分为高档包装、中档包装和低档包装。

3 调整完毕后，在空白处单击鼠标左键，完成正方形透明，效果如图8-120所示。

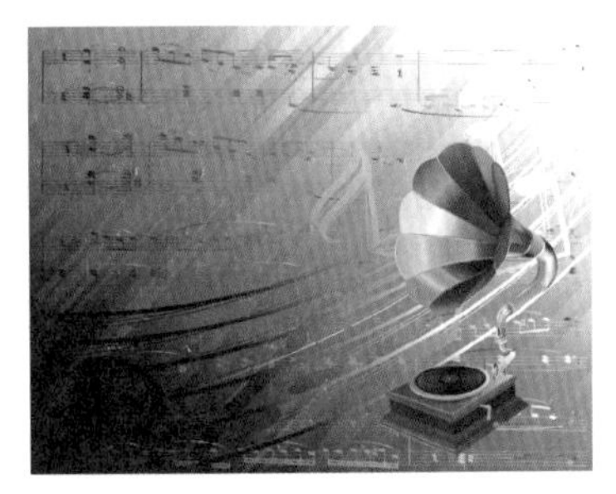

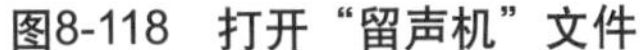

图8-118 打开“留声机”文件

图8-119 正方形透明

图8-120 透明度效果

8.7.7 双色图样、全色图样、位图图样和底纹透明

选择此类型，则可为对象添加图样或是纹理的透明效果，下面为图样和底纹透明的具体操作步骤。

1 打开CorelDRAW X6，选择“文件”→“打开”命令，弹出“打开绘图”对话框，选择本书配套光盘中的“第8章\8.7\8.7.7\春.cdr”文件，单击“打开”按钮，如图8-121所示。

2 选择工具箱中的“选择”工具，选中对象，选择工具箱中的“交互式透明度”工具，在属性栏的“透明度类型”下拉列表中，选择“双色图样”选项，透明度图样为，开始和结束透明度分别为0和53，调整双色图样透明的透明方向和双色图样大小，如图8-122所示。

3 在属性栏中的“透明度类型”下拉列表中，选择“全色图样”选项，透明度图样为，开始和结束透明度分别为0和53，调整全色图样透明的透明方向和全色图样大小，效果如图8-123所示。

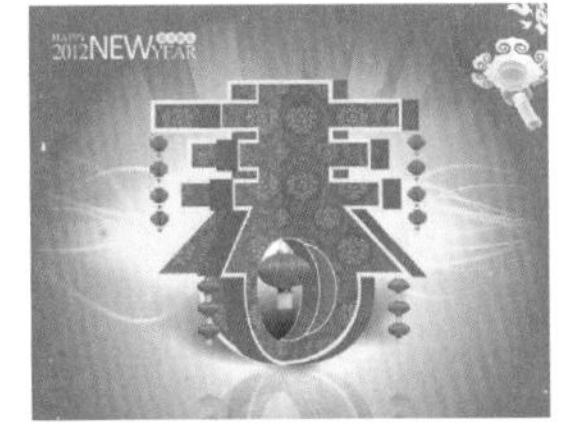

图8-121 打开“春”文件

图8-122 双色透明效果

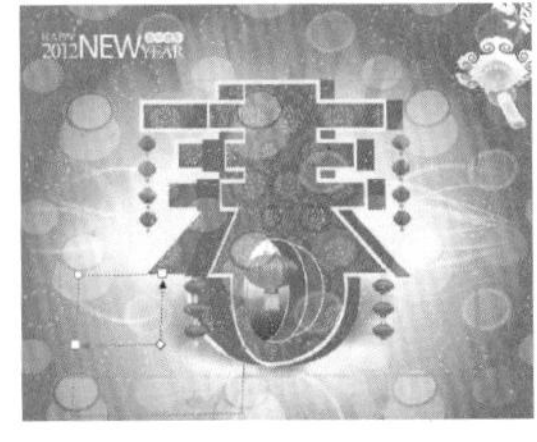

图8-123 全色透明效果

4 在属性栏中的“透明度类型”下拉列表中，选择“位图图样”选项，透明度图样为，开始和结束透明度分别为0和53，调整位图图样透明的透明方向和位图图样大小，效果如图8-124所示。

5 在属性栏中的“透明度类型”下拉列表中，选择“底纹”选项，透明度图样为，开始和结束透明度分别为0和53，调整底纹透明的透明方向和底纹大小，效果如图8-125所示。

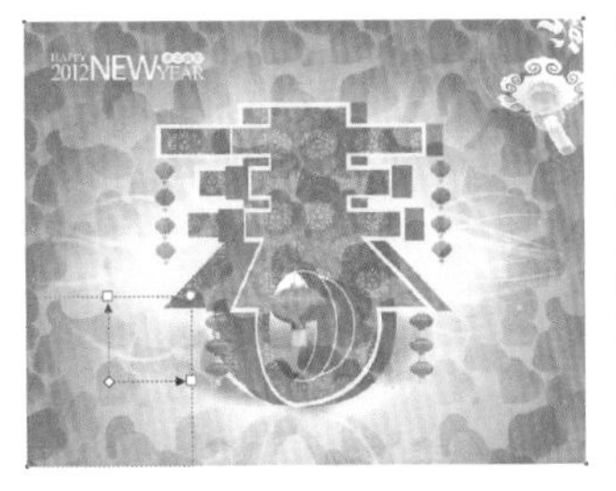

图8-124 位图透明效果

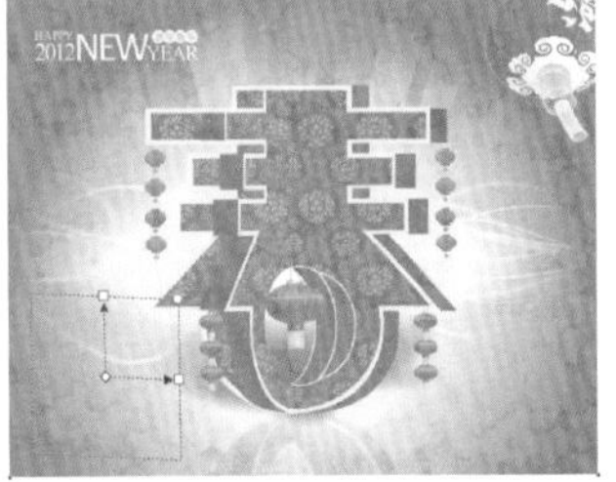

图8-125 底纹透明效果

电脑小百科

按包装容器的刚性不同分类，可分为软包装、硬包装和半硬包装。

8.7.8 复制与清除透明

透明不仅可以进行编辑，还可以进行复制与清除，下面为复制与清除透明的具体操作步骤。

1. 打开CorelDRAW X6，选择“文件”→“打开”命令，弹出“打开绘图”对话框，选择本书配套光盘中的“第8章\8.7\8.7.8\亮光.cdr”文件，单击“打开”按钮，如图8-126所示。
2. 选择工具箱中的“选择”工具，选中需要复制的透明对象，选择工具箱中的“交互式透明度”工具，单击属性栏中的“复制透明度属性”按钮，当光标变为➡时，使用鼠标左键单击圆，如图8-127所示。
3. 即可复制透明度属性，如图8-128所示。
4. 清除透明效果的方法很简单，选中清除透明对象，单击属性栏中的“清除透明度”按钮，清除透明度的效果如图8-129所示。

图8-126 打开“亮光”文件

图8-127 复制透明度属性

图8-128 复制透明度属性效果

图8-129 清除透明度效果

8.8 添加透镜效果

透镜在改变自身外观的同时，也改变了观察透镜后面对象的放射，此外，它还可以改变美术字和位图的外观。选择“透镜”命令，该命令提供了多种不同的类型，而产生的效果也相继不同。

= = 书盘互动指导 = =

⊙ 示例	⊙ 在光盘中的位置	⊙ 书盘互动情况
	8.8 添加透镜效果	本节主要学习添加透镜效果，在光盘8.8节中有相关内容的操作视频，还特别针对本节内容设置了具体的实例分析。 大家可以在阅读本节内容后再学习光盘，以达到巩固和提升的效果。

电脑小百科

以包装容器造型结构特点分类，可分为便携式、易开式、开窗式、透明式、悬挂式、堆叠式、组合式和礼品式包装等。

下面为添加透镜效果的具体操作步骤。

1. 打开CorelDRAW X6，选择“文件”→“打开”命令，弹出“打开绘图”对话框，选择本书配套光盘中的“第8章\8.7\油漆.cdr”文件，单击“打开”按钮，效果如图8-130所示。
2. 选择工具箱中的“椭圆形”工具，按Ctrl键的同时在绘图区合适的位置上绘制正圆，如图8-131所示。
3. 选择“效果”→“透镜”命令，或按Alt+F3组合键，在绘图区右边弹出“透镜”泊坞窗，在“透镜”泊坞窗下拉列表中选择“变亮”选项，效果如图8-132所示。

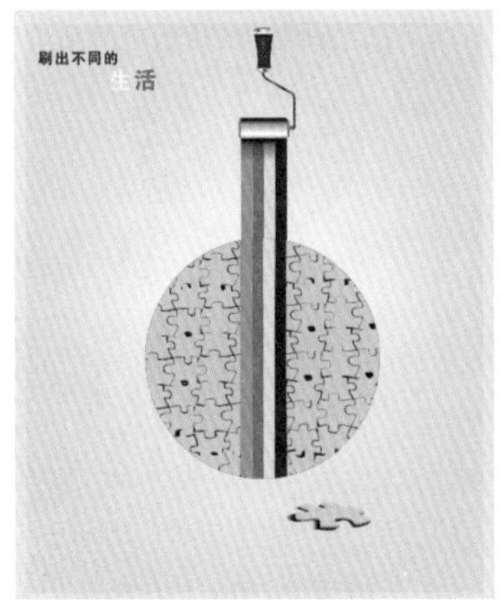

图8-130　打开“油漆”文件

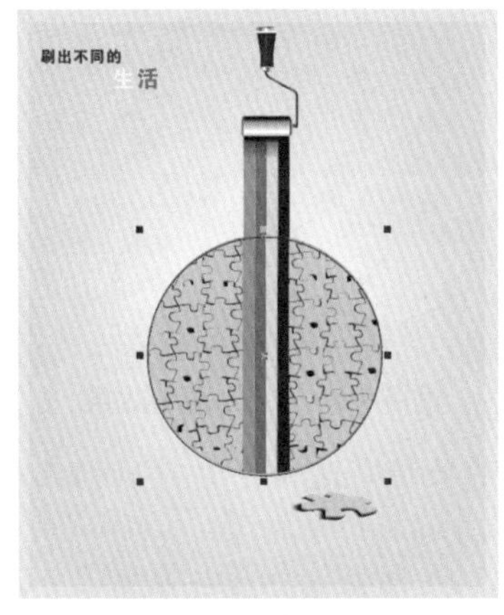

图8-131　绘制正圆

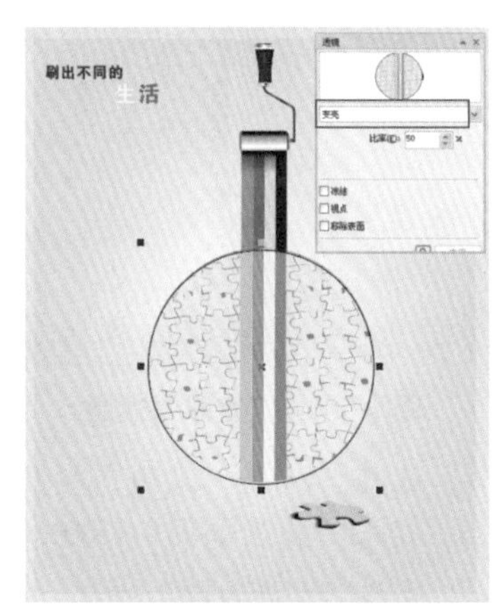

图8-132　“变亮”效果

4. 在“透镜”泊坞窗的下拉列表中选择“颜色添加”选项，透镜的颜色与透镜下的对象的颜色相加，得到混合光线，效果如图8-133所示。
5. 选择“色彩限度”选项，将对象中的黑色和透镜颜色一样的色彩过滤掉，效果如图8-134所示。
6. 选择“自定义彩色图”选项，在颜色中设置颜色，可以将透镜下方对象区域颜色在设置的两种颜色以渐变形式显示，效果如图8-135所示。

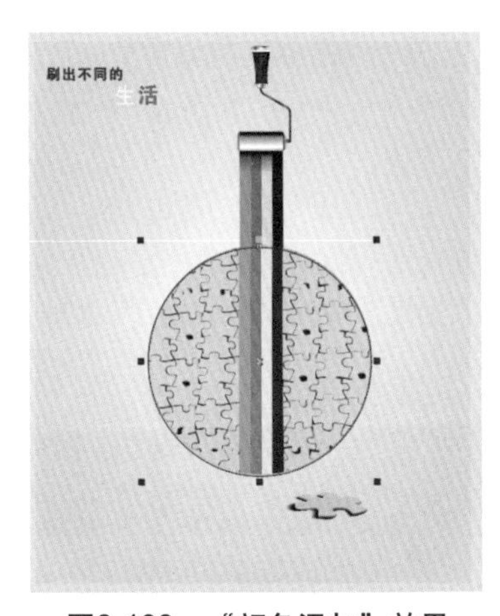

图8-133　“颜色添加”效果

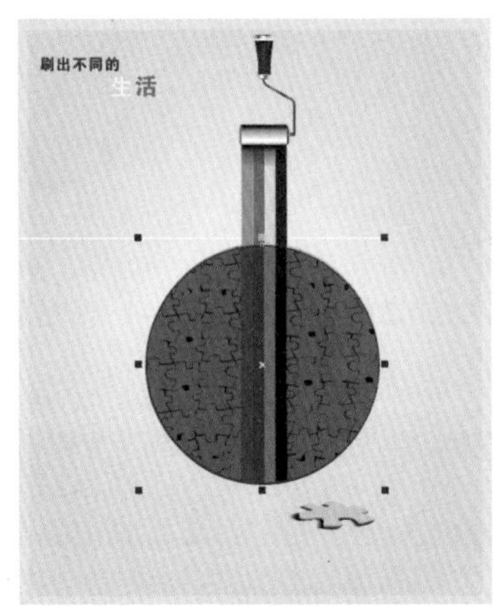

图8-134　“色彩限度”效果

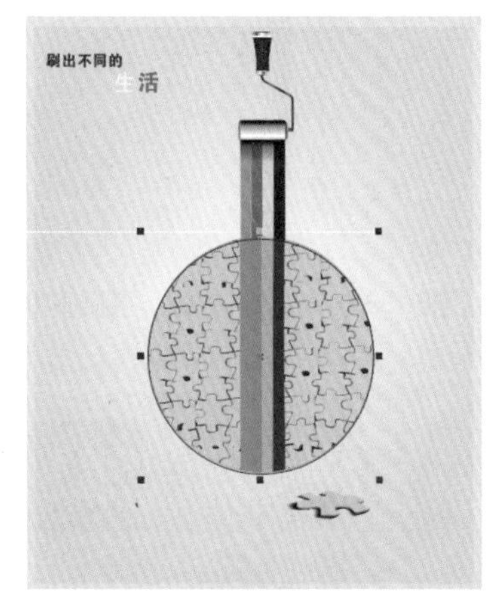

图8-135　“自定义彩色图”效果

以在包装件中所处的空间地位分类，可分为内包装、中包装和外包装。

7 选择“鱼眼”选项，将对象按百分比放大或缩小，效果如图8-136所示。

8 选择“热图”选项，将透镜下方的对象以冷暖的形式来显示，效果如图8-137所示。

9 选择“反显”选项，将透镜下方的对象颜色变为互补色显示，效果如图8-138所示。

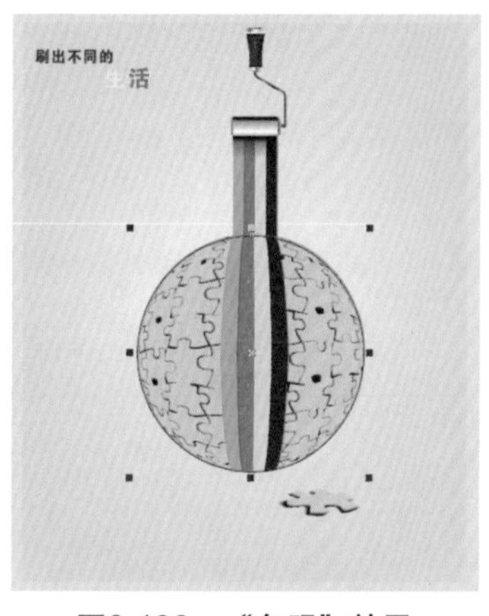

图8-136 “鱼眼”效果

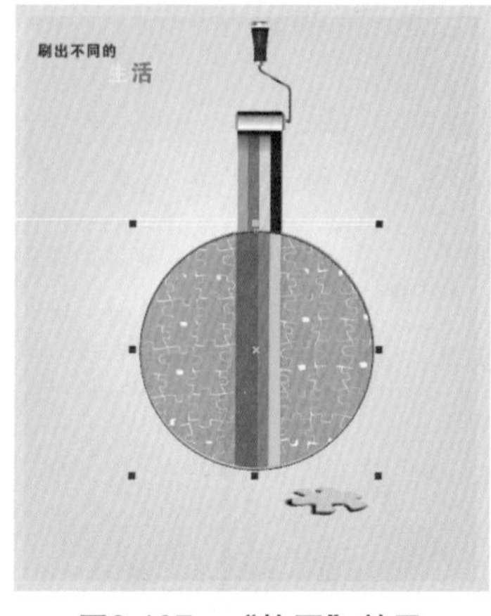

图8-137 “热图”效果

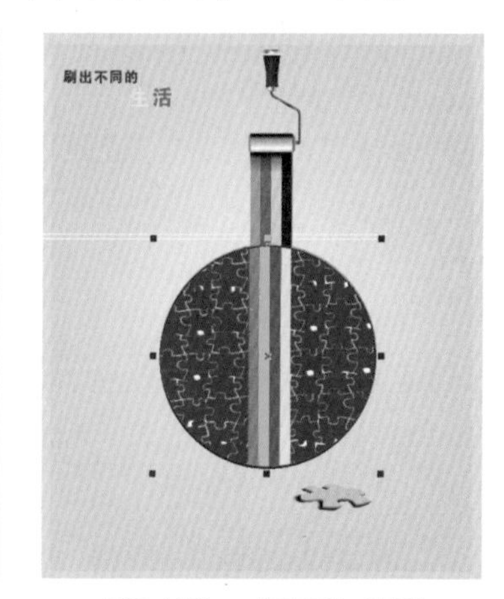

图8-138 “反显”效果

10 选择“放大”选项，按指定的数值将透镜下方对象的某个区域放大，对象看起来是透明效果，效果如图8-139所示。

11 选择“灰度浓缩”选项，将透镜下方对象区域颜色变为等值的灰度，效果如图8-140所示。

12 选择“透明度”选项，将透镜变为透明的颜色，以显示透镜下的对象，效果如图8-141所示。

13 选择“线框”选项，在颜色列表中选择颜色，为透镜的轮廓填充颜色，以透镜设置的颜色来显示，效果如图8-142所示。

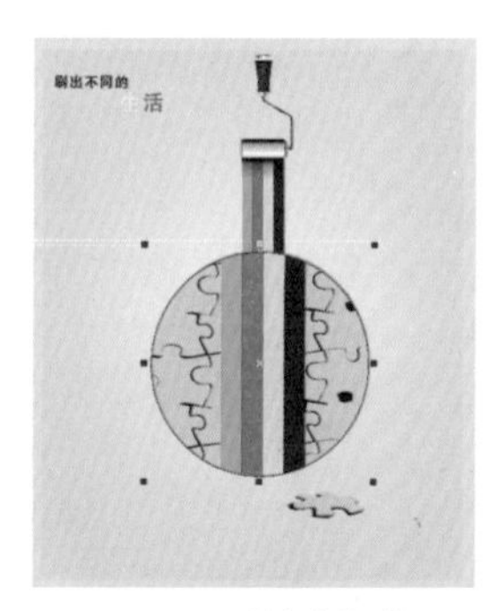

图8-139 “放大”效果

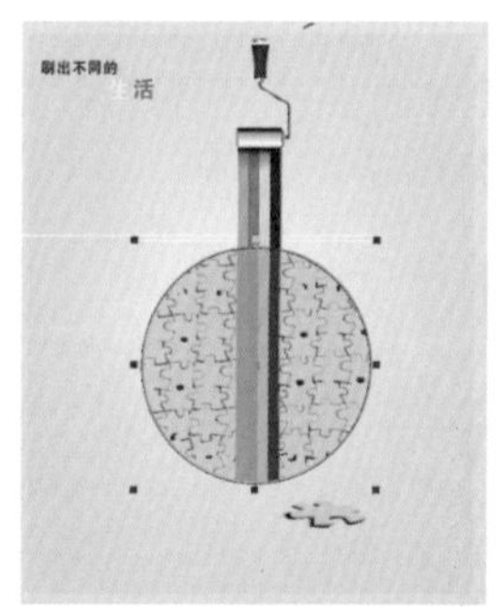

图8-140 “灰度浓缩”效果

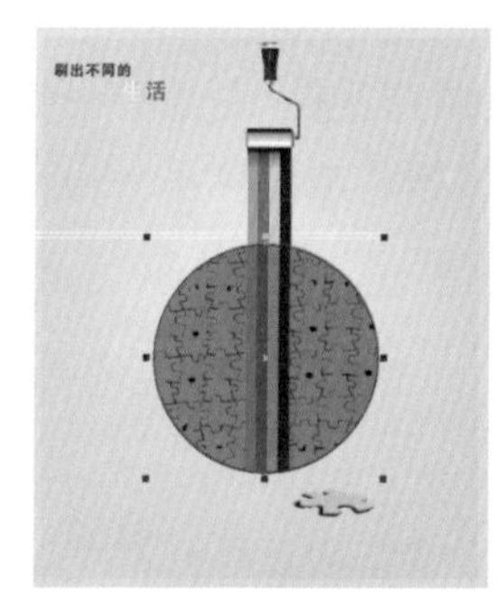

图8-141 “透明度”效果

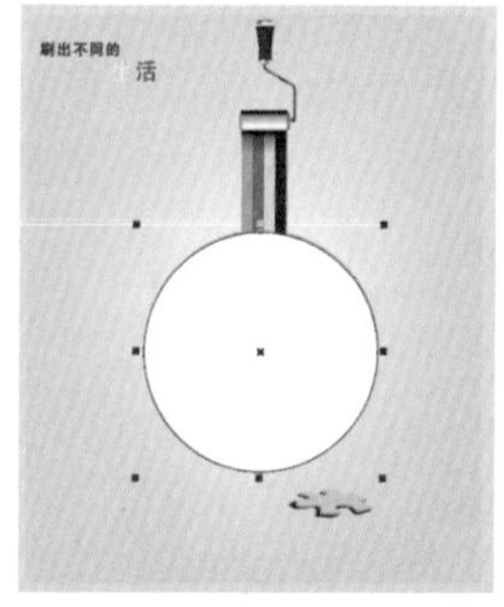

图8-142 “线框”效果

8.9 添加透视点

透视效果可以扭曲对象，产生一种近大远小的立体效果。添加透视点的应用只针对独立对象或是群组对象，选中多个对象时则不能添加。

电脑小百科

以包装适应的社会群体不同分类，可分为民用包装、公用包装和军用包装。

＝＝书盘互动指导＝＝

⊙ 示例	⊙ 在光盘中的位置	⊙ 书盘互动情况
	8.9　添加透视点	本节主要学习添加透视点，在光盘8.9节中有相关内容的操作视频，还特别针对本节内容设置了具体的实例分析。 大家可以在阅读本节内容后再学习光盘，以达到巩固和提升的效果。

下面为添加透视点的具体操作步骤。

1. 打开CorelDRAW X6，选择“文件”→“打开”命令，弹出“打开绘图”对话框，选择本书配套光盘中的“第8章\8.9\包装展开图.cdr”文件，单击“打开”按钮，如图8-143所示。
2. 选择工具箱中的“选择”工具，选中侧面的包装图。
3. 选择“效果”→“添加透视”命令，待周围出现矩形虚线框，如图8-144所示。
4. 在四角处的黑色控制点上，拖动任何一个点，产生不同效果，单击右上角的控制点往里拖动至合适的位置，如图8-145所示。移动右下角的控制点至合适的位置上，如图8-146所示。

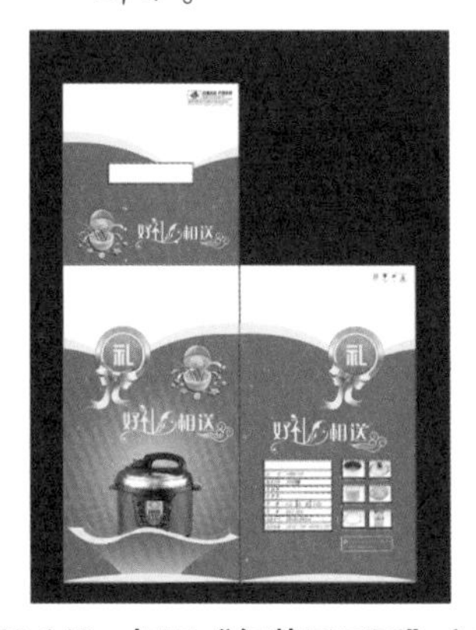

图8-143　打开“包装展开图”文件

图8-144　添加透视

图8-145　移动控制点

图8-146　侧面透视效果

5. 侧面的透视效果完毕后，单击工具箱中的“选择”工具，选中顶部的图形，选择“效果”→“添加透视”命令，待周围出现矩形虚线框，如图8-147所示。
6. 单击右边的控制点往下拖动至合适的位置上，如图8-148所示。调整完毕后，单击左边的控制点至合适的位置上，如图8-149所示。
7. 透视调整完毕后，得到最终的效果如图8-150所示。

图8-147 添加透视

图8-148 调整透视

图8-149 调整透视

图8-150 最终效果

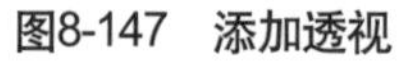

知识补充

如果群组对象后不能添加透视效果框的话，一定是其中存在不能添加透视框的对象，如位图、段落文本、符号、链接群组等。此时要将它们转换为可添加透视框对象，可将次要的对象排除到群组之外，再对其单独应用其他变形来模拟透视效果，如斜切变形。按住 Ctrl 键拖动透视框的节点时，可限制节点仅在临近的两条边或其延长线上移动。

8.10 应用实例——牛仔广告

本实例设计大胆创新，运用中国传统文化“龙”与现代时尚潮流品牌“牛仔”巧妙结合在一起，形成独具风格的特色广告，一眼就能带动受众者的兴趣。主要运用了矩形工具、椭圆形工具、调和工具，钢笔工具、艺术笔工具等，同时运用了“相交”按钮和“拆分对象路径”命令。

书盘互动指导

⊙ 示例	⊙ 在光盘中的位置	⊙ 书盘互动情况
	8.10 牛仔广告	本节主要介绍了以上述内容为基础的综合实例操作方法，在光盘8.10节中有相关操作步骤的视频文件，以及原始素材文件和处理后的效果文件。 大家可以选择在阅读本节内容后再学习光盘，以达到巩固和提升的效果，也可以对照光盘视频操作来学习图书内容，以便更直观地学习和理解本节内容。

电脑小百科

以内装物内容分类，可分为食品包装、药包装、化妆品包装、纺织品包装、玩具包装、文化用品包装、电器包装、五金包装等。

1 打开CorelDRAW X6，选择“文件”→“新建”命令，弹出“创建新文档”对话框，设置“高度”为520mm，“宽度”为300mm，单击“确定”按钮。双击工具箱中的“矩形”工具，按Shift+F11组合键，弹出“均匀填充”对话框，设置颜色值为(R208，G116，B168)，单击“确定”按钮，效果如图8-151所示。

图8-151 绘制矩形

2 选择工具箱中的“交互式网状填充”工具，在画面中需要添加网状节点的地方双击鼠标。选中节点，在属性栏中填充相应的颜色，如图8-152所示。

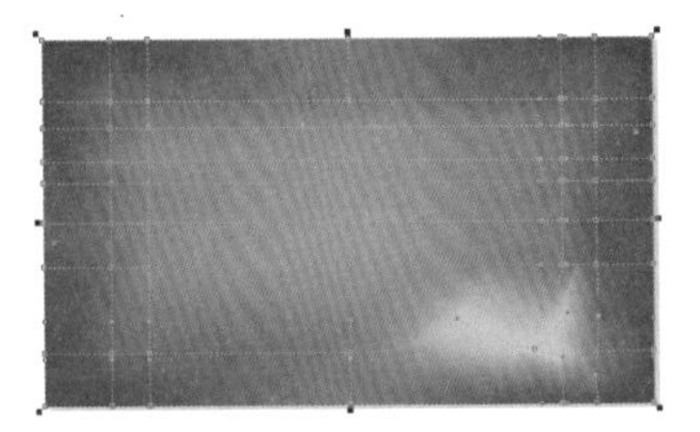

图8-152 网状填充效果

3 选择“文件”→“导入”命令，导入“人物”素材，拖入画面，双击“矩形”工具，自动生成一个矩形，按Shift+PageUp组合键，调整到最顶层，右键拖动人物至矩形内，松开鼠标，在弹出的快捷菜单中选择“图框精确裁剪内部”命令，按住Ctrl键，单击图框，调整好人物大小和位置，单击右键，在弹出的快捷菜单中选择“结束编辑”命令，效果如图8-153所示。

图8-153 导入素材

4 选择工具箱中的“钢笔”工具，在画面中绘制龙头，分别填充相应的颜色，选中龙头面部，选择工具箱中的“底纹填充”按钮，弹出“底纹填充”对话框，设置“第一矿物质”为(R20，G10，B30)，“第二矿物质”为(R31，G5，B33)，“第三矿物质”为(R51，G0，B43)，其他参数如图8-154所示。

5 单击“确定”按钮，底纹填充效果如图8-155所示。

6 再次选择“钢笔”工具，绘制龙嘴和龙须，分别填充相应的颜色，效果如图8-156所示。

7 选择工具箱中的“钢笔”工具，绘制一条曲线，效果如图8-157所示。

8 选择工具箱中的“艺术笔”工具，在属性栏中选择“笔刷”按钮，设置相应的参数，在绘图区绘制艺术笔，效果如图8-158所示。

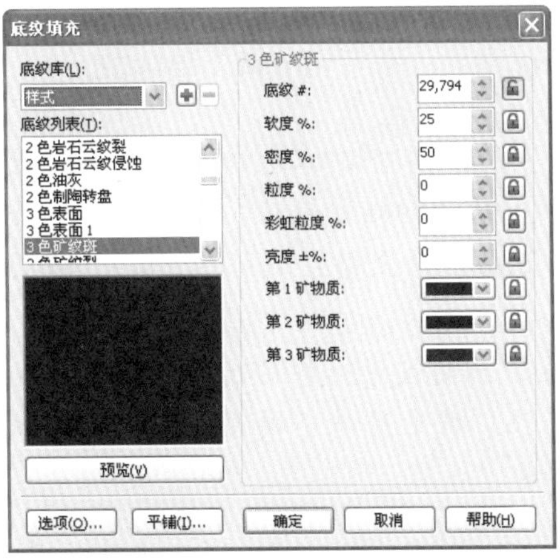

图8-154 “底纹填充”对话框

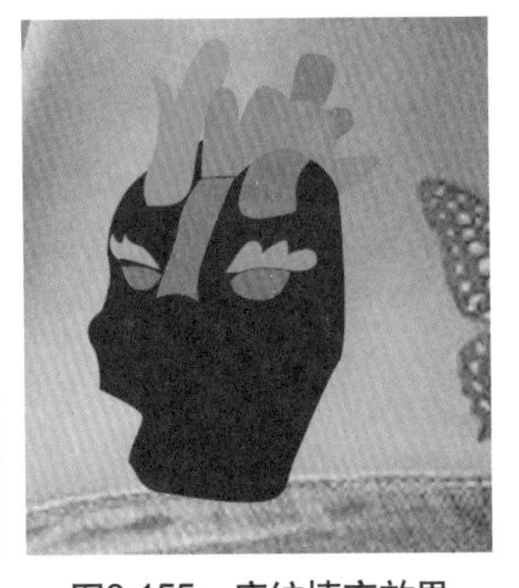

图8-155 底纹填充效果

图8-156 绘制图形

电脑小百科

透镜可应用于在CorelDRAW X6中床架的任意闭合路径，如椭圆、矩形、多边形以及自由形状的对象，而且还可以应用于段落文本或导入的位图图像。另外，艺术文本也可用来创建透镜。

9 选中图形，填充洋红色(C0，M100，Y0，K0)，按小键盘+键，复制一层，填充紫色(C20，M80，Y0，K20)，按Ctrl+PageDown组合键，往下调整一层，选择“形状”工具，调整艺术笔图形内的曲线形状，效果如图8-159所示。

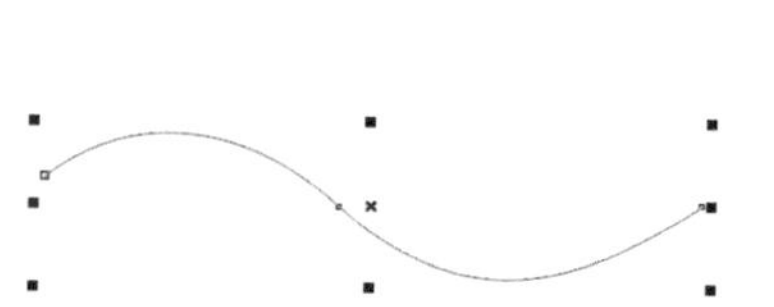

图8-157 绘制曲线

图8-158 画笔效果

10 框选图形，按Ctrl+G组合键，群组图形，复制多个放置到龙头上，效果如图8-160所示。

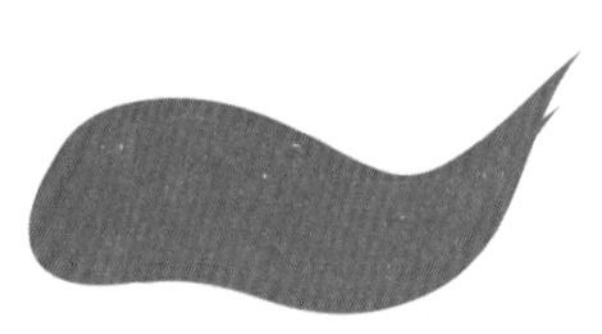

图8-159 填充颜色

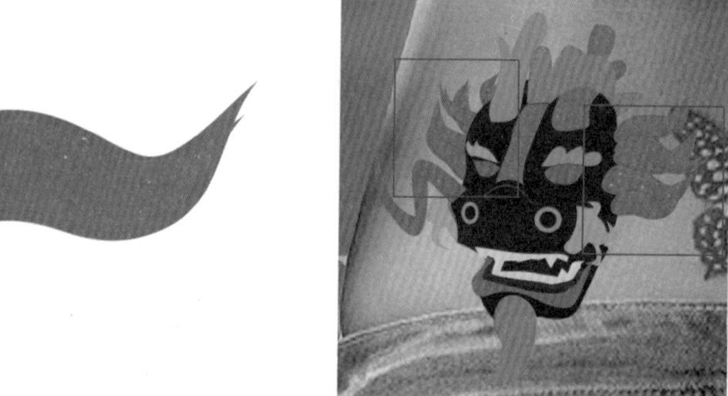

图8-160 复制图形

11 选择工具箱中的“钢笔”工具，绘制一条曲线，如图8-161所示。

12 选择工具箱中的“椭圆形”工具，绘制两个椭圆，分别填充红色(C0，M100，Y100，K0)和橙色(C0，M85，Y100，K0)，选中较大椭圆，按Shift+PageUp组合键，调整到最顶层，如图8-162所示。

图8-161 绘制曲线

图8-162 绘制椭圆

13 选择工具箱中的“调和”工具，从一个椭圆拖至另一个椭圆上，建立调和效果，在属性栏中设置“步长”为80，选择工具箱中的“选择”工具，右键拖动调和图形至曲线上，出现十字圆环时，松开鼠标，在弹出的快捷菜单中选择“使调和适合路径”选项，单击属性栏中的“更多调和选项”按钮，在下拉面板中选择“沿全路径调和”，如图8-163所示。

14 再次单击属性栏中的“更多调和选项”按钮，在下拉面板中选择“拆分”，出现拆分箭头时，单击调和图形的中间部分，单击调色板上的青色色块，填充青色，效果如图8-164所示。

15 选中调和图形，按Ctrl+PageDown组合键，往下调整至龙头下面，按照此方法，再次绘制曲线，并建立调和图形，效果如图8-165所示。

电脑小百科

以内装物的物理形态分类，可分为液体包装、固体包装、气体包装。

16 按住Shift键，选中两个调和图形，按小键盘上的+键复制一层，选中复制的一个图形，选择“排列”→“拆分6元素复制的对象”命令，删去调和的图形，只留下曲线，选择工具箱中的“形状”工具，调整曲线形状，如图8-166所示。

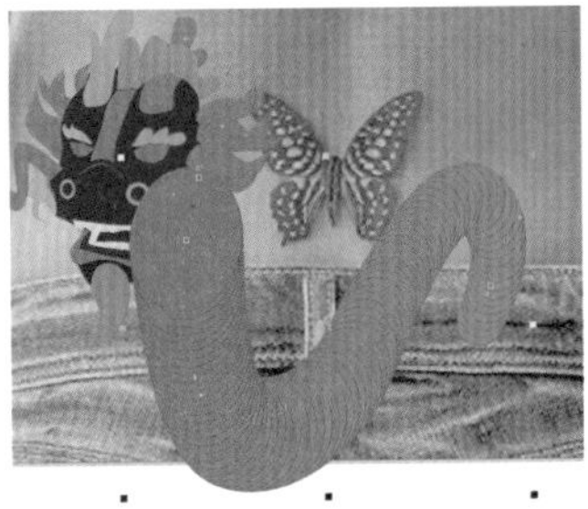

图8-163　调和路径

图8-164　拆分调和图形

17 选择工具箱中的“钢笔”工具，绘制麒麟图形，分别填充相应的颜色，如图8-167所示。

18 按照前面的调和路径操作，调和路径，如图8-168所示。

19 按照上述操作，绘制调和路径，并调整好图层的顺序，如图8-169所示。

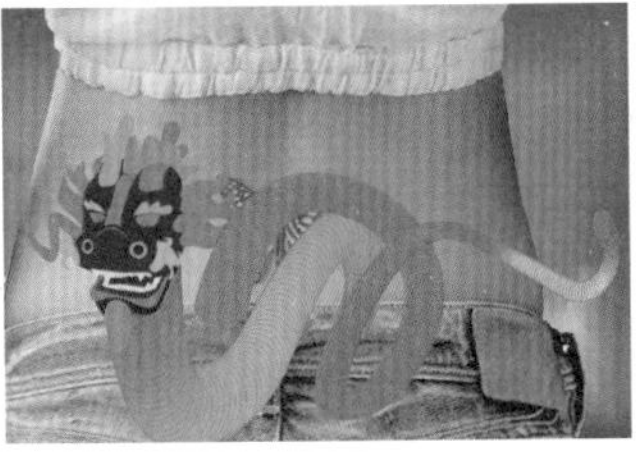

图8-165　调和路径

图8-166　拆分调和图形

20 选择“钢笔”工具，绘制龙头上的白色龙须，设置轮廓颜色为灰色K40，轮廓宽度为“发丝”，如图8-170所示。

图8-167　绘制图形

图8-168　调和图形

21 选中人物图形，按小键盘+键，复制一层，按Shift+PageUp组合键，放置到最顶层，单击图形下面的“提取内容”按钮，提取出人物图像，选中人物图层，选择“透明度”工具，在属性栏中设置“透明类型”为“标准”，选择“钢笔”工具，将两个调和图形伸出牛仔的部分绘制出来，选中绘制的图形与人物图像，单击属性栏中的“相交”按钮，删除其他多余图形，只留下相交牛仔的部分，使牛仔遮盖调和图形，如图8-171所示。

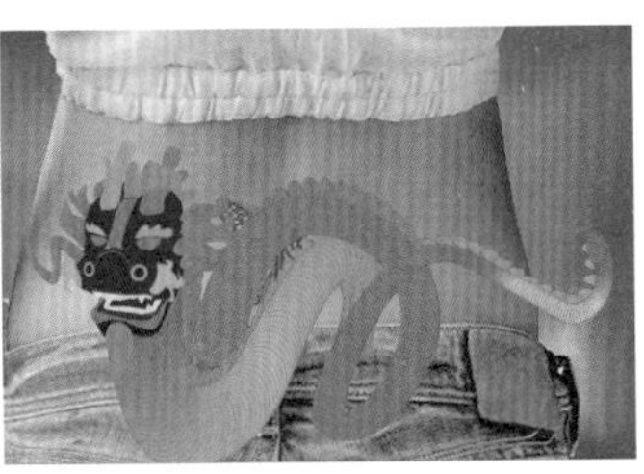

图8-169　绘制图形

图8-170　绘制图形

22 再次导入“花纹及文字”素材，放置到合适位置，得到最终效果如图8-172所示。

图8-171　绘制图形

图8-172　最终效果

电脑小百科

网站是企业向用户和网民提供信息的一种方式，是企业开展电子商务的基础设施和信息平台，离开网站去谈电子商务是不可能的。

知识补充

运用交互式网状填充工具填充颜色时，如果出现大片颜色相同的颜色块时，可以选对图形进行整体颜色填充，再单一改变个别区域颜色，双击节点，可以删除相应的节点颜色值。

学习小结

本章主要介绍了CorelDRAW X6中交互式工具的使用方法以及如何添加透镜和透视效果。通过对本章的学习，读者能够为在设计的图形产生锦上添花的效果。

下面对本章内容进行总结，具体内容如下。

(1) 在学习CorelDRAW X6的过程中，本章是重点，利用矢量图形创建视觉特效必须使用到交互式工具。

(2) CorelDRAW X6中提供了7种不同效果的交互式工具。

(3) 交互式调和工具的特征是作用于两个或两个以上对象的特效，它能够制作出柔和的过渡效果。而交互式轮廓图工具可以快速为图形创建一个轮廓图形。交互式变形工具能够快速改变对象的外观。交互式阴影工具可以为图形添加阴影效果。立体化效果能够使对象具有深度感，使对象看起来有三维效果。交互式封套工具可以使图形产生变形的效果。交互式透明工具可以为图形产生各种各样的透明效果。

(4) 交互式透明度工具是CorelDRAW X6中最常使用的工具之一。

(5) 透镜在改变自身外观的同时，也改变了观察透镜后面对象的方式。透视可以扭曲对象，产生一种近大远小的立体效果。

互动练习

1. 选择题

(1) 交互式变形工具提供(　　)种不同类型的扭曲效果。

A．2　　B．3

C．4　　D．5

(2) CorelDRAW X6中封套工具提供了(　　)种不同的模式。

A．2　　B．3

C．4　　D．5

(3) 打开“透镜”泊坞窗的快捷键是(　　)。

A．Ctrl+F3　　B．Ctrl+F4

C．Alt+F3　　D．Alt+F4

2. 思考与上机题

(1) 说说交互式变形工具和封套工具效果的相同点。

(2) CorelDRAW X6中透视的原理是什么？

电脑小百科

添加透视效果的对象，可以是CorelDRAW X6中创建的基本形状、自由路径、艺术文本或群组对象，但段落文本、位图和已应用调和、轮廓化、立体化效果的对象，以及使用艺术画笔创建的对象，都不能添加透视效果。

第9章

自由处理位图图像

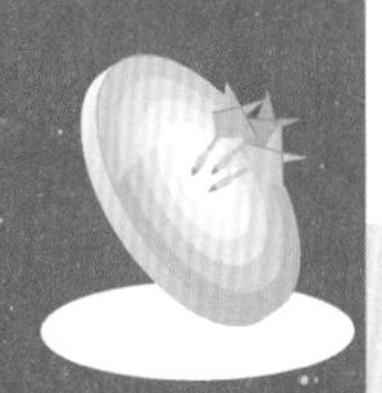

本章导读

CorelDRAW是一款功能强大的图形图像软件，它不但可以完成矢量图的绘制和图文混排，而且还能对位图进行多样化处理。在CorelDRAW X6中，可以通过导入的方式插入位图图像，并使用系统提供的相关命令对其进行色彩调整、模式转换，甚至制作滤镜特效等，本章将对上述功能进行详细介绍。

精彩看点

- 导入与简单调整位图
- 位图颜色模式
- 调整位图的色彩效果
- 校正的颜色遮罩
- 描摹位图
- 调整位图图像颜色
- 校正位图效果

9.1 导入与简单调整位图

若要在CorelDRAW中使用位图，则必须先将位图导入到文件中。使用CorelDRAW X6提供的导入命令可以轻松地完成位图的导入。通过导入位图、链接位图、裁剪位图和重新取样位图4种不同的导入方法，可以对位图进行不同效果的编辑。CorelDRAW X6同时也提供了将矢量图形转换为位图的功能，以及对位图的颜色进行调整的功能，下面就导入与简单调整位图做详细的讲解。

== 书盘互动指导 ==

⊙ 示例	⊙ 在光盘中的位置	⊙ 书盘互动情况
	9.1 导入与简单调整位图 9.1.1 导入位图 9.1.2 链接和嵌入位图 9.1.3 裁剪位图 9.1.4 重新取样位图 9.1.5 矢量图形转换为位图	本节主要学习导入与简单调整位图，在光盘9.1节中有相关内容的操作视频，还特别针对本节内容设置了具体的实例分析。 大家可以在阅读本节内容后再学习光盘，以达到巩固和提升的效果。

9.1.1 导入位图

在CorelDRAW X6中，若想编辑位图，就必须先打开位图。执行导入命令，可直接完成位图的导入，下面为导入位图的具体操作步骤。

图9-1 “导入”对话框

❶ 新建空白文档，选择“文件”→“导入”命令，或是按下Ctrl+I快捷键，弹出“导入”对话框，选择本书配套光盘中的“第9章\9.1\9.1.1\公益海报.JPG”文件，如图9-1所示。

❷ 单击“导入”按钮，绘图页面的光标变为如图9-2所示的形状。

❸ 使用鼠标在绘图页面拖曳出一个红色虚线框，如图9-3所示。

公益海报.jpg
w: 211.667 mm, h: 194.381 mm
单击并拖动以便重新设置尺寸。
按 Enter 可以居中。
按空格键以使用原始位置。

图9-2 光标变化

电脑小百科

构成卡片的各种素材，一般是指标志、图案、文案等。这些素材各赋有不同的使命与作用，都称为构成要素。

4. 图片即会以虚线框的大小导入到绘图页面，如图9-4所示。

图9-3 红色虚线框

图9-4 导入位图

知识补充

选择需要的图片文件之后，可以在预览窗口中预览其图片效果。将光标放置到图片文件名上停留片刻，此时光标下方会显示出该图片的尺寸、类型和大小等信息。

9.1.2 链接和嵌入位图

链接位图和导入位图有本质的区别。导入的位图可以在CorelDRAW中进行修改，如调整图像的色调和添加特殊效果等，但是链接的位图不能进行修改，它与创建文件的原软件密切联系，若要作调整则必须在原软件中进行。

下面为链接和嵌入位图的具体操作步骤。

1. 新建一个空白文件，选择“文件”→“导入”命令，弹出“导入”对话框，选择本书配套光盘中的“第9章\9.1\9.1.2\海滩活动.JPG”文件，选中对话框中的“外部链接位图”复选框，如图9-5所示。

图9-5 “导入”对话框

2. 单击“导入”按钮，将选中的位图导入到绘图页面，如图9-6所示。

图9-6 链接位图

9.1.3 裁剪位图

选择“裁剪”选项，可以裁除位图多出的区域，保留想要的部分，下面为裁剪位图的具体操作步骤。

1. 新建一个空白文件，选择“文件”→“导入”命令，弹出“导入”对话框，选择本书配套光盘中的“第9章\9.1\9.1.3\荷花.JPG”文件，在对话框的“全图像”下拉列表中选

电脑小百科

包装装潢是依附于包装立体上的平面设计，是包装外表上的视觉形象，包括了文字、摄影、插图、图案等要素的构成。

择“裁剪”选项，如图9-7所示。

2. 单击“导入”按钮，弹出“裁剪图像”对话框，在此对话框中裁剪图像，如图9-8所示。

图9-7 “导入”对话框

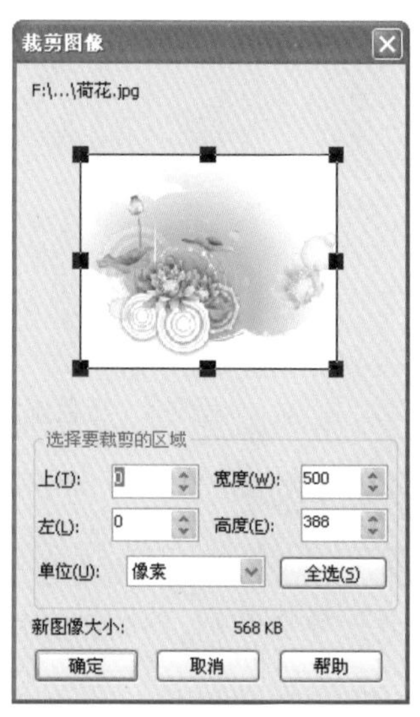

图9-8 “裁剪图像”对话框

3. 单击“确定”按钮，光标变为如图9-9所示的形状。
4. 在绘图页面需要导入位图的位置，单击鼠标左键，并导入图像，如图9-10所示。
5. 选择工具箱中的“形状”工具，调整图像，单击属性栏中的“转化为曲线”按钮，将直线转化为曲线，拖曳节点，裁切位图，如图9-11所示。

荷花.jpg
w: 42.333 mm, h: 32.851 mm
单击并拖动以便重新设置尺寸。
按 Enter 可以居中。
按空格键以使用原始位置。

图9-9 光标变化

图9-10 导入素材

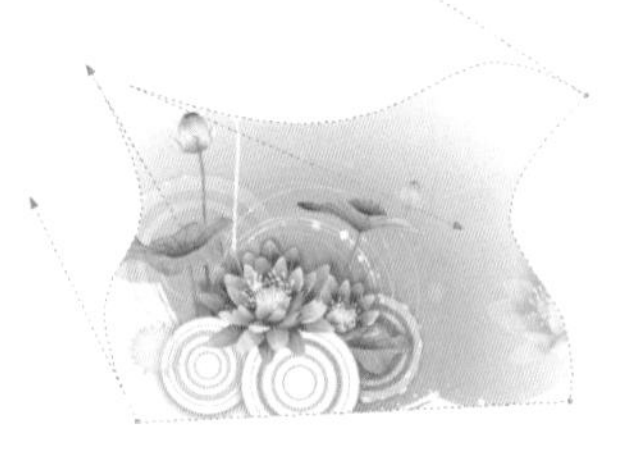

图9-11 调整形状

9.1.4 重新取样位图

选择“重新取样”选项，可以让图像在放大或是缩小的情况下，保持其像素的数量不变，下面为重新取样位图的具体操作步骤。

1. 新建一个空白文件，选择“文件”→“导入”命令，或是按下Ctrl+I快捷键，弹出“导入”对话框，选择本书配套光盘中的“第9章\9.1\9.1.4\南瓜灯.jpg”文件，在对话框的“全图像”下拉列表中选择“重新取样”选项，如图9-12所示。
2. 单击“导入”按钮，弹出“重新取样图像”对话框，在此对话框中设置数值，如图9-13所示。

电脑小百科

用固定分辨率重新取样，可以在改变图像大小时，用增加或减少像素的方法保持图像分辨率。用变量分辨率重新取样，可以使像素在图像大小变化时保持不变，产生低于或高于原图像的分辨率。

❸ 单击“确定”按钮，将图像导入到绘图页面，如图9-14所示。

图9-12　“导入”对话框

图9-13　重新取样图像

图9-14　导入素材

知识补充

用固定分辨率重新取样，可以在改变图像大小时，用增加或减少像素的方法保持图像分辨率。用变量分辨率重新取样，可以使像素在图像大小变化时保持不变，产生低于或高于原图像的分辨率。

9.1.5 矢量图形转换为位图

选择“转换为位图”命令就能将矢量图转换为位图，下面为矢量图形转换为位图的具体操作步骤。

❶ 选择“文件”→“打开”命令，弹出“打开绘图”对话框，选择本书配套光盘中的“第9章\9.1\9.1.5\雪景.cdr”文件，单击“打开”按钮，如图9-15所示。

图9-15　打开“雪景”文件

❷ 选中对象，选择“位图”→“转换为位图”命令，弹出“转换为位图”对话框，保持默认值，如图9-16所示。

❸ 单击“确定”按钮，就能将矢量图转换为位图，如图9-17所示。

电脑小百科

海报又称招贴或宣传画，是一种极具个性化的艺术表现形式，属于户外广告类型，常分布在街道、影剧院、展览会、商业闹区、车站、码头、公园等公共场所。国外也称之为“瞬间”的街头艺术。

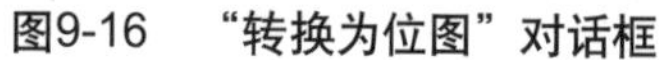
图9-16 “转换为位图”对话框

图9-17 将矢量图转换为位图

9.2 描摹位图

在CorelDRAW中，使用“位图描摹”命令，可以迅速将位图转换为矢量图，若背景颜色比较单一，还可以起到快速去底的作用。

书盘互动指导

示例	在光盘中的位置	书盘互动情况
转换为位图(P)... 自动调整(T) 图像调整实验室(J)... 矫正图像(G)... 编辑位图(E)... 裁剪位图(I) 位图颜色遮罩(M) 重新取样(R)... 模式(D) 位图边框扩充(F) 快速描摹(Q) 中心线描摹(C) 轮廓描摹(O)	9.2 描摹位图 9.2.1 快速描摹位图 9.2.2 中心线描摹位图 9.2.3 轮廓描摹位图	本节主要学习描摹位图，在光盘9.2节中有相关内容的操作视频，还特别针对本节内容设置了具体的实例分析。 大家可以在阅读本节内容后再学习光盘，以达到巩固和提升的效果。

9.2.1 快速描摹位图

使用“快速描摹”命令，可以一步完成位图转换为矢量的操作，下面为快速描摹位图的具体操作步骤。

1. 新建一个空白文档，选择“文件”→“导入”命令，或是按下Ctrl+I快捷键，弹出“导入”对话框，选择本书配套光盘中的“第9章\9.2\9.2.1\小熊.JPG”文件，单击“导入”按钮，如图9-18所示。
2. 选择“位图”→“快速描摹”命令，临摹位图，如图9-19所示。
3. 选中描摹出的图形，单击属性栏中的“取消群组”按钮，选中白色的背景图形，按Delete键删除，更改图形的颜色，如图9-20所示。

海报是一种信息传递艺术，是一种大众化的宣传工具。

图9-18　导入“小熊”素材

图9-19　快速临摹位图

图9-20　更改颜色

9.2.2　中心线描摹位图

“中心线描摹”又称“笔触描摹”，它使用未填充的封闭和开放曲线(如笔触)来描摹图像。此种方法适用于描摹线条图纸、施工图、线条画和拼版等。

下面为中心线描摹位图的具体操作步骤。

1. 新建一个空白文件，选择“文件”→“导入”命令，或是按下Ctrl+I快捷键，弹出“导入”对话框，选择本书配套光盘中的“第9章\9.2\9.2.2\绣花鞋.JPG”文件，单击“导入”按钮，如图9-21所示。

图9-21　导入“绣花鞋”素材

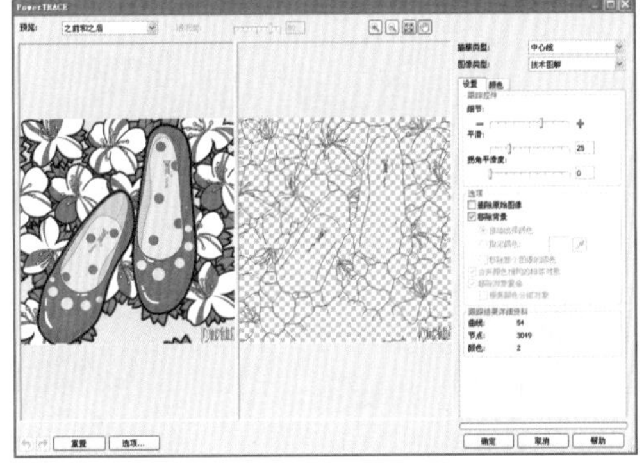

图9-22　“中心线临摹”对话框

2. 选择“位图”→“中心线描摹”→“技术图解”命令，弹出“中心线描摹”对话框，设置参数值，如图9-22所示。
3. 单击“确定”按钮，选择工具箱中的“选择”工具，拖动描摹图形至合适的位置，效果如图9-23所示。
4. 并重设轮廓色为桃花色，如图9-24所示。

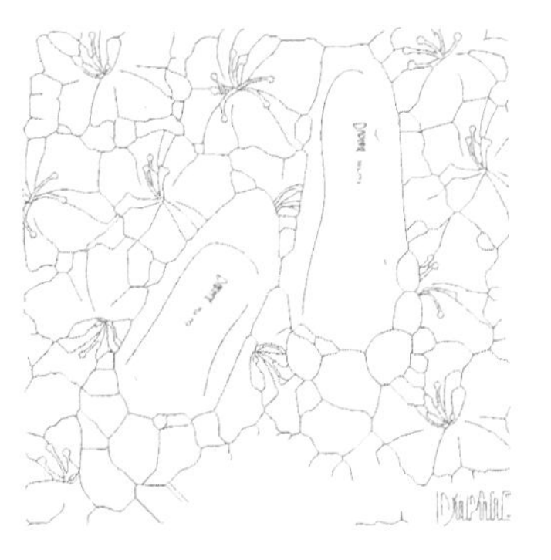

图9-23　中心线临摹效果

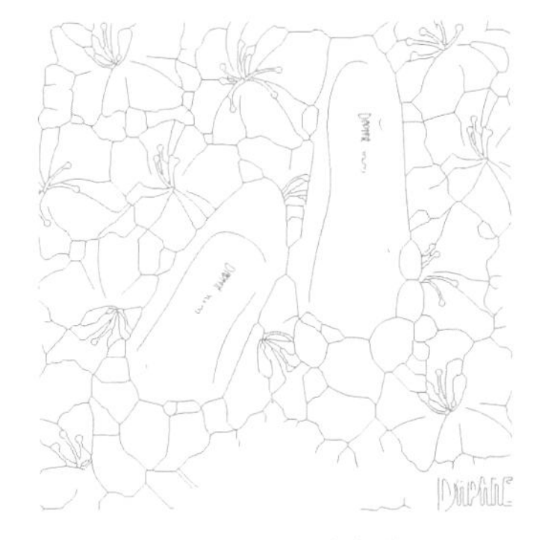

图9-24　更改颜色

杂志广告的优点是发行量大，覆盖面广，有固定的读者群。图文并茂，印刷精美，幅面多，制作方式灵活。

9.2.3 轮廓描摹位图

“轮廓描摹”又称“填充描摹”，使用无轮廓的曲线对象来描摹图像，它适用于描摹剪贴画、徽标、相片图像、低质量和高质量图像。

下面为轮廓描摹位图的具体操作步骤。

1. 新建一个空白文档，选择“文件”→“导入”命令，或是按下Ctrl+I快捷键，弹出“导入”对话框，选择本书配套光盘中的“第9章\9.2\9.2.3\卡通画.JPG”文件，单击“导入”按钮，如图9-25所示。
2. 选择“位图”→“轮廓描摹”→“高质量描摹”命令，弹出“高质量描摹”对话框，设置参数值，如图9-26所示。

图9-25 导入“卡通画”素材

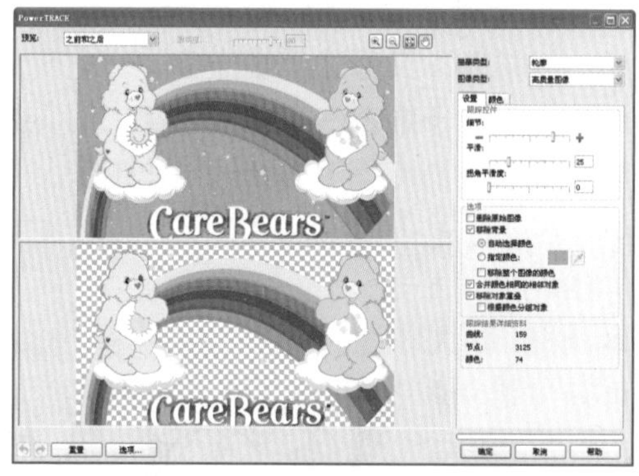
图9-26 “轮廓临摹”对话框

3. 单击“确定”按钮，选中描摹出的图形，单击属性栏中的“取消群组”按钮，如图9-27所示。
4. 选择“矩形”工具，绘制一个矩形，并放置最后一层，填充蓝色。更改其他颜色，效果如图9-28所示。

图9-27 轮廓临摹效果

图9-28 更改颜色

9.3 位图颜色模式

在CorelDRAW中，也可以像在一般位图处理软件中一样校正位图的色彩。选择菜单栏中的“位图”→“模式”命令，可以在弹出的子菜单中选择相应的模式命令，调整位图的色彩。

电脑小百科

杂志广告更注重图片的质量、色彩、构图、摄影技巧，以充分表现商品的形象，引人注目，激发购买兴趣。

==书盘互动指导==

⊙ 示例	⊙ 在光盘中的位置	⊙ 书盘互动情况
黑白（1 位）(B)... 灰度（8 位）(G) 双色（8 位）(D)... 调色板色（8 位）(P)... RGB 颜色（24 位）(R) Lab 色（24 位）(L) CMYK 色（32 位）(C)	9.3　位图颜色模式 9.3.1　黑白模式 9.3.2　灰度模式 9.3.3　双色模式 9.3.4　调色板模式 9.3.5　转换为RGB模式	本节主要学习位图颜色模式，在光盘9.3节中有相关内容的操作视频，还特别针对本节内容设置了具体的实例分析。 大家可以在阅读本节内容后再学习光盘，以达到巩固和提升的效果。

9.3.1　黑白模式

黑白模式可使位图只以黑白两个色阶进行显示，下面为位图的黑白模式具体操作步骤。

1. 新建一个空白文件，选择“文件”→“导入”命令，或是按下Ctrl+I快捷键，弹出“导入”对话框，选择本书配套光盘中的“第9章\9.3\9.3.1\水晶西红柿.JPG”文件，单击“导入”按钮，如图9-29所示。
2. 选中要导入的对象，选择“位图”→“模式”→“黑白”命令，弹出“转换为1位”的对话框，设置参数值，如图9-30所示。
3. 单击“确定”按钮，“黑白”模式命令的效果如图9-31所示。

图9-29　导入“水晶西红柿”素材

图9-30　“转换为1位”对话框

图9-31　黑白模式

知识补充

转换方法：该下拉列表中提供了不相同黑白效果。屏幕类型，在该下拉列表中提供了不同的屏幕类型。

位图的黑白模式与灰度模式不同。应用黑白模式之后，图像只显示黑白色，可以清楚地显示位图的线条和轮廓图，适用于艺术线条或是简单的图形。

电脑小百科

位图模式中的黑白与灰度不同。应用黑白模式之后，图像只显示黑白色，可以清楚地显示位图的线条和轮廓图，适用于艺术线条或是简单的图形。

9.3.2 灰度模式

灰度模式可使位图以256个灰度色阶进行显示，下面为灰度模式的具体操作步骤。

1. 新建一个空白文件，选择“文件”→“导入”命令，或是按下Ctrl+I快捷键，弹出“导入”对话框，选择本书配套光盘中的“第9章\9.3\9.3.2\樱桃屋.JPG”文件，单击“导入”按钮，如图9-32所示。
2. 选择“位图”→“模式”→“灰度”命令，灰度模式效果如图9-33所示。

图9-32 导入“樱桃屋”素材

图9-33 灰度模式

9.3.3 双色模式

双色模式可使位图只以两个主色调进行显示，下面为双色模式的具体操作步骤。

1. 新建一个空白文件，选择“文件”→“导入”命令，或是按下Ctrl+I快捷键，弹出“导入”对话框，选择本书配套光盘中的“第9章\9.3\9.3.3\柠檬.JPG”文件，单击“导入”按钮，如图9-34所示。
2. 选择“位图”→“模式”→“双色”命令，弹出“双色调”对话框，在“类型”下拉列表中选择“双色调”选项，如图9-35所示。
3. 单击“确定”按钮，效果如图9-36所示。

图9-34 导入“柠檬”素材

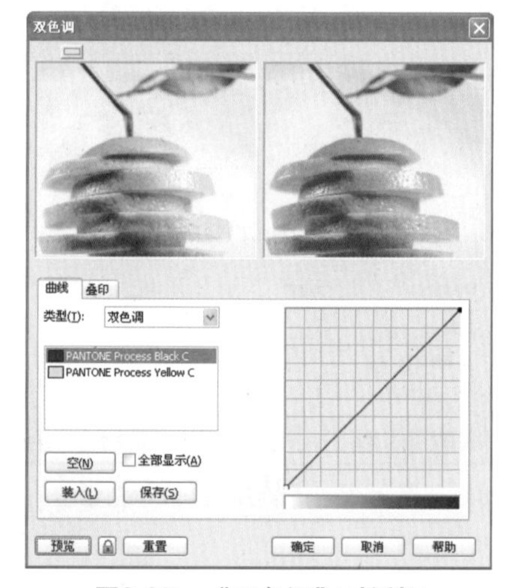

图9-35 “双色调”对话框

图9-36 双色调效果

9.3.4 调色板模式

调色板模式最多能够使用256种颜色来显示和保存图像，且位图转换为调色板模式之后，可以减小文件的大小。

电脑小百科

标志设计与其他图形艺术表现手段既有相同之处，又有自己的艺术规律。

下面为调色板模式的具体操作步骤。

1. 新建一个空白文件，选择“文件”→“导入”命令，或是按下Ctrl+I快捷键，弹出“导入”对话框，选择本书配套光盘中的“第9章\9.3\9.3.4\冰淇淋.JPG”文件，单击“导入”按钮，如图9-37所示。
2. 选择“位图”→“模式”→“调色板”命令，弹出“转换至调色板色”对话框，设置参数值，如图9-38所示。
3. 单击“确定”按钮，调色板模式如图9-39所示。

图9-37 导入“冰淇淋”素材

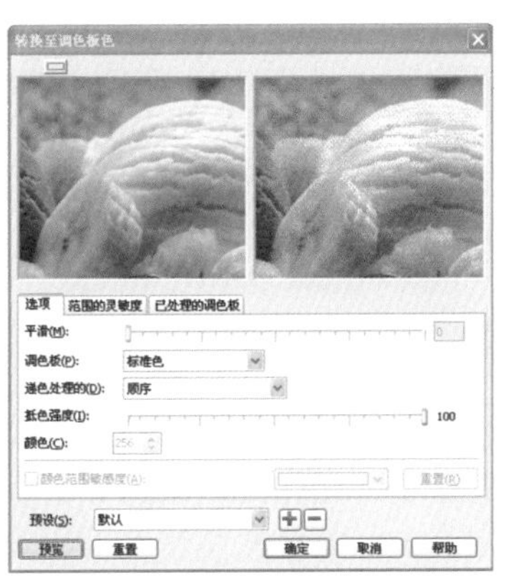

图9-38 “转换至调色板色”对话框

图9-39 调色板模式

知识补充

系统提供了不同的调色板类型，也可以根据位图中的颜色来创建自定义调色板。若要精确地控制调色板中所包含的颜色，可以在转换时指定使用的颜色数量和灵敏度范围。

9.3.5 转换为RGB模式

RGB模式是适用范围最广泛的颜色模式，其中R、G、B分别代表红色、绿色和蓝色。当R、G、B值都为255时，显示的颜色为白色；当R、G、B值都为0时，显示为黑色。

下面为转换为RGB模式的具体操作步骤。

1. 新建一个空白文件，选择“文件”→“导入”命令，或是按下Ctrl+I快捷键，弹出“导入”对话框，选择本书配套光盘中的“第9章\9.3\9.3.5\花纹.JPG”文件，单击“导入”按钮，如图9-40所示。
2. 选择“位图”→“模式”→“RGB颜色”命令，转换为RGB模式效果如图9-41所示。

图9-40 导入“花纹”素材

图9-41 转换为RGB颜色模式

电脑小百科

包装设计已经成为商品生产中不可或缺的一部分。使用CorelDRAW的工具和命令，为制作包装的平面图、立面图提供了强有力的支持。

9.3.6 转换为Lab模式

Lab色彩模式与设备无关，即不管使用什么设备创建或是输出图像，在此模式下都能产生一致的颜色，因此Lab模式是国际色彩标准模式。

Lab模式是在不同颜色模式间转换时使用的中间模式，是色彩之间的转换桥梁，弥补了RGB模式和CMYK模式的不足。在图像处理中，若要只提高图像亮度，而不改变颜色，就可以使用Lab模式，只改变L亮度值。

选择“位图”→“模式”→“Lab模式”命令，即可将位图转换为Lab颜色模式。

9.3.7 转换为CMYK模式

CMYK模式是一种减色模式，其中C、M、Y、K分别代表青色、洋红色、黄色、黑色。当C、M、Y、K值都为100时，颜色为黑色；当C、M、Y、K值都为0的时候，颜色为白色。

CMYK模式主要用于印刷，也叫作印刷色。纸张上的颜色由油墨而产生，不同的油墨可以产生不同颜色效果；油墨通过吸收(减去)一些色光，把其他光反射到眼睛里而产生颜色的不同效果。C、M、Y分别是红、绿、蓝的互补色。3种颜色混合不能得到黑色，而是暗棕色，所以另外引入了黑色。CorelDRAW在默认状态下使用的是CMYK模式。

选择“位图”→“模式”→“CMYK模式”命令，弹出“将位图转换为CMYK格式”对话框，单击“确定”按钮，即可将位图转换为CMYK模式。

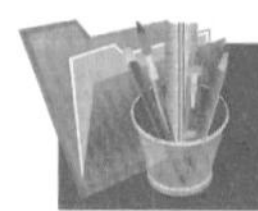

9.4 调整位图图像颜色

CorelDRAW的“位图”下拉列表中提供了多种调整位图的色彩模式，其中包括图像的高反差、局部平衡、颜色平衡、色度/饱和度/亮度等，从而使修复或调整图像中由于曝光过度或感光不足而产生的瑕疵，提高图像的质量变得更为方便。

书盘互动指导

示例	在光盘中的位置	书盘互动情况
高反差(C)... 局部平衡(O)... 取样/目标平衡(M)... 调合曲线(T)... 亮度/对比度/强度(I)... Ctrl+B 颜色平衡(L)... Ctrl+位移+B 伽玛值(G)... 色度/饱和度/亮度(S)... Ctrl+位移+U 所选颜色(V)... 替换颜色(R)... 取消饱和(D) 通道混合器(N)...	9.4 调整位图图像颜色 9.4.1 自动调整位图 9.4.2 图像调整实验室 9.4.3 高反差 9.4.4 局部平衡 9.4.5 取样/目标平衡 9.4.6 调合曲线 9.4.7 高度、对比度与强度 9.4.8 颜色平衡 9.4.9 伽玛值 9.4.10 色度、饱和度与亮度	本节主要学习调整位图图像颜色，在光盘9.4节中有相关内容的操作视频，还特别针对本节内容设置了具体的实例分析。大家可以在阅读本节内容后再学习光盘，以达到巩固和提升的效果。

电脑小百科

插图是POP广告中的表现形式之一，是很重要的。因为图文并茂，消费者阅读起来不会感到疲劳，同时美化画面，增强POP广告的感染力，不同的手法其感染力不同，广告的效果和目的也就不一样。

9.4.1 自动调整位图

“自动调整”命令是根据图像的最暗部分和最亮部分自动调整对比度和颜色。下面为自动调整位图的具体操作步骤。

1. 新建一个空白文件，选择“文件”→“导入”命令，或是按下Ctrl+I快捷键，弹出“导入”对话框，选择本书配套光盘中的“第9章\9.4\9.4.1\水果.JPG”文件，单击“导入”按钮，如图9-42所示。
2. 选择“位图”→“自动调整”命令，即可根据图像的最暗部分和最亮部分自动调整对比度和颜色，如图9-43所示。

图9-42 导入“水果”素材

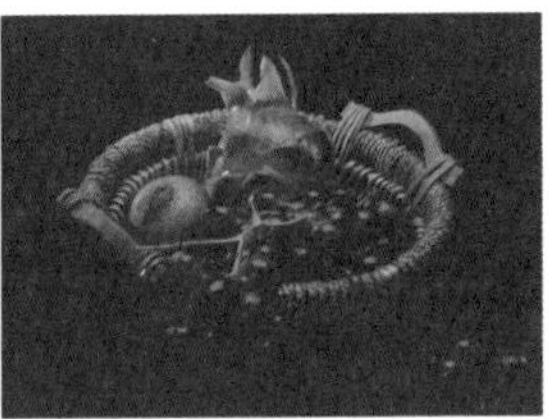

图9-43 自动调整位图

知识补充

“自动调整”是最简单的调整命令，若是觉得效果不理想，可以采用其他高级的调整工具进行调整。

9.4.2 图像调整实验室

“图像调整实验室”可以更正颜色和色调整，同时在编辑过程的任何时候创建或删除快照。下面为图像调整实验室的具体操作步骤。

1. 新建空白文件，选择“文件”→“导入”命令，或是按下Ctrl+I快捷键，弹出“导入”对话框，选择本书配套光盘中的“第9章\9.4\9.4.2\花朵.JPG”文件，单击“导入”按钮，如图9-44所示。
2. 选择“位图”→“图像调整实验室”命令，弹出“图像调整实验室”对话框，设置参数值以改变颜色，达到需要的效果，如图9-45所示。
3. 单击“确定”按钮，效果如图9-46所示。

图9-44 导入“花朵”素材

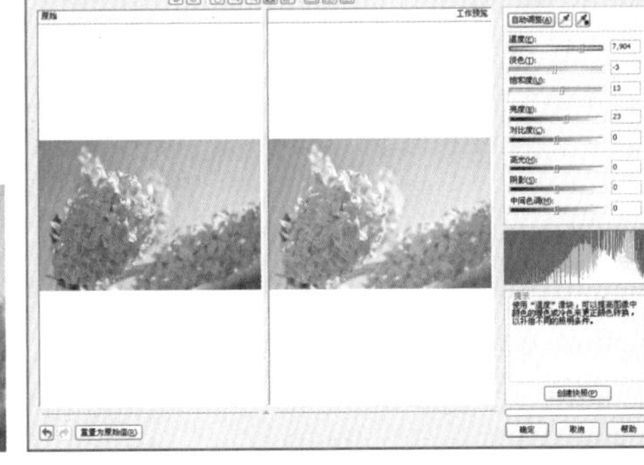

图9-45 “图像调整实验室”对话框

图9-46 图像调整实验室效果

9.4.3 高反差

“高反差”命令用于调整位图输出颜色的浓度，可以重新分布位图图像从阴影到高光

EPS文件格式又被称为带有预视图像的PS格式，它是由一个PostScript语言的文本文件和一个(可选)低分辨率的由PICT或TIFF格式描述的代表像组成。

区的颜色，调整图像的高光、暗部区域和图像的明暗程度，以及局部调整图像的中间色调区域。

下面为高反差的具体操作步骤。

1. 新建一个空白文件，选择“文件”→“导入”命令，或是按下Ctrl+I快捷键，弹出“导入”对话框，选择本书配套光盘中的“第9章\9.4\9.4.3\创意鞋.JPG”文件，单击“导入”按钮，如图9-47所示。
2. 选择“效果”→“调整”→“高反差”命令，弹出“高反差”对话框，单击左上角的“显示预览窗口”按钮，在“高反差”对话框中选择“黑色吸管工具”，在图像中颜色最重的地方吸取颜色，选择“白色吸管工具”，在图像中颜色最浅的地方吸取颜色，如图9-48所示。
3. 单击“确定”按钮，效果如图9-49所示。

图9-47 导入“创意鞋”素材

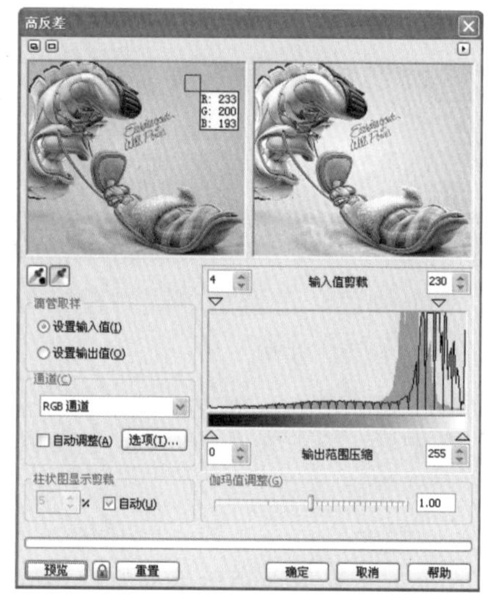

图9-48 “高反差”对话框

图9-49 高反差效果

知识补充

在使用“吸管”工具吸取颜色时，如果找准了图像中的最深色和最浅色，则图像的色调反差就大；如果找不准，则效果可能不太明显。

9.4.4 局部平衡

“局部平衡”命令可以用来改变图像中边缘附近的对比度，调整图像暗部和亮部细节，使图像产生高亮度的对比。

下面为局部平衡的具体操作步骤。

1. 新建空白文件，选择“文件”→“导入”命令，或是按下Ctrl+I快捷键，弹出“导入”对话框，选择本书配套光盘中的“第9章\9.4\9.4.4\蛇果.JPG”文件，单击“导入”按钮，如图9-50所示。

电脑小百科

EPS文件就是包括文件头信息的PostScript文件，利用文件头信息可使其他应用程序将此文件嵌入文档。

❷ 选择“效果”→“调整”→“局部平衡”命令，弹出“局部平衡”对话框，单击左上角的“显示预览窗口”按钮，如图9-51所示。

❸ 参数设置好之后，单击“确定”按钮，效果如图9-52所示。

图9-50　导入“蛇果”素材

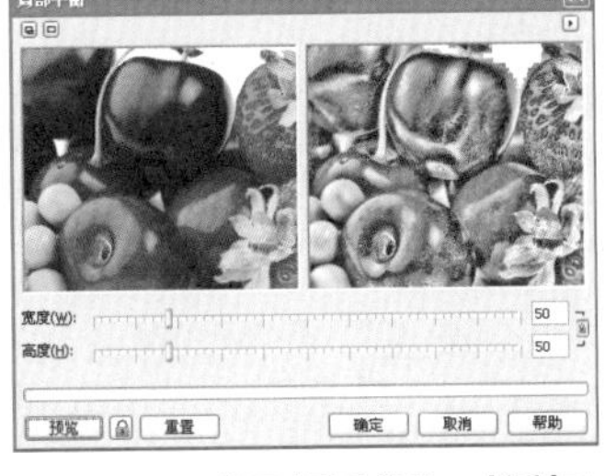

图9-51　“局部平衡”对话框

图9-52　局部平衡效果

9.4.5 取样/目标平衡

“取样/目标平衡”命令用于在图像中取样，用指定颜色来替换采集的色样，改变图像颜色，下面为取样/目标平衡的具体操作步骤。

❶ 新建空白文件，选择“文件”→“导入”命令，或者按下Ctrl+I快捷键，弹出“导入”对话框，选择本书配套光盘中的“第9章\9.4\9.4.5\饮品.JPG”文件，单击“导入”按钮，如图9-53所示。

❷ 选择“效果”→“调整”→“取样/目标平衡”命令，弹出“样本/目标平衡”对话框。

❸ 选择“样本/目标平衡”对话框中的“黑色吸管工具”，在图像颜色最深处单击鼠标左键；选择“中间色调吸管工具”，在图像的中间色调处单击鼠标左键，在目标色条上将取样颜色设置为紫色；选择“白色吸管工具”，在图像颜色最浅处单击鼠标左键，单击“预览”按钮，如图9-54所示。

❹ 单击“确定”按钮，效果如图9-55所示。

图9-53　导入“饮品”素材

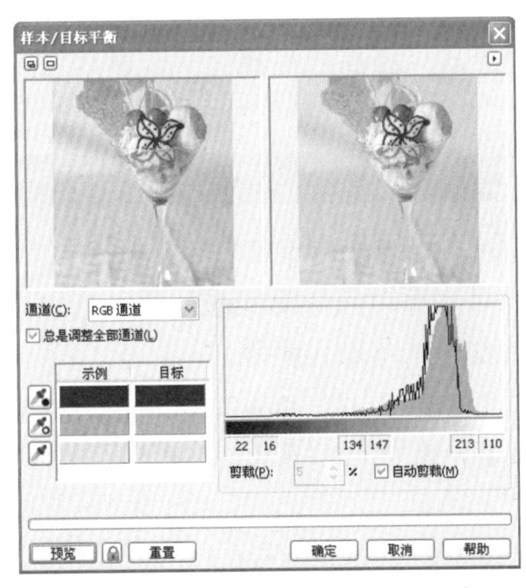

图9-54　“样本/目标平衡”对话框

图9-55　样本/目标平衡效果

EPS文件可以同时携带与文字有关的字库的全部信息。

9.4.6 调合曲线

“调合曲线”命令用于改变图像中的单个像素值，例如：阴影、中间色调和高光，以及精确地修改图像的颜色。

下面为调合曲线的具体操作步骤。

1. 新建一个空白文件，选择“文件”→“导入”命令，或是按下Ctrl+I快捷键，弹出“导入”对话框，选择本书配套光盘中的“第9章\9.4\9.4.6\鱼.JPG”文件，单击“导入”按钮，如图9-56所示。
2. 选择“效果”→“调整”→“调合曲线”命令，弹出“调合曲线”对话框。
3. 展开预览窗口，在“调合曲线”对话框中的“活动通道”下拉列表内选择一种通道“红”。在曲线编辑窗口中的曲线上单击鼠标左键，即可添加一个节点。移动此节点，调整曲线形状，单击“预览”按钮，如图9-57所示。
4. 设置完毕后，单击“确定”按钮，效果如图9-58所示。

图9-56 导入“鱼”素材

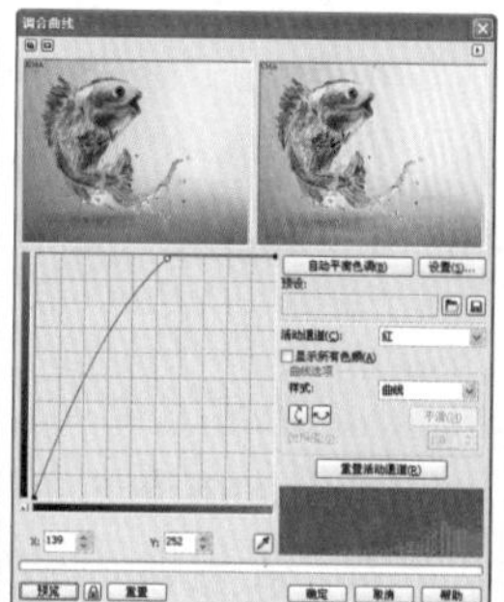

图9-57 “调合曲线”对话框

图9-58 调合曲线效果

知识补充

默认情况下，曲线上的控制点向上移动可以使图像变亮，向下则会变暗。S形曲线可以使图像中原来亮的部位越亮，暗的部位越暗，以提高图像的对比度。

9.4.7 亮度、对比度与强度

“亮度/对比度/强度”命令，可以调整图像中的色频通道，更改色谱中的颜色位置。其中，亮度指图像的明暗程度；对比度指图像的明暗反差；强度指图像色彩的明暗程度。

下面为亮度、对比度与强度的具体操作步骤。

1. 新建一个空白文件，选择“文件”→“导入”命令，或是按下Ctrl+I快捷键，弹出“导入”对话框，选择本书配套光盘中的“第9章\9.4\9.4.7\叶子.JPG”文件，单击“导入”按钮，如图9-59所示。
2. 选择“效果”→“调整”→“亮度/对比度/强度”命令，弹出“亮度/对比度/强度”对话框，展开预览窗口。
3. 在“亮度”、“对比度”、“强度”滑板中设置参数值，单击“预览”按钮，如图9-60所示。

电脑小百科

EPS是我们处理图像工作中的最重要的格式，它在Mac和PC环境下的图形和版面设计中广泛使用，在PostScript输出设备上打印使用。

❹ 参数值设置完毕后，单击“确定”按钮，效果如图9-61所示。

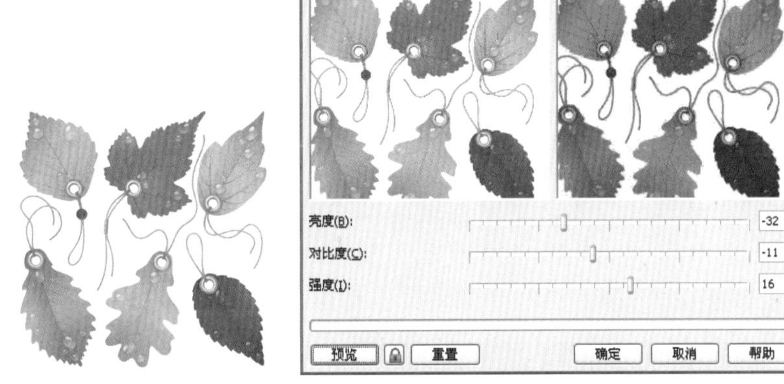

图9-59　导入“叶子”素材　　图9-60　“亮度/对比度/强度”对话框　　图9-61　最终效果

9.4.8 颜色平衡

“颜色平衡”命令用于改变图像中的颜色的百分比，从而使颜色发生变化，下面为颜色平衡的具体操作步骤。

❶ 新建一个空白文件，选择“文件”→“导入”命令，或是按下Ctrl+I快捷键，弹出“导入”对话框，选择本书配套光盘中的“第9章\9.4\9.4.8\小女孩.JPG”文件，单击“导入”按钮，如图9-62所示。

❷ 选择“效果”→“调整”→“颜色平衡”命令，弹出“颜色平衡”对话框，展开预览窗口，设置参数值，单击“预览”按钮，如图9-63所示。

❸ 单击“确定”按钮，效果如图9-64所示。

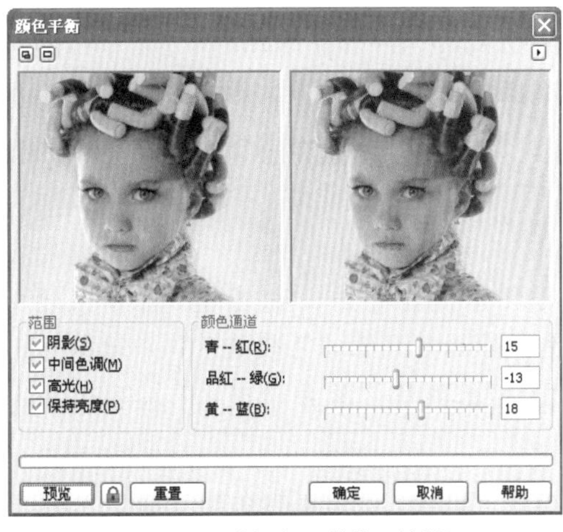

图9-62　导入“小女孩”素材　　图9-63　“颜色平衡”对话框　　图9-64　颜色平衡效果

电脑小百科

几乎每个绘画程序及大多数页面布局程序都允许保存EPS文档。

9.4.9 伽玛值

“伽玛值”命令可以在保持阴影和高光基本不变的情况下，调整图像的细节，下面为伽玛值的具体操作步骤。

1. 新建一个空白文件，选择“文件”→“导入”命令，或是按下Ctrl+I快捷键，弹出“导入”对话框，选择本书配套光盘中的“第9章\9.4\9.4.9\水果.JPG”文件，单击“导入”按钮，如图9-65所示。
2. 选择“效果”→“调整”→“伽玛值”命令，弹出“伽玛值”对话框。调整伽玛值的数值，数值越大，中间色调越浅，反之中间色调越深，展开预览框口，如图9-66所示。
3. 单击“确定”按钮，效果如图9-67所示。

图9-65 导入“水果”文件

图9-66 “伽玛值”对话框

图9-67 伽玛值效果

9.4.10 色度、饱和度与亮度

“色度/饱和度/亮度”命令可以更改图像的颜色。其中，色度即色相；饱和度即纯度；亮度指的是图像的明暗程度。

下面为色度、饱和度与亮度的具体操作步骤。

1. 新建一个空白文件，选择“文件”→“导入”命令，或是按下Ctrl+I快捷键，弹出“导入”对话框，选择本书配套光盘中的“第9章\9.4\9.4.10\节日.JPG”文件，单击“导入”按钮，如图9-68所示。
2. 选择“效果”→“调整”→“色度/饱和度/亮度”命令，弹出“色度/饱和度/亮度”对话框，在“色频通道”中选择一种通道，拖动滑块以设置参数值，单击“预览”按钮，如图9-69所示。
3. 设置完成后，单击“确定”按钮，效果如图9-70所示。

图9-68 导入“节日”文件

电脑小百科

在Photoshop中，通过文件菜单的放置命令(注：Place命令仅支持EPS插图)转换成EPS格式。

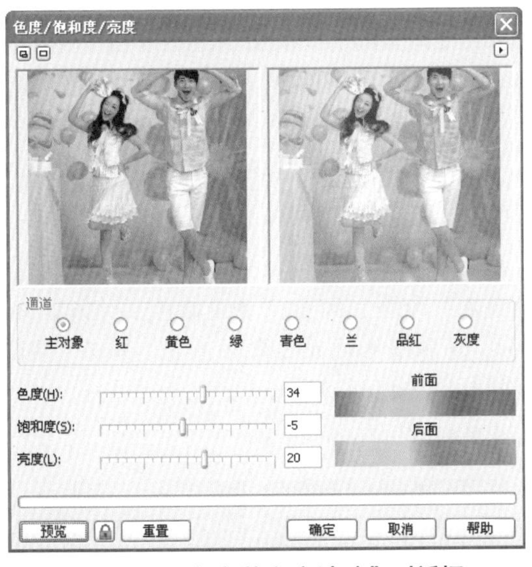

图9-69　“色度/饱和度/亮度”对话框

图9-70　最终效果

9.4.11 所选颜色

“所选颜色”命令是通过调整印刷色来改变位图颜色的，下面为所选颜色的具体操作步骤。

1. 新建一个空白文件，选择“文件”→“导入”命令，或是按Ctrl+I快捷键，弹出“导入”对话框，选择本书配套光盘中的“第9章\9.4\9.4.11\虫.JPG”文件，单击“导入”按钮，如图9-71所示。
2. 选中“效果”→“调整”→“所选颜色”命令，弹出“所选颜色”对话框，在“色谱”选项中单击“绿”，在“调整”选项中设置颜色，单击“预览”按钮，如图9-72所示。
3. 颜色设置完成后，单击“确定”按钮，效果如图9-73所示。

图9-71　导入“虫”素材

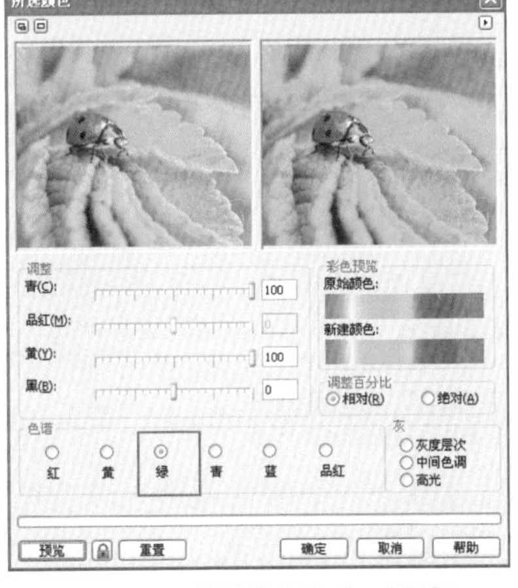

图9-72　“所选颜色”对话框

图9-73　所选颜色效果

电脑小百科

建议将一幅图像导入到Adobe Illustrator、QuarkXPress等软件时，最好的选择是EPS。

9.4.12 替换颜色

"替换颜色"命令可以设置新的颜色替换图像中所选择的颜色，下面为替换颜色的具体操作步骤。

1. 新建一个空白文件，选择"文件"→"导入"命令，或是按下Ctrl+I快捷键，弹出"导入"对话框，选择本书配套光盘中的"第9章\9.4\9.4.12\雨后.JPG"文件，单击"导入"按钮，如图9-74所示。
2. 选择"效果"→"调整"→"替换颜色"命令，弹出"替换颜色"对话框，展开预览窗口。选择原颜色后面的"吸管工具"吸取图像桃花色伞的颜色，并在"新建颜色"下拉列表中选择黄色，单击"预览"按钮，如图9-75所示。
3. 设置完成后，单击"确定"按钮，效果如图9-76所示。

图9-74 导入"雨后"文件

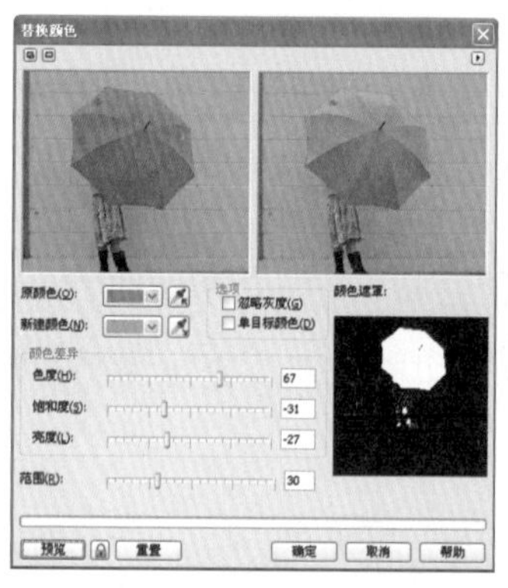
图9-75 "替换颜色"对话框

图9-76 替换颜色效果

9.4.13 取消饱和

"取消饱和"命令可以将位图中所有颜色的饱和度全调整为0，使每种颜色转换为与其相应的灰度显示，但不会改变图像的颜色模式。

下面为取消饱和的具体操作步骤。

1. 新建一个空白文件，选择"文件"→"导入"命令，或是按下Ctrl+I快捷键，弹出"导入"对话框，选择本书配套光盘中的"第9章\9.4\9.4.13\蛋糕.JPG"文件，单击"导入"按钮，如图9-77所示。
2. 选择"效果"→"调整"→"取消饱和"命令，取消饱和效果如图9-78所示。

图9-77 导入"蛋糕"素材

图9-78 取消饱和效果

9.4.14 通道混合器

"通道混合器"命令可以通过混合各个颜色通道来改变图像颜色，平衡位图色彩。

下面为通道混合器的具体操作步骤。

1. 新建一个空白文件，选择"文件"→"导入"命令，或是按下Ctrl+I快捷键，弹出"导

在杂志中最吸引人主要的地方是封面、封底，其次是封二、封三，再次是中心插页。

入”对话框，选择本书配套光盘中的“第9章\9.4\9.4.14\小房子.JPG”文件，单击“导入”按钮，如图9-79所示。

2 选择“效果”→“调整”→“通道混合器”命令，弹出“通道混合器”对话框，展开预览窗口。设置参数值，单击“预览”按钮，如图9-80所示。

3 设置完成后，单击“确定”按钮，效果如图9-81所示。

图9-79　导入“小房子”文件

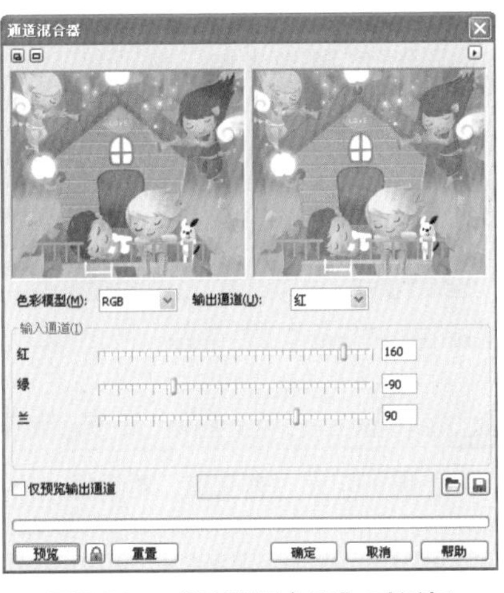

图9-80　“通道混合器”对话框

图9-81　通道混合器效果

9.5　调整位图的色彩效果

CorelDRAW X6允许使用者将颜色和色调变换同时应用于位图图像，通过变换对象的颜色和色调产生特殊效果。

书盘互动指导

示例	在光盘中的位置	书盘互动情况
	9.5　调整位图的色彩效果 9.5.1　去交错 9.5.2　反显 9.5.3　极色化	本节主要学习调整位图的色彩效果，在光盘9.5节中有相关内容的操作视频，还特别针对本节内容设置了具体的实例分析。 大家可以在阅读本节内容后再学习光盘，以达到巩固和提升的效果。

9.5.1　去交错

“去交错”命令用于扫描或隔行显示图像中删除的线条，下面为去交错的具体操作步骤。

电脑小百科

由于EPS格式在保存过程中图像体积过大，因此，如果仅仅是保存图像，建议不要使用EPS格式。

1. 新建一个空白文件，选择“文件”→“导入”命令，弹出“导入”对话框，选择本书配套光盘中的“第9章\9.5\9.5.1\静物.JPG”文件，单击“导入”按钮，如图9-82所示。
2. 选择“效果”→“变换”→“去交错”命令，弹出“去交错”对话框，如图9-83所示。
3. 单击“确定”按钮，效果如图9-84所示。

图9-82 导入“静物”素材

图9-83 “去交错”对话框

图9-84 去交错效果

9.5.2 反显

“反显”命令用于显示翻转对象的颜色，形成摄影负片的外观，下面为反显的具体操作步骤。

1. 新建一个空白文件，选择“文件”→“导入”命令，弹出“导入”对话框，选择本书配套光盘中的“第9章\9.5\9.5.2\爱心.jpg”文件，单击“导入”按钮，效果如图9-85所示。
2. 选择“效果”→“变换”→“反显”命令，反显效果如图9-86所示。

图9-85 导入“爱心”素材

图9-86 反显效果

9.5.3 极色化

“极色化”命令可以将图像转换为单一颜色，使图像简单化，下面为极色化的具体操作步骤。

1. 新建一个空白文件，选择“文件”→“导入”命令，弹出“导入”对话框，选择本书配套光盘中的“第9章\9.5\9.5.3\狗.JPG”文件，单击“导入”按钮，如图9-87所示。
2. 选择“效果”→“变换”→“极色化”命令，弹出“极色化”对话框，设置“层次”的参数值，如图9-88所示。
3. 单击“确定”按钮，效果如图9-89所示。

电脑小百科

在“位图颜色遮罩”泊坞窗中，设置容限值越高，所选颜色的范围就越多。

图9-87　导入“狗”素材

图9-88　“极色化”对话框

图9-89　极色化效果

9.6　校正位图效果

“校正”命令可以通过更改为图形中的相异像素减少杂点。

〓〓书盘互动指导〓〓

⊙ 示例	⊙ 在光盘中的位置	⊙ 书盘互动情况
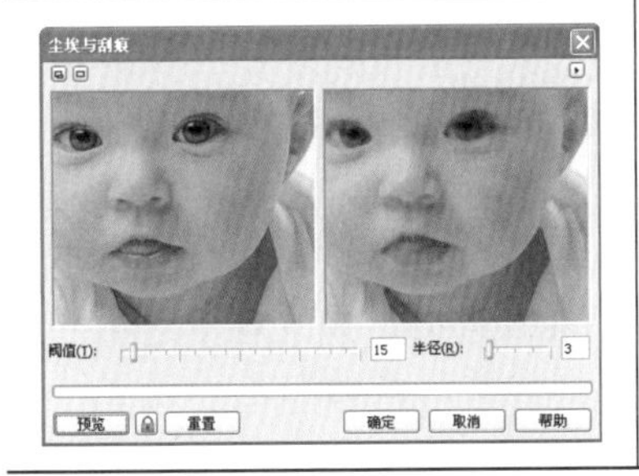	9.6　校正位图效果	本节主要学习校正位图效果，在光盘9.6节中有相关内容的操作视频，还特别针对本节内容设置了具体的实例分析。大家可以在阅读本节内容后再学习光盘，以达到巩固和提升的效果。

下面为校正位图效果的具体操作步骤。

1. 新建一个空白文件，选择“文件”→“导入”命令，或是按下Ctrl+I快捷键，弹出“导入”对话框，选择本书配套光盘中的“第9章\9.6\婴儿.JPG”文件，如图9-90所示。
2. 选择“效果”→“校正”→“尘埃与刮痕”命令，弹出“尘埃与刮痕”对话框，在对话框中设置相关的参数值，如图9-91所示。
3. 单击“确定”按钮，“校正”命令的效果如图9-92所示。

图9-90　导入“婴儿”素材

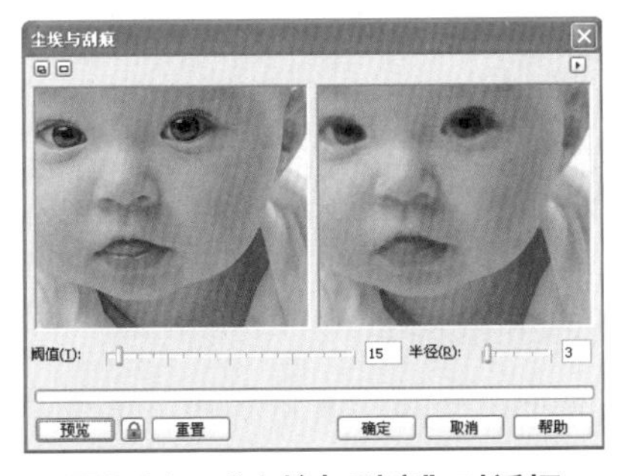

图9-91　“尘埃与刮痕”对话框

图9-92　校正位图效果

由于位图本身的特点，图像在缩放的旋转变形时会产生失真的现象。

9.7 位图的颜色遮罩

“位图颜色遮罩”命令可以隐藏图像中显示的颜色，使图像形成透明效果，还可以只改变选中的颜色，不改变图像中其他颜色。

== 书盘互动指导 ==

⊙ 示例	⊙ 在光盘中的位置	⊙ 书盘互动情况
	9.7　位图的颜色遮罩	本节主要学习位图的颜色遮罩，在光盘9.7节中有相关内容的操作视频，还特别针对本节内容设置了具体的实例分析。大家可以在阅读本节内容后再学习光盘，以达到巩固和提高的效果。

下面为位图颜色遮罩的具体操作步骤。

1. 新建一个空白文件，选择“文件”→“导入”命令，或是按Ctrl+I快捷键，弹出“导入”对话框，选择本书配套光盘中的“第9章\9.7\飞翔.JPG”文件，如图9-93所示。
2. 选择“位图”→“位图颜色遮罩”命令，在绘图页面右侧弹出“位图颜色遮罩”泊坞窗，如图9-94所示。
3. 在“位图颜色遮罩”泊坞窗中，选择“隐藏颜色”选项。在“色彩”列表框中选中一个色彩条，单击“颜色选择”按钮，使用鼠标单击位图中需要隐藏的颜色，设置“容限”数值为50，如图9-95所示。

图9-93　导入“飞翔”文件

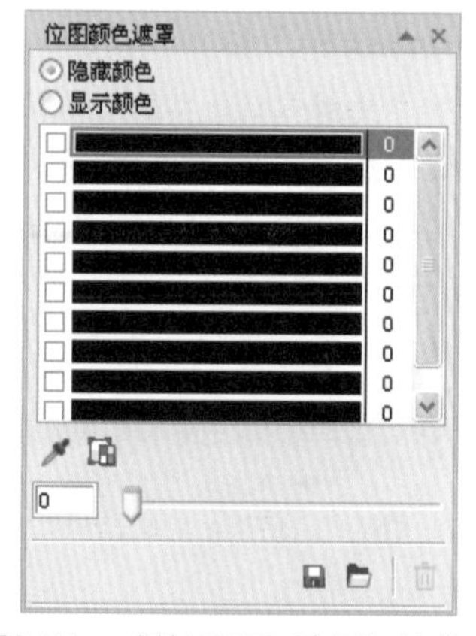

图9-94　“位图颜色遮罩”泊坞窗

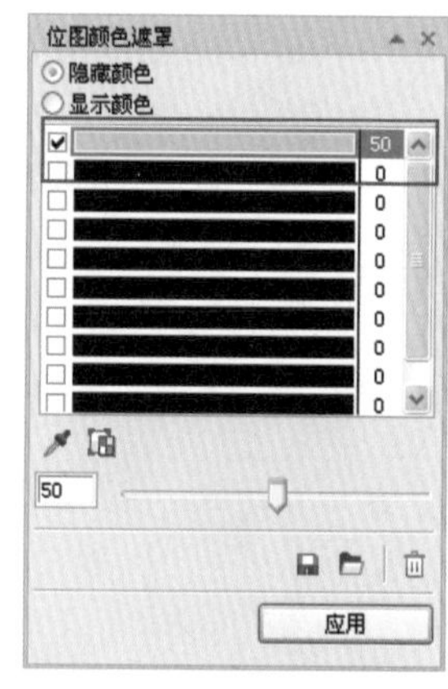

图9-95　吸管吸取颜色

4. 单击“应用”按钮，效果如图9-96所示。
5. 在“位图颜色遮罩”泊坞窗中，选择“显示颜色”选项，设置“容限”数值为100，如图9-97所示。

电脑小百科

如果文件要打印到无PostScript的打印机上，为避免打印问题，最好也不要使用EPS格式，可以用TIFF或JPEG格式来替代。

6 单击“应用”按钮，即可保留选中的颜色，同时隐藏其他颜色，效果如图9-98所示。

图9-96　隐藏效果

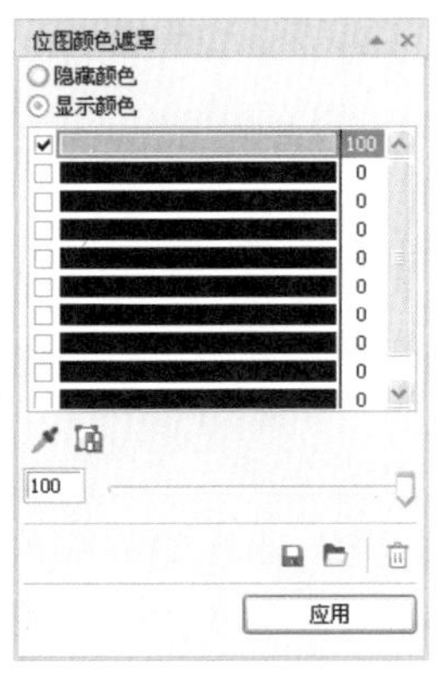

图9-97　“位图颜色遮罩”泊坞窗

图9-98　显示颜色

知识补充

位图中被隐藏的颜色并没有真正删除，而是变为完全透明。在“位图颜色遮罩”泊坞窗中，设置容限值越高，所选颜色的范围就越多。

9.8　应用实例——美术插画

本实例设计，整个画面充满了水彩效果，这得益于素材的效果设计，以及背景的衬托，主要运用了矩形工具、文本工具、渐变填充等工具。

书盘互动指导

示例	在光盘中的位置	书盘互动情况
	9.8　应用实例——美术插画	本节主要介绍了以上述内容为基础的综合实例操作方法，在光盘9.8节中有相关操作步骤的视频文件，以及原始素材文件和处理后的效果文件。 大家可以选择在阅读本节内容后再学习光盘，以达到巩固和提升的效果，也可以对照光盘视频操作来学习图书内容，以便更直观地学习和理解本节内容。

1 选择“文件”→“新建”命令，弹出“创建新文档”对话框，设置宽度为200mm，高度为270mm，单击“确定”按钮，双击工具箱中的“矩形”工具，自动生成一个与页面大小一样的矩形，右键单击调色板上的黑色，轮廓线填充为黑色，如图9-99所示。

电脑小百科

CorelDRAW X6在VI设计方面应用广泛。好的VI设计，不仅设计独特，更能够充分地表达企业的形象和文化内涵。

❷ 选择工具箱中的“矩形”工具，在绘图区上绘制一个矩形，按F11键弹出“渐变填充”对话框，设置颜色值为(C20，M0，Y60，K0)到(C0，M0，Y40，K0)的线性渐变，其他参数值如图9-100所示，参数设置完成后，单击“确定”按钮，效果如图9-101所示。

图9-99 新建文档并绘制矩形

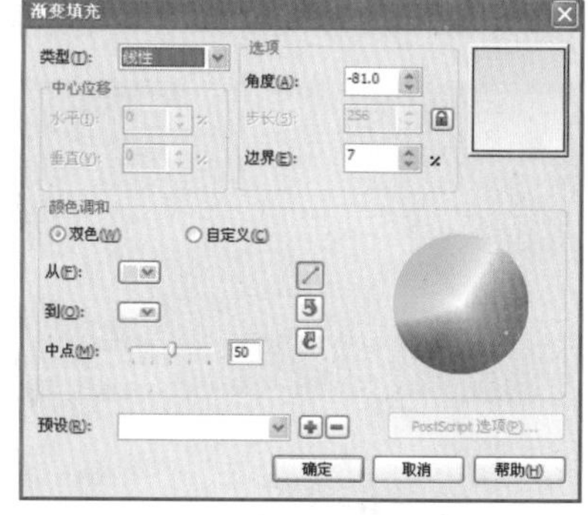

图9-100 “渐变填充”对话框

❸ 选择“文件”→“打开”命令，弹出“打开绘图”对话框，选择本书配套光盘中“第9章\9.8\莲1素材.cdr”文件，单击“打开”按钮，选择工具箱中的“选择”工具，选中对象，拖至画面中，调整大小并放置到合适的位置上，如图9-102所示。

图9-101 渐变填充效果

图9-102 打开“莲1素材”文件

❹ 选择工具箱中的“文本”工具，单击属性栏中的“将文本更改为垂直方法”按钮，设置字体为Adobe仿宋StdR，大小为36pt，输入文字，选择工具箱中的“形状”工具，调整字体的疏密，如图9-103所示。

图9-103 编辑文字

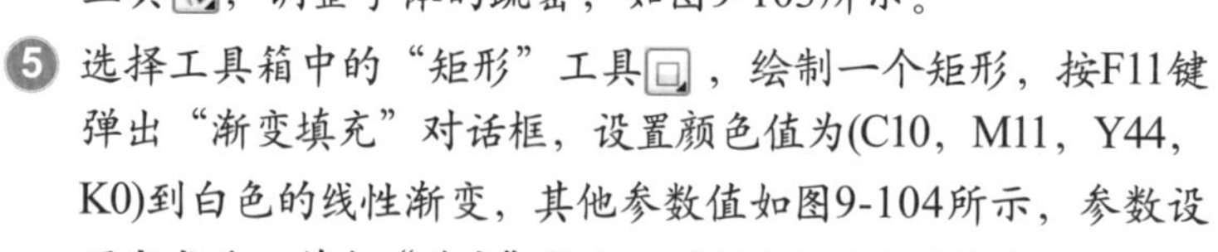
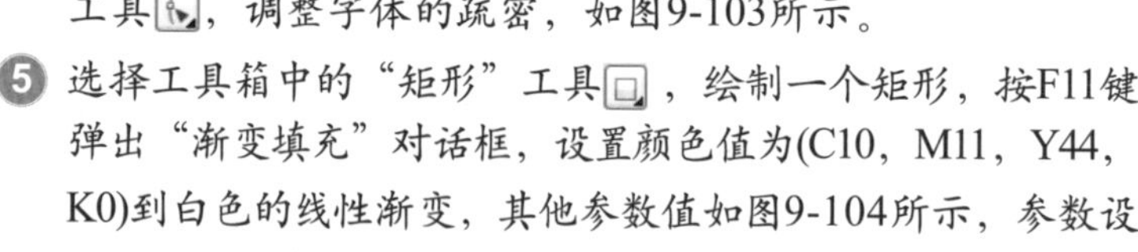

❺ 选择工具箱中的“矩形”工具，绘制一个矩形，按F11键弹出“渐变填充”对话框，设置颜色值为(C10，M11，Y44，K0)到白色的线性渐变，其他参数值如图9-104所示，参数设置完成后，单击“确定”按钮，效果如图9-105所示。

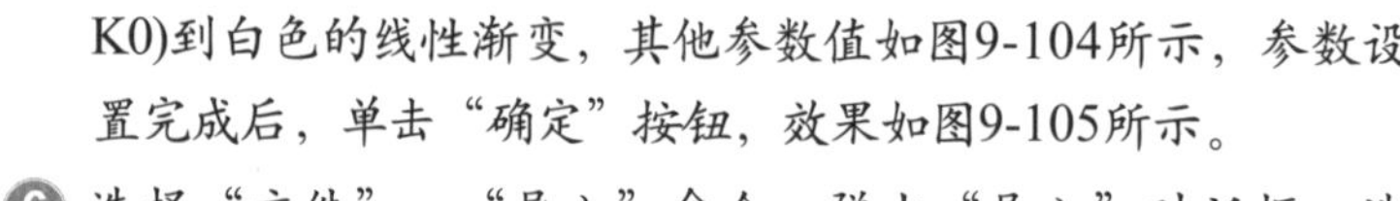

图9-104 “渐变填充”对话框

❻ 选择“文件”→“导入”命令，弹出“导入”对话框，选择本书配套光盘中的“第9章\9.8\莲2素材.cdr”文件，单击“导入”按钮，选择工具箱中的“选择”工具，选中对象，调整好位置和大小，放置到合适的位置，如图9-106所示。

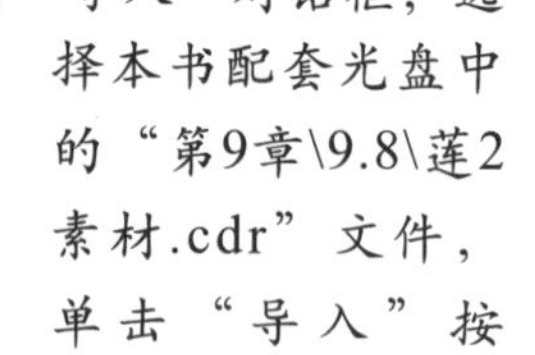

图9-105 渐变填充效果

图9-106 导入“莲2素材”文件

❼ 按小键盘+键，复制“接天莲”文字，选择工具箱中的“选择”工具，选中文字对象，调整大小，放置到合适的位置，如图9-107所示。

电脑小百科

由于对标志设计的要求要简练、概括，即要完美到几乎找不到更好的替代方案，其难度比其他任何图形艺术设计都要大得多。

8 选择“文件”→“导入”命令，弹出“导入”对话框，选择本书配套光盘中的“第9章\9.8\书卷背景素材.cdr”文件，单击“导入”按钮，选择工具箱中的“选择”工具，选中对象，调整大小，放置到合适的位置，效果如图9-108所示。

9 按照上述绘制矩形的方法，绘制矩形，如图9-109所示。

图9-107　复制字体

图9-108　导入“书卷背景素材”文件

10 选中“莲2素材”，按小键盘+键复制图形，选择工具箱中的“选择”工具，选中对象，移至矩形内，适当地调整大小，效果如图9-110所示。

11 选择工具箱中的“选择”工具，选中“莲”对象，选择“位图”→“转换为位图”命令，弹出“转换为位图”对话框，保持默认值，单击“确定”按钮，再选择“位图”→“模式”→“灰度(8位)”命令，效果如图9-111所示。

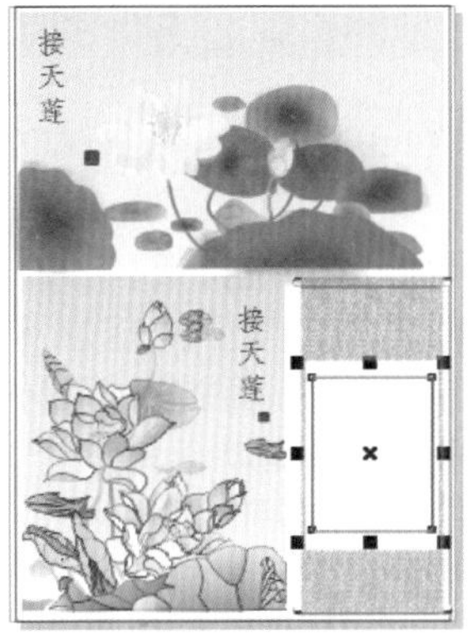

图9-109　绘制矩形

图9-110　复制图形

12 选择工具箱中的“选择”工具，选中左下角“莲”对象，选择“位图”→“转换为位图”命令，弹出“转换为位图”对话框，保持默认值，单击“确定”按钮，再选择“位图”→“图像调整实验室”命令，弹出“图像调整实验室”对话框，设置参数如图9-112所示。

13 参数设置完成后，单击“确定”按钮，效果如图9-113所示。

14 选择工具箱中的“选择”工具，选中上面的渐变矩形，选择“位图”→“转换为位图”命令，弹出“转换为位图”对话框，保持默认值，单击“确定”按钮，再选择“位图”→“模式”→“双色(8位)”，弹出“双色调”对话框，如图9-114所示。

15 单击“确定”按钮，最终效果如图9-115所示。

图9-111　灰度模式效果

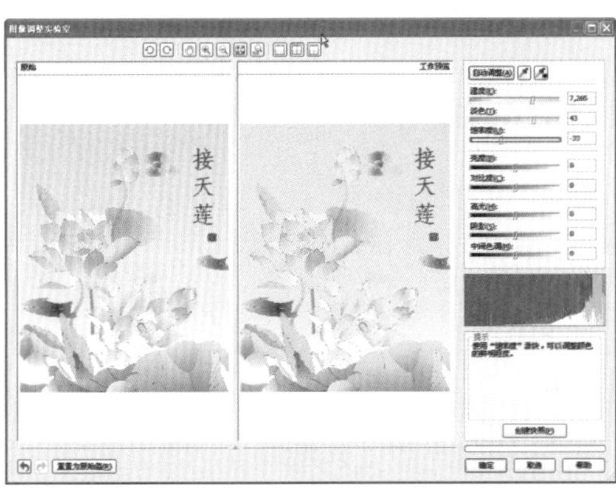

图9-112　“图像调整实验室”对话框

电脑小百科

注册表作为计算机的核心部分之一，其主要用来管理应用程序和文件的关联、硬件设备说明、状态属性以及各种状态信息和数据等。

图9-113 图像调整实验室效果

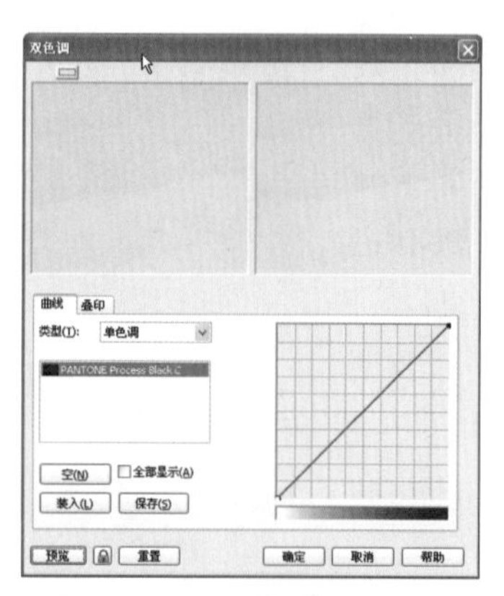

图9-114 "双色调"对话框

图9-115 最终效果

学习小结

本章主要介绍了在CorelDRAW X6中如何处理位图。

通过对本章的学习，读者能够在CorelDRAW X6中自如地运用位图并对位图进行色彩调整、模式转换，甚至制作滤镜特效。

下面对本章内容进行总结，具体内容如下。

(1) CorelDRAW X6中位图不能被直接打开，只能通过导入的方式来实现，这是在CorelDRAW X6中处理位图的最基本条件。

(2) 背景颜色比较单一的位图图像，可以通过CorelDRAW X6提供的临摹位图这一命令来实现，这样大大地提高了制作的效率。

(3) 在CorelDRAW X6中处理位图最常使用的就是位图的色彩调整，所以位图颜色的调整是本章的重点知识。

(4) 通过对本章的学习，用户不仅仅可以制作矢量图，还可以处理位图的色彩调整、模式转换，甚至制作滤镜特效等。

互动练习

1. 选择题

(1) 在CorelDRAW X6中临摹位图提供(　　)种类型。

A．2　　B．3

C．4　　D．5

(2) 灰度模式以(　　)个色阶来显示。

A．256　　B．255

C．266　　D．265

(3) 以两种主色调来显示的是(　　)模式。

A．黑白模式　　B．双色模式

C．灰度模式　　D．调色板模式

2. 思考与上机题

(1) CorelDRAW X6中默认的颜色模式是哪种?

(2) 如何更快捷地将位图转换为矢量图。

电脑小百科

安装的打印机驱动程序不同，"打印"对话框也会有所不同，但设置的内容大致相同。

第10章

应用滤镜

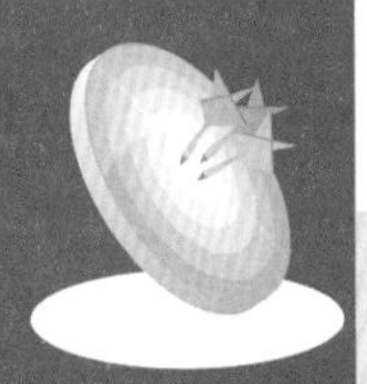

本章导读

在CorelDRAW中，除了可以调整位图的色调和颜色外，还可以像Photoshop一样用滤镜来处理图像。滤镜来源于摄影中的滤光镜，使用它可以轻而易举地得到奇特的图像效果。CorelDRAW软件提供了多种滤镜，可以对位图进行各种效果的处理。灵活使用位图的滤镜，可以给设计的作品增色不少。

精彩看点

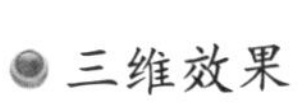

- 三维效果
- 模糊滤镜
- 颜色转换
- 创造性
- 杂点滤镜
- 艺术笔触
- 相机滤镜
- 轮廓图
- 扭曲滤镜
- 鲜明化滤镜

10.1 三维效果

三维效果滤镜可以为位图添加多种3D立体效果，其中包括了7种滤镜效果，分别为：三维旋转、柱面、浮雕、卷页、透视、挤远/挤近和球面。

书盘互动指导

示例	在光盘中的位置	书盘互动情况
三维旋转(3)... 柱面(L)... 浮雕(E)... 卷页(A)... 透视(R)... 挤远/挤近(P)... 球面(S)...	10.1 三维效果 10.1.1 三维旋转 10.1.2 柱面 10.1.3 浮雕 10.1.4 卷页 10.1.5 透视 10.1.6 挤远/挤近 10.1.7 球面	本节主要学习三维效果，在光盘10.1节中有相关内容的操作视频，还特别针对本节内容设置了具体的实例分析。 大家可以在阅读本节内容后再学习光盘，以达到巩固和提升的效果。

10.1.1 三维旋转

“三维旋转”命令可以使图像产生一种旋转透视的效果，下面为三维旋转的具体操作步骤。

1. 新建一个空白文件，选择“文件”→“导入”命令，弹出“导入”对话框，选择本书配套光盘中的“第10章\10.1\10.1.1\狗.JPG”文件，单击“导入”按钮，如图10-1所示。
2. 选择“位图”→“三维效果”→“三维旋转”命令，弹出“三维旋转”对话框。展开预览窗口，在“垂直”和“水平”数值框中输入数值，设置好旋转角度，单击“预览”按钮，如图10-2所示。
3. 单击“确定”按钮，“三维旋转”命令的效果如图10-3所示。

图10-1 导入“狗”素材

图10-2 “三维旋转”对话框

图10-3 三维旋转效果

10.1.2 柱面

“柱面”命令可以使图像产生柱状变形效果，下面为柱面的具体操作步骤。

电脑小百科

人们看到烟的上升，就会想到下面有火。烟就是有火的一种自然标记。在通信不发达的时代，人们利用烟作为传送与火的意义有关联(如火急、紧急、报警求救等)信息的特殊手段。这种人为的烟，既是信号，也是一种标志。

1 新建一个空白文件，选择“文件”→“导入”命令，弹出“导入”对话框，选择本书配套光盘中的“第10章\10.1\10.1.2\音乐达人.JPG”文件，单击“导入”按钮，如图10-4所示。

2 选择“位图”→“三维效果”→“柱面”命令，弹出“柱面”对话框，展开预览窗口，在对话框中设置参数值。单击“预览”按钮，如图10-5所示。

3 单击“确定”按钮，“柱面”命令的效果如图10-6所示。

图10-4 导入“音乐达人”素材

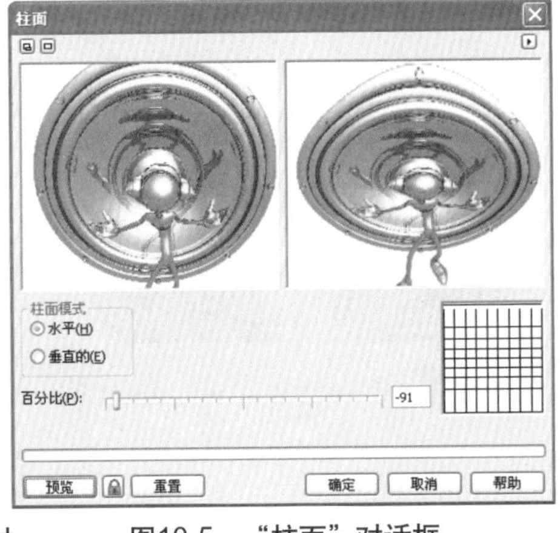

图10-5 “柱面”对话框

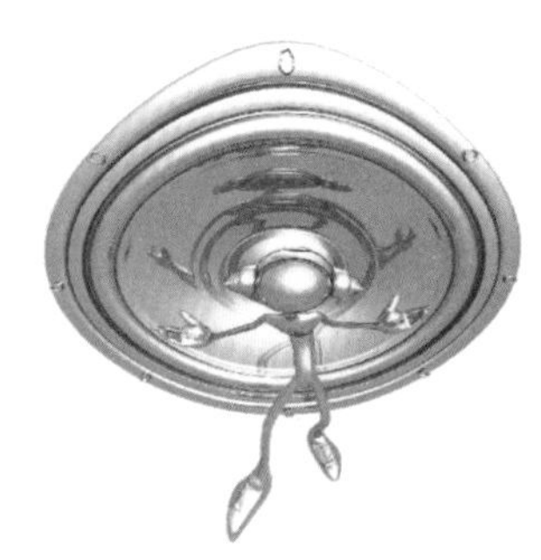

图10-6 柱面效果

10.1.3 浮雕

“浮雕”命令可以根据图像的明暗呈凹凸状显示，产生浮雕效果，下面为浮雕的具体操作步骤。

1 新建一个空白文件，选择“文件”→“导入”命令，弹出“导入”对话框，选择本书配套光盘中的“第10章\10.1\10.1.3\花.JPG”文件，单击“导入”按钮，如图10-7所示。

2 选择“位图”→“三维效果”→“浮雕”命令，弹出“浮雕”对话框。展开预览窗口，在此对话框中设置参数值，在浮雕色中选中“原始颜色”选项，单击“预览”按钮，如图10-8所示。

3 单击“确定”按钮，“浮雕”命令的效果如图10-9所示。

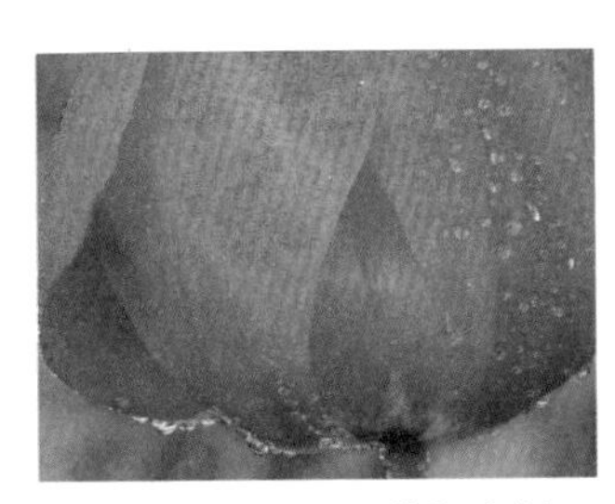

图10-7 导入“花”素材

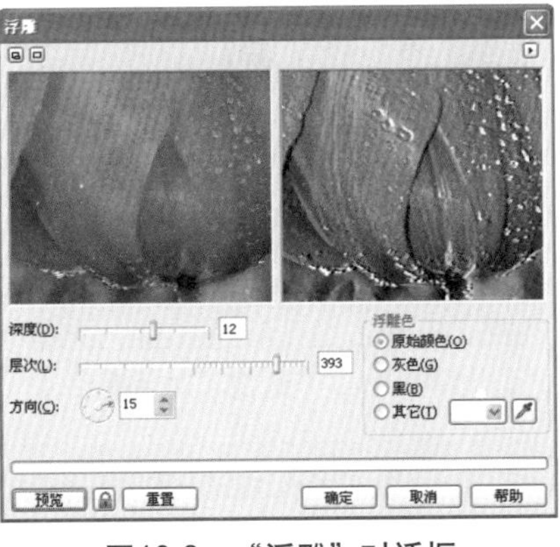

图10-8 “浮雕”对话框

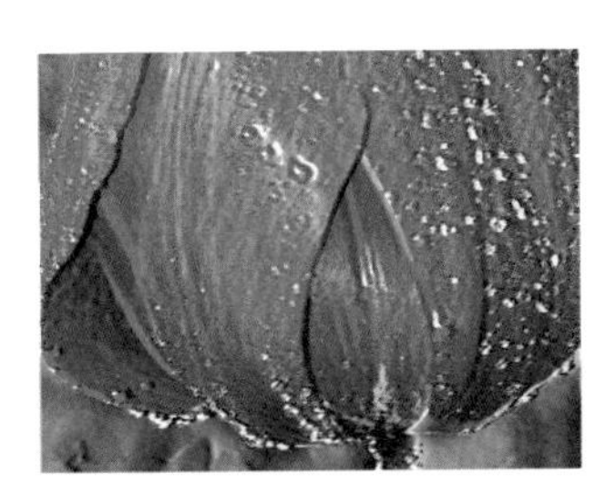

图10-9 浮雕效果

电脑小百科

标志，是表明事物特征的记号——它以单纯、显著、易识别的物像、图形或文字符号为直观语言，除标示什么、代替什么之外，还具有表达意义、情感和指令行动等作用。

10.1.4 卷页

“卷页”命令可以翻转位图中的任意一个角，下面为卷页的具体操作步骤。

1. 新建一个空白文件，选择“文件”→“导入”命令，弹出“导入”对话框，选择本书配套光盘中的“第10章\10.1\10.1.4\个人写真.JPG”文件，单击“导入”按钮，如图10-10所示。
2. 选择“位图”→“三维效果”→“卷页”命令，弹出“卷页”对话框。展开预览窗口，在对话框中设置参数值，单击“预览”按钮，如图10-11所示。
3. 单击“确定”按钮，“卷页”命令的效果如图10-12所示。

图10-10 导入“个人写真”素材

图10-11 “卷页”对话框

图10-12 卷页效果

10.1.5 透视

“透视”命令可以使图像产生三维透视效果，下面为透视的具体操作步骤。

1. 新建一个空白文件，选择“文件”→“导入”命令，弹出“导入”对话框，选择本书配套光盘中的“第10章\10.1\10.1.5\娃娃.JPG”文件，单击“导入”按钮，如图10-13所示。
2. 选择“位图”→“三维效果”→“透视”命令，弹出“透视”对话框。展开预览窗口，在对话框中调整节点，单击“预览”按钮，如图10-14所示。
3. 单击“确定”按钮，“透视”命令的效果如图10-15所示。

图10-13 导入“娃娃”素材

图10-14 “透视”对话框

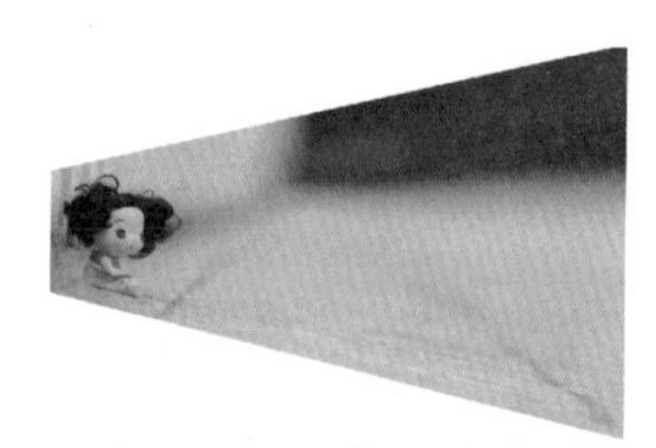

图10-15 透视效果

10.1.6 挤远/挤近

“挤远/挤近”命令可使图像相对于中心位置进行弯曲，实现拉近或拉远的效果，下面为

电脑小百科

安装虚拟机时电脑的硬件配置要求比较高，要求具有较大的内存。

挤远/挤近的具体操作步骤。

1. 新建一个空白文件，选择“文件”→“导入”命令，弹出“导入”对话框，选择本书配套光盘中的“第10章\10.1\10.1.6\花.JPG”文件，单击“导入”按钮，效果如图10-16所示。
2. 选择“位图”→“三维效果”→“挤远/挤近”命令，弹出“挤远/挤近”对话框。展开预览窗口，在对话框中设置参数值，单击“预览”按钮，如图10-17所示。
3. 单击“确定”按钮，“挤远/挤近”命令的效果如图10-18所示。

图10-16　导入“花”素材

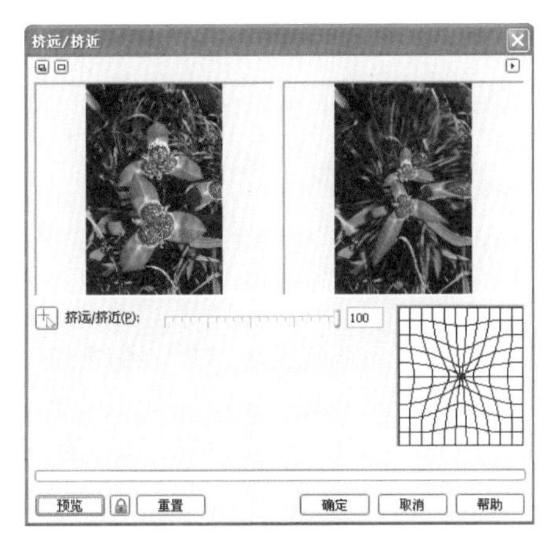

图10-17　“挤远/挤近”对话框

图10-18　挤远/挤近效果

10.1.7　球面

“球面”命令可以使图像产生类似球面效果的变化，下面为球面的具体操作步骤。

1. 新建一个空白文件，选择“文件”→“导入”命令，弹出“导入”对话框，选择本书配套光盘中的“第10章\10.1\10.1.7\棉花糖.JPG”文件，单击“导入”按钮，效果如图10-19所示。
2. 选择“位图”→“三维效果”→“球面”命令，弹出“球面”对话框，展开预览窗口，在对话框中设置参数值，单击“预览”按钮，如图10-20所示。
3. 单击“确定”按钮，“球面”命令的效果如图10-21所示。

图10-19　导入“棉花糖”素材

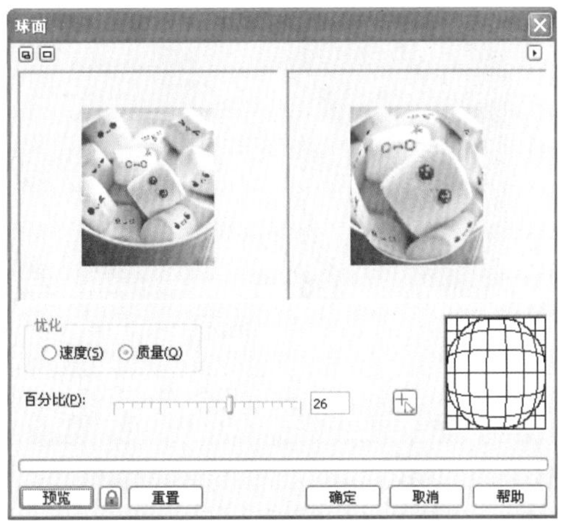

图10-20　“球面”对话框

图10-21　球面效果

电脑小百科

卡片设计属于平面设计的一种，是将不同的基本图形，按照一定的规则在平面上组合成图案的。

10.2 艺术笔触

在CorelDRAW中，艺术笔触滤镜可以使图像转化成具有多种不同的美术效果的图像，其中包括14种滤镜效果，分别为：炭笔画、单色蜡笔画、蜡笔画、立体派、印象派、调色刀、彩色蜡笔画、钢笔画、点彩派、木版画、素描、水彩画、水印画和波纹纸画。

= = 书盘互动指导 = =

⊙ 示例	⊙ 在光盘中的位置	⊙ 书盘互动情况
炭笔画(C)... 单色蜡笔画(O)... 蜡笔画(R)... 立体派(U)... 印象派(I)... 调色刀(P)... 彩色蜡笔画(A)... 钢笔画(E)... 点彩派(L)... 木版画(S)... 素描(K)... 水彩画(W)... 水印画(M)... 波纹纸画(V)...	10.2 艺术笔触 10.2.1 炭笔画　10.2.2 单色蜡笔画 10.2.3 蜡笔画　10.2.4 立体派 10.2.5 印象派　10.2.6 调色刀 10.2.7 彩色蜡笔画　10.2.8 钢笔画 10.2.9 点彩派　10.2.10 木版画 10.2.11 素描　10.2.12 水彩画 10.2.13 水印画　10.2.14 波纹纸画	本节主要学习艺术笔触，在光盘10.2节中有相关内容的操作视频，还特别针对本节内容设置了具体的实例分析。 大家可以在阅读本节内容后再学习光盘，以达到巩固和提升的效果。

10.2.1 炭笔画

“炭笔画”命令可以使图像产生炭笔绘制的效果，下面为炭笔画的具体操作步骤。

1. 新建一个空白文件，选择“文件”→“导入”命令，弹出“导入”对话框，选择本书配套光盘中的“第10章\10.2\10.2.1\艺术照.JPG”文件，单击“导入”按钮，如图10-22所示。
2. 选择“位图”→“艺术笔触”→“炭笔画”命令，弹出“炭笔画”对话框。展开预览窗口，设置大小和边缘参数值，单击“预览”按钮，如图10-23所示。
3. 单击“确定”按钮，“炭笔画”命令的效果如图10-24所示。

图10-22　导入“艺术照”素材

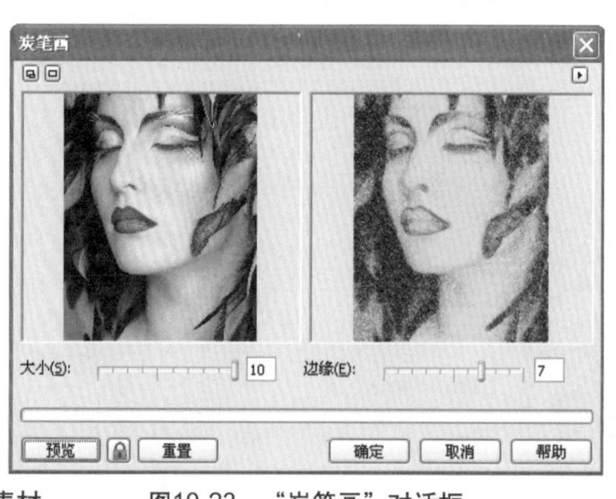

图10-23　“炭笔画”对话框

图10-24　炭笔画效果

电脑小百科

卡片设计主要在二度空间范围之内以轮廓线划分图与地之间的界限，描绘形象。

10.2.2 单色蜡笔画

“单色蜡笔画”命令可以使图像产生粉笔画的效果，下面为单色蜡笔画的具体操作步骤。

1. 新建一个空白文件，选择“文件”→“导入”命令，弹出“导入”对话框，选择本书配套光盘中的“第10章\10.2\10.2.2\美食.JPG”文件，单击“导入”按钮，如图10-25所示。
2. 选择“位图”→“艺术笔触”→“单色蜡笔画”命令，弹出“单色蜡笔画”对话框。展开预览窗口，设置参数值，单击“预览”按钮，如图10-26所示。
3. 单击“确定”按钮，“单色蜡笔画”命令的效果如图10-27所示。

图10-25 导入“美食”素材

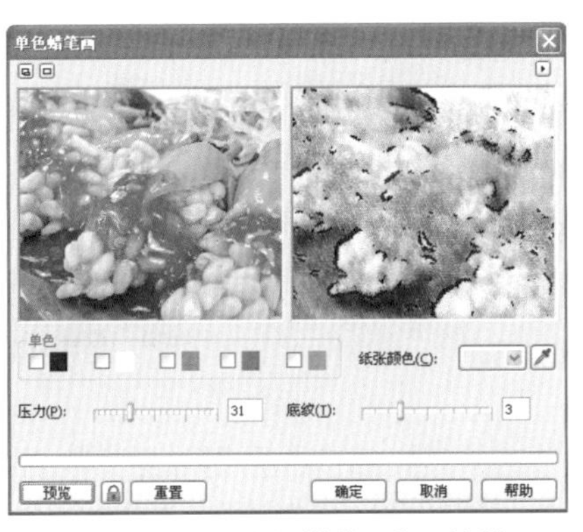

图10-26 “单色蜡笔画”对话框

图10-27 单色蜡笔画效果

10.2.3 蜡笔画

“蜡笔画”命令可以使图像产生蜡笔画的效果，下面为蜡笔画的具体操作步骤。

1. 新建一个空白文件，选择“文件”→“导入”命令，弹出“导入”对话框，选择本书配套光盘中的“第10章\10.2\10.2.3\菊花.JPG”文件，单击“导入”按钮，如图10-28所示。
2. 执行“位图”→“艺术笔触”→“蜡笔画”命令，弹出“蜡笔画”对话框。展开预览窗口，设置参数值，单击“预览”按钮，如图10-29所示。
3. 单击“确定”按钮，“蜡笔画”命令的效果如图10-30所示。

图10-28 导入“菊花”素材

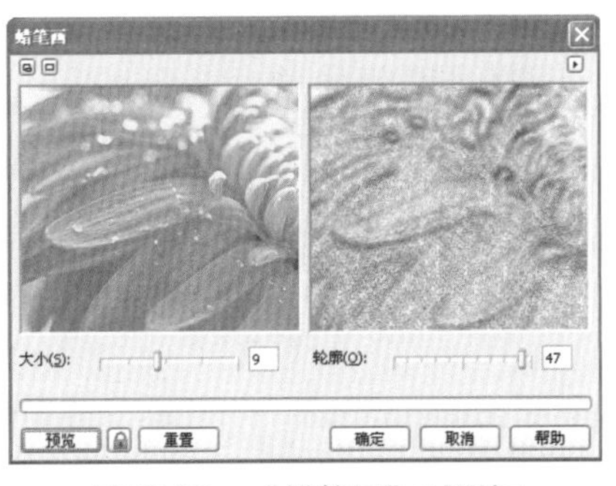

图10-29 “蜡笔画”对话框

图10-30 蜡笔画效果

10.2.4 立体派

“立体派”命令可以使图像中具有相同颜色的色素组合在一起，产生一种立体感的效

电脑小百科

平面设计所表现的立体空间感，并非实在的三度空间，而仅仅是图形对人的视觉引导作用形成的幻觉空间。与其他平面设计不同的是，卡片设计还与卡片自身的形式、材料有关。

果，下面为立体派的具体操作步骤。

1. 新建一个空白文件，选择“文件”→“导入”命令，弹出“导入”对话框，选择本书配套光盘中的“第10章\10.2\10.2.4\卡通人物.JPG”文件，单击“导入”按钮，如图10-31所示。
2. 选择“位图”→“艺术笔触”→“立体派”命令，弹出“立体派”对话框。展开预览窗口，设置参数值，单击“预览”按钮，如图10-32所示。
3. 单击“确定”按钮，“立体派”命令的效果如图10-33所示。

图10-31 导入“卡通人物”素材

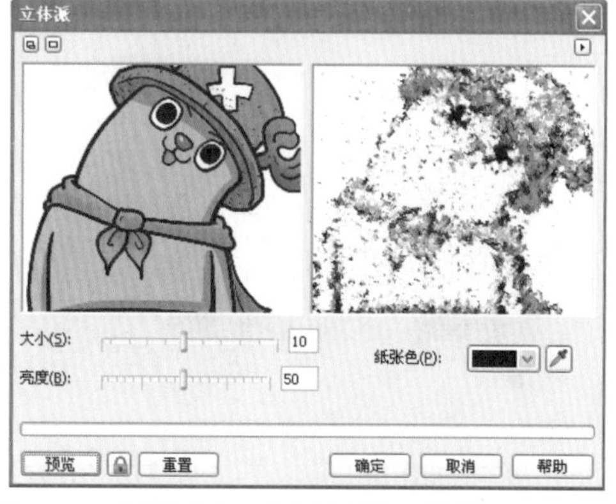

图10-32 “立体派”对话框

图10-33 立体派效果

10.2.5 印象派

“印象派”命令可以使图像产生一种印象派风格的油画效果，下面为印象派的具体操作步骤。

1. 新建一个空白文件，选择“文件”→“导入”命令，弹出“导入”对话框，选择本书配套光盘中的“第10章\10.2\10.2.5\花朵.JPG”文件，单击“导入”按钮，如图10-34所示。
2. 选择“位图”→“艺术笔触”→“印象派”命令，弹出“印象派”对话框。展开预览窗口，设置参数值，单击“预览”按钮，如图10-35所示。
3. 单击“确定”按钮，“印象派”命令的效果如图10-36所示。

图10-34 导入“花朵”素材

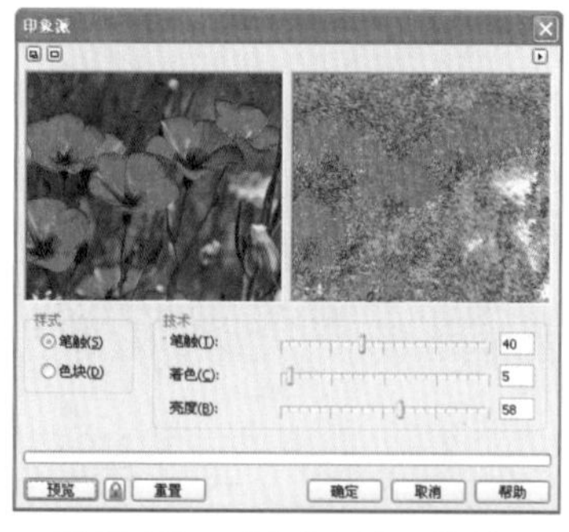

图10-35 “印象派”对话框

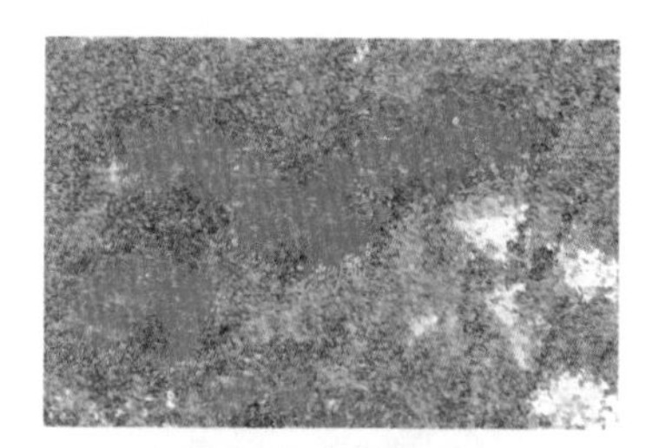
图10-36 印象派效果

10.2.6 调色刀

“调色刀”命令可以使图像产生一种小刀刮制图像的效果，下面为调色刀的具体操作步骤。

电脑小百科

名片，是标示姓名及其所属组织、公司单位和联系方法的纸片。名片是新朋友互相认识、自我介绍的最有效的方法。

1 新建一个空白文件，选择“文件”→“导入”命令，弹出“导入”对话框，选择本书配套光盘中的“第10章\10.2\10.2.6\荷花.JPG”文件，单击“导入”按钮，如图10-37所示。

2 选择“位图”→“艺术笔触”→“调色刀”命令，弹出“调色刀”对话框。展开预览窗口，设置参数值，单击“预览”按钮，如图10-38所示。

3 单击“确定”按钮，“调色刀”命令的效果如图10-39所示。

图10-37　导入“荷花”素材

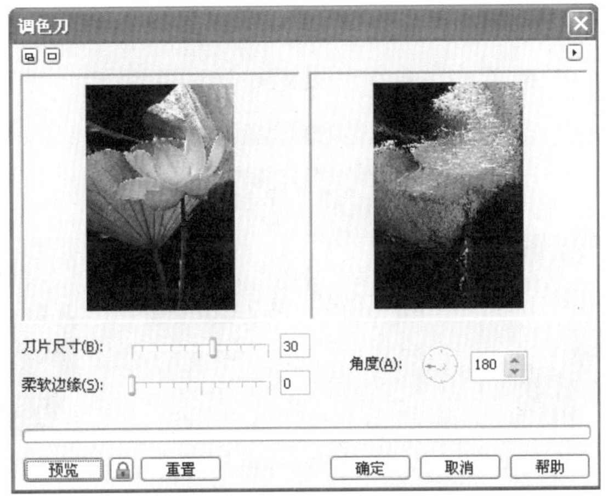

图10-38　“调色刀”对话框

图10-39　调色刀效果

10.2.7 彩色蜡笔画

“彩色蜡笔画”命令可以使图像产生一种彩色蜡笔画绘制的效果，下面为彩色蜡笔画的具体操作步骤。

1 新建一个空白文件，选择“文件”→“导入”命令，弹出“导入”对话框，选择本书配套光盘中的“第10章\10.2\10.2.7\灯.JPG”文件，单击“导入”按钮，如图10-40所示。

2 选择“位图”→“艺术笔触”→“彩色蜡笔画”命令，弹出“彩色蜡笔画”对话框。展开预览窗口，设置参数值，单击“预览”按钮，如图10-41所示。

3 单击“确定”按钮，“彩色蜡笔画”命令的效果如图10-42所示。

图10-40　导入“灯”素材

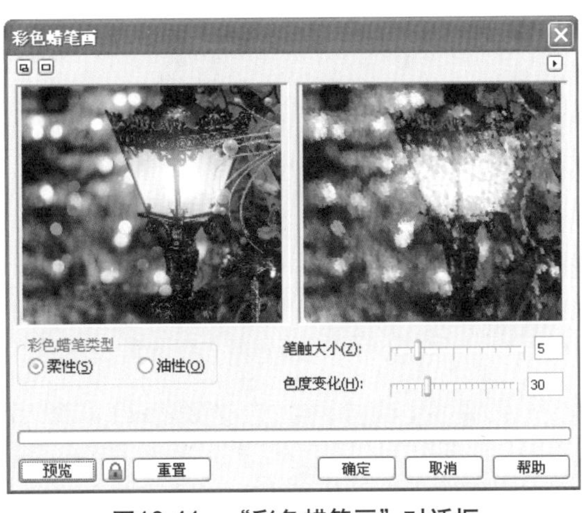

图10-41　“彩色蜡笔画”对话框

图10-42　彩色蜡笔画效果

电脑小百科

在控制面板中，打开鼠标的“属性”对话框，可以改变和调节双击鼠标时的速度。

10.2.8 钢笔画

“钢笔画”命令可以使图像产生一种黑白钢笔画的效果，下面为钢笔画的具体操作步骤。

1. 新建一个空白文件，选择“文件”→“导入”命令，弹出“导入”对话框，选择本书配套光盘中的“第10章\10.2\10.2.8\水果.JPG”文件，单击“导入”按钮，如图10-43所示。
2. 选择“位图”→“艺术笔触”→“钢笔画”命令，弹出“钢笔画”对话框。展开预览窗口，设置参数值，单击“预览”按钮，如图10-44所示。
3. 单击“确定”按钮，“钢笔画”命令的效果如图10-45所示。

图10-43 导入“水果”素材

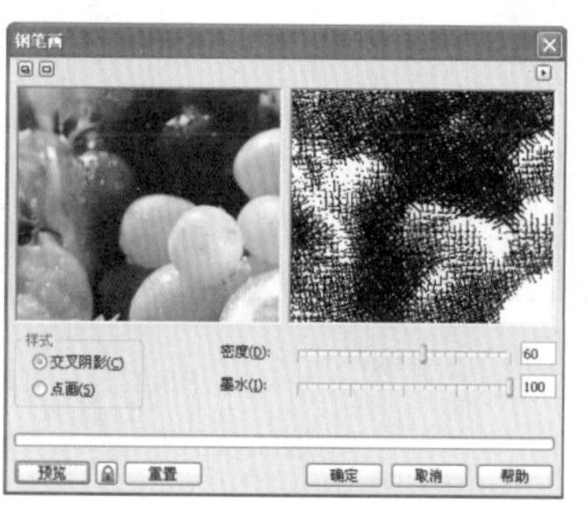

图10-44 “钢笔画”对话框

图10-45 钢笔画效果

10.2.9 点彩派

“点彩派”命令可以使图像产生一种由大量色块组成的斑点效果，下面为点彩派的具体操作步骤。

1. 新建一个空白文件，选择“文件”→“导入”命令，弹出“导入”对话框，选择本书配套光盘中的“第10章\10.2\10.2.9\柠檬.JPG”文件，单击“导入”按钮，如图10-46所示。
2. 选择“位图”→“艺术笔触”→“点彩派”命令，弹出“点彩派”对话框。展开预览窗口，设置参数值，单击“预览”按钮，如图10-47所示。
3. 单击“确定”按钮，“点彩派”命令的效果如图10-48所示。

图10-46 导入“柠檬”素材

图10-47 “点彩派”对话框

图10-48 点彩派效果

10.2.10 木版画

“木版画”命令可以为图像添加黑白色杂点，产生类似木版的效果，下面为木版画的具

宣传卡是商业贸易活动中的重要媒介体，俗称小广告。

体操作步骤。

1. 新建一个空白文件，选择“文件”→“导入”命令，弹出“导入”对话框，选择本书配套光盘中的“第10章\10.2\10.2.10\花.JPG”文件，单击“导入”按钮，如图10-49所示。
2. 选择“位图”→“艺术笔触”→“木版画”命令，弹出“木版画”对话框。展开预览窗口，设置参数值，单击“预览”按钮，如图10-50所示。
3. 单击“确定”按钮，“木版画”命令的效果如图10-51所示。

图10-49　导入“花”素材

图10-50　“木版画”对话框

图10-51　木版画效果

10.2.11　素描

“素描”命令可以使图像以素描绘画的形式显示，下面为素描的具体操作步骤。

1. 新建一个空白文件，选择“文件”→“导入”命令，弹出“导入”对话框，选择本书配套光盘中的“第10章\10.2\10.2.11\插画.JPG”文件，单击“导入”按钮，如图10-52所示。
2. 选择“位图”→“艺术笔触”→“素描”命令，弹出“素描”对话框。展开预览窗口，设置参数值，单击“预览”按钮，如图10-53所示。
3. 单击“确定”按钮，“素描”命令的效果如图10-54所示。

图10-52　导入“插画”素材

图10-53　“素描”对话框

图10-54　素描效果

宣传卡通过邮寄向消费者传达商业信息，国外称“邮件广告”、“直邮广告”等。

10.2.12 水彩画

“水彩画”命令可以使图像以水彩画的形式显示，下面为水彩画的具体操作步骤。

1. 新建一个空白文件，选择“文件”→“导入”命令，弹出“导入”对话框，选择本书配套光盘中的“第10章\10.2\10.2.12\美女.JPG”文件，单击“导入”按钮，如图10-55所示。
2. 选择“位图”→“艺术笔触”→“水彩画”命令，弹出“水彩画”对话框。展开预览窗口，设置参数值，单击“预览”按钮，如图10-56所示。
3. 单击“确定”按钮，“水彩画”命令的效果如图10-57所示。

图10-55　导入“美女”素材

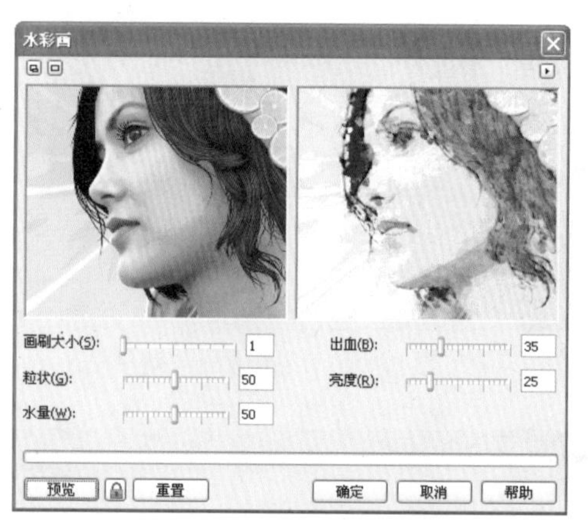

图10-56　“水彩画”对话框

图10-57　水彩画效果

10.2.13 水印画

“水印画”命令可以使图像产生一种用海绵蘸着颜色绘制的效果，下面为水印画的具体操作步骤。

1. 新建一个空白文件，选择“文件”→“导入”命令，弹出“导入”对话框，选择本书配套光盘中的“第10章\10.2\10.2.13\水果盘.JPG”文件，单击“导入”按钮，如图10-58所示。
2. 选择“位图”→“艺术笔触”→“水印画”命令，弹出“水印画”对话框。展开预览窗口，设置参数值，单击“预览”按钮，如图10-59所示。
3. 单击“确定”按钮，“水印画”命令的效果如图10-60所示。

图10-58　导入“水果盘”素材

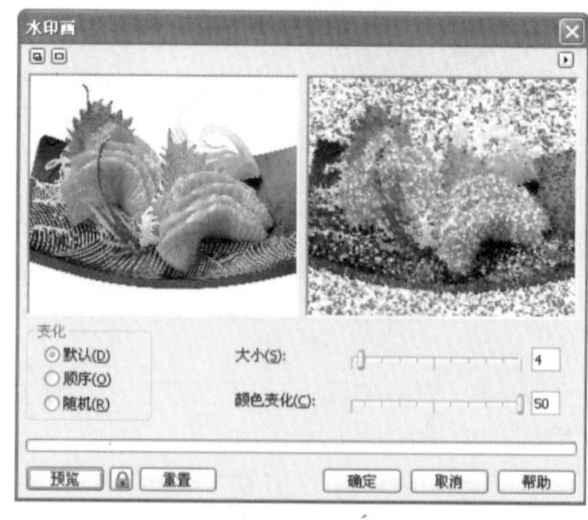

图10-59　“水印画”对话框

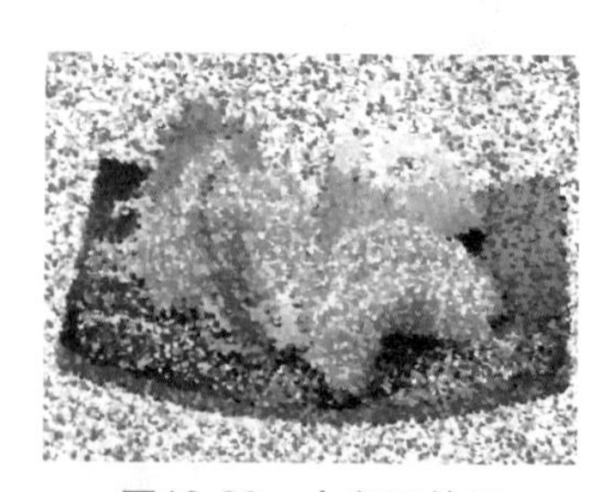
图10-60　水印画效果

宣传卡具有针对性、独立性和整体性的特点，为工商界所广泛应用。

10.2.14　波纹纸画

“波纹纸画”命令可以使图像产生带有纹路的效果，下面为波纹纸画的具体操作步骤。

1. 新建一个空白文件，选择“文件”→“导入”命令，弹出“导入”对话框，选择本书配套光盘中的“第10章\10.2\10.2.14\小女孩.JPG”文件，单击“导入”按钮，如图10-61所示。
2. 选择“位图”→“艺术笔触”→“波纹纸画”命令，弹出“波纹纸画”对话框。展开预览窗口，设置参数值，单击“预览”按钮，效果如图10-62所示。
3. 单击“确定”按钮，“波纹纸画”命令的效果如图10-63所示。

图10-61　导入“小女孩”素材

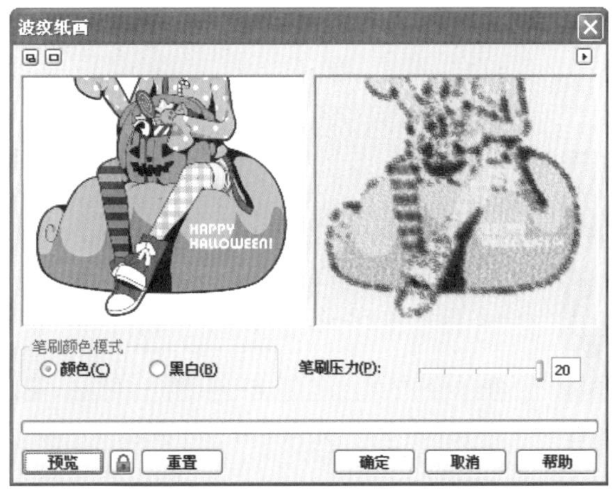

图10-62　“波纹纸画”对话框

图10-63　波纹纸画效果

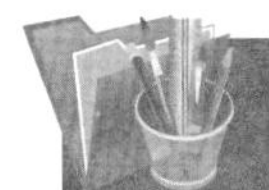

10.3　模糊滤镜

模糊滤镜可以使图像产生不同的模糊效果，其中包括9种滤镜效果，分别为：定向平滑、高斯式模糊、锯齿状模糊、低通滤波器、动态模糊、放射状模糊、平滑、柔和和缩放。

书盘互动指导

示例	在光盘中的位置	书盘互动情况
定向平滑(D)... 高斯式模糊(G)... 锯齿状模糊(J)... 低通滤波器(L)... 动态模糊(M)... 放射式模糊(R)... 平滑(S)... 柔和(F)... 缩放(Z)...	10.3　模糊滤镜 10.3.1　定向平滑 10.3.2　高斯式模糊 10.3.3　锯齿状模糊 10.3.4　低通滤波器 10.3.5　动态模糊 10.3.6　放射状模糊 10.3.7　平滑 10.3.8　柔和 10.3.9　缩放	本节主要学习模糊滤镜，在光盘10.3节中有相关内容的操作视频，还特别针对本节内容设置了具体的实例分析。 大家可以在阅读本节内容后再学习光盘，以达到巩固和提升的效果。

10.3.1 定向平滑

“定向平滑”命令可以平滑过渡图像中的颜色，产生一种细微的模糊效果，下面为定向平滑的具体操作步骤。

1. 新建一个空白文件，选择“文件”→“导入”命令，弹出“导入”对话框，选择本书配套光盘中的“第10章\10.3\10.3.1\果蔬.JPG”文件，单击“导入”按钮，如图10-64所示。
2. 选择“位图”→“模糊”→“定向平滑”命令，弹出“定向平滑”对话框。展开预览窗口，设置百分比值，如图10-65所示。
3. 单击“确定”按钮，“定向平滑”命令的效果如图10-66所示。

图10-64 导入“果蔬”素材

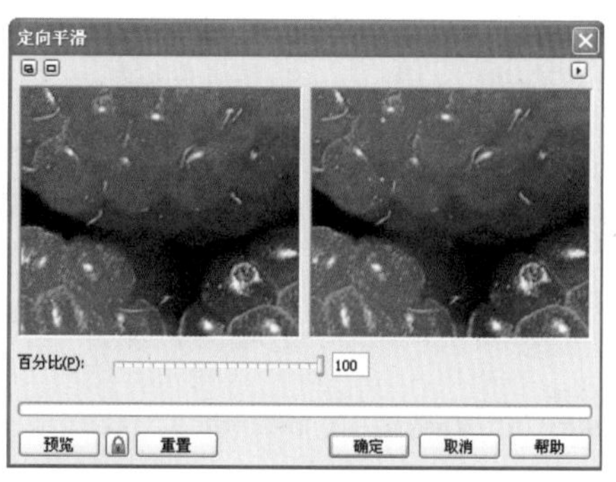

图10-65 “定向平滑”对话框

图10-66 定向平滑效果

10.3.2 高斯式模糊

“高斯式模糊”命令可以使图像按高斯分布产生高、中、低的模糊，下面为高斯式模糊的具体操作步骤。

1. 新建一个空白文件，选择“文件”→“导入”命令，弹出“导入”对话框，选择本书配套光盘中的“第10章\10.3\10.3.2\花.JPG”文件，单击“导入”按钮，如图10-67所示。
2. 选择“位图”→“模糊”→“高斯式模糊”命令，弹出“高斯式模糊”对话框。展开预览窗口，设置半径数值，如图10-68所示。
3. 单击“确定”按钮，“高斯式模糊”命令的效果如图10-69所示。

图10-67 导入“花”素材

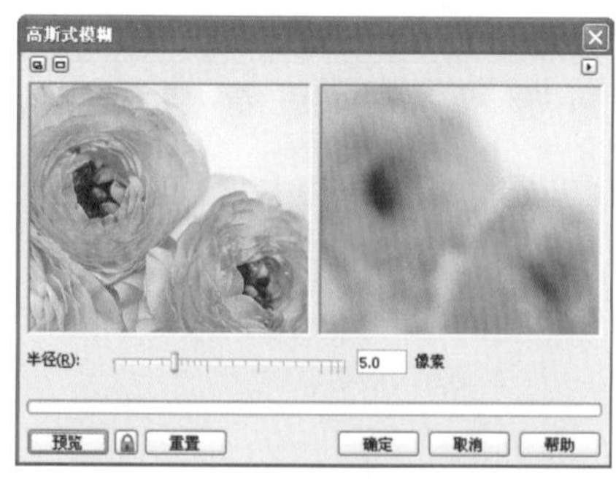

图10-68 “高斯式模糊”对话框

图10-69 高斯式模糊效果

电脑小百科

折页设计根据内容的多少来确定页数的多少，有的企业想让折页的设计出众，可能在表现形式上才有模切、特殊工艺等来体现折页的独特性，进而增加消费者的印象。

10.3.3 锯齿状模糊

“锯齿状模糊”命令可以使图像产生一种锯齿状的模糊效果，以去掉小斑点和杂点，下面为锯齿状模糊的具体操作步骤。

1. 新建一个空白文件，选择“文件”→“导入”命令，弹出“导入”对话框，选择本书配套光盘中的“第10章\10.3\10.3.3\水珠.JPG”文件，单击“导入”按钮，如图10-70所示。
2. 选择“位图”→“模糊”→“锯齿状模糊”命令，弹出“锯齿状模糊”对话框。展开预览窗口，在“宽度”和“高度”中输入数值，如图10-71所示。
3. 单击“确定”按钮，“锯齿状模糊”命令的效果如图10-72所示。

图10-70　导入“水珠”素材

图10-71　“锯齿状模糊”对话框

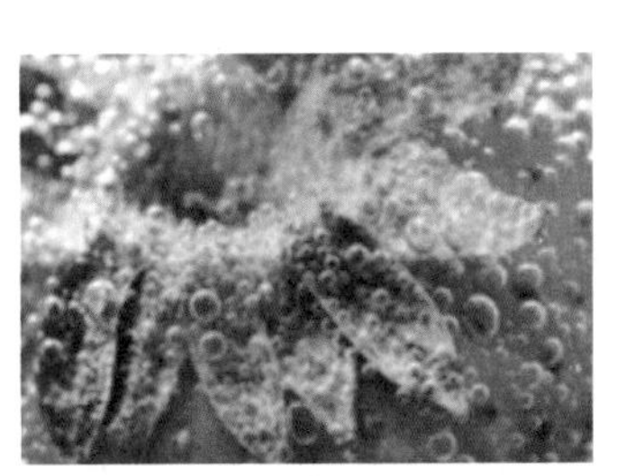

图10-72　锯齿状模糊效果

10.3.4 低通滤波器

“低通滤波器”命令可以降低图像中相邻颜色间的对比度，下面为低通滤波器的具体操作步骤。

1. 新建一个空白文件，选择“文件”→“导入”命令，弹出“导入”对话框，选择本书配套光盘中的“第10章\10.3\10.3.4\生物.JPG”文件，单击“导入”按钮，如图10-73所示。
2. 选择“位图”→“模糊”→“低通滤波器”命令，弹出“低通滤波器”对话框。展开预览窗口，在“百分比”和“半径”中输入数值，如图10-74所示。
3. 单击“确定”按钮，“低通滤波器”命令的效果如图10-75所示。

图10-73　导入“生物”素材

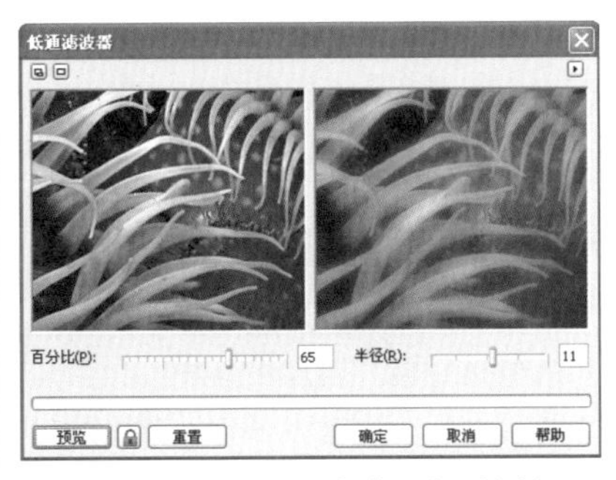

图10-74　“低通滤波器”对话框

图10-75　低通滤波器效果

电脑小百科

单页卡片的设计更注重设计的形式，在有限的空间表现出海量的内容，单页设计常见于产品单页的设计中。一般都采用正面是产品广告，背面是产品介绍。

10.3.5 动态模糊

“动态模糊”命令可以使图像产生一种类似于物体在运动的模糊效果，下面为动态模糊的具体操作步骤。

1. 新建一个空白文件，选择“文件”→“导入”命令，弹出“导入”对话框，选择本书配套光盘中的“第10章\10.3\10.3.5\花朵.JPG”文件，单击“导入”按钮，如图10-76所示。
2. 选择“位图”→“模糊”→“动态模糊”命令，弹出“动态模糊”对话框。展开预览窗口，设置参数值，如图10-77所示。
3. 单击“确定”按钮，“动态模糊”命令的效果如图10-78所示。

图10-76 导入“花朵”素材

图10-77 “动态模糊”对话框

图10-78 动态模糊效果

10.3.6 放射状模糊

“放射状模糊”命令可以使图像以某一点为中心产生旋转的模糊效果，下面为放射状模糊的具体操作步骤。

1. 新建一个空白文件，选择“文件”→“导入”命令，弹出“导入”对话框，选择本书配套光盘中的“第10章\10.3\10.3.6\日历.JPG”文件，单击“导入”按钮，如图10-79所示。
2. 选择“位图”→“模糊”→“放射状模糊”命令，弹出“放射状模糊”对话框。展开预览窗口，设置参数值，如图10-80所示。
3. 单击“确定”按钮，“放射状模糊”命令的效果如图10-81所示。

图10-79 导入“日历”素材

图10-80 “放射状模糊”对话框

图10-81 放射状模糊效果

10.3.7 平滑

“平滑”命令可以使图像中色块的边界变得更平滑，下面为平滑的具体操作步骤。

电脑小百科

Windows是一个系统操作平台，要解决实际问题，处理日常事务最终要通过应用程序软件来完成。

1. 新建一个空白文件，选择“文件”→“导入”命令，弹出“导入”对话框，选择本书配套光盘中的“第10章\10.3\10.3.7\瀑布.JPG”文件，单击“导入”按钮，如图10-82所示。
2. 选择“位图”→“模糊”→“平滑”命令，弹出“平滑”对话框。展开预览窗口，设置百分比数值，如图10-83所示。
3. 单击“确定”按钮，“平滑”命令的效果如图10-84所示。

图10-82　导入“瀑布”素材

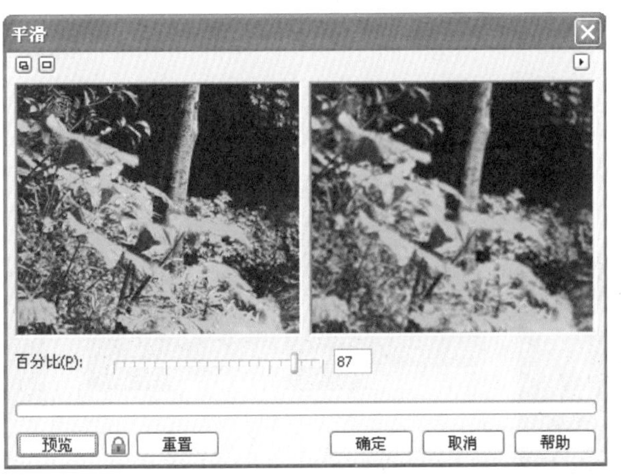

图10-83　“平滑”对话框

图10-84　平滑效果

10.3.8 柔和

“柔和”命令用于柔和图像色调的交界，使图像产生一种轻微的模糊效果，下面为柔和的具体操作步骤。

1. 新建一个空白文件，选择“文件”→“导入”命令，弹出“导入”对话框，选择本书配套光盘中的“第10章\10.3\10.3.8\雨季.JPG”文件，单击“导入”按钮，如图10-85所示。
2. 选择“位图”→“模糊”→“柔和”命令，弹出“柔和”对话框。展开预览窗口，设置百分比数值，如图10-86所示。
3. 单击“确定”按钮，“柔和”命令的效果如图10-87所示。

图10-85　导入“雨季”素材

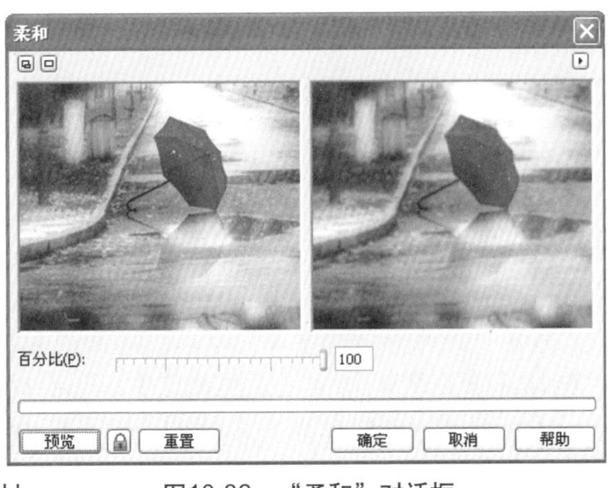

图10-86　“柔和”对话框

图10-87　柔和效果

电脑小百科

标志设计的作用：标志是一个企业的名片，一个好的标志会让人无形中对该企业有更多的记忆。

10.3.9 缩放

“缩放”命令可以使图像产生一种由中心向外爆炸的模糊效果，下面为缩放的具体操作步骤。

1. 新建一个空白文件，选择“文件”→“导入”命令，弹出“导入”对话框，选择本书配套光盘中的“第10章\10.3\10.3.9\狗.JPG”文件，单击“导入”按钮，如图10-88所示。
2. 选择“位图”→“模糊”→“缩放”命令，弹出“缩放”对话框。展开预览窗口，设置数量值，如图10-89所示。
3. 单击“确定”按钮，“缩放”命令的效果如图10-90所示。

图10-88 导入“狗”素材

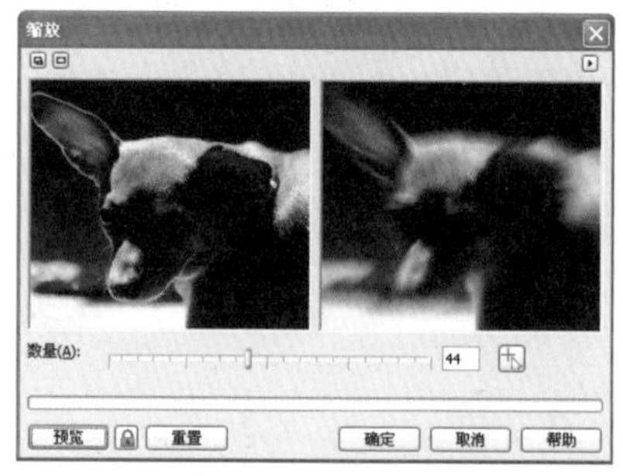

图10-89 “缩放”对话框

图10-90 缩放效果

10.4 相机滤镜

相机滤镜可以扩散图像的边界色彩，其中只包含“扩散”一种滤镜效果。

书盘互动指导

示例	在光盘中的位置	书盘互动情况
扩散 层次(L): 100 预览 重置 确定 取消 帮助	10.4 相机滤镜	本节主要学习相机滤镜，在光盘10.4节中有相关内容的操作视频，还特别针对本节内容设置了具体的实例分析。 大家可以在阅读本节内容后再学习光盘，以达到巩固和提升的效果。

下面为相机滤镜的具体操作步骤。

1. 新建一个空白文件，选择“文件”→“导入”命令，弹出“导入”对话框，选择本书配套光盘中的“第10章\10.4\嘴唇.PNG”文件，单击“导入”按钮，如图10-91所示。
2. 选择“位图”→“相机”→“扩散”命令，弹出“扩散”对话框。展开预览窗口，设置层次值，如图10-92所示。

电脑小百科

在标志文化发展史上，色彩的地位是十分重要的。作为非语言形式的标志语，所要传达的信息十分有限，而色彩以其明快、醒目的视觉传达特征与象征性力量发挥着巨大的威力。

3 单击“确定”按钮，“扩散”命令的效果如图10-93所示。

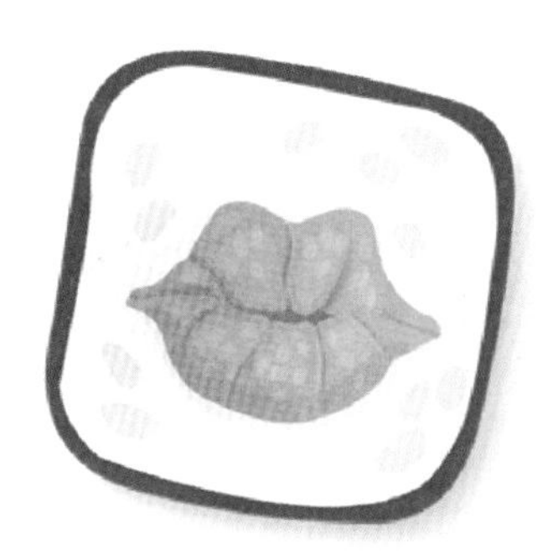

图10-91 导入“嘴唇”素材

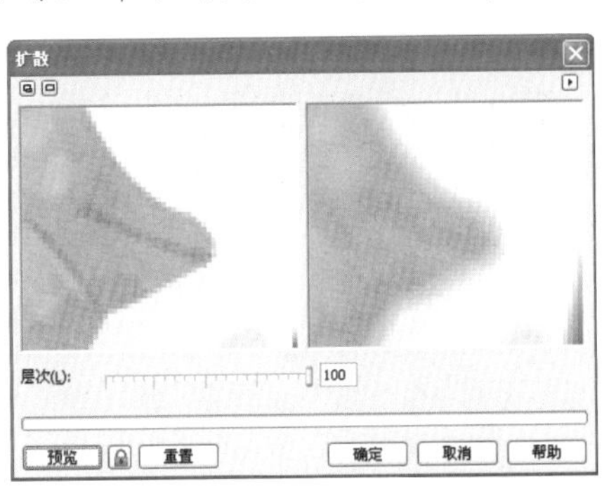

图10-92 “扩散”对话框

图10-93 扩散效果

10.5 颜色转换

颜色转换滤镜用于修改图像的色彩，其中包括了4种滤镜效果，分别为：位平面、半色调、梦幻色调和曝光。

书盘互动指导

示例	在光盘中的位置	书盘互动情况
	10.5 颜色转换 10.5.1 位平面 10.5.2 半色调 10.5.3 梦幻色调 10.5.4 曝光	本节主要学习颜色转换，在光盘10.5节中有相关内容的操作视频，还特别针对本节内容设置了具体的实例分析。 大家可以在阅读本节内容后再学习光盘，以达到巩固和提升的效果。

10.5.1 位平面

“位平面”命令可以减少图像中的色调数量，并通过红、绿、蓝三种色块平面来显示，下面为位平面的具体操作步骤。

1 新建一个空白文件，选择“文件”→“导入”命令，弹出“导入”对话框，选择本书配套光盘中的“第10章\10.5\10.5.1\扑蜻蜓.JPG”文件，单击“导入”按钮，如图10-94所示。

2 选择“位图”→“颜色转换”→“位平面”命令，弹出“位平面”对话框。展开预览窗口，设置参数值，如图10-95所示。

3 单击“确定”按钮，“位平面”命令的效果如图10-96所示。

电脑小百科

卡片设计中的色彩是由色相、明度、纯度三个元素组成的。色相，即为红、黄、绿、蓝、黑等不同的颜色。明度是指某一单色的明暗程度；纯度，即单色色相的鲜艳度、饱和度，也称彩度。

图10-94 导入“扑蜻蜓”素材

图10-95 “位平面”对话框

图10-96 位平面效果

10.5.2 半色调

“半色调”命令可以使图像产生网板效果，下面为半色调的具体操作步骤。

1. 新建一个空白文件，选择“文件”→“导入”命令，弹出“导入”对话框，选择本书配套光盘中的“第10章\10.5\10.5.2\春景.JPG”文件，单击“导入”按钮，如图10-97所示。
2. 选择“位图”→“颜色转换”→“半色调”命令，弹出“半色调”对话框。展开预览窗口，设置参数值，如图10-98所示。
3. 单击“确定”按钮，“半色调”命令的效果如图10-99所示。

图10-97 导入“春景”素材

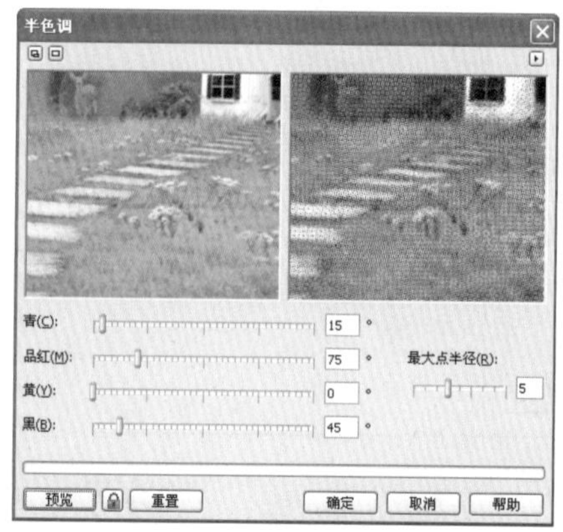

图10-98 “半色调”对话框

图10-99 半色调效果

10.5.3 梦幻色调

“梦幻色调”命令可以将图像的色块转换为明亮、鲜艳的色彩，使图像颜色对比强烈，产生梦幻效果，下面为梦幻色调的具体操作步骤。

1. 新建一个空白文件，选择“文件”→“导入”命令，弹出“导入”对话框，选择本书配套光盘中的“第10章\10.5\10.5.3\鱼.JPG”文件，单击“导入”按钮，如图10-100所示。
2. 选择“位图”→“颜色转换”→“梦幻色调”命令，弹出“梦幻色调”对话框。展开预览窗口，设置层次值，如图10-101所示。

电脑小百科

贺卡是从国外传入中国的，它通过邮寄卡片的形式来祝福对方。

❸ 单击“确定”按钮，“梦幻色调”命令的效果如图10-102所示。

图10-100 导入“鱼”素材

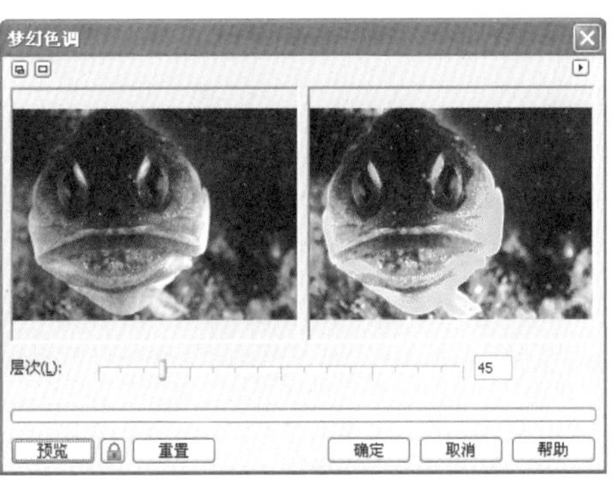

图10-101 “梦幻色调”对话框

图10-102 梦幻色调效果

10.5.4 曝光

“曝光”命令可以使图像转变为类似照片底片的效果，下面为曝光的具体操作步骤。

❶ 新建一个空白文件，选择“文件”→“导入”命令，弹出“导入”对话框，选择本书配套光盘中的“第10章\10.5\10.5.4\卷发女孩.JPG”文件，单击“导入”按钮，如图10-103所示。

❷ 选择“位图”→“颜色转换”→“曝光”命令，弹出“曝光”对话框。展开预览窗口，设置层次值，如图10-104所示。

❸ 单击“确定”按钮，“曝光”命令的效果如图10-105所示。

图10-103 导入“卷发女孩”素材

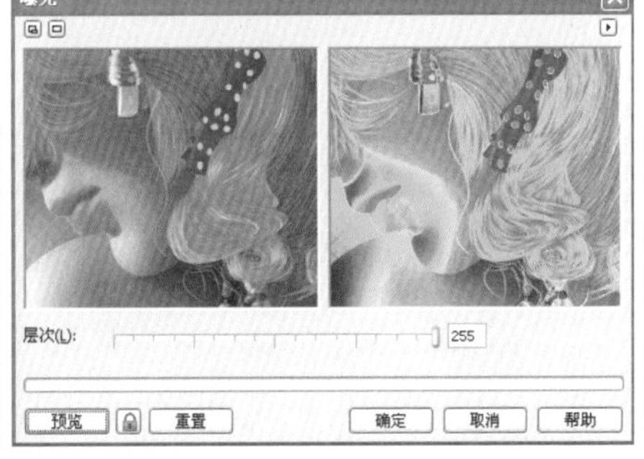

图10-104 “曝光”对话框

图10-105 曝光效果

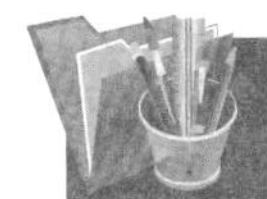

10.6 轮廓图

轮廓图滤镜可以突出和强调图像的边缘效果，其中包括了3种滤镜效果，分别为：边缘检测、查找边缘和描摹轮廓。

== 书盘互动指导 ==

⊙ 示例	⊙ 在光盘中的位置	⊙ 书盘互动情况
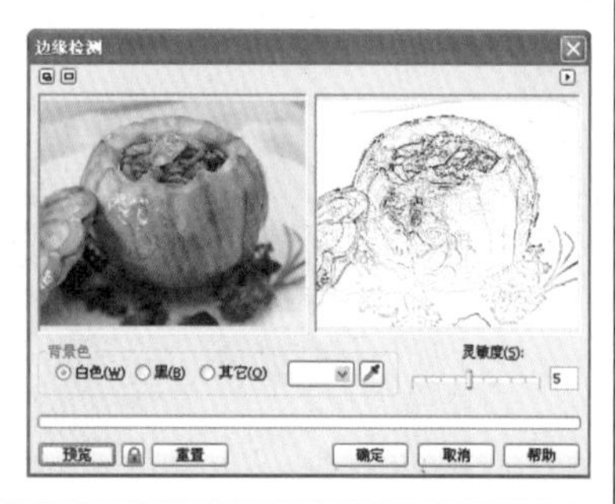	10.6 轮廓图 10.6.1 边缘检测 10.6.2 查找边缘 10.6.3 描摹轮廓	本节主要学习颜色转换，在光盘10.6节中有相关内容的操作视频，还特别针对本节内容设置了具体的实例分析。 大家可以在阅读本节内容后再学习光盘，以达到巩固和提升的效果。

10.6.1 边缘检测

"边缘检测"命令可以使图像的边缘以黑白线条显示，产生类似于白描的效果，下面为边缘检测的具体操作步骤。

1. 新建一个空白文件，选择"文件"→"导入"命令，弹出"导入"对话框，选择本书配套光盘中的"第10章\10.6\10.6.1\汤.JPG"文件，单击"导入"按钮，如图10-106所示。
2. 选择"位图"→"轮廓图"→"边缘检测"命令，弹出"边缘检测"对话框。展开预览窗口，设置参数值，如图10-107所示。
3. 单击"确定"按钮，"边缘检测"命令的效果如图10-108所示。

图10-106 导入"汤"素材

图10-107 "边缘检测"对话框

图10-108 边缘检测效果

10.6.2 查找边缘

"查找边缘"命令可以强化图像中有过渡色的边缘，下面为查找边缘的具体操作步骤。

1. 新建一个空白文件，选择"文件"→"导入"命令，弹出"导入"对话框，选择本书配套光盘中的"第10章\10.6\10.6.2\性感嘴唇.JPG"文件，单击"导入"按钮，如图10-109所示。
2. 选择"位图"→"轮廓图"→"查找边缘"命令，弹出"查找边缘"对话框。展开预览窗口，设置参数值，如图10-110所示。
3. 单击"确定"按钮，"查找边缘"命令的效果如图10-111所示。

电脑小百科

现代的贺卡样式改变了过去的单一性，现代的贺卡种类添加了立体卡、音乐卡、三维立体卡、夜光卡、复古卡。

图10-109 导入“性感嘴唇”素材

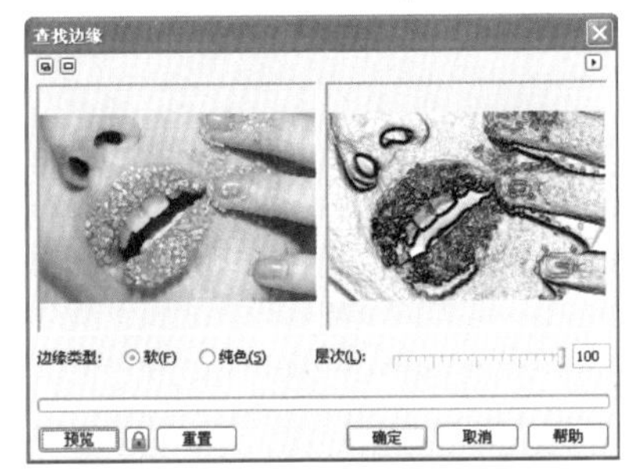
图10-110 “查找边缘”对话框

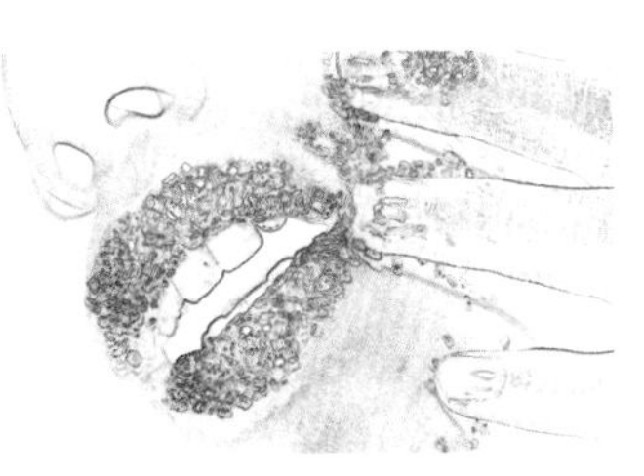
图10-111 查找边缘效果

10.6.3 描摹轮廓

“描摹轮廓”命令可以使图像的边缘具有色调差别，增强图像的边缘效果，下面为描摹轮廓的具体操作步骤。

1. 新建一个空白文件，选择“文件”→“导入”命令，弹出“导入”对话框，选择本书配套光盘中的“第10章\10.6\10.6.3\汽车.JPG”文件，单击“导入”按钮，如图10-112所示。
2. 选择“位图”→“轮廓图”→“描摹轮廓”命令，弹出“描摹轮廓”对话框。展开预览窗口，设置层次值，如图10-113所示。
3. 单击“确定”按钮，“描摹轮廓”命令的效果如图10-114所示。

图10-112 导入“汽车”素材

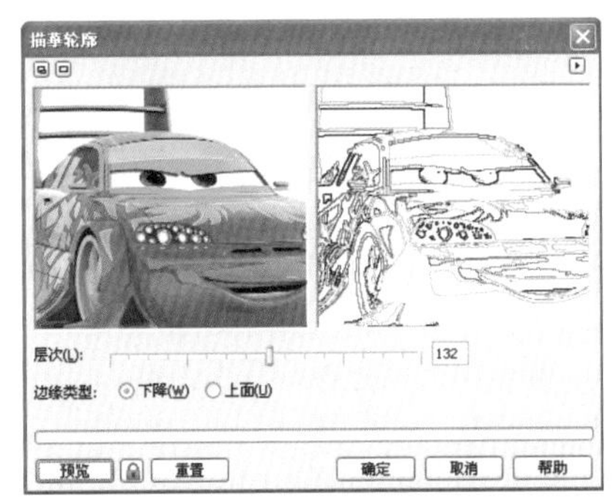
图10-113 “描摹轮廓”对话框

图10-114 描摹轮廓效果

10.7 创造性

创造性滤镜可以为图像添加许多具有创意的各种效果，其中包括了14种滤镜效果，分别为：工艺、晶体化、织物、框架、玻璃砖、儿童游戏、马赛克、粒子、散开、茶色玻璃、彩色玻璃、虚光、旋涡和天气。

电脑小百科

立体卡是翻开卡片，呈现出立体的图案、风景、动物、卡通人物等跃然纸上，由于应用了弹簧、胶水等物件，使画面中的人物能凸显出来。

书盘互动指导

⊙ 示例	⊙ 在光盘中的位置	⊙ 书盘互动情况
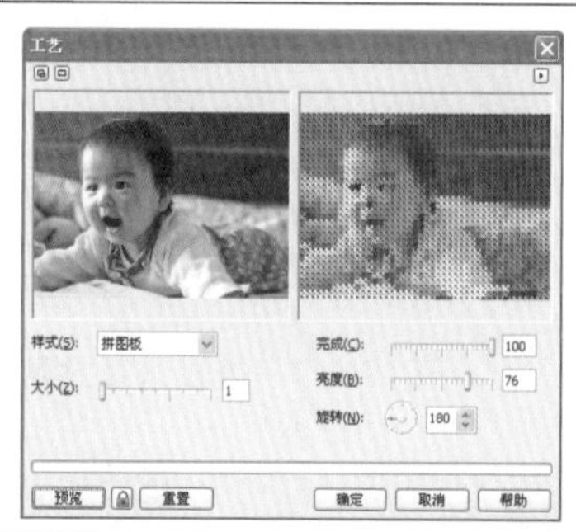	10.7 创造性 10.7.1 工艺 10.7.2 晶体化 10.7.3 织物 10.7.4 框架 10.7.5 玻璃砖 10.7.6 儿童游戏 10.7.7 马赛克 10.7.8 粒子 10.7.9 散开 10.7.10 茶色玻璃 10.7.11 彩色玻璃 10.7.12 虚光 10.7.13 旋涡 10.7.14 天气	本节主要学习创造性，在光盘10.7节中有相关内容的操作视频，还特别针对本节内容设置了具体的实例分析。 大家可以在阅读本节内容后再学习光盘，以达到巩固和提升的效果

10.7.1 工艺

“工艺”命令可以为图像添加具有类似工艺元素拼接的效果，下面为工艺的具体操作步骤。

1. 新建一个空白文件，选择“文件”→“导入”命令，弹出“导入”对话框，选择本书配套光盘中的“第10章\10.7\10.7.1\婴儿.JPG”文件，单击“导入”按钮，如图10-115所示。
2. 选择“位图”→“创造性”→“工艺”命令，弹出“工艺”对话框，展开预览窗口，设置参数值，如图10-116所示。
3. 单击“确定”按钮，“工艺”命令的效果如图10-117所示。

图10-115 导入“婴儿”素材

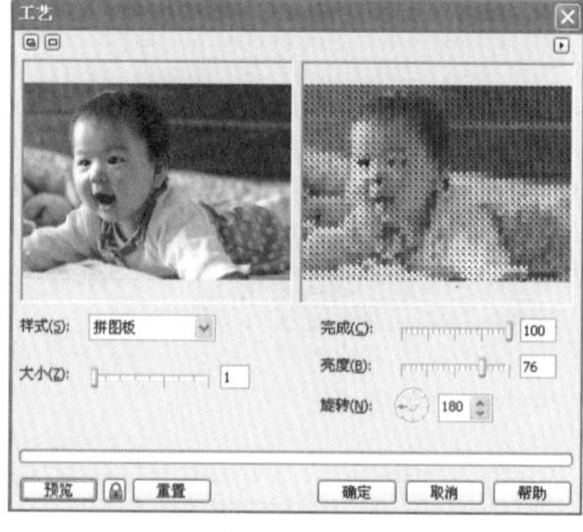

图10-116 “工艺”对话框

图10-117 工艺效果

10.7.2 晶体化

“晶体化”命令可以使图像产生许多小晶体显示，下面为晶体化的具体操作步骤。

1. 新建一个空白文件，选择“文件”→“导入”命令，弹出“导入”对话框，选择本书配套光盘中的“第10章\10.7\10.7.2\摩托车.JPG”文件，单击“导入”按钮，如图10-118所示。
2. 选择“位图”→“创造性”→“晶体化”命令，弹出“晶体化”对话框。展开预览窗口，设置大小值，如图10-119所示。
3. 单击“确定”按钮，“晶体化”命令的效果如图10-120所示。

电脑小百科

安装向导需要选择Windows安装时用户的交互级别，不同交互级别代表了不同的自动方式。

图10-118 导入“摩托车”素材

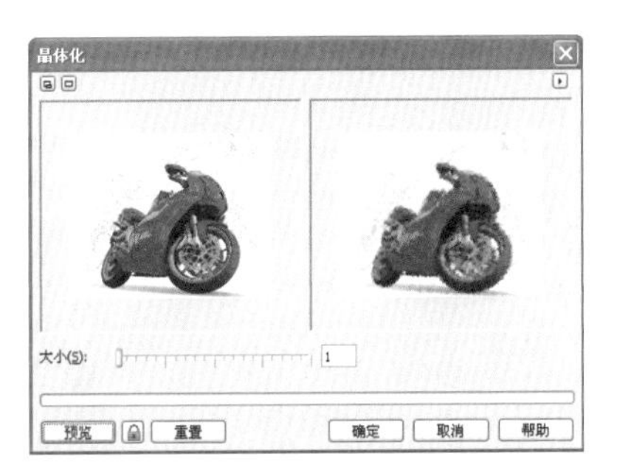

图10-119 “晶体化”对话框

图10-120 晶体化效果

10.7.3 织物

“织物”命令可以使图像产生一种类似模拟手工或机器编织的效果，下面为织物的具体操作步骤。

1. 新建一个空白文件，选择“文件”→“导入”命令，弹出“导入”对话框，选择本书配套光盘中的“第10章\10.7\10.7.3\卡通汽车.JPG”文件，单击“导入”按钮，如图10-121所示。
2. 选择“位图”→“创造性”→“织物”命令，弹出“织物”对话框，展开预览窗口，设置参数值，如图10-122所示。
3. 单击“确定”按钮，“织物”命令的效果如图10-123所示。

图10-121 导入“卡通汽车”素材

图10-122 “织物”对话框

图10-123 织物效果

10.7.4 框架

“框架”命令可以使图像的边缘产生艺术边框效果，下面为框架的具体操作步骤。

1. 新建一个空白文件，选择“文件”→“导入”命令，弹出“导入”对话框，选择本书配套光盘中的“第10章\10.7\10.7.4\香水.JPG”文件，单击“导入”按钮，如图10-124所示。
2. 选择“位图”→“创造性”→“框架”命令，弹出“框架”对话框。展开预览窗口，在修改窗口中设置参数值，改变边框效果，如图10-125所示。
3. 单击“确定”按钮，“框架”命令的效果如图10-126所示。

图10-124 导入“香水”素材

电脑小百科

三维立体卡是表面图案特殊，都是由无数相同的小图案按一定顺序排列在一起组成的。

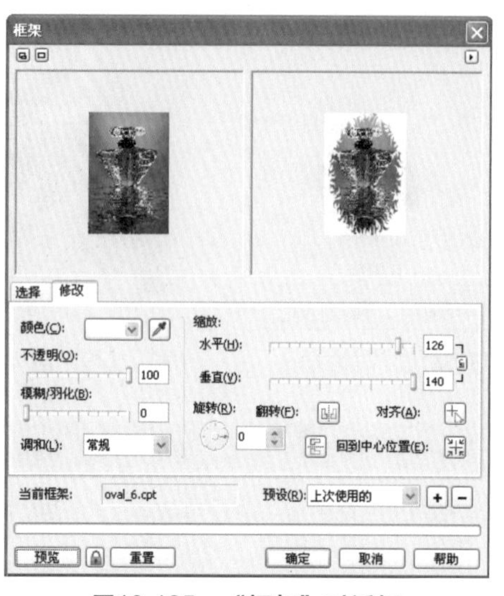
图10-125 “框架”对话框

图10-126 框架效果

10.7.5 玻璃砖

“玻璃砖”命令可以使图像产生映射到多块玻璃上的效果，下面为玻璃砖的具体操作步骤。

1. 新建一个空白文件，选择“文件”→“导入”命令，弹出“导入”对话框，选择本书配套光盘中的“第10章\10.7\10.7.5\水晶.JPG”文件，单击“导入”按钮，如图10-127所示。
2. 选择“位图”→“创造性”→“玻璃砖”命令，弹出“玻璃砖”对话框。展开预览窗口，设置参数值，如图10-128所示。
3. 单击“确定”按钮，“玻璃砖”命令的效果如图10-129所示。

图10-127 导入“水晶”素材

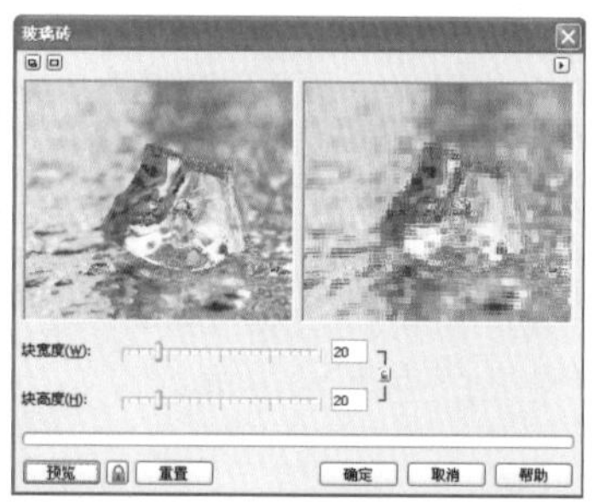
图10-128 “玻璃砖”对话框

图10-129 玻璃砖效果

10.7.6 儿童游戏

“儿童游戏”命令可以使图像产生类似涂鸦的色块效果，下面为儿童游戏的具体操作步骤。

1. 新建一个空白文件，选择“文件”→“导入”命令，弹出“导入”对话框，选择本书配套光盘中的“第10章\10.7\10.7.6\高脚杯.JPG”文件，单击“导入”按钮，如图10-130所示。

电脑小百科

夜光卡是在卡片的某个部位涂上夜光粉，在黑暗处观察，涂有夜光粉的部分就会发出绿色的光。

❷ 选择“位图”→“创造性”→“儿童游戏”命令，弹出“儿童游戏”对话框。展开预览窗口，设置参数值，如图10-131所示。

❸ 单击“确定”按钮，“儿童游戏”命令的效果如图10-132所示。

图10-130　导入“高脚杯”素材

图10-131　“儿童游戏”对话框

图10-132　儿童游戏效果

10.7.7　马赛克

“马赛克”命令可以使图像以马赛克拼接的画面来显示，下面为马赛克的具体操作步骤。

❶ 新建一个空白文件，选择“文件”→“导入”命令，弹出“导入”对话框，选择本书配套光盘中的“第10章\10.7\10.7.7\玻璃球.JPG”文件，单击“导入”按钮，如图10-133所示。

❷ 选择“位图”→“创造性”→“马赛克”命令，弹出“马赛克”对话框。展开预览窗口，设置参数值，选中“虚光”复选框，如图10-134所示。

❸ 单击“确定”按钮，“马赛克”命令的效果如图10-135所示。

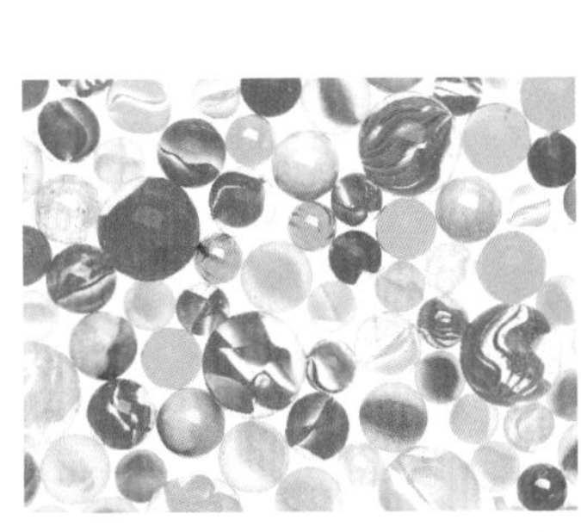

图10-133　导入“玻璃球”素材

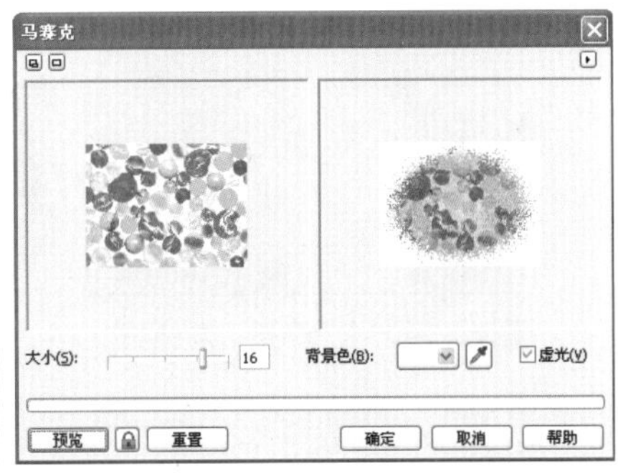

图10-134　“马赛克”对话框

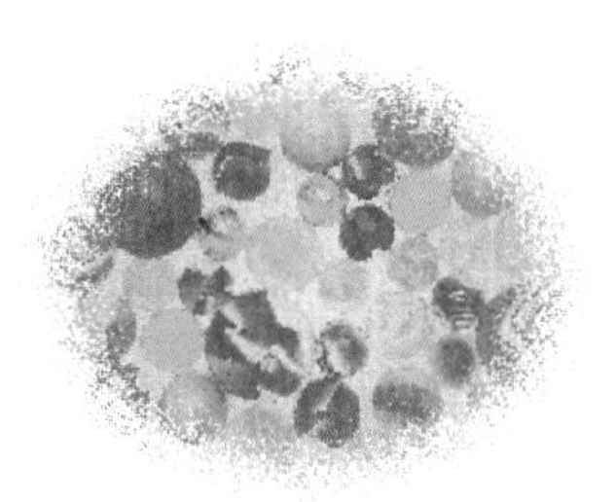

图10-135　马赛克效果

10.7.8　粒子

“粒子”命令可以使图像上添加许多星点或气泡的效果，下面为粒子的具体操作步骤。

❶ 新建一个空白文件，选择“文件”→“导入”命令，弹出“导入”对话框，选择本书配套

光盘中的“第10章\10.7\10.7.8\长发美女.JPG”文件，单击“导入”按钮，如图10-136所示。

2. 选择“位图”→“创造性”→“粒子”命令，弹出“粒子”对话框。展开预览窗口，设置参数值，如图10-137所示。

3. 单击“确定”按钮，“粒子”命令的效果如图10-138所示。

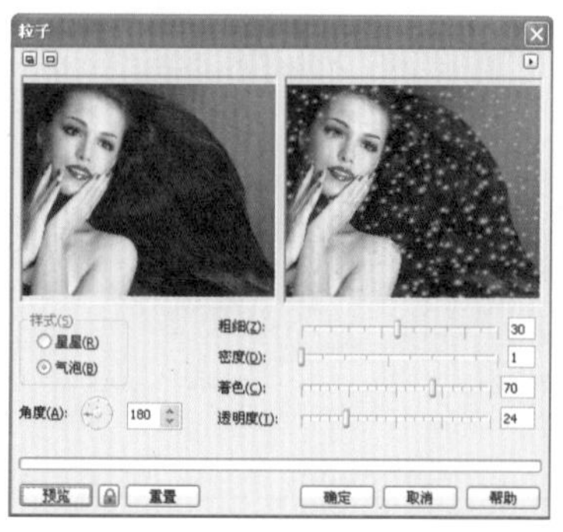

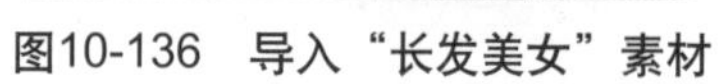

图10-136 导入“长发美女”素材　　图10-137 “粒子”对话框　　图10-138 粒子效果

10.7.9 散开

“散开”命令可以使图像散开成颜色点效果显示，下面为散开的具体操作步骤。

1. 新建一个空白文件，选择“文件”→“导入”命令，弹出“导入”对话框，选择本书配套光盘中的“第10章\10.7\10.7.9\美女.JPG”文件，单击“导入”按钮，如图10-139所示。

2. 选择“位图”→“创造性”→“散开”命令，弹出“散开”对话框。展开预览窗口，设置参数值，如图10-140所示。

3. 单击“确定”按钮，“散开”命令的效果如图10-141所示。

图10-139 导入“美女”素材

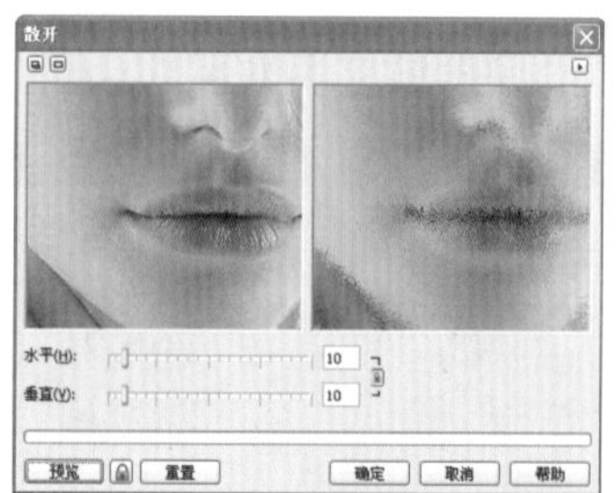

图10-140 “散开”对话框

图10-141 散开效果

10.7.10 茶色玻璃

“茶色玻璃”命令可以使图像产生一种透过玻璃观看的效果，下面为茶色玻璃的具体操作步骤。

1. 新建一个空白文件，选择“文件”→“导入”命令，弹出“导入”对话框，选择本书配套光盘中的“第10章\10.7\10.7.10\彩甲.JPG”文件，单击“导入”按钮，如图10-142所示。

2. 选择“位图”→“创造性”→“茶色玻璃”命令，弹出“茶色玻璃”对话框。展开预览

贺卡一般由正面、内页、底面组成。正面的设计很重要，它由独特的、寓意深长的图案组成。内页底面的装饰比较单纯，一般把祝词写在内页上。

窗口，设置参数值，在颜色下拉列表中选择底色，如图10-143所示。

③ 单击“确定”按钮，“茶色玻璃”命令的效果如图10-144所示。

图10-142　导入“彩甲”素材

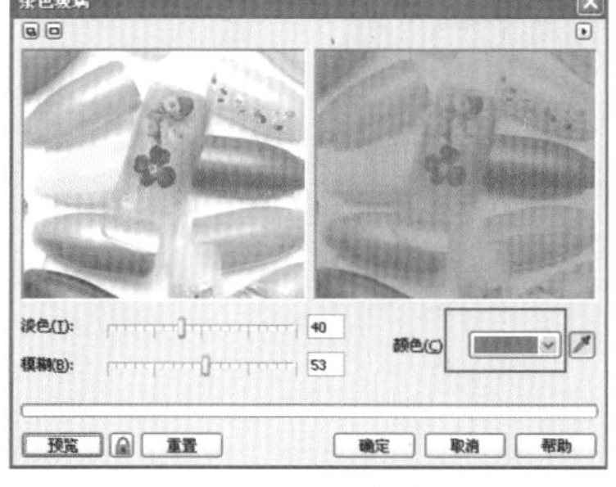

图10-143　“茶色玻璃”对话框

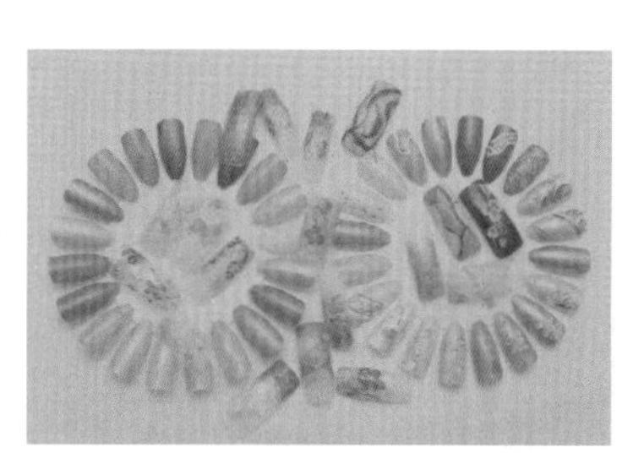

图10-144　茶色玻璃效果

10.7.11　彩色玻璃

“彩色玻璃”命令可以使图像产生一种透过彩色玻璃观看的效果。下面为彩色玻璃的具体操作步骤。

① 新建一个空白文件，选择“文件”→“导入”命令，弹出“导入”对话框，选择本书配套光盘中的“第10章\10.7\10.7.11\果盘.JPG”文件，单击“导入”按钮，如图10-145所示。

② 选择“位图”→“创造性”→“彩色玻璃”命令，弹出“彩色玻璃”对话框。展开预览窗口，设置参数值，在焊接颜色下拉列表中选择颜色，如图10-146所示。

③ 单击“确定”按钮，“彩色玻璃”命令的效果如图10-147所示。

图10-145　导入“果盘”素材

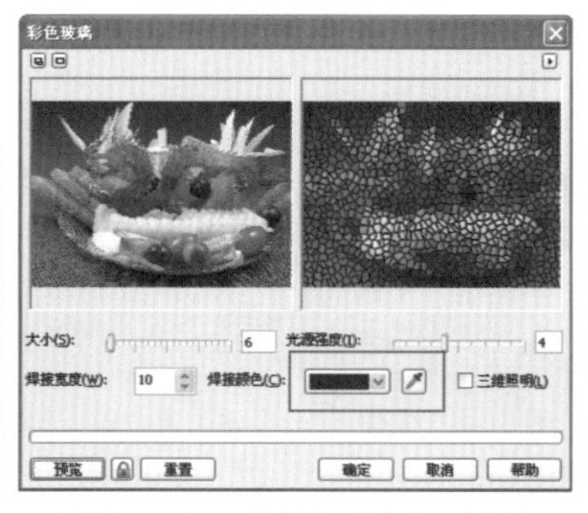

图10-146　“彩色玻璃”对话框

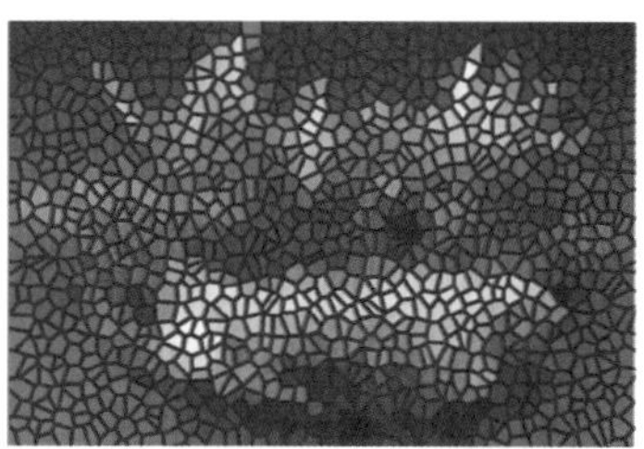

图10-147　彩色玻璃效果

10.7.12　虚光

“虚光”命令可以使图像周围产生柔和的边框效果，下面为虚光的具体操作步骤。

① 新建一个空白文件，选择“文件”→“导入”命令，弹出“导入”对话框，选择本书配套光盘中的“第10章\10.7\10.7.12\人物.JPG”文件，单击“导入”按钮，如图10-148所示。

② 选择“位图”→“创造性”→“虚光”命令，弹出“虚光”对话框。展开预览窗口，设置参数值，如图10-149所示。

电脑小百科

文字是POP广告的主要表现手段之一，它直接、明了、易懂、易记；具有艺术性的字体会增强POP广告的感染力，会给消费者留下深刻的印象和美感，以至于达到宣传的目的，因此，写好POP广告字体是很重要的。

③ 单击“确定”按钮，“虚光”命令的效果如图10-150所示。

图10-148 导入“人物”素材

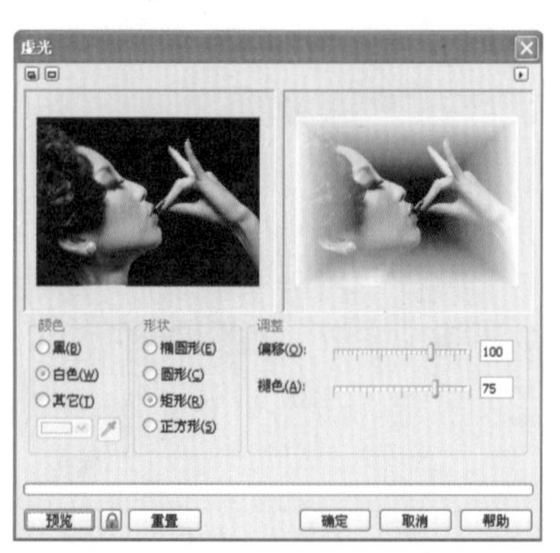
图10-149 “虚光”对话框

图10-150 虚光效果

10.7.13 旋涡

“旋涡”命令可以使图像产生旋涡旋转效果，而中心的变形尤为明显，下面为旋涡的具体操作步骤。

① 新建一个空白文件，选择“文件”→“导入”命令，弹出“导入”对话框，选择本书配套光盘中的“第10章\10.7\10.7.13\海浪.JPG”文件，单击“导入”按钮，如图10-151所示。

② 选择“位图”→“创造性”→“旋涡”命令，弹出“旋涡”对话框。展开预览窗口，设置参数值，如图10-152所示。

③ 单击“确定”按钮，“旋涡”命令的效果如图10-153所示。

图10-151 导入“海浪”素材

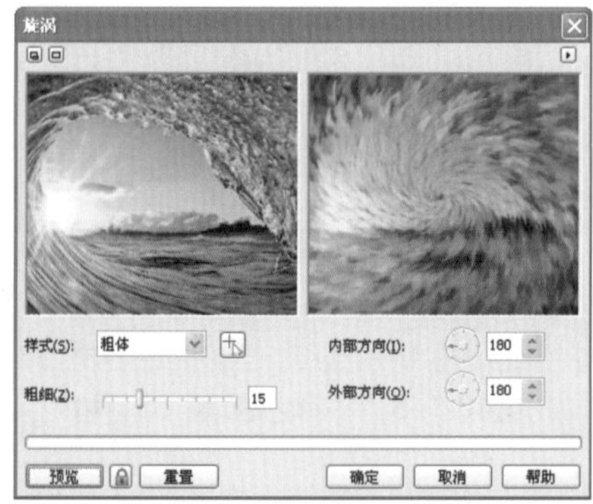
图10-152 “旋涡”对话框

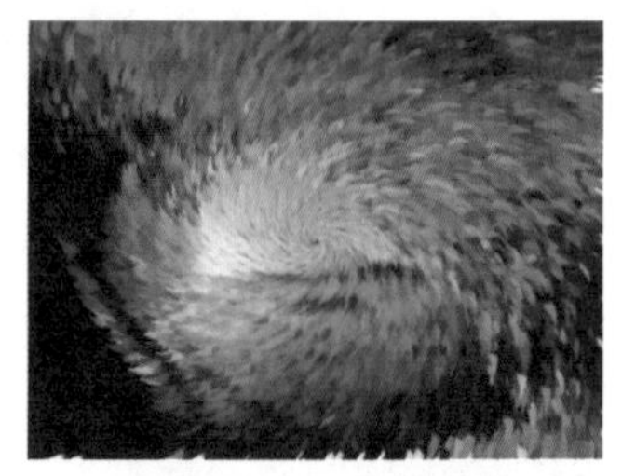
图10-153 旋涡效果

10.7.14 天气

“天气”命令可以为图像添加雨、雪、雾的天气效果，下面为天气的具体操作步骤。

① 新建一个空白文件，选择“文件”→“导入”命令，弹出“导入”对话框，选择本书配套光盘中的“第10章\10.7\10.7.14\春游.JPG”文件，单击“导入”按钮，如图10-154所示。

电脑小百科

海报设计中的常用表现技法之富于幽默法，幽默法是指广告作品中巧妙地再现喜剧性特征，抓住生活现象中局部性的东西，通过人们的性格、外貌和举止的某些可笑的特征表现出来。

② 选择“位图”→“创造性”→“天气”命令，弹出“天气”对话框。展开预览窗口，设置参数值，如图10-155所示。

③ 单击“确定”按钮，“天气”命令的效果如图10-156所示。

图10-154　导入“春游”素材

图10-155　“天气”对话框

图10-156　天气效果

10.8　扭曲滤镜

扭曲滤镜可以为图像添加多种不同效果的扭曲，其中包括了10种扭曲效果，分别为块状、置换、偏移、像素、龟纹、旋涡、平铺、湿笔画、涡流和风吹效果。

书盘互动指导

示例	在光盘中的位置	书盘互动情况
块状(B)... 置换(D)... 偏移(O)... 像素(P)... 龟纹(R)... 旋涡(I)... 平铺(T)... 湿笔画(W)... 涡流(H)... 风吹效果(N)...	10.8　扭曲滤镜 10.8.1　块状　10.8.2　置换 10.8.3　偏移　10.8.4　像素 10.8.5　龟纹　10.8.6　旋涡 10.8.7　平铺　10.8.8　湿笔画 10.8.9　涡流　10.8.10　风吹效果	本节主要学习扭曲滤镜，在光盘10.8节中有相关内容的操作视频，还特别针对本节内容设置了具体的实例分析。 大家可以在阅读本节内容后再学习光盘，以达到巩固和提升的效果。

10.8.1　块状

“块状”命令可以使图像以块状来显示，下面为块状的具体操作步骤。

① 新建一个空白文件，选择“文件”→“导入”命令，弹出“导入”对话框，选择本书配套光盘中的“第10章\10.8\10.8.1\贝壳.JPG”文件，单击“导入”按钮，如图10-157所示。

② 选择“位图”→“扭曲”→“块状”命令，弹出“块状”对话框。展开预览窗口，设置参数值，如图10-158所示。

③ 单击“确定”按钮，“块状”命令的效果如图10-159所示。

电脑小百科

海报又称“招贴”。是一种在户外如马路、码头、车站、机场、运动场或其他公共场所张贴的速看广告。

图10-157　导入“贝壳”素材

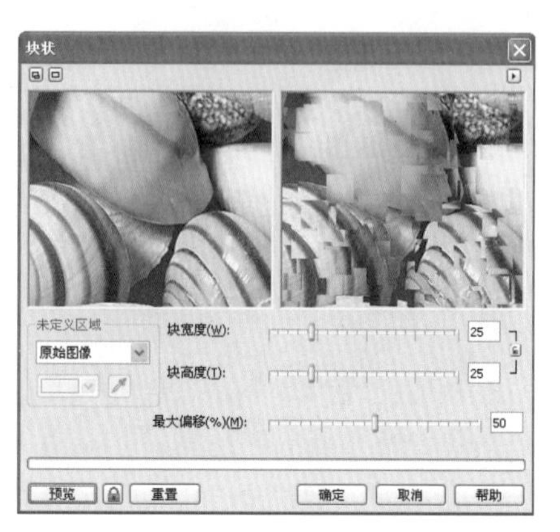

图10-158　“块状”对话框

图10-159　块状效果

10.8.2 置换

“置换”命令可以用预设样式使图像变形，产生特殊效果，下面为置换的具体操作步骤。

1. 新建一个空白文件，选择“文件”→“导入”命令，弹出“导入”对话框，选择本书配套光盘中的“第10章\10.8\10.8.2\珍珠.JPG”文件，单击“导入”按钮，如图10-160所示。
2. 选择“位图”→“扭曲”→“置换”命令，弹出“置换”对话框。展开预览窗口，设置参数值，如图10-161所示。
3. 单击“确定”按钮，“置换”命令的效果如图10-162所示。

图10-160　导入“珍珠”素材

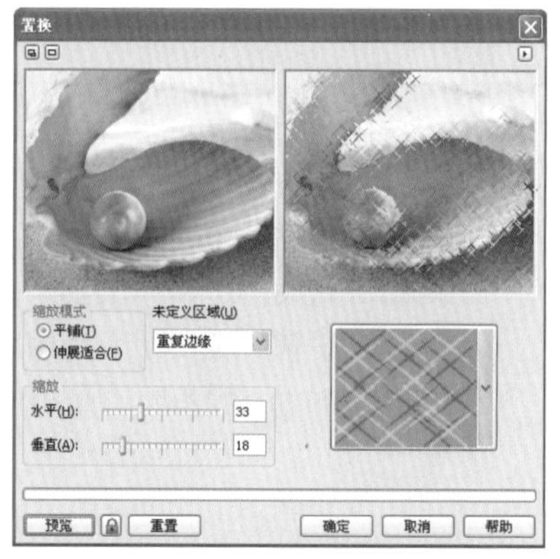

图10-161　“置换”对话框

图10-162　置换效果

10.8.3 偏移

“偏移”命令可以使图像的位置发生偏移，下面为偏移的具体操作步骤。

1. 新建一个空白文件，选择“文件”→“导入”命令，弹出“导入”对话框，选择本书配套光盘中的“第10章\10.8\10.8.3\黄昏.JPG”文件，单击“导入”按钮，如图10-163所示。
2. 选择“位图”→“扭曲”→“偏移”命令，弹出“偏移”对话框。展开预览窗口，设置参数值，如图10-164所示。

电脑小百科

由于海报的幅度比一般报纸广告或杂志广告大，从远处都可以吸引大家的注意，因此在宣传媒介中占有很重要的位置。

3 单击“确定”按钮，“偏移”命令的效果如图10-165所示。

图10-163 导入“黄昏”素材

图10-164 “偏移”对话框

图10-165 偏移效果

10.8.4 像素

“像素”命令可以使图像产生像素化模式提供的像素效果，下面为像素的具体操作步骤。

1 新建一个空白文件，选择“文件”→“导入”命令，弹出“导入”对话框，选择本书配套光盘中的“第10章\10.8\10.8.4\玫瑰花.JPG”文件，单击“导入”按钮，如图10-166所示。

2 选择“位图”→“扭曲”→“像素”命令，弹出“像素”对话框。展开预览窗口，设置参数值，如图10-167所示。

3 单击“确定”按钮，“像素”命令的效果如图10-168所示。

图10-166 导入“玫瑰花”素材

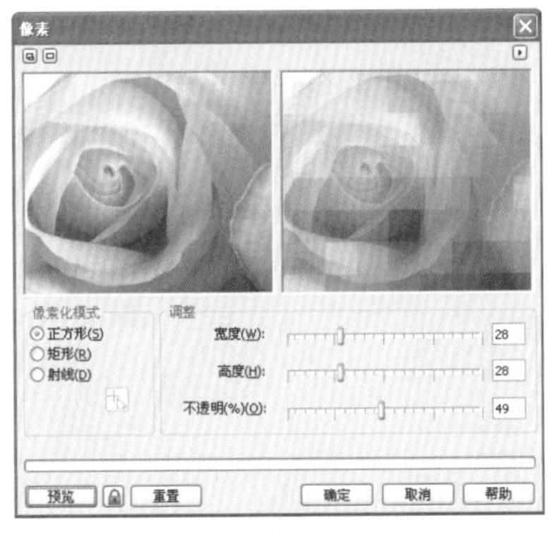

图10-167 “像素”对话框

图10-168 像素效果

10.8.5 龟纹

“龟纹”命令可以使图像产生波浪形状的扭曲效果，下面为龟纹的具体操作步骤。

1 新建一个空白文件，选择“文件”→“导入”命令，弹出“导入”对话框，选择本书配套光盘中的“第10章\10.8\10.8.5\枫叶.JPG”文件，单击“导入”按钮，如图10-169所示。

2 选择“位图”→“扭曲”→“龟纹”命令，弹出“龟纹”对话框。展开预览窗口，设置参数值，选中“扭曲龟纹”复选框，如图10-170所示。

3 单击“确定”按钮，“龟纹”命令的效果如图10-171所示。

电脑小百科

海报的范围很广，凡是商品展览、书展、音乐会、戏剧、运动会、时装表演、电影、旅游、慈善或其他专题性的事物，都可以透过海报做广告宣传。

图10-169 导入“枫叶”素材

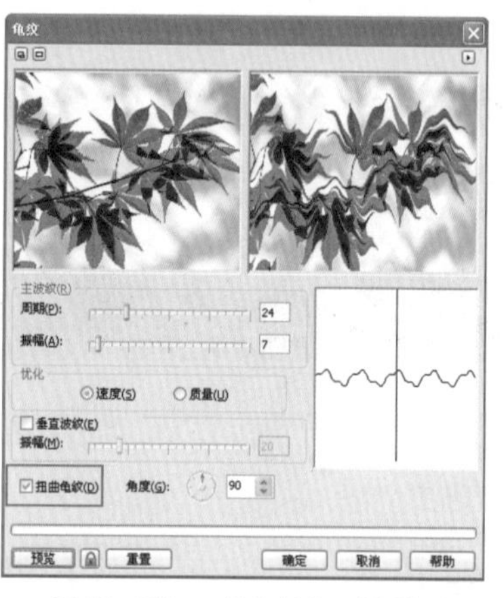
图10-170 “龟纹”对话框

图10-171 龟纹效果

10.8.6 旋涡

“旋涡”命令可以使图像产生螺纹形状的扭曲效果，下面为旋涡的具体操作步骤。

1. 新建一个空白文件，选择“文件”→“导入”命令，弹出“导入”对话框，选择本书配套光盘中的“第10章\10.8\10.8.6\爱心糖.JPG”文件，单击“导入”按钮，如图10-172所示。
2. 选择“位图”→“扭曲”→“旋涡”命令，弹出“旋涡”对话框。展开预览窗口，设置参数值，如图10-173所示。
3. 单击“确定”按钮，“旋涡”命令的效果如图10-174所示。

图10-172 导入“爱心糖”素材

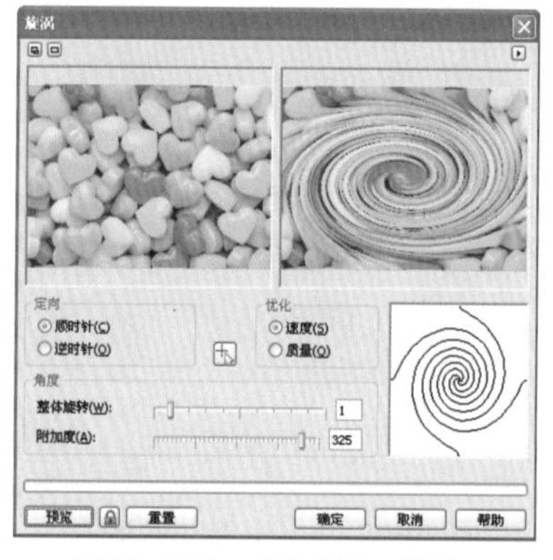
图10-173 “旋涡”对话框

图10-174 旋涡效果

10.8.7 平铺

“平铺”命令将图像作为单位，产生多个图像平铺显示的效果，下面为平铺的具体操作步骤。

1. 新建一个空白文件，选择“文件”→“导入”命令，弹出“导入”对话框，选择本书配套光盘中的“第10章\10.8\10.8.7\发夹.JPG”文件，单击“导入”按钮，如图10-175所示。
2. 选择“位图”→“扭曲”→“平铺”命令，弹出“平铺”对话框。展开预览窗口，设置

电脑小百科

海报的目的是要吸引观众去看。在设计海报之前，我们要想一想如何去传达要表达的内容。如何使观众停下来细读海报的内文呢？最有效的方法是“新颖”两个字。

参数值，如图10-176所示。

③ 单击“确定”按钮，“平铺”命令的效果如图10-177所示。

图10-175 导入“发夹”素材

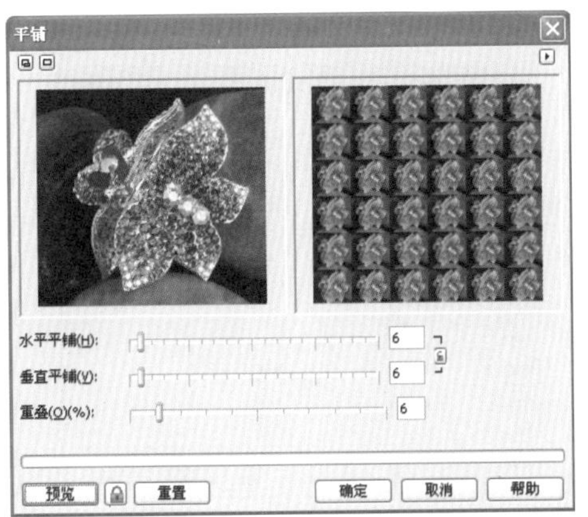

图10-176 “平铺”对话框

图10-177 平铺效果

10.8.8 湿笔画

“湿笔画”命令使图像产生一种类似颜料未干，正在往下滴的效果，下面为湿笔画的具体操作步骤。

① 新建一个空白文件，选择“文件”→“导入”命令，弹出“导入”对话框，选择本书配套光盘中的“第10章\10.8\10.8.8\果汁.JPG”文件，单击“导入”按钮，如图10-178所示。

② 选择“位图”→“扭曲”→“湿笔画”命令，弹出“湿笔画”对话框。展开预览窗口，设置参数值，如图10-179所示。

③ 单击“确定”按钮，“湿笔画”命令的效果如图10-180所示。

图10-178 导入“果汁”素材

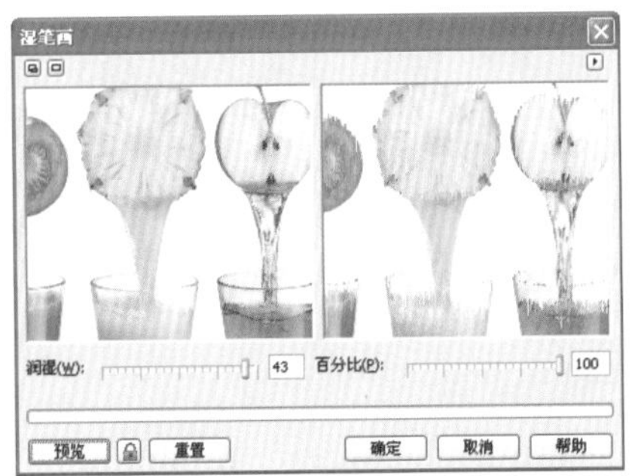

图10-179 “湿笔画”对话框

图10-180 湿笔画效果

10.8.9 涡流

“涡流”命令可以使图像产生条纹流动的效果，下面为涡流的具体操作步骤。

① 新建一个空白文件，选择“文件”→“导入”命令，弹出“导入”对话框，选择本书配套光盘中的“第10章\10.8\10.8.9\彩唇.JPG”文件，单击“导入”按钮，如图10-181所示。

电脑小百科

在本质上，海报上的图案是属于装饰性艺术，唯有解决了“造型”才能作其他构图设计。

2 选择“位图”→“扭曲”→“涡流”命令，弹出“涡流”对话框。展开预览窗口，设置参数值，如图10-182所示。

3 单击“确定”按钮，“涡流”命令的效果如图10-183所示。

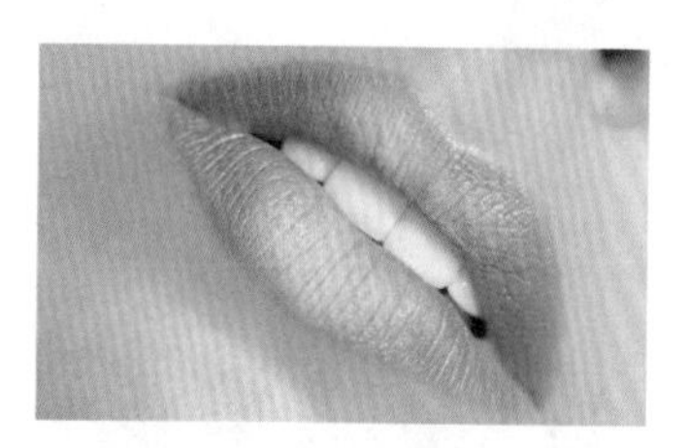
图10-181 导入“彩唇”素材

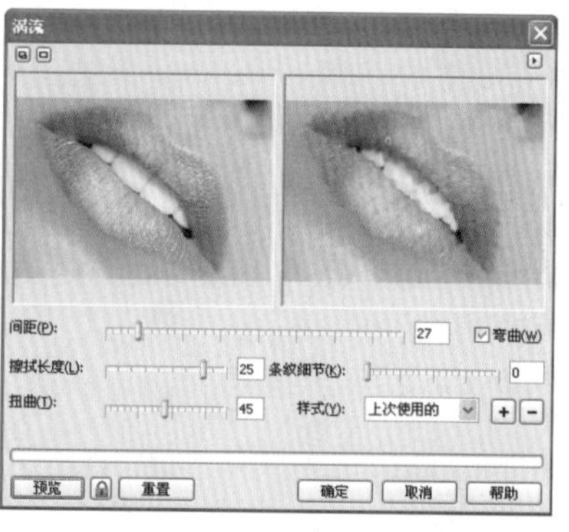
图10-182 “涡流”对话框

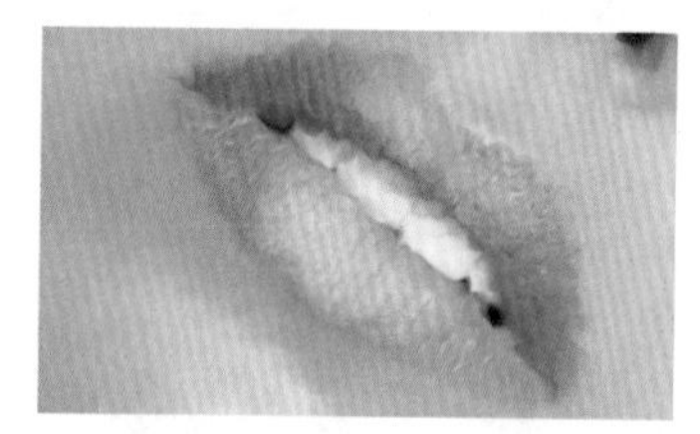
图10-183 涡流效果

10.8.10 风吹效果

“风吹效果”命令可以使图像产生类似风吹过的效果，下面为风吹效果的具体操作步骤。

1 新建一个空白文件，选择“文件”→“导入”命令，弹出“导入”对话框，选择本书配套光盘中的“第10章\10.8\10.8.10\美女.JPG”文件，单击“导入”按钮，如图10-184所示。

2 选择“位图”→“扭曲”→“风吹效果”命令，弹出“风吹效果”对话框。展开预览窗口，设置参数值，如图10-185所示。

3 单击“确定”按钮，“风吹效果”命令的效果如图10-186所示。

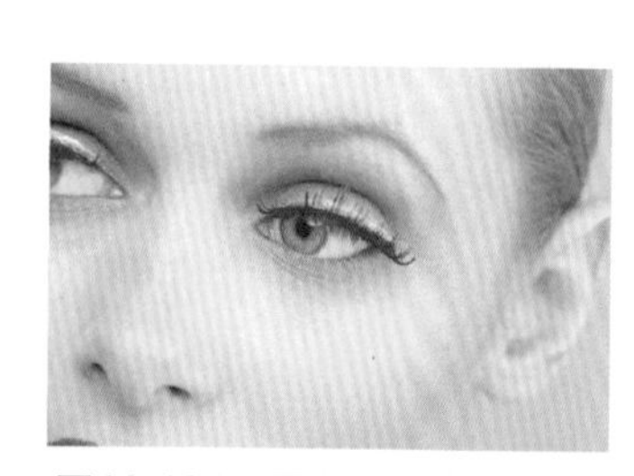
图10-184 导入“美女”素材

图10-185 “风吹效果”对话框

图10-186 风吹效果

10.9 杂点滤镜

杂点滤镜可以为图像添加杂点或去除颗粒的效果，其中包括了6种滤镜效果，分别为添加杂点、最大值、中值、最小、去除龟纹和去除杂点。

电脑小百科

POP广告是在一般广告形式的基础上发展起来的一种新型商业广告形式，它是一种在有利的时间和有效的空间位置上宣传商品，引导消费者了解商品内容，从而诱导消费者产生参与动机及购买欲望的商业广告。

书盘互动指导

⊙ 示例	⊙ 在光盘中的位置	⊙ 书盘互动情况
添加杂点(A)... 最大值(M)... 中值(E)... 最小(I)... 去除龟纹(R)... 去除杂点(N)...	10.9 杂点滤镜 10.9.1 添加杂点 10.9.2 最大值 10.9.3 中值 10.9.4 最小命令 10.9.5 去除龟纹 10.9.6 去除杂点	本节主要学习杂点滤镜，在光盘10.9节中有相关内容的操作视频，还特别针对本节内容设置了具体的实例分析。 大家可以在阅读本节内容后再学习光盘，以达到巩固和提升的效果。

10.9.1 添加杂点

“添加杂点”命令可以为图像增加颗粒，使图像变得粗糙，下面为添加杂点的具体操作步骤。

1. 新建一个空白文件，选择“文件”→“导入”命令，弹出“导入”对话框，选择本书配套光盘中的“第10章\10.9\10.9.1\插画.JPG”文件，单击“导入”按钮，如图10-187所示。
2. 选择“位图”→“杂点”→“添加杂点”命令，弹出“添加杂点”对话框。展开预览窗口，设置参数值，如图10-188所示。
3. 单击“确定”按钮，“添加杂点”命令的效果如图10-189所示。

图10-187 导入“插画”素材

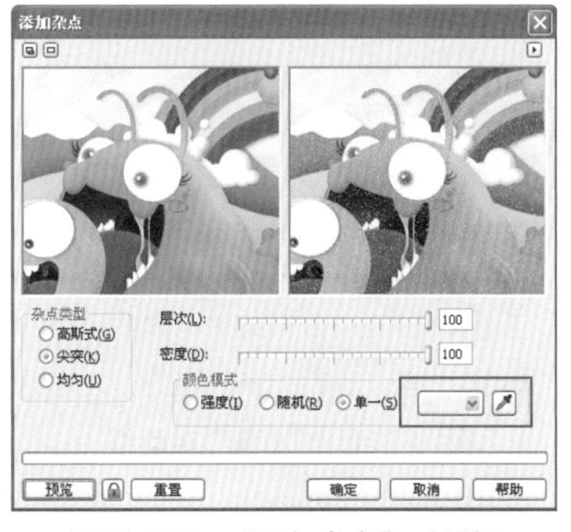

图10-188 “添加杂点”对话框

图10-189 添加杂点效果

10.9.2 最大值

“最大值”命令可以使图像具有很明显的杂点效果，下面为最大值的具体操作步骤。

1. 新建一个空白文件，选择“文件”→“导入”命令，弹出“导入”对话框，选择本书配套光盘中的“第10章\10.9\10.9.2\插画.JPG”文件，单击“导入”按钮，如图10-190所示。
2. 选择“位图”→“杂点”→“最大值”命令，弹出“最大值”对话框。展开预览窗口，设置参数值，如图10-191所示。

电脑小百科

包装不仅要使商品受到安全保护，而且必须具备促销的功能，具有很强的广告性，是商品的直接广告，也是产品的自我介绍。

③ 单击“确定”按钮，“最大值”命令的效果如图10-192所示。

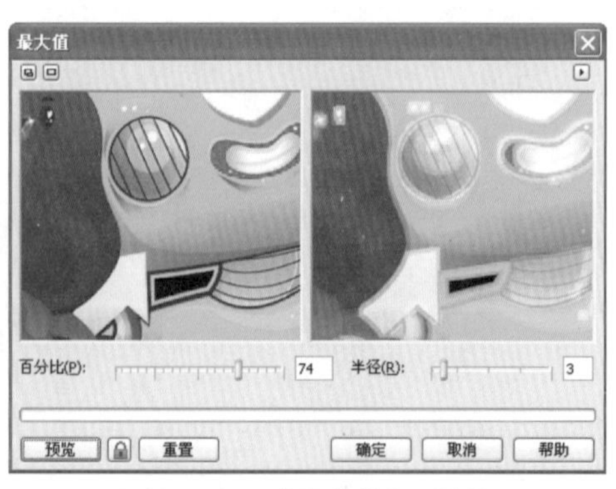

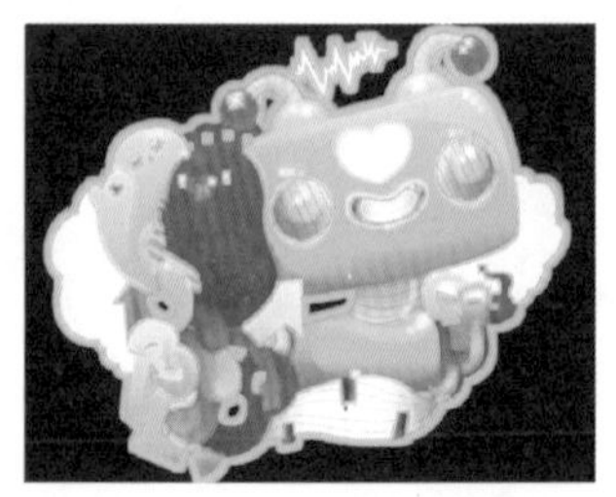

图10-190 导入“插画”素材　　图10-191 “最大值”对话框　　图10-192 最大值效果

10.9.3 中值

“中值”命令可以使图像具有比较明显的杂点，下面为中值的具体操作步骤。

① 新建一个空白文件，选择“文件”→“导入”命令，弹出“导入”对话框，选择本书配套光盘中的“第10章\10.9\10.9.3\西瓜花.JPG”文件，单击“导入”按钮，如图10-193所示。

② 选择“位图”→“杂点”→“中值”命令，弹出“中值”对话框。展开预览窗口，设置参数值，如图10-194所示。

③ 单击“确定”按钮，“中值”命令的效果如图10-195所示。

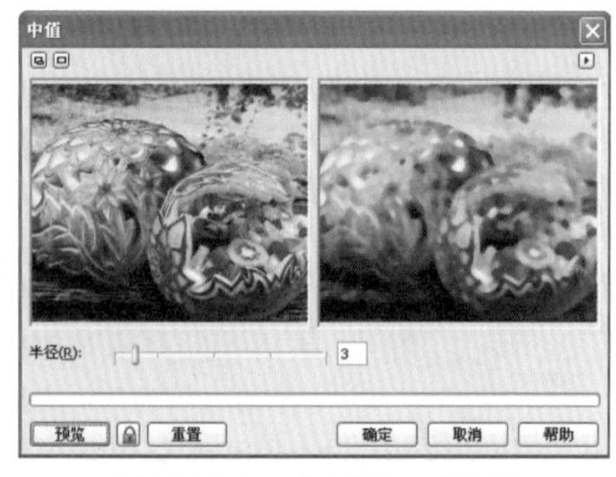

图10-193 导入“西瓜花”素材　　图10-194 “中值”对话框　　图10-195 中值效果

10.9.4 最小命令

“最小”命令可以使图像具有杂点效果，下面为最小命令的具体操作步骤。

① 新建一个空白文件，选择“文件”→“导入”命令，弹出“导入”对话框，选择本书配套光盘中的“第10章\10.9\10.9.4\水珠.JPG”文件，单击“导入”按钮，如图10-196所示。

② 选择“位图”→“杂点”→“最小”命令，弹出“最小”对话框。展开预览窗口，设置参数值，如图10-197所示。

③ 单击“确定”按钮，“最小”命令的效果如图10-198所示。

电脑小百科

包装本身是立体的，但包装的每个展销面制作时都是展开成平面，印刷完成后再折成立体的。

图10-196　导入“水珠”素材

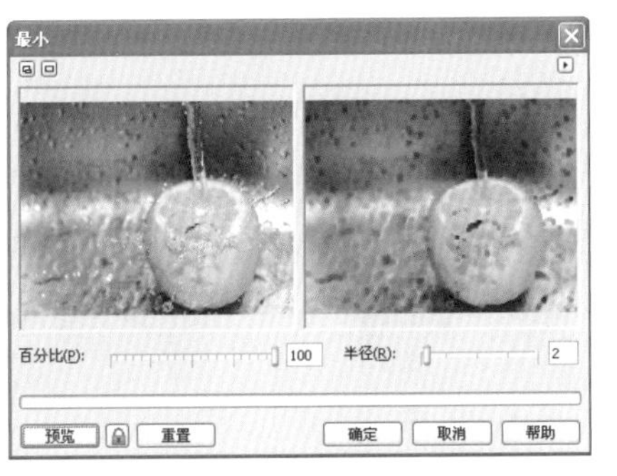

图10-197　“最小”对话框

图10-198　最小效果

10.9.5　去除龟纹

“去除龟纹”命令可以去除掉图像中的龟纹，使图像更平滑，下面为去除龟纹的具体操作步骤。

1. 新建一个空白文件，选择“文件”→“导入”命令，弹出“导入”对话框，选择本书配套光盘中的“第10章\10.9\10.9.5\手.JPG”文件，单击“导入”按钮，如图10-199所示。
2. 选择“位图”→“杂点”→“去除龟纹”命令，弹出“去除龟纹”对话框。展开预览窗口，设置参数值，如图10-200所示。
3. 单击“确定”按钮，“去除龟纹”命令的效果如图10-201所示。

图10-199　导入“手”素材

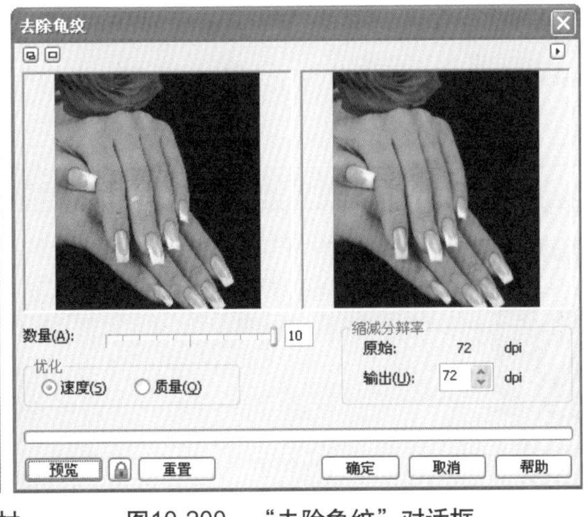

图10-200　“去除龟纹”对话框

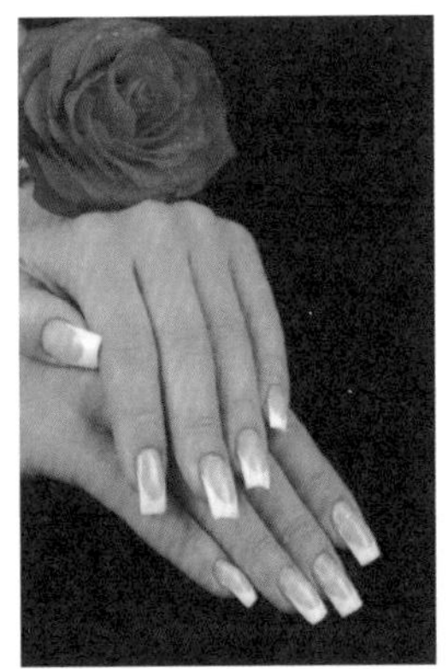

图10-201　去除龟纹效果

10.9.6　去除杂点

“去除杂点”命令可以去除掉图像中的杂点，使图像整体更清洁，下面为去除杂点的具体操作步骤。

1. 新建一个空白文件，选择“文件”→“导入”命令，弹出“导入”对话框，选择本书配套光盘中的“第10章\10.9\10.9.6\高脚杯.JPG”文件，单击“导入”按钮，如图10-202所示。

② 选择“位图”→“杂点”→“去除杂点”命令，弹出“去除杂点”对话框。展开预览窗口，设置参数值，如图10-203所示。

③ 单击“确定”按钮，“去除杂点”命令的效果如图10-204所示。

图10-202 导入“高脚杯”素材

图10-203 “去除杂点”对话框

图10-204 去除杂点效果

10.10 鲜明化滤镜

鲜明化滤镜可以增加图像颜色的锐度，使图像的颜色更加鲜明。其中包括5种滤镜效果，分别为定向柔化、高通滤波器、鲜明化和非鲜明化遮罩。

= = 书盘互动指导 = =

⊙ 示例	⊙ 在光盘中的位置	⊙ 书盘互动情况
	10.10 鲜明化滤镜 10.10.1 定向柔化 10.10.2 高通滤波器	本节主要学习鲜明化滤镜，在光盘10.10节中有相关内容的操作视频，还特别针对本节内容设置了具体的实例分析。 大家可以在阅读本节内容后再学习光盘，以达到巩固和提升的效果。

10.10.1 定向柔化

“定向柔化”命令可使图像变得更加清晰，并柔化其边缘，下面为定向柔化的具体操作步骤。

① 新建一个空白文件，选择“文件”→“导入”命令，弹出“导入”对话框，选择本书配套光盘中的“第10章\10.10\10.10.1\葡萄.JPG”文件，单击“导入”按钮，如图10-205所示。

❷ 选择“位图”→“鲜明化”→“定向柔化”命令，弹出“定向柔化”对话框。展开预览窗口，设置百分比数值，如图10-206所示。

❸ 单击“确定”按钮，“定向柔化”命令的效果如图10-207所示。

图10-205 导入“葡萄”素材

图10-206 “定向柔化”对话框

图10-207 定向柔化效果

10.10.2 高通滤波器

“高通滤波器”命令可以很清楚地显示位图边缘，下面为高通滤波器的具体操作步骤。

❶ 新建一个空白文件，选择“文件”→“导入”命令，弹出“导入”对话框，选择本书配套光盘中的“第10章\10.10\10.10.2\娃娃.JPG”文件，单击“导入”按钮，如图10-208所示。

❷ 选择“位图”→“鲜明化”→“高通滤波器”命令，弹出“高通滤波器”对话框。展开预览窗口，设置“百分比”和“半径”的参数值，如图10-209所示。

❸ 单击“确定”按钮，“高通滤波器”命令的效果如图10-210所示。

图10-208 导入“娃娃”素材

图10-209 “高通滤波器”对话框

图10-210 高通滤波器效果

10.10.3 鲜明化

“鲜明化”命令能够增加图像的色度和亮度，使得图像颜色更加鲜明，下面为鲜明化的具体操作步骤。

❶ 新建一个空白文件，选择“文件”→“导入”命令，弹出“导入”对话框，选择本书配

户外广告的特点：瞬间性、简洁性、刺激性、完美性。

套光盘中的“第10章\10.10\10.10.3\咖啡.JPG”文件，单击“导入”按钮，如图10-211所示。

2 选择“位图”→“鲜明化”命令，弹出“鲜明化”对话框。展开预览窗口，设置参数值，如图10-212所示。

3 单击“确定”按钮，“鲜明化”命令的效果如图10-213所示。

图10-211 导入“咖啡”素材

图10-212 “鲜明化”对话框

图10-213 鲜明化效果

10.10.4 非鲜明化遮罩

“非鲜明化遮罩”命令可以增强图像的边缘细节，使图像产生锐化效果，下面为非鲜明化遮罩的具体操作步骤。

1 新建一个空白文件，选择“文件”→“导入”命令，弹出“导入”对话框，选择本书配套光盘中的“第10章\10.10\10.10.4\多边形.JPG”文件，单击“导入”按钮，如图10-214所示。

2 选择“位图”→“鲜明化”→“非鲜明化遮罩”命令，弹出“非鲜明化遮罩”对话框。展开预览窗口，设置参数值，如图10-215所示。

3 单击“确定”按钮，“非鲜明化遮罩”命令的效果如图10-216所示。

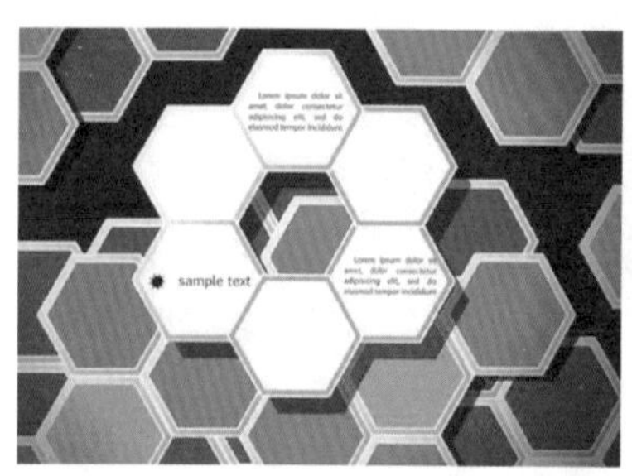

图10-214 导入“多边形”素材

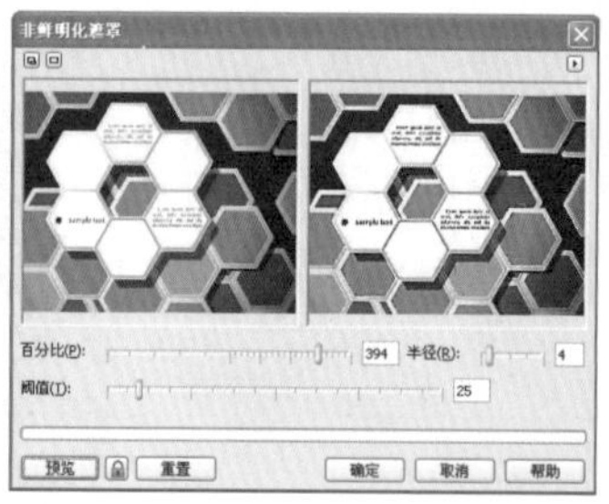

图10-215 “非鲜明化遮罩”对话框

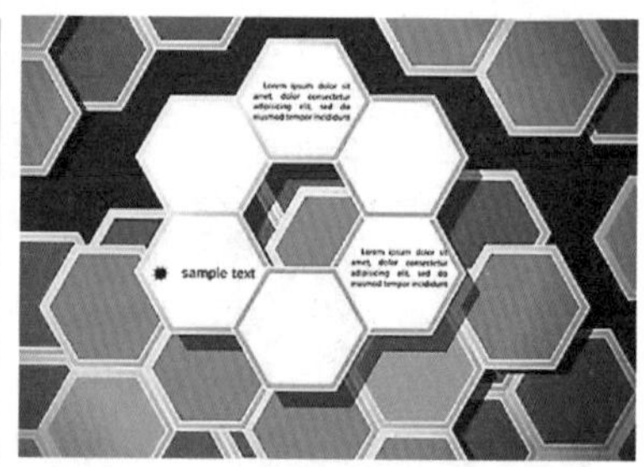

图10-216 非鲜明化遮罩效果

10.11 应用实例——智能手机界面

本实例设计的是手机界面，用咖啡炫动对象为背景，体现此主题的轻松与活泼，趣味南瓜表情，给人以轻松活跃之感，整体搭配很协调。主要运用了矩形工具、椭圆形工具、

POP广告的特点：促进销售，时间性、周期性强。

透明度工具、文本工具、底纹填充工具等工具。并运用了“群组”、“导入”、“精确裁剪内部”、“高斯式模糊”等命令。

书盘互动指导

示例	在光盘中的位置	书盘互动情况
	10.11　智能手机界面	本节主要介绍了以上述内容为基础的综合实例操作方法，在光盘10.11节中有相关操作步骤的视频文件，以及原始素材文件和处理后的效果文件。 大家可以选择在阅读本节内容后再学习光盘，以达到巩固和提升的效果，也可以对照光盘视频操作来学习图书内容，以便更直观地学习和理解本节内容。

下面为应用实例的具体操作步骤。

1. 选择“文件”→“新建”命令，弹出“创建新文档”对话框，设置“宽度”为64mm，“高度”为96mm，单击“确定”按钮，双击“矩形”工具，自动生成一个与页面大小一样的矩形，按F11键弹出“渐变填充”对话框，设置颜色值从黑色(R39，G19，B20)到咖啡色(R127，G73，B11)的辐射渐变，单击“确定”按钮，效果图10-217所示。
2. 选择工具箱中的“贝塞尔”工具，绘制一个三角形，按Shift+F11键，弹出“均匀填充”对话框，设置颜色为土黄色(R163，G111，B36)，两次单击三角形，使其处于旋转状态，将旋转中心点放置到尖点处，将光标定位在图形右上角，出现旋转箭头时，往上拖动至合适位置，释放的同时单击右键，按Ctrl+D组合键，进行再制，如图10-218所示。
3. 框选所有三角形，单击属性栏中的“合并”按钮，选择工具箱中的“交互式透明度”工具，在属性栏中设置“透明度类型”为“标准”，在调整色板上将相应的色块拖至透明虚线上，如图10-219所示。

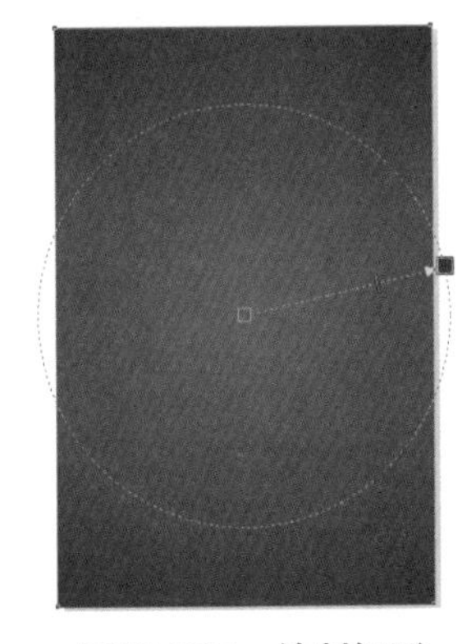

图10-217　绘制矩形

图10-218　旋转复制图形

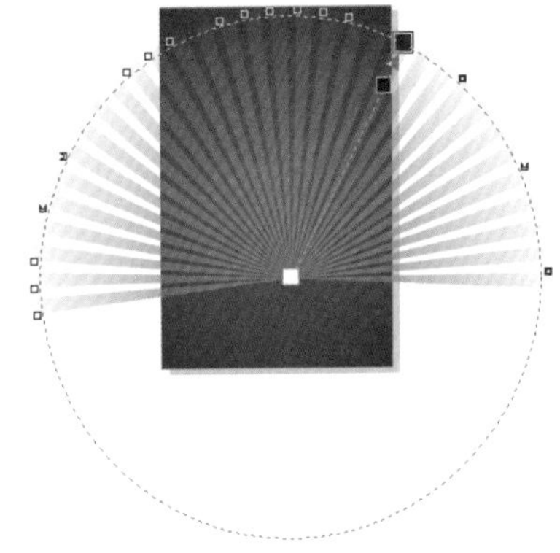

图10-219　透明度效果

4 选中放射图形，选择“效果”→“图框精确裁剪”→“置于图文框内部”命令，出现粗黑箭头时单击背景矩形，将其裁剪至矩形内，选择工具箱中的“矩形”工具，绘制一个64×12.5mm的矩形，按F11键，弹出“渐变填充”对话框，设颜色值从深橙色(R195，G77，B29)到橙色(R230，G97，B40)的线性渐变色，设角度值为90，单击“确定”按钮。

5 按小键盘+键复制一层，更改大小为64×4mm，按F11键，弹出“渐变填充”对话框，设颜色值从深灰色(R202，G201，B207)到灰色(R234，G242，B245)的线性渐变色，设角度值为90，单击“确定”按钮，如图10-220所示。

6 选中橙色矩形，复制一层，更改大小为64×10mm，移至下面。

7 选择工具箱中的“手绘”工具，随手绘制曲线，设置轮廓宽度为0.1mm，轮廓颜色为橙色(R240，G133，B25)，选择工具箱中的“透明度”工具，在属性栏中设置类型为“标准”，开始透明度为50%，并精确裁剪至橙色矩形内，如图10-221所示。

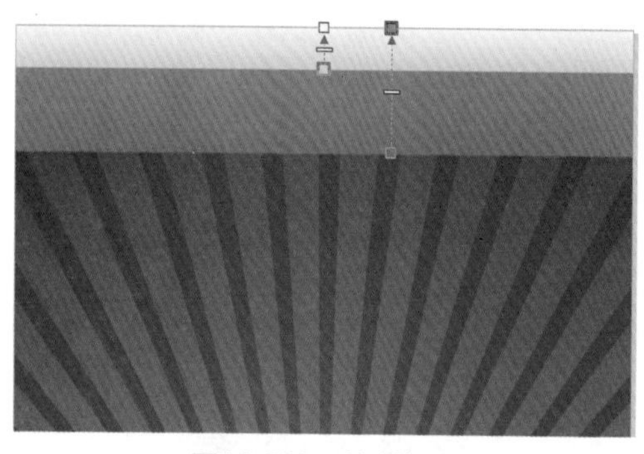

图10-220　绘制矩形

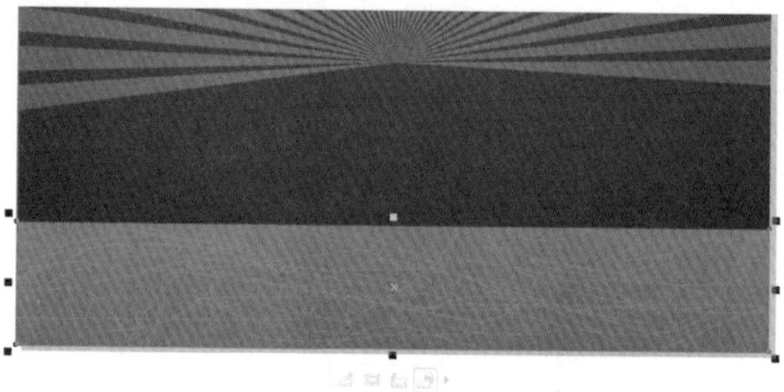

图10-221　绘制曲线

8 选择工具箱中的“椭圆形”工具，绘制一个椭圆，按F11键弹出“渐变填充”对话框，设颜色值从(R213，G123，B60)到(R120，G52，B15)39%到(R35，G7，B3)的线性渐变，设角度值为270.2°，边界为30，单击“确定”按钮，如图10-222所示。

9 按住Shift键，选中椭圆和背景矩形，单击属性栏中的“相交”按钮，右键拖动椭圆至相交部分，松开鼠标，在弹出的快捷菜单中选择“复制所有属性”，删去椭圆，选中相交部分，单击图形下面的“提取内容”按钮，删去内容，单击属性栏中的“无框”按钮，按小键盘上的+键复制一层，选择工具箱中的“底纹填充”工具，弹出“底纹填充”对话框，设置参数如图10-223所示。

10 单击“确定”按钮，图形效果如图10-224所示。

11 选中底纹图形，选择工具箱中的“透明度”工具，在图形上从上往下拖出线性透明度，在调整色板上拖动相应的色块至透明虚线上，如图10-225所示。

12 选择工具箱中的“椭圆形”工具，绘制一个椭圆，填充棕色，选择“位图”→“转换为位图”命令，弹出“转换为位图”对话框，保持默认值，单击“确定”按钮。再选择“位图”→“模糊”→“高斯式模糊”命令，在弹出的“高斯式模糊”对话框中设置模糊半径为50像素，单击“确定”按钮，按小键盘+键，复制一层，将一个精确裁剪至背景矩形内，另一个裁剪至半圆内，如图10-226所示。

电脑小百科

网页设计是一种建立在新型媒体之上的新型设计。它具有很强的视觉效果、互动性、操作性、受众面广等其他媒体所不具有的特点，它是区别于报刊、影视的一个新媒体。

图10-222 绘制椭圆

图10-223 底纹填充参数

图10-224 底纹填充效果

13 选择“文件”→“导入”命令，导入南瓜素材，选择工具箱中的“选择”工具，放置到合适位置，选择工具箱中的“椭圆形”工具，在南瓜下面绘制一个椭圆，填充棕色(R72，G37，B9)作为阴影，如图10-227所示。

14 框选南瓜及阴影，按Ctrl+G组合键，群组图形，选择工具箱中的“阴影”工具，在属性栏中的预设下拉框中选择“小型光辉”，“羽化”为10像素，阴影颜色为黑色，复制两个放置到合适位置，如图10-228所示。

15 选择工具箱中的“椭圆形”工具，绘制多个椭圆组成白云状，框选椭圆，单击属性栏中的“合并”按钮，填充灰色，去除轮廓线，按小键盘+键复制一层，按向上方向键移动，填充白色，如图10-229所示。

图10-225 透明效果

图10-226 高斯式模糊

图10-227 导入南瓜素材

图10-228 复制图形

灰度模式形成的灰度图又叫8Bit深度图。

16 框选白云，按Ctrl+G组合键，群组图形，复制多个，调整到合适位置，如图10-230所示。

17 选择工具箱中的“箭头形状”工具，在属性栏中“完美形状”下拉列表中单击按钮，选择合适的箭头形状，在画面中绘制箭头，填充橙色(R239，G96，B30)，按Ctrl+Q组合键，转换为曲线，选择工具箱中的“形状”工具，调整箭头形状，复制多个，调整成立体效果，设置轮廓宽度为0.2mm和0.3mm，轮廓颜色为(R136，G2，B0)，如图10-231所示。

图10-229 绘制白云

图10-230 复制白云

18 选择工具箱中的“文本”工具，输入文字，设置字体为“方正粗圆简体”，大小为9pt，填充白色，如图10-232所示。

19 选择“文件”→“导入”命令，导入耳机素材，放置到下边矩形图层下面，如图10-233所示。

图10-231 绘制箭头

图10-232 输入文字

20 选择工具箱中的“矩形”工具，绘制矩形，按F11键弹出“渐变填充”对话框，设置颜色值从蓝色到青色(R52，G190，B252)的辐射渐变，单击“确定”按钮，按F12键，弹出“轮廓笔”对话框，设置“颜色”为蓝色(R26，G98，B196)，“宽度”为0.1mm，单击“确定”按钮，效果如图10-234所示。

图10-233 导入耳机素材

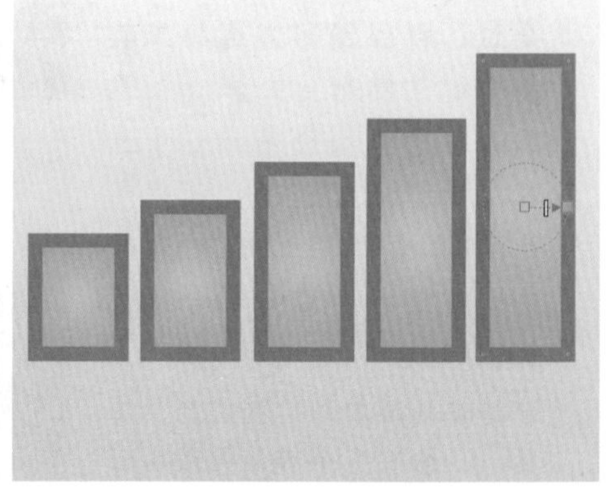
图10-234 绘制矩形

21 选择工具箱中的“矩形”工具和“椭圆形”工具，绘制时钟和电池图标，分别填充相应的颜色，选择工具箱中的“文本”工具，输入文字，设置字体为“黑体”，大小为7.5pt，如图10-235所示。

电脑小百科

如果用户使用的网卡是非即插即用的网卡，安装该类网卡后，系统不会在启动时发现它，需要从控制面板中手动添加。

㉒ 选择工具箱找到“星形”工具和“钢笔”工具，绘制小图标，并输入文字，填充白色，如图10-236所示。

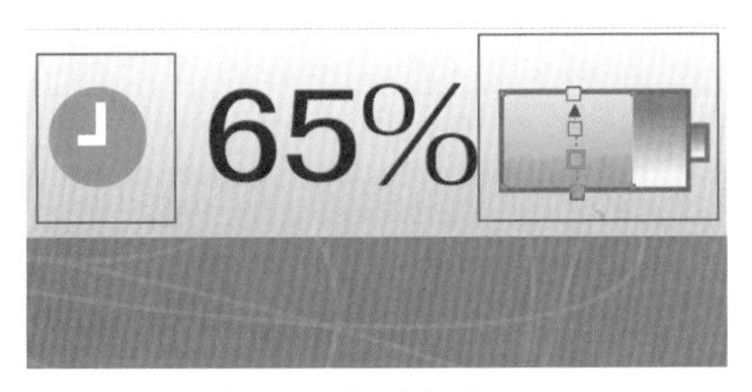

图10-235　绘制图形

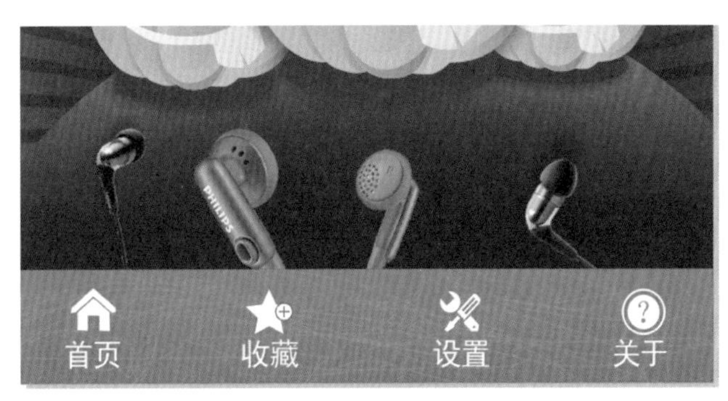

图10-236　绘制小图标

㉓ 选择工具箱中的“文本”工具，输入文字，字体分别设置为“华康海报体简”和“黑体”，分别填充相应的颜色，如图10-237所示。

㉔ 选中耳机素材，精确裁剪至半圆内，框选所有对象，按Ctrl+G组合键，群组图形，按小键盘+键复制一层，拖放到手机屏幕上，调整好大小，最终效果如图10-238所示。

图10-237　输入文字

图10-238　最终效果

知识补充

旋转对象，还可以在属性栏中的旋转输入框中输入数值实现对象的旋转。

学习小结

本章主要介绍了在CorelDRAW X6中如何处理图形的滤镜效果。通过对本章的学习，读者能够灵活使用位图的滤镜，可以给设计的作品增色不少。

下面对本章内容进行总结，具体内容如下。

(1) CorelDRAW X6提供了强大滤镜功能，通过学习本章的知识点，我们可以在CorelDRAW X6中自如地处理位图的滤镜效果。

电脑小百科

用户可以通过指定位置搜索驱动程序，也可以直接指定驱动程序的位置。

(2) 三维效果命令在设计作品中常常被使用到，透视和球面在编辑矢量图时经常使用。

(3) 使用艺术笔触这一命令，可以使图像转化成具有多种不同的美术效果的图像。

(4) 模糊滤镜是本章的重点，是每个从事设计行业者不可缺少的知识点，它常被运用在设计作品中。

互动练习

1. 选择题

(1) 制作下雨的场景需要运用下面的哪个命令(　　)。

A．创造性　　B．相机滤镜

C．颜色滤镜　　D．鲜明化滤镜

(2) 模糊滤镜中提供(　　)个模糊命令。

A．7　　B．8

C．9　　D．10

(3) 使用“卷页”命令能够制作出(　　)种不同形态的效果。

A．1　　B．2

C．3　　D．4

2. 思考与上机题

(1) 说说动态模糊和放射状模糊的不同点。

(2) 相机滤镜的用途是什么？

第11章

管理和打印文件

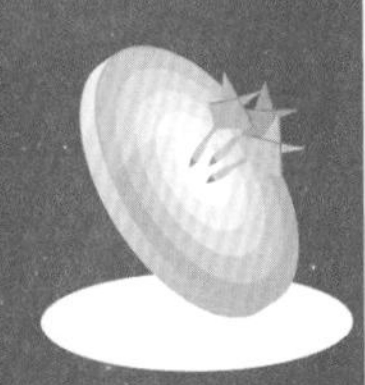

本章导读

当设计或制作完一幅CorelDRAW绘图作品后，都需要将其打印输出。打印是制图中的一个重要环节，而将文件准确无误地打印出来，则需要了解与打印有关的内容。学习完所有的CorelDRAW绘图知识以后，本章将介绍在CorelDRAW X6中有关打印和文件输出方面的内容。

- 在CorelDRAW X6中管理文件
- 打印与印刷

11.1 在CorelDRAW X6中管理文件

CorelDRAW X6支持导入导出的文件格式有多种，极大地提高了素材的来源范围，为创作出更好的作品提供了极大的帮助。下面介绍几种常用的文件格式的使用特性和使用范围。

书盘互动指导

示例	在光盘中的位置	书盘互动情况
	11.1 在CorelDRAW X6中管理文件 11.1.1 CorelDRAW与其他图形文件格式 11.1.2 发布到Web 11.1.3 导出到Office 11.1.4 发布至PDF	本节主要学习在CorelDRAW X6中管理文件，在光盘11.1节中有相关内容的操作视频，还特别针对本节内容设置了具体的实例分析。 大家可以在阅读本节内容后再学习光盘，以达到巩固和提升的效果。

11.1.1 CorelDRAW与其他图形文件格式

下面介绍CorelDRAW与其他图形文件格式。

1. PSD是Photoshop的文件格式，可以保存图像的层、通道等很多信息，是我们在未完成图像处理任务前的一种常用的图像格式。因为PSD格式的文件所包含的图像数据信息较多，相对于其他格式的图像文件比较大，使用这种格式储存图像修改起来比较方便，这就是CorelDRAW的最大优点。
2. AI格式是由Adobe公司出品的Adobe Illustrator软件生成的矢量文件格式，它与Adobe公司出品的Adobe Photoshop、Adobe Indesing等图像处理和绘图软件都有比较好的兼容性。
3. BMP格式是微软公司软件的专用格式，也是常见的位图格式。它支持索引颜色、RGB、灰度和位图颜色模式，但是不支持通道。位图格式产生的文件较大，不过它是最通用的图像文件格式之一。
4. JPEG文件支持真彩色，生成的文件比较小，也是常用的一种文件格式。它支持CMYK、RGB和灰度的颜色模式，但是也不支持通道。生成此格式文件时，压缩越大，图像的文件就越小，图像的质量就越差，所以设置压缩类型，可以产生不同大小和质量的文件。
5. PNG格式的文件主要用于替代GIF格式的文件。GIF格式文件虽小，但在图像的颜色和质量上较差。PNG格式支持24位图像，产生的透明背景没有锯齿边缘，产生的图像效果质量较好。
6. TIFF格式是一种无损压缩格式，便于在程序之间和计算机平台之间交换图像数据。此格式的文件也是应用得很广泛的一种图像格式，可以在很多图形软件之间转换。它支持

电脑小百科

数字印刷是应用数字印前系统，将彩色、图文信息数字化，再通过网络传输到数字印刷机，输出彩色图文产品的一种新型彩色图文复制技术。

带通道的CMYK、RGB和灰度文件，还支持不带通道的LAB、索引颜色和位图文件。除此之外，它还支持LZW压缩。

知识补充

需要注意，在导入PSD格式的文件后，尽量不要再做任何“破坏性操作”，如旋转、镜像、倾斜等，由于其透明蒙版的关系，输出后会产生破碎图。在CorelDRAW中进行“转换为位图”命令虽说很方便，但色彩还原较差，因此最好在Photoshop中做好转换后再导入。

11.1.2 发布到Web

在完成作品后，除了可将其打印输出外，还可以将文件导出为HTML网页文件和PDF文件，将其发布到网络，下面为发布到Web的具体操作步骤。

1. 打开文件，选择“文件”→“导出HTML”命令，弹出“导出HTML”对话框，如图11-1所示。
   - “常规”标签包含HTML排版方式、文件和图像的文件夹、FTP站点和导出范围等选项。
   - “细节”标签：包含生成的HTML文件的详细情况，并且允许更改页面名和文件名。
   - “图像”标签：展开所有HTML导出的图像，将单个对象设置为JPEG、GIF、PNG格式，如图11-2所示。单击“选项”按钮，弹出“选项”对话框，如图11-3所示，可在此对话框中设置图像类型。

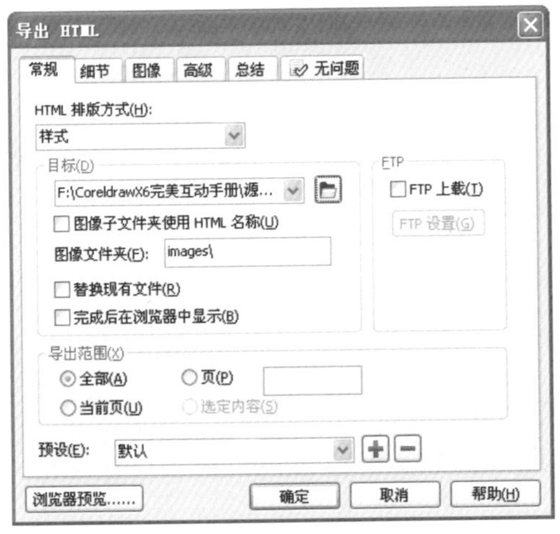

图11-1 “导出HTML”对话框

图11-2 “导出HTML”对话框

   - “高级”标签：提供了不同需要的选项，根据需要选中相应的选项。
   - “总结”标签：根据下载速度来显示文件的统计信息。
   - “无问题”标签：显示细节、建议和提示内容。
2. 选择“文件”→“导出到网页”命令，弹出“导出到网页”对话框，如图11-4所示。
3. 单击任意一个按钮，可以选择预览窗口的显示方式。

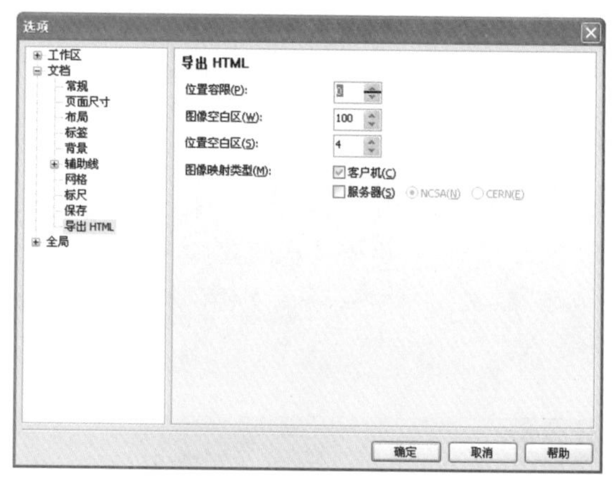
图11-3 “选项”对话框

4. 单击一个预览窗口，可以在“预设”列表中单独设置此预览窗口的输出格式效果。
5. 单击任意一个按钮，可以对预览窗口中的图像分别进行平移、放大或缩小的调整。
6. 在数值设置区中，通过设置参数，可优化设置图像。
7. 在“速度”下拉列表中，可以选择图像所应用网格的传输速度，在预览窗口可以查看图像在当前优化设置下所需的下载时间。

图11-4 “导出到网页”对话框

11.1.3 导出到Office

在CorelDRAW X6中还可以将图像应用到Office办公文档中的输出，方便使用者导出合适的质量图像。

下面为导出到Office的具体操作步骤。

1. 选择“文件”→“打开”命令，弹出“打开绘图”对话框，选择本书配套光盘中的“目标文件\第11章\11.1\椰子.cdr”，单击“打开”按钮，如图11-5所示。
2. 选择“文件”→“导出到Office”命令，弹出“导出到Office”对话框，如图11-6所示。

电脑小百科

数字印刷的优点：可以少量、多样形印刷；原稿变动简单、文档保存容易。可以用来印刷广告提案资料、餐厅菜单、简报、直邮广告等。

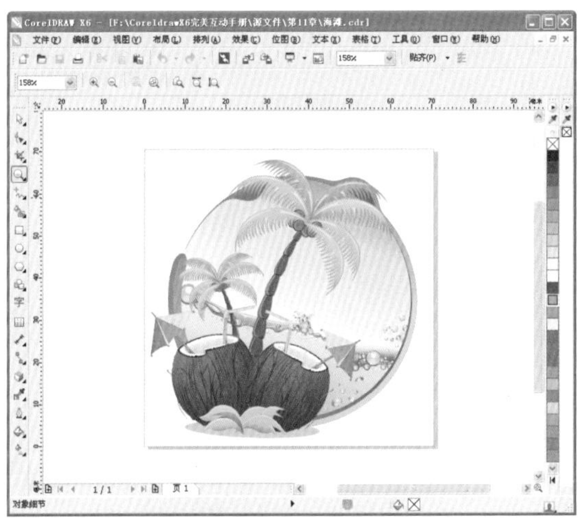

图11-5　打开“椰子”文件

图11-6　“导出到Office”对话框

3. 在“导出到”下拉列表中，选择图像的应用类型，在该下拉列表中有两个选项可供选择。
4. 在“图形最佳适合”下拉列表中，选择“兼容性”选项会以基本的演示应用进行导出；选择“编辑”选项则保持图像的最高质量，方便进一步的编辑。
5. 在“优化”下拉列表中，有3个选项供选择。“演示文稿”只用于电脑屏幕上演示；“桌面打印”，用于一般打印；“商业印刷”用于出版级别。应用的级别越高，输出的图像文件越大。

11.1.4　发布至PDF

PDF文件全称为Portable Document Format(可移动文件格式)，是Adobe公司开发的一种文件格式。PDF文件可以保存原始应用程序文件的字体、图像、图形及格式，只要系统中安装有能识别该文件格式的程序，如Adobe Acrobat和Adobe Acrobat Reader，就能在任何操作系统中进行正常阅读，而不受操作系统的语言、字体及显示设备的影响。

下面为发布至PDF的具体操作步骤。

1. 选择“文件”→“发布至PDF”命令，打开“发布至PDF”对话框，如图11-7所示。

图11-7　“发布至PDF”对话框

电脑小百科

数字印刷的缺点：印刷机器设备昂贵，印刷材料面积有限，目前还不能完全代替传统印刷。

❷ 单击“设置”按钮，弹出如图11-8所示的对话框。从中可对要导出的PDF文件进行更多设置。

图11-8 对PDF文件进行设置

知识补充

在导出文件时，根据所需要的文件格式来选择导出文件的保存类型，否则在此种格式的文件中，可能无法打开导入的文件。

11.2 打印与印刷

为了最大限度地防止可能发生的错误，减少不必要的损失，在打印输出之前要做全面性的检查。

书盘互动指导

⊙ 示例	⊙ 在光盘中的位置	⊙ 书盘互动情况
	11.2 打印与印刷 11.2.1 打印设置 11.2.2 打印预览 11.2.3 合并打印 11.2.4 收集用于输出的信息	本节主要学习打印与印刷，在光盘11.2节中有相关内容的操作视频，还特别针对本节内容设置了具体的实例分析。 大家可以在阅读本节内容后再学习光盘，以达到巩固和提升的效果。

11.2.1 打印设置

打印设置中分常规和布局两种设置方法，下面为打印设置的具体操作步骤。

❶ 选择“文件”→“打开”命令，弹出“打开绘图”对话框，选择本书配套光盘中的“第11章\2011.cdr”文件，单击“打开”按钮，选择“文件”→“打印”命令，弹出“打印”对话框，如图11-9所示。

- “名称”下拉列表框：用来选择所使用的打印机，单击右侧的“属性”按钮可打开对话框设置打印机。
- “使用PPD”复选框：用来描述PostScript打印机的功能和特性，仅对PostScript打印机有效。

数码印刷与传统印刷比较，其优势有周期短、快捷、方便。

- “打印到文件”复选框：选中它可将绘图及一些打印设置打印成PostScript文件，而不是输出计算机。单击右侧的小三角按钮可打开下拉列表，从中可选择生成文件的方式。
- “打印范围”选项区域：用来选择文件的打印范围。
- “副本”选项区域：用来指定文件中每一页要打印的份数。若选中“分页”复选框，则以整个文件为计数单位打印文件，否则按页面为计数单位打印所设份数。
- “打印类型”下拉列表框：打印类型即打印样式，可将设置好的参数保存为样式以备后用。
- “打印预览”按钮：单击该按钮可在对话框右侧展开预览框预览打印效果。

2 在“打印”对话框中单击“布局”标签，将打开“布局”选项卡，如图11-10所示。

- “与文档相同”单选按钮：选中将按图像在页面中的实际位置来打印。
- “调整到页面大小”单选按钮：选中可调整工作区中的图像，使其适合页面来打印，但不会改变图像在文件中的位置。
- “将图像重定位到”单选按钮：选中可重新确定图像在页面中的打印位置。
- “页”按钮：当选中“将图像重定位到”单选按钮时，单击该按钮打开下拉菜单，从中可选择要设置的页面。同时，可在下面的数值框中控制图像的打印位置、大小和缩放因子。
- “打印平铺页面”复选框：选中可将图像分成若干区域来打印。
- “平铺标记”复选框：选中可打印平铺对齐标记，以便拼合时对齐图像各部分。
- “出血限制”复选框：用来确定图像可从裁剪标记扩展出多远。
- “版面布局”下拉列表框：用来选择打印的版面样式。

图11-9 “打印”对话框

图11-10 设置渐变参数

知识补充

纸张的大小需要根据打印机的打印范围而定。打印机支持的打印范围为 A4 大小，所以，如果文件大于 A4，需要将文件缩小到 A4 范围之内，并且将文件移动到页面内，保证文件能够顺利地将完整图像打印出来。

电脑小百科

印前工艺指的是在印刷前的一系列工作，其中包括输入、电脑编排、输出三部分工作。输入是将广告设计的文字与图片导入排版的程序中。

11.2.2 打印预览

选择“文件”→“打印预览”命令便可预览打印的内容。下面为打印预览的具体操作步骤。

1. 选择“文件”→“打开”命令，弹出“打开绘图”对话框，选择本书配套光盘中的“第11章\2011.cdr”文件，单击“打开”按钮，如图11-11所示。
2. 选择“文件”→“打印预览”，弹出“打印预览”界面，如图11-12所示。
3. 可在页面中设置参数或保持默认，在文件菜单栏中选择打印即可。

图11-11 打开2011文件

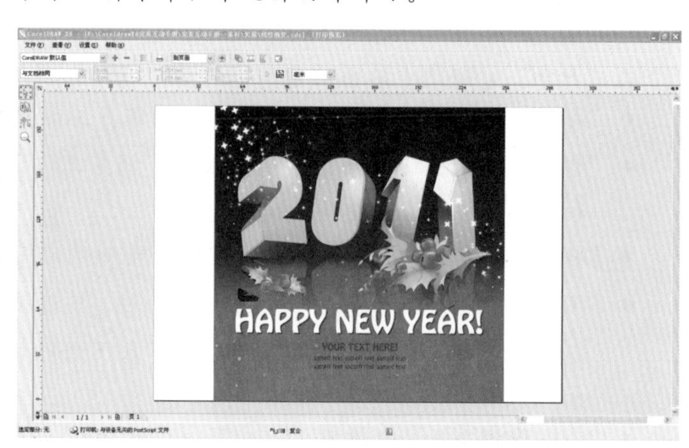

图11-12 “打印预览”界面

知识补充

在输出之前，设计师需要确认位图的模式是否是CMYK模式。RGB模式的图像是无法用于印刷的，一定要转为CMYK模式再进行输出。如果使用的是外部链接位图，一定要检查链接是否正确。

11.2.3 合并打印

在CorelDRAW中，可以用文字或数据的内容来创建一个数据域，然后将这个数据域以数据域名称的方式插入到文件中。执行“合并”命令后，打印出来的将是数据域中列表的内容，而不是数据域名称。例如，在VI设计中要打印许多请柬、工作证之类的文件时，就可以将姓名做成一个数据域，插入文件中并定位，以后只需修改该数据域内的列表内容即可，而不需要每次都输入人名或调整其位置，这也是提高工作效率的方式之一。

下面为合并打印的具体操作步骤。

1. 选择菜单栏中的“文件”→“合并打印”→“创建/装入合并域”命令，打开“合并打印向导”对话框，如图11-13所示。

图11-13 “合并打印向导”对话框

印后工艺指的是在印刷后，为增强印刷品的实用和美观功能进行的一系列加工。

❷ 在该对话框中先确定“数据域”列表的来源方式，可从头创建一个新的数据源，也可选择一个现有的文件作为数据源。选择好后单击“下一步”按钮，进入“合并打印向导”对话框，根据提示设置相关的数据域名称及数据域列表内容，如图11-14所示。

❸ 根据提示完成设置，最后单击“完成”按钮关闭该对话框，此时工作区中将弹出“合并打印”工具栏，如图11-15所示。

❹ 在工具栏上的“域”下拉列表框中选择数据域后，单击“插入合并打印域”按钮，即可将该域名插入到文件中。

图11-14　“合并打印向导”对话框

图11-15　“合并打印”工具栏

知识补充

插入域名后，可像一般对象那样修改其属性，也可以进行简单的变形等。

11.2.4　收集用于输出的信息

选择“文件”→“收集用于输出的信息”命令，即可打开对话框设置参数，收集用于输出的信息具体操作步骤如下。

❶ 选择“文件”→“打开”命令，弹出“打开绘图”对话框，选择本书配套光盘中的“第11章\人物.cdr”文件，单击“打开”按钮，如图11-16所示。

❷ 选择“文件”→“收集用于输出的信息”命令，弹出“收集用于输出”对话框，选中相应的单选按钮，如图11-17所示。

❸ 单击“下一步”按钮，如图11-18所示，在“收集用于输出”对话框中设置相关的参数。

❹ 放置文件夹中，如图11-19所示。

图11-16　打开“人物”文件

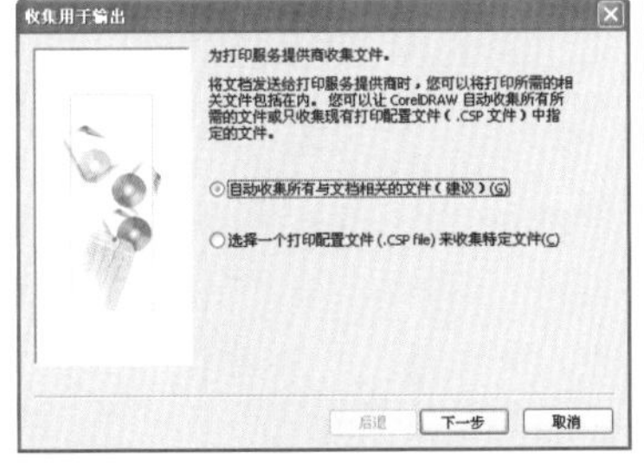

图11-17　“收集用于输出”对话框

图11-18　设置相关的参数

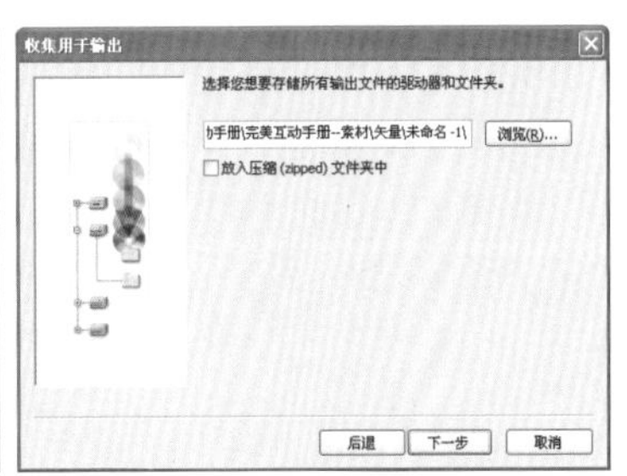

图11-19　设置文件夹中

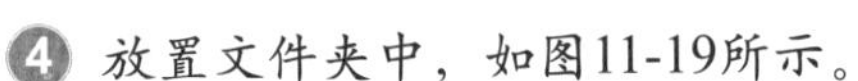

知识补充

如果出版公司没有设计师使用的字体，那么在打印输出时，可能因为字体的短缺而无法显示，或者出现乱码。所以设计师在把作品拿到出版公司前，最好将文字转换为曲线，这样可以避免在出版时丢失字体。

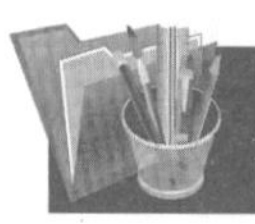

11.3 应用实例——科技宣传单

科技宣传单设计，以蓝色为主要色调，颜色深入浅出，画面清爽，具有层次感，相框与图形的结合使用，增添了广告的真实感觉，更具说服力。主要运用了矩形工具、贝塞尔工具、钢笔工具、椭圆形工具、文本工具等。

〓〓书盘互动指导〓〓

⊙ 示例	⊙ 在光盘中的位置	⊙ 书盘互动情况
	11.3　科技宣传单	本节主要介绍了以上述内容为基础的综合实例操作方法，在光盘11.3节中有相关操作步骤的视频文件，以及原始素材文件和处理后的效果文件。 大家可以选择在阅读本节内容后再学习光盘，以达到巩固和提升的效果，也可以对照光盘视频操作来学习图书内容，以便更直观地学习和理解本节内容。

下面为应用实例的具体操作步骤。

1. 选择“文件”→“新建”命令，弹出“创建新文档”对话框，设置“宽度”为435mm，“高度”为290mm，单击“确定”按钮，新建一个空白文档，如图11-20所示。
2. 本实例制作是一宣传单设计，在制作的过程中，首先要注意的是，这是需要大批量印刷的东西，常用的印刷用纸的尺寸：正度是787×1092mm，大度纸张为889×1194mm。
3. 单击工具箱中的“矩形”工具，绘制3个同样大小的矩形，如图11-21所示。

图11-20　新建文档　　　　图11-21　绘制矩形

电脑小百科

在平面广告的各种形式中，比较常用的是各种装订方式(直邮、杂志、行录、年报等都需要用不同的方式进行装订)。

4 选择工具箱中的“选择”工具，框选矩形，在属性栏中重设3个矩形的尺寸，“宽度”为441mm，“高度”为296mm，预留给“出血”为3mm。

5 选中矩形，按F11键，弹出“渐变填充”对话框，设置参数如图11-22所示。

6 单击“确定”按钮，效果如图11-23所示。

7 选择工具箱中的“椭圆形”工具，按住Ctrl键，绘制一个直径为135mm的正圆，放至页面的相应位置，选中正圆，按Shift+F11组合键，弹出“均匀填充”对话框，设置颜色为淡蓝色(C29，M0，Y0，K0)，单击“确定”按钮，效果如图11-24所示。

8 选择工具箱中的“贝塞尔”工具，绘制图形，按F11键，弹出“渐变填充”对话框，设置参数如图11-25所示。

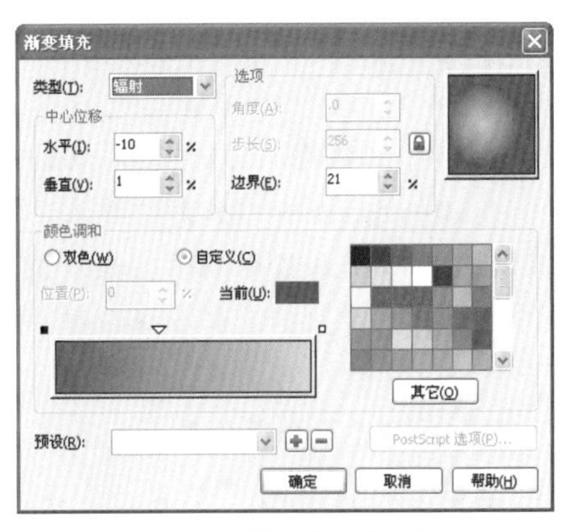

图11-22　“渐变填充”对话框

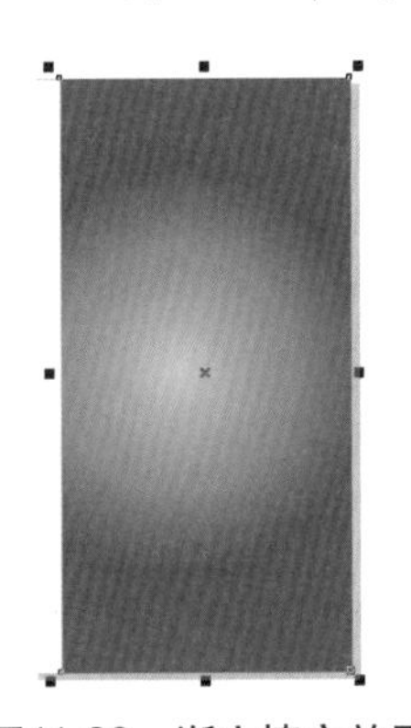

图11-23　渐变填充效果

图11-24　绘制正圆

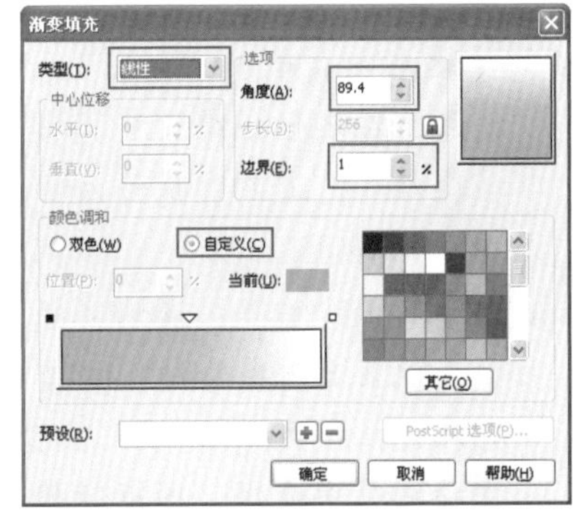

图11-25　在“渐变填充”对话框中进行设置

9 按照上述方法，绘制更多图形，效果如图11-26所示。

10 继续绘制一个不规则的图形，填充淡蓝色，选择“位图”→“转换为位图”命令，再选择“位图”→“模糊”→“高斯式模糊”命令，弹出“高斯式模糊”对话框，设置模糊“半径”为113，如图11-27所示。

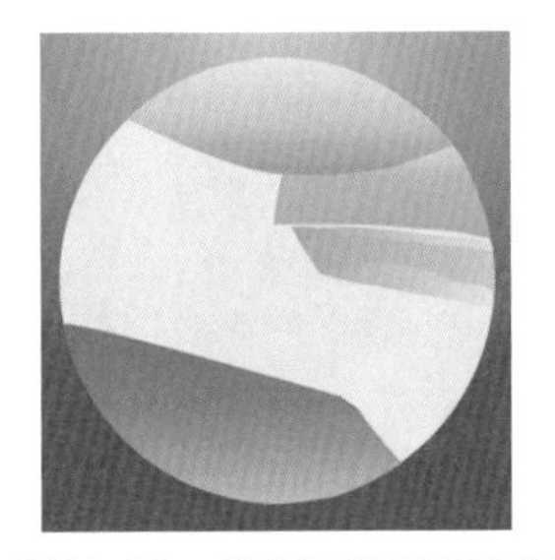

图11-26　绘制不规则图形　图11-27　“高斯式模糊”命令

11 选择工具箱中的“椭圆形”工具，绘制椭圆，填充“白色”，选择工具箱中的“透明度”工具，调整椭圆的透明度，如图11-28所示。

12 按照上述方法，绘制正圆，并调整好大小、颜色和不透明度，效果如图11-29所示。

13 选择工具箱中的“矩形”工具，绘制矩形，设置“高”为20mm，“宽”为78mm，

电脑小百科

由于在装订的流程中，订针的方式以及封面的加工方式会有差异。因而可以人为地选择挤压、压线、折线、集页或打钉、上胶、穿线和修边等程序。

填充黄色，选中矩形，在属性栏中设置“圆角半径”为5mm，效果如图11-30所示。

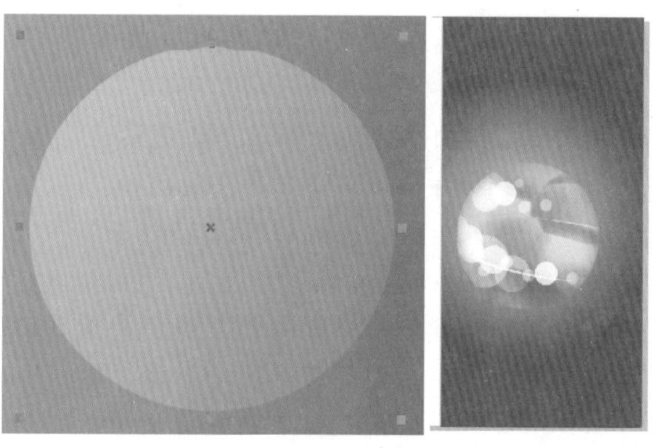

图11-28 透明度效果　图11-29 绘制正圆并设置

14 选择“文件”→“导入”命令，弹出“导入”对话框，选择本书配套光盘中的“目标文件\第11章\11.3\标志.cdr”，单击“导入”按钮，选择工具箱中的“选择”工具，将其放到页面的合适位置，按照上述操作，再次导入“水滴”素材，并调整至合适位置，如图11-31所示。

图11-30 绘制矩形

15 选择工具箱中的“文本”工具，输入文字，设置字体为“方正粗宋简体”，大小为70，设置“旋转角度”为－90°，填充颜色为无，右键单击调色板上的蓝色块，轮廓色填充为蓝色。

16 选择工具箱中的“阴影”工具，在文字上拖出一条阴影，在属性栏中设置阴影类型为“标准”，不透明度为80%，羽化为5，羽化方向为“向外”，透明度操作为“如果更亮”，阴影颜色为淡青色(C40，M0，Y0，K0)，如图11-32所示。

17 再次导入“背景”素材，选中背景图形，选择工具箱中的“透明度”工具，在属性栏中设置透明类型为“标准”，“不透明度”为50%。

18 选择工具箱中的“选择”工具，右键拖动背景素材至中间矩形内，释放鼠标，在弹出的快捷菜单中选择“图框精确裁剪内部”，单击图框下面的“编辑内容”按钮，进入图框编辑状态，调整好背景位置，单击图框下面的“结束编辑”按钮，复制文字，放置到合适位置，选中文字，填充白色，选择工具箱中的“阴影”工具，在属性栏中更改阴影颜色为蓝色，如图11-33所示。

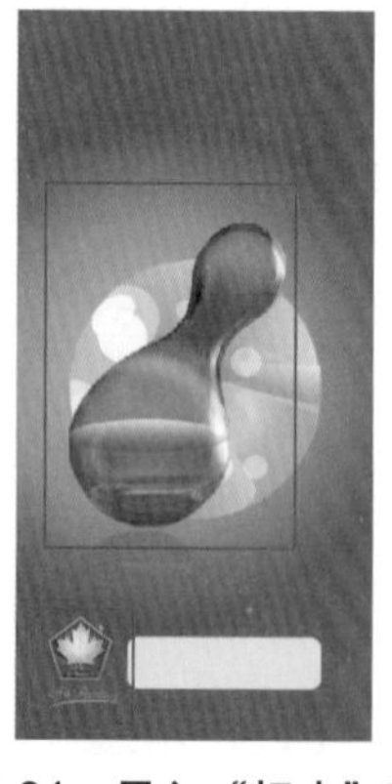

图11-31 导入“标志”素材

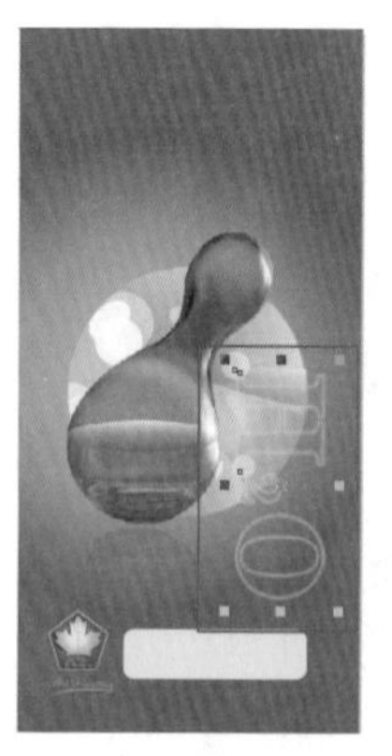

图11-32 输入文字

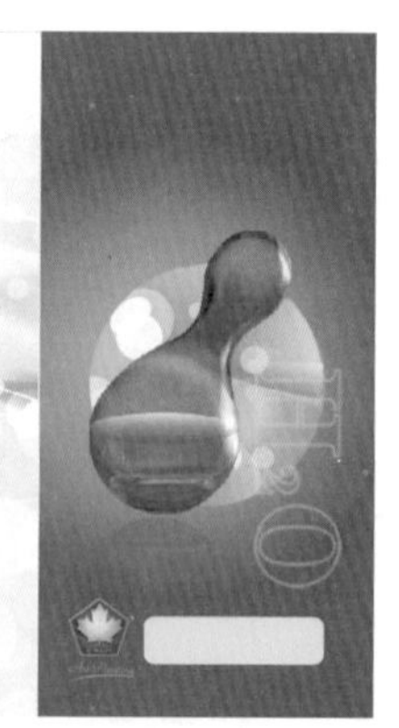

图11-33 导入素材

平面广告只有经过印刷发稿步骤后，才能形成广告产品投放到市场进行最终的发布。

19 导入相框及图片素材，放置到左边矩形上方，导入人物素材，放置到中间矩形下方，效果如图11-34所示。

图11-34 导入背景及人物素材

20 按住Shift键，选中右边矩形中除文字以外的所有图形，按小键盘上的+键，复制一层，分别调到中间矩形的合适位置，选中圆角矩形，左键单击调色板上的“白色”色块，填充白色，右键单击调色板上的“蓝色”色块，填充轮廓色为蓝色，调整好大小，效果如图11-35所示。

21 选择工具箱中的“矩形”工具，在中间矩形中，绘制多个矩形，分别填充青色(C70，M15，Y0，K0)和黄色(C0，M0，Y100，K0)，选中矩形，选择工具箱中的“透明度”工具，在属性栏中设置透明类型为“标准”，“不透明度”为50%，如图11-36所示。

图11-35 复制并调整图形

图11-36 绘制矩形

22 选择工具箱中的“钢笔”工具，在左边矩形上，绘制一个不规则图形，填充青色(C100，M0，Y0，K0)，选择工具箱中的“透明度”工具，在图形上从左往右拖出线性透明度，并导入“电话图标”素材，放置到中间矩形下边，如图11-37所示。

23 选择工具箱中的“文本”工具，输入文字，效果如图11-38所示。

24 按照制作折页正面的操作方法，制作三折页的背面，得到如图11-39所示的效果。

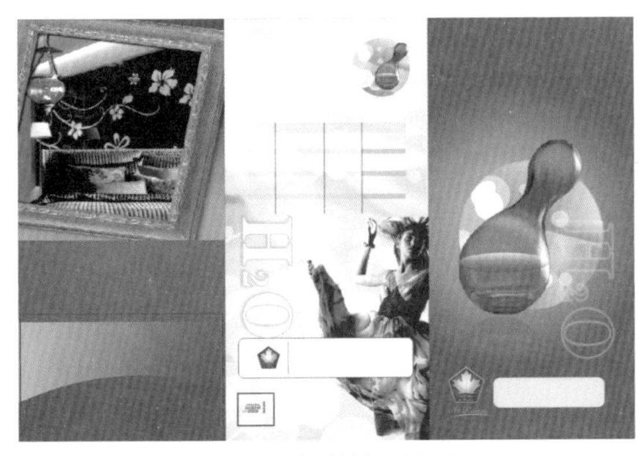

图11-37 复制并调整图形

图11-38 输入文字

电脑小百科

广告发布是指将制作的广告作品进行刊播、插播、设置，张贴在电视、广播、报纸、期刊、网络、路牌等广告媒介上的一种商业行为。

25 选择工具箱中的“选择”工具，框选三折页的正面图形，按Ctrl+G组合键，群组图形。

26 选择“文件”→“打印预览”命令，弹出“打印预览”界面，可以查看打印后的效果，如图11-40所示。

27 可以看出页面的效果与制作时的版式效果有出入，所以需重新调整图形的尺寸，这就是打印预览的作用。

图11-39 折页效果

图11-40 打印预览

知识补充

运用贝塞尔工具绘制图形时，无法一步到位地绘制出自己需要的形状，这时可以运用“形状”工具，调整图形上的节点实现。结束透明度的编辑，可以按空格键直接切换到选择工具，再次按空格键，又可以回到上次工具的状态，即透明度工具。在对位图进行编辑时，所占用的内存空间比较大，容易造成死机，为减少不必要的麻烦，最好先对文件进行保存，再编辑位图。

学习小结

本章介绍了CorelDRAW X6中打印相关的知识点。通过对本章的学习，用户可将文件准确无误地打印出来。

下面对本章内容进行总结，具体内容如下。

(1) CorelDRAW X6支持导入导出的文件格式有多种，极大地提高了素材的来源范围，为创作出更好的作品提供了极大的帮助。

(2) 在输出前要做好全面的检查工具。

CDR格式是CorelDRAW专用的图形文件格式。

互动练习

1. 选择题

(1) 打印的快捷键是(　　)。

A．Ctrl+P　　B．Ctrl+L

C．Shift+P　　D．Shift+L

(2) 在印刷中一般留(　　)出血线。

A．1mm　　B．3mm

C．6mm　　D．9mm

(3) 印刷机通用的印刷范围是多大？(　　)

A．A1　　B．A2

C．A3　　D．A4

2. 思考与上机题

(1) 文件输出时应要注意哪些东西？

(2) 打印和印刷的不同点是什么？

电脑小百科

如果某些设备驱动程序没有安装好，计算机将会在“其他设备”选项下显示这些硬件设备，并在设备前标记一个醒目的黄色问号或感叹号。

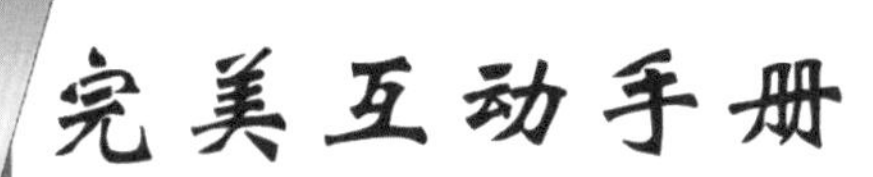

第 12 章

综合商业案例

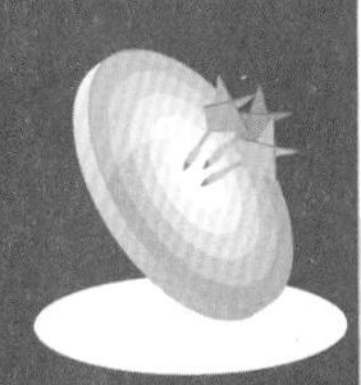

本章导读

本章将综合运用前面所学的知识和技能来制作一些商业作品，同时了解商业案例的创作过程和制作流程，本章的内容包括标志设计、实物设计、卡片设计、文字设计、UI设计、DM单设计、POP广告、杂志广告、报纸广告、海报设计、插画设计、包装设计以及书籍装帧设计平面商业案例。

精彩看点

- 标志设计
- 实物设计
- 卡片设计
- 文字设计
- UI设计
- DM单设计
- POP广告
- 杂志广告
- 报纸广告
- 海报设计
- 插画设计
- 包装设计
- 书籍装帧设计

12.1 标志设计

标志是代表一个企业、品牌、机构或个人的形象，标志的设计对于其形象的树立有着极为重要的作用，它决定了这些主体在受众心目中的形象特质。本节针对不同的主体进行标志设计的制作，通过操作演示并分析设计思路，赋予各标志以特有的形象和特征。

书盘互动指导

示例	在光盘中的位置	书盘互动情况
上承国际 ShangChengCompany	12.1 标志设计 12.1.1 企业标志 12.1.2 游戏标志	本节主要学习如何制作标志设计，在光盘12.1节中有相关内容的操作视频，还特别针对本节内容设置了具体的实例分析。 大家可以在阅读本节内容后再学习光盘，以达到巩固和提升的效果。

12.1.1 企业标志——上承国际

本案例制作了一款企业标志，标志凝聚着作为高科技企业的生命力和新技术的创造力，极具动感。本实例主要运用了渐变填充工具、文本工具、透明工具、矩形工具等，企业标志的具体操作步骤如下。

1. 打开CorelDRAW X6，选择“文件”→“新建”命令，弹出“创建新文档”对话框，设置“高度”为230mm，“宽度”为210mm，单击“确定”按钮，新建一个空白文档，效果如图12-1所示。
2. 选择工具箱中的“矩形”工具，在绘图页面中绘制一个矩形，设置属性栏中的“高”为200mm，“宽”为20mm，填充黑色(C100, M100, Y100, K100)，效果如图12-2所示。
3. 选择工具箱中的“椭圆形”工具，按住Ctrl键，绘制一个正圆，按F11键，弹出“渐变填充”对话框，设置参数值如图12-3所示，参数设置完成后，单击“确定”按钮，效果如图12-4所示。
4. 选择工具箱中的“椭圆形”工具，按住Ctrl键，绘制一个正圆，按小键盘+键，复制一个正圆，更改正圆的直径大小，如图12-5所示。
5. 框选两个正圆，单击属性栏中的“简化”按钮，简化圆形，选中外围圆环，按F11键，弹出“渐变填充”对话框，设置参数值如图12-6所示，参数设置完成后，单击“确定”按钮，效果如图12-7所示。

电脑小百科

结构简单的图形文件体积很小，易于传播，并且能无限地放大，为企业的应用提供了极大的便利。

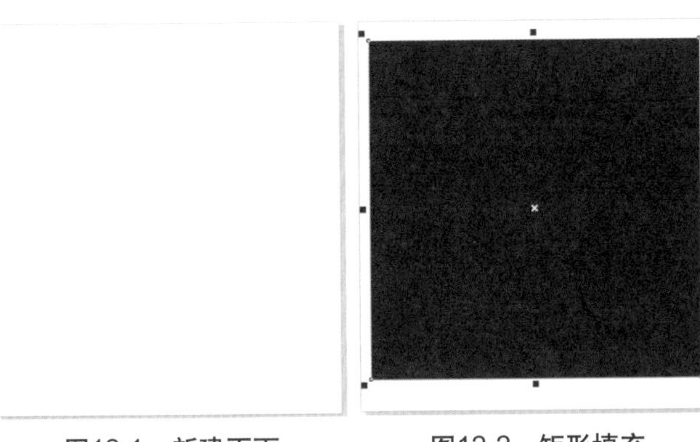

图12-1　新建页面

图12-2　矩形填充

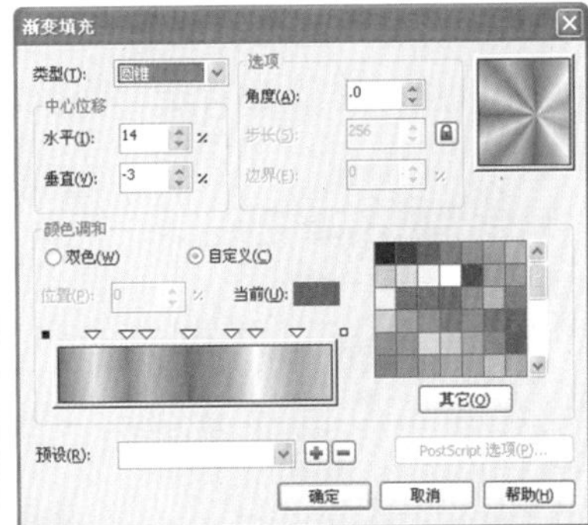

图12-3　“渐变填充”对话框

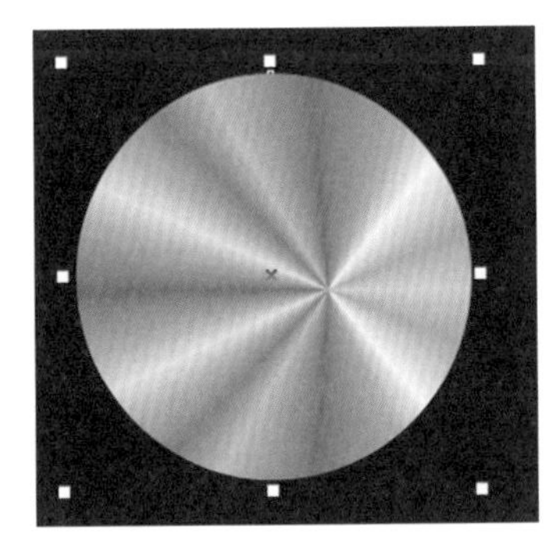

图12-4　渐变填充效果

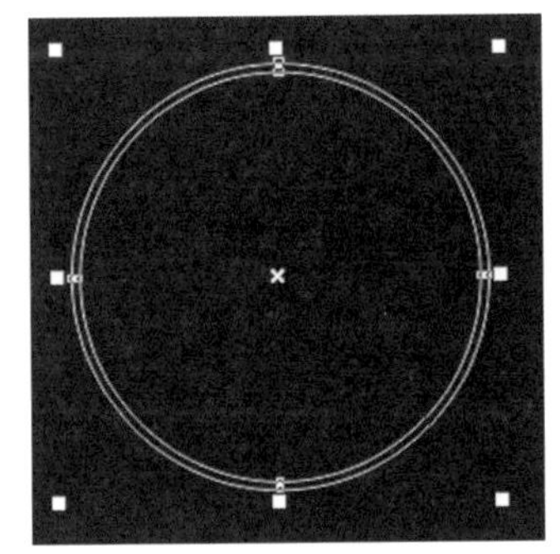

图12-5　绘制正圆

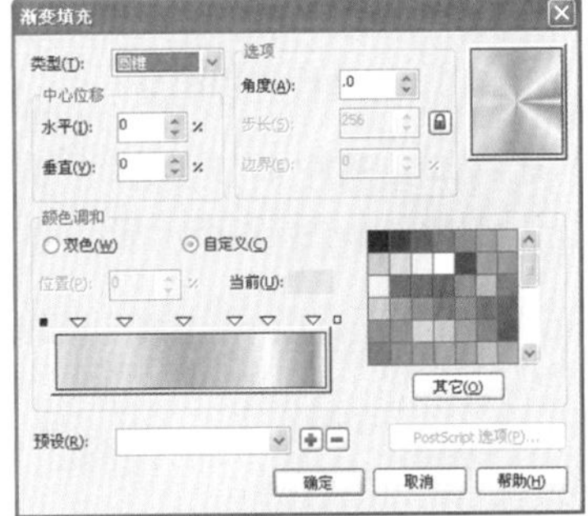

图12-6　“渐变填充”对话框

6 选中中间正圆，按Shift+F11组合键，弹出“均匀填充”对话框，设置颜色为蓝色(C98，M68，Y5，K0)，单击“确定”按钮，效果如图12-8所示。

7 选择工具箱中的“钢笔”工具，绘制图形，填充淡青色(C18，M4，Y1，K0)，选择工具箱中的“透明度”工具，在图形上从上往下拖出线性透明度，如图12-9所示。

图12-7　渐变填充效果

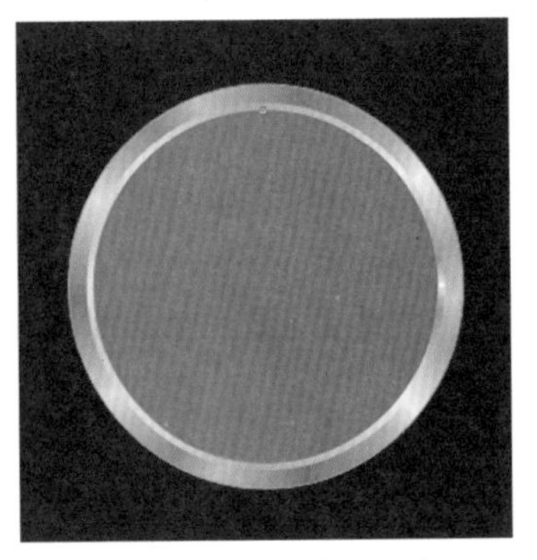

图12-8　填充均匀颜色

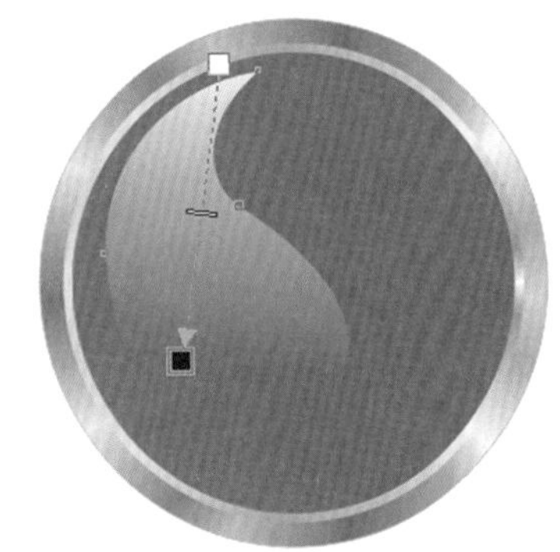

图12-9　绘制线性透明度

8 按照上述操作，再次绘制图形，填充白色，并添加线性透明度，如图12-10所示。

9 选择工具箱中的“贝塞尔”工具，绘制图形，按F11键，弹出“渐变填充”对话框，设置参数值如图12-11所示，参数设置完毕后，单击“确定”按钮，效果如图12-12所示。

电脑小百科

由于对标志设计的简练、概括、完美的要求十分苛刻，即要完美到几乎找不到更好的替代方案，其难度比之其他任何图形艺术设计都要大得多。

10 选择工具箱中的“贝塞尔”工具，绘制图形，按F11键，弹出“渐变填充”对话框，设置参数值如图12-13所示，参数设置完毕后，单击“确定”按钮，效果如图12-14所示。

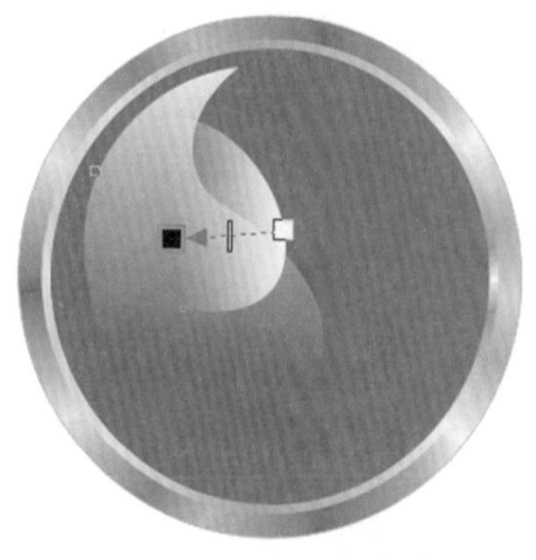
图12-10　添加线性透明度

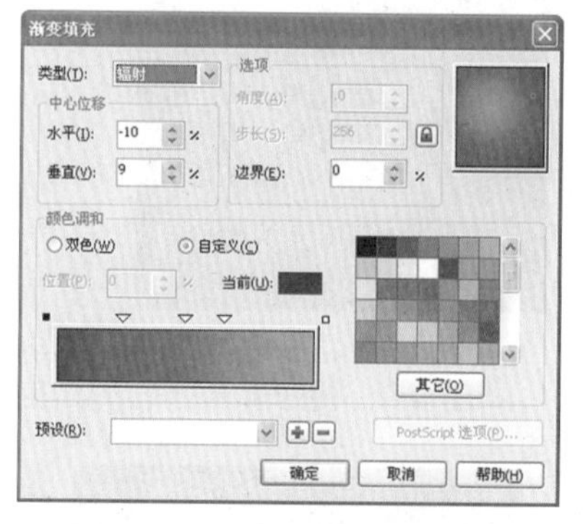

图12-11　“渐变填充”对话框

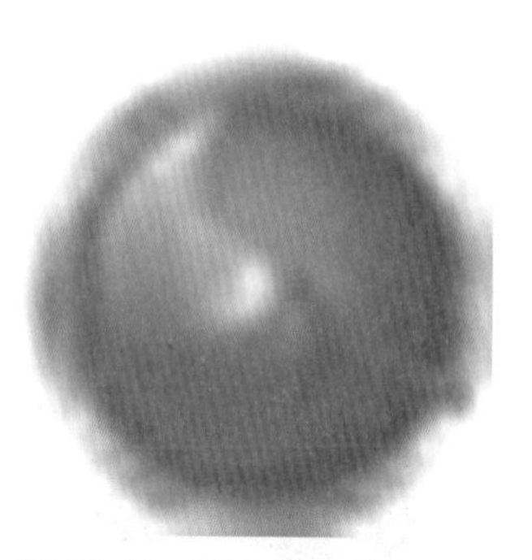
图12-12　渐变填充效果

11 选择工具箱中的“贝塞尔”工具，绘制图形，按F11键，弹出“渐变填充”对话框，设置参数值如图12-15所示，参数设置完毕后，单击“确定”按钮，效果如图12-16所示。

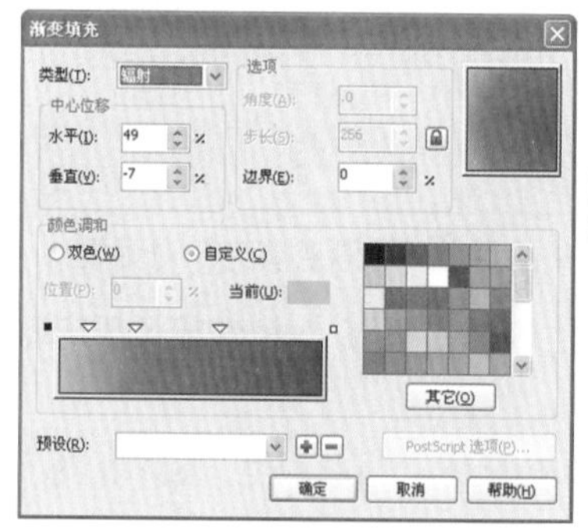

图12-13　“渐变填充”对话框

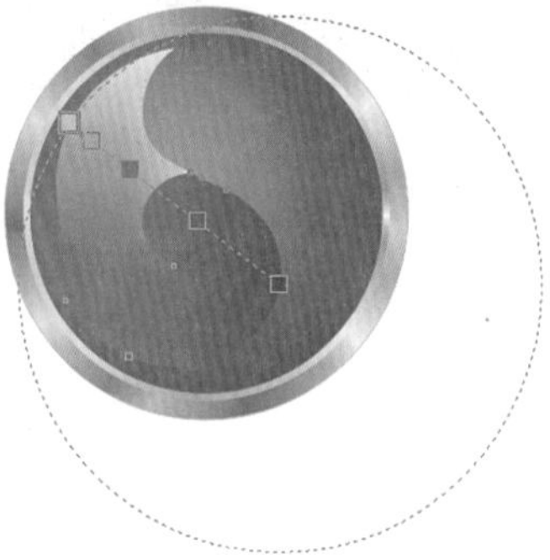

图12-14　渐变填充

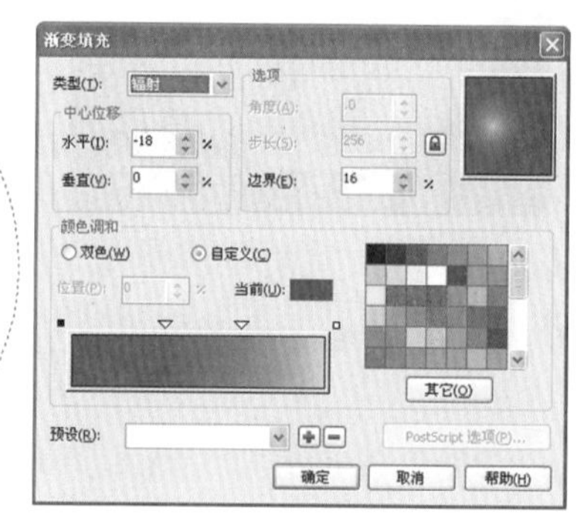

图12-15　“渐变填充”对话框

12 选择工具箱中的“贝塞尔”工具，绘制高光图形，选择工具箱中的“透明度”工具，进行透明度调整，如图12-17所示。

13 选择工具箱中的“文本”工具，编辑文字，设置属性栏中的字体为“方正综艺简体”，文字填充白色，最终效果如图12-18所示。

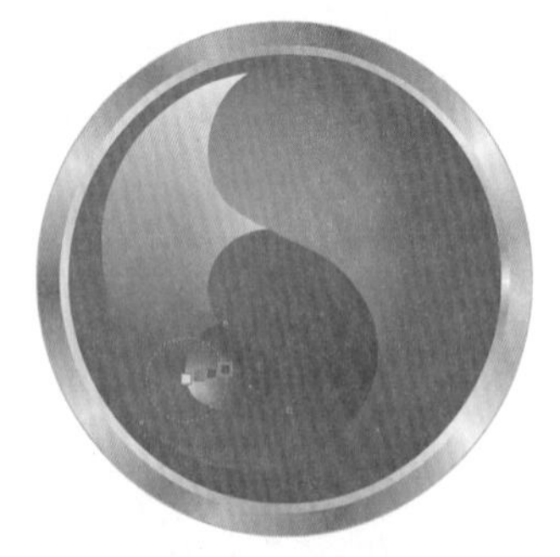
图12-16　渐变填充

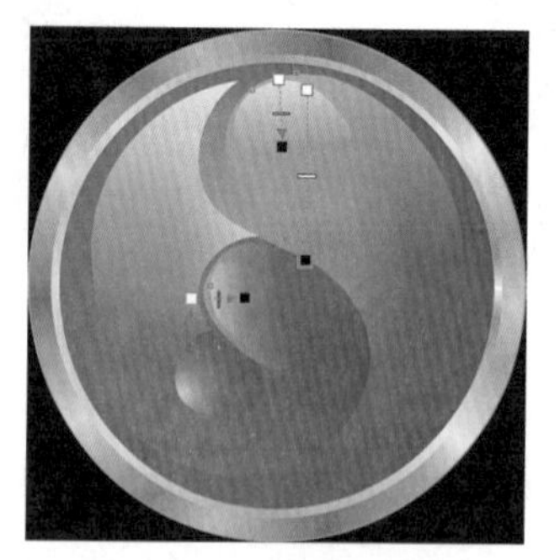
图12-17　调整透明度

图12-18　最终效果

电脑小百科

自定义短语是通过特定字符串来输入自定义好的文本，设置常用的自定义短语可以提高输入效率。

12.1.2 游戏标志——IGUAO标志

本案例绘制了一个游戏的标志，设计表达出了行业独特性格，醒目丰富的色彩搭配带给人活力。本实例主要运用了文本工具、形状工具、贝塞尔工具等，并使用了“图框精确裁剪内部”命令，游戏标志的具体操作步骤如下。

1. 打开CorelDRAW X6，选择“文件”→“新建”命令，弹出“创建新文档”对话框，设置“高度”为297mm，“宽度”为210mm，单击“确定”按钮，新建一个空白文档，效果如图12-19所示。
2. 选择工具箱中的“贝塞尔”工具，在绘图页面中绘制一个不规则图形，按F11键，弹出“渐变填充”对话框，设置参数值如图12-20所示，参数设置完毕后，单击“确定”按钮，效果如图12-21所示。

图12-19　新建页面

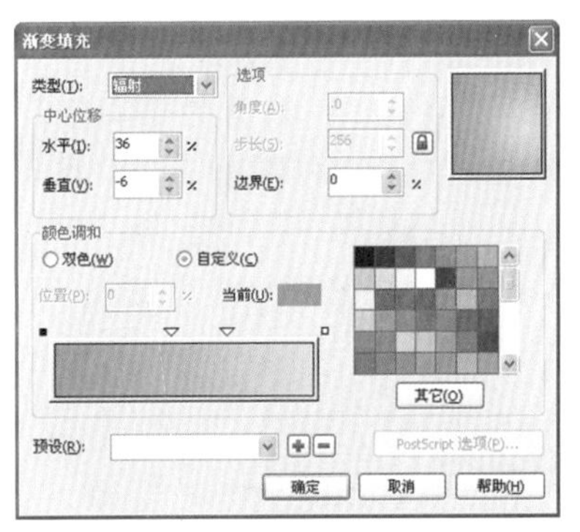

图12-20　“渐变填充”对话框

3. 按小键盘上的+键，复制不规则图形，并填充黑色，按Ctrl+PageDown组合键，向下一层，并结合键盘上的方向键，调整图形的顺序和位置，如图12-22所示。
4. 选择工具箱中的“贝塞尔”工具，绘制乌龟轮廓图形并填充相应的颜色，如图12-23所示。

图12-21　渐变填充效果

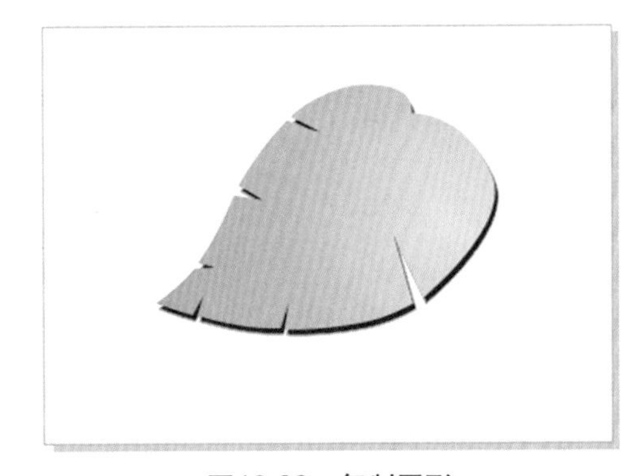

图12-22　复制图形

5. 选择工具箱中的“贝塞尔”工具，在乌龟身上绘制两条曲线。选中两条曲线，按F12键，弹出“轮廓笔”对话框，设置参数值如图12-24所示，参数设置完成后，单击“确定”按钮，效果如图12-25所示。

电脑小百科

标志设计须充分考虑其实现的可行性，针对其应用形式、材料和制作条件采取相应的设计手段。

图12-23　贝塞尔工具绘图

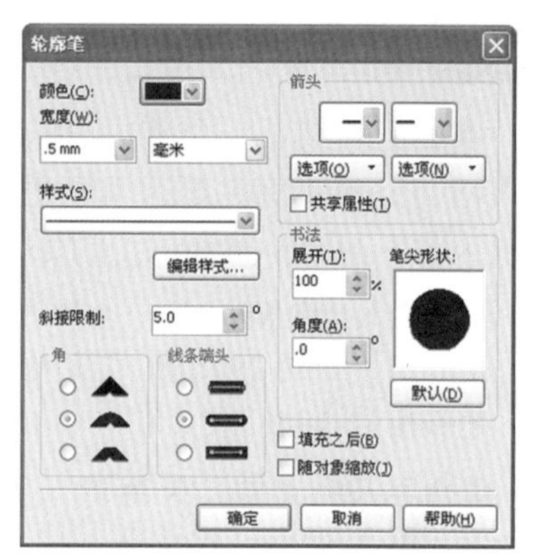

图12-24　“轮廓笔”对话框

6 选择工具箱中的“椭圆形”工具，按住Ctrl键绘制多个正圆，填充黑白色，并结合上述操作，绘制乌龟的眼睛和眉毛，填充黑色，效果如图12-26所示。

图12-25　轮廓笔填充效果

图12-26　绘制眼睛和眉毛

7 选择工具箱中的“选择”工具，按住Shift键，同时选中两只脚，如图12-27所示，按小键盘上的+键，复制图形，颜色填充为黑色，设置属性栏中的“轮廓宽度”为4.0mm，并将复制的图形放置原图形后，效果如图12-28所示。

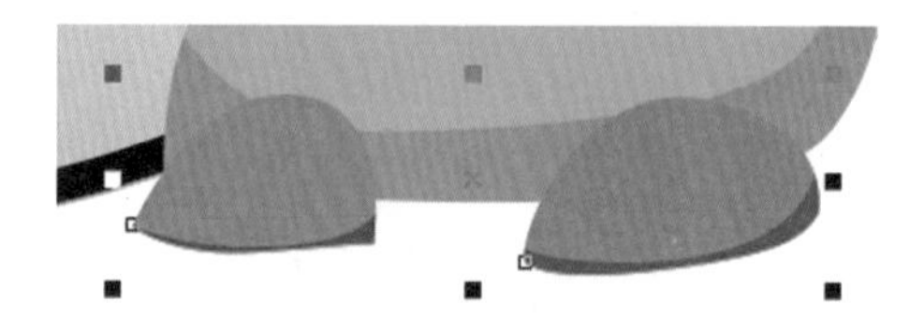

图12-27　选中图形

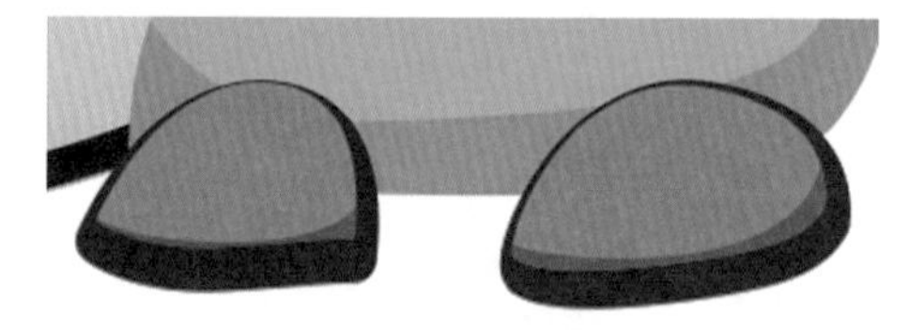

图12-28　添加轮廓

8 使用相同的方法，制作乌龟身体的黑色边框部分，如图12-29所示。

9 选择工具箱中的“文本”工具字，输入文字，按Ctrl+K组合键，拆分文字，再按Ctrl+Q组合键，将文字转换为曲线，选择工具箱中的“形状”工具，逐个调整文字的形状，并为文字填充白色，效果如图12-30所示。

10 保持文字的选中状态，右键单击调色板上的无填充按钮☒，再按小键盘上的+键，复制文字，左键单击调色板上的绿色，为复制的变形文字填充绿色，按住Shift键，等比例放大稍许，按Ctrl+PageDown组合键，向下一层，调整文字的顺序和位置，如图12-31所示。

电脑小百科

标志设计同时还要顾及应用于其他视觉传播方式(如印刷、广告、映像等)或放大、缩小时的视觉效果。

图12-29　轮廓笔填充

图12-30　编辑文字

⑪ 按照上述操作方法，复制文字图层，填充黑色，调整好大小和位置，如图12-32所示。

图12-31　填充文字

图12-32　复制文字

⑫ 选择工具箱中的“贝塞尔”工具，沿文字边缘，绘制不同形状的图形，并填充黄色(C19，M12，Y100，K0)，效果如图12-33所示。

⑬ 选择工具箱中的“文本”工具字，输入文字，设置属性栏中的字体为“华文新魏”，大小为35pt，填充白色，按小键盘上的+键，复制一层，填充黑色，设置字体大小为38pt，并添加3mm宽的黑色轮廓线，最终效果如图12-34所示。

图12-33　绘制图形

图12-34　最终效果

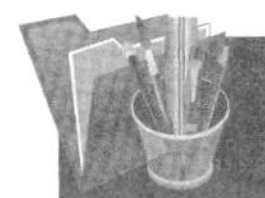

12.2　实物设计

实物可谓各种各样，在绘制实物的过程中，要本着审美与实用性相统一的原则，尽量使线条形态清晰明快，制作简单。而且，矢量实物本身应该具有强烈的视觉冲击效果，在颜色的使用上，尽量使用饱和度高、对比度强烈的颜色，并且减少过渡色的使用。

= = 书盘互动指导 = =

⊙ 示例	⊙ 在光盘中的位置	⊙ 书盘互动情况
	12.2 实物设计 12.2.1 鼠标设计 12.2.2 手表设计	本节主要学习如何制作实物设计，在光盘12.2节中有相关内容的操作视频，还特别针对本节内容设置了具体的实例分析。 大家可以在阅读本节内容后再学习光盘，以达到巩固和提升的效果。

12.2.1 鼠标设计

本实例设计整体轮廓清晰可见，高光图形的运用增强了图形的立体感和质感。主要运用了钢笔工具、交互式填充工具、渐变工具等，并使用了“将轮廓线转换为对象”命令和“修剪”按钮，鼠标设计的具体操作步骤如下。

1. 打开CorelDRAW X6，选择“文件”→“新建”命令，弹出“创建新文档”对话框，设置“宽度”为210mm，“高度”为220mm，单击“确定”按钮，新建一个空白文档。
2. 选择工具箱中的“钢笔”工具，绘制图形，按F11键，弹出“渐变填充”对话框，设置颜色为从灰色(R174，G175，B175)到(R174，G175，B175)10%到(R68，G65，B64)56%到(R68，G65，B64)的线性渐变，其他参数值如图12-35所示。
3. 单击“确定”按钮，图形效果如图12-36所示。

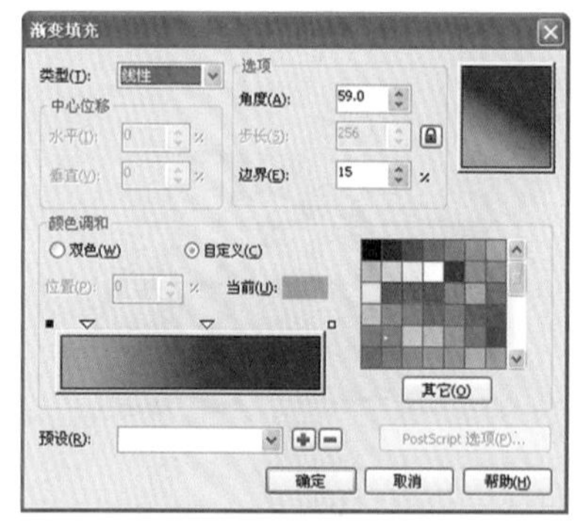

图12-35 新建文档

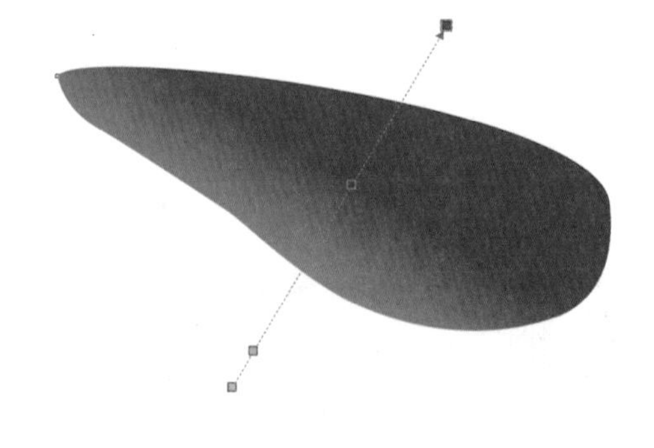

图12-36 渐变填充效果

4. 选择工具箱中的“钢笔”工具，绘制图形，选择工具箱中的“选择”工具，右键拖动渐变图形至绘制的新图形上，松开鼠标，在弹出的快捷菜单中选择“复制所有属性”命令，按G键，切换到“交互式填充”工具，调整渐变方向和色块比例，效果如图12-37所示。
5. 选择工具箱中的“钢笔”工具，绘制图形，颜色填充为从灰色(R150，G150，B151)

电脑小百科

标志的来历，可以追溯到上古时代的“图腾”。那时每个氏族和部落都选用一种认为与自己有特别神秘关系的动物或自然物象作为本氏族或部落的特殊标记。

到(R150，G150，B151)4%到(R150，G150，B151)34%到(R230，G230，B231)84%到灰白色(R230，G230，B231)的辐射渐变，设置水平值为22，垂直为4，边界为24，单击“确定”按钮，效果如图12-38所示。

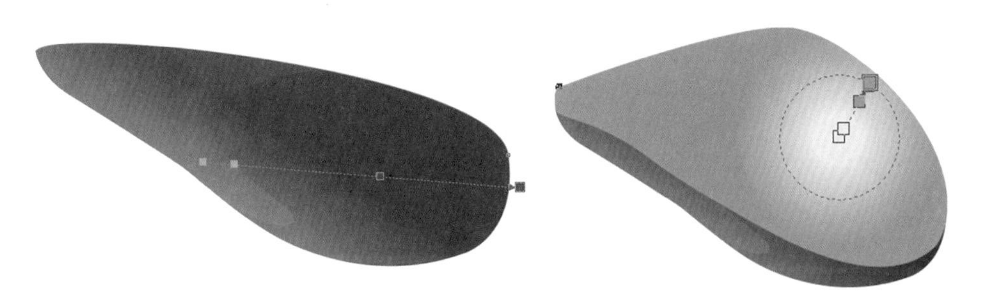

图12-37　调整渐变方向和色块比例　　　　图12-38　绘制图形

6. 选择工具箱中的“钢笔”工具，绘制高光边缘，按照前面的操作，复制渐变填充色，如图12-39所示。

7. 继续绘制图形，按F11键，弹出“渐变填充”对话框，颜色填充为从淡红色(R233，G114，B108)到(R233，G114，B108)30%到(R162，G4，B5)69%到(R162，G4，B5)的线性渐变色，设置角度值为−61，边界值为16，单击“确定”按钮，效果如图12-40所示。

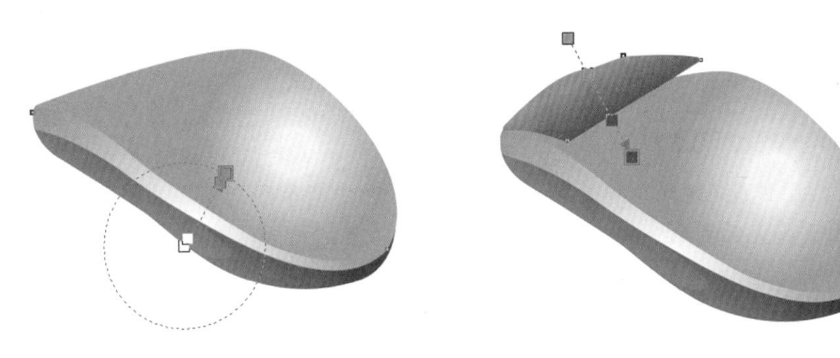

图12-39　绘制高光边缘　　　　图12-40　绘制红色图形

8. 选择工具箱中的“钢笔”工具，沿着红色边缘绘制图形，按F11键，弹出“渐变填充”对话框，颜色填充为从暗红色(R110，G4，B5)到(R110，G4，B5)30%到(R164，G52，B43)74%到(R164，G52，B43)的辐射渐变，设置边界为14，单击“确定”按钮，效果如图12-41所示。

9. 继续绘制图形，填充从暗红色到淡红色的辐射渐变，效果如图12-42所示。

10. 使用上述方法，绘制图形，按F11键，弹出“渐变填充”对话框，颜色填充为从暗红色(R110，G4，B5)到(R110，G4，B5)30%到(R164，G52，B43)74%到(R164，G52，B43)的辐射渐变，设置水平值为19，垂直值为−67，边界值为30，单击“确定”按钮，效果如图12-43所示。

电脑小百科

与他人共享计算机上的公用文件夹时，对方能像在自己的计算机上那样打开和查看计算机上保存的文件。

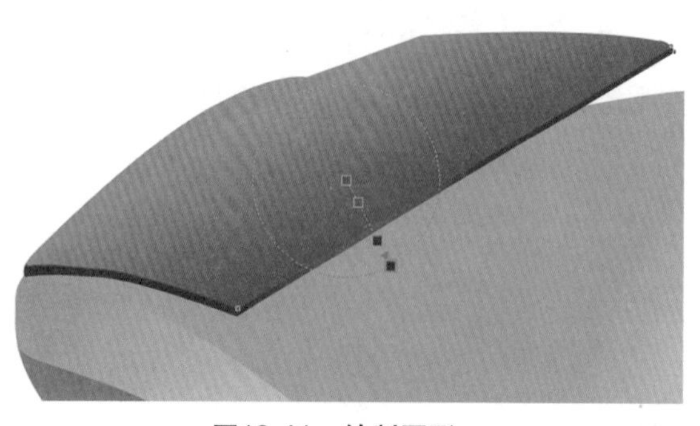
图12-41 绘制图形

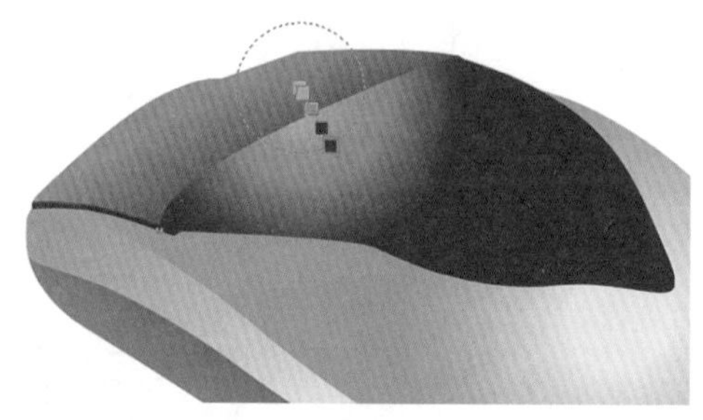
图12-42 从暗红色到淡红色辐射渐变

11 选中图形，按小键盘+键，复制一层，缩小稍许，按F11键，弹出“渐变填充”对话框，颜色填充为从(R162，G4，B5)到(R162，G4，B5)30%到(R233，G114，B108)62%到(R255，G158，B156)91%到(R255，G158，B156)的辐射渐变，设置水平值为－13，垂直值为51，边界值为2，单击“确定”按钮，效果如图12-44所示。

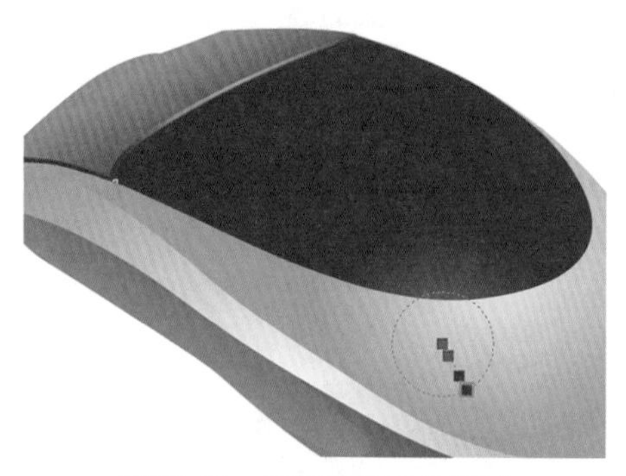
图12-43 设置数值后的效果

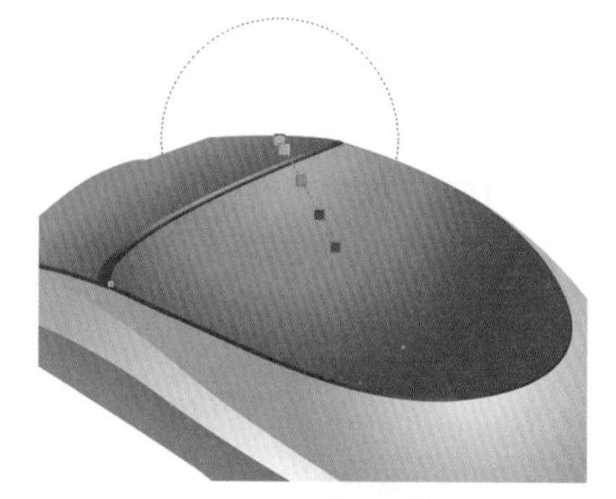
图12-44 复制图形

12 选中图形，按小键盘+键，复制两层，错开放置，选中两个图形，单击属性栏中的“修剪”按钮，删除最上层图形，得到圆滑细长的边缘，复制渐变填充色，效果如图12-45所示。

13 绘制滚珠，颜色填充为从深灰色(R68，G65，B64)到(R68，G65，B64)18%到(R174，G175，B175)85%到(R174，G175，B175)的辐射渐变，设置水平值为－7，垂直值为100，单击“确定”按钮，如图12-46所示。

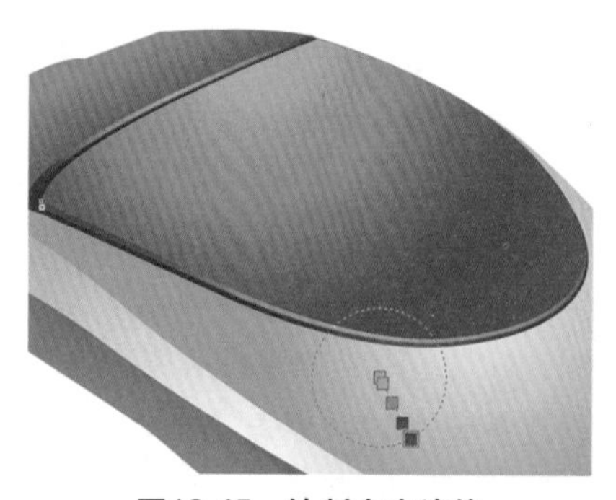
图12-45 绘制高光边缘

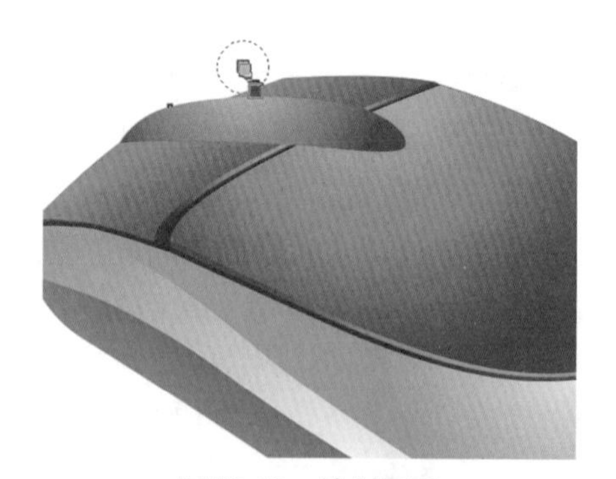
图12-46 绘制图形

电脑小百科

通常将电脑主分区以外的所有空间划分为扩展分区，如果用户想安装多操作系统，则可以根据需要输入扩展分区的空间大小或百分比。

14 复制一层，微调大小，颜色填充为从淡灰色(R243，G243，B243)到(R243，G243，B243)19%到(R181，G181，B182)60%到(R181，G181，B182)的线性渐变色，设置角度值为－84，边界值为16，单击“确定”按钮，如图12-47所示。

15 绘制图形，填充灰色到灰白色的辐射渐变，如图12-48所示。

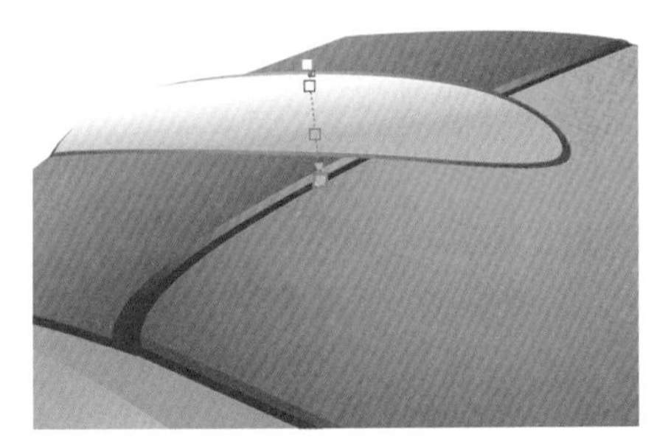

图12-47　复制一层

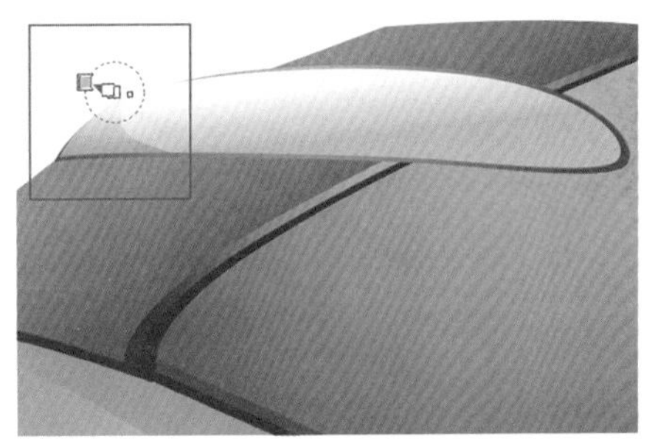

图12-48　从灰色到灰白色辐射渐变

16 按照前面运用修剪的方法，绘制高光边缘图形，填充相应的渐变色，如图12-49所示。

17 继续绘制黑色图形，颜色填充为从(R68，G65，B64)到(R68，G65，B64)44%到(R174，G174，B175)90%到(R174，G175，B175)的辐射渐变，设置水平值为20，边界值为31，单击“确定”按钮，如图12-50所示。

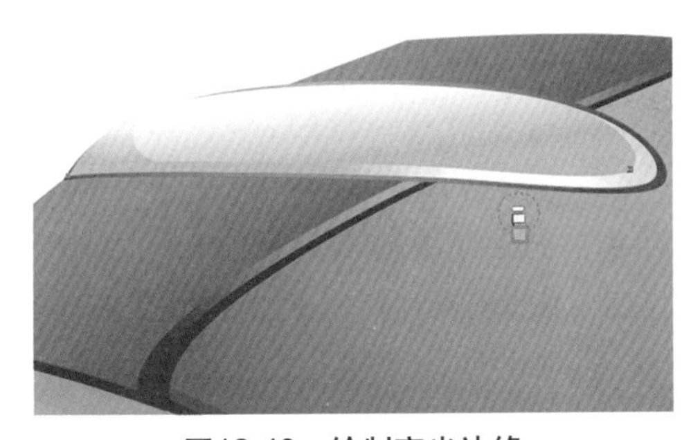

图12-49　绘制高光边缘

图12-50　绘制高光边缘

18 继续绘制滚珠图形，颜色填充为从灰色(R191，G192，B192)到灰色(R191，G192，B192)13%到(R107，G106，B106)56%到(R107，G106，B106)的线性渐变，设置角度值为161，如图12-51所示。

19 绘制滚珠边缘暗部，复制渐变色，按G键，调整色块比例，如图12-52所示。

20 选中最底层图形，按Shift+F11组合键，弹出“均匀填充”对话框，设置颜色为灰色，选择“位图”→“转换为位图”命令，在弹出的“转换为位图”对话框中保持默认值，单击“确定”按钮，再选择“位图”→“模糊”→“高斯式模糊”命令，设置模糊“半径”为10像素，单击“确定”按钮，按Ctrl+PageDown组合键，往下调整一层，制作阴影效果，如图12-53所示。

电脑小百科

网站策划以客户需求为基础，以个性化创意为主线，用专业的逻辑、语言与流程，阐述网站价值、模式及其实现方式，从而有效地解决网站建设的方向问题。

21 按照上述操作，绘制高光和暗光效果，转换为位图后，进行适当的高斯式模糊，如图12-54所示。

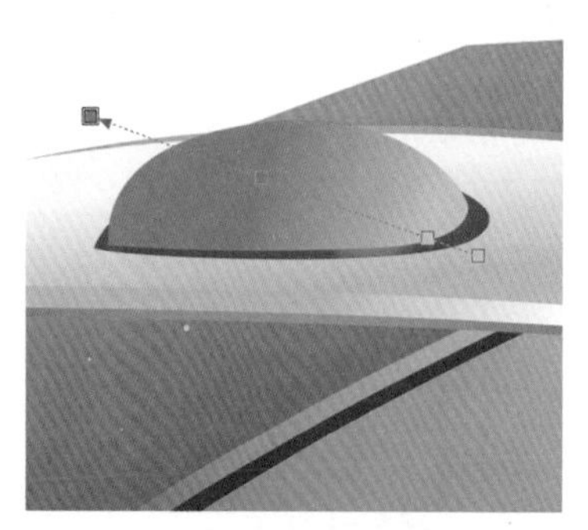
图12-51 绘制滚珠

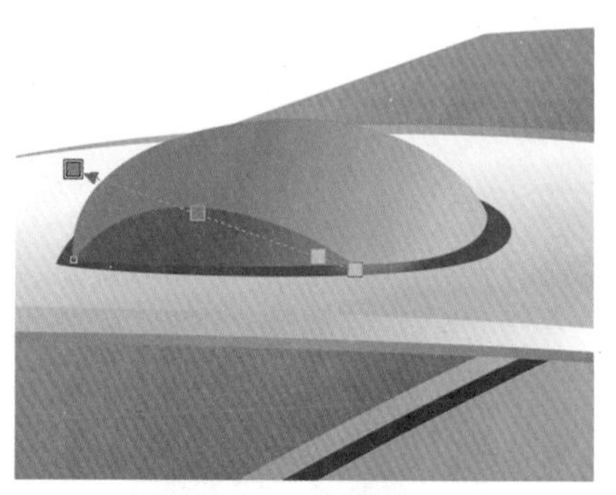
图12-52 绘制图形

图12-53 高斯式模糊效果

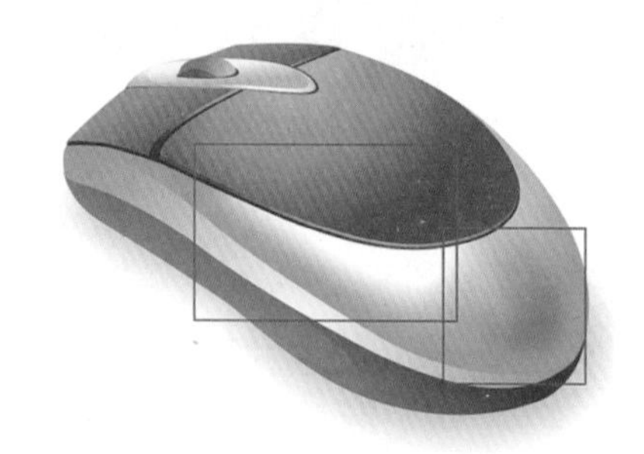
图12-54 绘制高光和暗光效果

22 选择工具箱中的“钢笔”工具，在鼠标尾部绘制一条曲线，按F12键，弹出“轮廓笔”对话框，设置“宽度”为0.5mm，选中圆角和圆形线条单选按钮，单击“确定”按钮。按Ctrl+Shift+Q组合键，将轮廓转换为对象，颜色填充为从灰色(R153，G153，B153)到(R153，G153，B153)12%到(R228，G228，B228)28%到(R68，G65，B64)56%到(R68，G65，B64)的线性渐变色，设置角度值为－102，边界值为17，单击“确定”按钮，效果如图12-55所示，得到最终效果如图12-56所示。

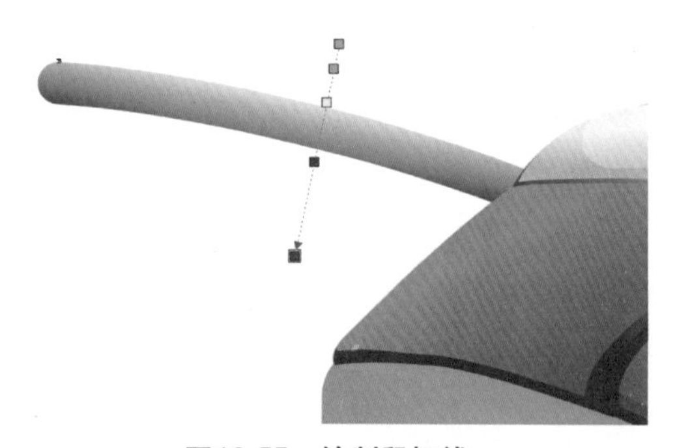
图12-55 绘制鼠标线

图12-56 最终效果

平面设计是一种视觉传达艺术，也是商业宣传的一种手段。

12.2.2　手表设计

本实例设计整体轮廓清晰明了，风格时尚，颜色明艳，线条清晰明快，体现出工业品的质感。主要运用了贝塞尔工具、底纹填充工具、矩形工具、椭圆形工具，渐变工具、形状工具等，并使用了“转换为位图”命令，手表设计的具体操作步骤如下。

1. 打开CorelDRAW X6，选择“文件”→“新建”命令，弹出“创建新文档”对话框，设置“宽度”为210mm，“高度”为297mm，单击“确定”按钮，新建一个空白文档，如图12-57所示。
2. 选择工具箱中的“椭圆形”工具，按Ctrl键，绘制一个正圆，按Shift键同比例缩小正圆至合适的位置时单击右键，复制一个正圆，选择工具箱中的“选择”工具，框选两个正圆，单击属性栏中的“修剪”按钮，删除多余的正圆，在调色板“黑”色块上单击鼠标左键，为修剪后的圆环填充黑色，右键单击调色板上的无填充按钮☒，去除轮廓线，如图12-58所示。
3. 选择工具箱中的“钢笔”工具，绘制两个不同形状的图形，填充黑色，选择工具箱中的“选择”工具，框选两个图形与修剪后的圆环，单击属性栏上的“合并”按钮，合并所绘制的图形，如图12-59所示。

图12-57　新建文档　　图12-58　修剪图形　　图12-59　合并图形

4. 选择工具箱中的“选择”工具，选中合并后的图形，按小键盘+键，原位复制两次，按F11键，弹出“渐变填充”对话框，颜色填充从(C0，M0，Y0，K50)到白色的辐射渐变，设置水平值为－19，垂直值为37，边界值为5，单击“确定”按钮，按向上方向键，微调位置，如图12-60所示。
5. 选择工具箱中的“选择”工具，选中另一个复制的图形，设置属性栏中的“轮廓宽度”为1mm，左键单击调色板上的无填充按钮☒，无颜色填充，按Ctrl+Shift+Q组合键，将轮廓转换为对象。按F11键，弹出“渐变填充”对话框，设置参数如图12-61所示。

几何学上的线是没有粗细的，只有长度与方向。在造型领域中，线是绘画的一种造型手段，是面与面的交会，是物体抽象化的表现的有力手段。线是点移动的轨迹，可以确定形态的范围和明暗界限。线有粗细、长短、曲直，或急、或缓、或挺、或迂回。

⑥ 参数设置完成后，单击“确定”按钮，选择工具箱中的“选择”工具，框选三个图形，按Ctrl+G组合键，群组图形，如图12-62所示。

图12-60 渐变填充效果

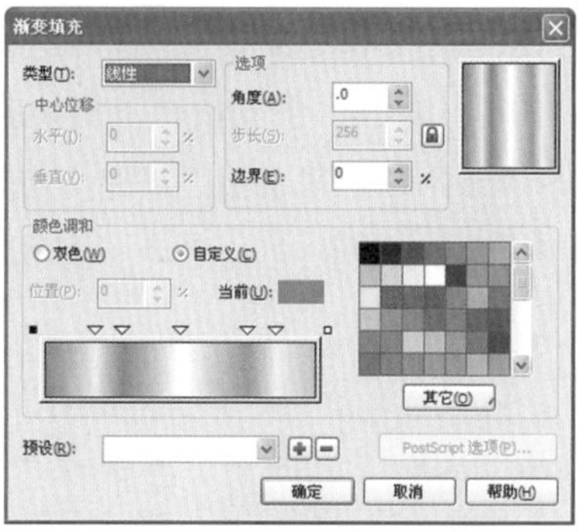

图12-61 “渐变填充”对话框

图12-62 渐变填充效果

⑦ 按照上述的方法，绘制圆环图形，效果如图12-63所示。

⑧ 选择工具箱中的“选择”工具，框选绘制好的圆环图形，按Ctrl+G组合键群组圆环图形，按Shift+PageDown组合键，调整到图层后面，如图12-64所示。

⑨ 选择工具箱中的“椭圆形”工具，按Ctrl键绘制一个正圆，选择工具箱中的“填充”工具，在隐藏的工具组中选择“底纹填充”工具，弹出“底纹填充”对话框，设置参数如图12-65所示。

图12-63 绘制图形

图12-64 调整顺序

图12-65 “底纹填充”对话框

⑩ 单击“确定”按钮，按Shift+PageDown组合键，调整到图层后面，如图12-66所示。

⑪ 选择工具箱中的“贝塞尔”工具，绘制图形，选择工具箱中的“填充”工具，在隐藏的工具组中选择“底纹填充”工具，弹出“底纹填充”对话框，设置参数如图12-67所示。

⑫ 单击“确定”按钮，在图形上单击鼠标右键，弹出快捷菜单，选择“顺序”列表中的“置于此对象后”，当光标变为➡时，在群组的图形上单击左键，放置群组图形后，如图12-68所示。

面是线移动的轨迹，面具有长、宽两度空间。

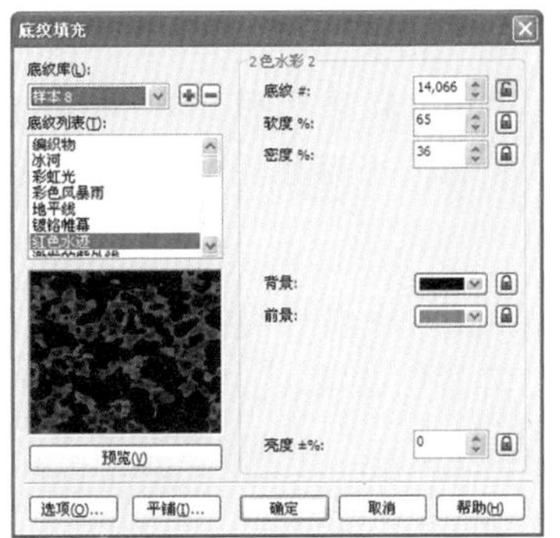

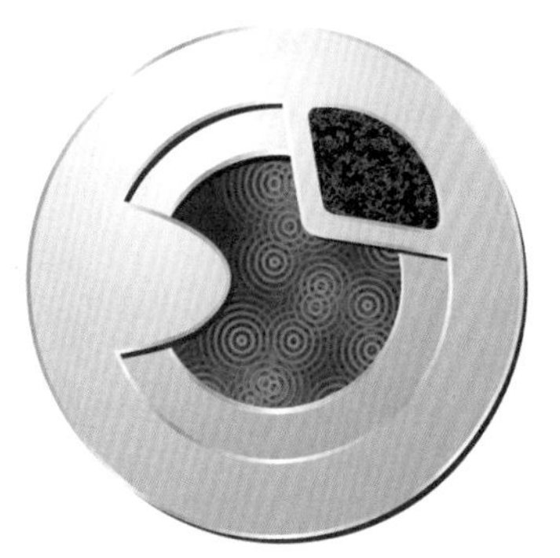

图12-66　底纹填充　　图12-67　“底纹填充”对话框　　图12-68　底纹填充

13 选择“文件”→“导入”命令，选择本书配套光盘中的“第12章\12.2\12.2.2\素材1.cdr”文件，单击“导入”按钮，选择工具箱中的“选择”工具，调整好素材的位置，如图12-69所示。

14 选择工具箱中的“椭圆形”工具，按Ctrl键，绘制一个正圆，按F11键，弹出“渐变填充”对话框，设置颜色为从(C0，M0，Y0，K50)到白色的辐射渐变，设水平值为－40，垂直值为12，边界值为5，单击“确定”按钮，按Shift键同比例缩小正圆至合适的位置时单击鼠标右键，复制正圆。按F11键，弹出“渐变填充”对话框，更改水平值为－13，垂直值为39，边界值为5，单击“确定”按钮，效果如图12-70所示。

15 选择工具箱中的“折线”工具，绘制图形，按F11键，弹出“渐变填充”对话框，设置颜色从(C0，M0，Y0，K50)到白色的辐射渐变，设置水平值为－19，垂直值为37，边界值为5，单击“确定”按钮。

16 右键单击调色板上50%的黑，按小键盘上的+键，原位复制两次，左键单击调色板上80%的黑，选择工具箱中的“透明度”工具，在图形上拖动鼠标拉出透明效果，调整出图形的透明效果，如图12-71所示。

图12-69　导入素材　　图12-70　绘制圆整　　图12-71　透明度调整

17 选择工具箱中的“选择”工具，选中另一个复制的图形，按Shift键同比例缩小，按Shift+F11组合键，弹出“均匀填充”对话框，设置颜色值为(C40，M0，Y100，K0)，单击“确定”按钮，选择工具箱中的“矩形”工具，绘制多个矩形，分别填充黑色

电脑小百科

色彩的生理反应：红色给人一种喜庆、火热的感觉，火的原色为红色，给人以温暖；蓝色给人清新、舒爽的感觉，冬天的天空为蓝色，给人以寒冷；白色给人以纯洁的感觉，雪的原色为白色，也给人以寒冷;绿色象征生命，给人以舒畅的感觉。

和红色，如图12-72所示。

18 选择工具箱中的“选择”工具，框选图形，按Ctrl+G组合键，群组图形，设置属性栏中的“旋转角度”为315°，复制一个群组图形，设“旋转角度”为45°，调整好位置，如图12-73所示。

19 选择工具箱中的“选择”工具，框选图形，按Ctrl+G组合键，群组图形，放置合适的位置上，选择工具箱中的“阴影”工具，在图形上拉出一条阴影线，设置属性栏中的“羽化”值为10，其他的保持默认，如图12-74所示。

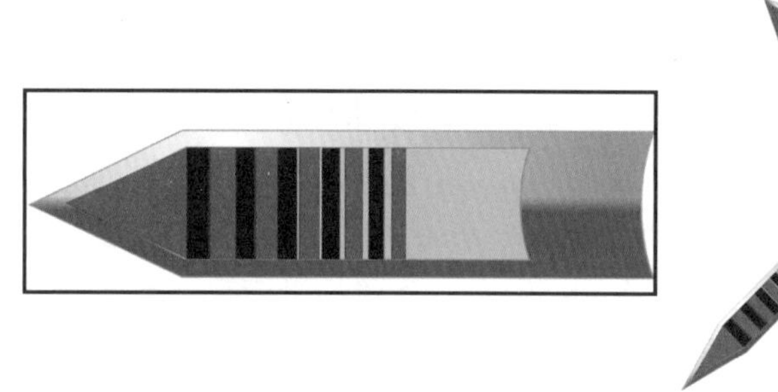

图12-72 绘制矩形

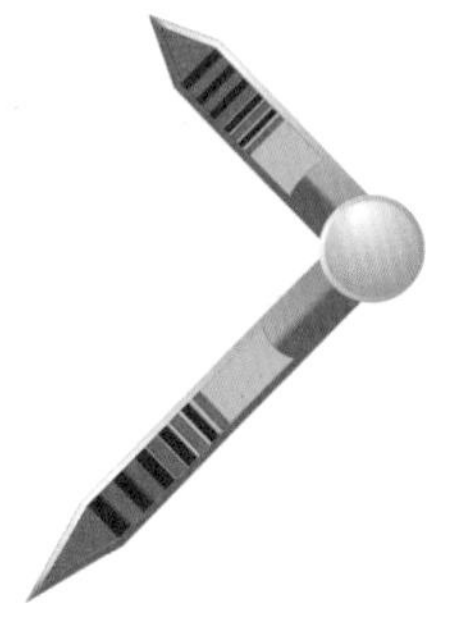

图12-73 绘制矩形

图12-74 绘制矩形

20 复制图形，按Ctrl+U组合键，取消群组，删除多余的部分，放置合适的位置上，通过使用前面的方法，绘制图形的阴影，效果如图12-75所示。

21 选择工具箱中的“矩形”工具，绘制矩形，左键单击调色板上10%的黑，右键单击调色板上90%的黑，再次单击矩形，使矩形处旋转状态，将中心点移至下方，效果如图12-76所示。

22 保持矩形的选择状态，按小键盘上的+键，原位复制矩形，设置属性栏中“旋转角度”为348°，按Ctrl+D组合键，再绘制矩形，如图12-77所示。

图12-75 绘制图形

图12-76 绘制矩形

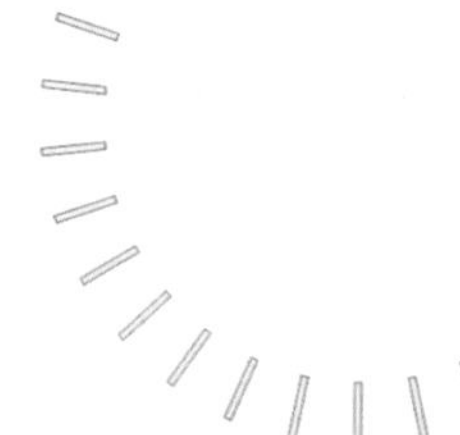

图12-77 再绘制矩形

23 选择工具箱中的“选择”工具，框选所有的矩形图形，按Ctrl+G组合键，群组图形，

电脑小百科

商业设计是为了促销商品或推广服务所做的视觉媒体设计，如报纸商业广告、商品销售现场广告、广告函件、商品包装、产品目录等皆属于商业推广设计。

放置合适的位置，选择工具箱中的“3点矩形”工具，绘制两个不同角度的矩形，选择工具箱中的“钢笔”工具，在两个矩形的下方绘制一条曲线，选择工具箱中的“调和”工具，在其中的一个矩形上单击一下，拖至另一矩形上，设置属性栏中的“调和对象”为15。

24 选中调和的图形，单击属性栏中的路径属性中的新路径，当光标变为时，在曲线上单击左键，单击属性栏中的更多调和选项中的沿全路径调和，按Ctrl+K组合键，拆分调和效果，选中曲线，按Delete键，删除曲线，将调和矩形放置合适的位置，如图12-78所示。

25 选择工具箱中的“椭圆形”工具，按Ctrl键，绘制一个正圆，按F11键，弹出“渐变填充”对话框，设置颜色从黑色到(C60，M40，Y0，K40)40%到(C0，M0，Y0，K22)60%到白色的圆锥渐变，设置水平值为146.3，单击“确定”按钮，复制多个放置到合适的位置上，如图12-79所示。

26 选择工具箱中的“3点曲线”工具，绘制一条曲线，选择工具箱中“文本”工具，将光标移至曲线上，光标发生变化时，单击鼠标左键，输入文字，完成后，按Ctrl+K组合键拆分在一路径上的文本，删除曲线，左键单击调色板上80%的黑，调整好位置，继续编辑文字，填充白色，如图12-80所示。

图12-78 调和图形

图12-79 渐变填充

图12-80 编辑文字

27 选择工具箱中的“折线”工具，绘制图形，填充黑色，按Shift键同比例缩小至合适的位置单击右键，填充灰色，选择工具箱中的“调和”工具，在其中的一个图形上单击一下，拖至另一图形上，设置属性栏中的“调和对象”为20，放置合适的位置上，如图12-81所示。

28 选择工具箱中的“折线”工具，绘制图形，填充白色，选择“位图”→“转换为位图”命令，将图形转换为位图，再选择“位图”→“模糊”→“高斯式模糊”命令，弹出“高斯式模糊”对话框，设置默认值，单击“确定”按钮，按Ctrl键向右拖动至合适的位置单击右键，复制一个，单击属性栏中的“水平镜像”按钮，效果如图12-82所示。

电脑小百科

在卸载软件时，不要删除共享文件，因为某些共享文件可能被系统或者其他程序使用，一旦删除这些文件，会使应用软件无法启动而死机，或者出现系统运行死机。

29 选择工具箱中的“矩形”工具，绘制矩形，按F11键，弹出“渐变填充”对话框，设置参数如图12-83所示。

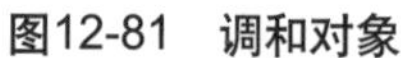
图12-81 调和对象

图12-82 绘制图形

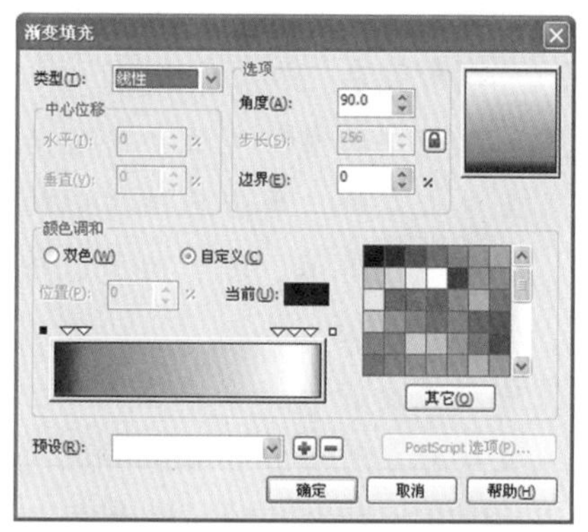

图12-83 “渐变填充”对话框

30 参数设置完成后，单击“确定”按钮，效果如图12-84所示。

31 通过使用相同的方法，绘制其他的图形，得到最终的效果如图12-85所示。

图12-84 渐变填充效果

图12-85 最终效果

在绘制的过程中，有使用到圆角矩形，此时可以使用形状工具来制作。

12.3 卡片设计

卡片设计是平面设计的一种具体形式，其类型包括名片、贺卡、VIP卡、邀请函等，绘制时要根据具体的用途设计版式与色彩。卡片设计的形式是由其本身的功能、设计理念、所要传达的信息、应用媒体以及目标受众来决定的。设计卡片，倡导在其基本原则之上，进行创新，如此既可以体现其功能性，又具有良好的设计感。

电脑小百科

根据设计的用途，可以将设计分为三个领域：视觉传达设计、产品设计、空间设计。

书盘互动指导

示例	在光盘中的位置	书盘互动情况
	12.3　卡片设计 12.3.1　婴儿用品卡片设计 12.3.2　VIP	本节主要学习如何制作卡片设计，在光盘12.3节中有相关内容的操作视频，还特别针对本节内容设置了具体的实例分析。 大家可以在阅读本节内容后再学习光盘，以达到巩固和提升的效果。

12.3.1 婴儿用品卡片设计——乐宝儿

本卡片的设计，以卡通的人物图形作为素材，既可爱又温馨，卡片的版式很饱满，使得整个画面很大方，主旨更为突出。主要运用了网状工具、椭圆形工具、钢笔工具、透明度工具、图样填充工具、文本工具等，并使用了“图框精确裁剪”命令，婴儿用品卡片设计的具体操作步骤如下。

1. 打开CorelDRAW X6，选择“文件”→“新建”命令，弹出“创建新文档”对话框，设置“宽度”为300mm，“高度”为260mm，单击“确定”按钮，新建一个空白文档。
2. 双击工具箱中的“矩形”工具，自动生成一个与页面大小一样的矩形，按F11键，弹出“渐变填充”对话框，颜色填充为从(C100，M100，Y100，K100)到(C0，M0，Y0，K90)51%到(C0，M0，Y0，K70)68%到白色的线性渐变，设置角度值为−90，边界值为0，单击“确定”按钮，如图12-86所示。
3. 选择工具箱中的“椭圆形”工具，按Ctrl键绘制多个正圆，如图12-87所示。

图12-86　新建文档

图12-87　绘制多个正圆

4. 选择工具箱中的“选择”工具，单个选中正圆，在调色板上找到相应的颜色并进行填充，如图12-88所示。
5. 右键单击调色板上的无填充按钮，去除轮廓线，按小键盘上的+键，原位复制圆，移至合适的位置，单击属性栏中的“合并”按钮，左键单击调色板上的白色块，为合并的图形填充白色，如图12-89所示。

图12-88 填充颜色

图12-89 填充颜色

6 选择工具箱中的“选择”工具，框选彩色正圆，按Ctrl+G组合键，群组正圆图形，选择工具箱中的“椭圆形”工具，绘制椭圆，选择工具箱中的“选择”工具，选中绘制好的椭圆，按Shift键选择群组的彩色正圆，单击属性栏上的“相交”按钮，删除椭圆，选中相交的图形，按Shift+F11组合键，弹出“均匀填充”对话框，设置颜色值为(C22，M0，Y7，K0)，单击“确定”按钮，如图12-90所示。

7 选择工具箱中的“椭圆形”工具，绘制椭圆，按Shift+F11组合键，弹出“均匀填充”对话框，设置颜色值(C91，M53，Y47，K2)，单击“确定”按钮，如图12-91所示。

8 选择工具箱中的“钢笔”工具，绘制图形，左键单击调色板上的黄色块，为图形填充黄色并去除轮廓线，如图12-92所示。

图12-90 相交图形

图12-91 绘制椭圆

图12-92 绘制图形

9 选择工具箱中的“椭圆形”工具，绘制椭圆，按F11键，弹出“渐变填充”对话框，设置颜色值为从(C100，M100，Y0，K0)到白色的辐射渐变，单击“确定”按钮，如图12-93所示。

10 选择工具箱中的“椭圆形”工具，绘制椭圆，按F11键，弹出“渐变填充”对话框，设置颜色值为从(C100，M82，Y0，K0)到白色的辐射渐变，单击“确定”按钮，如图12-94所示。

电脑小百科

显示器具有调整亮度与对比度、上下左右偏差及倾斜等功能。在调整亮度与对比度时，不要将其调得过低，否则容易造成眼睛疲劳。

11 选择工具箱中的“钢笔”工具，绘制图形，选择工具箱中的“网状填充”工具或按M快捷键，网状填充颜色，效果如图12-95所示。

图12-93　绘制椭圆

图12-94　绘制椭圆

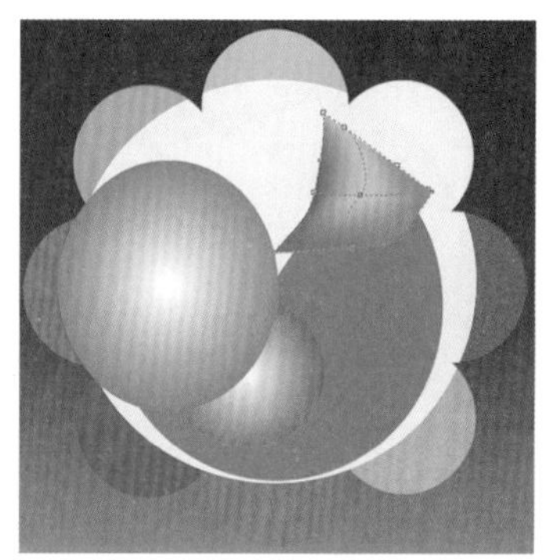

图12-95　网状填充

12 选择工具箱中的“钢笔”工具，绘制图形，选择工具箱中的“填充”工具，在隐藏的工具组选择“图样填充”工具 图样，弹出“图样填充”对话框，设置参数，如图12-96所示，单击“确定”按钮，效果如图12-97所示。

13 选择工具箱中的“钢笔”工具，绘制图形，选择工具箱中的“网状填充”工具或按M快捷键，网状填充颜色，按Ctrl+PageDown组合键，调整向后一层，如图12-98所示。

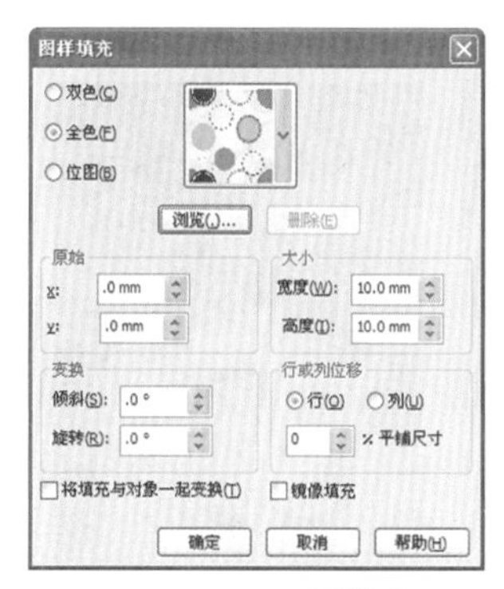

图12-96　图样填充

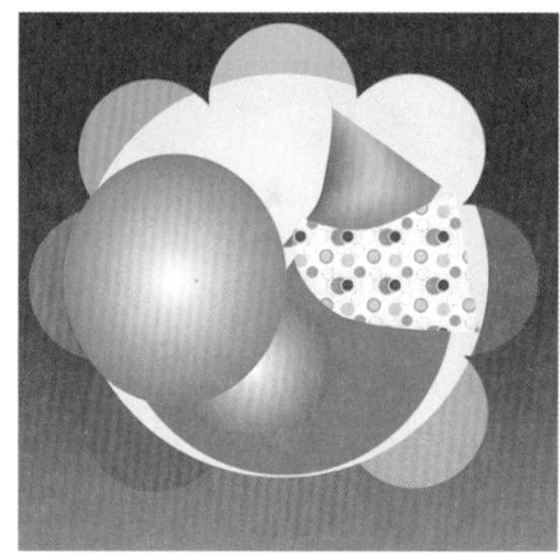

图12-97　图样填充效果

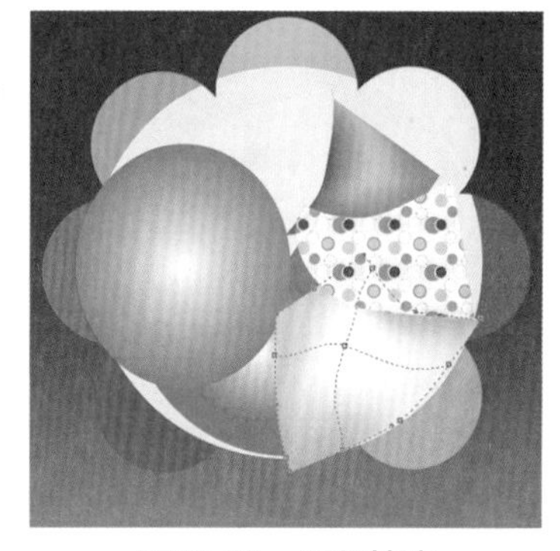

图12-98　网状填充

14 选择工具箱中的“选择”工具，同时选中多个图形，选择“效果”→“图框精确裁剪”→“置于图文框内部”命令，当光标发生变为➡时，在椭圆上单击左键，裁剪至椭圆中，效果如图12-99所示。

15 选择工具箱中的“椭圆形”工具，按Ctrl键，绘制正圆，按F11键，弹出“渐变填充”对话框，设置颜色值为从(C100，M，Y0，K0)到白色的辐射渐变，单击“确定”按钮，如图12-100所示。

16 选择“文本”→“插入符号字符”命令，弹出“插入字符”泊坞窗，设置字体为“Webdings”，找到云朵图案，单击“插入”按钮，左键单击调色板上的白色块，为云朵填充白色，选中云朵图案，按上方中间的中心点向下翻滚，单击右键复制，复制多个，放置不同的位置上，如图12-101所示。

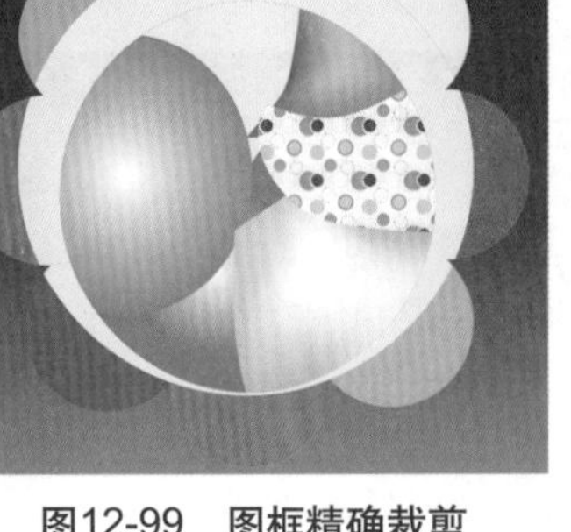

图12-99　图框精确裁剪

图12-100　绘制正圆

图12-101　插入字符

17 选择“文件”→“导入”命令，选择本书配套光盘中“目标文件\第12章\12.3\12.3.1\人物素材.cdr”，单击“导入”按钮，选择工具箱中的“选择”工具，将其拖入合适的位置并调整素材的角度，如图12-102所示。

18 选择工具箱中的“椭圆形”工具，按Ctrl键，在彩色图形上绘制一个正圆，选择工具箱中的“选择”工具，选中正圆与彩色图形，单击属性栏中的“修剪”按钮，删除多余的圆，如图12-103所示。

19 选择工具箱中的“钢笔”工具，绘制一条曲线，设置属性栏中的“轮廓宽度”为1.5mm，右键单击调色板上的青色块，为曲线填充青色的轮廓色，如图12-104所示。

图12-102　导入人物素材

图12-103　修剪图形

图12-104　绘制曲线

20 使用相同的方法，在卡片的另一面绘制正圆并进行修剪，如图12-105所示。

21 选择工具箱中的“椭圆形”工具，绘制多个椭圆，右键单击调色板上的绿色，选择工具箱中的“文本”工具，设置属性栏中的字体为Stencil Std，左键单击调色板上的绿色，选择工具箱中的“封套”工具，调整文字的整体形状，如图12-106所示。

22 继续使用文本工具，编辑其他的文字，如图12-107所示。

23 选择工具箱中的“选择”工具，框选卡片的正面图，按小键盘+键，原位复制，单击属性栏中的“垂直镜像”按钮，移动位置，选择工具箱中的“透明度”工具，调整图形的透明度，如图12-108所示。

24 按照前面操作方法，绘制另一面的透明度，得到最终效果如图12-109所示。

电脑小百科

硬盘分区的重要原则就是按需要合理分配空间，方便使用和管理。

图12-105　绘制曲线

图12-106　绘制圆环并编辑文字

图12-107　编辑文字

图12-108　调整透明度

图12-109　最终效果

知识补充

在调色板上如果需要相近的颜色，可以单击颜色框不放，即可弹出相近的颜色，可供选择。

12.3.2 VIP——乐购女孩

VIP卡设计，颜色时尚亮丽，充满潮流气息，画面以卡通潮流人物为元素，体现了此服务群体的特性。主要运用了椭圆形工具、矩形工具、透明度工具、文本工具，并使用了“精确裁剪内部”命令，VIP的具体操作步骤如下。

1. 打开CorelDRAW X6，选择“文件”→“新建”命令，弹出“创建新文档”对话框，设置“宽度”为91mm，“长度”为55mm，单击“确定”按钮，新建一个空白文档，双击工具箱中的“矩形”工具，自动生成一个矩形，按F11键，弹出“渐变填充”对话框，设置参数如图12-110所示。
2. 单击“确定”按钮，设置属性栏中的“圆角半径”为3.0mm，效果如图12-111所示。
3. 选择工具箱中的“椭圆形”工具，按住Ctrl键，绘制一个正圆，左键单击调色板上灰色色块，为椭圆填充灰色，右键单击调色板上的无填充按钮，去除轮廓线，效果如图12-112所示。

电脑小百科

视觉传达设计是以传达资讯或消息为目标的视觉媒体设计。一般多采用平面形态，所以俗称为“平面设计”。

❹ 按小键盘+键，复制一层，填充白色，按住Shift键，等比例缩小图形，选择工具箱中的“透明度”工具，设置属性栏中的透明类型为“标准”，开始透明度为50%，按Enter键，确认参数设置，效果如图12-113所示。

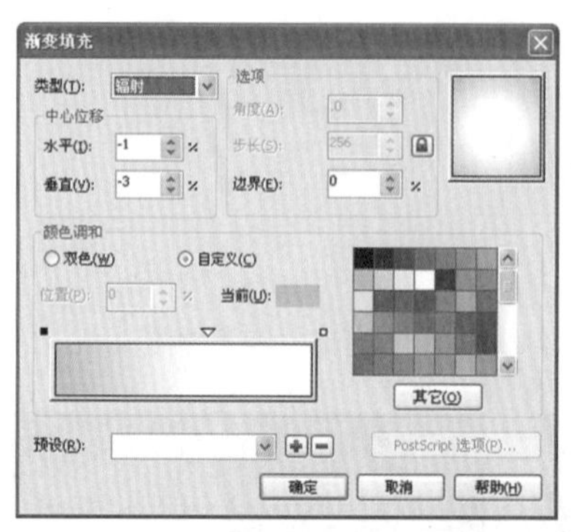

图12-110 “渐变填充”对话框

图12-111 渐变填充效果

图12-112 透明度效果

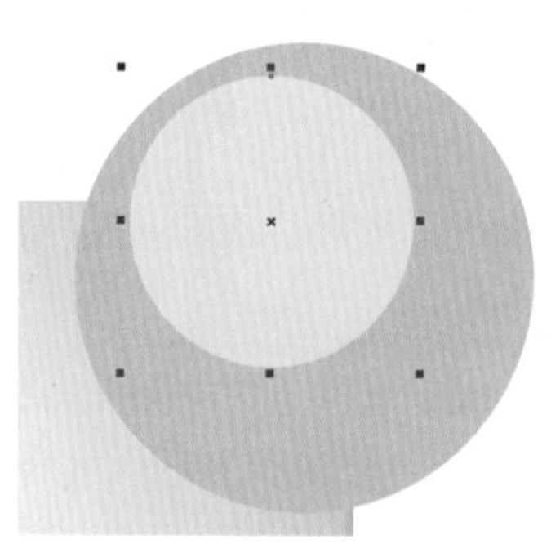

图12-113 透明度效果

❺ 再次复制多个正圆，调整好大小、位置和颜色(部分正圆添加适当透明度)，效果如图12-114所示。

❻ 选择工具箱中的“椭圆形”工具，按住Ctrl键，绘制正圆，填充白色，去除轮廓线，设置属性栏中的“高度”和“宽度”都为42mm，按小键盘+键，复制一个，填充紫色(R150，B33，G86)，更改大小为40×39mm，如图12-115所示。

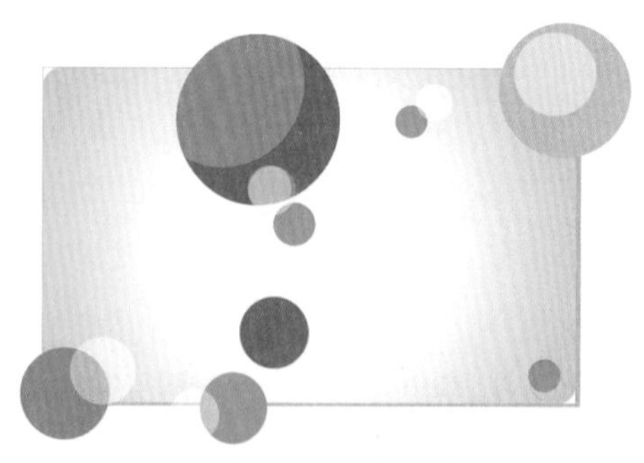

图12-114 复制图形

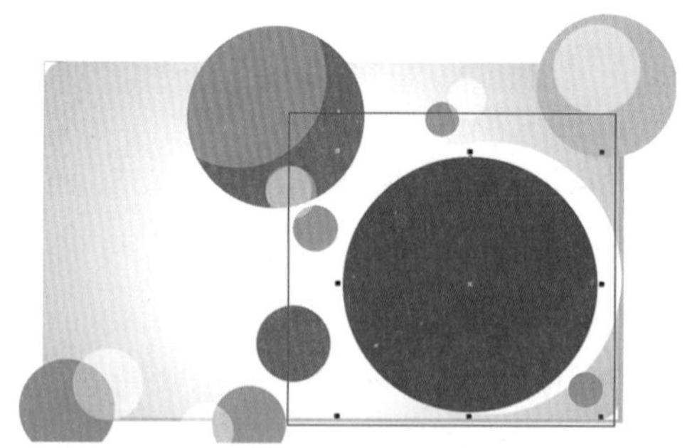

图12-115 绘制正圆

❼ 按小键盘+键，复制圆，更改大小为37×36mm，填充洋红色(R150，G33，B86)，再次

电脑小百科

传播设计是指以知识与观念的传播，或者以活动资讯的传送为目的的视觉媒体设计。

复制一个，填充白色，选择工具箱中的“透明度”工具，在白色椭圆上从下往上拖出线性透明度，如图12-116所示。

8 选择“文件”→“导入”命令，导入人物素材，调整大小和位置，如图12-117所示。

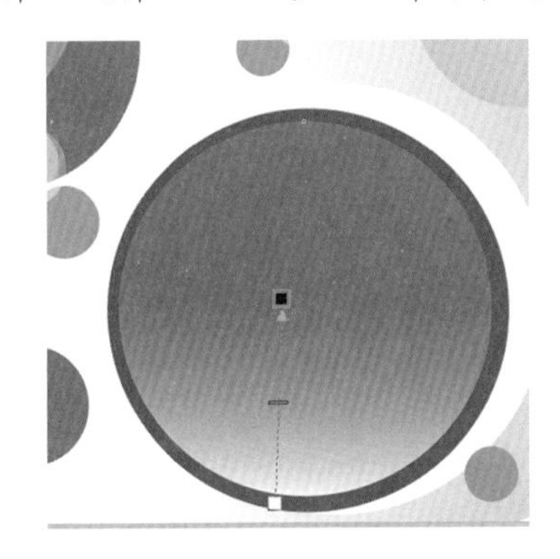

图12-116　复制图形

图12-117　导入人物素材

9 按Ctrl+A组合键，全选对象，按住Shift键，单击背景矩形，去除对矩形的选择，按Ctrl+G组合键，群组图形，选择“效果”→“图框精确裁剪”→“置于图文框内部”命令，出现粗黑箭头时单击矩形，裁剪至矩形内，如图12-118所示。

10 选择工具箱中的“文本”工具，输入文字，设置属性栏中的字体为“方正流行体简”，大小为24pt，填充青色，按F12键，弹出“轮廓笔”对话框，设置颜色为白色，“宽度”为1.0mm，单击“确定”按钮，按小键盘上的+键，复制一层，填充黑色，右键单击调色板上的黑色色块，更改轮廓色，按方向键，往右下角移动图形，效果如图12-119所示。

图12-118　精确裁剪

图12-119　输入文字

11 按照上述操作，再次输入其他文字，分别填充白色和黄色，并添加阴影效果，如图12-120所示。

12 再次绘制一个同样大小的圆角矩形，填充灰色(R196，G196，B194)，导入花纹素材，填充白色，选择工具箱中的“透明度”工具，设置属性栏中的透明类型为“标准”，开始透明度为50%，并精确裁剪到灰色圆角矩形内，效果如图12-121所示。

13 选择工具箱中的“矩形”工具，绘制其他矩形，分别填充白色和黑色，如图12-122所示。

14 选择工具箱中的“文本”工具，输入背面文字，填充黑色，选择工具箱中的“矩形”

商业设计是为了促销商品或推广服务所做的视觉媒体设计。

工具□，绘制一个矩形，框住绘制的图形，填充黑色，按Shift+PageDown组合键，调整到图层后面，得到最终效果如图12-123所示。

图12-120　输入文字

图12-121　导入花纹素材

图12-122　绘制矩形

图12-123　最终效果

12.4　文字设计

文字设计是一种书写创意的视觉表现形式，同时也是设计情感中最具有影响力的因素之一。它可以表达出不同的感情，体现艺术、政治及哲学运动，还可以表达个体或团体的特点。本章主要通过对文字的变形制作出不同风格的文字效果，通过对本节的学习，读者将会对文字设计有更加全面的理解和把握能力。

== 书盘互动指导 ==

⊙ 示例	⊙ 在光盘中的位置	⊙ 书盘互动情况
	12.4　文字设计 12.4.1　团购网站文字设计 12.4.2　趣味花样文字设计	本节主要学习如何制作文字设计，在光盘12.4节中有相关内容的操作视频，还特别针对本节内容设置了具体的实例分析。 大家可以在阅读本节内容后再学习光盘，以达到巩固和提升的效果。

电脑小百科

产品设计是以创造完美的生活器物为目标的设计行为或方法，并能满足人类精神与物质上的需求。凡与生活有关的各种器物，小到杯盘，大到家具等，均属于这个范围。根据制作条件的不同，产品设计可分为手工艺设计和工业工艺设计两大类型。

12.4.1 团购网站文字设计

本实例设计的是一网站的文字设计，通过文字的变形使得文字之间不再那么单调，加上背景光晕的效果，体现出文字的质感以及透明感。主要运用了透明度工具、3点曲线工具、矩形工具、文本工具、轮廓图工具、形状工具等，并使用了“导入”和“拆分轮廓图”命令，团购网站文字设计的具体操作步骤如下。

1. 打开CorelDRAW X6，选择“文件”→“新建”命令，弹出“创建新文档”对话框，设置“宽度”为297mm，“高度”为180mm，单击“确定”按钮，如图12-124所示。
2. 选择“文件”→“导入”命令，选择本书配套光盘中的“目标文件\第12章\12.4\12.4.1\背景素材.cdr”，单击“导入”按钮，导入素材，按P键使素材与页面居中，如图12-125所示。

图12-124　新建文档

图12-125　导入背景素材

3. 选择工具箱中的“文本”工具[字]，在绘图页面输入文字“麦客团购”，设置属性栏中的字体为“方正大黑简体”，如图12-126所示。
4. 保持文字的选择状态，按Ctrl+K组合键，打散文字，单独选中“麦”字，按Ctrl+Q组合键，将文字转换为曲线，选择工具箱中的“形状”工具，调整文字的形状，如图12-127所示。
5. 通过使用相同的方法来调整其他文字的形状，如图12-128所示。

图12-126　编辑文字

图12-127　调整文字的形状

图12-128　调整文字的形状

6. 选择工具箱中的“选择”工具，框选文字移至背景上，左键单击调色板上的白色块，为文字图填充白色，效果如图12-129所示。
7. 选择工具箱中的“选择”工具，选中“客”字，按Shift+F11组合键，弹出“均匀填充”对话框，设置颜色值为(R254，G209，B4)，单击“确定”按钮，按小键盘＋键，原位复制，颜色改为(R253，G44，B1)，选择工具箱中的“交互式透明度”工具，在文字上拖动鼠标拉出透明效果，调整文字的透明度，效果如图12-130所示。

电脑小百科

手工艺设计是指有计划的以手或简单手工具来制作使用产品的设计行为，所得产品为手工艺品。手工艺的特色，主要在于手工与材料造型上所表现的特殊美感，以自然材料所设计制作的手工艺品，格外富于美好的感性特质，值得品赏与玩味。

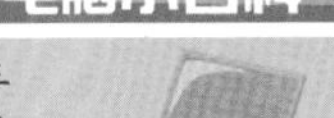

8 选择工具箱中的“文本”工具，输入文字，设置属性栏中的字体为“方正综艺简体”，左键单击调色板上的白色块，为文字填充白色，如图12-131所示。

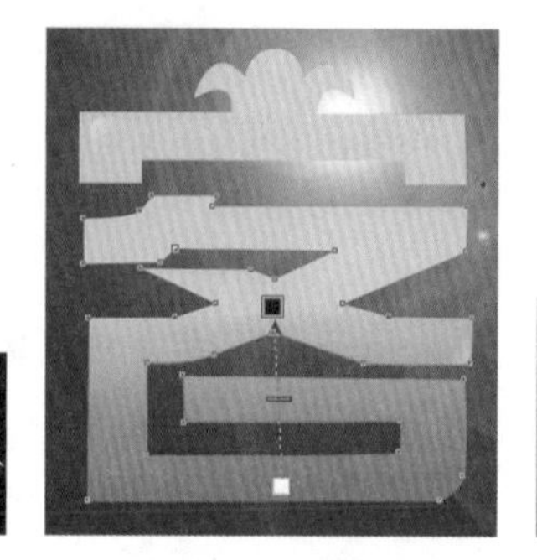

图12-129 填充颜色　图12-130 调整透明度　图12-131 输入文字

9 选中文字，按Ctrl+G组合键，将文字群组，选择工具箱中的“轮廓图”工具，在文字上拖动鼠标绘制轮廓图，设置属性栏中的填充色为(R134，G6，B7)，按Ctrl+K组合键，打散轮廓图，选择工具箱中的“形状”工具，调整轮廓图的形状，如图12-132所示。

图12-132 轮廓图效果

10 通过使用上述相同的方法，继续绘制轮廓图，设置属性栏中填充色为(C0，M100，Y100，K0)，效果如图12-133所示。

图12-133 轮廓图效果

11 选择工具箱中的“3点曲线”工具，绘制图形，并左键单击调色板上的白色色块，为图形填充白色，选择工具箱中的“透明度”工具，在图形上拖动鼠标绘制图形的透明效果，如图12-134所示。

12 通过使用相同的方法，绘制其他区域的透明效果，得到最终的效果如图12-135所示。

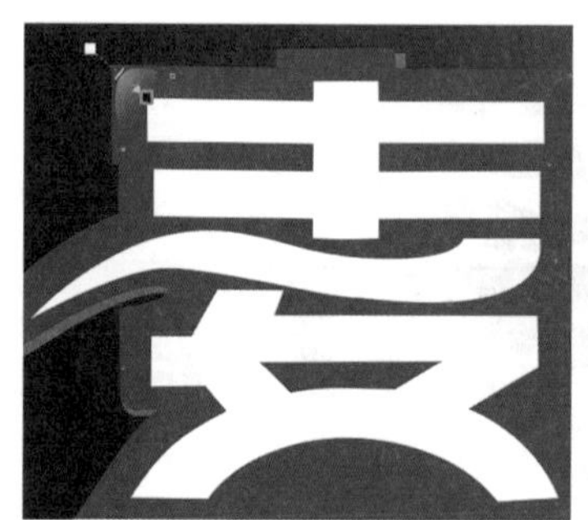

图12-134 调整透明效果

图12-135 最终效果

知识补充

交互式轮廓图工具处理的轮廓对象必须是独立的对象，不能是群组对象。

电脑小百科

工业设计是指规划机械量产品方式制造适用产品的工业设计行为，所得结果为工业工艺品或机械产品。

12.4.2 趣味花样文字设计

本实例设计的是一则趣味花样文字，整体画面的视觉效果很强烈，黄色、橘色、绿色搭配在一起很具时尚感。主要运用了文本工具、透明度工具、轮廓图工具、钢笔工具、阴影工具等，并执行了“转换为位图”、“高斯式模糊”等命令，趣味花样文字设计的具体操作步骤如下。

1. 打开CorelDRAW X6，选择“文件”→“新建”命令，弹出“创建新文档”对话框，设置“宽度”为297mm，“高度”为210mm，单击“确定”按钮，如图12-136所示。
2. 选择工具箱中的“文本”工具，设置属性栏中的字体为“方正胖头鱼简体”，输入文字，按F11键，弹出“渐变填充”对话框，设置颜色从黄色到(C0，M37，Y100，K0)45%到(C0，M54，Y100，K0)53%到(C0，M100，Y100，K0)的线性渐变填充，设置角度值为－90，单击“确定”按钮，如图12-137所示。

图12-136　新建文档

图12-137　编辑文字

3. 选择工具箱中的“选择”工具，选中文字，按Ctrl+K组合键，打散文字，选择工具箱中的“选择”工具，选中“鹿”字，按Ctrl+Q组合键，转换为曲线，选择工具箱中的“形状”工具，调整文字的形状，如图12-138所示。
4. 选择工具箱中的“选择”工具，选中“鹿”字中间的部分，选择工具箱中的“阴影”工具，在图形上拖动鼠标，添加阴影效果，如图12-139所示。
5. 选择工具箱中的“选择”工具，框选文字，按F12键弹出“轮廓笔”对话框，设置“轮廓宽度”为1.0mm，单击“确定”按钮，如图12-140所示。

图12-138　文字变形

图12-139　添加阴影

图12-140　轮廓笔填充

电脑小百科

在寻找程序执行文件时需要注意，不要随意删除、修改或移动程序内的其他文件，否则可能导致程序无法使用。

6 选择工具箱中的“螺纹”工具，设置属性栏中的“螺纹回圈”为1，单击“对称式螺纹”按钮，设置属性栏中的“轮廓宽度”为1mm，在多处位置上绘制，如图12-141所示。

7 选择工具箱中的“选择”工具，框选文字，按Ctrl+G组合键群组图形，选择工具箱中的“轮廓图”工具，设置属性栏中的“步长”为1，设置轮廓色为黑色，填充色为绿色，按Enter键，确定参数设置，按方向键将图形往左下角移动稍许，如图12-142所示。

8 选择工具箱中的“三点曲线”工具，在四处绘制图形，左键单击调色板上的黑色，右键单击调色板上的无填充按钮☒，去除轮廓线，如图12-143所示。

9 选择工具箱中的“椭圆形”工具，按Ctrl键，绘制多个大小不一的正圆，填充黑色，选中绘制好的正圆，单击属性栏中的“合并”按钮，如图12-144所示。

图12-141　绘制螺纹

图12-142　轮廓图效果

图12-143　绘制图形

图12-144　合并图形

10 选择工具箱中的“三点曲线”工具，绘制图形，左键单击调色板上的白色，选择“位图”→“转换为位图”命令，弹出“转换为位图”对话框，保持默认值，单击“确定”按钮，再选择“位图”→“模糊”→“高斯式模糊”命令，弹出“高斯式模糊”对话框，保持默认值，单击“确定”按钮即可，如图12-145所示。

11 按照上述制作高光效果的操作方法，在多处绘制高光，如图12-146所示。

12 通过对“鹿”字的编辑，完成其他两个字的编辑，得到如图12-147所示的效果。

图12-145　绘制高光

图12-146　高光效果

图12-147　绘制图形

13 选择“文件”→“导入”命令，选择本书配套光盘中的“目标文件\第12章\12.4\12.4.2\帽子素材.cdr”，单击“导入”按钮，导入素材，放置合适的位置，如图12-148所示。

14 按照上述操作，绘制其他的图形，得到最终的效果如图12-149所示。

电脑小百科

建筑设计指按建筑物的技能、结构与形式所做的整体设计。主要包括住宅、学校、机关、工厂、商店以及宗教建筑、纪念建筑等。

图12-148　导入帽子素材

图12-149　最终效果

知识补充

在调整文字形状的过程中，充分地运用属性栏中的各种节点工具，调整到想要的形状，在必要的时候需要运用其他的工具来辅助完成图形(如涂抹工具等)。

12.5　UI设计

UI，即User Interface(用户界面)的简称。UI设计则是指对软件的人机交互、操作逻辑、界面美观的整体设计。好的UI设计不仅是让软件变得有个性、有品位，还要让软件的操作变得舒适、简单、自由，充分体现软件的定位和特点。

== 书盘互动指导 ==

示例	在光盘中的位置	书盘互动情况
	12.5　UI设计 12.5.1　娱乐网站设计 12.5.2　游戏网站设计	本节主要学习如何制作UI设计，在光盘12.5节中有相关内容的操作视频，还特别针对本节内容设置了具体的实例分析。 大家可以在阅读本节内容后再学习光盘，以达到巩固和提升的效果。

12.5.1　娱乐网站——网页设计

本实例构图简洁、紧凑、有序，色彩明亮、多样，色调搭配得当，视觉冲击力大。主要运用了矩形工具、椭圆形工具、渐变工具、基本形状工具、文本工具、贝塞尔工具、透明度工具、立体化工具等，并运用了“群组”、“导入”、“旋转”和“添加透视”命令，娱乐网站设计的具体操作步骤如下。

电脑小百科

室内设计是指建筑物内部机能与形式的整体设计。现代建筑多采用工业设计方式，作可变机能的空间规划，而按个别需要所采取的室内设计显得格外重要，包括的范围和建筑设计相同，即室内住宅、学校教室、机关办公室、工厂厂房内部、商店内部设计。

1. 打开CorelDRAW X6，选择“文件”→“新建”命令，弹出“创建新文档”对话框，设置“高度”为297mm，“宽度”为210mm，单击“确定”按钮，选择工具箱中的“矩形”工具，自动生成一个与页面同等大小的矩形，设置属性栏中的“高度”为223mm，“宽度”为167mm，按Shift+F11组合键，弹出“均匀填充”对话框，设置颜色为“黑色”，单击“确定”按钮，效果如图12-150所示。
2. 选择工具箱中的“贝塞尔”工具，绘制彩带，按F11键，弹出“渐变填充”对话框，设置颜色从(C0，M73，Y100，K0)到(C0，M45，Y98，K0)的线性渐变，其他参数如图12-151所示。
3. 单击“确定”按钮，右键单击调色板上的无填充按钮，去除轮廓线，效果如图12-152所示。

图12-150　页面设置

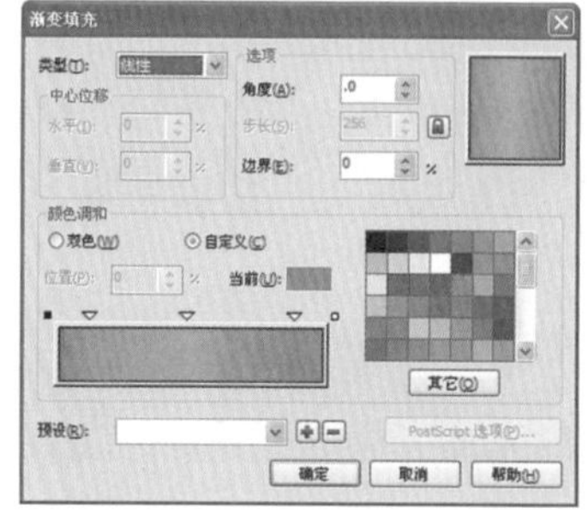

图12-151　“渐变填充”对话框

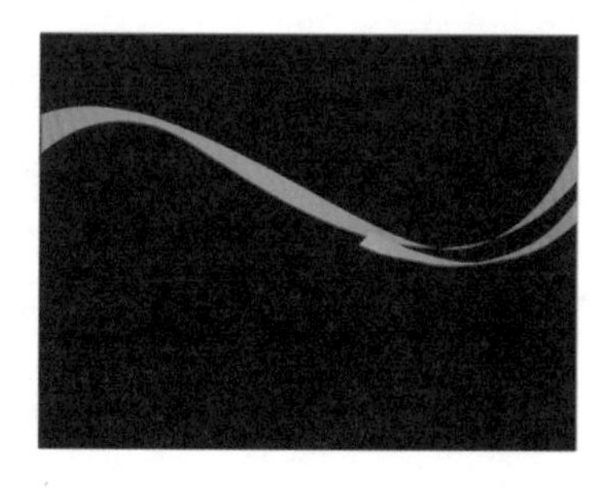

图12-152　渐变填充效果

4. 选择工具箱中的“椭圆形”工具，绘制多个椭圆，选择工具箱中的“选择”工具，选中所绘制的椭圆，单击属性栏中的“合并”按钮，按Shift+F11组合键，弹出“均匀填充”对话框，设置颜色值为(C54，M100，Y100，K44)，单击“确定”按钮，将图形放至页面的相应位置上，效果如图12-153所示。
5. 按照上述方法，绘制其他几个图形，效果如图12-154所示。
6. 选择工具箱中的“椭圆形”工具，按Ctrl键，绘制一个正圆，按Shift+F11组合键，弹出“均匀填充”对话框，设置颜色值为(C37，M0，Y95，K0)，单击“确定”按钮。
7. 继续绘制一个正圆，设置颜色值为(C54，M0，Y100，K0)，将两个圆叠加。
8. 选择工具箱中的“椭圆形”工具，绘制一个椭圆，选择工具箱中的“刻刀”工具，将椭圆平均裁切。
9. 单击半圆，按F10键，再按Ctrl+Q组合键，转换为曲线，进行转曲变形，按Shift+F11组合键，弹出“均匀填充”对话框，设置颜色值为(C54，M0，Y100，K0)，单击“确定”按钮。
10. 按小键盘上的+键，复制半圆，按Shift键等比例缩小半圆，选择工具箱中的“透明度”工具，对复制的半圆进行透明度调整，将复制的图形放在原图之上，效果如图12-155所示。
11. 选择工具箱中的“贝塞尔”工具，绘制两条曲线，设置属性栏中的“轮廓宽度”为0.5mm，按Shift+F11组合键，弹出“均匀填充”对话框，设置颜色值为(C56，M0，Y100，K0)，单击“确定”按钮，将曲线放到相应的位置。

电脑小百科

景观设计是指以绿地、花草、树木、水石等自然要素为主体的户外游玩空间规划，其间常根据需要而设置亭阁、牌坊、雕塑、座椅、游乐设施等。

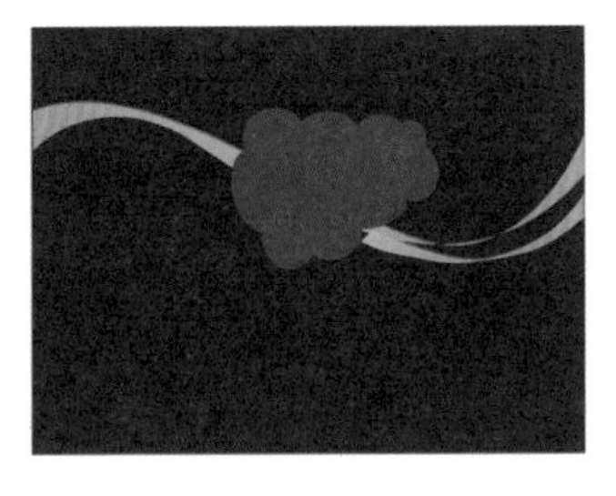

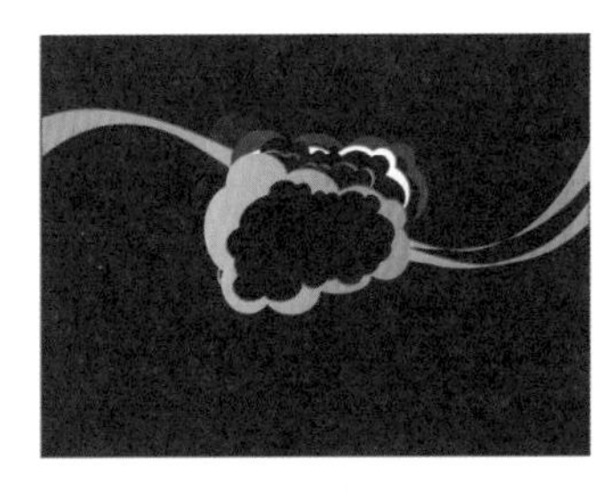

图12-153　椭圆合并填充效果　图12-154　椭圆合并填充排序　图12-155　椭圆的绘制效果

12 选择“3点椭圆形”工具，绘制两个椭圆，左键单击调色板上的白色，选择工具箱中的“贝塞尔”工具，绘制一个音乐符，填充白色，效果如图12-156所示。

13 选择工具箱中的“选择”工具，框选图形，按Ctrl+G组合键，群组图形，再按Ctrl+PageDown组合键，向后调整图形的顺序，效果如图12-157所示。

14 继续使用“椭圆形”工具，绘制两个正圆，将大的正圆填充为“白色”，选中小的正圆，按F11键，弹出“渐变填充”对话框，设置参数如图12-158所示。

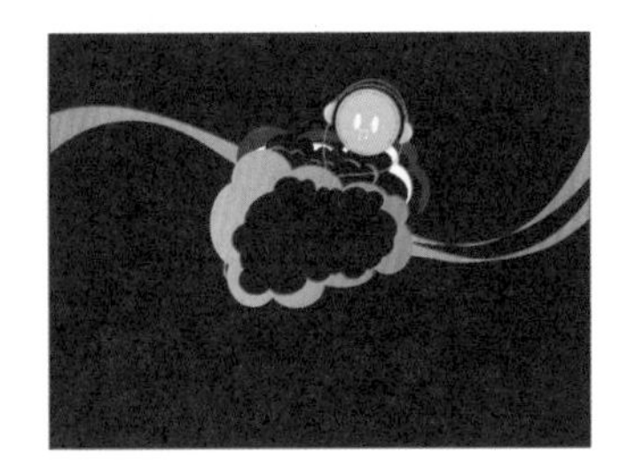

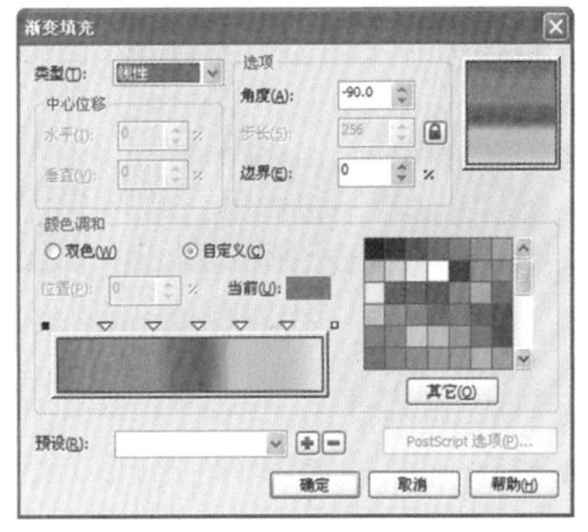

图12-156　群组图形　图12-157　向下调整顺序　图12-158　“渐变填充”对话框

15 单击“确定”按钮，选择“3点椭圆形”工具，绘制一个椭圆，按F11键，弹出“渐变填充”对话框，设置参数如图12-159所示。

16 单击“确定”按钮，按Alt+F8组合键，弹出“变换”泊坞窗，设置参数如图12-160所示。

17 单击“应用”按钮，按Ctrl+G组合键，群组旋转的图形，将旋转好的图形放至圆的上方，选择工具箱中的“选择”工具，框选图形，按Ctrl+G组合键，群组图形，将图形放至页面的相应位置，效果如图12-161所示。

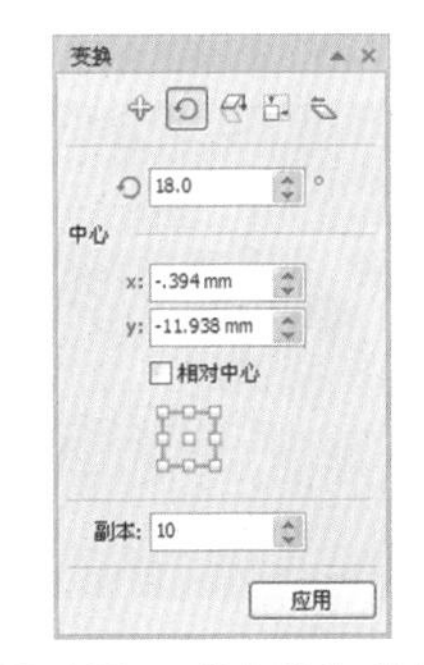

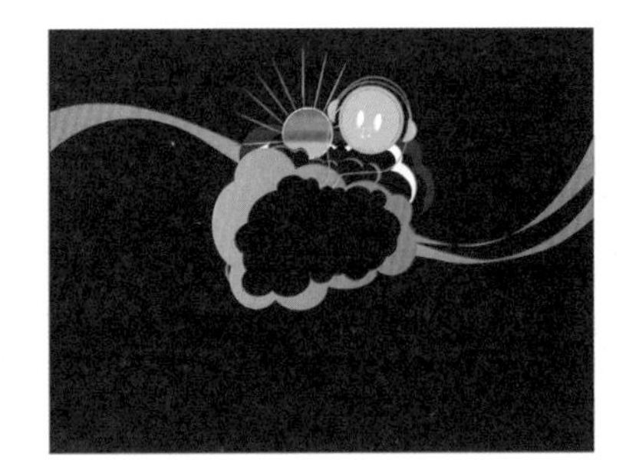

图12-159　“渐变填充”对话框　图12-160　“变换”泊坞窗　图12-161　页面效果

电脑小百科

任务管理器是一个功能非常强大的工具，它可以对电脑系统的进程、性能和用户进行管理，同时可以监视目前正在运行程序的情况。

18 选择“椭圆形”工具，绘制多个椭圆，选择工具箱中的“选择”工具，框选绘制的椭圆，按Shift+F11组合键，弹出“均匀填充”对话框，设置颜色值为(C1，M0，Y56，K0)，单击“确定”按钮。

19 选择“贝塞尔”工具，绘制曲线，设置颜色值为(C33，M100，Y100，K3)，放至相应位置，按Ctrl键向右拖动至合适的位置时单击鼠标右键，水平复制曲线，效果如图12-162所示。

20 选择“文本”工具，输入文字，设置属性栏中的字体为“方正粗倩简体”，字号为24pt，选择“效果”→“添加透视”命令，调整透视点，给文字添加透视效果，如图12-163所示。

21 保持文字的选择状态，选择工具箱中的“立体化”工具，给文字绘制立体效果，单击属性栏中的立体化颜色，在下拉列表中选择使用纯色，填充为红色，左键单击调色板上的红色，效果如图12-164所示。

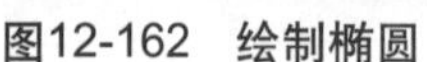
图12-162 绘制椭圆

图12-163 文字的添加透视

图12-164 立体化效果

22 选中立体文字，将其放至页面的相应位置，按Ctrl+PageDown组合键，向下排列到太阳的下面一层，效果如图12-165所示。

23 选择工具箱中的“椭圆形”工具，按Ctrl键绘制两个大小不一的正圆，两个圆叠加，单击属性栏中“修剪”按钮，删除前面的正圆，左键单击调色板上的红色。

24 按照上述方法继续绘制圆环，颜色分别填充为(C0，M30，Y96，K0)、(C0，M78，Y100，K0)、(C0，M34，Y83，K0)，将四个圆环放到页面的相应位置，效果如图12-166所示。

25 选择“椭圆形”工具，绘制一个正圆，颜色填充为“红色”，继续使用椭圆形工具在红色的正圆上绘制多个椭圆，框选椭圆，单击属性栏中“合并”按钮，将图形填充为“黑色”，选中所绘制的圆按Ctrl+G组合键，群组图形，将圆放到页面的相应位置，效果如图12-167所示。

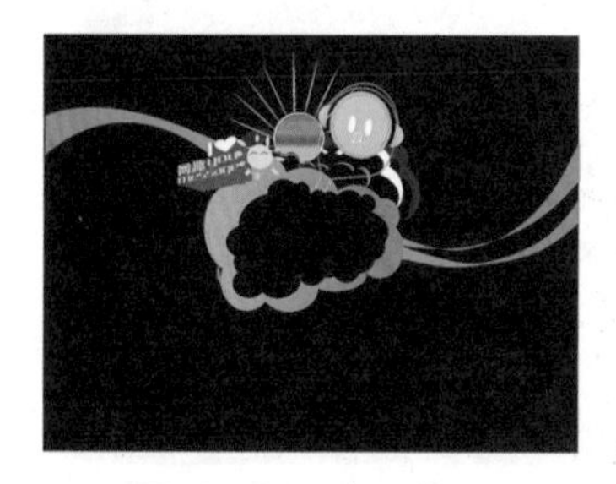
图12-165 向下放置

图12-166 修剪图形

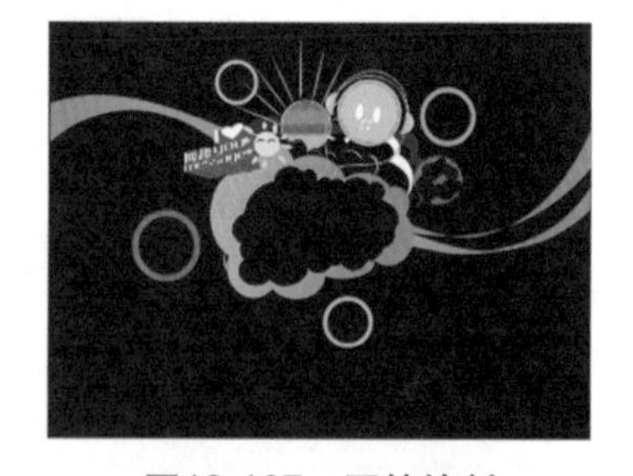
图12-167 圆的绘制

电脑小百科

电脑在上网浏览网页、安装软件及删除软件时，系统都会自动将一些记录信息放置到临时文件夹中。

26 选择“文本”工具，设置属性栏中的字体为“方正粗倩简体”，字号为11pt，输入文字，单击状态栏中的填充按钮，弹出“均匀填充”对话框，设置颜色为(C0，M0，Y100，K0)，单击“确定”按钮。

27 继续输入文字，设置合适的字体和字号，效果如图12-168所示。

28 选择工具箱中的“文本”工具，输入文字，设置字体为“方正粗倩繁体”，字号为18pt，再按F11键，弹出“渐变填充”对话框，设置参数如图12-169所示。

29 单击“确定”按钮，按小键盘上的+键，复制文本，选中文本，单击属性栏中的“垂直镜像”按钮，将文字移至下方，选择工具箱中的“透明度”工具，进行透明度调整，效果如图12-170所示。

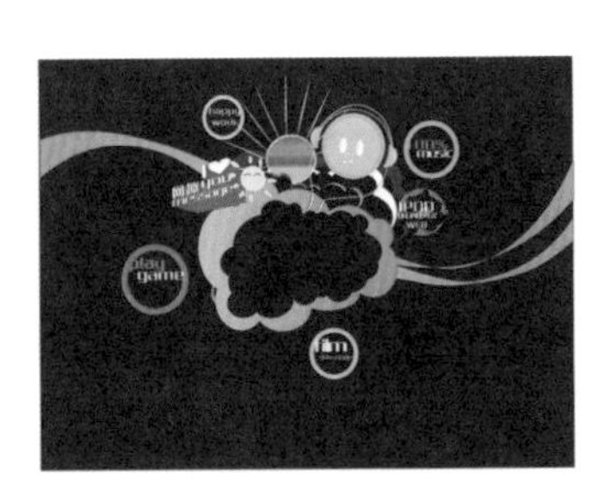

图12-168 文本编辑

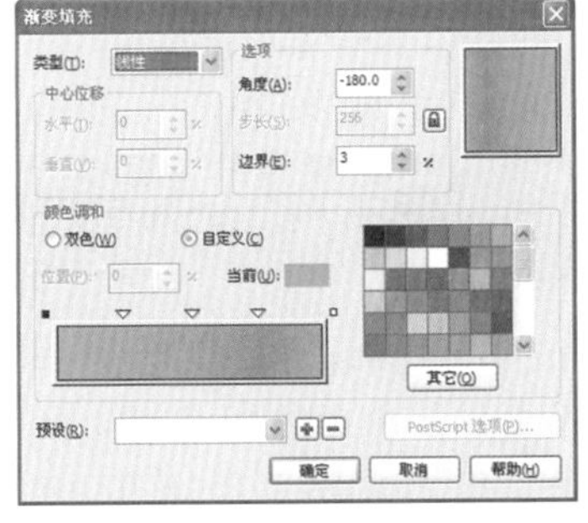

图12-169 “渐变填充”对话框

图12-170 透明度调整

30 选择“文本”工具，输入CNTCR，设置属性栏中的字体为“方正粗倩简体”，字号为14pt，颜色填充为(C0，M73，Y100，K0)，输入8，设置字体为“方正粗倩简体”，字号为54pt，颜色填充为(C0，M20，Y51，K0)，分别放至页面的相应位置，效果如图12-171所示。

31 选择工具箱中的“钢笔”工具，绘制图形，按Shift+F11组合键，弹出“均匀填充”对话框，设置颜色(C46，M100，Y100，K24)，单击“确定”按钮，按小键盘上的+键，复制图形，按Shift键等比缩放图形，将图形放到原图之上，左键单击调色板上的白色，选择工具箱中的“透明度”工具，调整复制图形的透明度，效果如图12-172所示。

32 选择工具箱中的“文本”工具，输入文字，设置属性栏中的字体为“方正粗倩简体”，字号为74pt，颜色填充为白色，选中文字，执行“效果”→“添加透视”命令，给文字添加透视效果，选择工具箱中的“阴影”工具，给文字添加阴影，效果如图12-173所示。

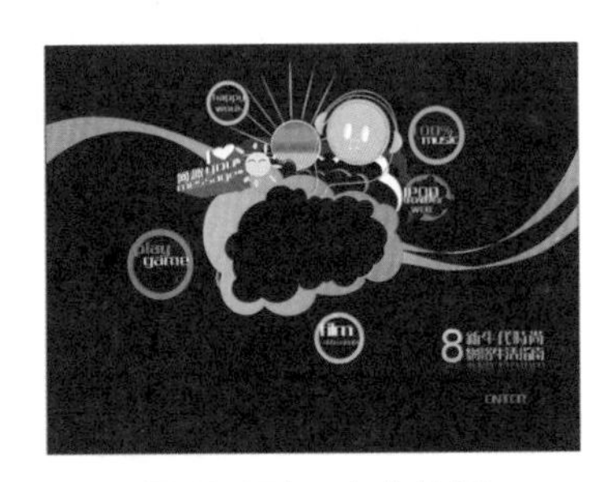

图12-171 文字编辑

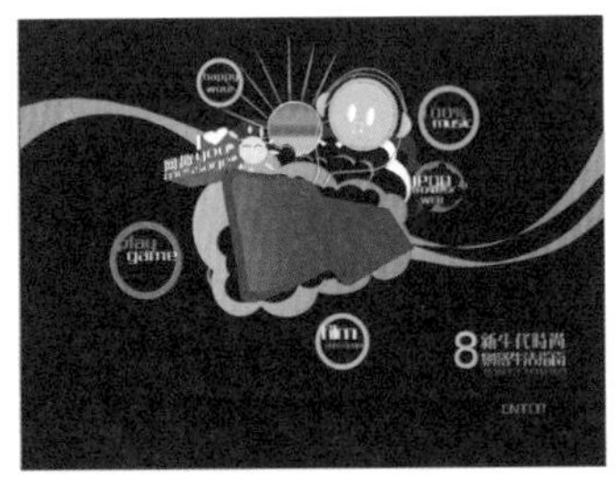

图12-172 图形绘制

图12-173 添加透视

电脑小百科

给文字加底纹可以起到突显文字的效果，使文字在整体上看上去更加明显。

33 选择工具箱中的“星形”工具，绘制三个大小不一的星形，颜色分别填充为(C4，M7，Y94，K0)、(C64，M73，Y65，K21)、(C4，M7，Y94，K0)，设置“轮廓宽度”为1.0mm，轮廓颜色分别填充为(C10，M37，Y100，K0)、(C0，M46，Y64，K0)、(C10，M37，Y100，K0)。选择“椭圆形”工具，绘制两个小椭圆，颜色填充黑色，复制一组，分别放至其他两个颜色一样的星形中，效果如图12-174所示。

34 选择工具箱中的“椭圆形”工具，绘制多个椭圆形成云朵的图样，选择工具箱中的“选择”工具，框选图形，单击属性栏中的“合并”按钮，左键单击调色板上的白色，右键单击调色板上的无填充按钮，去除轮廓线。

35 按照上述方法绘制其他云朵，分别放至页面的相应位置，效果如图12-175所示。

36 单击工具箱中的“贝塞尔”工具，绘制几条曲线，选择工具箱中的“选择”工具，框选图形，按Ctrl+G组合键，群组图形，按小键盘上的+键，复制图形，单击属性栏中的“水平镜像”按钮。

37 选择工具箱中的“选择”工具，框选图形，按Shift+F11组合键，弹出“均匀填充”对话框，设置颜色值为(C27，M46，Y100，K0)，单击“确定”按钮。

38 选择“椭圆形”工具，按Ctrl键，绘制正圆，左键单击调色板上的白色，选择工具箱中的“透明度”工具，设置属性栏中的透明类型为线性，操作为常规，开始透明度为100，对图形进行透明度调整，复制几个，按Shift键等比缩放，并将所有图形放至页面的相应位置，效果如图12-176所示。

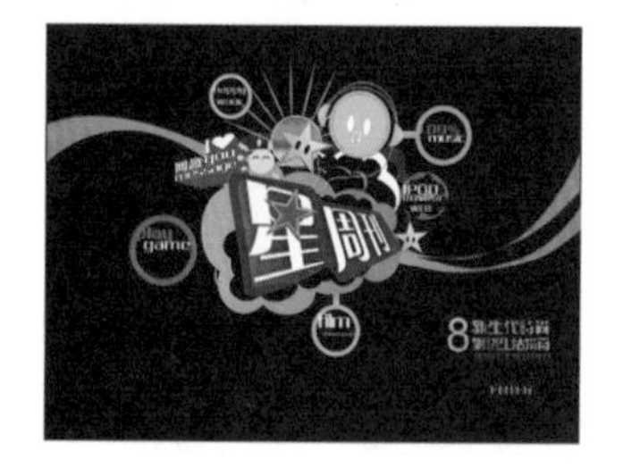

图12-174 文字编辑

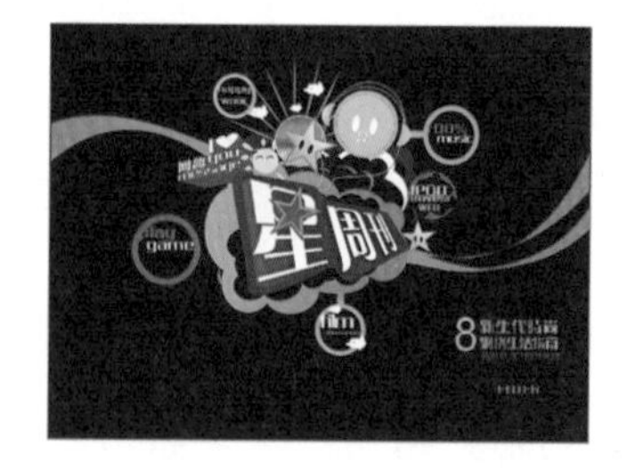

图12-175 椭圆形工具

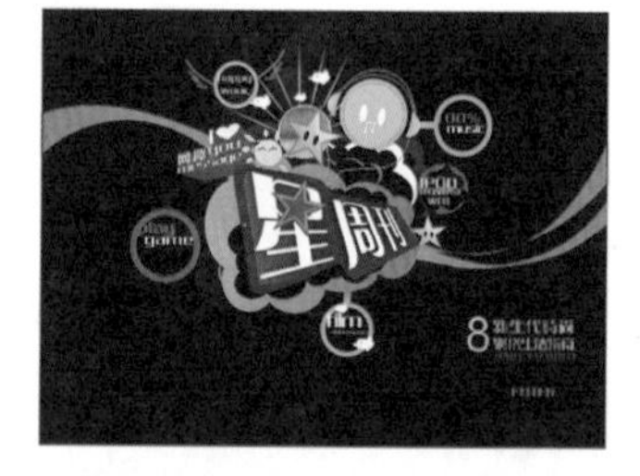

图12-176 透明度工具

39 选择“文件”→“导入”命令，弹出“导入”对话框，选择本书配套光盘中“目标文件超级玛丽.psd”，单击“导入”按钮，选择工具箱中的“选择”工具，将其拖入到页面的相应位置，继续导入“目标文件\第12章\12.5\12.5.1\麦克风.psd”，选择工具箱中的“选择”工具，将素材放至页面的相应位置，得到最终效果，如图12-177所示。

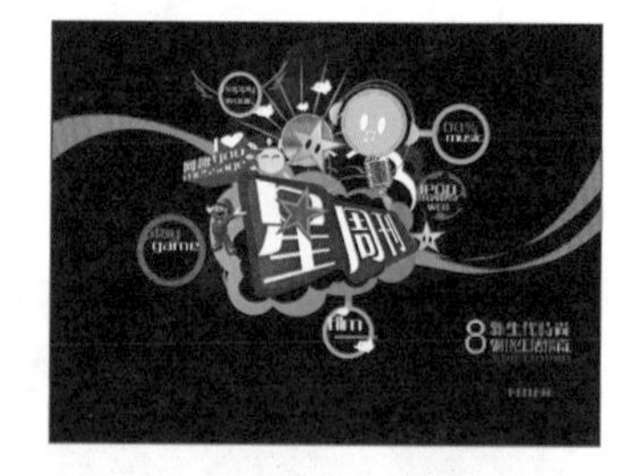

图12-177 最终效果

12.5.2 游戏网站——游戏界面设计

本实例以炫光舞台为背景，突出此游戏的刺激，蓝色调图形是当今游戏的主流色调，充满诱惑与神秘。主要运用了矩形工具、椭圆形工具、透明度工具、文本工具、折线工具、交

电脑小百科

设置个性化桌面，可以让电脑学习和办公更有趣，不会因为面对桌面而感到枯燥和乏味。

互式填充工具等，并运用了“群组”命令、“导入”命令、“精确裁剪内部”等命令。

下面为游戏网站界面设计的具体操作步骤。

1. 打开CorelDRAW X6，选择“文件”→“新建”命令，弹出“创建新文档”对话框，设置“宽度”为184mm，“高度”为160mm，单击“确定”按钮，双击工具箱中的“矩形”工具，自动生成一个与页面大小一样的矩形，按Shift+F11组合键，弹出“均匀填充”对话框，设置颜色为蓝色(R30，G29，B95)，单击“确定”按钮，效果如图12-178所示。
2. 选择工具箱中的“椭圆形”工具，在画面中绘制一个细长的椭圆，填充任意色，选择工具箱中的“阴影”工具，在椭圆上拖出一条阴影，设置属性栏中“不透明度”为50%，“羽化”为80，“透明度操作”为ADD，“阴影颜色”为蓝色，如图12-179所示。
3. 按Ctrl+K组合键，拆分阴影，删除原椭圆，选中阴影，按小键盘+键，复制一层，调整大小，框选阴影，拖动至合适位置，释放鼠标的同时单击右键，按Ctrl+D组合键，进行再制，如图12-180所示。

图12-178 绘制矩形

图12-179 阴影效果

图12-180 复制图形

4. 按Ctrl+A组合键，全选对象，按住Shift键，单击背景矩形，去除对矩形的选择，选择“位图”→“转换为位图”命令，选择工具箱中的“透明度”工具，设置透明类型为“标准”，透明度操作为“亮度”，开始透明度为0，选择“位图”→“三维效果”→“透视”命令，调整透视控制框，如图12-181所示。
5. 单击“确定”按钮，按小键盘上的+键两次，增强亮度，如图12-182所示。
6. 选择“效果”→“图框精确裁剪”→“置于图文框内部”命令，当光标变为➡时，移至背景矩形上单击左键，裁剪至矩形中。
7. 选择工具箱中的“椭圆形”工具，绘制一个椭圆，颜色填充为青色(R57，G198，B237)，去除轮廓线，如图12-183所示。

图12-181 “透视”对话框

图12-182 增强亮度

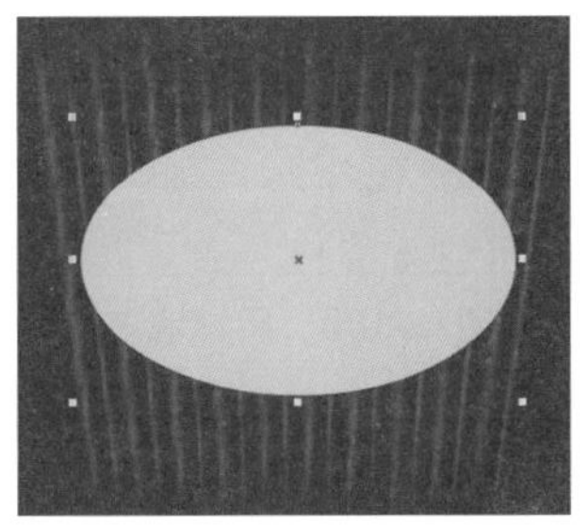

图12-183 填充颜色

企业的网址被称为“网络商标”，也是企业无形资产的组成部分，而网站是网上宣传和反映企业形象、文化的重要窗口。

8 选中椭圆，选择“位图”→“转换为位图”命令，弹出“转换为位图”对话框，设置分辨率为300，单击“确定”按钮，再选择“位图”→“模糊”→“高斯式模糊”命令，弹出“高斯式模糊”对话框，设置模糊“半径”为100像素，单击“确定”按钮，如图12-184所示。

9 选择工具箱中的“椭圆形”工具，绘制一个椭圆，按F11键，弹出“渐变填充”对话框，设置颜色从青色(R8，G222，B255)到蓝色(R22，G86，B173)的线性渐变色，设置角度值为90，边界值为0，单击“确定”按钮，如图12-185所示。

10 按小键盘+键，复制一个，在属性栏中更改大小，按G键，切换到“交互式填充”工具，拖动颜色块，更改填充色，如图12-186所示。

11 选择工具箱中的“调和”工具，从一个椭圆拖至另一个椭圆上，建立调和效果，选中最上层椭圆，更改大小，按G键，改变渐变颜色的角度方向，如图12-187所示。

图12-184 高斯式模糊效果

图12-185 绘制椭圆

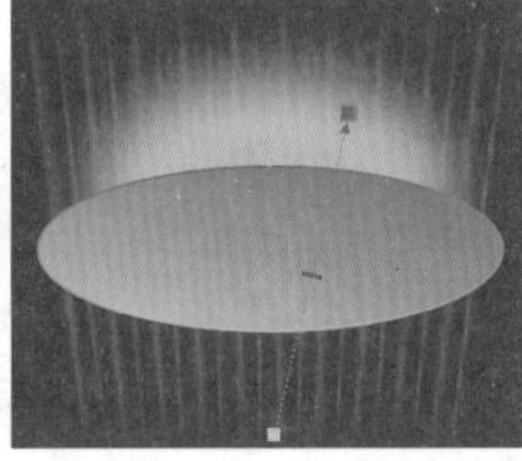

图12-186 复制椭圆

图12-187 复制椭圆

12 选择工具箱中的“矩形”工具，绘制一个矩形，选择工具箱中的“图样填充”工具 图样 ，弹出“图样填充”对话框，设置参数，前部颜色值为(R0，G113，B184)，后部颜色值为(R2，G166，B204)，如图12-188所示。

13 按照前面的操作，将图形转换为位图，再添加透视变形，如图12-189所示。

14 选择“透明度”工具，在透明图形上从下往上拖出线性透明度，按空格键，切换到“选择”工具，右键拖动透视图形至中间椭圆内，松开鼠标，在弹出的快捷菜单中选择“图框精确裁剪内部”命令，效果如图12-190所示。

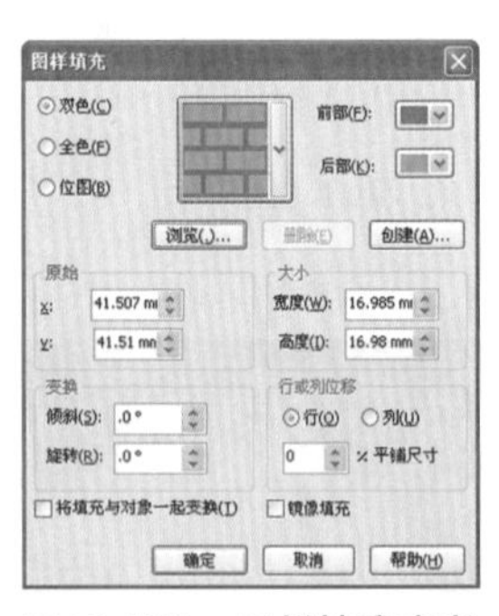

图12-188 图样填充参数

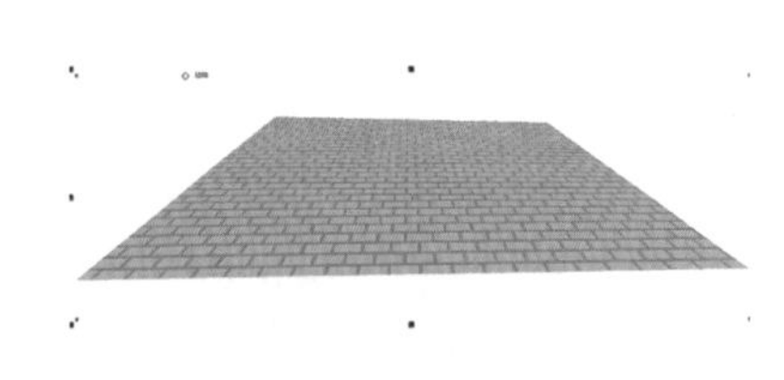

图12-189 透视效果

图12-190 精确裁剪效果

15 选择工具箱中的“椭圆形”工具，按住Ctrl键，绘制一个正圆，选择工具箱中的“星形”工具，绘制一个星形，按小键盘+键，复制一个，放置到合适位置，选择工具箱中的“调和”工具，从一个星形拖至另一个星形上，建立调和效果，设置属性栏中

电脑小百科

平面设计术语“比例”：是指元素的各个部分之间或者部分与整体之间的数量关系。比例是确定设计与单位大小以及各单位之间编排组合的重要因素。

的“步长”为10，右键拖动调和星形至椭圆上，出现十字圆环时松开鼠标，在弹出的快捷菜单中选择“使调和适合路径”，单击属性栏中的“更多调和选项”按钮，选择“沿全路径调和”，如图12-191所示。

16 按Ctrl+K组合键，拆分调和路径，选中星形，选择“效果”→“添加透视”命令，调整透视效果，如图12-192所示。

17 选择工具箱中的“文本”工具，输入文字，设置属性栏中的字体为Ft62，大小分别为117pt和56pt，如图12-193所示。

图12-191　调和路径

图12-192　透视效果

Magic
Institute

图12-193　输入文字

18 选中文字，填充从橙色到黄色的线性渐变色，选择工具箱中的“立体化”工具，在文字上拖出立体化效果，设置属性栏中的“灭点坐标”为1.951 mm、-1.8 mm，单击“立体化颜色”按钮，在下拉列表中选择“使用递减的颜色”，设置颜色从红色(C0，M100，Y100，K0)到暗红色(C57，M100，Y100，K51)，效果如图12-194所示。

19 选中文字表面，按小键盘+键，复制一层，选择工具箱中的“图样填充”工具 图样，弹出“图样填充”对话框，前部颜色值为(R254，G218，B108)，后部颜色值为(R249，G165，B7)，设置参数如图12-195所示。

20 单击“确定”按钮，按G键，调整白色小椭圆，缩小椭圆，增加密度，如图12-196所示。

图12-194　立体化效果

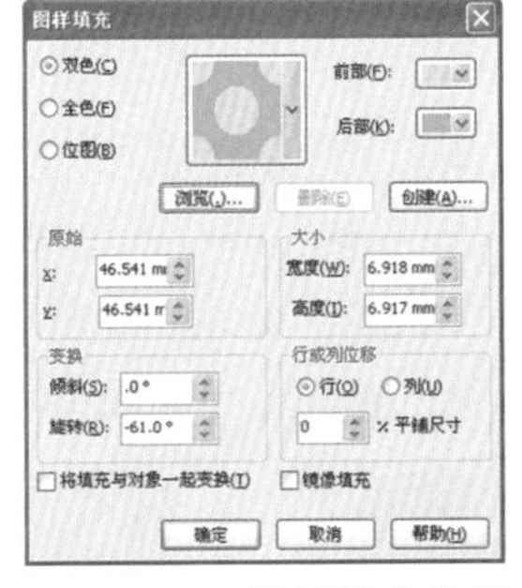

图12-195　图样填充参数

图12-196　图样填充效果

21 选中文字表面，按小键盘+键，复制一层，填充白色，选择工具箱中的“椭圆形”工具，绘制一个椭圆，遮住文字下边部分，选中文字与椭圆，单击属性栏中的“修剪”按钮，删去椭圆，选择“透明度”工具，从下往上拖出线性透明度(文字为50%的标准透明度)，如图12-197所示。

22 选择工具箱中的“折线”工具，绘制霹雳图形，填充相应的渐变色，选择工具箱中的“轮廓图”工具，从外往内拖动，设置属性栏中的“步长”为1，“轮廓图偏移”为

电脑小百科

平面设计术语“重心”：是指画面的视觉中心点。画面图像轮廓的变化，图形的聚散，色彩或者明暗的分布都可能对视觉中心产生影响。

1mm，按Ctrl+K组合键，拆分轮廓图群组，填充相应的线性渐变色，如图12-198所示。

23 框选文字，单击文字，使其处于旋转状态，将光标移到文字控制框上边中间位置，出现箭头时，向右拖动，倾斜文字，在属性栏中设置“旋转角度”为15，选择工具箱中的“椭圆形”工具，在i上方绘制一个正圆，填充从白色到洋红色的辐射渐变，如图12-199所示。

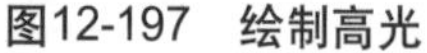
图12-197 绘制高光　图12-198 绘制图形　图12-199 变形文字

24 选择工具箱中的“矩形”工具，绘制一个长条矩形，选择工具箱中的“形状”工具，调整矩形四角的控制点，成为圆角矩形，按F12键，弹出“轮廓笔”对话框，设置颜色为紫色(R176，G75，B135)，“宽度”为0.8mm，单击“确定”按钮，填充洋红色，如图12-200所示。

25 按小键盘上的+键，复制一层，按照前面的修剪方法，修剪掉下半边矩形，填充从淡紫色(R224，G115，B173)到紫色(R212，G83，B150)的线性渐变色，如图12-201所示。

图12-200 绘制图形

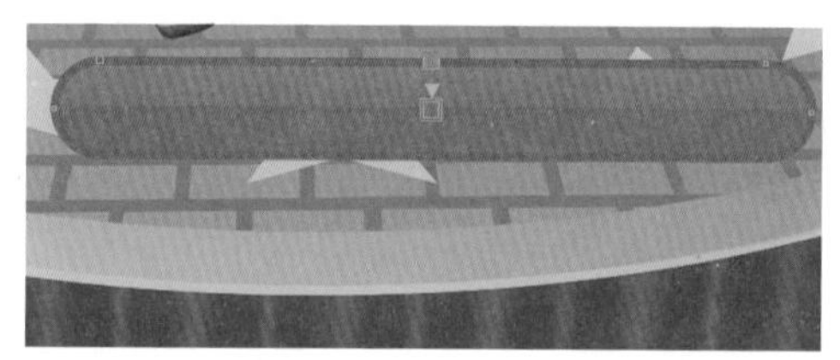
图12-201 变形文字

26 选择工具箱中的“折线”工具，再次在下边绘制折线图形，填充蓝色(R40，G100，B186)到青色(R15，G207，B255)的线性渐变色，设置角度值为90，选择“文件”→“导入”命令，导入图片素材，放置到合适位置，如图12-202所示。

27 选择工具箱中的“文字”工具，输入文字，最终效果如图12-203所示。

图12-202 绘制并导入图形

图12-203 最终效果

电脑小百科

平面设计术语“节奏”：是指平面设计作品中以同一元素连续或者重复时所产生的运动感。

知识补充

如果群组对象后不能添加透视效果框的话，一定是其中存在不能添加透视框的对象，如位图、段落文本、符号、链接群组等，此时可以通过位图命令中的透视来完成，使用手绘工具绘制图形的过程中，图形的边缘可能不够平滑，此时可以在属性栏中设置手绘平滑度，或使用形状工具调整描点的方式使其更平滑。

12.6 DM单设计

DM是英文Direct Mail Advertising的省略表述，直译为：直接邮寄广告，即通过邮寄、赠送等形式，将宣传品送到消费者手中、家里或公司所在地。DM单主要由文字排版和图形构成，在设计的时候要注意出血线的设置，一般为3mm，DM单设计应用文字或图片来突出主题，在版式的编排上要有一定的引导性。其折页形式大致分为单页、对折页、三折页，主要包括食品宣传、培训宣传、家私宣传、餐厅宣传、红酒宣传单、珠宝宣传、科技宣传、产品宣传、开业宣传等。

书盘互动指导

⊙ 示例	⊙ 在光盘中的位置	⊙ 书盘互动情况
	12.6 DM单设计 12.6.1 红酒宣传单设计 12.6.2 婴儿产品宣传单设计	本节主要学习如何制作DM单设计，在光盘12.6节中有相关内容的操作视频，还特别针对本节内容设置了具体的实例分析。 大家可以在阅读本节内容后再学习光盘，以达到巩固和提升的效果。

12.6.1 四折页——红酒宣传单设计

本实例设计的是红酒宣传单，色调古典高贵，有着浓郁的西方古文化韵味。文字的编排严谨细致，能给人视觉上的美感。画面简洁而不单调，进一步说明了主体的庄严与权威。主要运用了矩形工具、文本工具，并使用了“图框精确裁剪内部”命令，红酒宣传四折页的具体操作步骤如下。

1. 打开CorelDRAW X6，选择“文件”→“新建”命令，弹出“创建新文档”对话框，设置“宽度”为408mm，“高度”为258mm，单击“确定”按钮，新建一个空白文档，如图12-204所示。
2. 选择工具箱中的“矩形”工具，绘制矩形，设置“高”为258mm，“宽”为102mm，复制三个矩形，效果如图12-205所示。

电脑小百科

平面设计术语“韵律”：在平面设计中使用单纯的单元组合重复很容易产生单调乏味的感觉，为了避免这种现象出现，有规律变化的对象或者色彩群体之间以等差、等比方式处理排列，使之产生音乐的旋律感，被称为“韵律”。

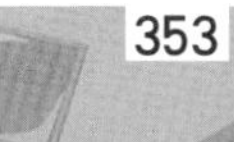

图12-204 新建文档

图12-205 绘制矩形

3. 选中所有矩形，按Shift+F11组合键,弹出“均匀填充”对话框，设置颜色为(C60，M95，Y79，K50)，单击“确定”按钮，效果如图12-206所示。
4. 按F12键，弹出“轮廓笔”对话框，设置“轮廓宽度”为0.1mm，设置颜色值为(C0,M33,Y58,K0)，单击“确定”按钮，效果如图12-207所示。
5. 选择工具箱中的“文本”工具字，输入文字，设置字体为“黑体”，颜色填充为(C0，M33，Y58，K0)，如图12-208所示。

图12-206 绘制矩形并填充颜色

图12-207 轮廓线填充

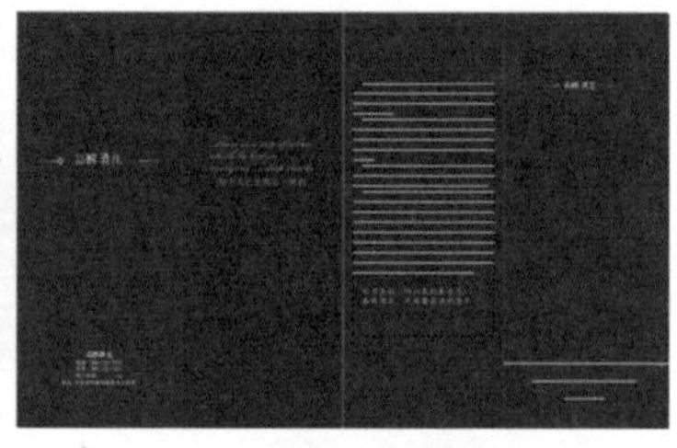

图12-208 文字编辑

6. 选择“文件”→“导入”命令，弹出“导入”对话框，选择本书配套光盘中的“目标文件\第12章\12.6\12.6.1\花纹.cdr”，单击“导入”按钮，选中花纹，按F12键，弹出“轮廓笔”对话框，设置宽度为“细线”，颜色为(C56，M91，Y71，K38)，单击“确定”按钮，如图12-209所示。

图12-209 导入花纹素材

7. 拖动花纹至合适的位置上，释放的同时单击右键，复制一个花纹。
8. 选中一个花纹，按住Shift键，等比例放大，右键拖动花纹至左边第一个矩形内，松开鼠标，在弹出的快捷菜单中选择“图框精确裁剪内部”选项，单击图框下面的“编辑内容”按钮，进入编辑状态，调整花纹的位置，完成后单击图形下面的“结束编辑”按钮，使用同样的方法，将另一个花纹精确裁剪到第四个矩形内，如图12-210所示。
9. 按照前面的操作，导入图片和标志素材，分别放置到第一个和第三个矩形上，如图12-211所示。

电脑小百科

渐变是一种常见效果，在自然界中能亲身体验到，当车辆在道路上行驶时，我们会感到树木由近到远、由大到小的渐变。渐变的类型包括形状的渐变、方向的渐变、位置的渐变、大小的渐变、色彩的渐变等。

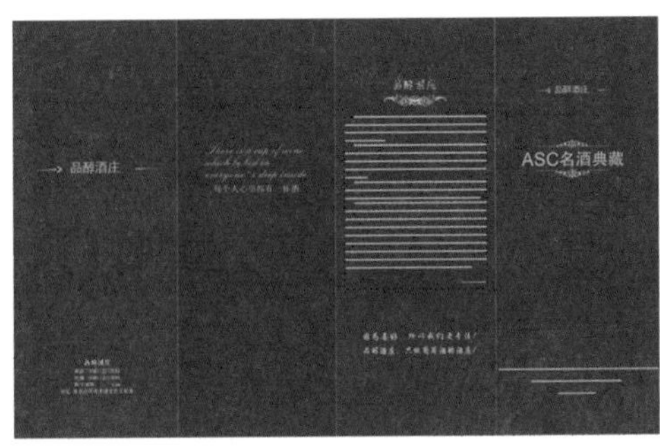

图12-210　精确裁剪内部

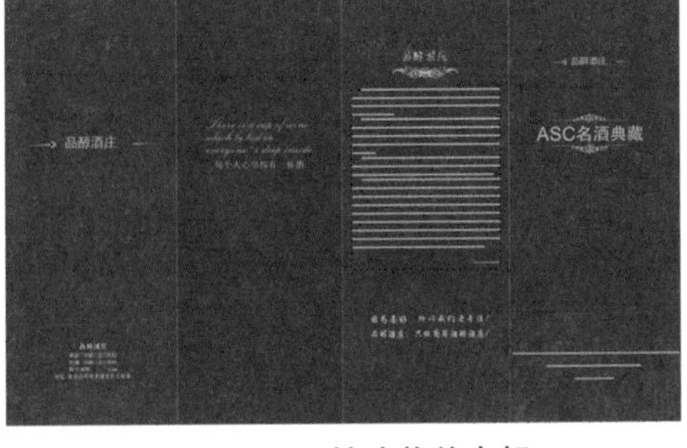

图12-211　导入图片和标志素材

⑩ 按照前面的操作，制作折页的背面，效果如图12-212所示。

⑪ 逐个选中宣传单正面的每一折页，群组每一折页的内容，并选择“位图”→“转换为位图”命令，弹出“转换为位图”对话框，保持默认值，单击“确定”按钮，再选择“位图”→“三维效果”→“透视”命令，在弹出的“透视”对话框中，调整折页的透视关系。

⑫ 透视调整完毕后，按Ctrl+A组合键，全选图形，单击属性栏中的“群组”按钮，群组折页的立体效果，选择工具箱中的“阴影”工具，给折页的立体效果添加阴影。

⑬ 选择工具箱中的“矩形”工具，绘制一个矩形，并放到图层后面，填充灰色，折页的立体效果如图12-213所示。

图12-212　展开效果

图12-213　折页立体效果

若想显示图框内的所有对象，按下快捷键F4可以实现。

12.6.2　三折页——婴儿产品宣传单设计

本实例以绿色为主要色调，色彩搭配和谐富有层次，绿色给人健康、营养的信号，宣传单的设计也符合了这一理念，图文并茂的排版方式，能够使受众者一目了然地了解其主体旨意。主要运用了矩形工具、渐变填充工具、文本工具、变形工具、椭圆工具等。

重复的一般概念是指在同一设计中，相同的形象出现过两次以上。重复是设计中比较常用的手法，以加强人的印象，造成规律的节奏感，使画面统一。

下面为婴儿产品宣传单设计三折页的具体操作步骤。

1. 打开CorelDRAW X6，选择“文件”→“新建”命令，弹出“创建新文档”对话框，设置“宽度”为291mm，“高度”为216mm，单击“确定”按钮，新建一个空白文档，如图12-214所示。
2. 选择工具箱中的“矩形”工具，绘制一个矩形，设置“高”为208mm，“宽”为94mm，复制两个矩形，选中第一个矩形，按F11键，弹出“渐变填充”对话框，设置颜色从绿色(C45，M0，Y100，K0)到白色的线性渐变色，设置角度值为－90，边界值为7，单击“确定”按钮，如图12-215所示。
3. 选择“文件”→“导入”命令，弹出“导入”对话框，选择本书配套光盘中的“目标文件\第12章\12.6\12.6.2\图片背景.cdr”，单击“导入”按钮，如图12-216所示。

图12-214　新建文档

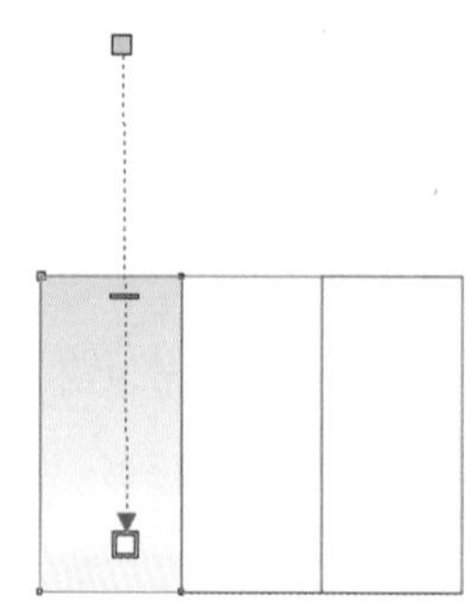

图12-215　绘制矩形并填充颜色

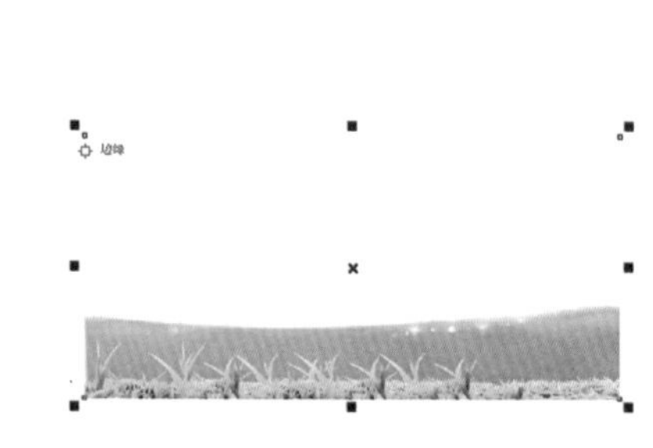

图12-216　导入图片背景文件

4. 选中草地图形，右键拖动草地图形至第一个矩形内，松开鼠标，在弹出的快捷菜单中选择“图框精确裁剪内部”选项，按住Ctrl键，单击图框进入编辑状态，调整图框内草地的位置，单击右键，在弹出的快捷菜单中选择“结束编辑”选项，效果如图12-217所示。
5. 按照上述操作，将另外两个背景图分别精确裁剪到第二个和第三个矩形内，效果如图12-218所示。
6. 选择工具箱中的“矩形”工具，绘制两个矩形，设置“高”为19mm，“宽”为36mm，颜色分别填充为(C100，M0，Y100，K30)、(C0，M0，Y60，K0)，选中左边矩形，在属性栏中单击“锁定”按钮，设置左上角和左下角的圆角半径值为2mm，另一个同样设置，效果如图12-219所示。

图12-217　图框精确裁剪内部

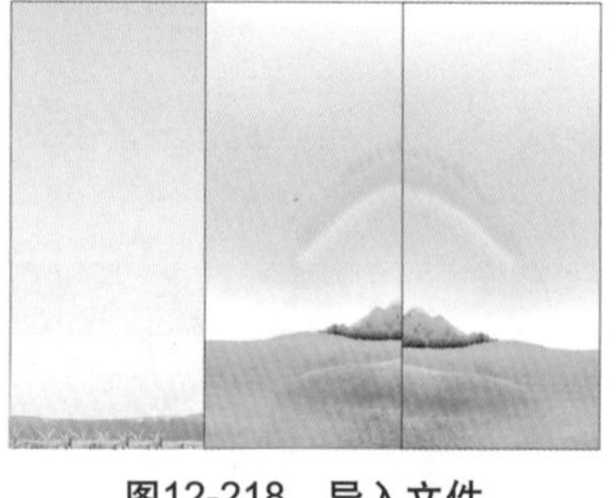

图12-218　导入文件

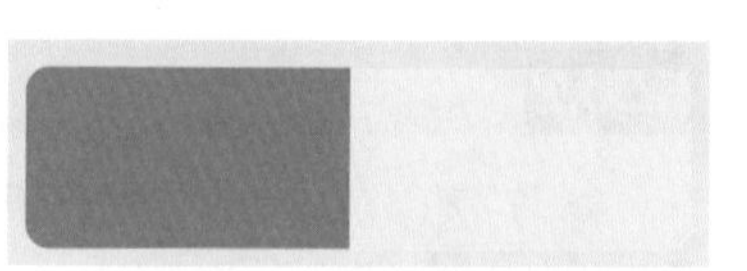

图12-219　绘制圆角矩形

7. 按照上述方法绘制另一组矩形，颜色分别填充为(C0，M60，Y100，K0)、(C40，M40，

电脑小百科

广告创意是现代广告运作中创意活动的产物，是有效而且具有创造性的广告信息传达方式。

Y0，K0)，效果如图12-220所示。

8 选择工具箱中的“椭圆形”工具，按住Ctrl键，绘制一个正圆，填充橙色(C0，M60，Y80，K0)，按小键盘+键，复制一个，按住Shift键，等比例缩小，按F11键，弹出“渐变填充”对话框，设置颜色为黄色(C0，M20，Y100，K0)到白色相间的线性渐变色，设置角度值为38，边界值为17，单击“确定”按钮。

9 按小键盘+键，复制一层，并缩小图形，颜色填充为绿色(C100，M00，Y100，K30)到嫩绿色(C40，M0，Y100，K0)的线性渐变色，设置角度值为－85，边界值为22，效果如图12-221所示。

10 选择工具箱中的“贝塞尔”工具，绘制图形，颜色填充为绿色(C40，M0，Y100，K0)到淡黄色(C0，M0，Y60，K0)的线性渐变色，效果如图12-222所示。

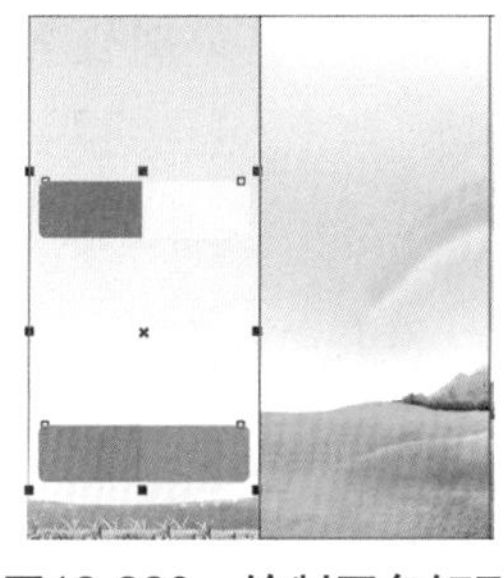

图12-220　绘制圆角矩形

图12-221　绘制正圆

图12-222　绘制图形

11 选择“椭圆形”工具，绘制两个椭圆，分别填充绿色(C100，M0，Y100，K0)和白色，将白色的椭圆放至绿色椭圆之上，效果如图12-223所示。

12 选择工具箱中的“贝塞尔”工具，绘制半个太阳图形，填充橙色(C0，M51，Y98，K0)，框选图形，按F12键，弹出“轮廓笔”对话框，设置“轮廓宽度”为1.0mm，设置颜色为白色，单击“确定”按钮，如图12-224所示。

13 选择“文件”→“导入”命令，弹出“导入”对话框，选择本书配套光盘中的“目标文件\第12章\12.6\12.6.2\图片.cdr”，单击“导入”按钮，选择工具箱中的“选择”工具，将图形拖入到页面中合适位置，效果如图12-225所示。

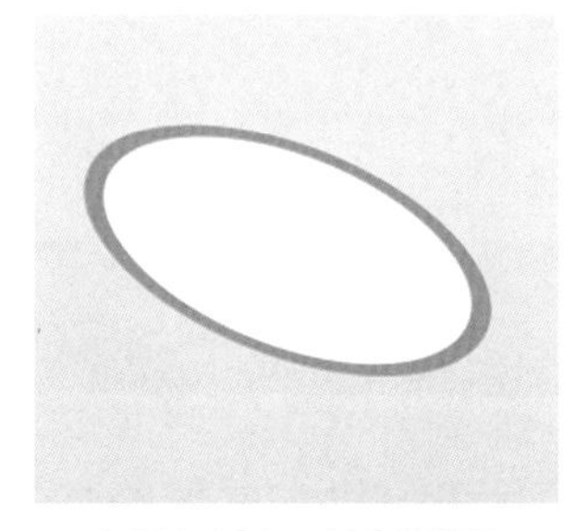

图12-223　绘制椭圆

图12-224　绘制太阳

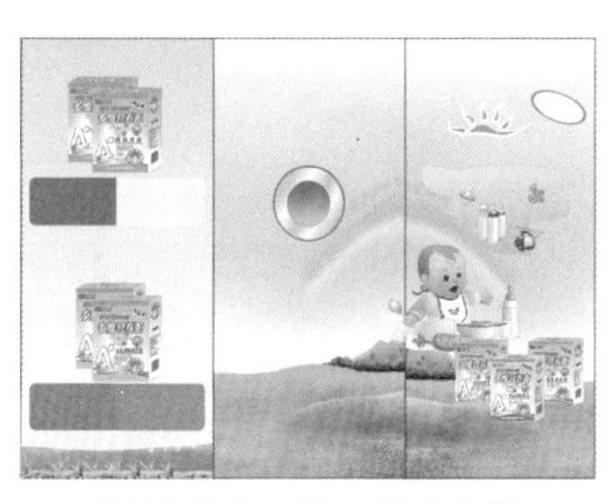

图12-225　导入图片文件

14 选择工具箱中的“文本”工具，输入文字“不含防腐剂”，颜色填充为(C100,M0,Y100,K40)，选择工具箱中的“椭圆形”工具，绘制一个正圆，右键拖动文字至正圆上，出现十字圆环时鼠标释放右键，在弹出的快捷菜单中选择“使文本适合路径”选项，选择工具箱中的“选择”工具，调整文字的起始点和终点位置，效果如图12-226所示。

15 选中图形，按Ctrl+K组合键，拆分路径与文字，选中正圆，按Delete键，删去正圆，选中文字，按Ctrl+Q组合键，将文字转曲，效果如图12-227所示。

图12-226　创建路径文字

图12-227　拆分路径文字

16 导入“标志”素材，选择工具箱中的“文本”工具，输入其他文字，分别设置好字体、字号和颜色。宣传单封面效果制作完成，如图12-228所示。

17 按照上述方法绘制宣传单的内页，得到最终效果，如图12-229所示。

图12-228　导入素材

图12-229　最终效果

知识补充

将曲线和文本一起选中，执行“文本”→“使文本适合路径”命令，也可使文字沿曲线排列。

12.7　POP广告

作为整个宣传空间，POP是一个很大的立体设计，它应分门别类，讲究宣传的整体性，更具强大的感染力，给人留下深刻的印象。此外POP的整体布置，在商店环境中应该是更加整齐、美观。而对某一件具体的POP设计，又是一件小的相对独立的立体设计或平面设计。它不仅具有形、色、构图、体积等，还可以运用其他手段，使之更优美、有趣，以引发消费者的购买欲望。

电脑小百科

创造性是广告创意的一个主要原则，但并不是说只要与众不同就是具有创意。

书盘互动指导

示例	在光盘中的位置	书盘互动情况
	12.7 POP广告 12.7.1 新店开张 12.7.2 三八妇女节	本节主要学习如何制作POP广告，在光盘12.7节中有相关内容的操作视频，还特别针对本节内容设置了具体的实例分析。 大家可以在阅读本节内容后再学习光盘，以达到巩固和提升的效果。

12.7.1 POP广告设计——新店开张

本实例构图紧凑，视觉中心突出，运用丰富的色彩，使画面缤纷喜庆，体现了广告主题。本实例主要运用了文本工具、矩形工具、椭圆形工具、渐变填充工具等，新店开张POP广告的具体操作步骤如下。

1. 打开CorelDRAW X6，选择“文件”→“新建”命令，弹出“创建新文档”对话框，设置“宽度”为297mm，“高度”为210mm，单击“确定”按钮，新建一个空白文档，效果如图12-230所示。
2. 选择工具箱中的“矩形”工具，绘制一个矩形，设置属性栏中的“高”为148mm，“宽”为286mm，选中矩形，按F11键，弹出“渐变填充”对话框，设置参数如图12-231所示。
3. 单击“确定”按钮，效果如图12-232所示。

图12-230 新建页面

图12-231 “渐变填充”对话框

图12-232 矩形渐变填充效果

4. 复制矩形，进行线性渐变填充，选择工具箱中的“透明度”工具，调整矩形的透明度，效果如图12-233所示。
5. 选择工具箱中的“折线”工具，绘制放射状图形，填充从黄色到白色的线性渐变色，再次单击图形，使其图形处旋转状态，将中心点移至上面，如图12-234所示。
6. 按Alt+F8组合键，弹出“旋转”泊坞窗，设置参数如图12-235所示。
7. 单击“应用”按钮，选中所有放射状图形，按Ctrl+G组合键，群组图形，选择工具箱中的“透明度”工具，在群组图形上从下往上拖出线性透明度，选择工具箱中的“选

电脑小百科

商业类杂志又称“专业商业杂志”，这类杂志的读者往往是某个专业领域的从业者。商业类杂志发行量一般不会很大，而且往往被免费提供给其专业读者，所以杂志的营运主要依靠广告收入，通过此类专业类杂志，广告更能准确地达到其受众。

择”工具，右键单击拖动图形至矩形框中，松开鼠标，在弹出的快捷菜单中选择“图框精确裁剪内部”，效果如图12-236所示。

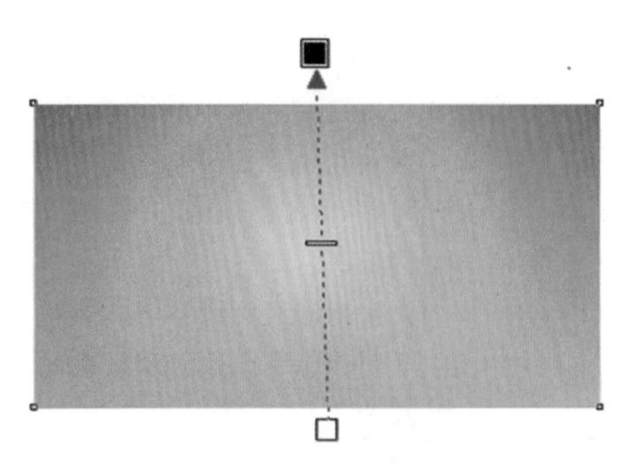
图12-233 矩形渐变填充

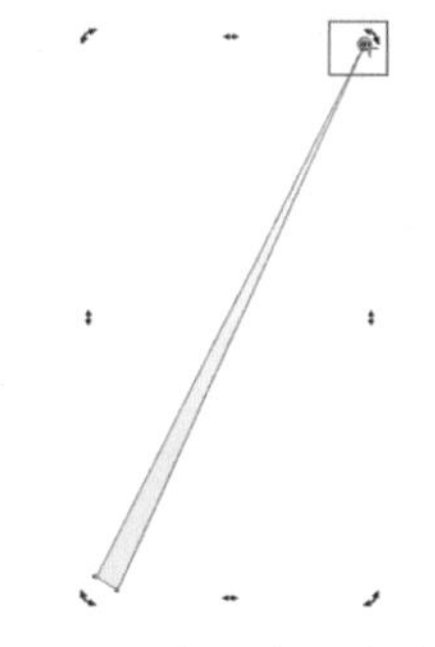
图12-234 移动中心点的位置

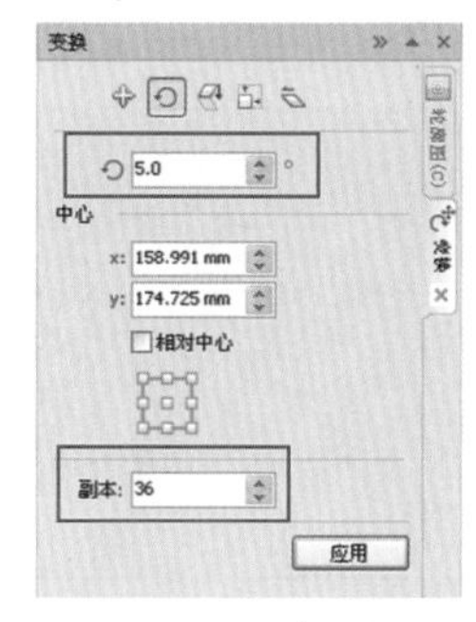

图12-235 旋转泊坞窗

8 选择工具箱中的“椭圆形”工具，绘制几个大小不一的椭圆，分别填充相应的颜色，设置“轮廓宽度”为0.1mm，轮廓色填充为白色，选择工具箱中的“矩形”工具，绘制一个“高”为13mm，“宽”为105mm的矩形，填充橙色，并分别放至页面的合适位置，效果如图12-237所示。

9 选择工具箱中的“文本”工具，输入文字，设置属性栏中的字体为“方正超粗黑简体”，大小为120pt，选中文字，按F11键，弹出“渐变填充”对话框，对文字进行渐变填充，设置参数如图12-238所示。

图12-236 图框精确裁剪内部

图12-237 椭圆形工具

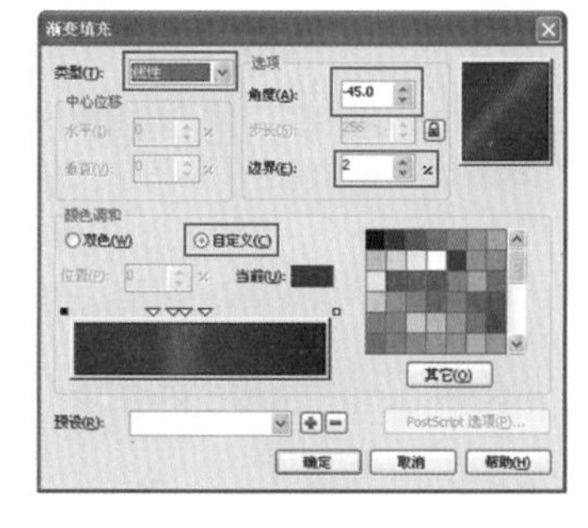

图12-238 “渐变填充”对话框

10 单击“确定”按钮，设置属性栏中的“轮廓宽度”为0.1mm，轮廓颜色填充为白色，选择“效果”→“添加透视”命令，调整透视框的四个定界点，如图12-239所示。

11 选择工具箱中的“文本”工具，继续输入文字，分别放至页面的合适位置，效果如图12-240所示。

12 选择“文件”→“导入”命令，弹出“导入”对话框，选择本书配套光盘中的“目标文件\第12章\12.7\12.7.1\礼盒.cdr”，单击“导入”按钮。选择工具箱中的“选择”工具，将图形拖入到页面的合适位置，按Ctrl+PageDown组合键，调整礼盒的顺序，效果如图12-241所示。

图12-239 添加透视命令

电脑小百科

电子杂志是一种非常好的媒体表现形式，它兼具了平面与互联网两者的特点，并且融入了图像、文字、声音、视频、游戏等相互动态结合来呈现给读者，此外，还有超链接、及时互动等网络元素，是一种很享受的阅读方式。

⑬ 继续导入其他素材文字，分别放至页面的合适位置，得到最终效果如图12-242所示。

图12-240 文字编辑

图12-241 导入礼盒素材

图12-242 最终效果

12.7.2 POP广告设计——三八妇女节

本实例设计，以粉红色为主要色调，画面柔和唯美，体现出女性特点，画面中稀疏的花朵，起了点缀画面的作用，是画面不单调而富有情调。本实例主要运用了文本工具、贝塞尔工具、椭圆形工具、透明度工具、矩形工具等，并运用了“旋转”命令和“精确裁剪内部”命令，三八妇女节POP广告的具体操作步骤如下。

① 打开CorelDRAW X6，选择“文件”→“新建”命令，弹出“创建新文档”对话框，设置“宽度”为297mm，高度为210mm，单击“确定”按钮，新建一个空白文档，效果如图12-243所示。

② 选择工具箱中的“矩形”工具，绘制一个矩形，设置“高”为188mm，“宽”为283mm，按Shift+F11组合键，弹出“均匀填充”对话框，设置颜色为粉红色(R251，G115，B215)，单击“确定”按钮，如图12-244所示。

③ 选择工具箱中的“椭圆形”工具，绘制三个椭圆，填充白色，去除轮廓线，选择工具箱中的“透明度”工具，在椭圆上从上往下拉出线性透明度，选择工具箱中的“选择”工具，选中三个椭圆，按Ctrl+G组合键，群组图形，右键拖动椭圆到矩形内，松开鼠标，在弹出的快捷菜单中选择“图框精确裁剪内部”选项，效果如图12-245所示。

④ 选择“3点椭圆形”工具，绘制椭圆，填充白色，右键单击调色板上的无填充按钮☒，去除轮廓线，选择工具箱中的“透明度”工具，给椭圆添加线性透明度，效果如图12-246所示。

图12-243 新建页面

图12-244 椭圆透明度效果

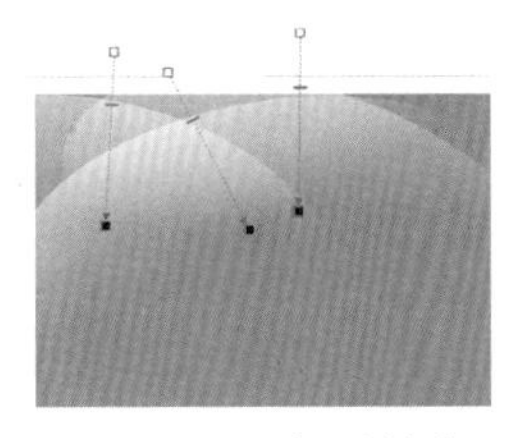

图12-245 矩形填充

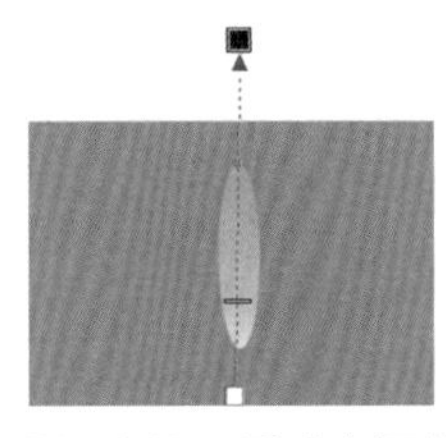

图12-246 透明度调整

⑤ 选中椭圆，按Alt+F8组合键弹出“旋转”泊坞窗，设置参数如图12-247所示。

⑥ 单击“应用”按钮，框选图形，按Ctrl+G组合键，群组图形，将图形放至页面的合适位置，并旋转-90°，效果如图12-248所示。

⑦ 选择工具箱中的“文本”工具，输入数字，设置字体为“方正粗活意简体”，字号

电脑小百科

广告代理制是指广告活动中，广告主委托广告公司实施广告宣传计划，广告媒介通过广告公司承揽广告业务的经营体制和机制。

为243pt，填充颜色从红色到粉色的线性渐变色，选择工具箱中的“立体化”工具，在文字上拖出立体化效果，如图12-249所示。

8 按Ctrl+K组合键，拆分立体化群组，选择工具箱中的“选择”工具，按Ctrl+U组合键，取消群组，选中立体侧面，按F11键，弹出“渐变填充”对话框，设置参数如图12-250所示。单击“确定”按钮，效果如图12-251所示。

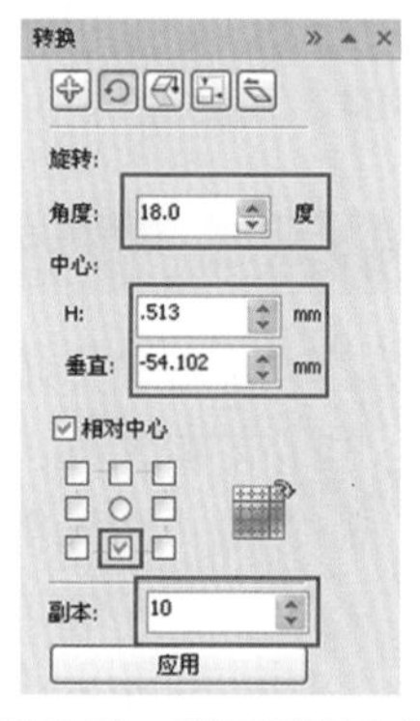

图12-247 椭圆透明度效果

图12-248 透明度调整

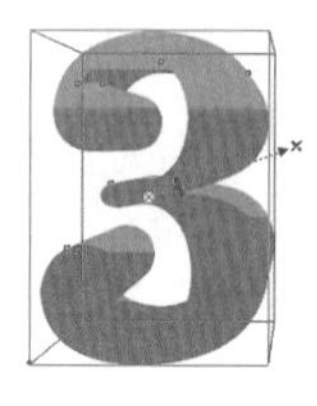

图12-249 立体化效果

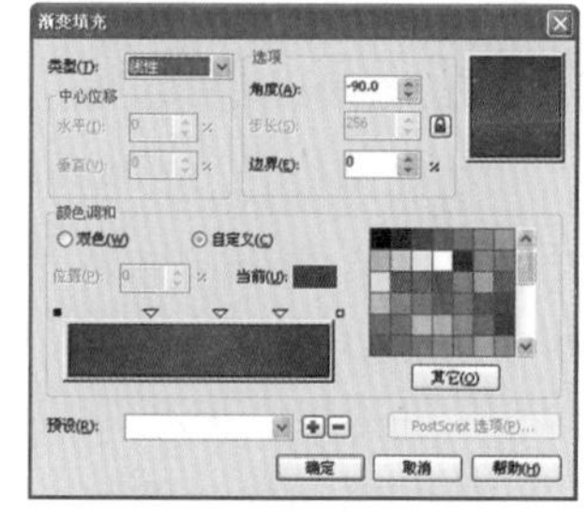

图12-250 渐变参数

9 选择工具箱中的“基本形状”工具，单击属性栏中的“完美形状”下拉列表中，选择“心形”，在画面中绘制心形，填充灰蓝色(C20，M0，Y0，K20)，选择工具箱中的“透明度”工具，在心形上从上往下拖出线性透明度，按Alt+F8组合键，弹出“旋转”泊坞窗，设置参数如图12-252所示。

10 单击“应用”按钮，效果如图12-253所示。

图12-251 文本编辑效果

11 按照前面方法，绘制一个淡黄色(C0，M 0 ，Y20，K0)的心形图，复制多个图形，并调整好大小和位置，效果如图12-254所示。

12 继续绘制四个同样大小的心形，填充洋红色(C0，M100，Y0，K0)，选择工具箱中的“矩形”工具，绘制一个“高”12mm、“宽”72mm的矩形，按F12键，弹出“轮廓笔”对话框，设置“宽度”为1.0mm，颜色填充为白色，单击“确定”按钮。

13 选择工具箱中的“文本”工具，输入文字，设置字体为“方正胖头鱼简体”，大小为39pt，填充洋红色(C0，M100，Y0，K0)，并添加0.5mm宽的白色轮廓线，效果如图12-255所示。

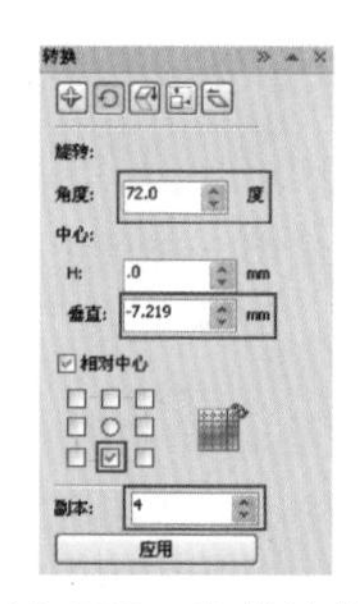

图12-252 旋转泊坞窗

图12-253 绘制心形

图12-254 旋转复制效果

图12-255 输入文字效果

电脑小百科

广告以感性的形式，将广告主的企业理念、产品属性、服务承诺等以受众最易于接受的形式传达出去。

14 选择工具箱中的“贝塞尔”工具，绘制不规则四边形，设置四边形的“轮廓宽度”为2mm，轮廓颜色为米黄色(C3，M2，Y15，K0)，并复制图形，将图形的位置调整好，效果如图12-256所示。

15 选择“文件”→“导入”命令，弹出“导入”对话框，选择本书配套光盘中的“目标文件\第12章\12.7\12.7.1\女孩.cdr”，单击“导入”按钮，选择工具箱中的“选择”工具，将图形拖入到页面的合适位置。按Ctrl+A组合键，全选图形，按Ctrl+G组合键，群组图形，双击工具箱中的“矩形”工具，自动生成一个与页面等大的矩形，按Shift+PageUp组合键，放置到最顶层，选中群组图形，选择“效果”→“图框精确裁剪”→“置于图文框内部”命令，当光标变化为➡时，在矩形上单击左键，裁剪至矩形内，得到最终效果如图12-257所示。

图12-256　绘制不规则四边形

图12-257　最终效果

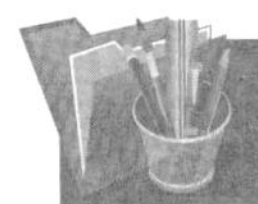

12.8　杂志广告

杂志广告是平面设计的重要载体。其选用的图片要具有很强的视觉冲击力，色彩明快，艺术欣赏性高。此外，还应注意与产品的关联性和情感因素的调用，以吸引眼球。由于杂志发行面广、可信度强，在设计广告时，应根据消费对象选择年龄、性别定位较强的杂志，针对不同的人群设计广告。

书盘互动指导

示例	在光盘中的位置	书盘互动情况
	12.8　杂志广告 12.8.1　手机杂志广告 12.8.2　时尚杂志广告	本节主要学习如何制作杂志广告，在光盘12.8节中有相关内容的操作视频，还特别针对本节内容设置了具体的实例分析。 大家可以在阅读本节内容后再学习光盘，以达到巩固和提升的效果。

电脑小百科

随着电脑的普及，壁纸广告作为一种崭新的类型登上平面广告的艺术舞台。壁纸广告是指用在电脑上作为桌面背景的图片，一般使用Photoshop软件设计，设计尺寸为800×600像素、1024×768像素、1280×960像素等，分辨率不用太高，72dpi即可。

12.8.1 手机杂志广告

本案例制作的是一款手机的杂志广告，整个画面版式简单但不单一，画面传达的信息很醒目，让观看者很快地留意到广告所要传达的信息。主要运用了矩形工具、填充工具、钢笔工具、贝塞尔工具等。

1. 打开CorelDRAW X6，按Ctrl＋N组合键，新建一个空白文件，文件大小为默认的A4纸张。
2. 双击工具箱中的“矩形”工具，自动生成一个与页面等大的矩形，如图12-258所示。
3. 选择工具箱中的“交互式填充”工具，在属性栏上的“填充类型”下拉列表框中选择“射线”选项，然后在第一个“颜色选择器”下拉列表中单击“其他”按钮，在弹出的“选择颜色”对话框中设置颜色值为(C54，M0，Y98，K0)的绿色，如图12-259所示，设置好后单击“确定”按钮，退出该对话框。
4. 用同样的方法在第二个“颜色选择器”下拉列表中单击“其他”按钮，在弹出的对话框中设置颜色值为(C4，M3，Y92，K0)的黄色。
5. 设置好后矩形上将出现渐变控制符，在图形上适当调整控制符改变渐变效果，如图12-260所示。
6. 选择工具箱中的“矩形”工具，在矩形下方再绘制一个矩形，并设置属性栏中的“宽度”为210mm，“高度”为33mm，并填充为白色，轮廓色为无，如图12-261所示。

图12-258 绘制矩形

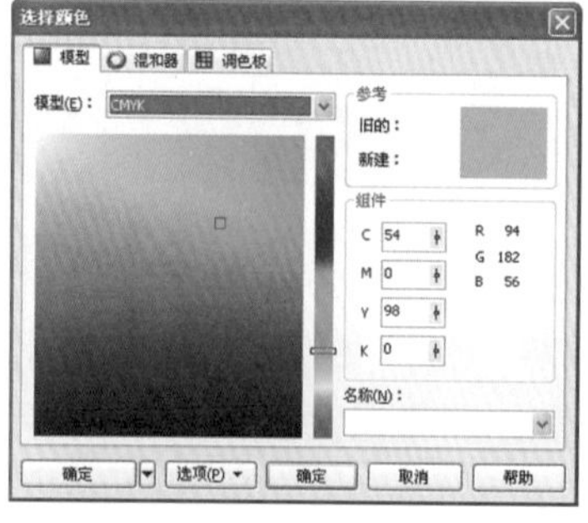

图12-259 设置颜色值

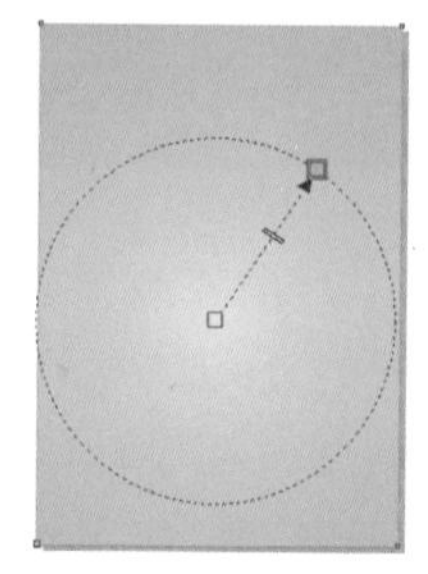

图12-260 调整渐变控制符

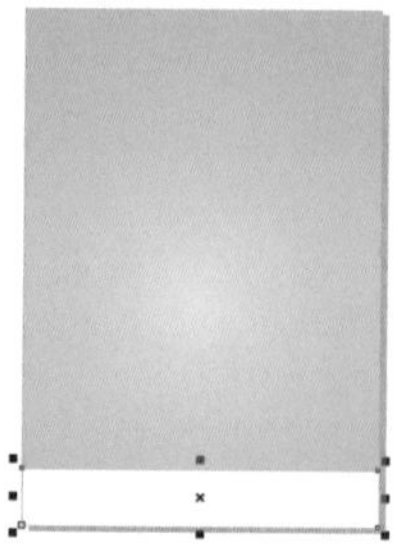

图12-261 绘制矩形

7. 选择工具箱中的“椭圆形”工具，在矩形上绘制一个椭圆形，并设置属性栏上的“宽度”为193mm，“高度”为64mm，并填充颜色为(C5，M2，Y3，K0)，轮廓色为无，如图12-262所示。
8. 选择“编辑”→“步长和重复”命令，打开“步长和重复”泊坞窗，在该窗口中的“份数”数值框中输入20，在“水平设置”区域的下拉列表中选择“无偏移”选项，在“垂直设置”区域的下拉列表中选择“偏移”选项，在“距离”数值框中输入0.5mm，如图12-263所示。
9. 设置好后单击“应用”按钮，并对复制得到的椭圆形进行适当的颜色调整，效果如图12-264所示。
10. 选择工具箱中的“选择”工具，框选住所有的椭圆形，按Ctrl+G组合键，将其群组。
11. 选择“文件”→“导入”命令，打开“导入”对话框，在该对话框中选择在第12章中绘

电脑小百科

手绘式POP广告是商场内POP广告的一种，它不需花费太多制作经费，不需精美的印刷加工，只需少许创意和一些简单的工具，就可以随手绘写出漂亮的POP广告。其特点是可以迅速提供商品情报，与顾客沟通情感，其效果有时会超过机械制作的POP广告。

制好的手机图形。

⑫ 单击"导入"按钮，此时鼠标变为载入图符的形状，在页面中单击鼠标，插入素材，然后使用选择工具将其放置到页面中椭圆形的上方，如图12-265所示。

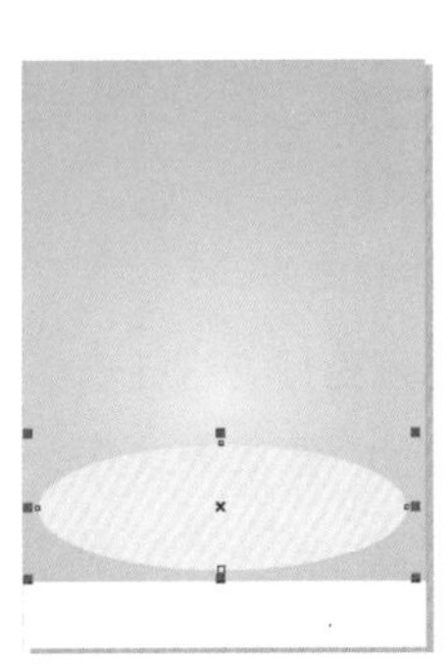

图12-262　绘制椭圆形

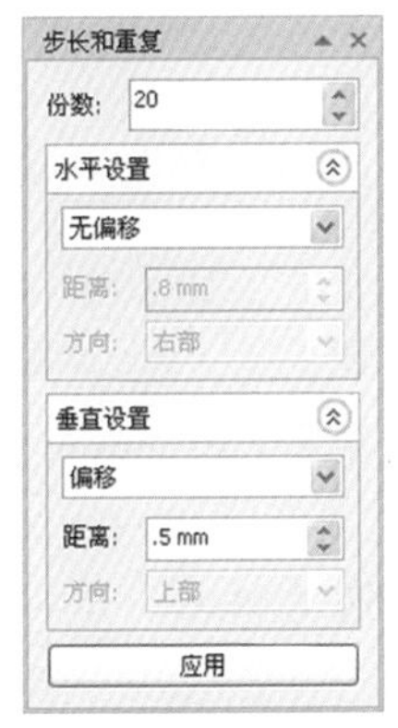

图12-263　"步长和重复"泊坞窗

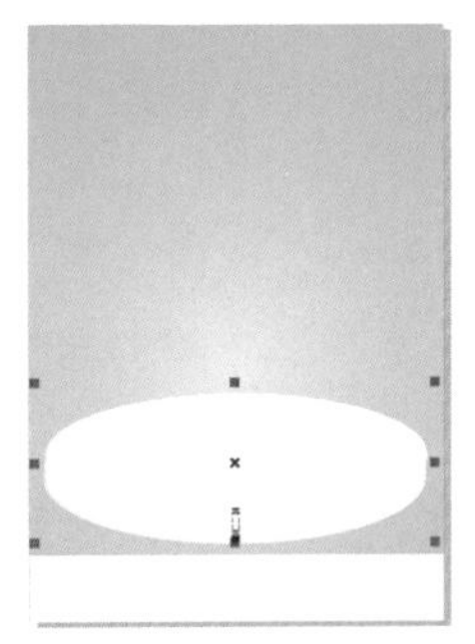

图12-264　颜色调整

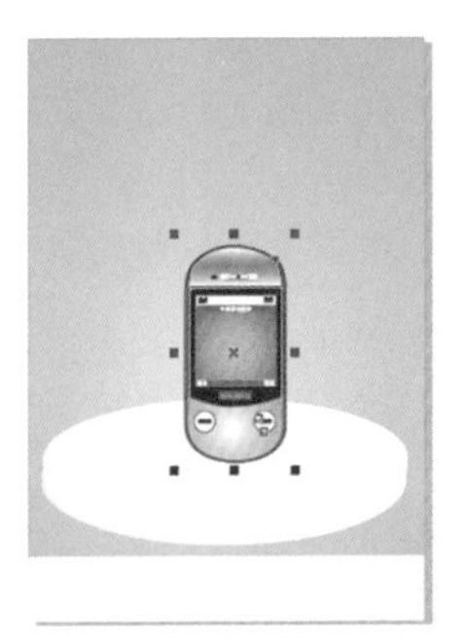

图12-265　导入手机素材

⑬ 选择工具箱中的"椭圆形"工具，按住Ctrl键的同时在手机旁边绘制一个小正圆，然后颜色填充为白色，轮廓色为洋红，并在属性栏上设置其"轮廓宽度"为2.0mm，如图12-266所示。

⑭ 选择工具箱中的"贝塞尔"工具，并结合"形状"工具，在正圆上绘制出橘子瓣的形状，并填充颜色为(C0，M53，Y0，K0)，轮廓色为无，如图12-267所示。

⑮ 在图形的对称位置复制一个同样的图形，如图12-268所示。

⑯ 使用选择工具选中这两个图形，选择"窗口"→"泊坞窗"→变换"→"旋转"命令，打开旋转"变换"泊坞窗，在该窗口中设置旋转角度为36°，具体设置如图12-269所示。

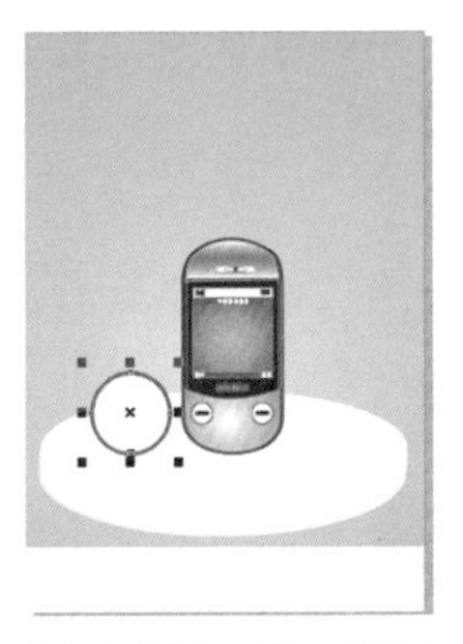

图12-266　绘制正圆

图12-267　绘制图形

图12-268　复制图形

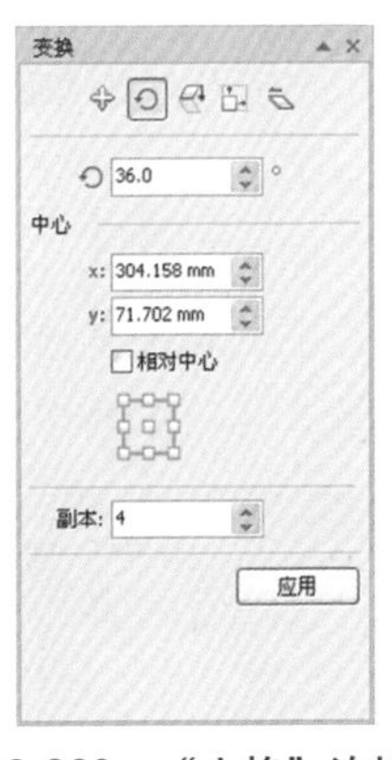

图12-269　"变换"泊坞窗

⑰ 旋转并再制图形，完成后的效果如图12-270所示。

⑱ 使用选择工具框选中橘子图形，在页面上复制出6个同样的图形，然后分别修改其颜色，并摆放好其位置，效果如图12-271所示。

⑲ 选择工具箱中的"钢笔"工具，并结合"形状"工具，在手机上方绘制一个曲线图形，并填充红色，如图12-272所示。

电脑小百科

随着科学技术的发展，新技术、新工艺、新材料不断涌现，将声、光、电、激光、电脑、自动控制等技术与POP广告相结合，产生一批全新的POP广告形式。运用高科技技术制作POP广告，虽然成本较高，但是其效果却是普通POP广告所无法比拟的。

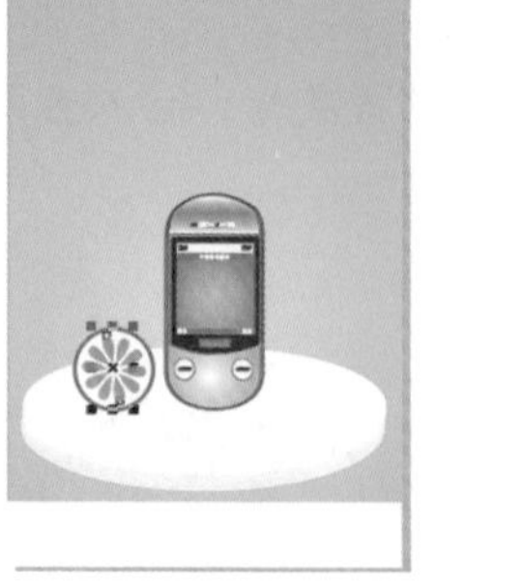

图12-270 旋转并再制图形

图12-271 复制图形

图12-272 绘制曲线

20 用同样的方法继续在手机上方绘制曲线图形，并填充相应的颜色，效果如图12-273所示。

21 选择工具箱中的“文本”工具字，在下方的每个橘子图形上添加相应的广告业务文字，并设置好文字的字体和大小，然后填充上不同的颜色，并调整好图层间的顺序，效果如图12-274所示。

22 使用选择工具分别选中每个橘子图形及图形上的文字，将其群组，再按小键盘+键，复制图形，然后适当缩小图形，分别放置到曲线上的不同位置，效果如图12-275所示。

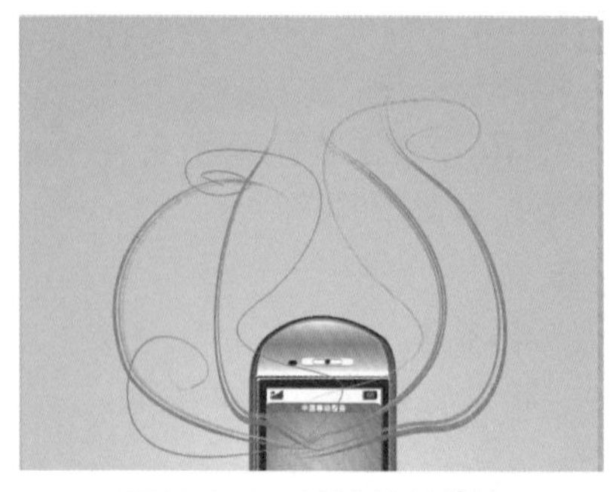

图12-273 继续绘制曲线

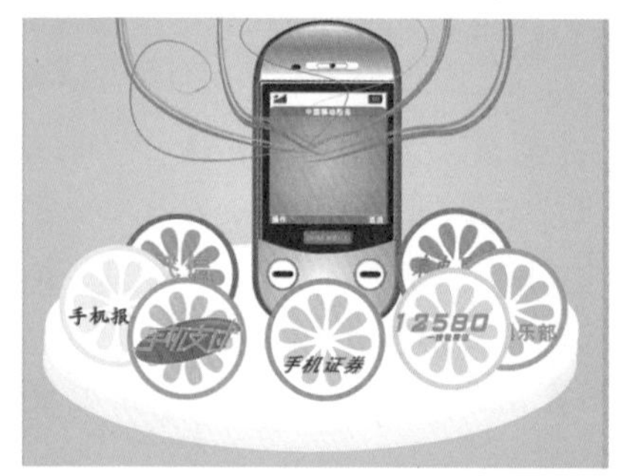

图12-274 添加文字

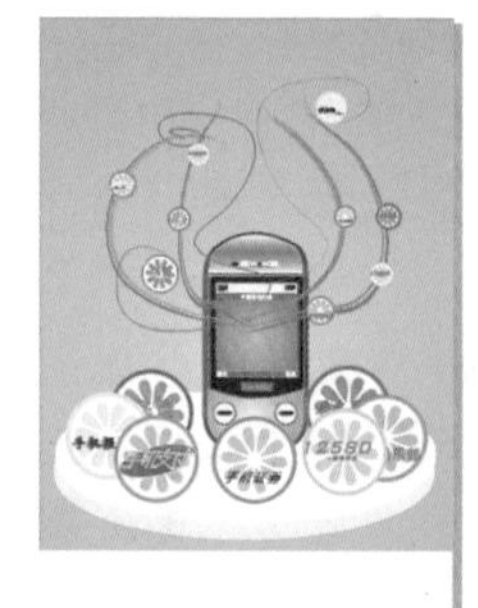

图12-275 复制图形

23 选择工具箱中的“文本”工具字，输入文字，然后在属性栏上设置文字的字体为“方正大黑简体”，大小为72点，并设置好文字的颜色及轮廓色，如图12-276所示。

24 在文字上单击鼠标，拖动文字周围适当旋转文字，效果如图12-277所示。

25 选择工具箱中的“文本”工具字，在页面的右下角输入文字信息，如图12-278所示。

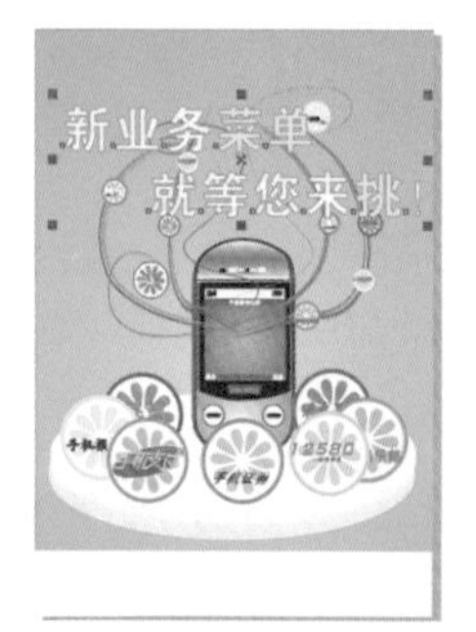

图12-276 输入文字

图12-277 旋转文字

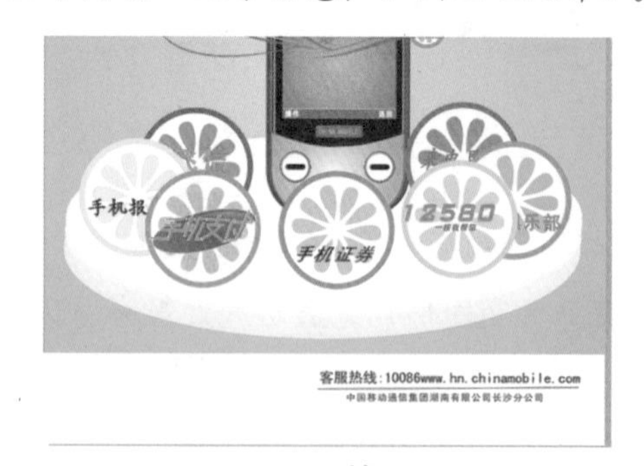

图12-278 输入文字

电脑小百科

平面广告是一种印刷或喷绘的广告形式，其进行发布时，必须遵守我国的《印刷品广告等管理办法》中的法规。还必须符合《中华人民共和国广告法》、《印刷品广告管理办法》、《关于报社、期刊社和出版社刊登、经营广告的几项规定》等相关规章和行政法规。

26 至此，广告就制作完毕了。按Ctrl＋S组合键，打开“保存绘图”对话框，在该对话框中设置好文件的保存路径，并输入文件名“手机杂志广告”。设置好后，单击“保存”按钮即可。

12.8.2 时尚杂志广告

本实例设计是时尚杂志，画面中运用了许多的时尚元素，几种颜色搭配在一起很协调，同时极具视觉感。主要运用了形状工具、封套工具、椭圆形工具、矩形工具、文本工具等，并使用了“图框精确裁剪”命令。

下面为时尚杂志设计的具体操作步骤。

1 打开CorelDRAW X6，选择“文件”→“新建”命令，弹出“创建新文档”对话框，设置“宽度”为280mm，“高度”为305mm，单击“确定”按钮，双击工具箱中的“矩形”工具，自动生成一个与页面同等大小的矩形，右键单击调色板上的无填充按钮，左键单击黑色，如图12-279所示。

2 选择工具箱中的“矩形”工具或按F6键，绘制矩形，在属性栏上设置“宽度”为217mm，“高度”为305mm，左键单击调色板上的蓝色，右键单击调色板上的无填充按钮，如图12-280所示，

3 选择工具箱中的“钢笔”工具，绘制图形，左键单击调色板上的红色，右键单击调色板上的无填充按钮，效果如图12-281所示。

4 使用相同的方法，绘制其他的图形，如图12-282所示。

图12-279　新建文档

图12-280　绘制矩形

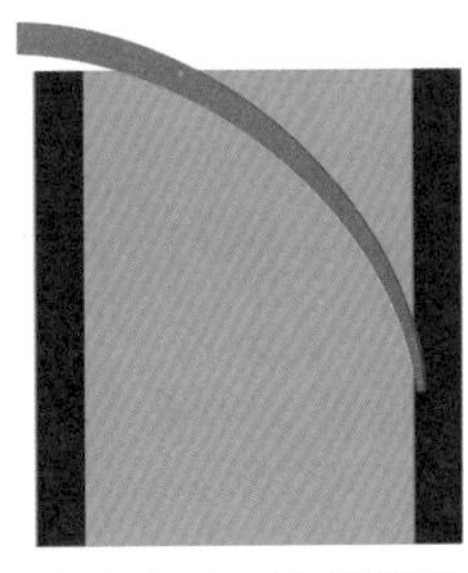

图12-281　绘制图形

图12-282　绘制其他的图形

5 选择工具箱中的“选择”工具，框选彩虹图形，按Ctrl+G组合键，群组图形，选择工具箱中的“透明度”工具，设属性栏类型为“线性”，操作为“常规”，目标为“全部”，在彩虹图形上拉出透明效果，如图12-283所示。

6 选择工具箱中的“折线”工具，绘制图形，单击状态栏中的填充按钮，弹出“均匀填充”对话框，设置颜色值为(R27，G124，B169)，单击“确定”按钮，如图12-284所示。

7 保持图形的选择状态，再次单击图形，使图形处旋转状态，将控制点移至上面，拖动至合适的位置单击右键复制图形，如图12-285所示。

8 按Ctrl+D组合键，进行再绘制图形，绘制完成后，删除多余的图形，如图12-286所示。

作为一位合格的设计人员，在进行广告设计制作之前，掌握和了解相关的法律、法规知识是必不可少的。

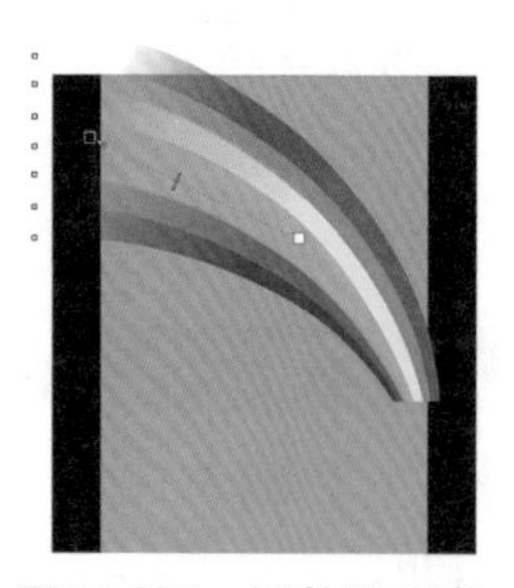
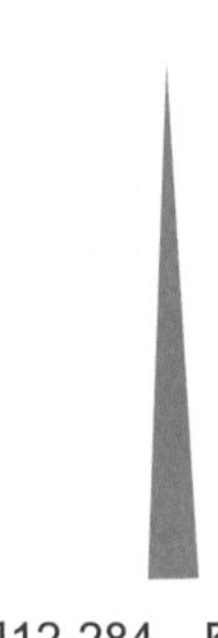
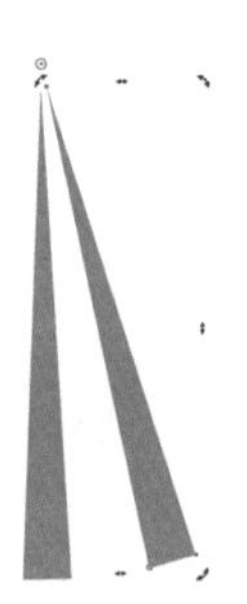

图12-283 调整透明度　　图12-284 图形相交　　图12-285 旋转图形并复制

9 选择工具箱中的“选择”工具，框选图形，按Ctrl+G组合键，群组图形，单击属性栏中的“垂直镜像”按钮，选择工具箱中的“3点曲线”工具，绘制图形，单击状态栏中的填充按钮，弹出“均匀填充”对话框，设置颜色值为(R27，G124，B169)，单击“确定”按钮，如图12-287所示。

图12-286 再制图形

图12-287 绘制正圆

10 选择工具箱中的“透明度”工具，调整透明度，并放置合适的位置，如图12-288所示。

11 选择工具箱中的“选择”工具，选中图形，按Ctrl+PageDown组合键，调整向后一层，如图12-289所示

12 选择工具箱中的“贝塞尔”工具，绘制图形，按Shift+F11组合键，弹出“均匀填充”对话框，设置颜色值为(R34，G88，B134)，单击“确定”按钮，效果如图12-290所示。

图12-288 调整透明度

13 选择工具箱中的“钢笔”工具，绘制图形，按Shift+F11组合键，弹出“均匀填充”对话框，设置颜色值为(R45，G117，B168)，单击“确定”按钮，选择工具箱中的“选择”工具，框选图形，单击属性栏的“修剪”按钮，删除多余的图形，如图12-291所示。

14 选择工具箱中的“钢笔”工具，绘制图形，按F11键弹出“渐变填充”对话框，设置颜色值(R70，G193，B253)到(R37，G108，B174)的线性渐变，单击“确定”按钮，如图12-292所示。

电脑小百科

广告小样是广告的蓝图，在制作初期应考虑广告主题用怎样的图形来表达。具体考虑的内容为：广告的样式、商品图样和体量的效果、商品图样占的篇幅、文字选择的字体、标题大小和位置、商标的位置和大小等因素。

图12-289　调整顺序

图12-290　绘制图形

图12-291　删除多余的图形

图12-292　线性渐变

15 选择工具箱中的“椭圆形”工具，按Ctrl键，绘制正圆，左键单击调色板上的红色，右键单击调色板上的无填充按钮，按Shift键往内拖动至合适的位置时单击右键，复制正圆，左键单击调色板上的橘色，如图12-293所示。

16 使用相同的方法，绘制多个正圆，如图12-294所示。

17 选择工具箱中的“选择”工具，按Ctrl+G组合键群组绘制好的正圆，选择工具箱中的“矩形”工具，绘制穿过正圆中心点的矩形，选择工具箱中的“选择”工具，框选矩形与正圆，单击属性栏中的“移除前面对象”按钮，效果如图12-295所示，按小键盘+键，原位复制，调整好大小与位置。

图12-293　绘制正圆

图12-294　渐变填充

图12-295　移除前面对象

18 选择工具箱中的“钢笔”工具，绘制云朵图形，按F11键弹出“渐变填充”对话框，设置颜色从(C51，M4，Y2，K0)到白色的辐射渐变，设置水平值为－22，垂直值为－48，边界值为5，单击“确定”按钮，按F12键，弹出“轮廓笔”对话框，设置参数如图12-296所示。

19 单击“确定”按钮，按Ctrl+PageDown组合键向后一层，按小键盘+键，原位复制，调整好大小与位置，如图12-297所示。

20 复制多个放置不同的位置上并调整大小，颜色分别填充为白色和黑色，如图12-298所示。

21 选择工具箱中的“选择”工具，选择白色的云朵，选择工具箱中的“透明度”工具，在属性栏中设类型为“标准”，操作为“常规”，开始透明度为50，目标为“全部”，如图12-299所示。

22 选择工具箱中的“折线”工具，绘制图形，左键单击调色板上的黑色，右键单击调色板上的无填充按钮，复制两个与不同的位置上，选择工具箱中的“透明度”工具，在属性栏中设类型为“标准”，操作为“常规”，开始透明度为90，目标为

电脑小百科

如过多地追求单个元素的效果会减弱整个平面广告的和谐。因而在草图阶段一定要多画、多写、多尝试、多分析。切记试图一打开计算机就马上绘制大幅广告，这显然不切实际。

“全部”，按Ctrl+PageDown组合键，调整向后一层，如图12-300所示。

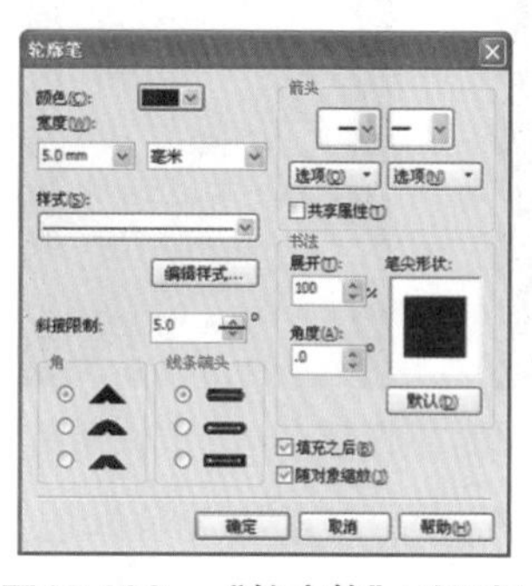
图12-296 “轮廓笔”对话框

图12-297 复制图形

图12-298 复制多个

图12-299 调整透明度

23 选择工具箱中的“文本”工具，输入文字，在属性栏中设置字体为Arial Black，左键单击调色板上的“黄色”，选择工具箱中的“封套”工具，调整文字的形状，如图12-301所示。

24 选择“文本”→“插入字符”，弹出“插入字符”泊坞窗，设置字体为Wingdings，在代码页找到图案，单击“应用”按钮，按Shift+F11组合键，弹出“均匀填充”对话框，设置颜色值为(C5，M82，Y0，K0)，单击“确定”按钮，拖动至合适的位置单击鼠标右键，复制三次图案，如图12-302所示。

25 通过使用相同的方法，插入其他的字符，放置合适的位置，如图12-303所示。

图12-300 导入素材并添加阴影

图12-301 封套工具

图12-302 插入字符

图12-303 插入其他的字符

26 选择工具箱中的“星形”工具，绘制星形，设置属性栏上的边数为4，锐度为90，左键单击调色板上的“白色”，复制多个，移至不同的位置上，如图12-304所示。

27 选择“文件”→“导入”命令，弹出“导入”对话框，或按Ctrl+I组合键，选择本书配套光盘中的“目标文件\第12章\12.8\12.8.2\素材.cdr”，单击“导入”按钮，选择工具箱中的“选择”工具，调整素材的位置和大小，选择工具箱中的“透明度”工具，调整人物素材的透明度，如图12-305所示。

图12-304 绘制星形

28 选择工具箱中的“钢笔”工具，绘制图形，按Shift+F11组合键，弹出“均匀填充”对话框，设置颜色值为(R132，G186，B36)，单击“确定”按钮，按Ctrl+PageDown组合键，调整向后一层，按小键盘+键，复位复制，选择“形状”工具，调整形状，

电脑小百科

手工小样是用传统的绘图工具采用剪、拼、帖、画等手法，把广告的主要构思表现出来。这种方法可以用最低的成本制作各种各样的图形，可以尝试使用多种字体或色彩的搭配，是初步实现广告创意的一个重要步骤。

颜色值改为(R85，G150，B8)，如图12-306所示。

29 选择工具箱中的“选择”工具，框选除黑色与蓝色的背景矩形外的所有图形，按Ctrl+G组合键，群组对象，选择“效果”→“图框精确裁剪”→“置于图文框内部”命令，当光标变为➡时，单击蓝色背景矩形，裁剪至矩形中，如图12-307所示。

30 选择工具箱中的“文本”工具字，编辑文字，填充白色，插入字符，得到最终效果如图12-308所示。

图12-305　导入素材

图12-306　绘制星形

图12-307　裁剪图形

图12-308　最终效果

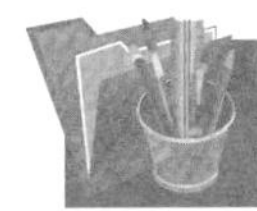

12.9　报纸广告

报纸广告是指刊登在报纸上的广告。报纸是一种印刷媒介，它的特点是发行频率高、发行量大、信息传递快，因此报纸广告可及时广泛发布。报纸广告以文字和图画为主要视觉刺激，不像其他广告媒介，如电视广告等受到时间的限制。而且报纸可以反复阅读，便于保存。

书盘互动指导

示例	在光盘中的位置	书盘互动情况
	12.9　报纸广告 12.9.1　瑜伽广告 12.9.2　巴西拖鞋广告	本节主要学习如何制作报纸广告，在光盘12.9节中有相关内容的操作视频，还特别针对本节内容设置了具体的实例分析。 大家可以在阅读本节内容后再学习光盘，以达到巩固和提升的效果。

12.9.1　瑜伽广告

本例主要以图形排列为主，简单大方，主要使用了矩形工具、贝塞尔工具、交互式填充工具、轮廓笔工具和文本工具等来制作。

1 启动CorelDRAW X6程序后，按Ctrl＋N组合键，新建一个空白文件，文件的大小为默认

电脑小百科

报纸广告的特点是快速性、可信性、成本低、易制作、易传播。

的A4纸张。

2. 在属性栏上的“纸张的宽度和高度”数值框中输入纸张的“宽度”为185mm，“高度”为210mm，然后按Enter键更改纸张的尺寸即可。
3. 双击工具箱中的“矩形”工具，自动生成一个与页面等大的矩形，如图12-309所示。
4. 选择“交互式填充”工具，在属性栏上的“填充类型”下拉列表中选择“线性”选项，在颜色选择器中分别选择“白色”和“深黄色”，然后在矩形上由左往右拖动鼠标为其填充线性渐变效果，并适当调节控制符，然后用鼠标右键单击调色板上的按钮☒，去掉图形的轮廓色，效果如图12-310所示。
5. 选择工具箱中的“贝塞尔”工具，在页面的左边绘制一个曲线图形，并使用形状工具适当调整其形状，如图12-311所示。
6. 选择“文件”→“导入”命令，或者按Ctrl+I组合键，打开“导入”对话框，选择本书配套光盘中的“目标文件\第12章\12.9\12.9.1\人物素材.cdr”，单击“导入”按钮，此时鼠标变为载入图符的形状，在页面中的任意位置单击插入图片，然后使用选择工具适当调整图片的大小，使其适合曲线图形的大小。
7. 选择“效果”→“图框精确剪裁”→“置于图文框内部”命令，此时鼠标变为粗黑箭头➡的形状，在曲线图形上单击即可将图片剪裁到图形中，如图12-312所示。

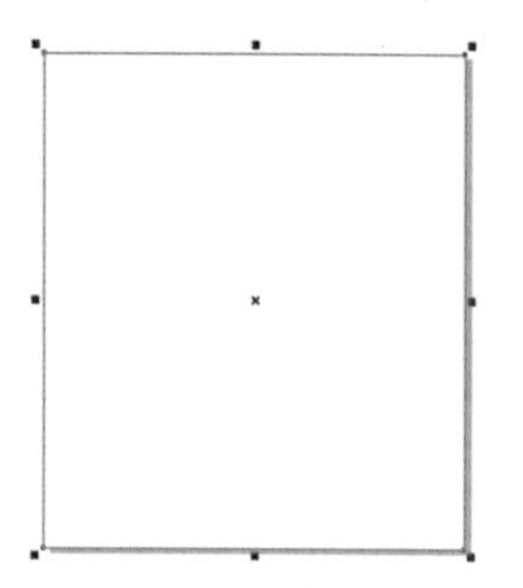
图12-309 绘制矩形

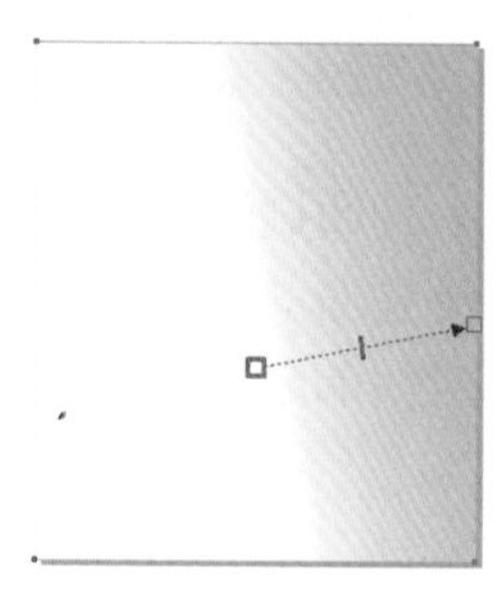
图12-310 填充线性渐变

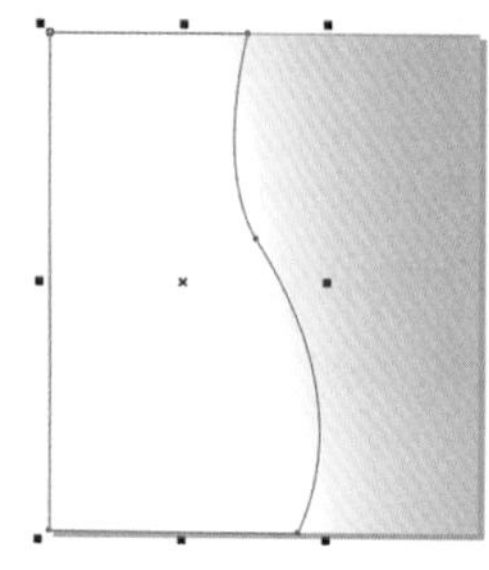
图12-311 绘制曲线图形

图12-312 精确剪裁图片

8. 在图片上单击鼠标右键，从弹出的快捷菜单中选择“编辑内容”命令，此时进入编辑图片状态，用鼠标拖动图片调整到合适的位置后，在图片上再次单击右键选择“结束编辑”命令，然后用鼠标右键单击调色板上的按钮☒，去掉图片的轮廓色，效果如图12-313所示。

图12-313 调整图片位置

9. 双击“矩形”工具，再绘制一个与页面等大的矩形。
10. 单击标准工具栏上的“导入”按钮，打开“导入”对话框，从中选择花纹素材图形导入到页面中，如图12-314所示。
11. 按照上述步骤的方法，将花纹图形剪裁到矩形中，并调整好位置，然后在下方再复制一个图形，并单击属性栏上的“垂直镜像”按钮，将其垂直翻转，并调整到合适位置，然后修改图形的颜色为白色，完成后的效果如图12-315所示。

电脑小百科

报纸广告的版面特点有跨版、半版、双通栏、半通栏、报眼、报花等。

12 选择工具箱中的“矩形”工具，在页面的右下角绘制一个小矩形，并在属性栏上的“边角圆滑度”数值框中输入20，得到一个圆角矩形如图12-316所示。

图12-314　导入花纹素材

图12-315　绘制矩形并剪裁花纹

图12-316　绘制圆角矩形

13 选择工具箱中的“轮廓笔”工具，在打开的隐藏工具组中选择“轮廓笔”，打开“轮廓笔”对话框，在该对话框中的“颜色”下拉列表中选择“深黄色”，在“宽度”下拉列表框中选择1.0mm，如图12-317所示。

14 单击“确定”按钮，填充矩形的轮廓，效果如图12-318所示。

15 按住Ctrl键的同时按住鼠标左键并拖动圆角矩形，到右边的合适位置后单击鼠标右键，复制一个矩形。然后重复同样的操作再复制一个矩形，效果如图12-319所示。

16 按照前面讲述的方法，将3张素材图片分别剪裁到3个圆角矩形中，并调整好图片在矩形框中的位置，完成后的效果如图12-320所示。

图12-317　“轮廓笔”对话框

图12-318　填充矩形轮廓

图12-319　复制矩形

图12-320　导入图片

17 选择工具箱中的“文本”工具，在页面的右边单击输入书名，并设置属性栏中的字体为“方正大标宋简体”，大小为72点，然后使用选择工具和形状工具适当调整文字的长宽比和间距，如图12-321所示。

18 双击状态栏中的“轮廓”色块，打开“轮廓笔”对话框，在该对话框中设置“轮廓颜色”为白色，“轮廓宽度”为2.0mm，并选中“后台填充”复选框，然后单击“确定”按钮，填充文字轮廓，效果如图12-322所示。

19 选择工具箱中的“交互式填充”工具，在属性栏上的“填充类型”下拉列表框中选择“线性”选项，在颜色选择工具箱中分别选择“浅橘红”和“深黄”，然后在文字上由上往下拖动鼠标，为文字填充渐变效果，如图12-323所示

20 选择工具箱中的“交互式阴影”工具，在文字上拖动鼠标创建阴影效果，并在属性

电脑小百科

广告语又称广告口号或广告标语，其目的是为了加强受众对企业、商品、服务的印象，并在广告活动中长期反复使用的一种简明扼要的口号性语言文字。

栏上的“阴影羽化”数值框中输入2，在“透明度操作”下拉列表框中选择“正常”选项，此时的文字效果如图12-324所示。

图12-321 输入文字

图12-322 填充文字轮廓

图12-323 填充线性渐变效果

图12-324 创建阴影

21 选择工具箱中的“文本”工具字，在页面中继续输入文字，并设置好文字的属性后，用同样的方法处理文字，完成后的效果如图12-325所示。

22 使用“文本”工具字，在文字下方继续输入文字，并设置好文字的合适属性，效果如图12-326所示。

23 继续使用“文本”工具字，在页面的右下角输入出版社名称等信息，并设置好文字的属性，如图12-327所示。

图12-325 继续输入并处理文字

图12-326 继续输入文字

图12-327 继续输入文字

24 至此，瑜伽广告就制作完成了。按Ctrl+S组合键，打开“保存绘图”对话框，在该对话框中选择好合适的保存位置后，并输入文件名“瑜伽广告”。设置好后单击“保存”按钮退出该对话框即可。

12.9.2 巴西拖鞋广告

本实例设计，以亮色为主色调，映衬主题，同时搭配近似色和补色，使画面富有活力，画面的版式极具设计感。主要运用了涂抹工具、矩形工具、文本工具、阴影工具等，并使用了“图框精确裁剪内部”命令。

下面为巴西拖鞋广告的具体操作步骤。

1 启动CorelDRAW X6程序后，选择“文件”→“新建”命令，弹出“创建新文档”对话框，设置“宽度”为300mm，“高度”为207mm，单击“确定”按钮，新建一个空白文档，双击工具箱中的“矩形”工具，自动生成一个与页面同等大小的矩形，按Shift+F11组合键，弹出“均匀填充”对话框，设置颜色值为(R58，G25，B34)，单击

电脑小百科

在平面广告中广告语最能直接传达广告的要求，常常具有广告标题和广告标语的共同功能，根据企业使用程度，长期的向消费者传达一种稳定不变的理念。

"确定"按钮，如图12-328所示。

2. 选择工具箱中的"矩形"工具，绘制多个大小不一的矩形，处垂直摆放，选择工具箱中的"选择"工具，框选矩形，选择工具箱中的"涂抹"工具，在属性栏中设置"笔尖半径"为200，在矩形上涂抹，使矩形调整变形，如图12-329所示。

3. 选择工具箱中的"选择"工具，单个的选中变形后的矩形，填充相应的颜色，效果如图12-330所示。

图12-328　新建文档

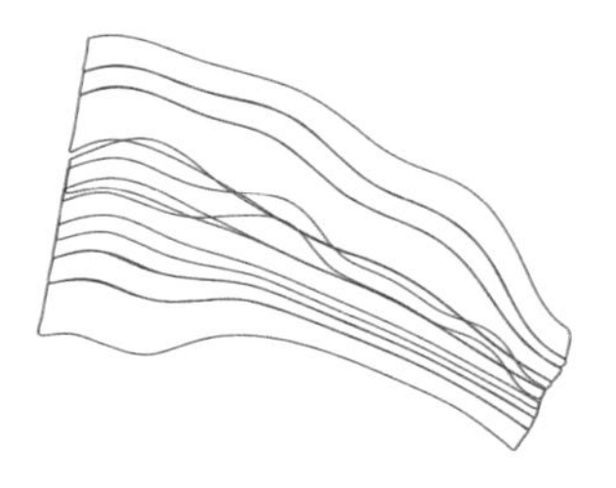

图12-329　涂抹图形

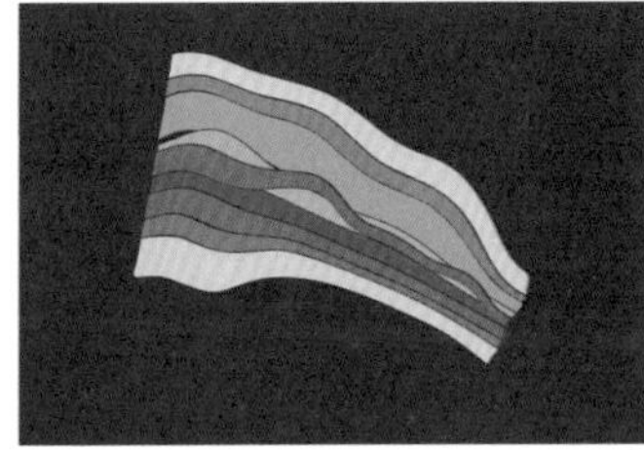

图12-330　填充颜色

4. 按小键盘上的+键，复制三份，调整好位置和大小，效果如图12-331所示。

5. 选择工具箱中的"选择"工具，框选除背景矩形外的图形，选择"效果"→"图框精确裁剪"→"置于图文框内部"命令，当光标变为➡时，在背景矩形上单击鼠标左键，裁剪至矩形内，如图12-332所示。

6. 选择工具箱中的"椭圆形"工具，绘制多个椭圆，选择工具箱中的"选择"工具，选中绘制好的椭圆，单击属性栏中的"合并"按钮，合并椭圆，左键单击调色板上的橘色，效果如图12-333所示。

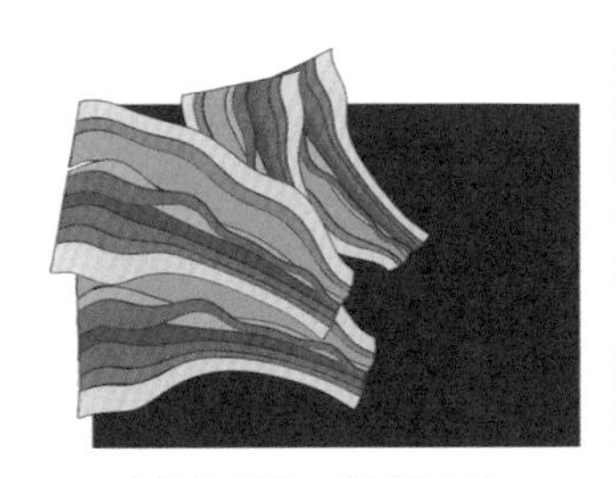

图12-331　复制三份

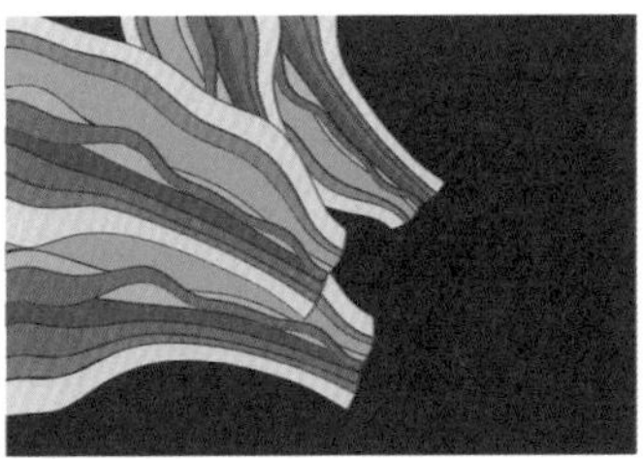

图12-332　裁剪图形

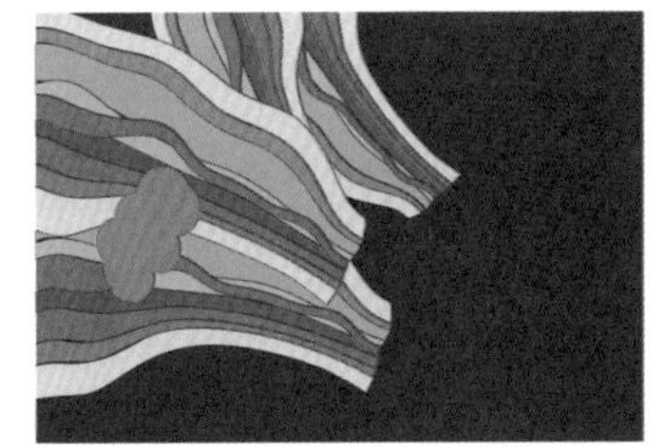

图12-333　合并图形

7. 选择工具箱中的"选择"工具，选中图形，拖动至合适的位置单击鼠标右键，复制图形，复制多个，填充不同的颜色，效果如图12-334所示。

8. 选择工具箱中的"钢笔"工具，绘制图形，左键单击调色板上的绿色，放置于合适的位置，效果如图12-335所示。

9. 复制多个至不同的位置上，按Ctrl+PageDown组合键，调整向后一层，调整好图形的顺序，填充不同的颜色，效果如图12-336所示。

10. 选择工具箱中的"钢笔"工具，绘制图形，左键单击调色板上的蓝色，放置于合适的位置，右键单击弹出快捷菜单选择"顺序"中的置于此对象后，当光标变为➡时，在绿色的合并图形上单击左键，移至图形后，如图12-337所示。

电脑小百科

平面广告语的特性有信息单一性、句式简短性、语言口语性、使用长期性。

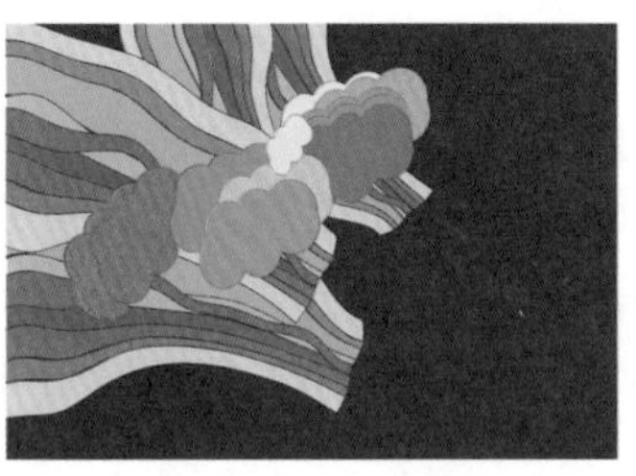

图12-334　复制图形

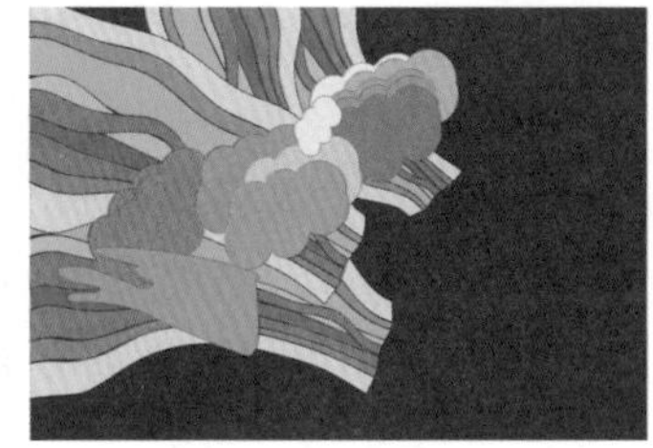
图12-335　绘制图形

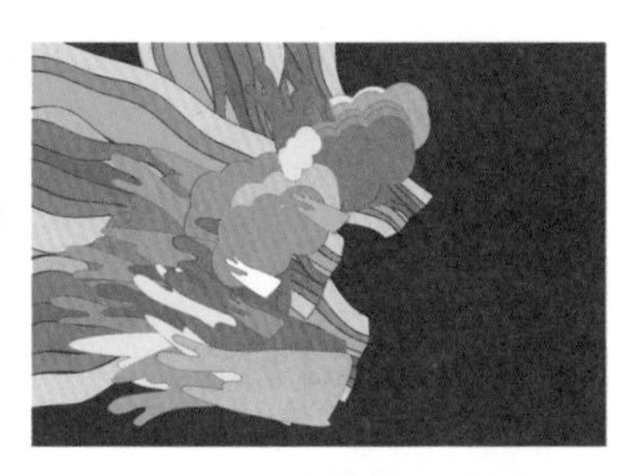
图12-336　调整的顺序图形

11 复制多个至不同的位置上，按Ctrl+PageDown组合键，调整向后一层，调整好图形的顺序，填充不同的颜色，如图12-338所示。

12 选择工具箱中的“椭圆形”工具，绘制椭圆，按小键盘上的+键，原位复制多个，调整好大小，并填充不同的颜色，选择工具箱中的“选择”工具，选择图形，按Ctrl+G组合键，群组图形，如图12-339所示。

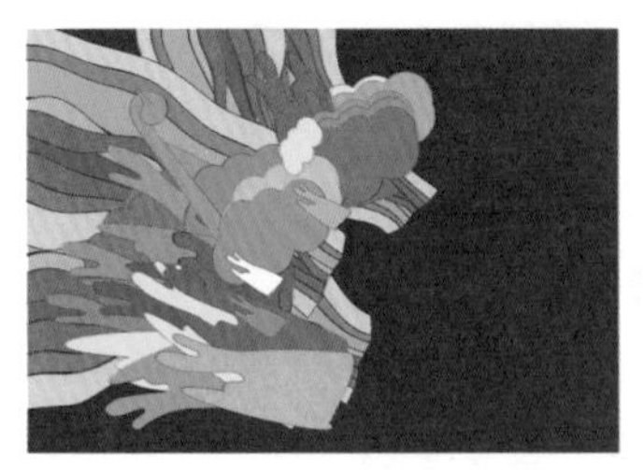
图12-337　绘制图形

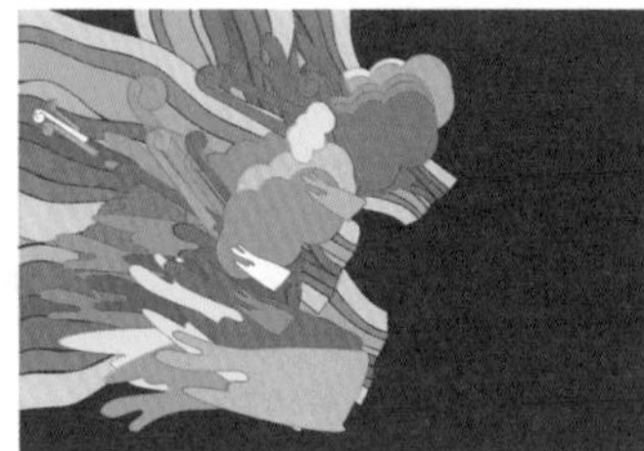
图12-338　复制图形

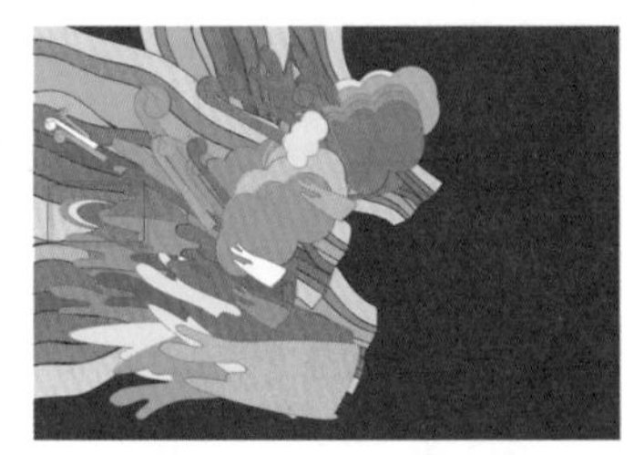
图12-339　绘制图形

13 复制多个至不同的位置上，调整好图形的顺序，填充不同的颜色，如图12-340所示。

14 选择工具箱中的“基本形状”工具，在属性栏中的“完美形状”下拉列表中找到水滴的图形，绘制多个并填充不同的颜色，选择工具箱中的“钢笔”工具，绘制图形，填充颜色，选择工具箱中的“选择”工具，框选图形，按Ctrl+G组合键，群组图形，效果如图12-341所示。

15 复制多个至不同的位置上，调整好图形的顺序，填充不同的颜色，效果如图12-342所示。

图12-340　复制图形

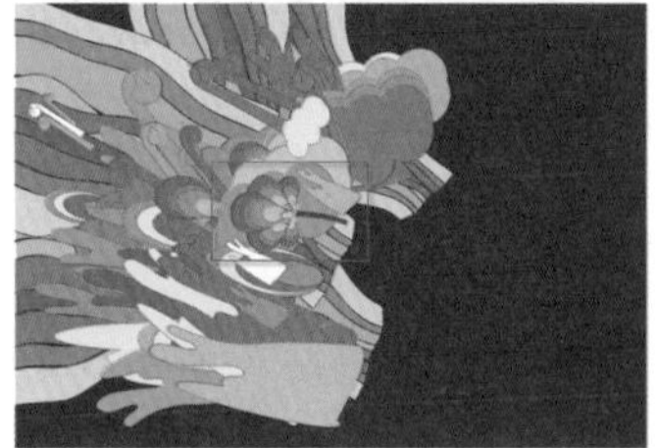
图12-341　绘制图形

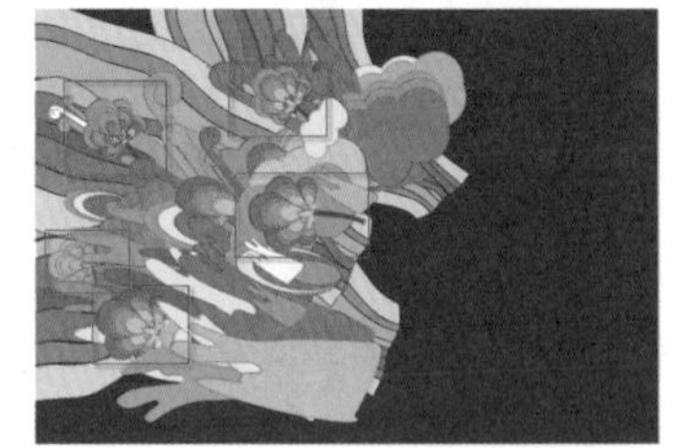
图12-342　复制图形

16 通过上述的方法，绘制其他的图形，如图12-343所示。

17 选择“文件”→“导入”命令，弹出“导入”对话框，选择本书配套光盘中的“目标文件\第12章\12.9\12.9.2\拖鞋素材.cdr”，单击“导入”按钮，调整至合适位置上，如图12-344所示。

18 通过上述的方法，绘制其他的图形，并选择工具箱中的“阴影”工具，给图形添加阴

电脑小百科

平面广告语的类型有展示优势型、承诺利益型、激发情感型、单句型、双句型、前后缀句型、诗化风格型、口语型。

影效果，得到最终的效果如图12-345所示。

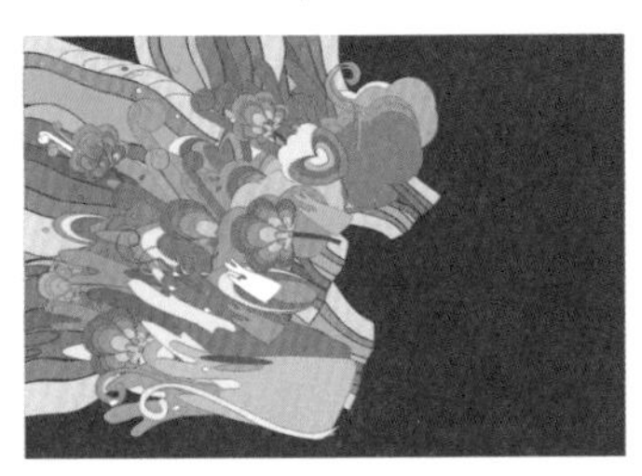

图12-343 绘制图形

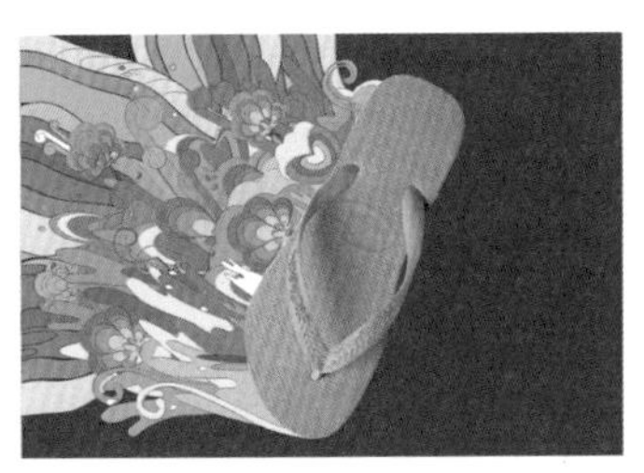

图12-344 导入素材

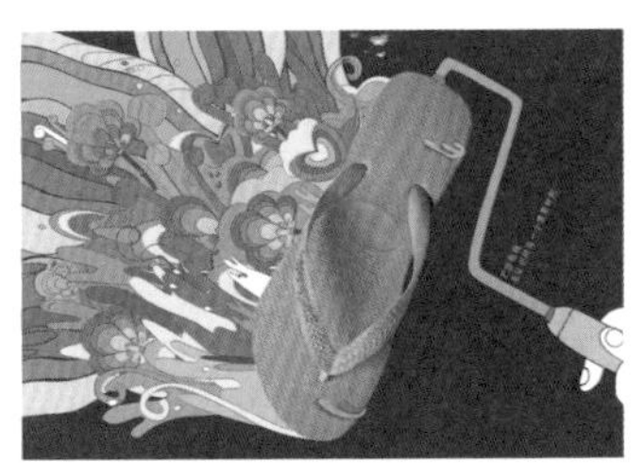

图12-345 最终效果

知识补充

在使用涂抹工具的过程，为了能达到我们想要的效果，要不断地更换属性栏中的笔尖半径值。

12.10 海报设计

海报是一种信息传递艺术，是一种大众化的宣传工具，海报又称招贴画。海报按其应用不同大致可以分为商业海报、文化海报、电影海报和公益海报等。海报设计必须有相当的号召力与艺术感染力，要调动形象、色彩、构图、形式感等因素形成强烈的视觉效果；它的画面应有较强的视觉中心，应力求新颖、单纯，还必须具有独特的艺术风格和设计特点。

书盘互动指导

示例	在光盘中的位置	书盘互动情况
	12.10 海报设计 12.10.1 纸尿裤广告 12.10.2 汽车广告	本节主要学习如何制作海报设计，在光盘12.10节中有相关内容的操作视频，还特别针对本节内容设置了具体的实例分析。 大家可以在阅读本节内容后再学习光盘，以达到巩固和提升的效果。

12.10.1 海报设计——纸尿裤广告

本实例设计的是一款纸尿裤户外广告，构图紧凑，素材和元素都是围绕婴儿来编排的，充满童趣。主要运用了矩形工具、椭圆形工具、文本工具、形状工具、裁剪、插入字符等命令。

下面为纸尿裤广告的具体操作步骤。

电脑小百科

广告语的创造原则是简短易记、突出特性、鼓动性强、忌讳生僻、协调统一。

❶ 启动CorelDRAW X6程序后，选择“文件”→“新建”命令，在弹出的“创建新文档”对话框中，设置“宽度”为500mm，“高度”为700mm，单击“确定”按钮，双击工具箱中的“矩形”工具，自动生成一个与页面同等大小的矩形，按Shift+F11组合键，弹出“均匀填充”对话框，设置颜色值为(C24，M6，Y0，K0)，单击“确定”按钮，效果如图12-346所示。

❷ 选择工具箱中的“椭圆形”工具，按住Ctrl键，绘制正圆，按F11键，弹出“渐变填充”对话框，在“类型”下拉框中选择“辐射”，“水平”为0，“边界”为0，“垂直”为0，选择“双色”选项，设置颜色从(C55，M0，Y20，K0)到白色的辐射渐变，单击“确定”按钮，如图12-347所示。

❸ 按小键盘上的+键，原位复制，按Ctrl+PageDown组合键，向下一层，按F12键，弹出“轮廓笔”对话框，设置“宽度”为8mm，设置颜色值为(C59，M0，Y28，K0)，选中“填充之后”和“随对象缩放”复制框，单击“确定”按钮，移至合适的位置，如图12-348所示。

❹ 选择工具箱中的“椭圆形”工具，绘制椭圆，在调色板“白色”色块上单击鼠标左键，为椭圆填充白色，选择工具箱中的“钢笔”工具，绘制图形，填充白色，选择工具箱中的“选择”工具，框选两个图形，右键单击调色板上的无填充按钮⊠，去掉轮廓线，如图12-349所示。

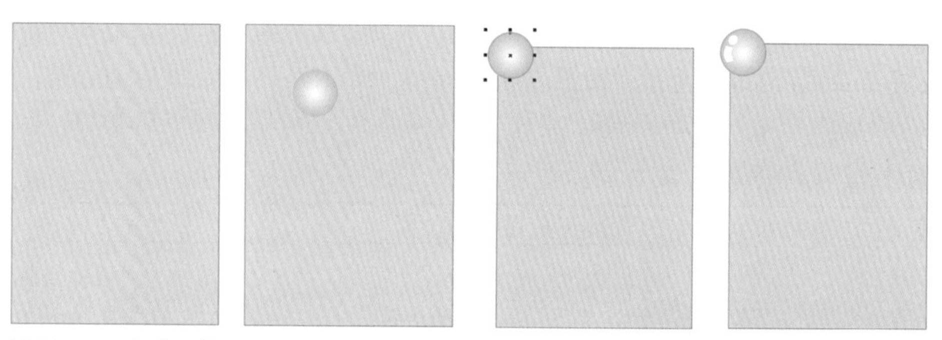

图12-346 新建文件　图12-347 绘制泡泡　图12-348 填充轮廓　图12-349 绘制高光

❺ 保持图形的选中状态，选择工具箱中的“透明度”工具，在属性栏中设置类型为“标准”，其他保持默认，效果如图12-350所示。

❻ 选择工具箱中的“选择”工具，框选图形，按Ctrl+G组合键，群组图形，拖动图形至合适的位置，释放的同时单击右键，复制图形，单击属性栏中的“取消群组”按钮，取消群组，选中前面的正圆，按F11键，弹出“渐变填充”对话框，颜色改为(C6，M65，Y6，K6)到白色，单击“确定”按钮，如图12-351所示。

❼ 选择工具箱中的“选择”工具，选中后面的正圆，按F12键，弹出“轮廓笔”对话框，将颜色改为(C15，M80，Y0，K0)，单击“确定”按钮，效果如图12-352所示。

❽ 按照上述方法，复制多个图形，并分别放置于合适位置，调整大小，颜色分别改为紫色、蓝色和橙色，效果如图12-353所示。

❾ 按照上述方法，复制多个图形，并分别放置于合适位置，调整好大小，效果如图12-354所示。

电脑小百科

平面广告创意是一个严谨的思维过程，它有科学的步骤。好的创意建立在丰富的信息材料和创意者应用知识能力的基础上。因为创意的本质是将“旧的元素进行新的组合”。

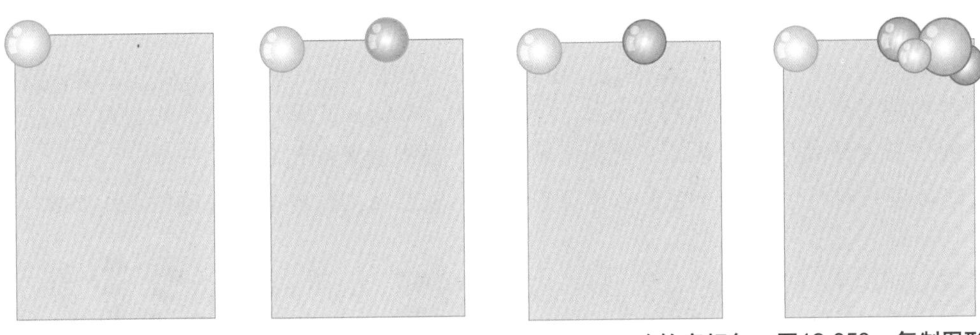

图12-350　透明度效果　图12-351　复制图形　图12-352　更改轮廓颜色　图12-353　复制图形

10 选择工具箱中的“星形”工具，设置属性栏的“边数”为4，“锐度”为65，在绘图页面绘制四角星，按Shift+F11组合键，弹出“均匀填充”对话框，颜色填充为粉红色(C100，M25，Y0，K0)，单击“确定”按钮。

11 按小键盘上的+键，复制图形，移至合适的位置，单击状态栏的填充按钮，在弹出的“均匀填充”对话框中，颜色改为蓝色(C0，M58，Y0，K0)，分别复制多个，按住Shift键，进行等比例缩放，分别放置于相应位置上，如图12-355所示。

12 选择“文本”→“插入符号字符”命令或按Ctrl+F11组合键，在绘图区的右边弹出“插入字符”泊坞窗，设字体为Wingdings 2，在字符下拉列表中找到相应的图形，单击“插入”按钮，颜色填充粉红色(C0，M40，Y20，K0，)，复制多个图形，并分别放置于合适位置，调整大小，效果如图12-356所示。

13 继续插入字符，字体为Wingding，在字符下拉列表找到相应的图形，单击“插入”按钮，左键单击调色板上的粉红色(C0，M80，Y40，K0)，复制多个图形，分别放至合适位置，调整大小并填充颜色，效果如图12-357所示。

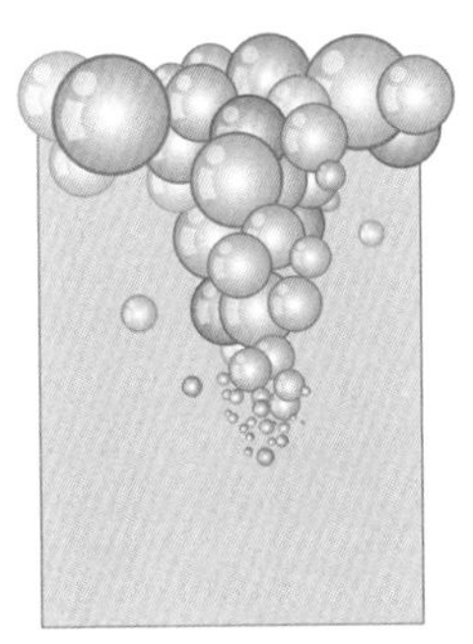

图12-354　复制多个图形

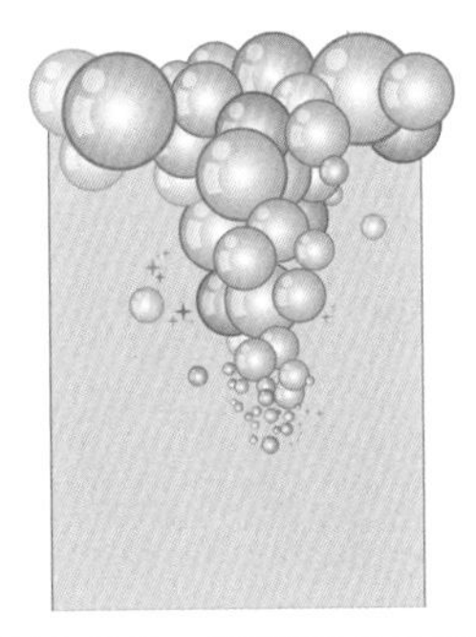

图12-355　绘制星形并复制

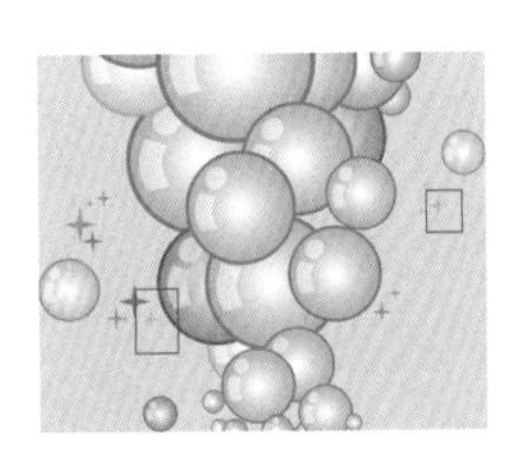

图12-356　插入字符

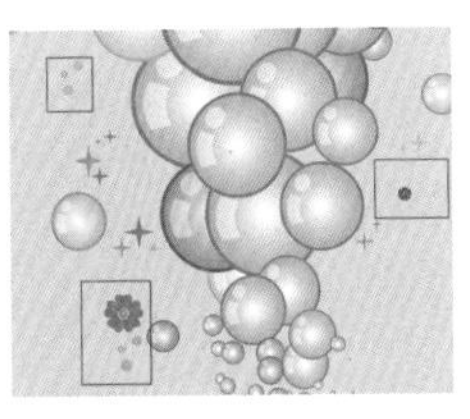

图12-357　插入字符

14 选择工具箱的“贝塞尔”工具，绘制牙齿的外轮廓，填充蓝色(C62，M20，Y0，K0)，放置于相应位置，如图12-358所示。

15 选择工具箱中的“椭圆形”工具，按住Ctrl键，绘制正圆，填充任意色，按住Ctrl键，水平向右拖动圆至合适的位置，释放的同时单击右键，复制一个，选择工具箱中的“贝塞尔”工具，绘制嘴巴，填充任意色，选择工具箱中的“选择”工具，框选绘制好的图形，单击属性栏中的“修剪”按钮，删除不需要的图形，效果如

插画是一种艺术形式，作为现代设计的一种重要的视觉传达形式，以其直观的形象性、真实的生活感和美的感染力，在现代设计中占有特定的地位，已广泛用于现代设计的多个领域，涉及文化活动、社会公共事业、商业活动、影视文化等方面。

图12-359所示。

16 选择工具箱中的“矩形”工具□，绘制矩形，选择工具箱中的“形状”工具，调整矩形的圆角度，左键单击调色板上的橘色(C0，M60，Y100，K0)，拖动圆角矩形至合适的位置，释放的同时单击右键，复制两次，得到效果如图12-360所示。

17 通过使用相同的方法，绘制其他的圆角矩形，填充相应的颜色，如图12-361所示。

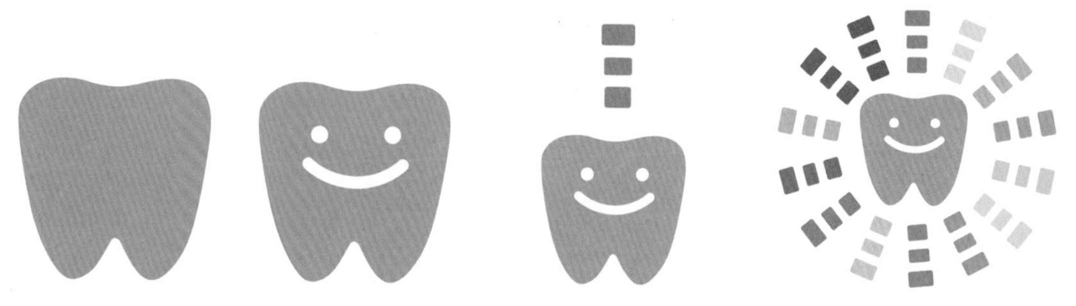

图12-358 绘制图形 图12-359 修剪图形 图12-360 绘制圆角矩形 图12-361 绘制其他的图形

18 选择工具箱中的“选择”工具，框选绘制好的图形，按Ctrl+G组合键，群组图形，按小键盘上的+键，原位复制，放置合适的位置，如图12-362所示。

19 选择工具箱中的“选择”工具，框选除背景矩形外的图形，按Ctrl+G组合键，群组图形，选择“效果”→“图框精确裁剪”→“置于图文框内部”命令，当光标变为➡时，单击背景矩形，裁剪至背景矩形内部，如图12-363所示。

20 选择“文件”→“导入”命令或按Ctrl+I组合键，选择本书配套光盘中的“目标文件\第12章\12.10\12.10.1\素材.cdr”，单击“导入”按钮，选择工具箱中的“选择”工具，调整好素材的位置，效果如图12-364所示。

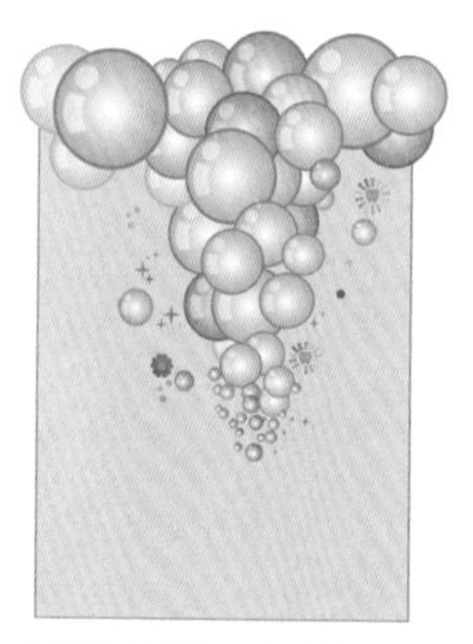

图12-362 复制图形

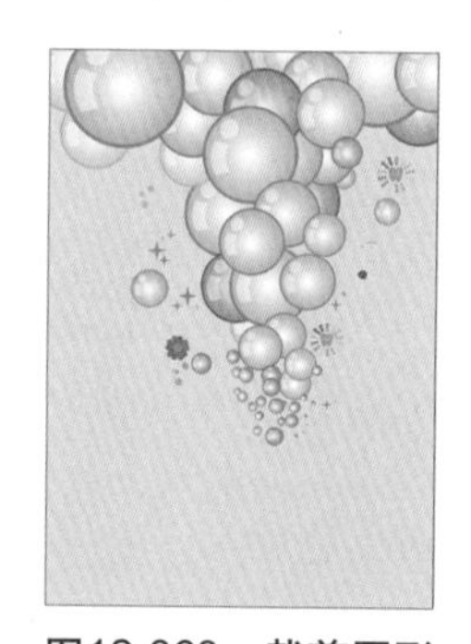

图12-363 裁剪图形

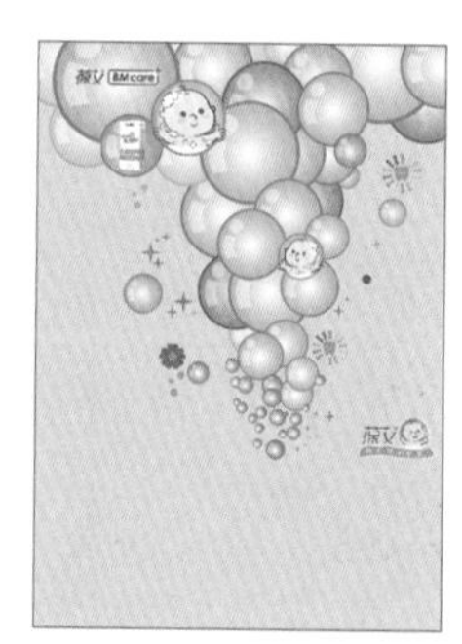

图12-364 导入素材

21 通过使用相同的方法，导入“包装”和“文字”素材，放置合适的位置上，如图12-365所示。

22 选择工具箱中的“文本”工具字，设置属性栏中的字体为“时尚中黑简体”，大小为40pt，在图像窗口输入文字，按Ctrl+A组合键，全选文字，单击状态栏中的填充按钮，设置颜色为蓝色(C100，M85，Y0，K35)，选择工具箱中的“形状”工具，调整好文字的间距，如图12-366所示。

电脑小百科

插图是一种特殊的手绘图形表现方式，通常为形象再现或以表现主义形象来完成一个视觉描述。

23 继续编辑其他的文字，得到最终的效果如图12-367所示。

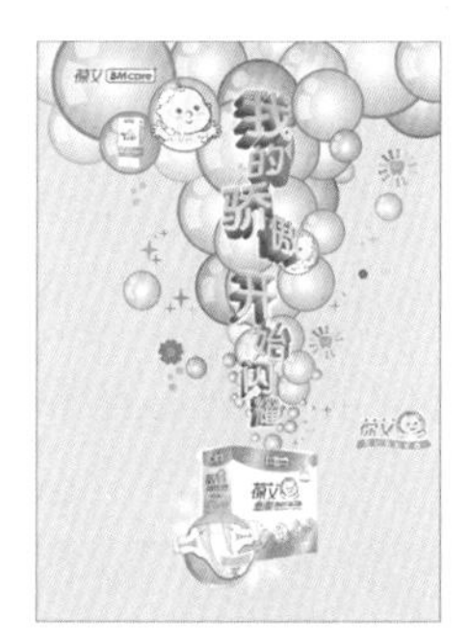

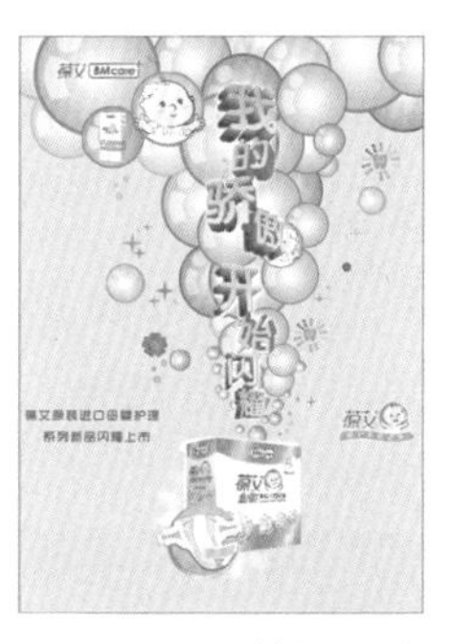

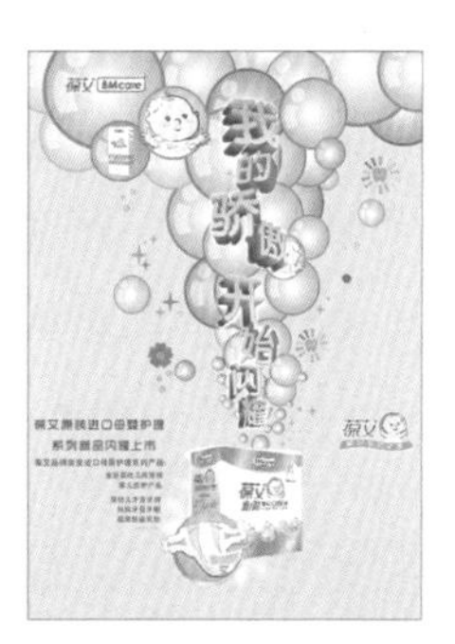

图12-365　导入其他的素材　　图12-366　编辑文字　　图12-367　最终效果

12.10.2 海报设计——汽车广告

本实例设计的是一汽车户外广告，本实例运用大量流线图形象征燃烧的火焰。增添了整个画面的气势，以标志文字作底，不仅传达了广告的创意，也装饰了整体，使画面不至于太单调。主要运用了矩形工具、椭圆形工具、星形工具、钢笔工具等，汽车广告的具体操作步骤如下。

1 启动CorelDRAW X6程序后，选择“文件”→“新建”命令，在弹出的“创建新文档”对话框中，设置“宽度”为850mm，“高度”为500mm，单击“确定”按钮，双击工具箱中的“矩形”工具，自动生成一个与页面同等大小的矩形，按Shift+F11组合键，弹出“均匀填充”对话框，设置颜色值为(C0，M0，Y0，K50)，单击“确定”按钮，效果如图12-368所示。

2 选择工具箱中的“椭圆形”工具，按住Ctrl键，绘制两个正圆，填充白色，去除轮廓线，选中一个正圆，按F11键，弹出“渐变填充”对话框，在“类型”下拉框中选择“辐射”，“水平”为0，“边界”为0，“垂直”为0，选择“自定义”选项，设置颜色由白色到白色27%到淡蓝色(C33，M1，Y3，K7)45%到蓝色(C79，M3，Y7，K)，单击“确定”按钮，如图12-369所示。

3 选择工具箱中的“星形”工具，设置属性栏中的“边数和点数”为100，“锐度”为50，按住Ctrl键，绘制图形，填充白色，去除轮廓线，如图12-370所示。

图12-368　新建文件

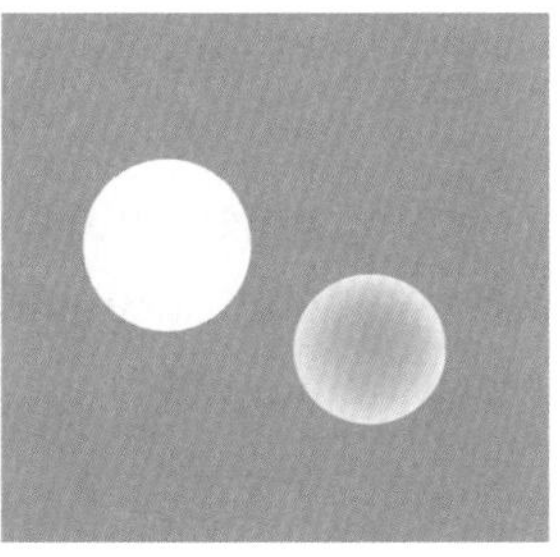

图12-369　绘制泡泡

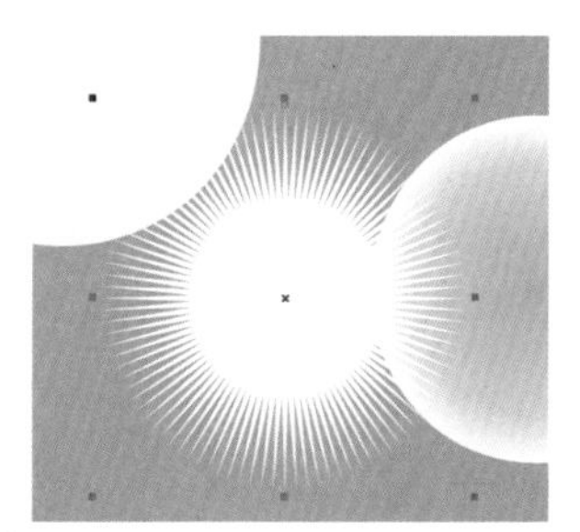

图12-370　绘制星形

电脑小百科

广告插图是为广告创意主题服务的一种手段，以商业促销为设计宗旨的一种图形设计方法。它与艺术绘画最大的区别在于准确的商业目标，要为企业、产品服务，旨在推动消费。

4 选择工具箱中的“选择”工具，拖动星形，释放的同时单击右键，复制星形，分别调整颜色和大小，如图12-371所示。

5 选中蓝色渐变圆，按小键盘上的+键，复制一个，按F11键，弹出“渐变填充”对话框，更改颜色值，单击“确定”按钮。

6 按照上述复制并更改正圆的方法，复制多个圆，效果如图12-372所示。

7 选择工具箱中的“钢笔”工具，绘制飘带，填充白色，去除轮廓线，如图12-373所示。

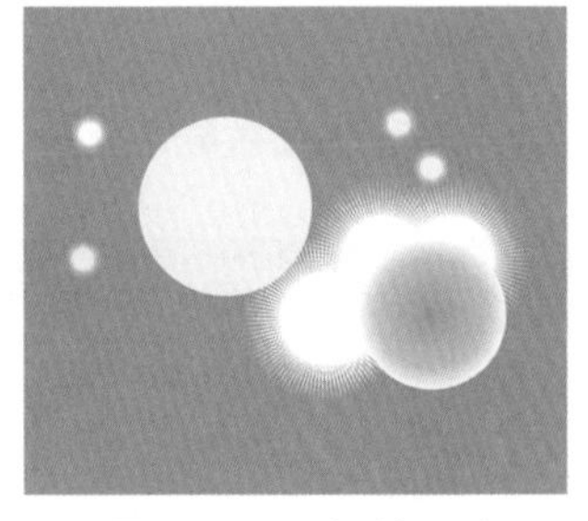

图12-371 复制星形

图12-372 复制圆

图12-373 绘制图形

8 运用钢笔工具绘制更多飘带形状图形，分别填充相应的颜色，效果如图12-374所示。

9 选择工具箱中的“椭圆形”工具，绘制一个椭圆，填充淡蓝色，按住Shift键，向内拖动椭圆，释放的同时单击右键，等比例缩小并复制椭圆，填充白色，反复复制几个，形成同心环，效果如图12-375所示。

10 框选图形，按小键盘上的+键，复制多个，调整好大小、位置和颜色，效果如图12-376所示。

图12-374 绘制飘带

图12-375 绘制椭圆图形

图12-376 复制多个图形

11 选择“文件”→“导入”命令，导入“汽车和标志”素材，放置到合适位置上，如图12-377所示。

12 选中另一个标志，复制多个，分别填充墨绿色(C60，M0，Y30，K80)、青色(C40，M0，Y20，K60)和蓝色(C60，M0，Y20，K60)，分别调整合适大小，选中所有文字，在属性栏中设置“旋转角度”为353°，放置到汽车背景矩形上面，最终效果如图12-378所示。

电脑小百科

插图的表现技术与绘画技术相似，插图有素描、油画、彩色铅笔、蜡笔、水彩、综合媒介拼贴、版画以及电脑绘画等表现形式，还可以表现二维或三维以及多维混合的空间形象。

图12-377　绘制星形并复制

图12-378　最终效果

12.11　插画设计

插画通常分为人物插画、动物插画、风景插画和商业插画。人物插画以人物为题材，这类插画的想象性创造空间非常大，能够充分调动设计者的思维，表现出人物的喜怒哀乐，给人以深刻的印象。

书盘互动指导

⊙ 示例	⊙ 在光盘中的位置	⊙ 书盘互动情况
	12.11　插画设计 12.11.1　商业插画设计 12.11.2　人物插画设计	本节主要学习如何制作插画设计，在光盘12.11节中有相关内容的操作视频，还特别针对本节内容设置了具体的实例分析。 大家可以在阅读本节内容后再学习光盘，以达到巩固和提升的效果。

12.11.1　商业插画设计

本实例设计的是一场婚礼的插画，整个画面洋溢着幸福、温馨，几个纯色块的对比，视觉感超强。主要运用了形状工具、矩形工具、文本工具、椭圆工具、贝塞尔工具等，并使用了“旋转”泊坞窗，商业插画设计的具体操作步骤如下。

1. 启动CorelDRAW X6程序后，选择“文件”→“新建”命令，弹出“创建新文档”对话框，设置“宽度”为300mm，“高度”为230mm，单击“确定”按钮，如图12-379所示。
2. 选择工具箱中的“矩形”工具，绘制一个矩形，按Shift+F11组合键，弹出“均匀填充”对话框，设置颜色值为(C0，M39，Y100，K0)，单击“确定”按钮，右键单击调色板上的无填充按钮，去除轮廓线，如图12-380所示。
3. 按照上述的方法，绘制多个不同颜色的矩形，如图12-381所示。

电脑小百科

摄影虽然具有极强的感染力，但插图以其机动灵活性在现代平面广告中大有作为。

图12-379 新建文档

图12-380 绘制矩形

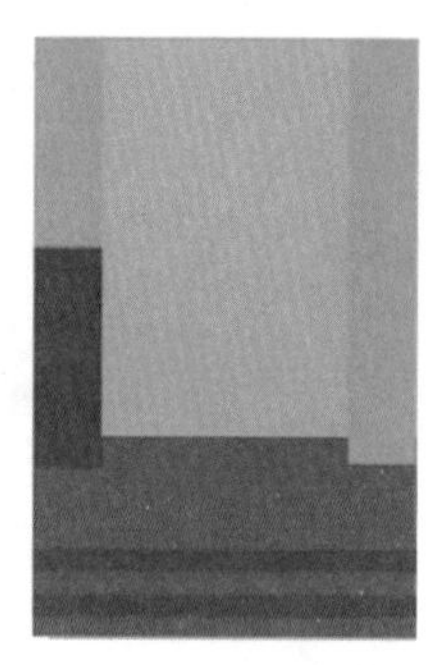

图12-381 绘制多个矩形

4 再次选择工具箱中的“矩形”工具，绘制多个矩形，填充黑色，如图12-382所示。

5 选择工具箱中的“椭圆形”工具，单击属性栏中的“饼图”按钮，设置“起始角度”为180，“结束角度”为0，绘制半圆，填充黑色，右键单击调色板上的无填充按钮☒，去除轮廓线，按小键盘上的+键，复制两个并放置到合适的位置上，如图12-383所示。

6 选择工具箱中的“矩形”工具，绘制多个矩形，填充白色和黑色，效果如图12-384所示。

7 选择工具箱中的“贝塞尔”工具，绘制图形，在调色板“白色”色块上单击鼠标左键，为图形填充白色。按小键盘上的+键，复制图形，按Shift键同比例向里拖动，颜色填充黄色(C0，M50，Y100，K0)，选择工具箱中的“选择”工具，选中两个，选择“排列”→“对齐和分布”→“底端对齐”命令或按B键来完成，效果如图12-385所示。

图12-382 绘制黑色矩形

图12-383 绘制半圆

图12-384 绘制矩形

图12-385 绘制图形

8 按Ctrl+G组合键，群组图形，再按小键盘上的+键，复制两个，放置相应的位置上，如图12-386所示。

9 选择工具箱中的“椭圆形”工具，绘制多个不同大小的圆，均填充黑色，如图12-387所示。

10 选择工具箱中的“贝塞尔”工具，绘制人物的脸型轮廓，填充土黄色(C0，M42，Y75，K40)，选择工具箱中的“形状”工具，调整图形上的节点，进行变形，使其人物轮廓更为圆滑，右键单击调色板上的无填充按钮☒，去除轮廓线，如图12-388所示。

11 按照上述方法，完成人物轮廓的绘制并填充相应的颜色，如图12-389所示。

电脑小百科

插图与摄影图片相比具有几大优点，首先插图可以描述不能被人们拍摄到的影像。其次插图可以清除与主题无关的形象，从而更清楚地表达广告的创新目的。

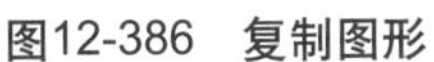

图12-386　复制图形

图12-387　绘制圆

图12-388　绘制图形

12 选择工具箱中的“贝塞尔”工具，绘制图形，在调色板“白色”色块上单击鼠标左键，为图形填充白色，如图12-390所示。

13 选择工具箱中的“选择”工具，再次单击图形，使其处于旋转状态，向右拖曳旋转中心点至合适的位置，如图12-391所示。

14 设置属性栏中的“旋转角度”为35°，拖曳图形旋转控制手柄旋转图形到适当的位置，单击右键复制图形，如图12-392所示。

15 按Ctrl+D组合键，再绘制图形，完成后，选择工具箱中的“选择”工具，框选图形，按Ctrl+G组合键，群组图形，复制两个于不同的位置上，如图12-393所示。

图12-389　绘制人物

图12-390　贝塞尔工具绘图

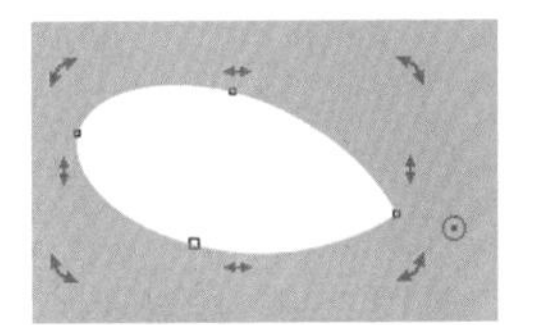

图12-391　旋转状态

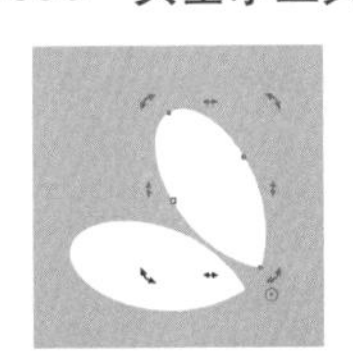

图12-392　旋转图形

图12-393　复制并移动图形

16 选择工具箱中的“直线”工具，绘制多条直线，左键单击调色板上的无填充按钮☒，按F12键，弹出“轮廓笔”对话框，设“宽度”为0.5mm，颜色填充为白色，单击“确定”按钮，如图12-394所示。

17 选择工具箱中的“椭圆形”工具，在直线上绘制多个圆，填充白色，如图12-395所示。

18 继续选择“椭圆形”工具，按Ctrl键绘制正圆，左键单击调色板上的无填充按钮☒，按F12键，弹出“轮廓笔”对话框，设置“宽度”为0.25mm，颜色填充为白色，单击“确定”按钮，按Alt+F8组合键，弹出“旋转”泊坞窗，设“角度”为35°，副本为9，单击“应用”按钮，如图12-396所示。

19 按Ctrl+G组合键，群组图形，复制多次，放置于不同的位置上，如图12-397所示。

电脑小百科

插图可以充分表达情感，而现代广告强调以情动人，所以插图在现代平面广告图形表现中占有很大市场。

图12-394 绘制直线

图12-395 绘制圆并填充白色

图12-396 绘制正圆

图12-397 群组图形

20 选择工具箱中的“贝塞尔”工具，绘制5个不同的图形，填充相应的颜色并去除轮廓线，放置于相应的位置，效果如图12-398所示。

21 选择工具箱中的“椭圆形”工具，绘制多个圆，分别填充黑色和红色，如图12-399所示。

22 继续选择“椭圆形”工具，绘制圆，填充相应的颜色，得到最终效果如图12-400所示。

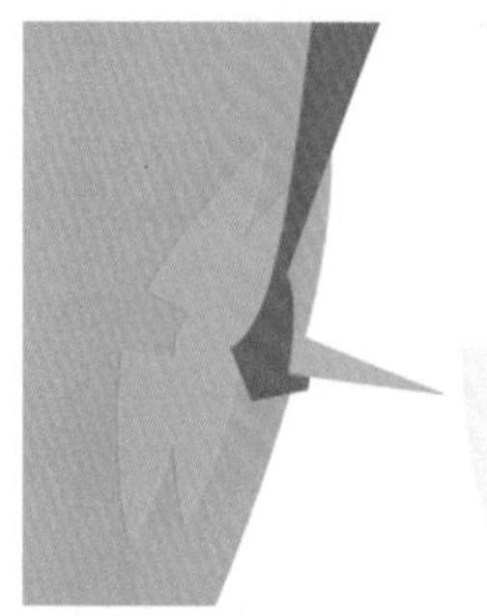
图12-398 绘制图形

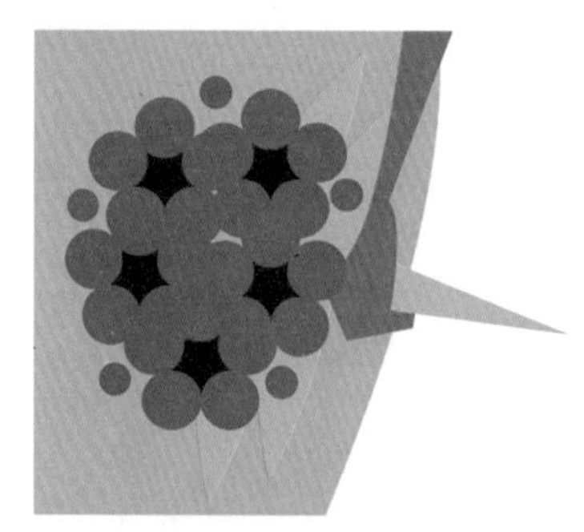
图12-399 绘制圆

图12-400 最终效果

23 按照上述所有的方法，绘制图形，如图12-401所示。在制作的过程中，如果遇到疑问，可观看配书光盘。

图12-401 最终效果

电脑小百科

平面广告图形的设计原则有吸引受众注意的原则、准确传递广告信息的原则、适应发布地区文化的原则。

知识补充

如果需要同类色，则选中对象后，在调色板上按鼠标左键不放，则会出现同类的一系列颜色。按Ctrl+PageUp组合键，可以将当前图层的图层顺序向前移一层。按Ctrl+PageDown组合键，可以将当前图层的图层顺序向后移一层。按Shift+PageUp组合键，可以将当前图层的图层顺序放置在顶层。按Shift+PageDown组合键，可以将当前图层的图层顺序放置在底层。

12.11.2 人物插画设计

本案例将详细讲解人物插画设计的方法和技巧。主要使用手绘工具、贝塞尔工具、形状工具和基本形状工具等来绘制。

1. 启动CorelDRAW X6程序后，单击标准工具栏上的“新建”按钮，创建一个空白文件，文件的大小为默认的A4纸张。
2. 在属性栏上的“纸张类型”下拉列表框中选择“自定义”选项，在“纸张宽度和高度”数值框中分别输入460mm和297mm，按Enter键更改纸张的尺寸。
3. 单击标准工具栏中的“保存”按钮，打开“保存绘图”对话框，在该对话框中选择好文件的保存位置，并输入文件名“人物插画”，设置好后单击“保存”按钮退出该对话框。
4. 双击工具箱中的“矩形”工具，在页面中自动生成一个与页面等大的矩形，如图12-402所示。
5. 选择工具箱中的“交互式填充”工具，在属性栏上的“填充类型”下拉列表框中选择“线性”选项，在颜色选择器中分别选择“霓虹粉”和“白色”，然后从页面的左下角往右上角拖动鼠标，为矩形填充线性渐变，并用鼠标右键单击调色板上的无填充按钮☒，去掉矩形的轮廓色，效果如图12-403所示。
6. 选择工具箱中的“贝塞尔”工具，并结合“形状”工具，在矩形上绘制出如图12-404所示的曲线图形。

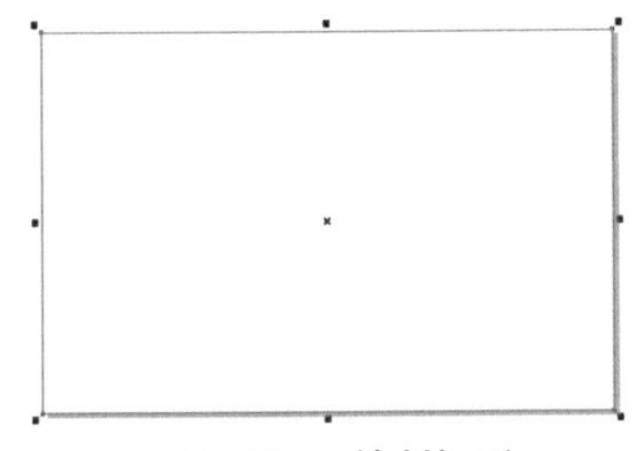

图12-402　绘制矩形

图12-403　填充线性渐变

图12-404　绘制曲线图形

7. 用鼠标左键单击调色板上的“白色”，填充图形，并用鼠标右键单击调色板上的无填充按钮☒，去掉图形的轮廓色，效果如图12-405所示。
8. 选择工具箱中的“手绘”工具，并结合“形状”工具，在图形的左上角绘制一个心形，并填充为白色，且去掉其轮廓色，如图12-406所示。

电脑小百科

以包装材料为主要依据的分类，可以分为纸包装、塑料包装、金属包装、玻璃包装、陶瓷包装、木包装、纤维制品包装、复合材料包装和其他天然材料包装等。

9 按小键盘上的+键，原位复制一个图形，然后按住Shift键的同时选择工具拖动图形的控制点，适当缩小图形，并单击调色板上的“红色”填充图形，如图12-407所示。

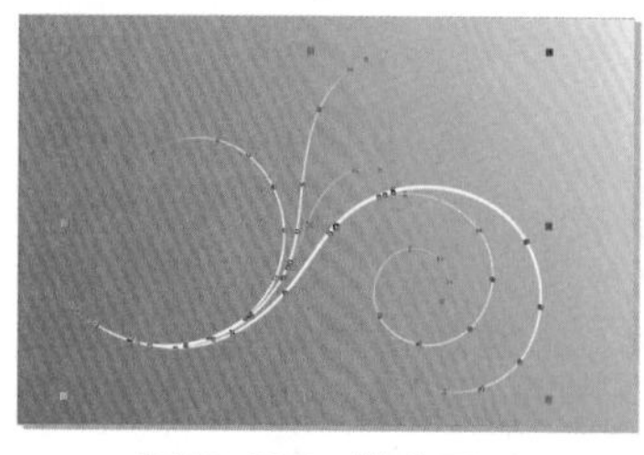
图12-405 填充图形

图12-406 绘制心形

图12-407 复制并缩小图形

10 选择工具箱中的“贝塞尔”工具，并结合“形状”工具，在图形上绘制一个曲线图形，并填充为白色，如图12-408所示。

11 使用选择工具选中整个心形，单击属性栏上的“群组”按钮，将其群组。

12 按小键盘上的+键，复制两个心形，并适当调整其大小，然后摆放到合适的位置，并将其群组，效果如图12-409所示。

13 选择工具箱中的“钢笔”工具，在页面中绘制一个如图12-410所示的图形。

图12-408 绘制曲线图形

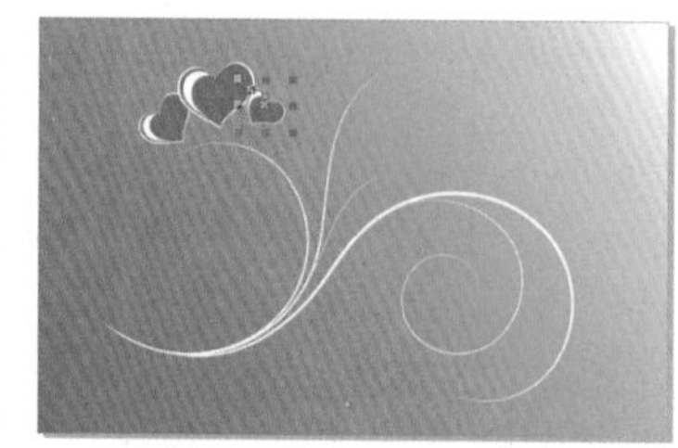
图12-409 复制图形

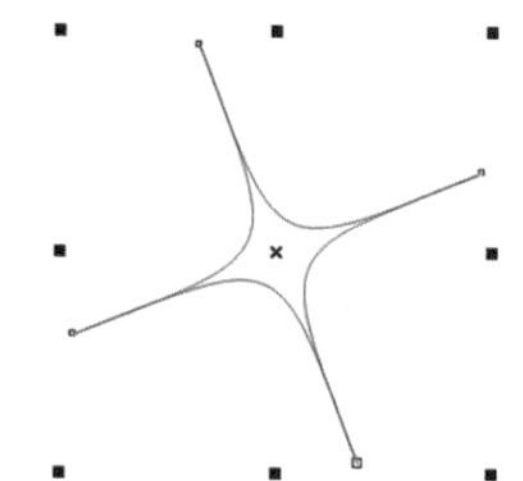
图12-410 绘制图形

14 选择调色板上的白色，填充图形，并去掉其轮廓色，然后在页面中复制多个图形，并调整好图形的大小和位置，使其大小不一的散布在心形周围，然后将其群组，效果如图12-411所示。

15 选择工具箱中的“选择”工具，选中心形组，按小键盘上的+键，复制一组，然后单击属性栏上的“水平镜像”按钮和“垂直镜像”按钮，翻转图形，并适当缩小图形后放置到曲线图形的下方，如图12-412所示。

16 继续复制图形，调整好大小后放置在页面的右下角，效果如图12-413所示。

图12-411 添加图形

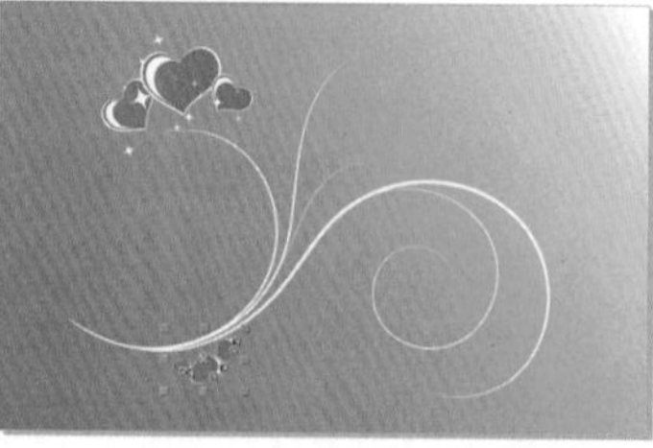
图12-412 复制心形

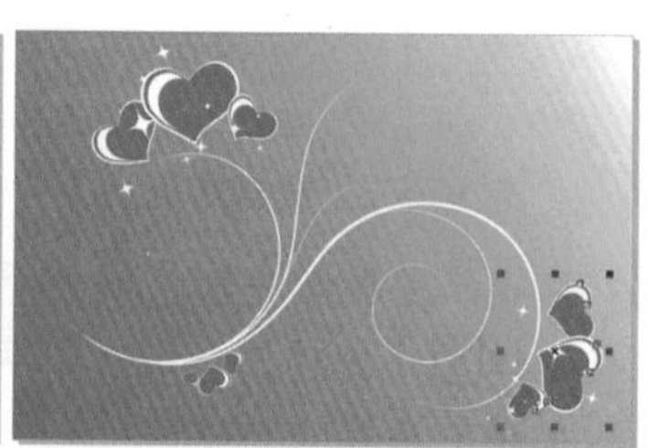
图12-413 继续复制图形

电脑小百科

完整的包装定义是商品从生产者手中传递到消费者手中，而能完整地保持其使用价值的手段叫包装。

17 继续在页面中复制小星形，并适当调整其颜色和大小，丰富背景图形，效果如图12-414所示。

18 选择工具箱中的“选择”工具，框选住整个背景图形，单击属性栏上的“群组”按钮，将其群组。

19 选择工具箱中的“手绘”工具，并结合“形状”工具，在页面中绘制出头发的粗略轮廓，如图12-415所示。

20 选择工具箱中的“填充”工具，在打开的隐藏工具组中选择“均匀”填充选项，打开“均匀填充”对话框，在该对话框中设置颜色值为(C59，M88，Y85，K13)的颜色，如图12-416所示。

图12-414　继续添加小星形

图12-415　绘制头发粗略轮廓

图12-416　设置颜色值

21 设置好后，单击“确定”按钮，为头发填充颜色，并用鼠标右键单击调色板上的无填充按钮☒，去掉图形的轮廓色，效果如图12-417所示。

22 选择工具箱中的“手绘”工具，并结合“形状”工具，在头发的缝隙间添加图形，完善头发的轮廓，并填充图形的颜色为(C69，M91，Y88，K34)，如图12-418所示。

23 用同样的方法继续在头发上添加几个图形，并放置在头发的底层，填充颜色为“弱粉”，如图12-419所示。

图12-417　填充头发

图12-418　添加图形

图12-419　继续添加图形

24 选择工具箱中的“手绘”工具，并结合“形状”工具，在图形上绘制出脸部轮廓，并填充为白色，放置到头发的下层，效果如图12-420所示。

25 选择工具箱中的“手绘”工具，并结合“形状”工具，在脸部轮廓上绘制出眉毛的形状，然后选择“交互式填充”工具，设置好线性渐变后填充图形，并去掉图形的轮廓色，如图12-421所示。

26 选择工具箱中的“贝塞尔”工具，并结合“形状”工具，在眉毛下方绘制眼睛轮

电脑小百科

版式是在进行平面广告设计时，根据广告创意概念对文字、图形、标志、色彩等视觉元素的合理布局，以提高平面广告的视觉冲击力。

廓，并分别为图形填充上颜色(C0，M40，Y38，K0)、黑色和白色，如图12-422所示。

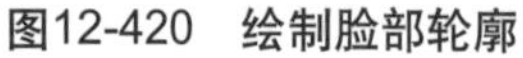
图12-420 绘制脸部轮廓

图12-421 绘制眉毛

图12-422 绘制眼睛

27 选择工具箱中的“手绘”工具，并结合“形状”工具，在眼睛上方添加睫毛和眼球，并填充上合适的颜色，如图12-423所示。

28 用同样的方法绘制出另一只眼睛和眉毛，完成后效果如图12-424所示。

29 选择工具箱中的“钢笔”工具，并结合“形状”工具，在脸部上绘制出嘴巴的轮廓，然后分别为上嘴唇和下嘴唇填充上红色和颜色(C0，M69，Y58，K0)，并去掉轮廓色，如图12-425所示。

图12-423 绘制睫毛

图12-424 绘制另一只眼睛和眉毛

图12-425 绘制嘴巴

30 选择工具箱中的“手绘”工具，并结合“形状”工具，在脸部上绘制出耳朵和耳环的轮廓，然后分别填充颜色(C3，M13，Y13，K0)和白色，并去掉轮廓色，如图12-426所示。

31 选择工具箱中的“手绘”工具，并结合“形状”工具，在头部下方绘制出身体的轮廓，并填充为白色，且去掉轮廓色，然后放置在头发的下层，如图12-427所示。

32 选择工具箱中的“手绘”工具，并结合“形状”工具，在颈部上添加高光图形，然后填充颜色(C2，M3，Y6，K0)，并去掉轮廓色，如图12-428所示。

图12-426 绘制耳朵和耳环

图12-427 绘制身体

图12-428 添加颈部高光图形

33 选择工具箱中的“手绘”工具，并结合“形状”工具，在图形上绘制出手部轮廓，并填充白色和红色，如图12-429所示。

电脑小百科

招贴广告有版面尺寸多变、感染力强等特点。

34 选择工具箱中的“手绘”工具，并结合“形状”工具，在图形上添加阴影图形，勾勒出手臂轮廓，并分别填充上颜色(C3，M12，Y13，K0)和(C9，M44，Y31，K0)，且去掉轮廓，如图12-430所示。

35 选择工具箱中的“手绘”工具，并结合“形状”工具，在手部轮廓上添加指甲图形，然后填充上颜色(C0，M65，Y54，K0)，并去掉轮廓色，如图12-431所示。

36 选择工具箱中的“手绘”工具，并结合“形状”工具，在身体上添加图形，并填充上合适的颜色，轮廓色为无，如图12-432所示。

图12-429　绘制手部轮廓

图12-430　添加图形

图12-431　绘制指甲

图12-432　添加图形

37 使用选择工具框选住整个人物图形，在图形上单击鼠标右键，从弹出的快捷菜单中选择“群组”命令，将其群组。

38 至此，人物插画就绘制完成了，最终效果如图12-433所示。按Ctrl＋S组合键将当前文件保存即可。

图12-433　最终效果

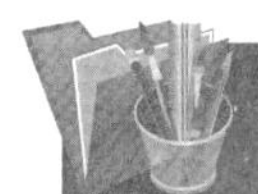

12.12　包装设计

包装是作为在购买时与消费者最直接沟通情感和传递信息的手段与渠道，也是最直接的对产品的展示，它决定了该产品在消费者心中的形象特质。本章针对不同的包装进行设计制作，通过操作演示并分析设计思路，将包装风格思路赋予各包装的灵性和特质，来满足消费者需求。

电脑小百科

行录广告是广告客户以印刷或书写方式，面向特定的目标直接传达信息和活动的一种方式。最常见的行录广告是通过邮局直接向买主邮寄，所以又名“直邮广告”，即DM广告。

书盘互动指导

⊙ 示例	⊙ 在光盘中的位置	⊙ 书盘互动情况
	12.12 包装设计 12.12.1 糖果包装设计 12.12.2 手提包装设计	本节主要学习如何制作包装设计，在光盘12.12节中有相关内容的操作视频，还特别针对本节内容设置了具体的实例分析。 大家可以在阅读本节内容后再学习光盘，以达到巩固和提升的效果。

12.12.1 糖果包装——VAKA

本实例设计的是糖果包装，色彩符合消费者的需求，图形的动感给商品使用者带来一定的趣味，使画面生动形象，使用颜色饱满、鲜艳，主体突出。本实例主要运用了文本工具、贝塞尔工具、矩形工具、椭圆形工具等，并使用了“图框精确裁剪内部”命令。

下面为糖果包装的具体操作步骤。

1. 启动CorelDRAW X6程序后，选择“文件”→“新建”命令，弹出“创建新文档”对话框，设置“高度”为297mm，“宽度”为210mm，单击“确定”按钮，新建一个空白文档，效果如图12-434所示。

2. 选择工具箱中的“贝塞尔”工具，绘制一个不规则图形，按F11键，弹出“渐变填充”对话框，设置参数值如图12-435所示，设置完成后，单击“确定”按钮，效果如图12-436所示。

图12-434 渐变填充效果

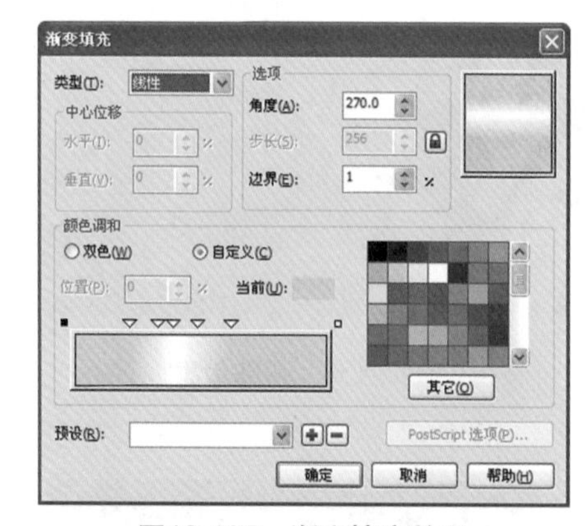

图12-435 渐变填充效果

图12-436 渐变填充效果

3. 选择工具箱中的“矩形”工具，绘制一个细长的矩形，按Shift+F11组合键，弹出“均匀填充”对话框，设置颜色值为(C35，M40，Y100，K0)，单击“确定”按钮，按小键盘上的+键，复制多个矩形，并移至合适的位置，如图12-437所示。

4. 选择工具箱中的“贝塞尔”工具，在包装轮廓边缘绘制图形，颜色填充为灰色(C0，M0，Y0，K40)，选择工具箱中的“交互式透明度”工具，调整图形的透明度，按

面是线移动的轨迹，面具有长、宽两度空间。

小键盘上的+键，复制图形，单击属性栏里的“水平镜像”按钮，移至包装右侧的边缘，使其有立体效果，如图12-438所示。

5 使用相同的绘制方法，绘制其他图形，如图12-439所示。

图12-437　绘制矩形

图12-438　交互式透明工具

图12-439　交互式透明工具

6 选择工具箱中的“贝塞尔”工具，绘制一个不规则图形，按F11键，弹出“渐变填充”对话框，设置参数值如图12-440所示，设置完成后，单击“确定”按钮，右键单击调色板上的无填充按钮，去除轮廓线，效果如图12-441所示。

7 选择工具箱中的“贝塞尔”工具，绘制图形，按F11键，弹出“渐变填充”对话框，设置参数值如图12-442所示，设置完成后，单击“确定”按钮，并去除轮廓线，效果如图12-443所示。

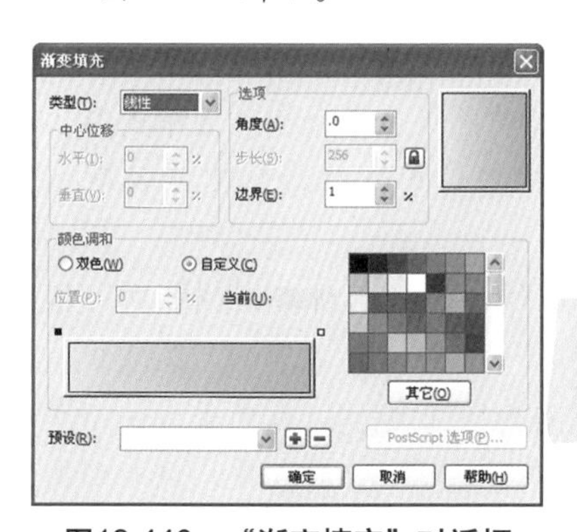

图12-440　“渐变填充”对话框

图12-441　渐变填充效果

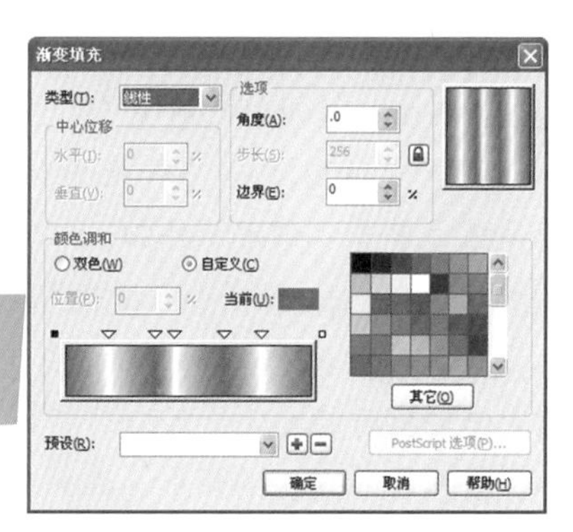

图12-442　“渐变填充”对话框

8 选择工具箱中的“贝塞尔”工具，绘制多个不同形状的图形，并框选所绘制好的图形，选择“效果”→“图框精确裁剪”→“置于图文框内部”命令，裁剪到图形中，如图12-444所示。

9 选择工具箱中的“文本”工具，编辑文字，按Shift+F11组合键，弹出“均匀填充”对话框，设置颜色为(C0，M100，Y100，K0)，单击“确定”按钮，按Ctrl+Q组合键，将文字转换为曲线，再按Ctrl+A组合键，调整文字的形状。

图12-443　渐变填充

10 选择工具箱中的“交互式轮廓图”工具，

给文字添加底纹可以起到突显文字的作用，使文字在整体上看上去更加明显。

绘制轮廓图，设置属性栏中的“轮廓色”为白色，选择工具箱中的“封套”工具，整体调整文字的形状，如图12-445所示。

11 选择工具箱中的“文本”工具，输入文字，填充相应的颜色，选择“效果”→“添加透视”命令，调整文字的透视，如图12-446所示。

12 选择工具箱中的“椭圆形”工具，绘制两个大小不一的椭圆，颜色分别填充为(C41，M44，Y100，K0)和(C0，M100，Y100，K0)，如图12-447所示。

图12-444 图框精确裁剪

图12-445 交互式轮廓图

图12-446 透视编辑

图12-447 绘制椭圆

13 选择工具箱中的“文本”工具，继续编辑文字，填充相应的颜色，如图12-448所示。

14 单击属性栏中的“导入”按钮或按Ctrl+I组合键，弹出“导入”对话框，选择本书配套光盘中的“目标文件\第12章\12.12\12.12.1\糖果包装cdr”单击“导入”按钮，选择工具箱中的“选择”工具，将素材放置合适的位置上，效果图如图12-449所示。

15 选择工具箱中的“贝塞尔”工具，绘制图形，左键单击调色板上的白色，选中图形，选择“位图”→“转换为位图”命令，在弹出的“转换为位图”对话框中保持默认值，单击“确定”按钮。

16 再选择“位图”→“模糊”→“高斯式模糊”命令，在弹出的“高斯式模糊”对话框中，设置“半径”为20，单击“确定”按钮，如图12-450所示。

17 使用相同的方法，再绘制两处高光，双击工具箱中的“矩形”工具，自动生成一个与页面同等大小的矩形，左键单击调色板上的黑色，按Shift+PageDown组合键，调整到图层后面，复制一个包装，调整好位置，得到最终的效果如图12-451所示。

图12-448 编辑文字

图12-449 导入糖果包装文件

图12-450 高斯式模糊

图12-451 最终效果

电脑小百科

行录广告有创意灵活、针对性强、高效率、低成本、专一性等特点。

12.12.2 手提包装——饰品礼品袋

手提包装袋有一定的使用作用，本案例以红色为主色调，结合素材的运用，透露出礼品袋的使用对象，礼品袋很具档次。本实例主要运用了钢笔工具、3点矩形工具、基本形状工具等，并使用了“添加透视”命令，手提包装的具体操作步骤如下。

1. 启动CorelDRAW X6程序后，选择“文件”→“新建”命令，弹出“创建新文档”对话框，设置“高度”为300mm，“宽度”为450mm，单击“确定”按钮，新建一个空白文档，效果如图12-452所示。
2. 选择工具箱中的“折线”工具，绘制图形，在属性栏中设置“高度”为158mm，“宽度”为112mm，按F11键，弹出“渐变填充”对话框，设置颜色为(R255，G121，B131)到40%(R222，G75，B66)到64%(R188，G28，B0)到100%(R42，G42，B42)的线性渐变，设置角度值为308°，边界值为2，单击“确定”按钮，如图12-453所示。
3. 选择工具箱中的“立体化”工具，在图形上拖动鼠标，制作立体效果，如图12-454所示。

图12-452　新建文件

图12-453　绘制图形

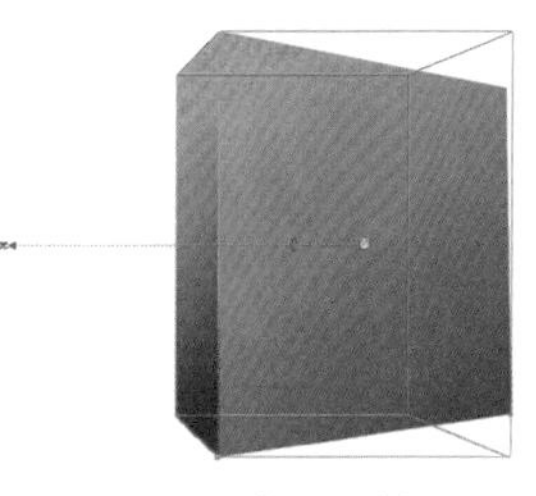

图12-454　绘制立体效果

4. 保持立体效果的选择状态，按Ctrl+K组合键，打散立体效果，按F10键，切换到形状工具，微调立体效果，按F11键，弹出“渐变填充”对话框，角度改为287°，边界为21，单击“确定”按钮，如图12-455所示。
5. 选择工具箱中的“2点线”工具，绘制一条直线，按Ctrl+Shift+Q组合键，将轮廓转换为对象，选择工具箱中的“形状”工具，微调直线的形状，单击状态栏中的填充按钮，弹出“均匀填充”对话框，设置颜色值为(R255，G175，B163)，单击“确定”按钮，如图12-456所示。
6. 选择工具箱中的“钢笔”工具，绘制图形，按F11键，弹出“渐变填充”对话框，设置颜色为(R235，G28，B35)到50%(R121，G17，B0)到100%(R0，G0，B0)的线性渐变，设置角度值为307.6°，边界值为6，单击“确定”按钮，如图12-457所示。
7. 选择工具箱中的“贝塞尔”工具，绘制一条曲线，按Ctrl+Shift+Q组合键，将轮廓转换为对象，选择工具箱中的“形状”工具，微调曲线的形状，按F11键，弹出“渐变填充”对话框，设置颜色由(R255，G121，B131)到40%(R222，G75，B66)到64%(R188，G28，B0)到100%(R42，G42，B42)的线性渐变，设置角度值为312.3°，边界值为7，单击“确定”按钮。

电脑小百科

假如书籍装帧犹如一组建筑，那么书籍封面无疑是这些建筑的外观。不管是西方哥特式的教堂，还是中国古典式的皇宫寺院，建筑外观都能体现出建筑的精神。而封面也是如此，将集中地体现书籍的主题精神，它是书籍装帧设计的一个重点。

8 使用相同的方法，绘制另一条曲线，选择工具箱中的“选择”工具，选中渐变曲线，右键拖动至另一曲线上松开鼠标，弹出快捷菜单，选择“复制所有属性”命令，再按F11键弹出“渐变填充”对话框，边界值更改为10，单击“确定”按钮，如图12-458所示。

图12-455 更改渐变参数

图12-456 微调直线的形状

图12-457 绘制图形

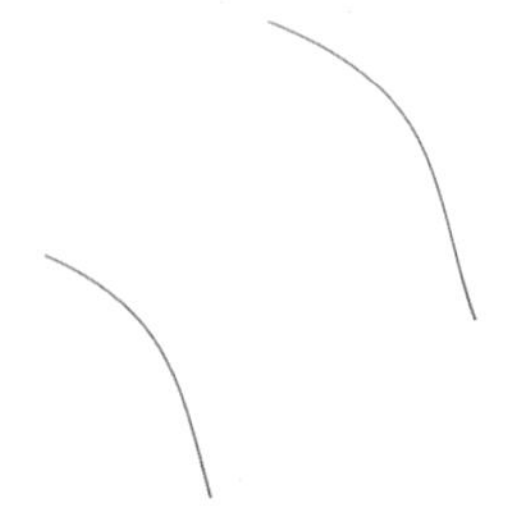
图12-458 绘制曲线

9 选择工具箱中的“调和”工具，从曲线上拖动至另一曲线上，设置属性栏中的“调和对象”为70，效果如图12-459所示。

10 选择工具箱中的“选择”工具，选中调和图形，拖至立体正面图，按Shift键同时选中调和图形与立体正面图，单击属性栏上的“简化”按钮，效果如图12-460所示。

11 选择工具箱中的“选择”工具，将图形放置立体正面图上，按Ctrl+PageDown组合键，调整向后一层，如图12-461所示。

12 使用相同的方法，绘制其他的图形，如图12-462所示。

图12-459 调和对象

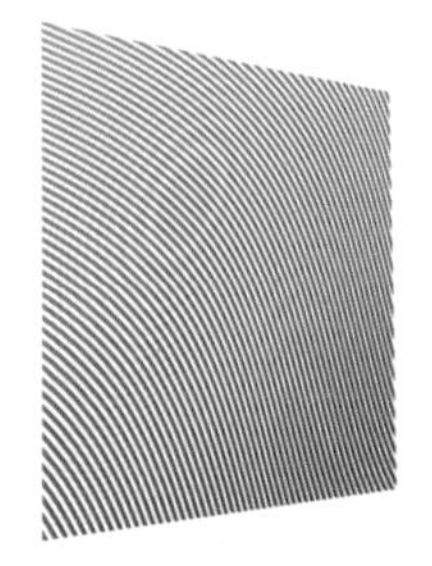
图12-460 简化图形

图12-461 调整顺序

图12-462 绘制其他图形

13 选择工具箱中的“3点曲线”工具，绘制曲线，按Ctrl+Shift+Q组合键，将轮廓转换为对象，选择工具箱中的“形状”工具，调整形状，按Shift+F11组合键，弹出“均匀填充”对话框，设置颜色值为(R235，G89，B54)，单击“确定”按钮。右键拖动图形至合适的位置时单击鼠标右键，复制图形，按Shift+F11组合键，弹出“均匀填充”对话框，设置颜色值为(R209，G789，B47)，单击“确定”按钮，按Shift+PageUp组合键，调整到图层后面，如图12-463所示。

14 选择工具箱中的“贝塞尔”工具，绘制图形，按F11键，弹出“渐变填充”对话框，设置颜色为白色到(R255，G255，B255)12%到(R181，G26，B0)78%到(R0，G0，B0)100%的线性渐变，设置“角度”值为99°，“边界”值为8，单击“确定”按钮，如图12-464所示。

电脑小百科

书籍装帧设计需要像其他装潢设计一样，经过调查研究到检查校对的设计程序。首先向知识的企业主——作者或者文字编辑，了解原著的内容实质。并且通过自己的阅读、理解，加深对自己所要装帧对象的内容、性质、特点和读者对象等做出正确的判断。

15 使用相同的方法绘制，得到如图12-465所示的效果。

16 选择“文件”→“导入”命令，弹出“导入”对话框，选择本书配套光盘中的“目标文件\第12章\12.12\12.12.2\丝带花.cdr”，单击“导入”按钮，选择工具箱中的“选择”工具，将素材放置于合适的位置上，如图12-466所示。

图12-463　绘制圆形

图12-464　绘制图形

图12-465　绘制其他图形

图12-466　导入素材

17 选择工具箱中的“选择”工具，选择丝带花素材，按小键盘上的+键，原位复制，选择工具箱中的“3点矩形”工具，绘制矩形，选择工具箱中的“选择”工具，同时选中丝带花素材和矩形。单击属性栏的“移除前面对象”按钮，按Shift+F11组合键，弹出“均匀填充”对话框，设置颜色值为(R216，G0，B0)，单击“确定”按钮，再按Ctrl+PageDown组合键，调整向后一层，如图12-467所示。

18 选择工具箱中的“选择”工具，选择底部素材，按小键盘上的+键，原位复制，单击属性栏中的“垂直镜像”按钮，移至合适的位置上，如图12-468所示。

19 选择工具箱中的“基本形状”工具，在属性栏的完美形状下拉列表中找到“心形”，在绘图区中绘制心形，选择“效果”→“添加透视”命令，给心形添加透视效果并填充红色，如图12-469所示。

图12-467　移除前面对象

图12-468　垂直镜像

图12-469　调整透视

20 选择工具箱中的“选择”工具，按小键盘上的+键，原位复制，左键单击调色板上的灰色，按键盘上的方向键，调整位置，如图12-470所示。

21 使用相同的方法，绘制其他的心形，得到如图12-471所示的效果。

22 通过上述的方法，绘制另一个手提袋，最终效果如图12-472所示。

图12-470 复制心形

图12-471 立体效果

图12-472 最终效果

知识补充

在绘制手提袋的过程中，一般都有文字，如果文字占很大一部分空间，应注意文字与图形之间的主次关系，避免出现反客为主的现象。

12.13 书籍装帧设计

书籍是人类历史的载体，没有书籍的传播我们人类的历史将是一片空白，它对我们人类文明的延续和发展起着重要的作用，而书籍装帧艺术的发展则体现了人类文明和对美好事物的追求。

书盘互动指导

⊙ 示例	⊙ 在光盘中的位置	⊙ 书盘互动情况
	12.13 书籍装帧设计 12.13.1 电脑类书籍设计 12.13.2 漫画类书籍设计	本节主要学习如何制作书籍装帧，在光盘12.13节中有相关内容的操作视频，还特别针对本节内容设置了具体的实例分析。 大家可以在阅读本节内容后再学习光盘，以达到巩固和提升的效果。

12.13.1 电脑类书籍设计——Vista

本实例设计是一款电脑类的书籍装帧，颜色鲜艳，具有强烈的视觉冲击力。运用贝塞尔工具和矩形工具制作背景，运用文本工具输入文字，运用椭圆工具制作按钮。

下面为电脑类书籍装帧设计的具体操作步骤。

电脑小百科

以丰富的表现手法、丰富的表现内容，使视觉思维的直观认识(视觉生理)与视觉思维的推理认识(视觉心理)获得高度统一，以满足人们知识的、想象的、审美的多方面要求。

1 启动CorelDRAW X6后，单击属性栏中的“新建空文件”按钮，新建一个空白文件。在属性栏中设置页面“宽”为230mm，“高”为297mm。

2 选择工具箱中的“矩形”工具，绘制一个矩形，按F11键，弹出“渐变填充”对话框，设置“角度”值为180°，“边界”值为17，设置颜色为橘红色(C2、M75、Y96、K0)到(C0、M40、Y80、K0)的线性渐变，单击“确定”按钮，填充渐变色，效果如图12-473所示。

3 选择工具箱中的“贝塞尔”工具，绘制一条闭合路径，按F11键，弹出“渐变填充”对话框，设置“类型”为“辐射”，“水平”为－16，“垂直”为8，设置颜色由(C0、M40、Y80、K0)到(C0、M0、Y40、K0)，单击“确定”按钮，填充渐变色，效果如图12-474所示。

4 选择工具箱中的“交互式透明”工具，在图形上单击并拖动鼠标，为图形添加透明效果，在属性栏中设置“类型”为“线性”，“操作”为“常规”，“开始透明度”为100，效果如图12-475所示。

5 选择工具箱中的“贝塞尔”工具，绘制Vista背景图形，填充颜色为渐变色，在“渐变填充”对话框中，设置颜色由黄色(C0、M10、Y100、K0)到(C0、M60、Y100、K0)的线性渐变，单击“确定”按钮，效果如图12-476所示。

图12-473　绘制矩形

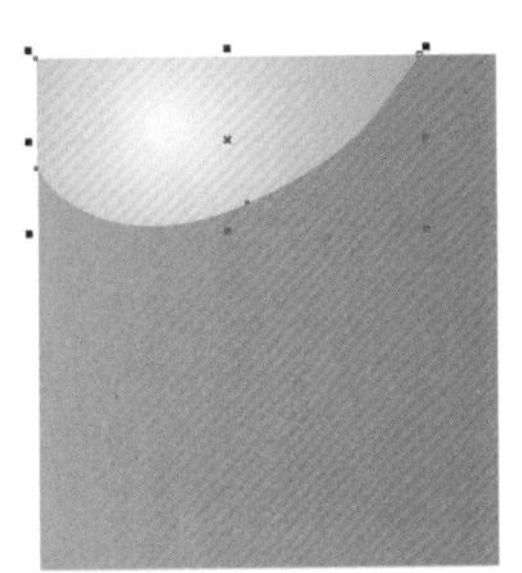

图12-474　绘制闭合路径

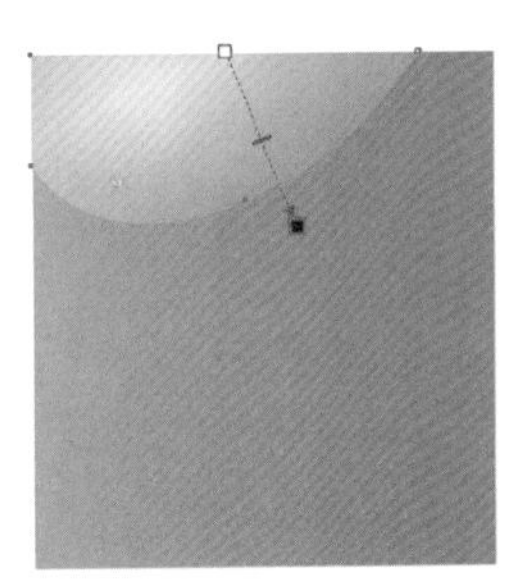

图12-475　添加透明效果

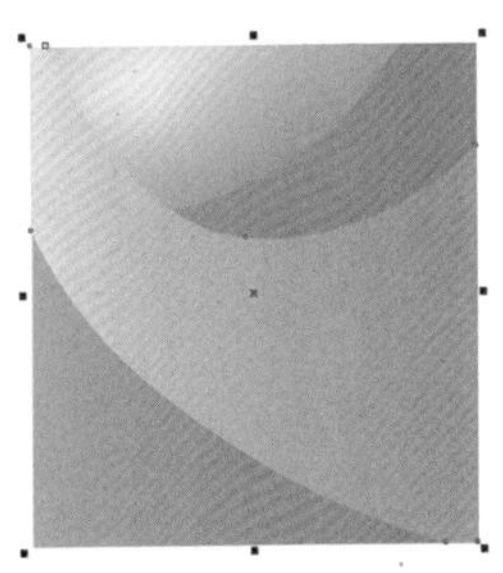

图12-476　绘制图形

6 选择工具箱中的“贝塞尔”工具，绘制一条闭合路径，或者将上一步绘制的图形复制，再选择工具箱中的“形状”工具，调整节点和曲线，得到高光区域，单击调色板中的白色块，填充颜色为白色，按照上述方法，为高光图形添加透明效果，如图12-477所示。

7 按照上述同样的操作方法，制作其他的图形效果，完成Vista背景效果的绘制，如图12-478所示，转换为位图对话框，如图12-479所示。

8 选择工具箱中的“矩形”工具，绘制两个矩形，同时选择两个矩形，按Shift+F11组合键，弹出“均匀填充”对话框，设置颜色为红色(C3、M99、Y95、K0)，单击“确定”按钮，颜色填充为红色，效果如图12-480所示。

9 将Vista背景放置在填充图形中，调整至合适大小及位置，按照前面同样的操作方法，为Vista背景添加透明效果，如图12-481所示。

目录是全书内容的纲领，它显示出结构层次的先后，设计要求条理清楚，能够有助于迅速了解全书的层次内容。

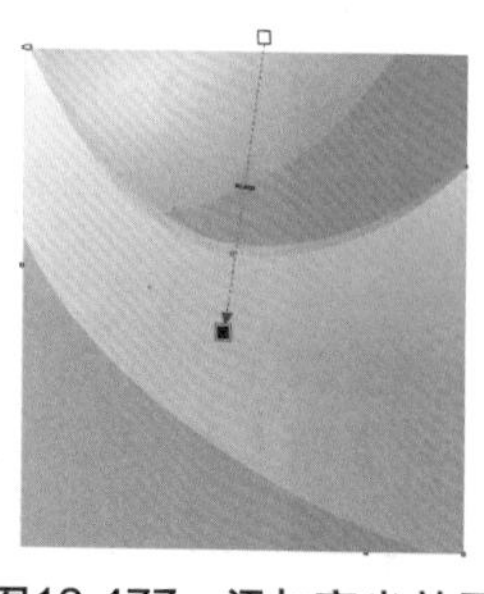
图12-477 添加高光效果

图12-478 制作其他图形

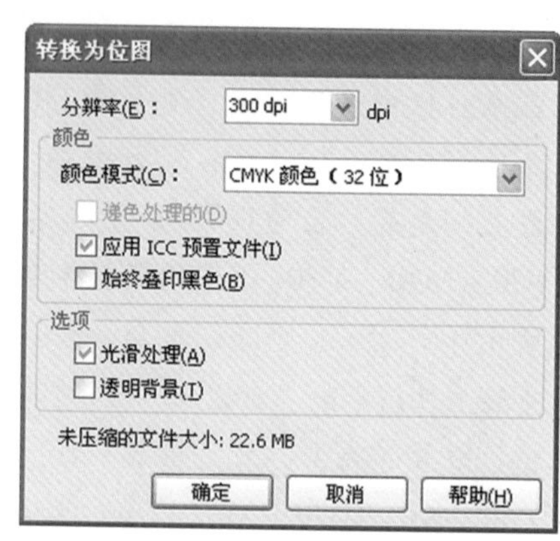

图12-479 “转换为位图”对话框

10 选择工具箱中的“矩形”工具，绘制三个矩形，选中三个矩形，单击属性栏中的“合并”按钮，将图形合并，单击调色板中的“白色”色块，颜色填充为白色，然后去除轮廓线，效果如图12-482所示。

11 选择工具箱中的“交互式透明”工具，在图形上单击并拖动鼠标，为边框图形添加透明效果，在属性栏中设置类型为“标准”，透明度操作为“常规”，开始透明度为80，效果如图12-483所示。

图12-480 绘制书籍封面

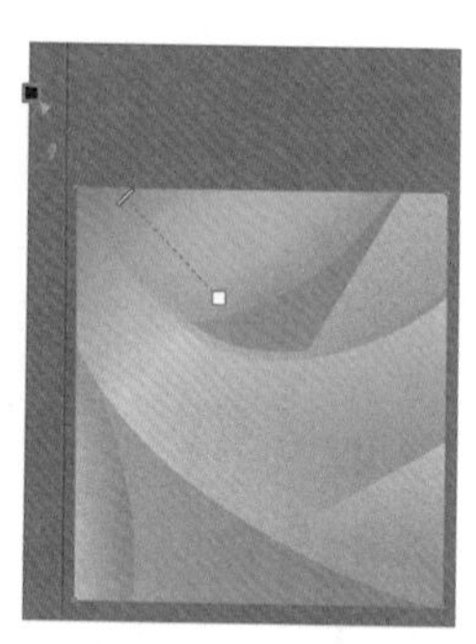
图12-481 添加透明效果

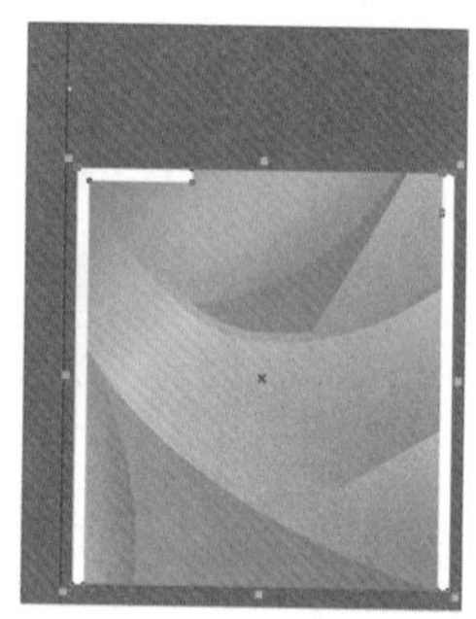
图12-482 制作边框图形

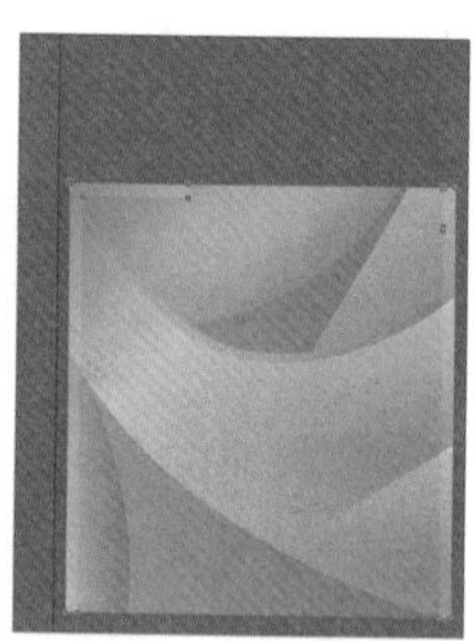
图12-483 添加透明效果

12 选择工具箱中的“文本”工具，输入文字，设置属性栏中的字体为Arial Black，单击调色板中的“黄色”色块，填充颜色为黄色，鼠标右键单击调色板中的“橘红”色块，填充轮廓颜色为橘红色，并调整至合适大小，如图12-484所示。

13 选择“效果”→“添加透视”命令，为文字添加透视效果，则文字上会出现红色的网格线以及四个角上有黑色的控制点，如图12-485所示。

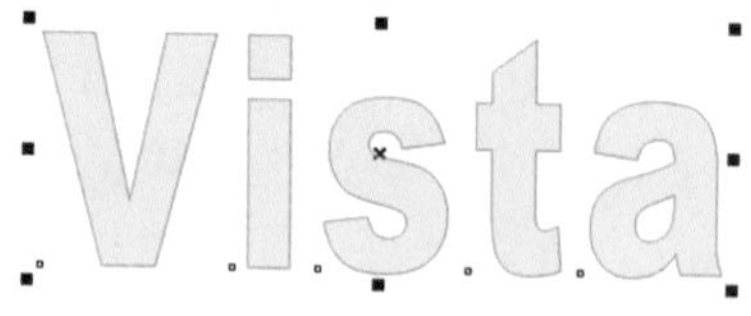

图12-484 输入文字

图12-485 添加透视效果

14 通过按住四个角上的黑色控制点拖动鼠标，调整文字的透视角度，得到透视效果，如图12-486所示。

电脑小百科

在书籍的目录或前言的前面设有扉页。扉页包括扩页、空白页、像页、卷首插页或丛书名、正扉页(书额)、版权页、赠献题词或感谢、空白页等。

⑮ 将透视效果的文字放置在书籍封面上，按照前面的操作方法，为文字添加透明效果，如图12-487所示。

⑯ 按照前面的操作方法，输入文字，设置好字体和字号，按F11键，弹出“渐变填充”对话框，设置“角度”为46°，“边界”为9，选中“自定义”单选按钮，设置起点位置为红色(C0、M100、Y100、K0)到35%的红色到(C0、M0、Y100、K0)70%到黄色，单击“确定”按钮，填充渐变色，效果如图12-488所示。

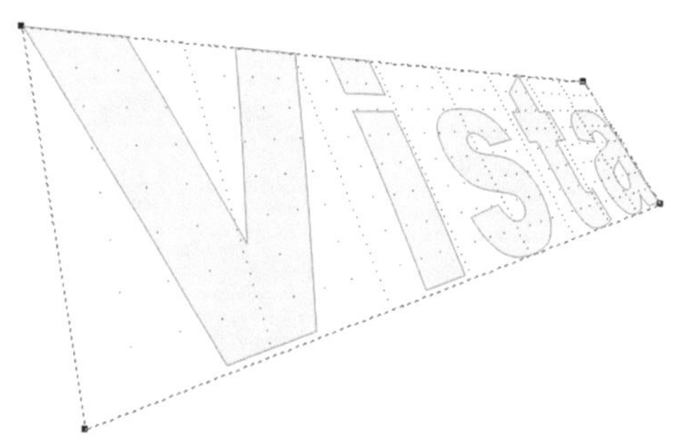

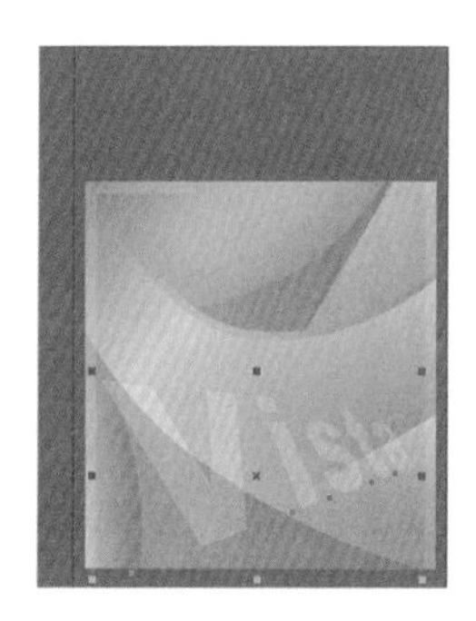

图12-486　透视效果　　图12-487　添加透明效果　　图12-488　输入文字

⑰ 选择工具箱中的“交互式阴影”工具，按住鼠标左键并拖动，为文字添加阴影效果，在属性栏中设置“透明度操作”为“乘”，“阴影的不透明度”为100，“阴影羽化”为9，“阴影颜色”为黑色，效果如图12-489所示。

⑱ 按照上述同样的操作方法，选择工具箱中的“文本”工具，输入其他的文字，并设置好字体、字号和颜色，如图12-490所示。

⑲ 选择工具箱中的“椭圆形”工具，按住Ctrl键的同时，绘制一个正圆，移动鼠标至右上角的节点处，当光标呈↗形状时，按住Shift键的同时向内拖动鼠标，至合适位置处单击鼠标右键，得到另一个同心圆。同时选择两个圆，单击属性栏中的“移除前面对象”按钮，得到一个圆环，如图12-491所示。

⑳ 选择工具箱中的“矩形”工具，绘制一个矩形，放置在圆环图形的水平垂直居中位置，如图12-492所示。

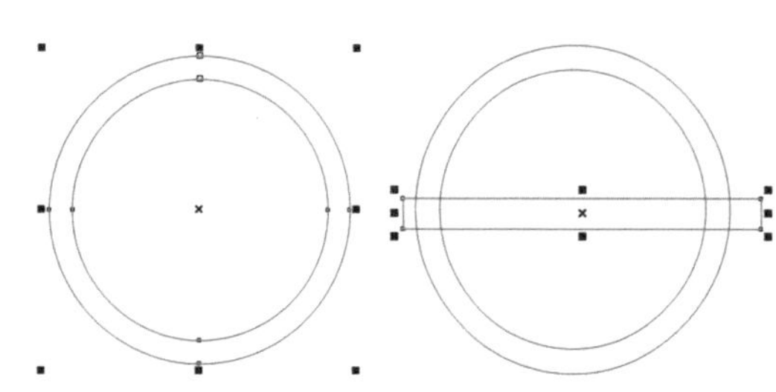

图12-489　添加阴影效果　图12-490　输入其他的文字　　图12-491　圆环　　图12-492　绘制一个矩形

㉑ 同时选中圆环和矩形，单击属性栏中的“移除前面对象”按钮，修剪图形，得到如图12-493所示的图形。

电脑小百科

插图是一种绘画，但是不同于一般独立欣赏性的绘画，它具有相对的独立性又具有必要的从属性。插图必须具备一定的绘画条件不依靠文字。也能从它的形象本身表现一定的主题，同时又必须服从原著成为辅助者，这就是插图的含义。

22 单击调色板中的“红色”色块，填充颜色为红色，效果如图12-494所示。

23 选择工具箱中的“椭圆形”工具，按住Ctrl键的同时绘制一个正圆，单击调色板中的“黄色”色块，填充颜色为黄色，单击鼠标右键，在弹出的快捷菜单中选择“顺序”→“向后一层”选项，调整图层位置，效果如图12-495所示。

24 选择工具箱中的“椭圆形”工具，按Ctrl键绘制一个正圆，单击调色板中的“红色”色块，填充颜色为红色，选择“文本”工具，输入文字，设置字体为“黑体”，颜色为“白色”，如图12-496所示。

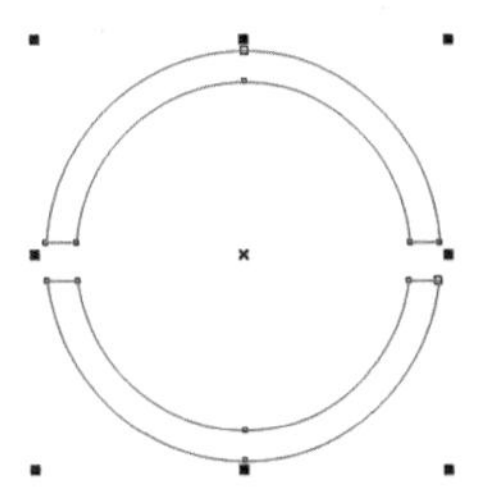
图12-493 修剪图形

图12-494 填充颜色

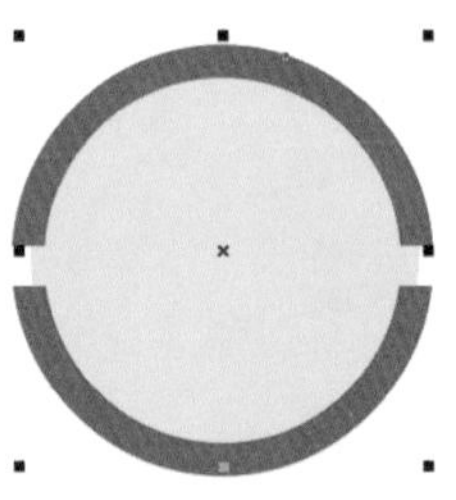
图12-495 绘制圆

图12-496 制作文字效果

25 选择工具箱中的“矩形”工具，绘制一个矩形，单击调色板中的“黑色”色块，填充颜色为黑色，如图12-497所示。

26 按照前面同样的操作方法，输入其他的文字，如图12-498所示。

27 选择工具箱中的“选择”工具，单击鼠标并拖动，框选图形，单击属性栏中的“群组”按钮，将图形群组，放置在书籍封面中，在图形上单击鼠标左键，使图形处于旋转状态，移动鼠标至控制柄位置处，当光标呈形状时，旋转图形至合适角度，效果如图12-499所示。

28 选择“文件”→“导入”命令，导入如图12-500、图12-501、图12-502所示的系统按钮。将系统图标调整至合适的大小，放置在按钮中，按Ctrl+G组合键，将图形群组。

图12-497 绘制矩形

图12-498 输入其他的文字

图12-499 旋转图形

图12-500 导入按钮

29 将按钮图形放置在封面中，完成书籍装帧的平面展开设计，效果如图12-503所示。

30 选择工具箱中的“选择”工具，框选所有的图形，按小键盘上的+键，复制一份，制作立体效果图。

31 选择工具箱中的“选择”工具，框选书籍的正面图形，单击属性栏中的“群组”按钮

电脑小百科

封面的形式要素同样包括了文字和图形两大类，封面设计也同样需要突出主体形象。但从构思到表现都讲究一种写意美，表现在以文字为主和以图形为主的设计上都是如此。

，群组图形，选择“位图”→“转换为位图”命令，在弹出的“转换为位图”对话框中，保持默认值，单击“确定”按钮。

图12-501　导入系统图标　　图12-502　调整位置　　图12-503　放置图形

32 再选择“位图”→“三维效果”→“透视”命令，弹出“透视”对话框，在左下角调整图形的透视，单击“预览”按钮，如图12-504所示。

33 透视效果调整完成后，单击“确定”按钮，效果如图12-505所示。

34 选择工具箱中的“选择”工具，框选书籍侧面图形，单击属性栏中的“群组”按钮，群组图形。

35 选择“效果”→“添加透视”命令，为图形添加透视效果，则图形上会出现红色的网格线以及四个角上有黑色的控制点，如图12-506所示。

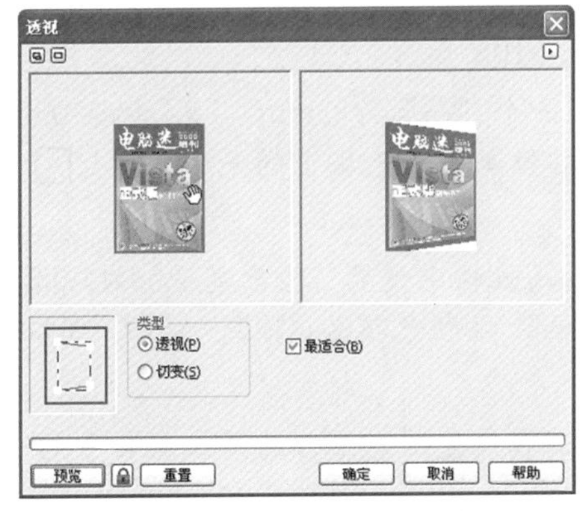

图12-504　“透视”对话框　　图12-505　透视效果　　图12-506　添加透视

36 通过按住四个角上的黑色控制点拖动鼠标，调整文字的透视角度，得到透视效果，如图12-507所示。

37 选择工具箱中的“选择”工具，选中书籍侧面图形，单击属性栏中的“取消群组”按钮，选中图形，按小键盘上的+键，原位复制图形，再按Shift+PageDown组合键到图层前面，左键单击调色板上的黑色块，图形填充黑色，右键单击调色板上的无填充按钮，去除轮廓线。

38 选择工具箱中的“透明度”工具，在黑色图形上拉出一条直线，绘制透明效果，如图12-508所示。

电脑小百科

标志设计中的文本表现形式分为汉字标志图形和拉丁字母标志图形。

39 选择工具箱中的“选择”工具，框选所有图形，单击属性栏中的“群组”按钮，群组图形。给书籍添加阴影效果，得到最终效果如图12-509所示。

图12-507 书籍侧面透视

图12-508 调整透明度

图12-509 最终效果

12.13.2 漫画类书籍设计——长颈鹿但丁

本实例设计的是一本漫画书籍的封面设计，黄色和红色两种纯度高的颜色搭配在一起视觉冲击力特别强。本实例主要运用了文本工具、矩形工具、阴影工具、颜色填充工具、变形工具等，并使用了“图框精确裁剪”命令，漫画书籍设计的具体操作步骤如下。

1 启动CorelDRAW X6后，选择“文件”→“新建”命令，弹出“创建新文档”对话框，设置“宽度”为230mm，“高度”为300mm，单击“确定”按钮，双击工具箱中的“矩形”工具，自动生成一个页面大小一致的矩形，左键单击调色板上的黄色，右键单击调色板上无填充按钮，去除轮廓线，如图12-510所示。

2 选择工具箱中的“矩形”工具，在页面中绘制一个“高”为83mm、“宽”为230mm的矩形，选中矩形，左键单击调色板上的红色，右键单击调色板上的无填充按钮，去除轮廓线，效果如图12-511所示。

3 选择工具箱中的“钢笔”工具，绘制图形，在属性栏中设置“轮廓宽度”为1.0mm，按Shift+F11组合键，弹出“均匀填充”对话框，设颜色值为(C92，M49，Y100，K18)，单击“确定”按钮，效果如图12-512所示。

4 保持图形的选择状态，拖动至合适的位置，单击右键复制三个，选择工具箱中的“形状”工具，微调图形的形状，并填充相应的颜色。

5 选择工具箱中的“选择”工具，框选图形，按Ctrl+G组合键，群组图形，右键拖动群组图形至黄色矩形内松开鼠标，弹出快捷菜单选择“图框精确裁剪内部”选项，如图12-513所示。

6 选择“文件”→“导入”命令，弹出“导入”对话框，选择本书配套光盘中的“目标文件\第12章\12.13\12.13.2\文字素材，cdr”，单击“导入”按钮，选择工具箱中的“选择”工具，将其拖入到页面的合适位置，如图12-514所示。

7 选择工具箱中的“贝塞尔”工具，绘制图形，在属性栏中设置“轮廓宽度”为1.5mm，按Shift+F11组合键，弹出“均匀填充”对话框，设颜色值为(C1，M22，Y96，K0)，单击“确定”按钮，效果如图12-515所示。

标志设计不仅是实用物的设计，也是一种图形艺术的设计。

图12-510　新建文档　图12-511　矩形填充效果　图12-512　绘制图形　图12-513　裁剪图形

8 继续选择“贝塞尔”工具，绘制多个图形，填充相应的颜色，如图12-516所示。

9 选择工具箱中的“椭圆形”工具，按Ctrl键绘制正圆，填充黑色，右键单击调色板上的无填充按钮☒，去除轮廓线，复制三个至不同的位置上，效果如图12-517所示。

图12-514　导入文字素材　图12-515　绘制图形　图12-516　绘制图形　图12-517　绘制正圆

10 选择工具箱中的“选择”工具，框选动物的人体部分，按Ctrl+G组合键群组图形，单击鼠标右键弹出快捷菜单，选择“顺序”中的“置于此对象后”选项，当光标变为➡时，在红色的矩形上单击鼠标左键，放置矩形后，效果如图12-518所示。

11 选择工具箱中的“椭圆形”工具，按Ctrl键绘制正圆，填充任意色，选择工具箱中的“阴影”工具，在正圆上单击一下往外拖动，设置属性栏中的“羽化值”为50，颜色填充为橘色，按Ctrl+K组合键，打散阴影图形，删除图形，将阴影图形放置合适的位置上，效果如图12-519所示。

12 选择工具箱中的“文本”工具字，在属性栏中设置字体为“方正粗圆简体”，大小为36，输入文字，选中“开心网”，填充黄色，效果如图12-520所示。

13 使用相同的方法，编辑其他文字，如图12-521所示。

14 选择工具箱中的“星形”工具，设置属性栏中的“星形边数”为12，“锐度”为25，绘制星形，左键单击调色板上的红色，按Ctrl+Q组合键，将星形转换为曲线，选择工具箱中的“形状”工具，微调星形的形状，按Ctrl+PageDown组合键，调整向后一层，效果如图12-522所示。

15 选择工具箱中的“椭圆形”工具，按Ctrl键绘制正圆，按Ctrl+PageDown组合键，向后一层，移至文字后，选择工具箱中的“选择”工具，框选卡通动物，拖至合适的位

电脑小百科

一般对音乐品质要求比较高的用户不会满足于一些主板自带的声卡，所以在购买主板时就可以考虑不带声卡的产品。

置单击右键，复制一个，调整好大小，效果如图12-523所示。

图12-518　调整图形的顺序　图12-519　阴影效果　图12-520　编辑文字　图12-521　编辑文字

⑯ 书籍的封面制作完成，通过上面电脑类书籍制作立体效果的方法，完成立体效果的制作，效果如图12-524所示。

图12-522　绘制星形　图12-523　平面效果　图12-524　立体效果

⑰ 选择工具箱中的“矩形”工具，在绘图区绘制一个矩形，按Shift+PageDown组合键，调整到图层后面，按F11键，弹出“渐变填充”对话框，颜色填充为黑色到浅蓝色(R206，G245，B255)的线性渐变，设置角度值为－90°，单击“确定”按钮。

⑱ 复制一个书籍立体图，选择工具箱中的“自由变换”工具，给复制的立体图调整旋转效果，如图12-525所示。

⑲ 调整完毕后，使用阴影工具给书籍添加阴影，得到最终效果如图12-526所示。

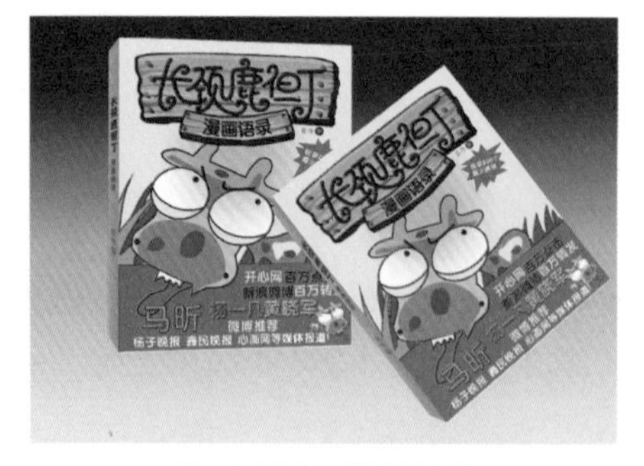

图12-525　绘制矩形

图12-526　最终的效果

电脑小百科

除了在注册表中删除打印机和计划任务，以达到加速网上邻居访问的速度外，通过取消自动搜索网络文件夹和打印机，同样也有加速网上邻居访问速度的效果。